U0382899

地球生态系统概论
——以胶州湾生态系统为例

杨东方 著

北 京

内 容 简 介

　　本书从环境学、生物学、生物地球化学、物理海洋学、气象学、气候学、地质学和生态学的角度，定量化研究了胶州湾浮游植物生态变化过程，揭示浮游植物的生长规律，阐述营养盐硅的生物地球化学过程与营养盐限制的判断方法，阐述海洋环境与浮游植物生长的生态学原理以及浮游植物与人类决定大气碳的变化和平衡的过程。本书共分为32章，主要内容为生态数学模型的建立方法和应用，营养盐、光照时间和水温对浮游植物生长的影响，以及浮游植物生长规律、地球生态系统机制、大气碳的变化和平衡、地球降温的造山运动等。

　　本书适合海洋环境学、生物学、生物地球化学、物理海洋学、气象学、气候学、地质学、生态学、海湾生态学和河口生态学的有关科学工作者和相关学科的专家参考，适合高等院校师生作为教学和科研参考。

图书在版编目（CIP）数据

地球生态系统概论：以胶州湾生态系统为例/杨东方著. —北京：科学出版社，2020.4
　　ISBN 978-7-03-061158-1

　　Ⅰ. ①地… Ⅱ. ①杨… Ⅲ. ①黄海–海湾–海洋生态学–研究 Ⅳ. ①Q178.53

　　中国版本图书馆 CIP 数据核字(2019)第 084388 号

责任编辑：马　俊　孙　青 / 责任校对：郑金红
责任印制：吴兆东 / 封面设计：铭轩堂

科 学 出 版 社 出版
北京东黄城根北街 16 号
邮政编码：100717
http://www.sciencep.com

北京虎彩文化传播有限公司 印刷
科学出版社发行　　各地新华书店经销
*
2020 年 4 月第 一 版　　开本：B5 (720×1000)
2021 年 3 月第二次印刷　　印张：32 3/4
字数：660 000
定价：298.00 元
(如有印装质量问题，我社负责调换)

人类排放 CO_2 引起气温和水温上升,地球生态系统不惜陆地生态系统和海洋生态系统受损,也要启动碳补充机制,完成碳的迁移,使气温和水温恢复动态平衡。启动碳补充机制期间,在输送硅的过程中,地球生态系统给陆地带来三大类型灾害:沙漠化、洪涝和风暴潮;在阻断硅的过程中,地球生态系统给海洋带来一大类型灾害:赤潮。在这些过程中,人类引起大气碳的增加与地球生态系统导致大气碳的减少充分展现了人类与自然界的相互"撞击",这会强烈地导致一系列自然灾害,如干旱、沙漠化、沙尘暴、暴雨、洪水、泥石流、山体滑坡、风暴潮和赤潮。人类如能尽可能减少这些"撞击",将为地球生态系统的可持续发展,也为人类生存创造良好的环境。

杨东方

摘自"地球生态系统的碳补充机制",
《海洋环境科学》,2009,28(1): 100-107

　　地球生态系统既保持每年大气碳下降量占浮游植物对大气碳的吸收量的 1.60%～0.34%,又维持人类向大气的碳排放量与浮游植物对大气碳的吸收量的动态平衡。

杨东方

摘自 "Human discharge and phytoplankton takeup for the atmospheric carbon balance",
Atmospheric and Climate Sciences, 2011, 1(4): 189-196

造山运动使地表更加陡峭，地表隆起部分的海拔增加。随着时间的推移，地表更加松散、碎片化、颗粒化和粉末化，造成了地表物质易于被风携带和水流冲刷。在风化进一步加强后，地表向大海输送硅的量就会随之提高，这样，通过地球生态系统的三大补充机制和地球生态系统的硅动力，导致大气碳减少、全球气温和水温下降，产生新的"冰室效应"。地质学家考查发现，在整个地质时期，气候史上最大的冰川活动都发生在地史上最重要的造山运动之后。例如，第四纪大冰期发生在第三纪的新阿尔卑斯造山运动（亚洲称为喜马拉雅运动）之后，晚古生代大冰期发生在海西造山运动之后，震旦纪大冰期发生在太古代、元古代的劳伦造山运动之后。

　　地质时期的发现证实了地球生态系统的三大补偿机制，也证实了地球生态系统的硅动力与地球生态系统的理论的正确性和长期性。

杨东方

摘自 *"The cooling of the earth determined by Orogenesis"*,
Applied Mechanics and Materials, 2014, 675-677: 1897-1900

作 者 简 介

杨东方 1984 年毕业于延安大学数学系（学士）；1989 年毕业于大连理工大学应用数学研究所（硕士），研究方向：Lenard 方程唯 n 极限环的充分条件、微分方程在经济学、管理学和生物学方面的应用。

1999 年毕业于中国科学院海洋研究所（青岛，博士），研究方向：营养盐硅、光和水温对浮游植物生长的影响，专业为海洋生物学和生态学；同年，在青岛海洋大学化学化工学院和环境科学与工程研究院做博士后研究工作，研究方向：胶州湾浮游植物的生长过程的定量化初步研究。2001 年出站后到上海水产大学工作，主要从事海洋生态学、生物学和数学等学科教学及海洋生态学和生物地球化学领域的研究。2001 年被国家海洋局北海分局环境监测中心聘为教授级高级工程师，2002 年被青岛海洋局一所聘为客座研究员。

2004 年 6 月被中文核心期刊《海洋科学》聘为编委。2005 年 7 月被中文核心期刊《海岸工程》聘为编委。2006 年 2 月被中文核心期刊《山地学报》聘为编委。2006 年 11 月被温州医学院聘为教授。2007 年 11 月被中国科学院生态环境研究中心聘为研究员。2008 年 4 月被浙江海洋学院聘为教授。2009 年 8 月被中国地理学会聘为环境变化专业委员会委员。2009 年 11 月，《中国期刊高被引指数》总结了 2008 年度学科高被引作者：海洋学(总被引频次/被引文章数) 杨东方(12/5)（www.ebiotrade.com）。2010 年，山东卫视对《胶州湾浮游植物的生态变化过程与地球生态系统的补充机制》和《海湾生态学》给予了书评（新书天天荐，齐鲁网视频中心）。2010 年获得浙江省高等学校科研成果奖三等奖（排名第 1 名），成果名"浮游植物的生态与地球生态系统的机制"。2011 年 12 月，被期刊《林业世界》聘为编委。2011 年 12 月，被新成立的浙江海洋学院生物地球化学研究所聘为该所所长。2012 年 11 月，被国家海洋局闽东海洋环境监测中心站聘为项目办主任。2013 年 3 月，被陕西理工学院聘为汉江学者。2013 年 11 月，被贵州民族大学聘为教授。2014 年 10 月，被中国海洋学会聘为军事海洋学专业委员会委员。2015 年 11 月，被陕西国际商贸学院聘为教授。2016 年 8 月，被西京学院聘为教授。在 2017 年 10 月被 AEIC 学术交流中心聘为主席。2018 年 2 月被国家卫生和计划生育委员会聘为专家。2019 年 12 月获得广东省高层次人才成果转化平台的突出贡献奖。曾参加了国际 GLOBEC（Global Ocean Ecosystem Dynamics，全球海洋生态系统动态研究）计划中由十八个国家和地区联合进行的南海考察（海上历时三个月），以及国际 LOICZ（Land-Ocean Interactions in the Coastal Zone，海岸带陆海相互作用研究）计划中在黄海、东海的考察及国际 JGOFS（Joint Global Ocean Flux Study，全球海洋通量联合研究）计划中在黄海、东海的考察。多次参加了青岛胶州湾、烟台近海的海上调查及获取数据工作。参加了胶州湾等水域的生态系统动态过程和可持续发展等的课题研究。

发表第一作者的论文 476 篇、第一作者的专著 78 部，授权第一作者的专利 27 项；作者的其他名次论文 51 篇。2019 年 3 月 2 日，经中国知网的查询，第一作者的论文 58 篇文章，一共被引用次数 1078 次。目前，正在进行西南喀斯特地区、胶州湾、浮山湾、长江口及浙江近岸水域的生态学、环境学、经济学、生物地球化学、区域人口健康学和医药学的过程研究。

作者发表的本书主要相关文章

[1] 杨东方, 谭雪静. 铁对浮游植物生长影响的研究与进展[J]. 海洋科学, 1999, 23(3): 48-49.

[2] 杨东方, 詹滨秋, 陈豫, 等. 生态数学模型及其在海洋生态学的应用[J]. 海洋科学, 2000, 24(6): 21-24.

[3] 杨东方, 李宏, 张越美, 等. 浅析浮游植物生长的营养盐限制因子和方法[J]. 海洋科学, 2000, 24(12): 47-50.

[4] Yang Dongfang, Zhang Jing, Zhou Zhigang. Effect of daytime and water temperature on growth of phytoplankton in Jiaozhou Bay[J]. Chinese Journal of Shanghai Fisheries University, 2001, 10: 23-34.

[5] Yang Dongfang, Zhang Jing, Zhou Zhigang. Quantification of the growth process of phytoplankton in Jiaozhou Bay[J]. Chinese Journal of Shanghai Fisheries University, 2001, 10: 129-142.

[6] 杨东方, 张经, 陈豫, 等. 营养盐限制的唯一性因子探究[J]. 海洋科学, 2001, 25(12): 49-51.

[7] Yang Dongfang, Zhang Jing, Lu Jibin, et al. Examination of Silicate Limitation of Primary Production in the Jiaozhou Bay, North China I. Silicate Being a Limiting Factor of Phytoplankton Primary Production[J]. Chin J Oceanol Limnol, 2002, 20(3): 208-225.

[8] 杨东方, 高振会, 陈豫, 等. 硅的生物地球化学过程的研究动态[J]. 海洋科学, 2002, 26(3): 35-36.

[9] 杨东方, 高振会, 王培刚, 等. 光照时间和水温对浮游植物生长影响的初步剖析[J]. 海洋科学, 2002, 26(12): 18-22.

[10] Yang Dongfang, Zhang Jing, Gao Zhenhui, et al. Examination of Silicate Limitation of Primary Production in the Jiaozhou Bay, North China II. Critical Value and Time of Silicate Limitation and Satisfaction of the Phytoplankton Growth[J]. Chin J Oceanol Limnol, 2003, 21(1) : 46-63.

[11] Yang Dongfang, Gao Zhenhui, Chen Yu, et al. Examination of Silicate Limitation of Primary Production in the Jiaozhou Bay, North China III. Judgment Method, Rules and Uniqueness of Nutrient Limitation among N, P, and Si[J]. Chin J Oceanol Limnol, 2003, 21(2): 114-133.

[12] 杨东方, 高振会, 孙培艳, 等. 浮游植物的增殖能力的研究探讨[J]. 海洋

科学, 2003, 27(5): 26-28.

[13] 杨东方, 高振会, 崔文林, 等. 用定量化生态位研究环境影响生物物种的变化过程[J]. 海洋科学, 2004, 28(1): 38-42.

[14] Yang Dongfang, Gao Zhenhui, Zhang Jing, et al. Examination of Daytime Length's Influence on Phytoplankton Growth in Jiaozhou Bay, China[J]. Chin J Oceanol Limnol, 2004, 22(1): 70-82.

[15] Yang Dongfang, Gao Zhenhui, Chen Yu, et al. Examination of Seawater Temperature's Influence on Phytoplankton Growth in Jiaozhou Bay, North China[J]. Chin J Oceanol Limnol, 2004, 22(2): 166-175.

[16] 杨东方, 王凡, 高振会, 等. 胶州湾的浮游藻类生态现象[J]. 海洋科学, 2004, 28(6): 71-74.

[17] Yang Dongfang, Chen Yu, Gao Zhenhui, et al. Silicon limitation on primary production and its destiny in Jiaozhou Bay, China Ⅳ: Transect offshore the coast with estuaries[J]. Chin J Oceanol Limnol, 2005, 23(1): 72-90.

[18] Yang Dongfang, Gao Zhenhui, Wang Peigang, et al. Silicon limitation on primary production and its destiny in Jiaozhou Bay, China Ⅴ: Silicon deficit process[J]. Chin J Oceanol Limnol, 2005, 23(2): 169-175.

[19] 杨东方, 高振会, 张洪亮, 等. 胶州湾海洋生物资源变化的探究[A]. 见: 王如松. 循环、整合、和谐——第二届全国复合生态与循环经济学术会论文集[C]. 北京: 中国科学技术出版社, 2005:330-332.

[20] 杨东方, 高振会, 孙培艳, 等. 胶州湾初级生产力的时空变化[A]. 见: 海洋科技与经济发展国际论坛论文集[C]. 青岛: 科学技术出版社, 2005: 131-144.

[21] 杨东方, 高振会, 张洪亮, 等. 海洋生物资源的变化[A]. 见: 中国海洋学会学术年会论文汇编[C]. 银川: 中国科学技术出版社, 2005: 201-204.

[22] 杨东方, 高振会, 王培刚, 等. 气候变化与农作物种植关系的研究[A]. 见: 农业生态学与我国农业可持续发展[C]. 广州: 农业科学技术出版社, 2005: 189-193.

[23] 杨东方, 高振会, 王培刚, 等. 营养盐硅和水温影响浮游植物的机制[J]. 海洋环境科学, 2006, 25(1): 1-6.

[24] Yang Dongfang, Gao Zhenhui, Sun Peiyan, et al. Silicon limitation on primary production and its destiny in Jiaozhou Bay, China Ⅵ: The ecological variation process of the phytoplankton[J]. Chin J Oceanol Limnol, 2006, 24(2): 186-203.

[25] 杨东方, 高振会, 孙培艳, 等. 人类与气温和水温上升的相互作用[A]. 见: 王如松. 生态科学创新与发展——中国生态学术会论文集[C]. 北京: 中国科

学技术出版社, 2006: 51-52.

[26] 杨东方, 高振会, 孙培艳, 等. 胶州湾水温和营养盐硅限制初级生产力的时空变化[J]. 海洋科学进展, 2006, 24(2): 203-212.

[27] Yang Dongfang, Gao Zhenhui, Yang Yingbin, et al. Silicon limitation on primary production and its destiny in Jiaozhou Bay, China Ⅶ: The Complementary mechanism of the earth ecosystem[J]. Chin J Oceanol Limnol, 2006, 24(4): 401-412.

[28] 杨东方, 高振会, 秦洁, 等. 地球生态系统的营养盐硅补充机制[J]. 海洋科学进展, 2006, 24(4): 407-412.

[29] 杨东方, 高振会, 马媛, 等. 胶州湾环境变化对海洋生物资源的影响[J]. 海洋环境科学, 2006, 25(4): 39-42.

[30] Yang Dongfang, Gao Zhenhui, Sun Peiyan, et al. Mechanism of nutrient silicon and water temperature influences on phytoplankton growth[J]. Marine Science Bulletin, 2006, 8(2): 49-59.

[31] 杨东方, 吴建平, 曲延峰, 等. 地球生态系统的气温和水温补充机制[J]. 海洋科学进展, 2007, 25(1): 117-122.

[32] 杨东方, 高振会, 盛菊江, 等. 水资源的变化趋势[A]. 见: 中国环境科学. 全国水体污染控制、治理、生态修复技术与突发性水污染事故应急处理体系建设高级研讨、交流会论文集[C]. 北京: 中国科学技术出版社, 2007: 142-146.

[33] 杨东方, 高振会, 李文凤, 等. 海洋生态变化对气候影响及农作物种植关系研究[J]. 现代学术研究杂志, 2007, 7: 104-109.

[34] Yang Dongfang, Wu Jianping, Chen Shengtao, et al. The teleconnection between marine silicon supply and desertification in China[J]. Chin J Oceanol Limnol, 2007, 25(1): 116-122.

[35] 杨东方, 高振会, 崔文林, 等. 海洋生态和沙漠化的桥梁——沙尘暴[J]. 科学研究月刊, 2007, 30(6): 1-5.

[36] 杨东方, 陈生涛, 胡均, 等. 光照、水温和营养盐对浮游植物生长重要影响大小的顺序[J]. 海洋环境科学, 2007, 26(3): 201-207.

[37] 杨东方, 高振会, 黄宏, 等. 沙漠化与海洋生态和人类生存的关系[A]. 见: 荒漠化防治与植被恢复生态工程新技术交流学术研讨会论文集[C]. 北京: 环境出版社, 2007: 10-17.

[38] 杨东方, 高振会, 王磊磊. 海洋生态数学模型研究及进展[J]. 科学, 2007, 59(5): 20-22.

[39] 杨东方, 于子江, 张柯, 等. 营养盐硅在全球海域中限制浮游植物的生长[J]. 海洋环境科学, 2008, 27(5): 547-553.

[40] 杨东方, 殷月芬, 孙静亚, 等. 地球生态系统的碳补充机制[J]. 海洋环境

科学, 2009, 28(1): 100-107.

[41] 杨东方, 陈国光, 王虹, 等. 刺激浮游植物生长的铁对大气碳沉降的影响[J]. 海洋环境科学, 2010, 29(2): 212-215.

[42] Yang Dongfang, Miao Zhenqing, Shi Qiang, et al. Silicon limitation on primary production and its destiny in Jiaozhou Bay, China VIII: The variation of atmospheric carbon determined by both phytoplankton and human[J]. Chin J Oceanol Limnol, 2010, 28(2): 416-425.

[43] 杨东方, 卜志国, 石强, 等. 未来地球气候变化模式在2010年的证实[A]. 见: 生态过程与服务第六届中国青年生态学工作者学术会论文集[C]. 北京: 海洋出版社, 2010: 279-283.

[44] Yang Dongfang, Miao Zhenqing, Chen Yu, et al. Human discharge and phytoplankton takeup for the atmospheric carbon balance[J]. Atmospheric and Climate Sciences, 2011, 1(4): 189-196.

[45] 杨东方, 苗振清, 石强, 等. 未来的地球气候模式得到了初步印证[J]. 海洋开发与管理, 2011, 28(11): 38-41.

[46] 杨东方, 苗振清, 石强, 等. 北太平洋的海洋生态动力[J]. 海洋环境科学, 2012, 31(2): 201-207.

[47] 杨东方, 苗振清, 徐焕志, 等. 胶州湾水交换的时间[J]. 海洋环境科学, 2013, 32(3): 373-380.

[48] 杨东方, 苗振清, 徐焕志, 等. 地球生态系统的理论创立[J]. 海洋开发与管理, 2013, 30(7): 85-89.

[49] 杨东方, 崔文林, 陈生涛, 等. 地球生态系统的精准性[J]. 海洋开发与管理, 2013, 30(11): 72-75 .

[50] 杨东方, 秦明慧, 石志洲, 等. 地球生态系统的控制能力[J]. 海洋科学, 2013, 37(12): 96-100

[51] Yang Dongfang, Wang Fengyou, Zheng Zhongying, et al. Silicon power of the earth ecosystem[J]. 2014 IEEE workshop on electronics, computer and applications. Part C, 2014: 1002-1007.

[52] Yang Dongfang, Wu Youfu, Wang Lin, et al. Principle and application of tank water exchange[J]. 2014 IEEE workshop on electronics, computer and applications. Part C, 2014: 1008-1011.

[53] Yang Dongfang, Zhu Sixi, Wang Fengyou, et al. The changing of climate determined by silicon[J]. Applied Mechanics and Materials, 2014, 675-677: 1893-1896.

[54] Yang Dongfang, Wang Fengyou, He Huazhong, et al. The cooling of the earth determined by orogenesis[J]. Applied Mechanics and Materials, 2014, 675-677:

1897-1900.

[55] Yang Dongfang, Wang Fengyou, Zhu Sixi, et al. Earth ecosystem theory: I Theoretical system[J]. Meterological and Environmental Research, 2014, 5(9): 11-12, 17.

[56] Yang Dongfang, Wang Fengyou, Zhu Sixi, et al. The changing of atmospheric carbon determined by silicon[J]. Applied Mechanics and Materials, 2014, 687-691: 4355-4357.

[57] Yang Dongfang, Wang Fengyou, He Huazhong, et al. Earth ecosystem theory: II Segmentation and Composition principles[J]. Meterological and Environmental Research, 2014, 5(10): 1-2.

[58] Yang Dongfang, Wang Fengyou, Wu Youfu, et al. Earth ecosystem theory: III Structure and Interface[J]. Meterological and Environmental Research, 2014, 5(11): 1-3, 8.

[59] Yang Dongfang, Wang Fengyou, Zhu Sixi, et al. Earth ecosystem theory: IV Theory application[J]. Meterological and Environmental Research, 2014, 5(12): 4-8.

[60] Yang Dongfang, Zhu Sixi, Wang Fengyou, et al. A comparative study on models for water exchange time in marine bay-take Jiaozhou Bay as an example[J]. Sustainable Energy and Enviroment Protection, 2015: 201-205.

[61] Yang Dongfang, Zhu Sixi, Wang Fengyou, et al. Features of Biogeochemical Model for Marine Bay Water Exchange Time[J]. *In*: 4th International Conference on Energy and Environmental Protection, 2015: 3793-3796.

前　言

近年来，全球变暖、沙尘暴、洪水、风暴潮和赤潮等频繁发生，严重地威胁着人类社会的发展和人们的生命财产安全。出于防灾、减灾目的，人们对海洋生态学领域的研究兴趣一直在不断增长，关注点集中在陆地生态系统、海洋生态系统、大气生态系统。有大量的工作研究海洋生态系统在地球生态系统中的作用和人类对地球生态系统的影响，以及地球生态系统的发展趋势。

在本书中，有许多方法、机制和原理，它们要反复应用，解决不同的实际问题和阐述不同的现象和过程，于是，可能出现许多次相同的段落。同时，有些段落作为不同的条件，来推出不同的结果；有些段落来自于结果，又作为条件来推出新的结果。这样，也会出现有些段落的重复。在书中，每一章都是独立地解决一个重要的问题，也许其中有些段落与其他章节有重复，但如果将重复的内容删除，则内容显得苍白无力、层次错乱，读者前后查阅也不方便。因此，从作者角度尽可能地保证每章内容的逻辑性、条理性、独立性、完整性和系统性。

作者通过胶州湾水域的研究（1996~2017年）得到以下主要经验或结果。

（1）研究胶州湾营养盐硅的生物地球化学过程，建立相应的动力学模型，计算出胶州湾的浮游植物吸收营养盐硅的量、浮游植物对硅的内禀转化率和营养盐硅的量对浮游植物的吸收与水流稀释的分配比例。

（2）按照限制初级生产力的营养盐硅的变化，首次提出初级生产力的值的范围分为三个部分：硅限制的初级生产力的基础值，初级生产力的幅度和初级生产力的临界值。通过浮游植物对营养盐的吸收比例，定量化地阐明营养盐硅限制浮游植物生长的阈值和阈值的时间，以及初级生产力受硅限制的阈值。详细阐述了营养盐硅限制浮游植物初级生产力的动态过程。

（3）分析认为，在整个胶州湾不存在 N、P 的限制，营养盐硅在每年的春季、秋季、冬季呈现年度周期变化，限制胶州湾的浮游植物的生长。胶州湾有些海域的浮游植物生长长年都受营养盐硅的限制。

（4）提出营养盐限制的判断方法和绝对限制法则、相对限制法则，并认为必须要同时满足，才能确定浮游植物生长限制的营养盐元素，且限制营养盐是唯一的。

（5）尝试考虑和分析太阳光的热能对水体的能量输入和水体生态系统的浮游植物的生长过程的影响。分析认为，光照射量和光照时间分别决定了浮游植物的光合作用的光化学过程与酶催化过程两个方面，展现了胶州湾的光照时间如何影响水温，水温如何影响浮游植物生长的过程。通过叶绿素 a 和初级生产力提出了新概念：浮游植物的增殖能力，定量化地阐述了浮游植物有夏季的单峰型（1 回）增殖和春季、秋季的双峰型（2 回）增殖的机制。

（6）运用统计和微分方程等数理工具，建立了"初级生产力-硅酸盐-水温"等多个动态模型，定量化阐明胶州湾生态系统浮游植物生产过程及理化因子的综合调控机制，并且阐述了浮游植物生长的理想状态与赤潮产生的原因。

（7）探讨光照、水温和营养盐因子对浮游植物生长变化的综合影响和对其集群结构改变的影响，揭示了浮游植物的生长规律，展示了环境因子光照、水温和营养盐的变化决定浮游植物的集群结构和生理特征的变化过程。

（8）研究认为，营养盐硅和水温在时间和空间的尺度上有顺序地控制我们所观察到的各种类型的初级生产力，展示了营养盐硅和水温控制初级生产力存在的不同阶段；用增殖能力展示了水温对浮游植物生长的控制阶段，从而确定了营养盐硅和水温控制初级生产力的变化过程。从陆地到海洋界面的硅输送量决定了初级生产力的时间变化过程；硅的生物地球化学过程决定了初级生产力的空间变化过程。对此，提出了海洋生态系统中的 5 个重要规律。

（9）研究认为，浮游植物生长的变化和其集群结构的改变，主要受营养盐硅和水温的影响。研究结果展示了浮游植物生长的变化和其集群结构改变的过程，揭示了营养盐硅和水温影响浮游植物生长变化和其集群结构改变的机制，确定了营养盐硅和水温是海洋生态系统健康运行的动力。认为营养盐硅和水温是浮游植物生长的"发动机"，其中营养盐硅是主要"发动机"，水温是次要"发动机"。

（10）研究认为，光照、水温和营养盐对浮游植物有重要影响。通过探讨光照、水温和营养盐因子综合对浮游植物生长的影响，阐明了光照、水温和营养盐对浮游植物生长影响的机制和过程，确定了光照、水温和营养盐对浮游植物生长重要影响的大小顺序，由小到大的重要程度依次为：光照、水温和营养盐硅。

（11）研究发现，浮游植物的主要优势种为硅藻，硅藻的生理特征展示：当 Si 充足时，硅藻生长旺盛，当 Si 限制时，甲藻等非硅藻生长旺盛，当 Si 又满足时，硅藻又占了甲藻的生长空间。N、P 和 Si 的生物地球化学过程及 N、P 的再生过程与 Si 的亏损过程表明，限制硅藻生长的是 Si。剖析全球浮游植物生长特征和其集群结构，阐明光照、水温和营养盐对浮游植物生长影响的机制和过程，通过海洋中硅藻的特性和迁移过程，阐述了 Si 的生物地球化学过程和 N、P 的再生产过程。研究发现，在海洋生态系统中，营养盐 Si 是全球浮游植物生长的限制因子。

（12）提出了新的海湾水交换时间定义，从海湾的充满和海湾的放空两个方面来说明此定义。首次探讨了非保守性物质情况下确定海湾水交换时间的范围。给出了海湾水交换完成的定义，并且提出了海湾充满和放空的原理，然后利用了保守性物质或者非保守性物质作为湾内水的示踪剂，采用生物地球化学模型计算得到海湾水交换时间的范围。作者的海湾水交换研究不需要以潮流动力学为背景，也不受潮流模型参数和变量的影响。

（13）根据作者的海湾水交换时间计算方法，计算了胶州湾的海湾水交换时间。首先，利用非保守性物质 Si∶N 的比值作为湾内水的示踪剂，根据海湾的水交换完成的定义及海湾的充满和放空原理，应用书稿提出的生物地球化学模型，计算得到胶州湾水交换时间的集合 $X=\{x|10<x<15\}$，单位：天，平均值为 12.5 天。通过其他输运数值模型、箱式模型、数值模型等许多计算方法，计算得到的结果证实和支持了作者的计算结果。

（14）以作者提出海湾水交换的定义、原理、方法和生物地球化学模型为主轴，在胶州湾水交换时间的计算上，阐述了胶州湾水交换能力的研究过程，揭示了研究海湾水交换时间的各种定义、指标物质、计算方法、涉及参数及方法和模型的不足之处。

（15）提出了水箱的定义、水箱水交换完成的定义、水箱的充满和放空原理以及水箱水交换的研究方法，建立了水箱的充满和放空原理模型框图，利用保守性物质或非保守性物质作为水箱内水的示踪剂，计算得到水箱水交换时间或者其时间范围。

（16）提出了生态系统三大补充机制：营养盐硅补充机制、水温补充机制和碳补充机制。研究结果表明，启动硅补充机制，可保持海洋中浮游植物生长的动态平衡和海洋生态系统的可持续发展；启动碳补充机制，从大气到海底，可完成碳的迁移；启动气温和水温的补充机制，由人类排放二氧化碳引起气温和水温上升的状况可恢复到正常的动态平衡。

（17）研究发现，地球生态系统为了保持海洋生态系统的持续发展和降低大气的二氧化碳浓度，启动了硅补充机制，对海洋进行了营养盐硅补充，造成了沙漠化进一步扩大。沙漠化帮助了海洋生态的可持续发展，但沙漠化又威胁人类生存。人类对沙漠化的控制既要维持海洋生态系统平衡，又要维持人类生存状况，使得沙漠化在海洋生态与人类生存之间发挥更好的平衡和作用。

（18）研究显示，在北太平洋的近岸水域，从秋天的雨季结束（11 月）到春天的雨季开始（5 月）之前，Si 都限制浮游植物的生长，在北太平洋远离近岸的水域，浮游植物生长一直都受 Si 的限制。通过探讨北太平洋风场变化的基本特点和规律与中国的沙尘暴发生、频率和强度，提出了北太平洋水域 Si 的提供系统。研究结果表明，在北太平洋水域，北太平洋的季风与北太平洋边缘的雨季在时间上密切相吻合，顺利完成近岸洪水和河流的输送与大气的输送之间的相互转换，一直保持向大海水体输入大量的 Si。而且，沙尘暴与北太平洋 Si 的缺乏在时间上紧密配合，其强度大小与 Si 缺乏的严重程度相一致。

（19）研究发现，全球气候的变化趋势有两大显著特点：气温趋向于升高、风暴趋向于增强。那么，在未来气候变化的趋势下，首先，未来的农作物要趋向于具有耐高温和抗倒伏能力；其次，未来的农作物在内陆要具有抗干旱能力，而在近岸和盆地流域则要具有抗洪涝能力。因此，须要提高生物技术来精选、培育和改良农作物物种，以应对未来的高温、强风和持续干旱的内陆气候，以及洪涝灾害频发的近岸和盆地流域气候。同时，要利用现代技术加强节水灌溉系统和排水系统的建设，以应对自然灾害带来的对耕作用水的影响。

（20）根据营养盐硅的补充机制提出未来地球气候变化的模式，包括模式种类、模式内容、模式特征、模式分布和模式功能。研究结果揭示了未来地球气候变化的模式。由于气候影响，将产生三个不同的区域：近岸地区和流域盆地成为多雨区、内陆成为干旱区、海洋成为风暴潮区。这个未来地球气候变化的模式是在 2006 年发表文章中的营养盐硅补充机制部分展示的，这在之后逐渐得到了证实，在 2010 年的天气变化中更是得到了充分的证明。

（21）研究发现，人类对北太平洋大气碳的变化趋势有着重要影响，同时，初级生产力对北太平洋大气碳的动态周期有着重要影响。建立了相应的北太平洋大气碳变化趋势的动态模型、北太平洋大气碳-胶州湾初级生产力周期变化的动态模型及其模拟曲线，展现了人类排放碳增加的速度和加速度，以及浮游植物与大气碳的转化率，预测了大气碳增长变化和温度增长变化。研究结果表明，浮游植物生长的衰弱和旺盛决定着大气碳的起伏变化。研究认为，大气碳的变化是周期振荡上升的曲线变化，这个变化是由趋势增加和周期振荡合成的。结合人类排放和浮游植物的吸收，大气碳的变化是由碳增加变化和周期变化的复合合成的动态变化过程，而这两个变化相应的是由人类排放和浮游植物生长所决定的。

（22）研究发现，大气碳和初级生产力的季节变化具有相同的周期。在一年中，初级生产力与大气碳有两个平衡点：5 月和 10 月，5～10 月，大气碳则一直在减少。研究认为，在每年 5～10 月，浮游植物旺盛生长控制着大气碳的增加，在 11 月至翌年 4 月，人类排放控制着大气碳的增加，进一步支持了作者（2010 年）的观点：大气碳的变化是由人类排放和浮游植物生长所决定的。研究结果表明，地球生态系统既保持每年大气碳下降量占浮游植物对大气碳的吸收量的 1.60%～0.34%，又维持人类向大气的碳排放量与浮游植物对大气碳的吸收量的动态平衡。

（23）提出并阐述了地球生态系统的定义、结构、目标、功能、内容和意义，说明了地球生态系统的特征，揭示了地球生态系统的变化过程和运行机制。本书的地球生态系统及其理论，与前人的概念"地球系统科学"、前人的"盖娅假说"都不同。本书认为环境各部分之间、环境与生物之间是有机和紧密地结合在一起的，使地球生态系统能够可持续发展，即使没有生物，地球生态系统同样具有控制和调节地球变化，使生态系统保持（或趋于）稳定状态的功能。

（24）提出生态系统的分割和构成的定义，以及生态系统的分割和构成原理，阐述了生态系统的分割和构成的 5 种特性。分析表明，生态系统的分割和构成实际上是其空间的分割和构成，而时间的变化决定着生态系统的变化和演替。通过对生态系统时空变化以及分割和构成的分析，可确定生态系统的变化和演替的趋势和未来的发展。

（25）通过生态系统的分割和构成原理的应用，阐述了地球生态系统的结构和界面，并建立了相应的模型框图，展示其组成和相互转换。地球生态系统具有三个生态子系统：陆地生态系统、海洋生态系统、大气生态系统，其子生态系统对地球生态系统的影响力由大变小为：大气生态系统＞海洋生态系统＞陆地生态系统。

（26）通过对北太平洋海洋生态系统剖析，在时间和空间尺度上揭示了地球生态系统强有力地控制陆地的沙尘暴，揭示了大气的北太平洋季风和海洋的硅来源。为了一直保持向大海水体输入大量的 Si，地球生态系统强有力地控制陆地生态系统、大气生态系统和海洋生态系统。研究发现，地球生态系统强有力地控制着陆地生态系统和大气生态系统，使北太平洋的季风与北太平洋边缘的雨季在时间上密切相合，顺利完成近岸洪水和河流的输送与大气输送之间的相互转换，使沙尘暴与北太平洋 Si 的缺乏在时间上紧密配合，其强度大小与 Si 缺乏的严重程度相一致。

（27）根据地球生态系统的功能，剖析地球发生的现象。研究发现，地球大气碳的平衡展示了地球生态系统精准地维持着人类向大气的碳排放量与浮游植物对大气碳的吸收量的动态平衡；地球硅的输送展示了地球生态系统为保持整个北太平洋水域具有稳定的硅来源，在时间上、空间上和程度上，都具有高度的精准性。

（28）研究发现，地球本身能够通过自身的调节和控制来完成地球的可持续发展。研究结果表明，在硅、碳的生物地球化学过程中，地球生态系统通过硅来决定浮游植物的生长，通过浮游植物生长来决定大气碳的变化。作者提出了地球生态系统的控制链和动态平衡，研究认为，地球生态系统的动力是硅，地球生态系统的核心是温度的动态平衡，地球生态系统的目标是地球生态系统的可持续发展。

（29）研究发现，在启动三大补充机制的过程中，无论是人类引起输入水体的硅的减少和大气碳的增加，还是地球生态系统导致输入水体硅的增加和大气碳的减少，都充分展现了人类与自然界的相互"碰撞"，这强烈地导致一系列自然灾害发生，如干旱、沙漠化、沙尘暴、暴雨、洪水、泥石流、山体滑坡、风暴潮和赤潮。研究认为，人类引起水温和气温上升的灾难要比自然界中自然产生的灾难深重得多。自然界的灾难是局部的、短期的，而人类引起的水温和气温上升的灾难是全球的、长期的。

（30）浮游植物的生长具有双重作用，它是海洋食物链的基础，又是消耗大气碳的重要过程。通过浮游植物对大气碳的吸收，浮游植物与人类共同决定大气碳的变化。地球生态系统维持人类向大气的碳排放量与浮游植物对大气碳的吸收量的动态平衡。硅对浮游植物的生长是必不可少的，如果没有硅，浮游植物就无法生长。通过硅的生物地球化学过程，展示了硅决定浮游植物的变化。因此，借助于浮游植物，硅决定了大气碳的变化过程。

（31）由于海洋严重缺硅，而且大气的碳在不断地上升，这样，地球的气温和水温也在不断地上升。借助于地球生态系统理论以及地球生态系统三大补充机制，地球生态系统通过硅、碳的生物地球化学过程，来维持地球生态系统的动态温度平衡。因此，硅间接决定了气候的变化。地球生态系统充分发挥三大补充机制的功能，进一步提高向大海输送硅的能力，更好地为地球降温。

（32）研究了人类对生态环境的影响过程、生态环境变化对地球生态系统的影响过程，以及地球生态系统对环境变化的响应过程；剖析了目前地球发生的现象，解释"厄尔尼诺"与"拉尼娜"的现象成因。

本书是在西京学院出版基金、土地利用和气候变化对乌江径流的影响研究（黔教合 KY 字[2014] 266 号）项目、威宁草海浮游植物功能群与环境因子关系（黔科合 LH 字[2014] 7376 号）项目、贵州民族大学出版基金和国家海洋局北海监测中心主任科研基金——长江口、胶州湾、浮山湾及其附近海域的生态变化过程（05EMC16）项目的共同资助下完成的。

有关本书内容的研究还在进行中，本书为阶段性成果的总结，欠妥之处在所难免，恳请读者多多指正。希望读者能和作者一起努力，共同发展海洋生态学，作者将甚感欣慰。

在各位同仁和老师的鼓励和帮助下，此书出版。作者铭感在心，谨致衷心感谢。

杨东方

2019 年 11 月 1 日

目　　录

第1章 生态数学模型及其在
海洋生态学的应用

生态系统动态过程是全球性的研究热点。用于研究的模型，从早期的种间竞争、捕食的关系模型到生态过程、食物链模型等都被广泛应用。在近代，全球环境变化受到重视，随着计算机的普及，以及应用数学理论与方法的不断完善，生态的动态数学模型展示了物理、化学、地质、环境、生物等学科的综合生态过程。Frost（1993）的欧洲北海区域的海洋生态系统模型，以及美国和加拿大以此对美国东海岸的乔治浅滩生态系统、美国西海岸的加利福尼亚上升流生态系统、美国切萨皮克湾生态系统、加拿大圣劳伦斯湾生态系统等开展的工作，使得这些地区的生态条件大为改善。我国的生态系统动态研究尚处在起步阶段，然而，最近几年，我国科学工作者追踪国际前沿的发展趋势，逐渐使我国在这一方面也得到了不断地发展。

海洋是一个资源丰富的巨大宝库，随着人类科学研究的进步、各种研究方法的更新，人类对海洋的认识也更为深入，对海洋资源的应用也在不断增加，随着近海资源开发利用对环境和全球变化影响研究的不断深化，人们普遍意识到海洋生态，特别是近海生态对人类生存与发展的重要性。海洋生态学是研究海洋生物与其环境相互作用的科学，动态的和定量的研究是其发展的总趋势，为了达到这个目的，在综合海洋生态系统各个要素的作用的基础上建立生态数学模型，利用模型讨论模拟海洋生态系统的演变过程，已经成为海洋生态学研究中最重要的方面之一。

目前，人们正努力研究复合海洋生态系统的持续发展、营养动力学机制、生态系统生物过程等，已产生了一系列模型，如物质输运和物质平衡模型、营养补充机制模型、营养吸收动力学模型、食物网结构模型和分室能流模型等，使得全球海洋生态系统动态研究得以发展和完成，并对人类生存、资源利用和环境保护产生重大意义。为此，生态数学模型在海洋生态学研究中成为一种非常有价值的工具，正如 D. W. Thompson 在 1942 年时所言："……数字上的精确性是科学的真正灵魂，达到这一点是判断理论的真实性与实验的正确性的最好的、也许是唯一的标准"。

1.1　生态数学模型的特点和类型

1.1.1　生态数学模型的构建

数学模型的作用在于它对新的概念、新的观点及一些生态现象给予清晰地描述。它的应用对于可能的基本原理提供有用的启发，而且有时会产生出乎意料的结果和对生态学问题的新理解，如浮游植物生长能量平衡模型、颗粒垂直通量模型等。

在讨论数学模型的一般概念时，我们应当认识到，模型提供的是对系统的代表方式的理解，假如这个系统是动态的，模型即能对该系统的各种运动进行模拟，而使许多问题得以解决，如针对河口动力学、海洋生物变化与环境的关系、种群生长、海洋的物质循环与海洋生物地球化学的关系等的模型就有此特点。模型更重要的特征是它应该比真实的系统更便于理解或叙述得更充分，因此模型一般是真实系统的简化，但是真实系统的实质性特点应该在模型中出现，以使得模型的行为与系统的行为是相同的或者相似的。

数学模型由一个方程或者一个方程组组成，它们通过某些必要的假定和假设，定性或定量地表达真实系统，给出所预料的数值，用真实系统所做的测定值进行检验。模型的数学方程并不能提供模型的生态学或科学的内容，而是以定量方式来表达或解释所做的假设，以便推演它们的结论，告诉人们到何处寻求对这些结果的证实或否定。

1.1.2　模型的特点和类型

数学模型研究可以分为两大方面：定性的和定量的。要定性地研究，提出的问题是："发生了什么？或者发生了没有？"要定量地研究，提出的问题是"发生了多少？或者它是如何发生的？"前者是对问题的动态周期、特征和趋势进行定性的描述，而后者是对问题的机制、原理、起因进行定量化的解释。然而，生物学中有许多实验问题与建立模型并不是直接有关的。于是，要通过分析、比较、计算和应用各种数学方法，建立反映实际的、具有意义的仿真模型。

生态数学模型的特点为：①综合考虑各种生态因子的影响；②定量化描述生态过程，阐明生态机制和规律；③能够动态地模拟和预测自然发展状况。

模型的功能为：①建造模型的尝试常有助于精确判定所缺乏的知识和数据，对于生物和环境有进一步的定量了解；②模型的建立过程能产生新的想法和实验方法，并缩减实验的数量，对选择假设有所取舍，以完善实验设计；③与传统的方法相比，模型常能更好地使用越来越精确的数据，把从生态的不同方面所取得的材料集中在一起，得出统一的概念（Thornley，1983）。

从模型的特点可知，要想了解动态的生态系统的基本过程和动力学机制，就要尽可能以建立数学模型为出发点，以数学为工具，以生物学为基础，以物理学、化学、地质学为辅助，对生态现象、生态环境、生态过程进行探讨。

模型建立的方法可分为两种："机理的"和"经验的"。从实验系统、系统的模型及数学之间的关系，可以看出机理模型和经验模型在制定时有些过程是相通的（图 1-1）。

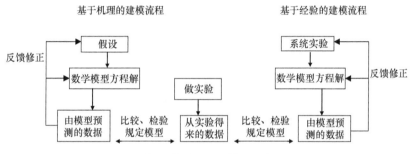

图 1-1　机理模型和经验模型的实施过程

1.2　举例说明数学模型在生态学上的应用

用于生态学研究的模型，从早期较为单一的种间竞争、捕食关系模型发展到现在各种综合复杂的生态系统、食物链模型，这些模型使得全球复合海洋生态系统动态研究得以发展和完成。这对我们人类的生存、资源利用和环境保护都有重大的意义。所以，生态数学模型在海洋生态学研究中已经成为一种非常有价值的工具。

1.2.1　DINT（daylength，irradiance，nutrients，temperature）模型

浮游植物生长对海洋生物地球化学循环是至关重要的，其过程模型将描述碳、氮、磷、硅及其他元素在海洋中的通量和浮游植物对通量过程的影响。这些模型强调了浮游植物细胞的化学结构（叶绿素 a、C、N、P 和 Si）和单位叶绿素 a 的光合作用作为光强度的函数，浮游植物增长率（μ；d-1）的变化与光照时间（D）、光照强度（I）、限制营养盐（N）和水温（T）的关系。为了描述这个变化，所以对这些未知的相关性进行预测并将这些预测与海洋生物地球化学过程的动态模拟结合起来。

DINT 模型是稳定状态，其表示式如下，

$$\mu+r = PC / C$$

式中，毛增长率（净增长率 μ 和呼吸 r 之和；d-1）等于毛光合作用速率 PC（gC/cell；d-1）与单位细胞的 C（gC/cell）之比。或者，

$$\mu+r = D \times I \times a_{chl} \times \varphi \times Chl/C$$

式中，D 为光照时间（h/24h）；I 为光照期间的平均光照强度[μmol/(m^2·s)]；a_{chl} 为叶绿素比吸收系数（m^2·g·Chl^{-1}）；φ 为光合量子值（mol C/mol photons）；Chl 是细胞叶绿素 a 浓度（gChl/cell）。$D \times I \times a_{chl} \times \varphi \times Chl$ 即为毛细胞光合作用 PC。这是由 Kiefer 和 Mitchell（1983）等根据碳的能量预算建立的。

参数化呼吸：为了进一步限制能量平衡，Shuter（1979）把呼吸假设为生物维持的呼吸（r），独立于生长率和生物合成，于是有 $r = r_0 + \beta_\mu$，式中，β 为生物合成值。

温度函数：温度函数描述水温对生物合成的过程，$g^*_T = f(T)$。这个函数用于营养盐和光饱和的生长率，展示了水温的独立性。Eppley 等（1977）采用这个函数来分析和预测浮游植物的最大增长率。

营养盐函数：和水温函数一样，描述营养盐供给影响和决定生长率的过程，Monod 方程将毛生长率和营养盐供给相联系，

$$g^*_N = N^* / (1+ N^*)$$

式中，N^* 为有效的营养盐浓度，定义为[N]/Km，[N]为营养盐浓度，Km 为生长的半饱和系数（μM）。Morel 等（1978）所建立的在非替代的限制营养盐的吸收时单一转换的机制模型，使得营养盐供给独立于增长率。这样可展现 P、N、Si 对生长的限制情况。

1.2.2 颗粒垂直通量模型

海洋颗粒在物质的海洋生物地球化学过程中起着重要的作用，它们提供物质的来源、沉降、再分布和归宿。由于它们处在相对于海水的运动状态，因此，颗粒的垂直通量过程是由生物、物理和化学的过程所共同控制的。

海洋颗粒的沉降是垂直转移的主要机制。对于具有小 Reynolds 数（Re<1）的颗粒，其沉降速率 w（相对于周围水的运动）由摩擦力和重力之间的平衡所决定，并根据 Mclave 在 1975 年提出的 Stokes 的法则来定义，其方程为，

$$w = 2/9 \times \pi \times \Delta\rho \times g \times r^2 \times \mu^{-1}$$

式中，π 为常量，约为 3.1416；$\Delta\rho$ 为粒子密度和流体密度的差；g 为重力加速度；r 为粒子半径；μ 为流体黏度。

1.2.3　剩余产量模式

在未开发利用的情况下，根据种群所在海区生态系统的容纳能力，其生物量 B 在初始水平下较低，以后增长到最高水平 B_∞，但不是以恒定的速率增长。当生物量不大时，增长缓慢，中间阶段增长迅速，当生物量接近 B_∞ 时，增长又缓慢。为了满足上述条件的种群增长，模型可表达为（沈国英和施并章，1990）：

$$\frac{\mathrm{d}B}{\mathrm{d}t} = rB(B_\infty - B)$$

上式为抛物线图形，要使 $\dfrac{\mathrm{d}B}{\mathrm{d}t}$ 达到最大值，只要对其求导，并令其为零，即当 $B = \dfrac{B_\infty}{2}$ 时，$\dfrac{\mathrm{d}B}{\mathrm{d}t} = 0$ 达到最大值，即增长速率最快。

在开发利用的情况下，种群的增长速率受捕捞的影响，设捕捞死亡系数为 F，则模型为

$$\frac{\mathrm{d}B}{\mathrm{d}t} = r \times B(B_\infty - \mathrm{B}) - F \times B$$

捕捞死亡系数 F 与捕捞力量 f 成正比，即

$$F = q \times f$$

所以，

$$\frac{\mathrm{d}B}{\mathrm{d}t} = r \times B \times B_\infty - r \times B^2 - f \times q \times B$$

上式说明，在某一时间中，当 $f \times q \times B < r \times B_\infty \times B - r \times B^2$，即渔获量小于自然增长量时，$\dfrac{\mathrm{d}B}{\mathrm{d}t} > 0$，种群生物量增加，它反映了渔获量高于自然增长量时，种群本身就要减少相当于超过增重的那部分重量，当资源超下降时，就形成捕捞过度。

如果 $f \times q \times B = r \times B$（$B_\infty - B$），渔获量恰与种群自然增长量相等，$\dfrac{\mathrm{d}B}{\mathrm{d}t} = 0$，种群生物量不变，此时，则认为种群生物量与捕捞力量处于平衡状态。在这种平衡状态下所获得的渔获量被称为平衡渔获量或持续产量（或剩余产量），以 Y 表示。

在平衡状态下

$$Y = q \times f \times B = r \times B(B_\infty - B)$$

上式为逻辑斯谛模型，也称持续产量模型，表示平衡状态下渔获量与种群生物量呈抛物线关系。

1.2.4　伯塔兰菲生长方程式

某些鱼类种群个体随年龄增长可用其参数值不变的函数表示其生长，L.Von Bertalanffy（范·伯塔兰菲）成功地解决这一问题。Von Bertalanffy 生长方程式满足两个重要的标准，即符合大部分鱼类生长的观察数据，同时又容易编入种群数量变动模式，方程为

$$W_t = W_\infty[1 - e^{-K(t-t_0)}]^3$$
$$L_t = L_\infty[1 - e^{-K(t-t_0)}]$$

以上两式是 Von Bertalanffy 生长方程式，分别表明了体重或体长与年龄的关系。式中，以 W_t 代表年龄 t 的平均体重，L_t 代表年龄 t 的平均体长；W 代表随年龄增长而增长的渐近体重；L_∞ 代表随年龄增长而增长的渐近体长，K 代表决定趋向 W_∞ 或 L_∞ 的变动率的一个常数，称为生长曲线的曲率；t_0 代表年龄坐标上的理论原点，即各个年龄的生长都遵循 Von Bertalanffy 生长方程式，其体重或体长为零时的理论年龄，因此，t_0 可能小于零。实际上，这一方程对于幼鱼并不一定适用。

1.2.5　海洋中悬浮物质再悬比率计算模式

海洋中的颗粒物质沉积通量的研究对了解全球物质循环和确定它们的海洋生物地球化学过程具有重要的意义，但是直接测定悬浮物质的再悬浮比率，技术上仍然还不可能，以至于真实的物质的垂直通量无法计算。经研究，我们根据物质通量和特征化学组成在浮游生物、悬浮颗粒物质与底质中含量的关系，建立了再悬浮比率方程，从而使上述问题得到初步的解决。

模式的建立首先要进行基本概念的建立和条件假设：①海洋中的悬浮颗粒物质由浮游生物生成的颗粒物质和再悬浮的沉积物组成，它们在混合时，其化学组分不发生变化；②底质物再悬浮后，其化学组分不发生变化；③化学组分在悬浮颗粒物质中分布均匀。海洋中悬浮物质再悬比率计算模式（詹滨秋和宋金明，1997）为，

$$\alpha_r = (C_A^S - C_A)/(C_A^S - C_r) \times 100\%$$

式中，α_r 为再悬浮沉积物在悬浮物质中占的比率；C_A^S、C_A 和 C_r 分别为悬浮颗粒物质、海洋自身生成的颗粒物质和再悬浮沉积物中化学组分 A 的含量。方程运用颗粒有机碳（POC）和有机氮（PON）作为特征化学组成计算 α_r，其标准偏差最小为 0.5%，最大为 2.1%，平均为 1.1%。

从以上可见，数学模型在海洋生态学上应用广泛，并解决了一系列的实际问题和生态现象。从浮游植物生长的能量平衡、水温和生物合成的关系、营

养盐对浮游植物生长的限制到种群所在海区生态系统的容纳能力下的持续产量,以及鱼类种群个体随年龄的增长等的生态过程等都进行了定量化的揭示。

1.2.6 胶州湾北部水层生态动力学模型

通过多学科交叉与联合,作者进行了 5 次胶州湾生态动力学的综合调查实验,并在结合收集分析历史资料、掌握胶州湾主要生态要素季节变化的基础上,建立了包括浮游植物(P)、浮游动物(Z)、悬浮态与溶解态有机碳(POC、DOC)、可溶无机氮(DIN)、可溶无机磷(DIP)及溶解氧(DO)7 个状态变量的箱式动力学模型,得到一系列的方程及方程组。

利用这些模型成功地模拟了 1995 年 3~11 月,胶州湾水层生态系统演变的基本特征(图 1-2)。模型通过检验后,在胶州湾浮游生态系统的研究中发挥了重要的作用(俞光耀等,1999a,1999b)。

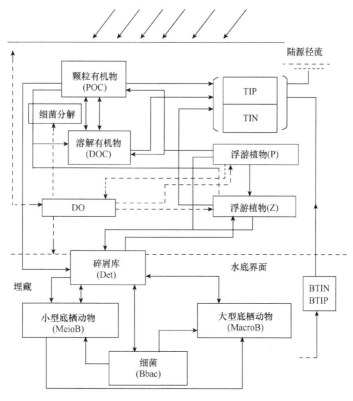

图 1-2 胶州湾水层-底栖耦合生态模型能流结构框图

TIP, 总无机磷;TIN, 总无机氮;BTIP, 间隙水中的总无机磷;BTIN, 间隙水中的总无机氮

1.3　应用数学模型解决胶州湾的生态问题

从上面的阐述可知，数学模型在海洋生态学中应用非常广泛。作者不仅可以根据机理或实验建立模型，同样可以利用它们解决一系列的实际问题和生态现象。例如，在胶州湾浮游植物的研究中应用多种生态数学模型解决问题。

通过实地观测胶州湾海域，得到大量数据，经过各种数学方法比较分析发现，该水域的主要理化因子（包括温度、光照、各种营养盐）与浮游植物的生长和分布有关。

根据胶州湾 1991 年 5 月至 1994 年 2 月的观测数据，采用统计学和微分方程分析比较研究该水域主要理化因子（温度、光照、NO_3-N、NO_2-N、NH_4-N、SiO_3-Si、PO_4-P）与浮游植物、初级生产力时空分布变化之间的关系。作者发现硅酸盐对初级生产力的特征分布、动态周期和变化趋势有着重要影响；为此，作者建立了相应的初级生产力-硅酸盐的动态模型和模拟曲线；又从胶州湾的硅酸盐成因、生态环境状况和生态现象分析探讨，认为胶州湾的硅酸盐是初级生产力的限制因子，并对具有明显的高营养盐浓度和浮游植物低生物量的海域进行了合理解释。

根据 1991 年 5 月至 1994 年 2 月的观测数据，采用统计学和微分方程，对胶州湾的光照时间、水温进行分析，确定了光照时间的变化和周期控制着水温的变化和周期，并建立了相应的光照时间时滞-水温的动态模型。又通过对叶绿素 a 和初级生产力的分析提出概念"浮游植物增殖能力"（既不同于初级生产力，也不同于碳同化数），对浮游植物的生长过程进行了定量化揭示。通过对胶州湾浮游植物增殖能力的时空分布特征和季节变化特点进行分析，作者大体知道了浮游植物生长的动态周期、特征和区域，建立了相应的水温——增殖能力的动态模型和模拟曲线。结果表明，胶州湾的水温控制着浮游植物增殖能力的周期性和起伏性，阐述了浮游植物在夏季有单峰型（1 回）增殖和在春季、秋季有双峰型（2 回）增殖的机制，并解释了光照时间、水温对初级生产力的影响。

1.4　结　　论

上面的例子也体现了定性描述与定量处理之间的关系，使研究展现了许多有价值的启示，也使研究进入更深的层次。

模型研究要特别注意如下几点。①模型的适用范围：时间尺度、空间距离、海域大小、参数范围。例如，不能用每月的个别发生的生态现象来检测一年跨度的调查数据所做的模型。又如，不能用不常发生的赤潮的赤潮模型来解释经常发生的一般生态现象。因此，模型的适用范围一定要清楚。②模型的形式是非常重要的，它揭示内在的性质、本质的规律，解释生态现象的机制、生态环境的内在联系。因此，重要的是要研究模型的形式，而不是参数，参数只是说明尺度、大小、范围而已。③模型的可靠性，由于模型的参数一般是从实测数据得到的，它的可靠性非常重要，这是通过统计学来检测和得到的。只有可靠性得到保证，才能用模型说明实际的生态问题。④解决生态问题时所提出的观点，不仅须要数学模型支持，还须要生态现象、生态环境等各方面的事实来支持。

在现代科学研究的飞速发展中，数学模型的应用在研究的内容上更深入，在微观与宏观两个方面更大地拓展了人类认知自然的视野，为研究方法的发展提供了新的思路。数学模型集中体现包括数学、生物学、物理学、化学等多门学科的知识，在科学研究中具有举足轻重的地位，为人类提供了逻辑思维和解决问题的正确方法，对于人类学习、掌握数学是极为重要的，是开启思考大门的金钥匙。数学模型能够揭示自然科学的变化过程、机制和原理，进一步定量化研究结果，为人类生存提供安全保障。

参 考 文 献

沈国英, 施并章. 1990. 海洋生态学. 厦门: 厦门大学出版社: 152-220.

俞光耀, 吴增茂, 张志南, 等. 1999a. 胶州湾北部水层生态动力学模型与模拟 I 胶州湾北部水层生态动力学模型. 青岛海洋大学学报, 29(3): 421-428.

俞光耀, 吴增茂, 张志南, 等. 1999b. 胶州湾北部水层生态动力学模型与模拟 II 胶州湾北部水层生态动力学模型. 青岛海洋大学学报, 29(3): 429-435.

詹滨秋, 宋金明. 1997. 东海悬浮物质再悬比率的初步研究. 海洋科学集刊, 38: 99-101.

Eppley R W, Harrison W G, Chisholm S W, et al. 1977. Particulate organic matter in surface waters off Southern California and its relationship with phytoplankton. Journal of Marine Research, 35(4): 671-696.

Frost B W. 1993. A modelling study of processes regulating plankton standing stock and production in the open subarctic Pacific Ocean. Prog Oceanog, 32: 17-56.

Kiefer D A, Mitchell B G. 1983. A simple, steady state description of phytoplankton growth based on absorption cross section and quantum efficiently. Limnol Oceanog, 28(4): 770-776.

Morel N M L, Rueter J G, Morel F M M. 1978. Copper toxicity to skeletonema costatum. J Phycol, 11: 43-48.

Shuter B. 1979. A model of physiological adaptation in unicellular algae. J Theor Biol, 78: 519-552.

Thornley J H M. 1983. 植物生理的数学模型. 王天铎, 等译. 植物生理的数学模型. 北京: 科学出版社: 1-32.

第2章 铁对浮游植物生长
与大气碳沉降的作用

2.1 铁对浮游植物生长影响的研究进展

浮游植物初级生产是海洋生物生产和海洋食物链的第一个环节，光照、温度和营养盐是影响海洋浮游植物光合作用的重要环境因子，这些环境因子的影响效应表现在藻类生长与繁殖的快慢。因此，人们对抑制浮游植物生长的营养盐是哪一种元素，众说纷纭，争执不休。目前国内流行的观点认为氮、磷、硅、铁是主要的限制因子。随着时间的流逝，科学的发展趋势和研究结果使人们逐渐了解营养盐对浮游植物生长影响的机制和过程，同时，也了解了营养盐的生物地球化学过程。国内外学者对营养盐的研究也不断加深，研究结果日新月异。下面阐述铁对浮游植物的生长影响和目前的研究进展。

2.1.1 铁是浮游植物生长的限制因子的起源与证据

1982年，Gordon等发表《海水中溶解铁的断面》，阐述了铁在海水表层耗尽，含量到亚微摩尔级。这使人们思考铁可能是在广阔海域的生物限制因子。

1988年，Martin和Fitzwater（1988），以及Martin和Gordon（1988）发表了加铁研究的实验结果，这些实验是取太平洋近北极高氮量低叶绿素量（high nitrate low chlorophyll，HNLC）海区的海水装入瓶中在甲板上进行的。从这些实验结果可以看出，在这些海域的浮游植物对营养盐的低利用与铁的限制有关。

1988年6月，在伍兹霍尔海洋研究所的研讨会上，Martin首先提出了用铁作为肥料大尺度给HNLC海域施肥的概念。

1989年春季，国际研究委员会总结：通过提高新初级生产力，减缓大气中二氧化碳的增加，在概念上是切实可行的，并做了进一步推荐。在经过慎重的考虑建立相关模型和初步实验之后，实施了国际的瞬间加铁实验。

1991年2月，召开了关于海洋湖沼论文集的一个特别团体会议，重点讨论在广阔的高营养盐海域控制浮游植物生产力的问题。Chisolm和Morel（1991）发表"铁的假定"或者"控制HNLC海区的营养盐吸收的因子们"的研究结果。提出质疑，认为用铁作为肥料来降低二氧化碳增加是具有科学性的不确定的缓和措施，并敦促不要考虑把铁当肥料作为一个政策的选择。但是，人们一致同意的解决方法是：保证把不封闭的加铁实验的实施作为唯一的办法，来说明在整个食物链中加铁是否会导致净群落生产的提高（Coale et al., 1998）。

铁实验 I 和其后的铁实验 II 的结果证明了赤道太平洋生态系统的生物集群在加铁后具有直接和明确的反应。这些实验在某种程度上提供了一个有力的证据来支持 Martin "铁的假定"，这些实验也证明了现场实验的切实可行。因此，正如 Chisolm 和 Morel（1991）所说的，对于广阔海域，生态研究不必限定在被动的观察和"通过培养瓶的变形镜片来审视海洋世界"。在海洋中实施未来的地球化学和生态研究方式的改变是非常重要的（Coale et al., 1998）。

虽然在 20 世纪 80 年代后期之前，海洋营养盐中铁的重要性就已经被认识到，但是，只有 Martin 研究小组第一次在海水中用快捷的方法测试了铁的假定。近些年来，许多研究表明，在自然浮游植物集群中添加微摩尔的铁就会提高光合成电子输送效率和初级生产力。在船上的瓶中进行培养实验和中尺度几千米的现场实验都看到这个结果（Coale et al., 1996）。在太平洋近北极的水域、高纬度的南大洋和东赤道太平洋都显示了铁作为限制因子在起作用。

铁对现代海洋初级生产力限制的直接证据是现场在赤道太平洋东部（HNLC 海区）的加铁研究（De Baar et al., 1995）。研究人员发现加铁后，光化学能储藏效率在提高、生物量在增加、初级生产力在提高（Kolber et al., 1994；De Baar et al., 1995）。间接证据是在 HNLC 海域加铁后发现：在铁的来源的下流区域，在赤道太平洋（De Baar et al., 1995）和 1993 年 Sullivan 等调查的南大洋有持久高叶绿素浓度板块。在小尺度上，研究人员发现在南极前沿内初级生产力和浮游量与铁浓度成正相关（Falkowski, 1997）。

2.1.2　最新研究结果与存在的问题

最近的研究认为，在铁贫瘠的海区铁的作用是限制氮的固定（Falkowski, 1997）。Hutchins 和 Bruland（1998）和 Takeda（1998）的研究显示了与氮相比硅藻对硅的吸收受到铁的影响。Hutchins 等检测上升流，如 the California Current, northern California, Big Sur 海区的环境中加铁的影响。他们研究的最初目标是证明在这个区域，初级生产力是否受到铁的限制。实际研究结果显示，这些沿岸海区的初级生产力不受铁限制。他们认为，河流和大陆架的沉积提供了大量的营养盐供给。然而在 Big Sur 海区，低的冲积输入和窄的大陆架减少了铁的来源。Hutchins 等认为，上升流推动强有力的营养盐的提供和低铁量的输入，导致了加利福尼亚沿岸的 HNLC 环境。

Hutchins 等（1998）的实验结果显示：加铁几天后，培养的自然浮游植物集群的增殖率和氮吸收就提高了。从自然含铁量较高的附近海域采集的样品，加铁后，浮游植物并没有进一步增长。这个结果说明了铁的重要性。也就是说，在不缺铁的海域其浮游植物增长不受加铁的影响，而在缺铁的海域，浮游植物的增长却受到铁的影响，加铁后，浮游植物增长迅速。因此，认为在 HNLC 海域，铁是限制因子。

以前的试验表明，生产效率的提高几乎完全是由于大型硅藻的反应，这些大型硅藻的特征之一是它们具有硅质的骨架。然而，以前并没有监测铁的提高对硅吸收的影响。新近实验的监测结果表明，加铁后，硅藻增殖迅速，而且，吸收氮更快。但是，这种过度增长对硅的吸收影响却是微不足道的，以至于在铁贫瘠海区，$Si：N$ 的值是加铁后培养的 3～4 倍（Takeda，1998）。

从以上分析研究可以得出这样的结论：铁无论加在实验室培养瓶中，还是缺铁的海水中，还是大尺度缺铁的海洋里，尤其在高营养盐、低浮游植物生物量的海区里，都会使海水中的浮游植物过度猛增。同时，在陆源提供充足营养盐的海区，其中铁的量级较高，再加铁也不会使浮游植物迅速增殖，从这些结果来看，铁对浮游植物生长有着重要的影响。然而，最新研究表明，铁使增殖迅猛的浮游植物竟是大型硅藻，而且，硅藻在加铁后，对硅的吸收几乎不增。从这个结果来看，我们认为对浮游植物生长来说，由于铁改变了浮游植物的吸收比例，这样，要么铁是硅的替代品，要么铁改变了浮游植物本身的结构。因此，铁是否是浮游植物生长的限制因子值得进一步思考。

2.2 刺激浮游植物生长的铁对大气碳沉降的影响

人类活动在不断增加，工业在迅速发展，加大了向大气排放二氧化碳，提高了大气中二氧化碳的含量。在"温室效应"的作用下，大气温度升高。由于大气环绕着陆地和海洋，海洋占全球面积的 70%，因此，海洋也就出现了升温。

1995 年 12 月，在罗马召开的联合国气候变化专业委员会第 11 届全球会议上，来自超过 120 个国家的近 200 名代表经过讨论，通过了一份《全球气候变化科学评估报告》（1995 年）。该报告指出：由于人类活动的影响，特别是大量使用煤、石油等化石燃料，造成二氧化碳、甲烷和氮氧化合物等"温室气体"增加，全球气温自 20 世纪末已增加 0.3～0.6℃。1850～1990 年，100 多年来地球表面平均温度上升了 0.6℃（何强等，1993）。

海洋中浮游植物的旺盛生长决定了大气中二氧化碳的平衡，消除或放慢了由于人类活动给大气带来的二氧化碳的增长。换句话，浮游植物生长决定着未来地球的气温或海水水温的升降变化。而浮游植物的生长主要由营养盐氮、磷、硅来控制（杨东方等，2001，2007a，2007b，2008，2009；杨东方和谭雪静，1999）。

浮游植物是海洋生态系统中食物链的基础，对浮游植物生长限制因子的研究是国际研究的热点。1982 年，马丁（Martin）发现给海洋中浮游植物加铁，能使浮游植物迅速生长（Gordon et al.，1982）。然而，1998 年，Takeda 发现加铁后浮游植物的生长结构和对营养盐的吸收比例发生变化，并认为马丁得到的结论是错误的。本书介绍铁对海洋浮游植物生长影响的研究过程，从开始认为铁是浮游植物生长限制因子改变为铁是浮游植物生长刺激因子。

2.2.1　浮游植物与限制因子

地球表面有大约 3/4 的面积是海洋。每一滴来自海洋表层 100m 内的水，其中大都含有数千个自由漂浮的微生植物，名叫"浮游植物"（phytoplankton）。这些单细胞生物包括硅藻与其他藻类，它们居住的地区占据了地球表面的 3/4。全球行光合作用的生物所含的碳有 $6000 \times 10^8 t$，而浮游植物占的比例却不到其中的 1%。

浮游植物像陆地的小草，如果有充足的营养盐和适宜的水温，就会迅速生长，繁殖旺盛，很快就铺满广阔的水面。浮游植物是水生环境中从无机物质到有机物质转换的主要承担者之一，即主要的初级生产者。

浮游植物的个体虽然小得微不足道，却是水中原始食物的生产者，世界上所有的海洋生命都直接或间接地依赖于一种浮游植物，不仅浮游动物、小鱼小虾和贝类喜欢吃它们，许多大动物，像鲸等也都直接以它们为食料，因而要是没有它们，水里的大型动物恐怕也就无法生存了。因此，浮游植物是海洋食物链的基础，它们的变化直接影响着食物链中其他各环节的变化。浮游植物的优势种在一般海域是硅藻，而营养盐硅对于硅藻的生长是必不可少的。

海洋是大气中二氧化碳的最大吸附器。由于二氧化碳能够溶解在海水中，大气中的大量碳进入海水。浮游植物吸收溶解在海水中的碳，沉降到海底，并储存。这样，在海水中有大量的浮游植物，使海水中的碳源源不断地转移到海底，完成了碳从大气经过海洋到海底的储存过程。在这个过程中浮游植物起到泵一样的作用，将碳从大气源源不断地转移到海底。

海洋浮游植物在其生长过程中，除了要吸收光能及各种营养盐，也须利用表层海水中的二氧化碳进行光合作用。这不但促进二氧化碳从大气向海洋输送，而且生成的浮游植物被浮游动物摄食，进而被鱼类等高级消费者摄食，从而维持整个生态系统的存在。当藻类、浮游动物，或者更高级的海洋中的消费者死亡向海底沉降时，就形成向下运输的碳流，从而使二氧化碳固定在海洋底部，这就是生物泵理论（图 2-1）。

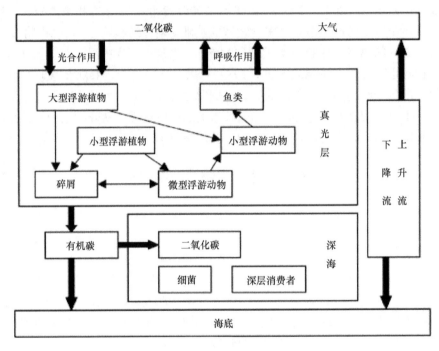

图 2-1　生物泵理论示意图（引自 Chisholm，2000）

无机环境是生物生存的基础环境，动物最终依赖植物作为营养来源，而植物则依赖阳光、水分、肥料成分等自然资源而生长、繁殖。各种生物所要求和适应的环境是不同的，就环境而言，都包含着多种多样的环境因子。在诸多因子中，往往有一种因子对某一个物种的生存或分布起决定性作用，这样的因子就被称作限制因子。而海洋中的几种元素，最引人关注的是营养盐氮、磷、硅，它们对浮游植物生长是非常重要的，就像陆地上给植物施肥一样，营养盐限制浮游植物的光合作用，在一些海域加了氮、磷、硅，浮游植物生长就会旺盛、迅速。因此，这些营养盐对海域中浮游植物生长起重要的限制作用。然而，在 20 世纪 80 年代，科学家马丁发现了铁能使浮游植物迅速生长、繁殖旺盛。

2.2.2　铁对浮游植物生长的影响研究过程

1982 年，戈登（Gordon）等发表《海水中溶解铁的断面》（Gordon et al.，1982，英文文献），认为铁在海水表层耗尽到亚微摩尔级。这使人们思考铁可能是在广阔海域的生物限制因子。同年马丁（Martin）和戈登（Gordon）在 *Nature* 首度发表了东北太平洋铁浓度的剖面图。

1988 年，戈登（Gordon）和菲兹沃特（Fitzwarter）马丁（Martin）、菲兹沃特（Fitzwarter）和戈登（Gordon）发表了加铁的实验结果，这些实验是取太平洋北极 HNLC 海域的海水装入瓶中在甲板上进行的。从这些实验结果可以看出，这些海域的浮游植物对营养盐的利用与铁的限制有关（Martin and Fitzwater，1988；Martin and Gordon，1988）。

1988 年 6 月，在伍兹霍尔海洋研究所的研讨会上，在温室效应的可能调解的文中，马丁（Martin）首先提出了用铁作为肥料大尺度给 HNLC 海域施肥的概念。关于给大海施铁肥以降低温室效应的作用的实验，1988 年，*Nature* 杂志发表了在太平洋东北部亚极区的实验（Martin and Fitzwater，1988；Martin and Gordon，1988）。这些在培养瓶内进行的铁加富实验证明铁大大促进了浮游植物的生长。

1989 年春季，国际研究总结：通过提高新的初级生产力，可减缓大气中二氧化碳的增加，这在概念上是切实可行的，并做了进一步推荐。在经过慎重的考虑建立相关模型和初步实验之后，实施了国际的瞬间加铁实验。

1990 年，马丁（Martin）根据冰芯记录中铁和二氧化碳浓度的负相关现象提出了"铁假说"（iron hypothesis），即：①藻类对营养盐和碳酸盐的吸收受可利用铁的限制的原理；②由于铁限制着藻类的生长，也就限制了藻类吸收大气中的二氧化碳，因此加铁能够促进大气二氧化碳向海洋表面的转移，从而降低大气中的二氧化碳的含量。由此，我们就看到了马丁著名的"给我半条船的铁！我能还给你一个冰川期"的结论。马丁确信储存在大海里的铁对气候变化起着重要作用，铁的缺乏会减少海洋浮游植物的生长，而这些浮游植物需要铁来完成酶的制造。马丁说，如果给缺铁的海域进行"补铁"使其中的铁含量增加，浮游植物就会生机勃勃，进而通过光合作用将海洋表面的二氧化碳剥离掉一层，以达到遏制全球变暖的趋势。

随后，有许多科学家用实验证明了马丁的观点。例如，1993 年 11 月中旬，科学调查船 Columbus Iselin 号在加拉帕哥斯群岛（Galapagos Islands，位于厄瓜多尔西部）南部 500km 处进行了首次铁加富实验，代号为"IronEx1"（Wells，1994；Martin et al.，1994）。450kg（约 7800mol）铁和 SF6 被撒在船的航迹上，在 24h 内，铁的加富面积达到 8km×8km，铁的浓度从大约 0.05μmol 加富到 4μmol。在加铁之后，浮游植物确实加快了增长。在加铁之后的 12～24h，光合作用的效率就有所增加，到 2～3 天时，光合作用的效率达到最大值，初级生产力和叶绿素 a 浓度都达到了原来的 2 倍多。但是，与培养瓶实验的结果相比，这次现场实验中浮游植物增长的幅度很小。实验中，叶绿素 a 的浓度仅达到 0.7μg/L，而培养瓶的实验中叶绿素 a 的浓度可达到 6μg/L。

1995 年 5 月 29 日，代号为 IronEx2 的实验（Coale et al.，1996；Frost，1996）在赤道东太平洋开始实施，225kg 铁和 SF6 按一定的比例混入一个面积 72km² 的方形海区内。实验结束时，叶绿素 a 的浓度是初始值的 27 倍。

1999 年 2 月 9～22 日，铁现场加富实验（Chisholm，2000；Boyd et al.，2000）在霍巴特（Hobart）西南 2000km 处进行。在这次实验过程中，初级生产力、浮游植物的碳和叶绿素 a 浓度缓慢而稳定地增长，叶绿素 a 的浓度增加了 6 倍，浮游植物碳增加了 3 倍，对营养盐的吸收也有所增加。

哈钦森（Hutchins）和布罗兰德（Bruland）在实验室的研究表明（Hutchins et al.，1998；Hutchins and Bruland，1998），加铁几天后，培养的自然浮游植物集群的增殖率和氮吸收率有提高，从自然含铁量较高的附近海域采集的样品，加铁后浮游植物并没有进一步增长，这个结果说明了铁的重要性。也就是说，在不缺铁的海域，其浮游植物增长不受加铁的影响，而在缺铁的海域，浮游植物的增长却受到了铁的影响，加铁后浮游植物增长迅速。单单加铁对海洋浮游植物可能只有有限的影响，不断加铁可能会失去效果。

有人认为氮、磷、硅、铁这 4 种元素会同时均等限制浮游植物的生长，这是不可能的，因为环境中的元素含量是不同的，浮游植物对元素的依赖也不可能是完全一样的。那么，其中哪一种元素明显地比其他的元素更为重要，时间和空间的尺度又如何。近年来，氮、磷、硅、铁哪种元素是浮游植物生长的限制因子成为人们关注的焦点（杨东方等，2001）。

由于铁对浮游植物的生长有明显的促进作用，近年来备受各界的关注。随着各项研究的开展，越来越多的人认为铁对浮游植物的生长有很强的调控作用（Coale et al.，1996；Hutchins and Bruland，1998）。铁在浮游植物生长过程中的电子传递、氧的新陈代谢、氮的吸收利用、叶绿素的光合作用、呼吸作用等中都有重要的作用（Flynn and Hipkin，1999；Gelder，1999）。因此，缺铁必然会对浮游植物的生长形成限制，于是就产生了铁是浮游植物的限制因子这一说法。

2.2.3 铁是限制因子的探讨

有一些科学家也进行了若干大规模试验来检验向"贫血"水域（即缺铁水域）中加铁的效果。加铁后的确会出现浮游植物繁盛的情况，但多数试验到此为止。在阿拉斯加湾亚北极水域进行的一项新的铁富集研究中，研究人员观测到一次大规模硅藻繁盛事件从发展到衰败的过程。铁应该是硅藻繁盛事件发展过程中的一个主导影响因素，但其衰败过程却与缺乏硅酸盐有关。硅酸盐主要用来组成硅藻等浮游植物的硅质外壳，少量用来调节浮游植物的生物合成，因此，当缺乏硅酸盐时，硅藻的外壳不能形成，细胞生长的周期也不能完成。硅藻在很大程度上控制了海洋中硅的循环，同时，硅藻的生长也受到硅酸盐的调控。

Takeda（1998）的试验表明，生产效率的提高几乎完全是由于大型硅藻的反应，这些大型硅藻的特征之一是它们具有硅质的骨架。在新近的实验中进行的监测表明，加铁后，硅藻增殖迅速，而且吸收氮更快。但是，这种过度增长对硅的吸收影响却是微不足道的，以至于在铁贫瘠海区 Si∶N 的比率是加铁后的 3～4 倍。铁使之迅猛增殖的浮游植物竟是大型硅藻，而且，硅藻在加铁后，对硅的吸收几乎不增。加铁后，改变了浮游植物的生理特征和结构。由此，我们推测加铁后，要么铁代替了硅元素，要么浮游植物吸收了铁后改变了原有的吸收比率，引起硅藻生理结构的变化。从这个结果来看，对浮游植物生长来说，由于铁改变了浮游植物的吸收比例，这样，要么铁是硅替代品，要么铁改变了浮游植物本身的结构，也就是说铁元素是浮游植物生长的刺激因子，而不是限制因子（杨东方和谭雪静，1999）。

2.2.4　铁对大气碳沉降的作用

在铁的作用下，浮游植物吸收硅的量在减少，这样，硅壳的重量在减少，其含硅量也在减少，其向下沉降的速度放慢。改变碳的沉降速率，不仅没有使大量碳沉降加大，反而减小。于是，在大气中的二氧化碳，并没有通过浮游植物达到海底，并被埋葬起来，而是很长时间留在水体中分解，这使得除去大气中二氧化碳的速度变慢（图 2-2）。这个结果造成了在动态变化过程中大气中二氧化碳增加，"温室效应"的作用也在增强。同时，加铁后，由于浮游植物对氮、磷、硅的吸收比例改变，其浮游植物的生长机制也要改变，浮游植物的结构也要改变，导致海洋生态中生物食物链的基础动摇。因此，用铁作为肥料，不仅不会降低大气中的二氧化碳，还会相对增加大气中的二氧化碳。同时，还会给海洋生态带来巨大的破坏和灾害。

2.2.5　结　　论

通过铁对浮游植物生长影响的研究，作者认为：铁影响浮游植物生长有以下事实是正确的：①叶绿素 a 的量增多；②初级生产力增加；③电子传递加快；

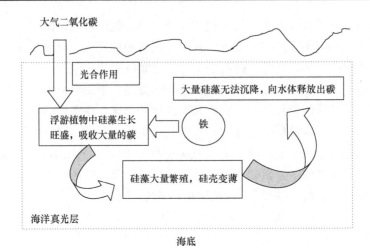

大气二氧化碳

光合作用

大量硅藻无法沉降，向水体释放出碳

铁

浮游植物中硅藻生长旺盛，吸收大量的碳

硅藻大量繁殖，硅壳变薄

海洋真光层

海底

图 2-2　加铁后浮游植物变化过程

④叶绿素的光合作用效率提高；⑤固氮能力增强；⑥铁使之迅猛增殖的浮游植物是大型硅藻；⑦铁改变了浮游植物的吸收比例；⑧浮游植物吸收硅的量在减少，这样，硅壳的重量在减少。

通过实验室的实验和海洋的实验验证①～⑤，马丁（Martin）给出的两点结论：①铁是浮游植物生长的限制因子；②铁提高碳的沉降率，降低"温室效应"的作用，呈现一个冰川期。作者认为：马丁得到这两个结论是错误的。因为相关实验得到正确的事实⑥～⑧，推翻了马丁的结论，得出了完全相反的结论，即在海洋中加铁非但不能缓解，反而会加重"温室效应"。杨东方和谭雪静（1999）认为铁元素是浮游植物生长的刺激因子，而不是限制因子。加铁改变浮游植物生长具有双重作用（杨东方等，2007a）：①浮游植物是海洋食物链的基础，加铁改变了海洋食物链；②浮游植物通过光合作用长期除去大气中二氧化碳，加铁改变了浮游植物除去大气中二氧化碳的能力。

参 考 文 献

何强，井文涌，王翊亭. 1993. 环境科学导论. 北京: 清华大学出版社.

杨东方，陈生涛，胡均，等. 2007a. 光照、水温和营养盐对浮游植物生长重要影响大小的顺序. 海洋环境科学，26(3): 201-207.

杨东方，谭雪静. 1999. 铁对浮游植物生长影响的研究与进展. 海洋科学，23(3): 48-49.

杨东方，吴建平，曲延峰，等. 2007b. 地球生态系统的气温和水温补充机制. 海洋科学进展，25(1): 117-122.

杨东方，殷月芬，孙静亚，等. 2009. 地球生态系统的碳补充机制. 海洋环境科学，28(1): 100-107.

杨东方，于子江，张柯，等. 2008. 营养盐硅在全球海域中限制浮游植物的生长. 海洋环境科学，27(5): 547-553.

杨东方，张经，陈豫，等. 2001. 营养盐限制的唯一性因子探究. 海洋科学，25(12), 49-51.

杨鸣，夏东兴，谷东起，等. 2005. 全球变化影响下青岛海岸带地理环境的演变. 海洋科学进展，23(3): 289-296.

Boyd P W, Watson A J, Law C L, et al. 2000. A mesoscale phytoplankton bloom in the polar Southern Ocean stimulated by iron fertilization. Nature, 407: 695-702.

Chisholm S W. 2000. Stirring times in the Southern Ocean. Nature, 407: 685-687.

Chisolm S W, Morel F M M. 1991. What controls phytoplankton production in nutrient-rich areas of the open sea? Limnology and Oceanogrphy, 36: 1507-1970.

Coale K H, Johnson K S, Fitzwater S E, et al. 1996. A massive phytoplankton bloom induced by an ecosystem-scale iron fertilization experiment in the equatorial Pacific Ocean. Nature, 383: 495-501.

Coale K H, Johnson K S, Fitzwater S E, et al. 1998. Iron Ex-1, an in situ iron-enrichment experiment: experimental design, implementation and results. Deep-sea Research Part II, 45(6): 915-918.

De Baar H J W, De Jong M, Bakker D E. 1995. Importance of iron for planktonbooms and carbon-dioxide drawn down in the Southern Ocean. Nature, 373: 412-415.

Falkowski P G. 1997. Evolution of the nitrogen cycle and its influence on the biological CO_2 pump in the ocean. Nature, 387: 272-275.

Flynn K J, Hipkin C R. 1999. Interactions between iron, light, ammonium, and nitrite: insights from the construction of a dynamic model of algal physiology. J Phycol, 35: 1171-1190.

Frost B W. 1996. Phytoplankton bloom on iron rations. Nature, 383: 475-476.

Gelder R J. 1999. Complex lessons of iron uptake. Nature, 400: 815-816.

Gordon R M, Martin J H, Knauer G A. 1982. Iron in north-east Pacific waters. Nature, 299: 611-612.

Hutchins D A, Bruland K W. 1998. Iron-limited diatom growth and Si ∶ N uptake ratios in a coastal upwelling regime. Nature, 393: 561-564.

Hutchins D A, Ditullio G R, Zhang Y, et al. 1998. An iron limitation mosaic in the California upwelling regime. Limnol Oceanog, 43: 1037-1054.

Kolber Z S, Barber R T, Coale K H, et al. 1994. Iron limitation of phytoplankton photosynthesis in the Equatorial Pacific Ocean. Nature, 371: 145-149.

Martin J H, Coale K H, Johnson K S, et al. 1994. Testing the iron hypothesis in ecosystems of the equatorial Pacific Ocean. Nature, 371: 123-129.

Martin J H, Fitzwater S E. 1988. Iron deficiency limits phytoplankton growth in the north east Pacific sub-arctic. Nature, 331: 341-343.

Martin J H, Gordon R M. 1988. Northeast Pacific iron distribution in relation to phytoplankton productivity. Deep-sea Research, 35(2): 177-196.

Takeda S. 1998. Influence of iron availability on nutrient consumption ratio of diatoms in oceanic waters. Nature, 393: 774-777.

Wells M L. 1994. Pumping iron in the Pacific. Nature, 368: 295-296.

第3章 营养盐对初级生产力的限制

3.1 硅是浮游植物初级生产力的限制因子

浮游植物初级生产是海洋生物生产和海洋食物链的第一个环节,进行水域资源合理开发、科学管理和发展渔业生产首先都需要了解水域的初级生产力。由于水域初级生产力是估算和预测渔业生产力的基本参量之一,研究初级生产力的规律及其控制因子对于海洋生物资源的可持续利用有着重要意义。

关于胶州湾营养盐与湾内浮游植物生长的相关性已有不少研究。沈志良(1994)认为,浮游植物生长受氮和磷的限制,而湾内的硅酸盐浓度对硅藻生长有限制作用。吴玉霖和张永山(1995)指出,胶州湾水体中的无机磷和总无机氮尚能满足浮游植物生长和繁殖的需要。王荣等(1995)也认为,胶州湾的氮、磷营养盐不成为浮游植物限制性因素。最近,张均顺和沈志良(1997)通过营养盐比例的分析认为,胶州湾表层海水溶解无机氮和无机磷作为浮游植物限制因子的出现率都极小或接近零,而溶解无机硅作为限制因子的出现率在迅速增长。然而,有关硅酸盐是胶州湾浮游植物限制因子的讨论较少。本章报告胶州湾水域 1992~1994 年主要理化因子——温度、光照、五项营养盐(NO_3^--N、NO_2^--N、NH_4^+-N、SiO_3^{2-}-Si、PO_4^{3-}-P)与浮游植物初级生产力的时空变化之间的关系的研究结果,以期为深入认识浮游植物的生态过程和机制,以及了解营养盐硅的生物地球化学过程和对浮游植物生长的影响过程,建立动态的仿真模型,在生态研究方面探索新的问题。

3.1.1 研究海区概况及数据来源

1)研究海区概况

胶州湾位于北纬 35°55′~36°18′,东经 120°04′~120°23′,面积约为 446km²,平均水深为 7m,最大水深为 50m,是一个半封闭型海湾,周围为青岛、胶州、胶南等市、县、区所环抱。周边地区的工农业生产、水产养殖和城市生活污水的排放,向胶州湾内输入大量的点源和非点源的营养物质。例如,在 20 世纪 80 年代,青岛市区工业废水排放量达到 7019.7 万 t/a,生活污水 1438 万 t/a,其中,海泊河每天有 14 万 m³ 污水流入胶州湾,占全市污水的 40%,占全市工业废水的 2/3 以上(沈志良,1995)。

2）数据来源

本章分析所用数据由胶州湾生态站提供，包括初级生产力（^{14}C 法测定）、硝酸盐（镉-铜还原法测定）、亚硝酸盐（重氮偶氮法测定）、铵氮（次溴酸钠氧化法测定）、磷酸盐（磷钼蓝法测定）、硅酸盐（硅钼蓝法测定）、叶绿素（Jeffery-Humphery 1975 年方法测定），营养盐数据由沈志良测得，叶绿素、初级生产力的数据由吴玉霖、张永山测得。营养盐水样用不锈钢颠倒采水器采集，加 0.3%氯仿保存于聚乙烯瓶内，于–25℃冰箱内速冻，回实验室解冻后取上层清液测定。全部要素均利用美国 Technicon AA-Ⅱ型自动分析仪进行分析（沈志良，1995）。营养盐数据保留到小数点后两位，硅酸盐浓度的检出限在 0.05μmol/L 以下。叶绿素是用有机玻璃采水器在表层和低层各采水样 1000ml，用孔径 0.45μm 滤膜减压抽滤，按照联合国教科文组织（Unesco，1966）推荐的分光光度法进行测定，并应用 Jeffrey-Humphrey 的计算公式计算叶绿素 a 的含量（吴玉霖和张永山，1995）。每次观察时间为 2 天，观测时间为1991 年 5 月至 1994 年 2 月，代表每年冬、春、夏、秋的 2 月、5 月、8 月、11 月进行现场实验研究。共进行了 12 个航次，每个航次 10 个站位（缺 3 号站位的数据），按标准水层采样（标准水层分别为 0m、5m、10m、15m 等到底层）（图 3-1）。

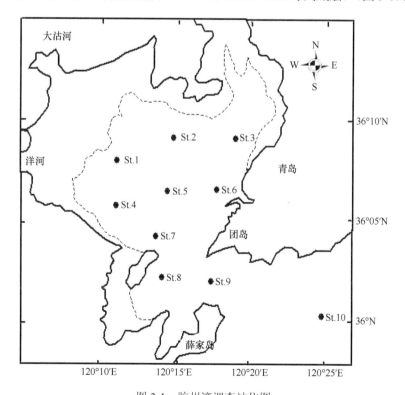

图 3-1 胶州湾调查站位图

3.1.2　硅酸盐浓度和初级生产力

1）季节变化

在胶州湾，硅酸盐浓度和初级生产力的季节变化趋势非常明显，以夏季为最高，与秋季、春季、冬季相比，每年只有一个夏季高峰值。即使在同一站位，每年的高峰值都不一样。而春季、秋季、冬季较低，特别是冬季有时硅酸盐浓度低于检出限，甚至几乎为零（硅酸盐浓度低于 0.05μmol/L 时，约定为零）。在 5 月初，硅酸盐的浓度从 0～1μmol/L 开始增长，一直到 8～9 月达到高峰值，然后下降，有的站位到 11 月初已下降至 0～1μmol/L，如在 1 号、4 号站（图 3-2）。

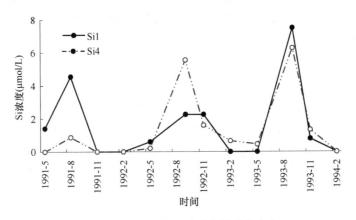

图 3-2　1 号、4 号站硅酸盐的季节变化

同样，初级生产力以夏季为最高。与秋季、春季、冬季相比，每年只有一个夏季的高峰值。在同一站位，每年的初级生产力的高峰值都不一样。同一年中各个站位的初级生产力的高峰值也不一样。初级生产力的高峰值范围为 1600～2500mg/（m²·d）。与春季、夏季、秋季相比，初级生产力每年只在冬季出现低谷值，其范围为 35～104mg/（m²·d）。每年的冬、夏季初级生产力相差 20～50 倍。每年 2～5 月，初级生产力缓慢上升，到 5 月开始迅速增大，一直到高峰期，然后迅速下降到 11 月。而在 11 月到翌年的 2 月一直缓慢滑落到最低点，从 11 月到翌年的 5 月，初级生产力保持很低的值，接着又周而复始，如 1 号、4 号站（图 3-3）。

硅酸盐浓度和初级生产力有清楚的季节变化周期，硅酸盐浓度和初级生产力的季节变化一致、周期相同。

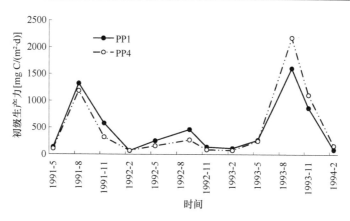

图 3-3   1 号、4 号站初级生产力的季节变化

2）平面分布

硅酸盐的平面分布特点（图 3-4）：在整个胶州湾，1 号、2 号、4 号站的硅酸盐浓度在每年夏季是最高的，5 号、6 号、7 号站的硅酸盐浓度居中，其中 6 号站相对较高。而 8 号、9 号、10 号站的硅酸盐浓度在每年夏季是最低的，其中 10 号站（处于胶州湾外）相对更低。在冬季各个站几乎都低于 0.05μmol/L。

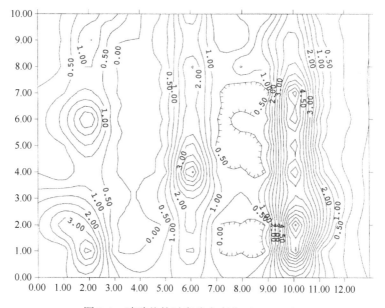

图 3-4   硅酸盐的时空分布变化（μmol/ L）

硅酸盐三年间的垂直分布变化：在 1 号、2 号站，表层、底层的硅酸盐浓度混合较均匀。4 号、5 号、6 号站，表层硅酸盐浓度的高峰值从 1991～1994 年逐年增大。例如，5 号站，1991 年 8 月，表层的硅酸盐浓度为 1.56μmol/L；1992 年 9 月为 3.35μmol/L；1993 年 8 月为 5.55μmol/L。而底层硅酸盐浓度的高峰值几乎不变，从底层到表层的硅酸盐浓度逐渐增大。7 号站，表层、底层的硅酸盐浓度混合较均匀，1991～1994 年其高峰值逐年增加（图 3-5）。在 8 号和 10 号站，表层硅酸盐浓度高峰值几乎不变，而底层的硅酸盐浓度从检出限 0.05μmol/L 以下逐渐增加到 0.05μmol/L 以上，然后高峰值逐年增加。在 1991 年 5 月初时，9 号站表层硅酸盐浓度比底层高，随着时间的推移，渐渐地底层硅酸盐的浓度比表层的高。

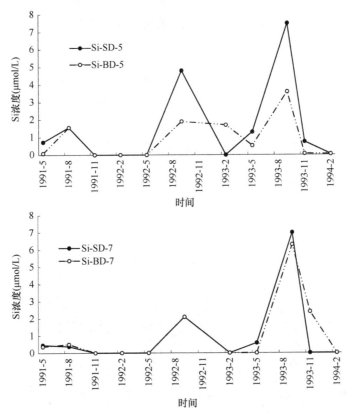

图 3-5　5 号站和 7 号站表层和底层硅酸盐浓度的季节变化

初级生产力的平面分布特点（图 3-6）：初级生产力每年的分布几乎均为湾内高于西南部（8 号站），而西南部又高于湾外（10 号站）。1991 年 5～11 月，2 号和 8 号站的初级生产力的高峰值逐渐变小，而 5 号和 6 号站的高峰值却逐渐增大。

1 号、4 号、7 号、10 号站的初级生产力的高峰值变化平稳居中。9 号站的初级生产力的值相对较低。

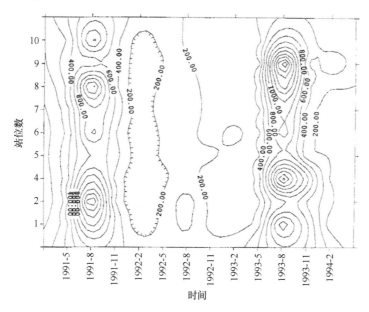

图 3-6 初级生产力在 9 个站位的时空分布变化（μmol/L）

因此，初级生产力与硅酸盐具有一样的水平分布。

在研究领域中，分析硅酸盐和初级生产力的分布特征，有以下 3 点须要强调：①由于天气的影响和技术困难，每次出海调查出现了数据误差，而且不能同时观察得到所有站位的数据。②现有的每年 4 次数据观测不能完全模拟自然界月变化的峰值和谷值，观测时间的尺度不同，数据描述自然变化规律的准确程度也不同。③按季度来处理的 1984 年的月观测数据（郭玉洁和杨则禹，1992b）证实了这些季度观测数据的特征分析的结果。因此，以上硅酸盐和初级生产力分布特征的分析结果是正确的。

3.1.3 硅酸盐和水温与初级生产力的关系

1）初级生产力和硅酸盐的相关性

胶州湾共鉴定浮游植物 116 种，其中硅藻 35 属 100 种，甲藻 3 属 15 种，金藻 1 属 1 种（郭玉洁和杨则禹，1992a）。在四季出现的优势种有骨条藻、尖刺菱形藻、弯角刺藻、短角弯角藻、日本星杆藻等，这些优势种都是硅藻，平均约为 10^6 个/m^3，硅藻单类就可占到该水域浮游植物总量的 90% 以上。而非硅藻的优势种（主要是甲藻）之和所占总数量的百分比不超过 5%，并且出现的时间一般只在 7 月、8 月、9 月（郭玉洁和杨则禹，1992a）。因此，硅藻的总生物量几乎就是胶州湾浮游植物总量，非硅藻的总生物量相对可以忽略。而非硅藻的初级生产力（主要为鞭毛藻）占整个胶州湾的初级生产力不超过 5%，这样，硅藻的初级生产力几乎就是胶州湾浮游植物的初级生产力。

胶州湾的氮、磷营养盐对浮游植物的生长和初级生产力生产来说都比较富足，但对主要化学因子五项营养盐（NO_3^--N、NO_2^--N、NH_4^+-N、$SiO_3^{2-}-Si$、$PO_4^{3-}-P$）的时空变化的分析表明，营养盐的波动仍然影响初级生产力的水平乃至构成（王荣等，1995）。在硅藻增殖过程中，硅是必不可少的。从硅酸盐和初级生产力的相关性来考虑发现，只有硅酸盐与初级生产力随着时间的变化在各站（除 2 号、10号站外）的相关性是显著的，并且初级生产力的变化几乎完全与硅酸盐浓度的变化相一致。N、P 的变化周期与初级生产力的变化周期不同，N、P 与初级生产力之间是不相关的（表 3-1）。

表 3-1　初级生产力和硅酸盐的相关性

站位	1	2	4	5	6	7	8	9	10
相关系数	0.87	0.36	0.62	0.70	0.83	0.74	0.54	0.75	0.34

2）动态模型

为了了解硅酸盐对初级生产力的影响，研究建立了一个简单的模型将初级生产力和硅酸盐联系在一起，初级生产力模型简单地描述了初级生产力的变化对硅酸盐变化的依赖性和水温对初级生产力的影响。随着时间 t 的变动，模型展现了初级生产力和硅酸盐、水温的动态联系；定量化研究随时间变化的初级生产力和硅酸盐、水温的动态变化关系。这是根据初级生产力的变化率和硅酸盐的变化率通过微分方程和统计数据建立的模型（图 3-7）。

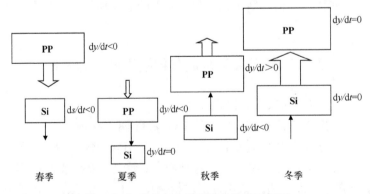

图 3-7　初级生产力和硅酸盐的模型框图

胶州湾的初级生产力-硅酸盐-水温的动态模型方程为,

$$dy/dt = C×ds/dt +π/6×D×\sin(π/6t − π/3) \quad (3-1)$$

式中,右边第一项为硅酸盐对初级生产力的限制;右边第二项为水温对初级生产力的限制。式(3-1)中变量和参数的变化范围见表 3-2。

表 3-2　模型的变量和参数

变量和参数	值	单位
t 为时间变量		月
$y(t)$ 为初级生产力函数	33.60~2518	mg C/(m²·d)
$s(t)$ 为硅酸盐函数	0~14.9	μmol/L
C 为海水中硅酸盐转化为浮游植物生物量的表观转化率	62.92~474.85	
D 为水温对浮游植物初级生产力的影响系数	–66~384	

根据 1991 年 5 月至 1994 年 2 月胶州湾的初级生产力数据和硅酸盐数据,然后通过式(3-1)建立多元回归方程,求得表观转化率 C 和影响系数 D(表 3-3)。在利用数据时,由于模型的变量时间 t 的单位为月,又采样的时间跨度为 3 个月,因此,相差的时间不超过一个月的数据,都按该月的数据来处理。一年的采样日期为 2 月、5 月、8 月、11 月。例如,以 8 月 15 日为中心,从 7 月 15 日至 9 月 15 日内采集样品的日期都为 8 月。

表 3-3　式(3-1)的 C 和 D 值

参数＼站位	1	4	5	6	7	8	9
C	154.27	120.02	62.92	173.61	90.46	89.77	474.85
D	187.34	278.61	96.41	–35.49	180.96	384.96	–66.84

注:缺 3 号站数据;2 号站、10 号站不相关

复相关系数检验,可查复相关系数的临界值表,$R_{0.05}(10)=0.671$,$R_{0.01}(10)=0.776$;F 检验,可查 F 分布表得临界值 $F_{0.05}(2,9)=4.26$,$F_{0.01}(2,9)=8.02$(表 3-4)。

表 3-4　式(3-1)的相关性

相关性＼站位	1	4	5	6	7	8	9
复相关系数	0.88	0.68	0.74	0.82	0.81	0.70	0.69
F 值	18.41	4.353	6.377	11.036	9.868	4.863	4.771

对于式（3-1），1号、6号、7号站在 $\alpha=0.01$ 水平上有意义，4号、5号、8号、9号站在 $\alpha=0.05$ 水平上有意义。

3）模型的应用

由初级生产力-硅酸盐-水温的动态模型得到7个站（1号、4号、5号、6号、7号、8号、9号）的模拟曲线。这个模型展示了硅酸盐调控初级生产力，预测值和实测值有很好的一致性。在7个站（1号、4号、5号、6号、7号、8号、9号）中，随意取1号站和7号站。根据式（3-1）的曲线模拟实测曲线的情况，PP1和PP7分别是1号站和7号站的实测初级生产力曲线，SPP1和SPP7分别是1号站和7号站的式（3-1）的模拟曲线（图3-8）。

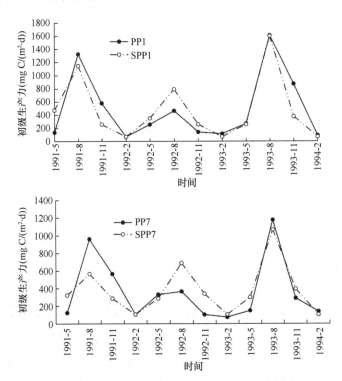

图 3-8　站位1和站位7的实测初级生产力和式（3-1）模拟的曲线比较

PP1和PP7分别代表实测初级生产力的曲线；SPP1和SPP7分别代表式（3-1）的模拟曲线

3.1.4　硅酸盐的来源

1号、2号、4号站在大沽河口和洋河口附近（图3-1）。硅酸盐的季节变化曲线与雨量和径流的变化曲线在周期、峰值、趋势上大致相似。它的平面分布特点及垂直分布特点分析表明，整个胶州湾的硅酸盐浓度变化与大沽河和洋河的径流有关，而且入湾径流提供了丰富的硅酸盐含量。

每年夏季河口区 1 号、2 号、4 号站的硅酸盐浓度在整个胶州湾最高，而 1 号和 2 号站表层、底层硅酸盐浓度混合均匀。这表明由径流将大量的硅酸盐带入海湾，而且每年在近岸海区混合得非常好。5 号、6 号、7 号站的硅酸盐浓度比 1 号、2 号、4 号站的硅酸盐浓度低，而 4 号、5 号、6 号站表层的硅酸盐浓度较高而底层不变。这表明由岸边向湾中心，硅酸盐浓度逐渐降低，同时，在夏季，表层含有较丰富的硅酸盐。在内湾口的 7 号站，这里进入胶州湾潮流流速最大的区域（150～170m/s），表层、底层混合均匀，但与湾内相比，浓度渐低。到湾口及湾外的 8 号、9 号、10 号站，硅酸盐浓度最低。尤其到湾外最远的 10 号站的浓度更低，而且渐渐地，底层硅酸盐浓度比表层高。可见，硅酸盐通过化学反应、生物作用和水交换将硅由河口区带到湾口、湾外并逐渐沉降于海底（Dugdale et al., 1995）。这样，当径流将大量的硅酸盐带入海湾后，由于海流稀释、硅藻吸收等因素的作用，硅酸盐的浓度从湾底（河口区）依次到湾中心、湾口、湾外逐渐降低。

3.1.5 初级生产力与硅酸盐的分布特征

根据胶州湾 1991 年 5 月至 1994 年 2 月的观测数据，夏季，湾内的硅酸盐浓度比湾西南部高，而湾西南部的硅酸盐浓度又比湾外高。初级生产力与硅酸盐浓度具有相似的水平分布特点。初级生产力的高值区主要出现在河口区（1 号、2 号、4 号）站。在冬季，湾内的初级生产力变化不大，河口区的初级生产力在湾内居中，为 0～30mg C/（m^2·d）。

硅酸盐在 9 个站的时空分布变化和初级生产力在 9 个站的时空分布变化几乎是一致的（图 3-4 和图 3-6）。

在 1984 年的每月调查中（郭玉洁和杨则禹，1992b）发现，6 月底的湾西部，大沽河口和洋河口海区的初级生产力上升到全湾的最高值，为 2177mg C/(m^2·d)。大沽河口、洋河口和李村河口的初级生产力的动态左右全湾一年中初级生产力平均值的变动。而且，夏季湾外初级生产力的变化趋势与湾内相仿，但秋季较湾内各海区提前一个半月，在 8 月底即缓慢下降。而在 1984 年 1 月底，整个湾内海区的初级生产力是 20～30mg C/（m^2·d），相差不大。这些观测说明了初级生产力与硅酸盐的水平分布在季节变化上也是一样的。

因此，硅酸盐对初级生产力的特征分布有着重要的影响。

3.1.6　模型的生态意义

对方程

$$\mathrm{d}y/\mathrm{d}t = C \times \mathrm{d}s/\mathrm{d}t + \pi/6 \times D \times \sin(\pi/6t - \pi/3) \qquad (3\text{-}1)$$

进行解释。式中，C 是通过硅的吸收速率影响的浮游植物的生长；D 则是通过时间控制的水温影响浮游植物的生长。

由表 3-3 可知，当 $C>0$ 时，海水中硅酸盐转化为浮游植物生物量的表观转化率大于零，即浮游植物吸收硅酸盐产生了初级生产力。

下面讨论表 3-3 中的参数 D。

当 $D>0$ 时，分析如下。

在每年的 2 月时，硅酸盐浓度处于最小值，有 $\mathrm{d}s/\mathrm{d}t = 0$，又有水温的最低值都见于 2 月（翁学传等，1992），有 $\pi/6 \times D \times \sin(\pi/6t - \pi/3) = 0$，可知 $\mathrm{d}y/\mathrm{d}t = 0$，即初级生产力的量也处于最小值。

当时间大约从每年的 2 月向 8 月变动时，在式（3-1）中右边的项中，由于 $\pi/6D \times \sin(\pi/6t - \pi/3)$ 是正项，即随着水温升高，初级生产力的量也在增长。又，表观转化率 $C>0$，当硅酸盐浓度增长时，有 $\mathrm{d}s/\mathrm{d}t>0$，即随着硅酸盐浓度的增长，初级生产力的量也在增长。因此，在式（3-1）中左边的项中，可知 $\mathrm{d}y/\mathrm{d}t >0$，即初级生产力的量也在增长。

在每年 8 月时，硅酸盐浓度处于最大值，有 $\mathrm{d}s/\mathrm{d}t = 0$，又有水温的最高值都出现于 8 月（翁学传等，1992），有 $\pi/6 \times D \times \sin(\pi/6t - \pi/3) = 0$，于是，$\mathrm{d}y/\mathrm{d}t = 0$，即初级生产力的量也达到最大值。

时间 t 从每年 8 月向翌年 2 月变动时，在式（3-1）右边的项中，由于 $\pi/6 \times D \times \sin(\pi/6t - \pi/3)$ 是负项，即随着水温的降低，初级生产力的量也在降低。又表观转化率 $C>0$，当硅酸盐浓度降低时，有 $\mathrm{d}s/\mathrm{d}t<0$，即随着硅酸盐浓度的降低，初级生产力的量也在降低。因此，在式（3-1）左边的项中，可知 $\mathrm{d}y/\mathrm{d}t<0$，即初级生产力的量也在降低。

式（3-1）的结构分析表明，$D>0$ 的这些站位，浮游植物集群的主要优势种趋于狭温性，主要由暖水性种组成。

当 $D=0$ 时，分析如下。

浮游植物的生长适合水温变化的很宽范围或浮游植物的生长很少受到水温变化的影响。在这种情况下，浮游植物初级生产力的变化主要由硅酸盐浓度的变化来决定。

$D=0$ 的这些站位，浮游植物集群的主要优势种趋于广温性，主要由广温性种组成。

当 $D<0$ 时，分析如下。

当时间大约从每年的 2 月向 8 月变动时，在式（3-1）右边的项中，由于 $\pi/6 \times D \times \sin(\pi/6 \times t - \pi/3)$ 是负项，随着水温的升高，初级生产力的量在降低，又表观转化率 $C>0$，当硅酸盐浓度增长时，有 $ds/dt>0$，即随着硅酸盐浓度增长，初级生产力的量也在增长。然而，在式（3-1）左边的项中，$dy/dt>0$，即初级生产力的量也在增长。

当时间大约从每年 8 月向翌年 2 月变动时，在式（3-1）右边的项中，由于 $\pi/6 \times D \times \sin(\pi/6 \times t - \pi/3)$ 是正项，即随着水温的降低，初级生产力的量在增长，又表观转化率 $C>0$，当硅酸盐浓度降低时，有 $ds/dt<0$，即随着硅酸盐浓度的降低，初级生产力的量也在降低。然而，在式（3-1）左边的项中，$dy/dt<0$，即初级生产力的量也在降低。

同样，初级生产力的量在每年的 2 月有极小值，8 月有极大值。

$D<0$ 的这些站位，浮游植物集群的主要优势种趋于狭温性，主要由冷水性种组成。

通过以上 $D>0$，$D=0$ 和 $D<0$ 的情况讨论，特别是对 $D<0$ 的情况讨论，可以清楚地看出，初级生产力的量由营养盐硅和水温复合控制，主要控制因子仍然为营养盐硅。但是当营养盐硅趋于耗尽时，水温控制初级生产力的变化，但这时初级生产力的变化非常小。

将式（3-1）求导得，

$$d^2y/dt^2 = C \times d^2s/dt^2 + \pi^2/36 \times D \times \cos(\pi/6t - \pi/3) \tag{3-2}$$

当 $D>0$ 时，由式（3-2）可推知：每年 5~11 月，当硅酸盐浓度的变化速率降低时，有 $d^2s/dt^2<0$，又 $\cos(\pi/6t - \pi/3)<0$，因此，$d^2y/dt^2<0$，即初级生产力的变化率在降低。每年从 11 月至翌年的 5 月，当硅酸盐浓度的变化速率增大时，有 $d^2s/dt^2>0$，又 $\cos(\pi/6t - \pi/3)>0$，因此，$d^2y/dt^2>0$，即初级生产力的变化率增大。每年的 5 月，当硅酸盐达到最大增长率时，有 $d^2s/dt^2=0$，又 $\cos(\pi/6t - \pi/3)=0$，因此，$d^2y/dt^2=0$，即初级生产力达到最大增长率。每年的 11 月，当硅酸盐达到最大降低率时，有 $d^2s/dt^2=0$，又 $\cos(\pi/6t - \pi/3)=0$，因此，$d^2y/dt^2=0$，即初级生产力达到最大降低率。

当 $D=0$、$D<0$ 时，用上面的方法来讨论，其结果相同。

式（3-2）说明了：初级生产力和硅酸盐的最大增长率出现在 5 月，初级生产力和硅酸盐的最大降低率出现在 11 月，多雨的季节是从 5 月开始至 11 月结束的，这时胶州湾的主要入海河流大沽河和洋河带来充足的硅酸盐。

海水中的硅酸盐转化为浮游植物生物量体现了表观转化率 C 和水温对浮游植

物的初级生产力的影响系数 D 的关系。

当 $D>0$ 时，称 D 为浮游植物生长的顺温影响系数，表观转化率 C 为最小值（62.92～154.27）。

当 $D=0$ 时，表观转化率 C 为标准值（一般值）。

当 $D<0$ 时，称 D 为浮游植物生长的逆温影响系数，表观转化率 C 为最大值（173.61～474.85）。

对于 C 和 D，浮游植物集群占据不同的生态位（图3-9）。C 和 D 将浮游植物集群划分成不同的组分（表3-5）。浮游植物集群的不同种群占据 C 和 D 不同的生态位，这样就保持了胶州湾生态系统的稳定性。

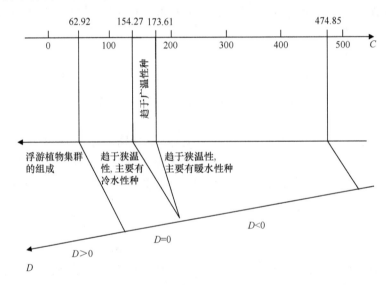

图3-9　胶州湾浮游植物集群的不同种群占据了 C 和 D 不同的生态位

C 为海水中硅酸盐转化为浮游植物生物量的表观转化率；D 为水温对浮游植物的初级生产力的影响系数

表3-5　浮游植物集群占据 C 和 D 的不同生态位

C	$C>0$（62.92～154.27）	$C>0$（154.27～173.61）[①]	$C>0$（173.61～474.85）
D	$D>0$（384.96～96.41）	$D=0$	$D<0$（-35.49～-66.84）
浮游植物集群组分	狭温性、暖水性种	广温性种	狭温性、冷水性种

① 包括两个端点值 154.27、173.61

在式（3-1）中，C（>0）和 D 分别被设为坐标系中的 x 轴和 y 轴。这样，吸收硅后增长初级生产力的浮游植物被分成3个部分（图3-10）。

平面 SW 代表狭温性，暖水性种，平面 SC 代表狭温性，冷水性种。C 轴的正向代表着广温性种，C 轴以上，D 轴以右为狭温性、暖水性种。C 轴以下，D

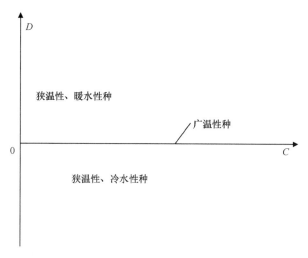

图 3-10　通过吸收硅提高初级生产力（引自 Yang et al.，2002）
浮游植物被分为三部分：狭温性、暖水性种；狭温性、冷水性种；广温性种

轴以右为狭温性、冷水性种。就这样，根据 C 和 D，胶州湾浮游植物占据的生态位空间就被划分了（图 3-11）。

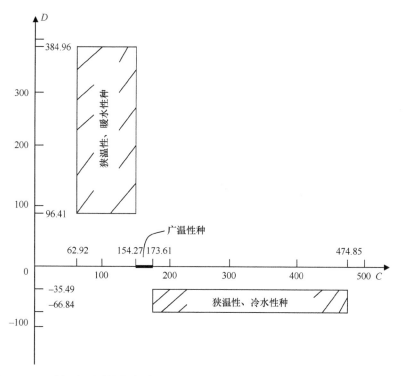

图 3-11　胶州湾浮游植物集群的不同种群所占据的生态位区域由 C、D 将其分割

通过对式（3-1）的研究发现，参数 C 的取值在整个实数范围内。

浮游植物集群形成了以参数 C 为 x 轴的参数，D 为 y 轴的平面坐标系 COD（图 3-12）。

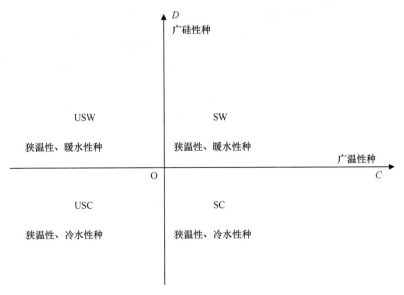

图 3-12 将 C 值扩展到整个实数域，浮游植物集群由平面 COD 组成

当平面 $C>0=$ 平面 SC+SW 时，即 D 轴以右的狭温性、暖水性种和冷水性种所在的区域，表示通过对硅的吸收，浮游植物初级生产力在增长。

当 $C=0$ 时，即在 D 轴上表示浮游植物初级生产力的增长不受硅的影响。

当平面 $C<0=$ 平面 USC+USW 时，即 D 轴以左的狭温性、暖水性种和冷水性种所在的区域，表示通过对硅的吸收，浮游植物初级生产力在降低。

当平面 $D>0=$ 平面 USW+SW 时，即 C 轴以上，表示浮游植物由狭温性、暖水性种组成。

当 $D=0$ 时，即 C 轴表示广温性种的增长不受水温的影响。

当平面 $D<0=$ 平面 USC+SC 时，即 C 轴以下，表示浮游植物由狭温性、冷水性种组成。

根据相关参数计算参数 C 和参数 D，便可得知浮游植物集群的特征。同样，可以通过对水体中浮游植物集群的组成部分进行调查，得出参数 C 和参数 D 的取值范围。

通过式（3-1）、式（3-2）的以上分析，发现结果与我们实际调查的分析基本相一致。使我们大体上知道，初级生产力和硅酸盐的动态周期、特征和趋势，硅酸盐与硅藻的结构和新陈代谢有着密切的关系。在海洋的重要区域，如上升流区（Dugdale，1972，1985；Dugdale and Goering，1967；Dugdale et al.，1981）和南极海域，它可以控制浮游植物生长过程。在这些或其他海域，对于浮游植物水华形成 $Si(OH)_4$ 起着核心的作用（Conley and Malone，1992）。硅藻对硅有着绝对的需要（Lewin，1962），没有硅，硅藻瓣是不能形成的，而且细胞的周期也不会完成（Brzezinski et al.，1990；Brzezinski，1992）。硅酸盐在一些重要的海域，如沿岸上升流（Dugdale and Goering，1967；Dugdale，1972，1985；Dugdale et al.，1981；Dugdale and Wilkerson，1998）和南极附近的海域（Sakshang et al.，1991）可以控制浮游植物的整个生命过程。因此，这里的硅藻占主要地位（Conley and Malone，1992），通过式（3-1）和式（3-2）的分析表明，硅酸盐是初级生产力的限制因子。

3.1.7　硅酸盐与浮游植物优势种

从胶州湾生态环境来看，湾内浮游植物年平均数量为 $8×10^6$ 个/m³，在国内已知资料中亦属浮游植物高产海区，并且湾内浮游植物以细胞较小的硅藻为主（郭玉洁和杨则禹，1992a）。构成湾内冬季浮游植物高峰的优势种是日本星杆藻，它最繁盛的季节是自 12 月至翌年 3 月。2 月，该种的平均数量最高为 $1×10^7$ 个/m³。日本星杆藻的增殖适合温度是 4～6℃，是寒期性的（小久保清治，1960）（表 3-6）。

表 3-6　叶绿素 a、温度、硅酸盐和初级生产力在同一时间、地点的量

因子 站位号（年，月）	4（1993.02）	5（1992.02）	6（1993.02）
叶绿素 a/(mg/m³)	4.15	3.716	8.394
温度/℃	3.535	4.58	3.43
硅酸盐浓度/(μmol/L)	—	—	0.89
初级生产力/[mg/(m²·d)]	76.56	103.85	309.4
NO$_3$-N/(μmol/L)	1.7	0.9	2.95
NO$_2$-N/(μmol/L)	0.3	0.2	0.415
NH$_4$-N/(μmol/L)	6.7	9.6	12.40
PO$_4$-P/(μmol/L)	0.275	0.38	0.46

—：硅酸盐浓度低于 0.05μmol/L 时，约定为零

表 3-6 列出在同一时间、地点的实测叶绿素 a、温度、硅酸盐和初级生产力等量，从叶绿素 a、温度、硅酸盐和初级生产力来考虑，由表 3-6 可知，在冬季以日本星杆藻为优势种，在增殖适应的温度条件下，其叶绿素 a 量又大，又知胶州湾是一个平均水深为 7m 左右的浅水海湾。在 2 月底时，其光照时间约为 11.30h，

而且营养盐氮、磷比较富足。可见,对于冬季胶州湾的优势种硅藻——日本星杆藻来说,在 2 月,温度适宜、光照充足,叶绿素含量高,营养盐氮、磷丰富。但由于硅酸盐浓度很低,甚至出现在检出限以下(0.05μmol/L 以下),造成其初级生产力的量值非常低。因此,硅酸盐是初级生产力的限制因子。

3.1.8 海水的透明度与初级生产力的关系

胶州湾透明度的空间分布比较规则,等透明度线的分布大体与等深线平行(翁学传等,1992)。近岸透明度小;远岸海域及湾口一带,透明度大(翁学传等,1992)。这与初级生产力的分布恰好相反。这也显示了初级生产力的增加与减少并不是主要由真光层厚度的增加与减少决定,而是近岸营养盐的变化才会影响初级生产力的变化。

在冬季(1~3 月),胶州湾沿岸区域的水体透明度小于 1.5m;而在夏季(7~9 月),藻类几乎占据了胶州湾北部和东北部区域,水体透明度小于 1.0m(翁学传等,1992)。胶州湾的北部和东北部的沿岸区域,冬季海水的透明度相对地大于夏季海水的透明度。可是,夏季的初级生产力远远高于冬季的初级生产力,可以认为胶州湾海水透明度对初级生产力变化的影响不是显著的。

3.1.9 浮游植物的结构

硅酸盐是初级生产力的限制因子,这个结论也解释了胶州湾的生态现象:湾西南部黄岛前湾 E1 站(8 号站)浮游植物优势种组成有与众不同的生态特点。在 8 号站,夏季优势种暖水性的长角角藻在浮游植物总量中所占的比例从 7 月开始就明显增加(较湾内其他测站提前 1 个月),而冬季优势种日本星杆藻的增加却较其附近测站推迟 2 个月,较湾北部诸站甚至推迟 3 个月(郭玉洁和杨则禹,1992b)。

我们知道在湾西南部(8 号站)的硅酸盐浓度分布是整个湾中最低的。

首先,日本星杆藻是硅藻,在冬季(2 月)里,湾内水温要比湾西南部(8 号站)的水温低 0.2~0.8℃,而湾西南部(8 号站)的水温为 3.5~4.5℃。日本星杆藻增殖的适应温度是 4~6℃,可是日本星杆藻冬季在湾西南部(8 号站)却推迟 2 个月增加,可见其增殖增长缓慢,这是因为西南部(8 号站)的硅酸盐浓度是较低的。

其次,在 7~9 月湾内水温要比湾西南部(8 号站)的水温高 1~2℃。而且在 7~9 月湾内的优势种短角弯角藻、波状石鼓藻、骨条藻都是硅藻。而不属于硅藻类的夏季暖水性的长角角藻在湾西南部（8 号站）生长，这个水域本应属于硅藻生长的空间。因此，在湾的西南部硅酸盐的含量特别低恰好解释了这一现象。

以上这些发现都清楚地表明了硅酸盐是浮游植物初级生产力的限制因子。

3.1.10　营养盐硅的损耗过程

假设陆源提供的硅酸盐浓度从河口区到胶州湾湾口的降低一方面是由于被水流稀释，另一方面是由于被浮游植物吸收。另外，假定沿着从河口区到胶州湾湾口的断面 1 号、4 号、8 号站的硅酸盐浓度的平均值代表整个湾内的硅酸盐浓度，9 号和 10 号站的硅酸盐浓度的平均值代表湾口的硅酸盐浓度，这是在河口区的高硅酸盐浓度经过水流的稀释和浮游植物吸收后的实测浓度。将其湾内的溶质求出，再由海水交换，计算出稀释后的浓度，将稀释后的浓度和实测浓度进行比较，来分析浮游植物吸收营养盐硅的量、浮游植物对硅的内禀转化率和营养盐硅的量对浮游植物吸收与水流稀释的比例。

在夏季，水流的稀释和浮游植物的吸收降低了硅酸盐的浓度，首先，通过水交换计算硅酸盐的浓度变化来分析胶州湾浮游植物吸收硅的量。对于海水交换的体积，选取盐度作为计算海水交换的指标因子。从胶州湾海域的降水、蒸发和径流量来看，如果将其平均到一个潮周期里，在与相应时段通过湾口的进潮水量相比，显然是很小的，所以在计算水交换时将其忽略（吴家成等，1992）。

考虑以薛家岛、团岛的连线（大约通过 9 号站）为湾口的横断面。湾内的海水总体积为 $V_T = 3.021 \times 10^9 \text{m}^3$。

一个涨潮过程中进入湾内的外海水体积 V_1 如下。

$$V_1 = 9.45 \times 10^8 \text{m}^3$$

$$V_1/V_T = 9.45 \times 10^8 / 3.021 \times 10^9 = 0.31$$

可见，湾外进入湾内的海水体积几乎占湾内海水总体积的 1/3。

把 1 号、4 号、8 号站的硅酸盐浓度平均值作为整个胶州湾的硅酸盐浓度，湾内的硅酸盐溶质 Siso 如下。

$$Siso = (Si1 + Si4 + Si8)/3 \times (1 - 0.31)V_T$$

在加入湾外进入湾内的海水，对湾内的硅酸盐浓度（μmol/L）进行稀释，有

$$Sidi = Siso/V_T = 0.23（Si1 + Si4 + Si8）$$

把 9 号和 10 号站的硅酸盐浓度的平均值作为实测的湾口硅酸盐浓度（μmol/L），有

$$Sime = (Si9 + Si10)/2$$

稀释后的硅酸盐浓度（Sidi）和实测的湾口硅酸盐浓度（Sime）的差值

（Sidi–Sime）说明，在夏季径流提供的硅酸盐浓度不仅由海水交换不断地稀释，而且浮游植物的吸收使得海水中硅酸盐浓度降低。

在夏季，胶州湾的海水中，浮游植物吸收硅酸盐的量占海水中进行稀释硅酸盐量的比例（proportion）为

$$Sipr = (Sidi–Sime)/Sidi \times 100\%$$

在这三年的夏季，浮游植物吸收硅酸盐的量占海水中硅酸盐的量不超过 1/5（表 3-7）。

表 3-7　硅酸盐浓度的稀释值和实测值

项目	1991.08.11	1992.09.02	1993.08.11
Sidi/(μmol/L)	1.500	2.425	4.041
Sime/(μmol/L)	1.217	2.273	3.198
(Sidi – Sime)/(μmol/L)	0.283	0.152	0.842
Sipr/%	18%	6%	20%

整个胶州湾，在夏季一天的初级生产力约为 PPtotal。

整个胶州湾，在夏季一天被吸收的硅酸盐量约为 Sitotal。

$$Sitotal = (Sidi–Sime) \times V_T$$

营养盐硅的内禀转化率定义为通过每单位硅酸盐的吸收得到的浮游植物的初级生产力量，即为浮游植物的初级生产力与所吸收的硅酸盐量的比值 Q。

$$Q = PPtotal/Sitotal$$

通过上式的计算，得到营养盐硅转化为浮游植物初级生产力的内禀转化率（表 3-8）。

表 3-8　胶州湾营养盐硅转化为浮游植物初级生产力的内禀转化率

项目	1991.08.11	1992.09.02	1993.08.11
Sitotal/(μmol/d)	0.856×10^{12}	0.461×10^{12}	2.54×10^{12}
Pptotal/(mg C/d)	4.649×10^{11}	1.289×10^{11}	5.832×10^{11}
Q/(mg C/μmol)	0.542	0.279	0.229
Sitotal/(t/d)	24.748	13.33	73.58

每年夏季，胶州湾内稀释后的硅酸盐浓度 Sidi 和湾口实测的硅酸盐浓度 Sime 的变化几乎一致，Sidi 和 Sime 的相关系数为 0.98，Sidi 和 Sime 高度相关，这表明 Sidi 和 Sime 的变化同时受到陆源硅酸盐浓度的影响，这也进一步证明径流将大量的硅酸盐带入海湾。分析还发现，硅酸盐浓度 Sitotal 变化与相应的初级生产力 PPtotal 的变化大致相似，Sitotal 和 PPtotal 的相关系数为 0.81，Sitotal 和 PPtotal

高度相关，这表明浮游植物吸收硅酸盐的量与产生浮游植物的生物量是密切相关的，即浮游植物的初级生产力是由浮游植物吸收硅酸盐的量来决定的。而且，这与胶州湾的初级生产力-硅酸盐-水温的动态模型的分析结论相一致。

浮游植物的营养盐硅的内禀转化率 Q 的变化与 Sitotal 或 PPtotal 的变化却不相关，也许这也说明了营养盐硅的内禀转化是由浮游植物本身来决定的。

整个胶州湾的硅酸盐除了稀释之外，在夏季浮游植物每天吸收硅酸盐的量为 $13.33 \sim 73.58t$。浮游植物对硅的内禀转化率为 $0.229 \sim 0.542$mg C/μmol。浮游植物吸收的营养盐硅的量与水流稀释的营养盐硅的量的比例为 $6:94 \sim 20:80$。

本节通过胶州湾 1991 年 5 月至 1994 年 2 月的观测数据分析比较，研究了该水域温度、光照、营养盐（NO_3^--N、NO_2^--N、NH_4^+-N、SiO_3^{2-}-Si、PO_4^{3-}-P）、浮游植物和初级生产力的时空分布变化，确定了胶州湾硅酸盐和初级生产力的时空分布变化规律。结果发现，只有硅酸盐与初级生产力的时空变化有显著的相关性，而且，硅酸盐对初级生产力的特征分布、动态周期和变化趋势有重要影响；为此，建立了相应的、有意义的初级生产力-硅酸盐-水温的动态模型，做了进一步的论证，这个模型的式（3-1）的结果展示了初级生产力变化的动态过程是由营养盐硅变化控制和水温变化影响的。在这个研究中，式（3-1）的分析和得到的其他发现表明了浮游植物初级生产力的主要控制因子仍为营养盐硅；水温影响浮游植物集群的结构组成；浮游植物集群的不同种群占据不同的生态位。又分析和探讨了胶州湾的硅酸盐来源和在沉积过程中硅的生物地球化学过程以及浮游植物的优势种和浮游植物的结构，初步结论是：胶州湾的硅酸盐就是初级生产力的限制因子。

本节产生的模型显示了硅酸盐调控浮游植物的初级生产力，并且实测硅酸盐的值与通过模型式（3-1）计算得到的初级生产力的预测值相接近。初级生产力的值与硅酸盐浓度的值变化一致。通过式（3-2）知道，初级生产力的最大增长（减少）率在 5 月（11 月），硅酸盐浓度也同样。硅酸盐是季节性的径流大量带来的，这表明了雨季是从 5 月开始到 11 月结束的。离带有河口的海岸距离越远，水域中的硅酸盐浓度就越低。这是由于水流稀释和被浮游植物吸收的硅酸盐的大尺度沉降。换句话，生物地球化学过程不断地将硅转移到海底。通过计算浮游植物吸收营养盐硅的量、浮游植物对硅的内禀转化率和营养盐硅的量对浮游植物的吸收与水流稀释的比例，进一步证明了径流将大量的硅酸盐带入海湾和浮游植物的初级生产力是由浮游植物吸收硅酸盐的量来决定的。

综上所述，作者认为：①远离带有河口的水域，像赤道东部的太平洋（Dugdale et al.，1995），所含的硅酸盐浓度一定会低，而且大部分不随时间变化；②在这些硅受限制的水域，硅藻的初级生产力低，其生物量低；③在这些水域的浮游植物和进入这些水域的浮游植物只有趋于死亡和分解以致产生大量的、相对不稳定的、易再循环的氮、磷,由于硅的大量沉淀使得硅酸盐浓度保持低值。因此,随着氮、磷浓度的不断增高,而硅酸盐浓度的不断降低,这些水域展现了明显的高营养盐(氮、磷)浓度,却有着浮游植物的低生物量。整个生态系统可能成为初级生产力的硅限制。

3.2 浅析浮游植物生长的营养盐限制及其判断方法

海洋浮游植物是海洋的初级生产者,它们利用光能摄取营养盐,把无机碳转化为有机碳,构成了海洋食物链中的基础环节,为海洋中的其他生物提供赖以生存的有机物质。营养盐是生态系统的基础物质和能量来源,营养盐限制直接影响浮游植物的初级生产力变化和生物资源的持续利用。浮游植物生长的营养盐限制是近年来国际研究的热点。因此,本节主要阐述目前哪种营养盐可能成为限制因子和采用何种方法来考虑,同时,介绍作者对胶州湾研究的结果和观点。

3.2.1 目前哪种营养盐可能成为限制因子

想认识氮、磷、硅、铁对浮游植物生长的限制的研究进展。水产科学的一个流行认识是海洋和河口的浮游植物趋向于氮限制,而淡水浮游植物趋向于磷限制(Hecky and Kilham, 1988)。然而在海洋的许多水域,如大洋、海湾、河口等水域,氮、磷成为高营养盐,使浮游植物生长的集群结构经常发生变换,而且常常引起赤潮发生,使人们对高营养盐区却有着低叶绿素量的海域进行探索其原因何在。

那么,对于浮游植物来说,在决定全球的初级生产力和碳的预测方面,铁作为限制因子调整到与氮、磷相比的首要位置(Dugdale et al., 1995)。研究人员在太平洋赤道东部海区加铁后,发现光化学能储藏效率提高、生物量增加、初级生产力提高(Martin et al., 1994;Kolber et al., 1994)。在铁贫瘠的海区,铁的作用是限制氮的固定(Falkowski, 1997)。Hutchins 和 Bruland(1998)、Takeda(1998)的研究显示,与氮相比硅藻对硅的吸收受到铁的影响,又 Hutchins 和 Bruland 在实验室里的研究表明,加铁几天后,培养的自然浮游植物集群的增殖率和氮吸收率就提高了。而从自然含铁量较高的附近海域采集的样品,加铁后,浮游植物并没有进一步增长。研究认为,在缺铁的海域里,尤其在高营养盐、低浮游植物生物量(HNLC)的海域里,铁是限制因子。然而最新研究表明,铁使之迅猛增殖的浮游植物竟是大型硅藻,而且,硅藻在加铁后,对硅的吸收几乎不增(Takeda, 1998)。这样,要么铁是硅替代品,要么铁改变了浮游植物本身的结构(杨东方和谭雪静, 1999)。

于是，人们又加强了对营养盐硅的长期不懈的研究，同样在太平洋赤道东部，高营养盐、低浮游植物生物量（HNLC）的海域里，研究认为铁是限制因子，但通过海区调查数据和简单的硅循环模型发现硅控制着太平洋赤道上升流区的浮游植物的新生产力，也就是太平洋赤道上升流系统趋于硅的限制（Dugdale and Wilkerson，1998）。这些分析表明在 HNLC 海区，硅趋向于浮游植物的生长限制因子。另外，硅藻是构成浮游植物的主要成分，也是产生海洋初级生产力的主要贡献者，其种类多、数量大、分布广，是各种海洋动物直接或间接的饵料。硅藻的盛衰可直接引起海洋动物的相应变化。硅酸盐与硅藻的结构和新陈代谢有着密切的关系。在海洋研究的重要区域，如上升流区（Dugdale，1972，1983，1985；Dugdale and Goering，1970；Dugdale et al.，1981）和南极海域（Sakshang et al.，1991），它可以控制浮游植物的生长过程。在这些和其他海域，在浮游植物水华形成的过程中，$Si(OH)_4$ 起着核心作用（Conley and Malone，1992）。硅藻对硅有着绝对的需要（Lewin，1962），没有硅，硅藻瓣是不能形成的，而且细胞生长的周期也不会完成（Brzezinski et al.，1990；Brzezinski，1992）。由此可知，硅是硅藻的必不可少的营养盐。硅化的浮游植物对全球海洋的初级生产力有着极为重要的贡献。Nelson 等 1995 年的估计显示，整个初级生产力的 40%多都归因于硅藻，这也揭示了海洋中硅和碳循环有密切的相关的耦合。因此，对于全球的硅循环，以南大洋为主要海域的研究的重要性受到了非常的关注（De Master，1981；Van Bennekom et al.，1988；Treguer and Van Bennekom，1991；Treguer et al.，1995；Nelson et al.，1995）。于是，研究营养盐对硅藻生长的限制不得不重视营养盐硅对硅藻生长的影响，因此，有研究在许多广阔的海域进行硅作为营养盐对浮游植物生长的限制的研究。作者认为，在许多海域硅成为浮游植物生长的限制因子。

近年来，由于陆地输入量的变化和人类排污量的增加，沿岸海域的营养盐氮、磷迅速增加，浅海养殖区不断扩展，密度增大，进一步加剧了氮、磷的增加，使得沿岸许多海域日趋富营养化成为不可争辩的事实。例如，胶州湾沿岸工农业发达，居民密集，工业及生活废水的排入对有关海水化学要素的影响较大（刁焕祥，1984），20 世纪 60～90 年代，胶州湾中东部水域 PO_4-P、NO_3-N、NH_4-N 浓度分别增加了 2.2 倍、7.3 倍和 7.1 倍（沈志良，1997）。这样，在沿岸许多海域加剧了硅限制浮游植物的生长。

3.2.2 营养盐硅限制浮游植物生长的判断方法

营养盐的限制问题可以从许多不同的方面来考虑。但在研究浮游植物的营养盐限制因子时，通常使用两种方法：一种是从浮游植物对营养盐的吸收速率和营养盐限制浮游植物的增长速率判断；另一种是用 Liebig 的最小法则判断。用化学计量限制的方法把环境营养盐比值和生物量的结构对营养盐的吸收比值进行比较来确定哪种营养盐首先被耗尽（Hecky and Kilham，1988）。

限制速率的方法清楚地显示了藻类生长的营养盐限制。许多生态因子结合在一起限制藻类的生长，可以用生态数学模型展现出来（O'Neill et al.，1989），但有关藻类生长的营养盐限制的大部分模型和研究都采用只有一种控制的营养盐（Droop，1974；Dugdale et al.，1981；Kremer and Nixon，1977；De Groot，1983）。为了确定哪种营养盐是最主要的限制因子，通常用 Monod 的双曲线公式 $\mu/\mu_{max}=[S]/(Ks+[S])$ 来判断，这个公式描述营养盐限制的微生物的生长。这里，μ 是比增长率；假定在无限大的外部基质浓度 $[S]$ 和没有别的因子限制生长的条件下，μ_{max} 是最大的比增长率；Ks 是在 $\mu=\mu_{max}/2$ 的基层浓度。另外，双曲线饱和函数的 Michaelis-Menten 方程用于描述营养盐的吸收，且 μ/μ_{max} 被 V/V_{max} 所代替。而 Km 是 $V=V_{max}/2$ 时的浓度。得到

$$V=V_{max} [Si(OH)_4]/ [Km+Si(OH)_4] \tag{3-3}$$

或者

$$\mu=\mu_{max} [Si(OH)_4]/ [Ks+Si(OH)_4] \tag{3-4}$$

双曲线饱和函数的 Michaelis-Menten 方程用于酶动力学或者 Monod 方程用于基层浓度对细菌的生长限制（Nelson et al.，1976；Nelson and Brzezinski，1990）。因此，人们依此初步建立了营养盐的吸收与藻类生长的动态数学模型，开始了依靠硅酸盐浓度的吸收的动力学研究和硅藻受到硅限制的生长的动力学研究。

V_{max} 为最大的吸收率，μ_{max} 为最大的增长率，Km 和 Ks 分别为限制 V 和 μ 到 1/2 最大值的硅酸盐浓度。只要细胞的硅含量不依赖于硅限制的程度，式（3-3）和式（3-4）就是一样的。培养研究的普通结果是 Km 大大地超过了 Ks。这样的不相等意味着式（3-3）和式（3-4）的差别在硅酸盐浓度低时足以限制吸收率，使细胞降低它们的硅化程度，以便维持着接近于 μ_{max} 的增长率。尽管降低硅的使用，从生态学上讲硅对硅藻生长率的限制一般不比吸收率的限制严重（Nelson and Treguer，1992）。

首先，实验方法的落后妨碍了在自然海洋环境生活中的硅限制硅藻生长的动力学的研究。但是，在几个海域以硅藻为优势种的浮游植物的自然集群中硅酸盐吸收的动力学研究（Goering et al.，1973；Azam and Chisholm，1976）得到了检验。这些研究显示，研究结果与双曲线饱和函数的 Michaelis-Menten 方程拟合的数据非常好，并且 Km 值与实验室研究的单种藻培养的 Km 值非常接近（Nelson and Treguer，1992）。这也表明，用生态数学模型能够反映实际海域浮游植物的硅酸盐的吸收及本身的增长，并且能够解释实际生态现象和说明生态机制。

其次，是考虑首先被耗尽的营养盐。海洋环境中，在营养盐的吸收中或者在以溶解形式的水柱中，偏离比值 $16:16:1$（Redfield et al.，1963；Brzezinski，1985）就显示了浮游植物生长的 N、P、Si 的潜在限制（Hecky and Kilham，1988；Dortch and Whitledge，1992）。可用 $Si(OH)_4:NO_3$ 的浓度比值来证实是否 $Si(OH)_4$ 或 NO_3 是限制营养盐（Conley and Malone，1992）。然而，根据不同的藻种和培养条件，在这个比值上，部分藻种需要更高的硅酸盐浓度。例如，Brzezinski（1985）发现，对于 18 个藻种来说，Si∶N 的值是 1.45+0.79（可信程度 95%）。Harrison 和 Davis（1979）发现，在 3 种硅藻的 Si∶N 值上有相似的变化。化学方法证实了这个营养盐对系统的产量有最大限制（即总的生物量）。

因此，通过上面的讨论，从两个方面来考虑营养盐硅对浮游植物的限制。

（1）绝对地，硅藻生产过程中发生硅的限制是因为水柱中供给的浓度要比硅藻本身生长所需要的浓度低（Kilham，1971；Schelske and Stoermer，1971；Officer and Ryther，1980）。相对于硅藻的吸收率，溶解硅（DSi）是低供给，这能够限制硅藻的生物量或生长率的增长，也可以导致硅藻生物量的下降，这是由于缺硅的种群的高沉降率（Bienfang et al.，1982）。

（2）相对地，在水柱中供给的浓度要比在生长期间与其他需要别的营养盐要低，以水柱中这些环境营养盐的浓度比值的变化可以推得，在限制硅藻生产上，相对于溶解无机氮（DIN）和溶解无机磷（DIP），溶解硅（DSi）是潜在的重要限制因子（Howarth，1988）。营养盐吸收动力学研究指出 Si∶DIN 和 Si∶P 的值显示了化学计量的潜在 Si 限制（Harrison et al.，1977；Levasseur and Therriault，1987）。营养盐都满足浮游植物生长时，海洋硅藻的 Si∶N∶P 值大约是 $16:16:1$（Redfield et al.，1963；Brzezinski，1985）。这样，溶解硅（DSi）潜在的限制通过 DSi∶DIN 和 DSi∶DIP 的值分别小于 1 和 16 来展示（Conley and Malone，1992）。同样，$Si(OH)_4:NO_3$ 的值可证实 $Si(OH)_4$ 或 NO_3 哪一个作为限制的营养盐，环境的 $Si(OH)_4:NO_3$ 的值小于 1 可以显示 $Si(OH)_4$ 为潜在限制（Conley and Malone，1992）。

从以上（1）和（2）两个方面可以知道，营养盐硅对浮游植物生长的限制的判断方法。目前，研究营养盐硅的生物地球化学过程，可建立模型进行定量分析，以阐明生态系统浮游植物生产过程及营养盐的调控机制，给浮游植物的资源利用和生态系统的持续发展提供科学依据。尤其对人类的污染预防，以及富营养化和赤潮频繁发生的灾难预防和改善有着举足轻重的意义。

3.2.3　简述作者的胶州湾研究结果

根据胶州湾 1991 年 5 月至 1994 年 2 月的观测数据，采用统计和微分方程分析比较研究该水域主要理化因子——温度、光照和 5 项营养盐（NO_3^--N、NO_2^--N、NH_4^+-N、SiO_3^{2-}-Si、PO_4^{3-}-P）与浮游植物、初级生产力时空分布变化之间的关系。结果表明，硅酸盐对初级生产力的特征分布、动态周期和变化趋势有着重要影响。对此，作者建立了相应的初级生产力-硅酸盐-水温的动态模型和模拟曲线，展现了初级生产力的变化由营养盐硅和水温的变化的动态控制过程。分析探讨了胶州湾的硅酸盐来源和生物地球化学的沉积过程，以及浮游植物的优势种和浮游植物的结构，对硅酸盐是胶州湾浮游植物的限制因子进行了初步探讨，认为胶州湾的硅酸盐是初级生产力的限制因子。又假设了陆源提供的硅酸盐一方面被水流稀释，另一方面被浮游植物吸收。计算出了浮游植物吸收营养盐硅的量、浮游植物对硅的内禀转化率和营养盐硅的量对浮游植物的吸收与水流稀释的比例，进一步地说明径流将大量的硅酸盐带入海湾和浮游植物的初级生产力是由浮游植物吸收硅酸盐的量来决定的。

用环境 $Si(OH)_4$：NO_3 的值展示两种营养盐在胶州湾时空变化的特征分布，以及 Si：N 值的季节变化的分析认为，在整个胶州湾，春季、秋季、冬季 Si：N 的值都小于 1。证实了该水域硅酸盐在春季、秋季、冬季都是浮游植物生长的限制营养盐。又通过对 Si：N 的比值与初级生产力的动态模型和模拟曲线分析发现，胶州湾的硅酸盐在春季、秋季、冬季都是初级生产力的限制因子。同样，DSi：DIN 和 DSi：DIP 的值也证实了这个结论。

分析环境浓度 $Si(OH)_4$ 和 NO_3 的变化结果表明，胶州湾的氮、磷浓度趋于上升，而硅的浓度呈周期性的季节变化。通过建立动态模型，计算得出营养盐硅限制浮游植物生长的阈值和阈值的时间，以及初级生产力受硅限制的阈值等，甚至所用的分析数据与 10 年前的观察结果对比，也证实了这个结论。这表明，通过这个巨大的试验空间（胶州湾）和漫长的试验时间，进一步详细阐释了营养盐硅限制浮游植物初级生产力的动态过程，证实了营养盐硅是胶州湾初级生产力的限制因子。通过分析认为，胶州湾浮游植物对硅的需要非常强烈，而且对硅的变化的反应灵敏度很高，反应迅速，这也揭示了浮游植物的生长依赖硅的动态变化的全过程。胶州湾 1991 年 5 月到 1994 年 2 月的季节调查数据和 1984 年逐月调查的数据说明，整个胶州湾生态系统保持着长期的稳定，浮游植物的生长也一直保持着受控于生态因子硅，这也是生态系统的连续性和稳定性的体现。

　　关于营养盐限制浮游植物生长有几点看法：一些从事生物学、化学和生态学的研究人员认为多种营养盐元素同时限制浮游植物的生长，另一些研究人员认为虽然限制营养盐是单种元素，但随着不同的季节变化，营养盐限制的单一种元素也在变化，尤其是考虑营养盐氮、磷限制。但作者根据胶州湾的研究结果做出如下判断。

　　（1）控制浮游植物生长的营养盐只有一种元素，这是由营养盐的生物地球化学过程所决定的。

　　（2）在相当长的时期内，也许是几十年、几百年甚至几千年，限制浮游植物生长的单一种营养盐是不随时间的变化而改变的，这是由于生态系统的稳定性。

　　（3）在全球不同的海域，限制浮游植物生长的营养盐趋向于同一种元素，这是由于在全球海域的浮游植物主要是由硅藻组成，这和营养盐的生物地球化学过程几乎是一致的。

　　（4）由于人类活动的直接结果，营养盐氮、磷富营养化，而营养盐硅由陆源所提供，不受人类活动的影响，营养盐硅的限制显得更加突出。

　　通过以上分析，作者认为，也许在全球的许多海域，营养盐硅都将会成为浮游植物生长的限制因子。

3.3　硅限制和满足浮游植物生长的阈值和阈值时间

　　海洋初级生产力是海洋食物链的基础，在海洋环境方面起着至关重要的营养作用，是一个有趣的研究题目，因为它在水域生态系统内循环与能量流动方面是极为重要的。因此，研究初级生产力的规律及其控制因子（如营养盐）对于海洋生物资源的持续利用有着重要的意义（郭玉洁和杨则禹，1992b）。

　　在近海、海洋沿岸、开阔大洋，哪一种营养盐是浮游植物生长的限制因子是近年来国际热点，在研究南大洋（Sommer，1986，1991；Treguer et al.，1995；Nelson et al.，1995）、太平洋近北极的水域（Coale et al.，1996；Dugdale and Wilkerson，1998）、太平洋的赤道海域（Hutchins and Bruland，1998；Takeda，1998）、秘鲁海域（Dugdale et al.，1995）、切萨皮克（Chesapeake）湾（Conley and Malone，1992）等许多海域时，都热烈地讨论铁、硅抑制浮游植物的生长，并对营养盐硅的通量和浮游植物的生物量进行了研究。目前国际上逐渐加强了营养盐对浮游植物生长影响的机制和过程的研究。

　　关于胶州湾营养盐与浮游植物生长已有不少的研究。吴玉霖和张永山（1995）、王荣等（1995），以及张均顺和沈志良（1997）认为，胶州湾的氮、磷营养盐不成为浮游植物的限制因子，而硅营养盐浓度低，对硅藻生长有限制作用。作者前期工作的研究结果量化表明，硅酸盐对初级生产力的特征分布、动态周期和变化趋势有着重要影响，认为胶州湾的硅酸盐是胶州湾海域初级生产力的限制因子。

此研究还从营养盐 Si：N，即 $Si(OH)_4$：NO_3 值的角度来探讨硅酸盐对浮游植物生长的影响。在海洋环境中，已经用环境 $Si(OH)_4$：NO_3 的值来判断 $Si(OH)_4$ 或者 NO_3 哪一个作为限制营养盐（Conley and Malone，1992；Howarth，1988）。由于海洋硅藻 Si：N：$P(N=NO_3+NH_4+NO_4)$ 的比值为 16：16：1（Brzezinski，1985），环境的 $Si(OH)_4$：NO_3 的比值小于 1 就可以显示硅对硅藻的生长是潜在的限制（Conley and Malone，1992）。通过营养盐 $Si(OH)_4$：NO_3 的值，我们发现硅酸盐在春季、秋季、冬季是胶州湾浮游植物生长的限制因子。通过此值与初级生产力的相关性建立相应的关系，得到式（3-5），进一步证实了硅酸盐在春季、秋季、冬季是胶州湾初级生产力的限制因子；也进一步明确了春季、秋季、冬季胶州湾的硅酸盐对浮游植物生长限制的时间范围，并被 1984 年逐月的调查数据所证实。此研究产生了春季和秋季胶州湾的硅酸盐限制和满足浮游植物生长的阈值，这与 Dortch 和 Whitledge（1992）报道的 $Si(OH)_4 < 2\mu mol/L$ 是基本相一致的。而对于受到硅限制的初级生产力，作者首次提出将其分为三个部分，以便与相应的硅酸盐的不同变化阶段相一致。此定量化的研究揭示了营养盐对浮游植物生长的影响和生产过程的调控机制。

3.3.1　研究海区概况及数据来源

（1）研究海区概况。胶州湾位于北纬 35°55′～36°18′，东经 120°04′～120°23′，面积约为 446km^2，平均水深为 7m，是一个半封闭型海湾，周围为青岛、胶州、胶南等市县区所环抱，由于工农业生产、水产养殖和城市生活污水的排放，向胶州湾内输入了大量的营养物质。例如，1980 年，青岛市区工业废水排放量已经达到 7019.7 万 t/a，生活污水 1438 万 t/a，其中，海泊河每天有 14 万 m^3 污水流入胶州湾，占全市污水的 40%，工业废水的 2/3 以上（沈志良，1995）。

（2）数据来源。本节分析时所用数据由胶州湾生态站提供，分析因子包括初级生产力（^{14}C 法测定）、硝酸盐（镉-铜还原法测定）、亚硝酸盐（重氮偶氮法测定）、铵氮（次溴酸钠氧化法测定）、磷酸盐（磷钼蓝法测定）、硅酸盐（硅钼蓝法测定），营养盐数据由沈志良测得（沈志良，1994，1997），初级生产力的数据由吴玉霖和张永山（1995）测得。营养盐水样用不锈钢颠倒采水器采集，加 0.3%氯仿保存于聚乙烯瓶内，于-25℃冰箱内速冻，回实验室解冻后取上层清液测定。全部要素均利用美国 Technicon AA-II 型自动分析仪进行分析（沈志良，1995）。营养盐的数据保留到小数点后两位，硅酸盐浓度的检出限在 0.05μmol/L 以下。每次

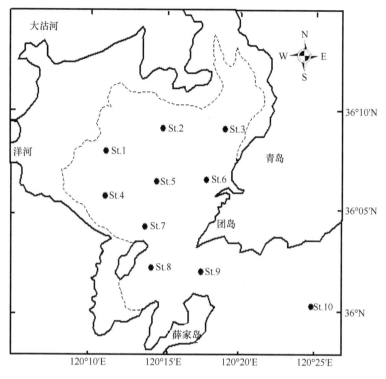

图 3-13　胶州湾调查站位图

观察时间为 2 天，观测时间跨度为 1991 年 5 月至 1994 年 2 月，每年代表冬季、春季、夏季、秋季的 2 月、5 月、8 月、11 月进行现场实验研究。共进行了 12 个航次，每个航次 10 个站位（缺 3 号站位的数据），见图 3-13，按标准水层采样（标准水层分别为 0m、5m、10m、15m 等，直到底层）。

3.3.2　营养盐 Si∶N[Si(OH)$_4$∶NO$_3$]的值

（1）Si∶N 值的季节变化。Si∶N 值的季节变化非常简单，以夏季为最高，与秋季、春季、冬季相比，每年夏季有一个高峰值。而春季、秋季、冬季较低，特别在冬季，此值几乎为零（硅酸盐的浓度降到检出限以下，约定为零）。从春季到夏季，Si∶N 的值从开始小于 1，迅速增长到 8～9 月达到高峰值，大于等于 1。在夏季到秋季，Si∶N 的值急剧下降，一直到小于 1。到了冬季，慢慢下降到一年中的最低值，并贯穿整个冬季，保持低值，如 2 号和 6 号站（图 3-14）。氮、磷的变化周期相对较短，硅的变化周期相对较长。Si∶N 的值的变化基本上与 Si 的变化相一致，这说明 Si∶N 的值的变化过程主要由 Si 来决定。

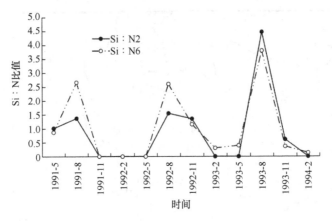

图 3-14 2 号、6 号站 Si：N 值的季节变化

（2）Si：N 的值的平面分布。与春季、秋季、冬季相比，在每年的夏季，胶州湾 Si：N 的值是最高的，在夏季，整个湾内 5 号、9 号、10 号站的 Si：N 的值较高。夏季整个胶州湾，Si：N 的值几乎都大于 1。而冬季，Si：N 的值都小于 1 或在检出限以下，甚至几乎都为零（硅酸盐的浓度在检出限 0.05μmol/L 以下，约定为零）。而在春、秋两季，胶州湾几乎各站的 Si：N 的值都小于 1。而在零星的一两个站的 Si：N 的值才大于或等于 1。例如，1991 年 5 月，整个胶州湾只有 2 号站 Si：N 的值大于或等于 1，而其余各站的 Si：N 的值都小于 1；1991 年 11 月，只有 10 号站的 Si：N 的值大于或等于 1，而其余各站的 Si：N 的值都小于 1；1992 年 5 月和 11 月，以及 1993 年 11 月，整个胶州湾内所有站的 Si：N 的值都小于 1；1993 年 5 月，只有 9 号和 10 号站的 Si：N 的值大于或等于 1，这里的 9 号和 10 号站分别是湾口的外部站和湾外站。通过以上分析可知，在整个胶州湾，一般来说春季、秋季、冬季的 Si：N 的值都小于 1（图 3-15）。

3.3.3 Si：N 的值与初级生产力

（1）Si：N 的值与初级生产力的相关性。初级生产力是浮游植物生长旺盛、衰落的重要监测指标，因此，考虑浮游植物生长就要考虑初级生产力；考虑营养盐对浮游植物生长的影响就要考虑浮游植物生长对营养盐的吸收比例，以确定哪种营养盐会成为浮游植物生长的限制因子。于是，考虑营养盐对浮游植物生长的影响就是分析 Si：N 的值和初级生产力的关系。

将 Si：N 的值与初级生产力进行相关分析发现，1 号和 9 号站是高度相关，2 号和 10 号站是低相关的，而其余各站是显著相关（表 3-9）。

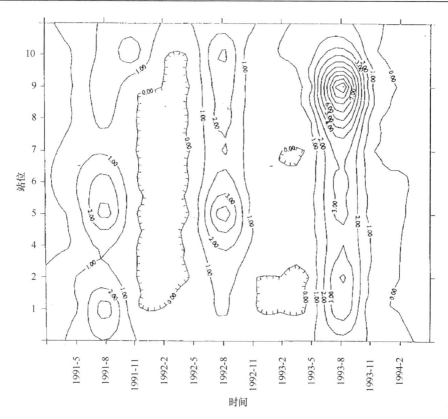

图 3-15　Si∶N 的值在 9 个站位的时空分布变化（μmol/L）

表 3-9　Si∶N 的比值与初级生产力的相关性

站位	1	2	4	5	6	7	8	9	10
相关系数	0.878	0.397	0.746	0.550	0.792	0.718	0.691	0.926	0.348

　　因此，浮游植物的初级生产力与营养盐 Si∶N 的值有着密切的重要联系。这表明营养盐的吸收比例决定着浮游植物的生长。

　　（2）初级生产力与 Si∶N 的方程。借助于营养盐 Si∶N 值的变化，为了更好地理解硅限制初级生产力变化的各个阶段，建立了一个简单的模型来连接浮游植物的初级生产力与营养盐 Si∶N 值的联系。

$$y(t) = k \times sn(t) + b \tag{3-5}$$

　　随着时间变量 t 的变化，用初级生产力函数 $y(t)$ 和 Si∶N 的值函数 $sn(t)$ 能够表达初级生产力与营养盐 Si∶N 的值的变化（表 3-10）。

表 3-10 式（3-5）的变量和参数

	值	单位
t 为时间变量	—	月
$y(t)$ 为初级生产力函数	33.60~2518	mg/(m²/d)
sn(t) 为 Si：N 的比值函数	0~12.084	
参数 $k+b$ 称为浮游植物受到营养盐硅限制的初级生产力的临界值	336.05~610.34	mg/(m²/d)
参数 k 称为浮游植物受到营养盐硅限制的初级生产力的幅度	182.04~485.06	mg/(m²/d)
参数 b 称为浮游植物受到营养盐硅限制的初级生产力的基础值	125.28~256.47	mg/(m²/d)

根据 1991 年 5 月至 1994 年 2 月胶州湾初级生产力的数据和硅酸盐、硝酸盐的数据，然后利用式（3-5），求得浮游植物受到营养盐硅限制的初级生产力的基础值 b、浮游植物受到营养盐硅限制的初级生产力的幅度 k、浮游植物受到营养盐硅限制的初级生产力的临界值 $k+b$。在利用数据时，模型的变量 t 单位为月，采样的时间跨度为 3 个月（表 3-11）。

表 3-11 式（3-5）的参数 k,b 值

参数 \ 站位	1	4	6	7	8	9
k	290.42	485.06	233.65	226.47	215.85	182.04
b	230.96	125.28	133.25	220.18	256.47	154.01

注：缺 3 号站数据。2 号、5 号、10 号站不相关

（3）方程检验。复相关系数检验。查复相关系数的临界值表得

$$R_{0.05}(11) = 0.576, \quad R_{0.01}(11)=0.708$$

F 检验。查 F 分布表得临界值

$$F_{0.05}(1,10) = 4.96, \quad F_{0.01}(1,10) =10.00$$

对于式（3-5），表 3-12 展示了初级生产力与 Si：N 值的相关性：在 1 号、4 号、6 号、7 号、9 号站，在 $\alpha=0.01$ 水平上有意义；8 号站，在 $\alpha=0.05$ 水平上有意义，2 号、5 号、10 号站不相关。

表 3-12 式（3-5）的相关性

相关性 \ 站位	1	4	6	7	8	9
相关系数 R^2	0.771	0.557	0.628	0.516	0.478	0.858
F 值	33.82	12.59	16.88	10.67	9.16	60.63

（4）模型的应用。对于式（3-5），通过初级生产力-Si：N 值的动态模型得到

6 个站的模拟曲线。此模型展示了营养盐 Si∶N 值的变化调控初级生产力所产生的变化；模型的预测值与实测值模拟相一致。我们在 6 个站中，随意取 1 号和 6 号站，看初级生产力-Si∶N 值的式（3-5）的曲线模拟实测曲线的情况（图 3-16）。PP1，PP6 分别是 1 号站和 6 号站的实测初级生产力曲线，Snpp1、Snpp6 分别是 1 号站和 6 号站通过式（3-5）的初级生产力模拟曲线。

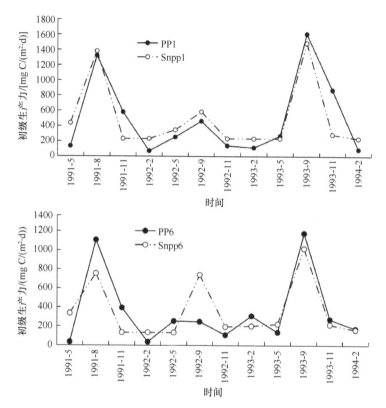

图 3-16 1 号和 6 号站初级生产力的实测曲线和式（3-5）的模拟曲线比较

PP1 和 PP6 分别是 1 号站和 6 号站的实测曲线；Snpp1 和 Snpp6 分别是 1 号站和 6 号站的模拟曲线

3.3.4 胶州湾 Si、N、P 的动态变化趋势

20 世纪 60～90 年代，30 年间胶州湾营养盐的绝对浓度发生了巨大变化。1962～1963 年、1983～1986 年和 1991～1994 年的调查资料显示，近 30 年 PO_4-P 的浓度增加了 2.2 倍；NO_3-N 和 NH_4-N 分别增加了 7.3 倍和 7.1 倍；总有机氮（TON）浓度增加了 3.5 倍（沈志良，1994，1997）；N、P 浓度趋于富营养化，呈上升趋势；而 Si 浓度是周期性变化，在冬季低，夏季高，周期为一年（Yang et al.，2002）。

并且经过 30 年的环境变化，营养盐硅在冬季的浓度几乎仍然保持低值，甚至在检测限以下（小于 0.05μmol/L）（Yang et al.，2002）。这说明受人类的污染，N、P浓度在不断地增加，而 Si 浓度的变化却显示在 Si 方面几乎没有受到人类活动的影响，而主要是受雨季的影响。对此，Si 对浮游植物的生长来说是显得日趋重要的限制因子。

3.3.5　Si∶N 的值与初级生产力的时空变化

在整个胶州湾，Si∶N 的值在每年的春季、秋季、冬季都小于 1。环境的Si(OH)$_4$∶NO$_3$ 的值小于 1 就可以认为硅对硅藻的生长是潜在的限制（Conley and Malone，1992）。因此，可以说，硅在春季、秋季、冬季都是硅藻生长的限制营养盐。

通过 Si∶N 的值与初级生产力（Yang et al.，2002）的季节变化的比较分析，发现它们具有清楚的、一致的周期（图 3-14、图 3-17）。同样，Si∶N 的值与初级生产力的时空变化模式在胶州湾 9 个站中也几乎是一致的(图 3-15、图 3-18)。

从 Si∶N 的值和初级生产力的相关性分析发现，胶州湾的 1 号、9 号站是高度相关，2 号、10 号站是低相关，而其余各站 4 号、5 号、6 号、7 号和 8 号是显著相关，以上的发现表示了在每年的春季、秋季、冬季，硅是胶州湾硅藻生长的限制营养盐。

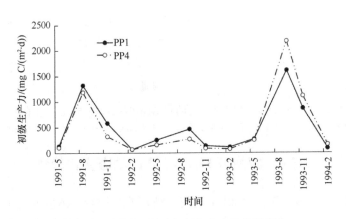

图 3-17　1 号、4 号站初级生产力的季节变化

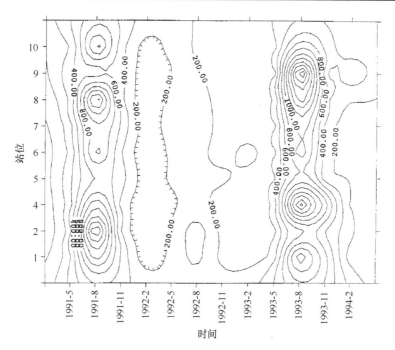

图 3-18　初级生产力在 9 个站位的时空分布变化（μmol/L）

3.3.6　模型的生态意义

通过式（3-5），根据限制初级生产力的营养盐硅的变化，作者提出了将初级生产力值的范围划分为三个部分：硅限制的初级生产力的基础值，硅限制的初级生产力的幅度和硅限制的初级生产力的临界值。

在海洋中，即使营养盐硅非常贫乏，硅酸盐的浓度非常低，甚至趋于零，但仍有一定的、很小的值。因此，定义当 $t = t_0$，有硅酸盐浓度 $Sn(t_0) = 0$。当硅酸盐浓度在胶州湾海域非常贫乏，小于 0.05μmol/L 时，约定 $S(t_0) = 0$，于是当

$$t = t_0，Sn(t_0) = 0 \text{ 时}$$

有

$$y(t_0) = b$$

当

$$t = t_1，Sn(t_1) = 1 \text{ 时}$$

有

$$y(t_1) = k + b$$

b 为硅限制的初级生产力的基础值，即在营养盐中硅耗尽时，初级生产力达

到最低值作为硅限制的初级生产力的基础值。k 为硅限制的初级生产力的幅度，也就是当营养盐 Sn（t）从 0 变到 1 时，初级生产力增加值为 k。$k+b$ 称作硅限制的初级生产力临界值，也就是当 $0<\text{Sn}（t）<1$ ，即 $b<y（t）<k+b$ 时，有营养盐硅限制浮游植物的生长。

当初级生产力大于这个临界值 $k+b$ 时，即 $y（t）>y（t_1）$，浮游植物生长不受营养盐硅的限制；当初级生产力等于这个临界值 $k+b$ 时，浮游植物生长恰好满足浮游植物对营养盐的吸收比值；当初级生产力小于这个临界值 $k+b$ 时，即 $y(t)<y(t_1)$，浮游植物生长受营养盐硅限制（表 3-13）。

表 3-13 参数 k, b 和 $k+b$ 值

参数＼站位	1	4	6	7	8	9
b	230.96	125.28	133.25	220.18	256.47	154.01
k	290.42	485.06	233.65	226.47	215.85	182.04
$k+b$	521.38	610.34	366.9	446.65	472.32	336.05

胶州湾的硅限制初级生产力的基础值 b 为 125.28～256.47mg C/（m^2·d），从 b 值可看出，当硅酸盐浓度从 0.05μmol/L 趋于更小时，也就是说在所必需的营养盐硅严重缺乏的条件下，浮游植物还要继续生存。在硅限制的条件下，浮游植物初级生产力的值最少为 125.28mg C/(m^2·d)。

对于胶州湾浮游植物，硅限制的初级生产力的幅度 k 为 182.04～485.06mg C/（m^2·d），从 k 值可看出，虽然浮游植物的生长受到营养盐硅的限制，但当硅酸盐的浓度增长时，其初级生产力也在增长；其增长的幅度在胶州湾不超过 485.06mg C/(m^2·d)（图 3-19、图 3-20）。

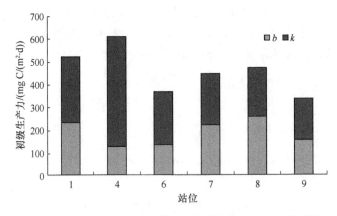

图 3-19 硅限制初级生产力的基础值 b 和硅限制初级生产力的范围值 k，
以及组成硅限制初级生产力的阈值 $b+k$

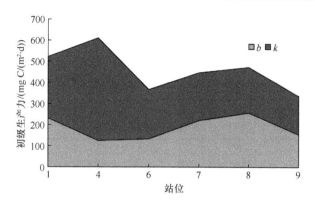

图 3-20 硅限制初级生产力阈值 $k+b$ 的变化特征

胶州湾浮游植物硅限制的初级生产力临界值 $k+b$ 为 336.05~610.34mg C/（m^2·d），从临界值 $k+b$ 可以看出，当浮游植物的初级生产力小于 336.05mg C/(m^2·d)时，胶州湾浮游植物的生长就受到营养盐硅的限制，这时，$Si(OH)_4$：NO_3 的值小于 1。另外，在 4 号站，浮游植物初级生产力的值很高，即使初级生产力小于且接近值 610.34mg C/（m^2·d）时，其浮游植物的生长还仍然受到营养盐硅的限制。这也说明在胶州湾水域中，不同小块水域的浮游植物集群由不同浮游植物种群组成（郭玉洁和杨则禹，1992a），而各个种群对营养盐硅的需要量不同，所以营养盐硅对浮游植物生长限制的阈值也是不同的。于是，由于在胶州湾的不同站位，不同小块水域的浮游植物的集群结构是不同的，那么对于胶州湾浮游植物集群，硅限制的初级生产力的阈值也是不同的。这就造成了各个站位的硅限制的初级生产力的基础值、硅限制的初级生产力的幅度和硅限制的初级生产力的临界值的不同。

3.3.7 硅酸盐的阈值和阈值时间

变量为时间 t，单位为月，当 $t = t_1$ 时，有初级生产力 $y(t_1) = k+b$，相应的硅酸盐浓度为 $s_1 = s(t_1)$，将 s_1 称为限制浮游植物生长的硅酸盐浓度阈值；当 $s(t) < s(t_1)$ 时，硅是浮游植物初级生产力的限制因子。

从 1991 年、1992 年、1993 年 5 月、8 月、11 月的初级生产力数据，使用抛物线方程用最小二乘法建立最佳近似解的方程，变量为时间 t，单位为月，每月以 30 天计算，函数为初级生产力（表 3-14）。

$$Y(t) = at^2 + bt + c \qquad (3-6)$$

表3-14 式（3-6）a, b, c 的参数值

参数 \ 站位	1	4	6	7	8	9
a	−85.04	−99.07	−69.87	−61.00	−114.04	−85.65
b	1479.81	1724.32	1192.24	1045.63	1926.34	1465.68
c	−5306.05	−6283.54	−4256.25	−3667.57	−6837.91	−5239.47
r^2	0.54	0.41	0.51	0.49	0.54	0.24

用同样的方法，建立变量为时间 t、函数为硅酸盐浓度的方程（表3-15）。

$$Si\,(t) = et^2 + ft + g \tag{3-7}$$

表3-15 式（3-7）e, f, g 的参数值

参数 \ 站位	1	4	6	7	8	9
e	−0.49	−0.40	−0.40	−0.32	−0.23	−0.20
f	8.34	7.00	6.85	5.64	3.97	3.31
g	−29.99	−25.81	−24.55	−20.89	−14.38	11.36
r^2	0.68	0.55	0.73	0.47	0.58	0.51

式（3-5）中的 $y\,(t)=b+k$ 为胶州湾浮游植物生长受到营养盐硅限制的临界值，通过已知的 $b+k$ 值，利用式（3-6）求出相应的时间 t。并利用时间 t，通过式（3-7），求出硅酸盐浓度的相应值。因此，可得到胶州湾营养盐硅限制和满足浮游植物生长的各自阈值（表3-16）。

表3-16 硅酸盐浓度的阈值和阈值时间

阈值 \ 站位	1	4	6	7	8	9
Si（μmol/L）	2.15	1.87	1.75	1.33	0.76	1.03
t（月/日）	6/1	6/7	5/29	6/4	5/23	5/22
Si（μmol/L）	0.36	1.36	1.42	1.28	0.94	0.38
t（月/日）	11/11	11/6	11/4	11/3	11/4	11/13

首先，从硅酸盐浓度阈值的发生时间可知，5月22日至6月7日期间，硅酸盐浓度逐渐满足了浮游植物生长，这说明如下几点。

（1）在整个胶州湾，硅酸盐浓度满足浮游植物所花费的时间大约是15天，这接近或超过胶州湾内的海水全部交换完所需的时间。由于胶州湾内的海水半交换完所需的时间是5天（吴家成等，1992），这清楚表明也许是在雨季来临，陆源将大量的硅酸盐带到河口，而海水通过水交换将硅酸盐不断地由高浓度的河口区向

低浓度的湾口区输送和扩散。胶州湾硅酸盐浓度的变化和浮游植物初级生产力的变化与胶州湾水交换输送的硅酸盐浓度变化相一致（图 3-15、图 3-18）。

（2）首先，胶州湾的浮游植物集群主要由几种优势种所构成，如骨条藻、斯托根管藻、弯角刺藻、尖刺菱形藻、窄隙角刺藻，这表明胶州湾不同小块水域，其浮游植物集群硅限制的初级生产力的阈值时间的相差不能过长，一般限制在胶州湾内的海水全部交换完所需的时间内。其次，几种优势种在不同小块水域集群中所占的比例不一样，胶州湾不同小块水域浮游植物集群硅限制的初级生产力的阈值时间不能在同一时刻。这样，硅酸盐满足不同小块水域浮游植物集群的生长不能在同一时间内，但要在一定的时间区间内。

（3）从大沽河和洋河河口区到胶州湾湾口，即沿着通过 1 号、4 号、7 号、8 号站的截面，硅酸盐浓度呈梯度下降，而满足胶州湾浮游植物生长的硅酸盐浓度阈值也是按照梯度下降。这说明在胶州湾整个海域，浮游植物种群是按照所需硅的含量沿从河口区到湾口的硅酸盐浓度下降趋势来分布的。胶州湾的浮游植物结构是根据种群对硅的需要量和硅酸盐的梯度变化来分布的。

从硅酸盐浓度阈值的发生时间可知，11 月 3 日～13 日，硅酸盐浓度逐渐限制了浮游植物的生长，这说明如下几点。

（1）在整个胶州湾，硅酸盐浓度限制浮游植物生长的时间区间大约仅 10 天，这大体上接近或超过胶州湾内的海水全部交换完所需的时间（吴家成等，1992）。随着雨季的结束，陆源已停止或最小量地将硅酸盐带到河口。因此，水交换在硅酸盐运输和扩散的过程中起很小的作用。然而，在陆源将要停止或提供小量的硅酸盐到河口的瞬时，胶州湾硅酸盐浓度的阈值受到水交换的影响，因此，胶州湾浮游植物的结构也随之受到不利影响。胶州湾的浮游植物结构与陆源停止供给或者供给很少的营养盐硅的瞬时浓度有关，而以后，胶州湾的浮游植物结构与水交换关系不大，而与浮游植物对硅的需求量有关。

（2）在硅酸盐浓度限制浮游植物生长阈值的 10 天中，前 3～4 天，硅酸盐浓度限制浮游植物生长的阈值高（1.42～0.94μmol/L），而在后 2～3 天内，硅酸盐浓度限制浮游植物生长的阈值就非常低了（0.36～0.38μmol/L）。这个研究结果表明，当陆源一旦停止供给或者供给很少的营养盐硅，浮游植物的生长就仅仅依靠存在于胶州湾水域的现有的营养盐硅，随着营养盐硅不断被浮游植物吸收，其胶州湾水域的硅浓度就不断下降，而且下降也非常快，直到营养盐硅成为整个胶州湾浮游植物的限制因子。

（3）经过 10 天，陆源停止或最小量地将硅酸盐带到河口后，即从 11 月 23 日至翌年的 5 月 23 日，胶州湾水交换通过运输、扩散营养盐硅，对浮游植物的生长将几乎不产生作用。胶州湾的浮游植物结构受到不利的影响，这不是因为水交换，而是由于浮游植物对营养盐硅的需求。5月23日之后，水交换又开始在运输和扩散营养盐硅的过程中起重要作用，对胶州湾浮游植物的生长和结构产生影响。

因此，胶州湾浮游植物的生长受到硅限制的时间区间大约为11月13日至翌年的5月22日，而浮游植物的生长不受硅影响的时间区间只能大约在6月7日至11月3日。而且，大约从5月22日至6月7日，硅酸盐浓度满足浮游植物生长的阈值是2.15～0.76μmol/L，而在秋季11月3～13日，硅酸盐浓度限制浮游植物生长的阈值是1.42～0.36μmol/L（图3-21）。以上春季、秋季硅酸盐浓度阈值的相比也反映了浮游植物的自身生长。在春季，经过漫长时间（6个月5天）营养盐硅的缺乏下，当浮游植物一直处于极度缺乏硅酸盐的状态下，相对处于衰弱的浮游植物需要更多的硅才能恢复正常的生长，这样，相应的硅酸盐的阈值较高；在秋季，浮游植物一直处于旺盛生长，当硅酸盐的浓度开始下降时，强壮的浮游植物能够忍受相对较长时间硅的下降，相应的硅酸盐阈值较低。从表3-16各个站位的春季、秋季两组硅酸盐的阈值也可看出上面的分析。但也有例外，个别站位与上面的分析不同，如8号站，这也许表明了此水域秋季的浮游植物与春季相比，需要更多的硅，故显示出秋季的硅酸盐阈值较大。

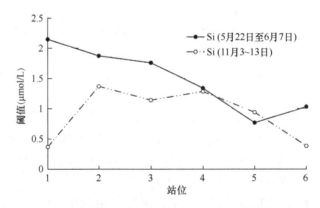

图3-21　硅酸盐浓度的阈值及它在春、秋季的阈值和时间

从胶州湾硅酸盐浓度的阈值来分析，在春季，当硅酸盐浓度大于0.76μmol/L时，硅就开始满足一些春季浮游植物的生长。当硅酸盐浓度大于2.15μmol/L时，硅就满足整个胶州湾春季浮游植物的生长。因此，当硅酸盐浓度大于2.15μmol/L时，硅一定满足胶州湾浮游植物的生长。

在秋季，当硅酸盐浓度小于1.42μmol/L时，营养盐硅就开始限制一些胶州湾浮游植物的生长。当硅酸盐浓度小于0.36μmol/L时，营养盐硅限制整个胶州湾秋季浮游植物的生长。因此，当硅酸盐浓度小于0.36μmol/L时，胶州湾浮游植物的生长一定受到硅的限制。

Dortch 和 Whitledge（1992）的硅潜在限制的法则中，硅限制浮游植物生长的绝对量是 Si(OH)$_4$<2μmol/L。这与胶州湾秋季的硅酸盐浓度限制浮游植物生长的阈值是 1.42～0.36μmol/L 相一致。硅满足浮游植物生长 Si(OH)$_4$>2μmol/L 与胶州湾春季的硅酸盐浓度满足浮游植物生长的阈值是 2.15～0.76μmol/L 基本相一致。而且，此文中硅酸盐浓度的阈值比 Dortch 和 Whitledge（1992）的更清楚、更详细。

从秋季、春季的硅酸盐浓度限制、满足浮游植物生长的阈值来分别考虑，当硅酸盐浓度 $s(t)$<0.36μmol/L 时，整个胶州湾的硅完全限制浮游植物的生长；当 0.36μmol/L≤硅酸盐浓度 $s(t)$≤2.15μmol/L 时，在胶州湾，硅潜在满足或限制浮游植物的生长；当硅酸盐浓度 $s(t)$>2.15μmol/L 时，整个胶州湾的硅完全满足浮游植物的生长（图 3-22）。

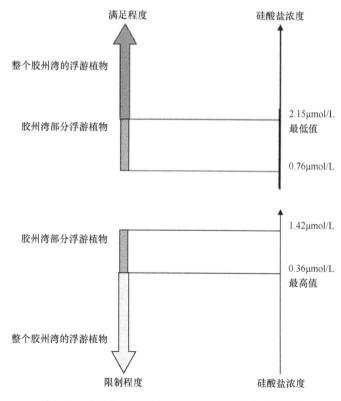

图 3-22　硅酸盐浓度限制和满足浮游植物生长的阈值

3.3.8　水流稀释对浮游植物生长的影响

大沽河和洋河（图 3-13）是胶州湾硅酸盐的主要来源。胶州湾硅酸盐的季节变化曲线与胶州湾周围盆地的雨量和大沽河和洋河径流量的变化曲线在周期、峰值、趋势上大致相似。对硅酸盐的平面分布特点及垂直分布特点的分析进一步表明：整个胶州湾的硅酸盐浓度变化与大沽河和洋河径流量有关；而且入湾径流提供丰富的硅酸盐含量；硅酸盐浓度的水平分布决定了胶州湾浮游植物集群结构的变化。

用水交换计算方法得到下面的关系

$$Sidi = 0.69(Si1+Si2+Si3)/3 = 0.69\ Sicr$$

$$Sicr - Sidi = 0.31\ Sicr$$

式中，Sicr 为由陆源提供的浓度；Sidi 为海水交换稀释后的硅酸盐浓度。

胶州湾内的硅酸盐浓度由于海水的交换被稀释了，其浓度大约降低了 1/3，这样，当陆源提供的硅酸盐浓度稍微高于湾外的 9 号站的营养盐硅限制浮游植物生长的阈值时，水交换有时引起硅酸盐浓度下降到低于 9 号站的阈值，从而导致浮游植物生长受营养盐硅限制；这也表明水流的稀释对浮游植物生长的影响。例如，1 号站的硅酸盐浓度秋季阈值为 0.38μmol/L，1 号站在大沽河附近，当陆源提供的浓度为 0.5μmol/L 时，在 1 号站，硅酸盐浓度满足浮游植物的生长。由于海水交换的稀释作用，其稀释后的浓度为 0.33μmol/L，此值小于 9 号站的硅酸盐浓度秋季阈值 0.36μmol/L，就决定了胶州湾湾外的 9 号站营养盐硅已经限制浮游植物的生长。

在 1984 年的每月胶州湾调查中，6 月底的湾西部大沽河口和洋河口海区的初级生产力上升到全湾的最高值[2177mg C/(m^2·d)]（郭玉洁和杨则禹，1992b）。

在此研究中，有一个重要发现：大沽河河口、洋河河口和李村河河口的初级生产力的动态控制全湾一年中初级生产力的变化。另外，在夏季，湾外初级生产力的变动趋势与湾内相仿，但在秋季，湾外初级生产力较湾内各海区提前一个半月缓慢下降（郭玉洁和杨则禹，1992b）。这些结果说明胶州湾内硅酸盐的浓度由于海水交换的稀释而下降，其浓度大约降低了 1/3，同时，浮游植物吸收营养盐硅，使得硅酸盐浓度下降。这样，在秋季，稀释的作用和浮游植物吸收的作用使湾外的初级生产力比湾内各海区提前一个半月就开始下降。

3.3.9　营养盐硅限制浮游植物初级生产力的动态过程

根据对胶州湾 1991 年 5 月至 1994 年 2 月的观测数据的研究，得到营养盐硅限制或满足浮游植物初级生产力的时间和其阈值等结论，而这个结论甚至在 10

年前的观察中也得到了证实。

数据分析展示，硅酸盐浓度满足浮游植物生长的阈值时间大约是 5 月 22 日至 6 月 7 日。

在 1984 年的每月调查中（郭玉洁和杨则禹，1992b），初级生产力从 5 月 30 日至 6 月 2 日的 275.60mg C/(m²·d) 直线上升到 6 月 28～30 日的 881.88mg C/(m²·d)，这说明在 5 月 22 日至 6 月 7 日期间，硅酸盐浓度逐渐增加，使得浮游植物不受到硅限制。初级生产力从 275.60mg C/(m²·d) 开始迅速增长，仅相差不到一个月，初级生产力就提高到一年中的极大值 881.88mg C/(m²·d)，可见浮游植物对硅的强烈需要，以及一年中经过漫长的时间从 11 月 13 日至第二年的 5 月 22 日的对硅 6 个月 5 天（每月以 30 天计算）的匮乏。

数据分析展示，硅酸盐浓度限制浮游植物生长的阈值时间大约是秋季的 11 月 3 日～13 日。在 11 月 3 日～13 日，硅酸盐浓度逐渐降低，硅成为浮游植物生长的限制因子。

在 1984 年的每月调查中，初级生产力从 10 月 6 日～9 日的 765.67mg C/(m²·d) 直线下降到 11 月 8 日～11 日的 170.33mg C/(m²·d)，可见缺少硅酸盐，浮游植物生长就立刻缓慢，浮游植物初级生产力就直线下降。这表明，浮游植物对营养盐硅缺少的反应是非常迅速的，浮游植物对硅的需要也是强烈的。

数据分析展示，硅酸盐浓度满足浮游植物生长的时间区间大约是 6 月 7 日至 11 月 3 日。

在 1984 年的每月调查中，初级生产力在 6 月几乎直线上升，6 月底，大沽河和洋河河口处的初级生产力迅速上升到全湾一年中的最高值 2177mg C/(m²·d)。在 6 月底至 10 月上旬，胶州湾各海区的初级生产力都相当高，尤其湾东北部始终在 1000mg C/(m²·d) 以上，在 10 月上旬以后，初级生产力几乎直线下降。这也证实了浮游植物的生长不受硅影响的时间区间只能大约在 6 月 7 日至 11 月 3 日。可见，当营养盐硅供给充足时，浮游植物的生长是旺盛的、迅速的，甚至有水华产生。在这期间，胶州湾初级生产力都很高。营养盐硅为胶州湾初级生产力提供主要支撑。

数据分析展示，硅酸盐浓度限制浮游植物生长的时间区间大约是 11 月 13 日至翌年的 5 月 22 日。

在 1984 年的逐月调查中，从 11 月 13 日至翌年的 5 月 22 日，整个胶州湾初级生产力的值都非常低，小于 294.00mg C/(m²·d)，更小于整个胶州湾受到营养盐硅限制的浮游植物生长的初级生产力的 $k+b$ 临界值 336.05～610.34mg C/(m²·d)。这也证实了 11 月 13 日至翌年的 5 月 22 日，处于阈值之下的营养盐硅严重缺乏，严重阻碍浮游植物生长。可见，当营养盐硅匮乏时，浮游植物生长一直受到严重影响。

在营养盐硅的长时间（6 个月 5 天）缺乏下，浮游植物的初级生产力一直都处于低值。在这期间，浮游植物一直都是缓慢地、衰弱地生长。此研究结果表明，通过这个巨大的自然试验空间（胶州湾）和漫长的试验时间（1 年中的连续 6 个月 5 天，每月以 30 天计算）检测和验证：营养盐硅是胶州湾初级生产力的限制因子。

这个结果同样被 1984 年胶州湾各海区初级生产力的逐月变化所证实，这些海区包括胶州湾东北部、东部及东南部、胶州湾北部、西部和中部，以及胶州湾西南部和胶州湾外（图 3-23）。

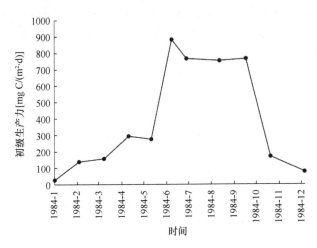

图 3-23 1984 年胶州湾初级生产力的月变化值（引自郭玉洁和杨则禹，1992b）

从以上分析可知，胶州湾浮游植物对硅的需要非常强烈，而且对硅变化的灵敏度很高，反应迅速。这也揭示了浮游植物的生长依赖硅的动态变化全过程。这次用胶州湾 1991 年 5 月至 1994 年 2 月的季节调查数据进行分析得到的结果，被几乎十年前的 1984 年逐月调查的数据所证实。这也说明，整个胶州湾生态系统保持着长期的稳定，浮游植物的生长也一直保持着受控生态因子硅。这个结论是符合自然规律的。

再分析硅酸盐浓度的变化，来研究硅酸盐浓度的变化如何影响一年中浮游植物的数量变化。在胶州湾，从 11 月 13 日至翌年的 5 月 22 日，浮游植物的生长一直受到硅的限制，可是，5 月 22 日至 6 月 7 日，营养盐硅开始满足浮游植物的生长。这个结果与浮游植物在每年的 4~5 月的细胞数量是一年中最少的（郭玉洁和杨则禹，1992a）的观察结果相一致，根据硅酸盐浓度的变化，认为这是由于长时间（一年中 6 个月 5 天）营养盐硅的缺乏造成了胶州湾浮游植物得不到高值的初级生产力的补充，故在一年中胶州湾浮游植物的细胞数量在 4~5 月是维持最低的了。

3.4 结 论

  根据胶州湾 1991 年 5 月至 1994 年 2 月的观测数据，采用统计和微分方程分析和比较研究该水域主要环境和理化因子——温度、光照和 5 项营养盐（$NO_3^- \text{-N}$、$NO_2^- \text{-N}$、$NH_4^+ \text{-N}$、$SiO_3^{2-} \text{-Si}$、$PO_4^{3-} \text{-P}$）与浮游植物、初级生产力时空分布变化之间的关系。研究结果表明，硅酸盐与初级生产力随着时空的变化有很好的相关性，并且硅酸盐对初级生产力的特征分布、动态周期和变化趋势有着重要影响。对此，本节建立了相应的初级生产力-硅酸盐-水温的动态模型和模拟曲线，通过式（3-1），展现了初级生产力变化是由营养盐硅变化的控制和水温变化的影响的复合动态过程；讨论了初级生产力的主要控制因子仍为营养盐硅及水温，它们对浮游植物集群的结构组成产生影响；还讨论了浮游植物集群不同种群，根据海水中硅酸盐转化为浮游植物生物量的表观转化率 C 和水温对浮游植物初级生产力的影响系数 D，占据不同的生态空间。分析探讨了胶州湾的硅酸盐来源和生物地球化学的沉积过程及浮游植物的优势种和浮游植物的结构认为，胶州湾的硅酸盐是初级生产力的限制因子。假定陆源提供的硅酸盐浓度在胶州湾的降低一方面是由于被水流稀释，另一方面是由于被浮游植物吸收，通过这个假定，计算出浮游植物吸收营养盐硅的量、浮游植物对硅的内禀转化率和营养盐硅的量对浮游植物的吸收与水流稀释的比例。进一步发现径流将大量的硅酸盐带入海湾，以及浮游植物的初级生产力是由浮游植物吸收硅酸盐的量来决定的，并据此对一些海域的营养盐浓度明显较高，但浮游植物的生物量较低的现象提出了合理解释。

  通过胶州湾 1991 年 5 月至 1994 年 2 月观测数据的分析和对比，展示了在胶州湾环境 $Si(OH)_4 : NO_3$ 浓度比值的时空变化特征和 Si ：N 值的季节变化；整个胶州湾的营养盐 Si ：N，即 $Si(OH)_4 : NO_3$ 的值，一般来说春季、秋季、冬季该值几乎都小于 1，这充分说明硅酸盐在春季、秋季、冬季是浮游植物硅藻生长的限制因子，硅在这三个季节是缺乏的。而且，通过胶州湾的 Si ：N 的值与初级生产力的时空变化比较分析，认为它们具有紧密的联系，胶州湾硅酸盐和初级生产力的时空变化有很好的耦合，所以建立初级生产力与 Si ：N 的值的动态方程。因此，浮游植物的初级生产力与营养盐 Si ：N 的值有着密切的联系，这也说明初级生产力在每年的春季、秋季、冬季都受到营养盐硅的限制。

  随着胶州湾过去 30 年的环境变化，N、P 浓度趋于上升，而 Si 的浓度呈周期性的季节变化。作者按照限制初级生产力的营养盐硅的变化，首次提出划分初级生产力的值的范围为三个部分：硅限制的初级生产力的基础值、硅限制的初级生产力的幅度和硅限制的初级生产力的临界值。根据式（3-5）计算，胶州湾硅酸盐浓度趋于零时，其硅限制的初级生产力的基础值为 125.28～256.47mg C/(m²·d)，浮游植物受到营养盐硅限制的初级生产力的幅度为 182.04～485.06mg C/(m²·d)，受到营养盐硅限制的浮游植物的初级生产力的临界值为 336.05～610.34mg C/(m²·d)。

通过式（3-6）和式（3-7），计算出胶州湾浮游植物生长受到硅限制的阈值时间为秋季的 11 月 3～13 日、硅满足浮游植物生长的阈值时间为春季的 5 月 22 日至 6 月 7 日，并计算出硅满足浮游植物生长的阈值为 2.15～0.76μmol/L 和硅限制浮游植物生长的阈值为 1.42～0.36μmol/L。这样，硅限制浮游植物生长的时间区间为 11 月 13 日至翌年的 5 月 22 日，而浮游植物的生长不受硅影响的时间区间为 6 月 7 日至 11 月 3 日。从秋季、春季的硅酸盐浓度限制、满足浮游植物生长的阈值来考虑，当硅酸盐浓度 $s(t)$ ＜0.36μmol/L 时，整个胶州湾的硅完全限制浮游植物的生长。当 0.36μmol/L≤硅酸盐浓度 $s(t)$ ≤2.15mol/L 时，在胶州湾，硅潜在地满足和限制浮游植物的生长。当硅酸盐浓度 $s(t)$ ＞2.15μmol/L 时，整个胶州湾的硅完全满足浮游植物的生长。这也解释了营养盐硅在胶州湾各个不同的水域中，春季、秋季影响浮游植物生长的不同阈值的原因，也展示了硅酸盐浓度如何影响浮游植物的集群结构。另外，通过海水的交换，稀释了硅酸盐浓度影响着浮游植物的生长，使得湾外浮游植物初级生产力要比湾内提前一个半月下降。

此研究表明：硅酸盐是胶州湾初级生产力的限制因子；胶州湾水域低硅酸盐浓度是由于陆源提供的减少；海水交换在浮游植物的生长和浮游植物的集群结构方面起到重要作用。

根据胶州湾 1991 年 5 月至 1994 年 2 月的观测数据，得到营养盐硅对浮游植物生长的阈值和阈值时间及初级生产力受硅限制的阈值等结论。而且，甚至所用的分析数据的十年前的观察结果也证实了这个结论。这个结论同样被 1984 年胶州湾各海区初级生产力的逐月变化所证实，这些海域包括胶州湾东北部、东部及东南部、胶州湾北部、西部和中部以及胶州湾西南部和胶州湾外。并根据 1984 年逐月调查数据进一步详细阐述了营养盐硅限制浮游植物初级生产力的动态过程。这表明通过这个巨大的试验空间（胶州湾）和漫长的试验时间（1 年中的连续的 6 个月 5 天，每月以 30 天计算）的检测和验证，证实了营养盐硅是胶州湾初级生产力的限制因子。从以上分析可知，胶州湾浮游植物对硅的需要非常强烈，而且对硅的变化的灵敏度很高，反应迅速。这也揭示了浮游植物的生长依赖硅的动态变化全过程。胶州湾 1991 年 5 月至 1994 年 2 月的季节调查数据和 1984 年逐月调查数据说明，整个胶州湾生态系统保持着长期的稳定，浮游植物的生长也一直保持着受控生态因子硅。这也是生态系统的连续性和稳定性。

人类，作为生态环境的一部分和受益者，有义务尽量来保护生态环境和维持生态平衡，生态平衡具有不断地修复和维持自然生态系统持续发展的功能。

参 考 文 献

刁焕祥. 1984. 胶州湾水域生物理化环境的评价. 海洋湖沼通报, 2: 45-49.

董金海, 焦念志. 1995. 胶州湾生态学研总论. 见: 董金海, 焦念志. 胶州湾生态学研究. 北京: 科学出版社: 2-6.

郭玉洁, 杨则禹. 1992a. 胶州湾的生物环境: 浮游植物. 见: 刘瑞玉. 胶州湾生态学和生物资源. 北京: 科学出版社: 136-170.

郭玉洁, 杨则禹. 1992b. 胶州湾的生物环境: 初级生产力. 见: 刘瑞玉. 胶州湾生态学和生物资源. 北京: 科学出版社: 110-125.

沈志良. 1994. 胶州湾水域的营养盐. 海洋科学集刊, 35: 115-129.

沈志良. 1995. 胶州湾营养盐变化的研究. 见: 董金海, 焦念志. 胶州湾生态学研究. 北京: 科学出版社: 47-51.

沈志良. 1997. 胶州湾营养盐的现状和变化. 海洋科学, 1: 60-63.

王荣, 焦念志, 李超伦, 等. 1995. 胶州湾的初级生产力和新生产力. 见: 董金海, 焦念志. 胶州湾生态学研究. 北京: 科学出版社: 125-135.

翁学传, 朱兰部, 王一飞. 1992. 物理海洋学: 水温要素的结构和变化. 见: 刘瑞玉. 胶州湾生态学和生物资源. 北京: 科学出版社: 33-37.

吴家成, 王从敏, 张以恩, 等. 1992. 胶州湾的自然环境: 海水交换和混合扩散. 见: 刘瑞玉. 胶州湾生态学和生物资源. 北京: 科学出版社: 57-72.

吴玉霖, 张永山. 1995. 胶州湾叶绿素 a 和初级生产力的特征分布. 见: 董金海, 焦念志. 胶州湾生态学研究. 北京: 科学出版社: 137-149.

小久保清治. 1960. 浮游矽藻类. 华汝成, 译. 上海: 上海科学技术出版社: 18-51.

杨东方, 谭雪静. 1999. 铁对浮游植物生长的影响研究与进展. 海洋科学, 3: 48-49.

张均顺, 沈志良. 1997. 胶州湾营养盐结构变化的研究. 海洋与湖沼, 28(5): 529-535.

Azam F, Chisholm S W. 1976. Silicic acid uptake and incorporation by natural marine phytoplankton populations. Limnol Oceanog, 21: 427-433.

Bienfang P K, Harrison P J, Quarmby L M. 1982. Sinking rate response to depletion of nitrate, phosphate and silicate in fourine diatoms. Mar Biol, 67: 295-302.

Brzezinski M A. 1992. Cell-cycle effects on the kinetics of silicic acid uptake and resource competition among diatoms. Journal of Plankton Research, 14: 1511-1536.

Brzezinski M A, Olson R J, Chisholm S W. 1990. Silicon availability and cell-cycle progression in marine diatoms. Marine Ecology Progress Series, 67: 83-96.

Brzezinski M A. 1985. The Si : C : N ratio of marine diatoms: interspecific variability and the effect of some environmental variables. Journal of Phycology, 21: 347-357.

Chen C, Wiesenbury D A, Xie L. 1997. Influence of river discharge on biological production in the inner shelf: a coupled biological and physical model of the Louisiana-Texas Shelf. J Mar Res, 55: 293-320.

Coale K H, Johnson K S, Fitzwater S E, et al. 1996. A massive phytoplankton bloom induced by an ecosystem-scale iron fertilization experiment in the equatorial Pacific Ocean. Nature, 383: 495-501.

Conley D J, Malone T C. 1992. Annual cycle of dissolved silicate in Chesapeake Bay: implications for the production and fate of phytoplankton biomass. Marine Ecology Progress Series, 81: 121-128.

De Groot W T. 1983. Modelling the multiple nutrient limitation of algal growth. Ecological Modelling, 18: 99-119.

De Master D J.1981. The supply and accumulation of silica in the marine environment. Geochimica et Cosmochimica Acta, 45: 1715-1732.

Dortch Q, Whitledge T E. 1992. Does nitrogen or silicon limit phytoplankton production in the Mississippi River plume and nearby regions? Continental Shelf Research, 12: 1293-1309.

Droop M R. 1974. The nutrient status of algal cells in continuous culture. Journal of the Marine Biological Association of the UK, 54: 825-855.

Dugdale R C, Wilkerson F P. 1998. Silicate regulation of new production in the equatorial Pacific upwelling. Nature, 391(6664): 270-273.

Dugdale R C, Goering J J. 1967. Uptake of new and regenerated forms of nitrogen in primary productivity. Limnology and Oceanography, 12: 196-206.

Dugdale R C, Jones B H, Macclsaac J J, et al. 1981. Adaptation of nutrient assimilation. *In*: Platt T. Physiological bases of phytoplankton ecology. Canadian Bulletin of Fisheries and Agriculture Sciences, 210: 234-250.

Dugdale R C, Wilkerson F P, Minas H J. 1995. The role of a silicate pump in driving new production. Deep-Sea Res(I), 42(5): 697-719.

Dugdale R C. 1972. Chemical oceanography and primary productivity in upwelling regions. Geoforum, 11: 47-61.

Dugdale R C. 1983. Effects of source nutrient concentrations and nutrient regeneration on production of organic matter in coastal upwelling centers. *In*: Pt A, Suess E, Thiede J. USA: Plenum Press: 175-182.

Dugdale R C. 1985. The effects of varying nutrient concentration on biological production in upwelling regions. CalCOFI Report, 26: 93-96.

Dugdale R C, Goering J J. 1970. Nutrient limitation and the path of nitrogen in Peru Current production Scientific Results of the Southeast Pacific Expedition. Anton Bruun Rep, 5: 3-8.

Falkowski P G. 1997. Evolution of the nitrogen cycle and its influence on the biological CO_2 pump in the ocean. Nature, 387: 272-275.

Goering J J, Nelson D M, Carter J A. 1973. Silicic acid uptake by natural populations of marine pohytoplankton. Deep Sea Res, 20(9): 777-789.

Harrison P J, Conway H L, Holmes R W, et al. 1977. Marine diatoms in chemostats under silicate or ammonium limitation. III. Cellular chemical composition and morphology of three diatoms. Marine Biology, 43: 19-31.

Harrison P J, Davis C O. 1979. The use of outdoor phytoplankton continuous cultures to analyze factors influencing species selection. Journal of Experimental Marine Biology and Ecology, 41: 9-23.

Hecky R E, Kilham P. 1988. Nutrient limitations of phytoplankton in freshwater and marine environments: a review of recent evidence on the effects of enrichment. Limnology and Oceanography, 33: 796-822.

Howarth R W. 1988. Nutrient limitation of net primary production in marine ecosystems. Annual Review in Ecological Systematics, 19: 89-110.

Hutchins D A, Bruland K W. 1998. Iron-limited diatom growth and Si∶N uptake ratios in a coastal upwelling regime. Nature, 393: 561-564.

Jeffery S W, Humphery G P. 1975. New spectrophotometric equations for determining chlorophylls a, b, c1 and c2 on higher plant, algae and natural phytoplankton. Biochem Physiol Pflanzen, 167: 191-194.

Justic D, Rabalais N N, Turner R E, et al. 1995. Estuarine Coastal Shelf. Science, 40: 339-356.

Kilham P. 1971. A hypothesis concerning silica and the freshwater planktonic diatoms. Limnol Oceanogr, 16: 10-18.

Kolber Z S, Barber R H, Coale K H, et al. 1994. Iron limitation of phytoplankton photosynthesis in the Equatorial Pacific Ocean. Nature, 371: 145-149.

Kremer J N, Nixon S W. 1977. A coastal marine ecosystem. New York: Springer-Verlag: 217.

Levasseur M E, Therriault J C. 1987. Phytoplankton biomass and nutrient dynamics in a tidally induced upwelling: the role of the NO_3: SiO_4 ratio. Marine Ecology Progress Series, 39: 87-97.

Lewin J C. 1962. Silicification. *In*: Lewin R E. Physiology and biochemistry of the algae. Salt Lake City: Academic Press: 445-455.

Martin J H, Coale K H, Johnson K S, et al. 1994. Testing the iron hypothesis in ecosystems of the equatorial Pacific Ocean. Nature, 371: 123-129.

Nelson D M, Treguer P. 1992. Role of silicon as a limiting nutrient to Antarctic diatoms: evidence from kinetic studies in the Ross sea ice-edge zone. Marine Ecology Progress Series, 80: 255-264.

Nelson D M, Brzezinski M A. 1990. Kinetics of silicic acid uptake by natural diatom assemblages in two Gulf Stream warm-core rings. Mar Ecol Prog Ser, 62: 283-292.

Nelson D M, Goering J J, Boisseau D W. 1981.Consumption and regeneration of silicic acid in three coastal upwelling systems. *In*: Richards F A. Coastal upwelling Am Geophys Union, Washington: 242-256.

Nelson D M, Goering J J, Kilham S S. 1976. Kinetics of silicic acid uptake and rates of silica dissolution in the marine diatom Thalassiosira pseudonana. J Phycol, 12: 246-252.

Nelson D M, Treguer P, Brzezinski M A, et al. 1995. Production and dissolution of biogenic silica in the ocean: revised global estimates, comparison with regional data and relationship to biogenic sedimentation. Global Biogeochemistry Cycle, 9: 359-372.

O'Neill R V, De Angelis D L, Pastor J J. 1989. Multiple nutrient limitations in ecological models. Ecological Modelling, 46: 147-163.

Officer C B, Ryther J H. 1980.The possible importance of silicon in marine eutrophication. Mar Ecol Prog Ser, 9: 91-94.

Paasche E. 1973a. Silicon and the ecology of marine plankton diatoms. I *Thalassiosira psuedonana* (*Cyclotella nana*) grown in a chemostat with silicate as the limiting nutrient. Mar Biol, 19: 117-126.

Paasche E. 1973b. Silicon and the ecology of marine plankton diatoms. II Silicate-uptake kinetics in five diatom species. Marine Biology, 19: 262-269.

Redfield A C, Ketchum B H, Richards F A. 1963.The influence of organisms on the composition of seawater. *In*: Hill M N. In the Sea. New York: John Wiley, 2: 247-261.

Sakshaug E, Andersen K, Kiefer D. 1989. A steady-state description of growth and light absorption in the marine planktoneic diatom *Skeletonema costatum*. Limnology and Oceanography, 34: 198-205.

Sakshaug E, Slagstad D, Holm-Hansen O. 1991. Factors controlling the development of phytoplankton blooms in the Antarctic Ocean-a mathematical model. Marine Chemistry, 35:

259-271.

Schelske C L, Stoermer E F. 1971. Eutrophication, silica depletion and predicted changes in algal quality in Lake Michigan. Science, 173: 423-424.

Sommer U. 1986. Nitrater-andsilcater-competition among antarctic phytoplankton. Mar Biol, 91: 345-351.

Sommer U. 1991.Comparative nutrient status and competitve interactions of two Antarctic diatoms (Corethron crophilum and Thalassiosira antarctica). J Plankton Res, 13: 61-75.

Takeda S. 1998. Influence of iron availability on nutrient consumption ratio of diatoms in oceanic waters. Nature, 393: 774-777.

Treguer P, Nelson D M, Van Bennekom A J, et al. 1995. The silica balance in the world ocean: a reestimate. Science, 268: 375-379.

Treguer P, Van Bennekom A J. 1991. The annual production of biogenic silica in the Antarctic Ocean. Marine Chemistry, 35: 477-487.

Unesco. 1966. Determination of phytosynthetic pigments in sea water, Monographs on Oceanographic Methodology, I : 69.

Van Bennekom A J, Berger G W, Van Der Gaast S J, et al. 1988. Primary productivity and the silica cycle in the Southern Ocean. Paleogeography, Paleoclimatology, Paleoecology, 67: 19-30.

Yang D F, Zhang J, Lu J B, et al. 2002. Examination of Silicate Limitation of Primary Production in the Jiaozhou Bay, North China I . Silicate Being a Limiting Factor of Phytoplankton Primary Production. Chin J Oceanol Limnol, 20(3): 208-225.

第4章 营养盐限制的判断
方法、法则和唯一性

海洋中的几种元素，最引人关注的营养盐氮、磷、硅和元素铁对浮游植物生长是非常重要的，就像陆地上给植物施肥一样，营养盐限制了浮游植物光合作用，在一些海域加氮、磷、硅、铁，浮游植物生长就会旺盛、迅速。因此，这些营养盐氮、磷、硅和元素铁对海域中浮游植物的生长起着重要的限制作用；营养盐氮、磷、硅、铁从海上的大气层、海底的上升流及从陆地的河流中提供，从而决定了在海洋表面新的有机物质生产的速率（Toggweller，1999）。增加限制营养盐的更大作用是提高海洋表面的初级生产力，被增加的初级生产力导致了通过光合作用更多的结合二氧化碳进入有机物质。当浮游植物死亡或被吃掉，它们的残体中的部分沉降到海底，有效地从与大气的接触中，长期地除去大气中的二氧化碳（Paytan，2000）。

在大洋、海湾、河口等许多海域中，氮、磷成为高营养盐，但存在着高营养盐区却有着低叶绿素量的现象，引起人们思考原因所在。一些河口区出现了富营养化的征兆，其初级生产力迅速增加，使浮游植物生长的结构经常发生变换，且常常引起赤潮发生；另一些富营养的河口区却保持低的初级生产力。那么，生态系统出现这样大的差别的机制是什么。作者认为，人们仅仅从氮、磷营养盐和DIN∶P 的值来分析营养盐氮、磷对浮游植物生长的限制而得出的结论是不准确的，应该全面地考虑氮、磷、硅、铁四种元素。有人认为这 4 种元素会同时均等限制浮游植物的生长，这是不可能的（Toggweller，1999）。那么，其中一种元素是否明显地比其他的元素更为重要，而如果是这样，时间和空间的尺度又如何？近年来，氮、磷、硅、铁哪种元素是浮游植物生长的限制因子成为人们关注的焦点。人们一直在不断地争论这四种元素中哪种会成为浮游植物的生长限制因子。在河口区研究总，有人认为密西西比河河口区是氮限制（Sklar and Turner，1981）、磷限制（Ammerman，1992；Chen，1994；Smith and Hitchcock，1994）和 Si 限制（Dortch and Whitledge，1992；Hitchcock et al.，1997；Nelson and Dortch，1996）。近年来，随着季节的不同，氮、磷、硅都可能被研究称为限制因子，如营养盐氮、磷的限制展现了季节性的交替变化（Fisher et al.，1992）。在黄河（Turner et al.，

1990）和长江（Hu et al.，1990）的河口区认为是磷限制，甚至在许多河口区都认为是磷限制（Fisher et al.，1992）。在胶州湾也有认为是氮限制、磷限制和硅限制。这样，导致了关于哪种营养盐限制浮游植物生长、限制初级生产力的探讨，但仍模糊不清，而且有一种声音，即限制营养盐的种类存在随时间在改变的可能性（Lohrenz et al.，1999）。那么如何来确定氮、磷、硅的限制和限制的唯一性，这正是本章要探讨的问题。

对于铁元素，作者已经认为铁元素是浮游植物生长的刺激因子，而不是限制因子。这是由于它改变了浮游植物的吸收比例（杨东方等，1999）。关于铁限制的假定，现在有新的解释（Harrison，2000）的理由（Treguer and Pondaven，2000）。在最后的冰川期（13 万～2 万年前），与间冰期相比（Delmas et al.，1980），大气中的二氧化碳有低的量级。假定二氧化碳仍然是地球变暖的主要决定因子之一，这个解释认为在最后冰川期间，正是硅的高利用性，而不是铁（Martin，1990）导致了浮游植物的生长。Loubere（2000）通过研究结果认为，铁不可能对初级生产力起主要控制作用。铁限制的假设受到了严重的质疑（Paytan，2000）。

所以，本章主要讨论营养盐限制的判断法则以及营养盐氮、磷、硅限制浮游植物生长的唯一性，也就是在这三种营养盐中，哪一种营养盐起主要限制浮游植物生长的作用。

营养盐吸收动力学研究指出，DIN：P＜10 和 Si：DIN＞1 的环境原子比值显示了化学计量的潜在氮限制（Parsons et al.，1961；Healey and Hendzel，1979；Brzezinski，1985；Levasseur and Therriault，1987），这与 Justic 等（1995）提出的化学计量限制的评估法则相一致。DIN：P 的比值＞20～30，认为是磷限制（Goldman et al.，1979；Healey，1979；Healey and Hendzel，1979），Justic 等（1995）的法则将 DIN：P 的比值进一步确定。而 Si：P＜3 和 Si：DIN＜1 认为是硅限制（Harrison et al.，1977；Levasseur and Therriault，1987），这与 Justic 等（1995）的法则不一致。作者通过不同的研究方法得到一致的胶州湾的研究结果。其中，方法之一是应用 Justic 等（1995）的法则。因此，作者认为 Justic 等（1995）提出的化学计量限制的评估法则是一种比较合适的评价方法。

4.1　营养盐限制的判断法则和唯一性

营养盐对浮游植物生长的限制有两个方面的作用。

（1）绝对地，在水柱中供给的营养盐比在硅藻本身生长期间所需要的营养盐要低，这能够限制硅藻的生物量或生长率的增长，也可以导致硅藻生物量的下降。

从营养盐的绝对浓度来考虑营养盐对浮游植物的生长影响，这是根据营养盐吸收动力学的研究（Rhee，1973，Harrison et al.，1977；Brown and Button，1979；Perry and Eppley，1981；Goldman and Gilbert，1983；Nelson and Brzezinski，1990）。由此总结（Justic et al.，1995），营养盐浓度限制浮游植物生长的阈值为：溶解Si=2μmol/L，DIN=1μmol/L 和 P=0.1μmol/L，作者将这个法则称为营养盐浓度的绝对限制法则。

（2）相对地，在水柱中这些环境营养盐的浓度中以克分子比值的变化可以推得在限制硅藻生产上相对于溶解无机氮（DIN）和溶解无机磷（DIP），溶解硅（DSi）是潜在的和重要的（Hecky and Kilham，1988；Howarth，1988）。

从营养盐的相对浓度比值来考虑营养盐对浮游植物的生长影响，这是根据化学计量限制的评估法则（Justic et al.，1995），考虑：① P 限制，即如果 Si：P＞22 和 DIN：P＞22；② N 限制，即如果 DIN：P＜10 和 Si：DIN＞1；③ Si 限制，即如果 Si：P＜10 和 Si：DIN＜1。作者将这个法则称为营养盐浓度的相对限制法则。

满足绝对限制法则或者相对限制法则只能表明营养盐潜在地限制浮游植物的生长。营养盐满足绝对法则表明，此营养盐低于限制浮游植物生长的阈值之下，但并不一定是此营养盐首先被耗尽，也许还有别的营养盐先耗尽。满足相对法则，表明此营养盐将首先被损耗到低值，但并不一定是此营养盐低于限制浮游植物生长的阈值，也许此营养盐远远地高于限制浮游植物生长的阈值，满足浮游植物的生长。因此，限制浮游植物生长的营养盐必须同时满足绝对限制法则和相对限制法则。

4.1.1 营养盐限制的判断方法

作者认为：

（1）对于海域的营养盐研究，必须根据此水域的浮游植物的优势种所需要的所有主要营养盐（如 N、P、Si）来开展，而且这些营养盐元素是影响浮游植物生长的主要指标。同时，考虑所有这些营养盐元素，才能确定这些营养盐元素中哪种元素是限制营养盐。

（2）首先要从绝对限制法则来考虑营养盐对浮游植物生长的影响，如果每个营养盐元素（如 N、P、Si）都超过相应的阈值，就不存在营养盐（如 N、P、Si）对浮游植物生长的限制。

（3）如果营养盐中有一个元素低于浮游植物生长的阈值，那么这个元素就是唯一的限制因子。如果营养盐中有两个或两个以上的元素都低于浮游植物生长的阈值，那么就要从相对限制法则来考虑，来确定哪个营养盐先限制浮游植物的生长，这样就可确定只有唯一的营养盐元素是浮游植物生长的限制因子。

要确定浮游植物生长限制的营养盐元素，必须要同时满足绝对限制法则和相对限制法则。根据逻辑学原理，这将是优先的、限制性的营养盐元素，这也证实了限制营养盐的唯一性。

4.1.2　有关营养盐限制结论的不足

如果方法缺少（1）、（2）、（3）的步骤，就会引起错误的结论和不休的争论。

如果没有步骤（1）。如果一个水域的浮游植物优势种生长对于 Si 是否存在没有任何影响，那么对此浮游植物的生长讨论营养盐 Si 的限制是没有用的。如果 Si 的存在对于此水域的浮游植物的优势种生长有着重要的影响，那么在此水域讨论浮游植物生长的营养盐限制时，竟然不讨论营养盐 Si，那么得到营养盐限制的结论也是错误的。例如，在胶州湾，如果只讨论 N、P，而没有谈 Si，就会得到不准确的结论。

如果没有步骤（2）。如果一个水域的营养盐浓度都很高，甚至高出营养盐绝对限制法则的阈值几倍或几十倍，就不存在营养盐的限制。如果只按照相对法则，得到营养盐限制的结论显然是非常荒谬的。仅用相对限制法则，只能表明在当时调查情况下，此营养盐有可能先被损耗到低值，但并不能说明此营养盐有限制的可能性。

如果没有步骤（3）。如果有两种或两种以上营养盐浓度都低于阈值，于是此水域的浮游植物生长产生了多种营养盐限制的争论，如 N 限制、P 限制和 Si 限制。甚至产生了季节的不同，限制营养盐元素的不同。或者营养盐 N、P、Si 同时都限制的不确定的模糊结论。这样不确定的结论会引起不停的争论。

根据绝对限制法则、相对限制法则，掌握营养盐限制的判断方法，就能阐明生态系统中营养盐 N、P、Si 调控浮游植物生长的机制。作者认为在海域，营养盐 N、P、Si 中只能有一种限制浮游植物的生长。

4.1.3　相应的研究结果

根据作者在胶州湾的研究结果，在春季、秋季、冬季，营养盐 Si 是浮游植物生长的限制因子，而在夏季 N、P、Si 都满足浮游植物的生长。根据胶州湾 1991 年 5 月至 1994 年 2 月的观测数据，胶州湾营养盐溶解 Si∶DIN 和 Si∶DIP 值展示了在胶州湾时空变化的特征分布和季节变化，通过对 Si∶DIN 和 Si∶16DIP 的值分析认为，整个胶州湾，在一年四季中，Si∶DIN 的值都小于 1，春季、秋季、冬季的 Si：16DIP 的比值都小于 1，证实了该水域硅酸盐在春季、秋季、冬季是浮游植物生长的限制营养盐。在胶州湾有些海域的浮游植物生长一年四季一直都受到营养盐硅的限制，硅的匮乏改变了该水域浮游植物集群的结构，而且也解释了该水域的生态现象。

考虑胶州湾营养盐的浓度，从 1962 年开始至 2000 年的营养盐数据（间断性的数据）分析认为，营养盐 N、P 浓度保持不变和增加的趋势。从 1962 年开始就认为浮游植物一直不存在 N、P 的潜在限制。而在 1991 年 5 月至 1994 年 2 月的数据分析认为营养盐硅在每年的春季、秋季、冬季呈现年周期变化限制胶州湾的浮游植物的生长。

考虑营养盐浓度吸收比值 Si：DIN 和 Si：DIP，1991 年 5 月至 1994 年 2 月的数据分析表明，在整个胶州湾三年中有 Si：DIN 都小于 1，Si：DIP 在春季、秋季、冬季的比值都小于 10。这样，在整个胶州湾不存在 N、P 的潜在限制，营养盐硅在每年的春季、秋季、冬季呈现年周期变化，限制胶州湾的浮游植物的生长。

作者认为，在许多以需求硅量大的浮游植物为优势种的水域中，仅从 N、P 营养盐和 DIN：P 的比值来分析营养盐 N、P 对浮游植物生长的限制，就会得到不准确的结论。这是以往研究者在以前经常谈到的 N 限制或者 P 限制，或者是随着时间变化，营养盐 N、P 交替限制。得到这些结论是因为缺少对浮游植物生长所需的重要营养盐的全面分析和绝对限制法则的应用。通过对胶州湾的营养盐分析充分证实了这个观点。

1997 年 5 月、8 月、11 月及 1998 年 3 月对烟台四十里湾养殖水域营养盐的 4 个航次进行季节调查，氮、磷、硅无机营养盐结构分析表明，烟台四十里湾的春季、夏季硅限制了硅藻的生长；秋季氮为硅藻的相对限制因子，冬末春初硅是相对限制因子（赵卫红等，2000）。作者通过本章中的数据，根据绝对限制法则、相对限制法则和营养盐限制的判断方法，认为在秋季和冬末春初，烟台四十里湾的营养盐 N、P、Si 都满足浮游植物的生长。

关于营养盐限制浮游植物的生长，营养盐限制的判断法则和唯一性，以及营养盐限制的判断方法进一步证实了作者在《浅析浮游植物生长的营养盐限制及其判断方法》文章中提出的营养盐限制的唯一性的观点（杨东方等，2000）。

本章所探讨的是营养盐 N、P、Si 限制结论的条件分析，那么，形成营养盐限制的过程分析就要营养盐的生物地球化学循环过程作为重点研究。生物地球化学循环在海洋生态系统中有着举足轻重的作用（宋金明，1997；张经，1996），通过营养盐 N、P、Si 的循环时间、周期和速率，就会更加深刻地了解营养盐限制的起因和过程。

通过对密西西比河河口区、切萨皮克湾、胶州湾等许多海域发表的研究结果的分析，作者认为在过去的几十年中，人类的 N、P 输入的增长、土地使用的变化和河道地貌改变的耦合导致了 N 的成倍增长和 P 的量级也在增长，而 Si 则保持年度周期变化。由于筑坝和截流，使得河流输送 Si 的能力下降，甚至由于断流而没有 Si 的输送。这样过剩的 N、P 被认为是沿岸富营养化的初步原因。作者根据胶州湾的研究结果认为，由于人类活动的直接结果使营养盐 N、P 迅速增长，水域富营养化。而营养盐 Si 由陆源所提供，又受人类活动的影响，如筑坝和截流，导致其受到的限制显得更加突出。在渤海，根据渤海沉积物-海水界面附近磷与硅的生物地球化学循环模式，渤海中的磷主要来自于沉积物向海水的扩散，硅主要来自于河流的输入（宋金明等，2000）。最近几年，流入渤海的主要河流黄河在一年中断流多达 210 天，另外，流入胶州湾的主要河流大沽河已经断流，这样就会造成水域的富营养化和频繁发生赤潮的灾难。因此，通过对浮游植物生长限制的营养盐的研究，作者认为减少 N、P 的污染源，调节营养盐 N、P、Si 向海洋输入的比例，加强营养盐 Si 的输送，使浮游植物生长保持其稳定性和持续性将使海洋的贫瘠和赤潮逐渐消失；使海洋生态系统具有良好的持续发展。

4.2 N、P、Si 营养盐限制的唯一性

胶州湾被青岛等城市所环抱，由于河水输入量的变化和人类排污量的增长，胶州湾水域营养盐 N、P 富营养化日趋严重。沈志良（1994）认为限制浮游植物生长的营养盐从氮转变到磷，而湾内的硅酸盐浓度对硅藻生长有限制作用。吴玉霖和张永山（1995）指出，胶州湾水体中的无机磷和总无机氮尚能满足浮游植物生长和繁殖的需要，王荣和焦念志（1995）也认为胶州湾的 N、P 营养盐不成为浮游植物限制性因素。张均顺和沈志良（1997）通过对营养盐比例的分析，认为胶州湾表层海水溶解无机氮和溶解无机磷作为浮游植物限制因子的出现率都极小或接近零，而溶解无机硅作为限制因子的出现率在迅速增长。

我们用硅酸盐和初级生产力的动态模型分析探讨了胶州湾的硅酸盐来源和生物地球化学的沉积过程，以及浮游植物的优势种和浮游植物的结构。动态模型也显示了硅酸盐在春季、秋季、冬季是胶州湾初级生产力的限制因子；而且也进一步明确了春季、秋季、冬季是胶州湾的硅酸盐对浮游植物生长的限制的时间范围，并被 1984 年逐月的调查数据所证实。同时计算了胶州湾的硅酸盐限制浮游植物生长的阈值和满足浮游植物生长的阈值。

与作者的文章（Yang et al.，2002，2003）不同的是，本章分析营养盐 N、P、Si 的浓度和浮游植物吸收营养盐 N、P、Si 的比例，探讨其对浮游植物生长的影响。溶解硅（DSi）与溶解无机氮（DIN）和溶解无机磷（DIP）的比值在限制硅

藻生长方面是潜在重要的，这是水柱中这些营养盐的环境浓度以原子比值的变化推得的（Hecky and Kilham，1988；Howarth，1988）。确定化学计量限制的评估法则要依靠硅藻需要的营养盐量。海洋硅藻的 Si：N：P 的比值对于富足营养盐的浮游植物集群来说大约是 16：16：1（Redfield et al.，1963；Brzezinski，1985），或者营养盐被吸收，或者水柱中溶解营养盐的环境浓度偏离这个比值就表示浮游植物生长受到营养盐 N、P 和 Si 的潜在限制（Hecky and Kilham，1988；Dortch and Whitledge，1992）。营养盐 Si：N：P 的比值是浮游植物生长吸收比率的重要衡量指标。这样，DSi：DIN 和 DSi：16DIP 比值小于 1，就展示 DSi 的潜在限制（Conley and Malone，1992）。本章从营养盐溶解 Si：N（DSi：DIN）和 Si：16DIP（DSi：16DIP）比值和溶解硅（DSi）浓度来展示营养盐硅的变化，以探讨硅酸盐对浮游植物生长的影响。此研究结果展示了营养盐硅在春季、秋季、冬季都是硅藻生长的营养盐限制因子；证实了作者文章（Yang et al.，2002，2003）的结论；并指出，在胶州湾有些海域，浮游植物的生长一直都受到营养盐硅的限制。

应用营养盐吸收动力学和化学计量限制的评估法则（Justic et al.，1995）来确定胶州湾营养盐 N、P 和 Si 哪个最有可能成为浮游植物生长的限制因子。从对营养盐浓度限制浮游植物生长的阈值和浮游植物吸收营养盐的比值的分析中证实，硅酸盐在春季、秋季和冬季是胶州湾的初级生产力的限制因子。

作者提出了确定营养盐绝对限制、相对限制的控制法则的方法；并且认为仅仅使用 N、P 营养盐和 DIN：P 的值来分析得到营养盐 N、P 对浮游植物生长限制的结论有不妥。

在一些 N、P 丰富的水域，初级生产力迅速增加；而在另一些 N、P 丰富的水域，却保持低的初级生产力。为了查找在营养盐 N、P 和 Si 中，何种营养盐造成生态系统中有这样大的差别，我们研究营养盐 N、P 和 Si 及它们的比例迅速变化对胶州湾生态系统的影响程度；而且发现营养盐 Si 的主要功能是调节和控制在这些水域的生态系统中的浮游植物的生长过程。

作者认为过度丰富的 N、P 加剧了硅酸盐对浮游植物初级生产力的限制，影响了浮游植物集群的结构和改变了硅藻的生理特征。

以上讨论中，Si = DSi = silicate，P = DIP = phosphate，N = DIN = nitrate+nitrite+ammonia。

4.2.1　研究海区概况及数据来源

（1）研究海区概况。胶州湾位于北纬 35°55′～36°18′，东经 120°04′～120°23′，面积约为 446km², 平均水深为 7m，最大水深为 50m，是一个半封闭型海湾，周围被青岛、胶州、胶南等地所环抱。

随着胶州湾周围工农业的高度发展,从点源和非点源来的大量污水向胶州湾内输入,如营养盐。20 世纪 80 年代,青岛市区工业废水排放量已经达到 7019.7 万 t/a;生活污水 1438 万 t/a(沈志良,1995)。

(2)数据来源。本节分析时所用数据由胶州湾生态站提供。指标包括初级生产力(^{14}C 法测定)、硝酸盐(镉-铜还原法测定)、亚硝酸盐(重氮偶氮法测定)、铵氮(次溴酸钠氧化法测定)、磷酸盐(磷钼蓝法测定)、硅酸盐(硅钼蓝法测定),营养盐数据由沈志良测得(沈志良,1994,1997),初级生产力的数据由吴玉霖、张永山(1995)测得。营养盐水样用不锈钢颠倒采水器采集,加 0.3%氯仿保存于聚乙烯瓶内,于-25℃冰箱内速冻,回实验室解冻后取上层清液测定。全部要素均利用美国 Technicon AA-Ⅱ型自动分析仪分析(沈志良,1995)。营养盐的数据保留到小数点后两位,硅酸盐浓度的检出限在 0.05μmol/L 以下。每次观察时间为两天,观测时间跨度为 1991 年 5 月至 1994 年 2 月,每年代表冬季、春季、夏季、秋季的 2 月、5 月、8 月、11 月进行现场实验研究。共进行了 12 个航次,每个航次 10 个站位(缺 3 号站位的数据)(图 4-1),按标准水层采样(标准水层分别为 0m、5m、10m、15m 等,一直到底层)。

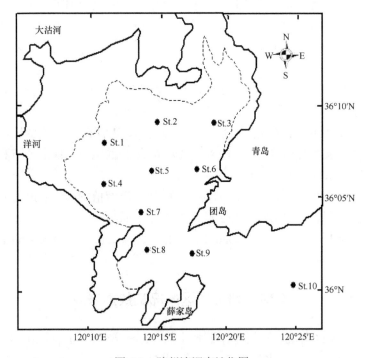

图 4-1　胶州湾调查站位图

4.2.2 营养盐的平面分布和季节变化

（1）营养盐 N、P、Si。DIN（= nitrate+nitrite+ammonia）和磷酸盐的浓度没有明显的年周期变化，其周期的变化时间小于一年，也不以季节变化而进行循环变化，其周期是变化的。在整个胶州湾一年中，DIN 的值都大于 2.36μmol/L，而磷酸盐的值都大于 0.16μmol/L。

硅酸盐的季节变化展示了年周期变化的模式。与秋季、春季、冬季相比，每年只有一个夏季的高峰值；在整个胶州湾，春季、秋季、冬季硅酸盐的值都小于 2μmol/L，只有在夏季，硅酸盐的值才大于 2μmol/L。例如，胶州湾 1 号、4 号站的 DIN 浓度（图 4-2）、磷酸盐浓度（图 4-3）、硅酸盐浓度（图 4-4）的季节变化。

（2）Si∶DIN 的值。从 12 月至翌年的 5 月，Si∶DIN 的值都小于 0.5，而大于 0.5 的 Si∶N 值一般都在 6～11 月（图 4-5）。这样的变化模式每年都在重复。

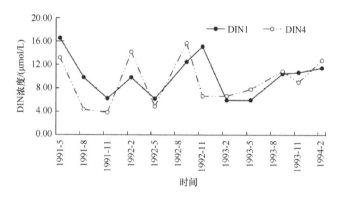

图 4-2　1 号、4 号站 DIN 浓度的季节变化

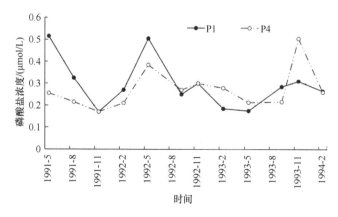

图 4-3　1 号、4 号站磷酸盐浓度的季节变化

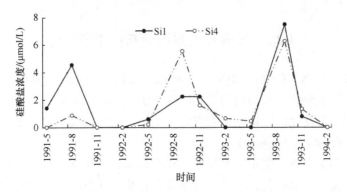

图 4-4 1 号、4 号站硅酸盐浓度的季节变化

在冬季，胶州湾的 Si：DIN 的值都小于 0.1，在夏季，胶州湾的 Si：DIN 的值一般为 0.3～0.7（图 4-6）。在整个胶州湾一年中，Si：DIN 的值都小于 1。

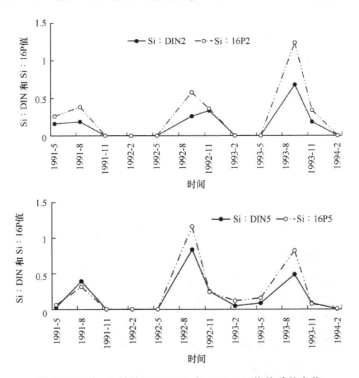

图 4-5 2 号、5 号站 Si：DIN 和 Si：16P 值的季节变化

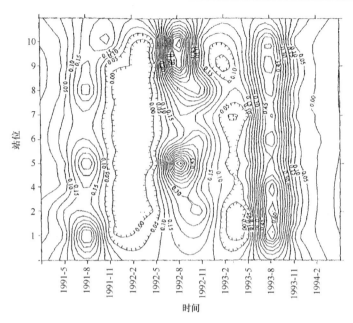

图 4-6　9 个站位 Si：DIN 值的时空变化分布

（3）Si：16P 的值。在胶州湾 Si：16P 的值有明显的季节变化趋势。

与春季、秋季、冬季相比，在胶州湾 Si：16P 的值在每年的夏季是最高的（图 4-7），在夏季，有些站的 Si：16P 的值大于 1（图 4-5），有些站的 Si：16P 值接近于 1（图 4-8），而在春季、秋季、冬季 Si：16P 的值都小于 1，特别是在冬季，Si：16P 的值一般都小于 0.3。从以上分析可知，一般来说在胶州湾只有夏季 Si：16P 的值接近或大于 1。

据 1991 年 5 月至 1994 年 2 月的三年调查，在胶州湾 6 号、8 号站的水域，Si：DIN 和 Si：16P 的值一年四季都小于 1。

（4）Si：P 的值。Si：P 值的季节变化趋势非常明显，与秋季、春季、冬季相比，Si：P 的值每年在夏季为最高，秋季、春季、冬季比值较低，都小于 8.93。特别是在冬季，一般都小于 2.96。从 1991 年 5 月至 1992 年 5 月，这一年中，整个胶州湾 Si：P 的值都小于 6.59。只有 1991 年 8 月 1 号站的 Si：P 值超过 10，1992 年和 1993 年的夏季，Si：P 的值才有超过 10 的。

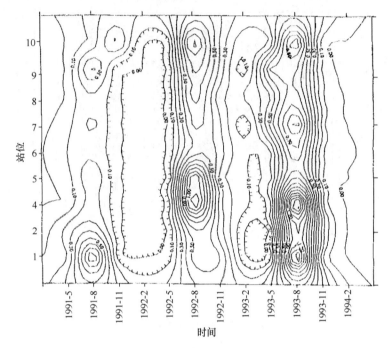

图 4-7　9 个站位 Si：P 值的时空变化分布

　　胶州湾 Si：P 的季节变化与 Si 的季节变化明显是一致的,这表明 Si 的季节变化在 Si：P 变化中起主要作用。这样,在胶州湾,每年只有夏季的 Si：P 大于 10,而在春季、秋季、冬季的 Si：P 小于 10。

　　(5) DIN：P 的值。胶州湾 DIN：P 值的周期循环时间长度不确定,也不按季节来变化。DIN：P 的值几乎都大于 10;DIN：P 的值在大于 22 或小于 22 之间相互交替变化;DIN：22P>1 或 <1 的时间尺度是不确定的 (图 4-9)。

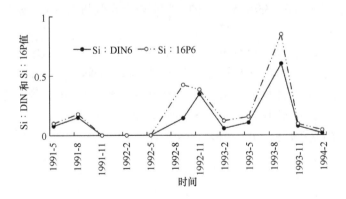

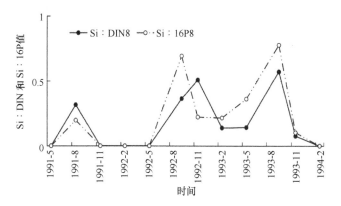

图 4-8　6 号、8 号站 Si：DIN 和 Si：16P 比值的季节变化

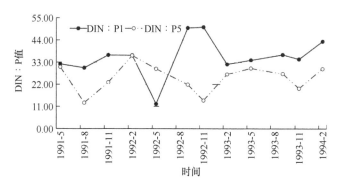

图 4-9　1 号、5 号站 DIN：P 比值的季节变化

4.2.3　陆源对浮游植物生长的影响

胶州湾的营养盐 N、P 的变化主要是人类活动直接影响的结果。近 30 多年来，围绕胶州湾的青岛市、胶南市等的人口迅速增长，流入海湾的工业废水和生活污水的排放量快速增长。在 1980 年流入海湾的河流中，仅海泊河每天就有 140 000m^3 污水流入胶州湾（沈志良，1997）。胶州湾滩涂和沿岸水域又是良好的养殖区，近 30 年来长期施加氮肥（刁焕祥，1992）。这样，大量的 N、P 输入胶州湾的水域。由于人类活动直接或间接的干涉，营养盐 N、P 发生了巨大改变，逐渐破坏了营养盐 N、P 的生态循环，使 N、P 呈上升趋势。

20 世纪 60～90 年代，在胶州湾水域 PO$_4$-P 浓度增加了 2.2 倍，NO$_3$-N 和 NH$_4$-N 分别增加了 7.3 倍和 7.1 倍（沈志良，1997）。这样，近年来，N、P 河流输入的增长，导致了胶州湾日趋富营养化。在增养殖区胶州湾女姑山海域，1998 年 TIN 一般达到 30μmol/L，最高值为 60.88μmol/L；DIP 一般为 0.14～0.70μmol/L，最高值为 2.54μmol/L（郝建华等，2000），这表明 N、P 的营养盐浓度一直在趋向增长。

1985 年 9 月至 1986 年 8 月的数据说明硅酸盐的浓度为 0.47~5.7μmol/L（沈志良，1994）。1986 年 1 月和 2 月的表层平均值分别是 0.47μmol/L 和 0.96μmol/L，在许多月份的断面调查中硅酸盐的浓度小于检测限（沈志良，1994）。通过 1985 年 9 月至 1986 年 8 月和 1991 年 5 月至 1994 年 2 月的数据比较，发现胶州湾的硅酸盐浓度在 1985~1994 年保持稳定。

根据 1991 年 5 月至 1994 年 2 月的数据分析表明，胶州湾硅酸盐浓度具有季节性变化，主要依赖于季节径流的变化。由此可以判断，胶州湾硅酸盐浓度的变化是由雨季的变化所确定的。在雨季，胶州湾的硅酸盐浓度很高，而在雨季过后，胶州湾的硅酸盐浓度很低，尤其在冬季硅酸盐浓度降到检测线以下，甚至几乎趋于零（硅酸盐浓度<0.05μmol/L）。对这三年的调查结果分析可知，硅酸盐浓度每年的变化、趋势和周期都一致。因此，认为胶州湾的硅酸盐浓度没有受到人类活动的直接影响，而是与径流输送的硅酸盐浓度有关；与雨季的长短有关；与胶州湾周围盆地的雨量有关。

（1）光照、营养盐对浮游植物生长的影响。胶州湾是营养盐含量较丰富的一个浅水海湾，上层、下层海水混合良好（郭玉洁和杨则禹，1992a），故在不同水层的浮游植物均等地得到水柱中的营养盐。在胶州湾内一年中的光照基本上是充足的，可保证浮游植物的光合作用正常进行（郭玉洁和杨则禹，1992a）。因此，不存在光合作用限制浮游植物的生长和初级生产力的过程。这样，只考虑营养盐的限制。

在胶州湾，N、P 营养盐丰富、充足，相对的比硅更加可以利用。吴玉霖和张永山（1995）指出，胶州湾水体中的无机磷和总无机氮尚能满足浮游植物生长和繁殖的需要，王荣和焦念志（1995）也认为胶州湾的 N、P 营养盐不成为浮游植物限制性营养盐。于是，主要考虑营养盐 Si 的限制。

利用 Yang 等（2002）的研究结果，根据胶州湾 1991 年 5 月至 1994 年 2 月的观测数据，采用统计和微分方程，分析比较和研究该水域主要的理化因子——温度、光照和 5 项营养盐（NO_3^--N、NO_2^--N、NH_4^+-N、SiO_3^{2-}-Si、PO_4^{3-}-P）与浮游植物、初级生产力时空分布变化之间的关系，其研究结果指出胶州湾的硅酸盐是初级生产力的限制因子。

分析 Yang 等（2003）的研究结果，这个研究报告了环境 $Si(OH)_4$：NO_3 的值在胶州湾时空变化的特征分布和 $Si(OH)_4$：NO_3 的值的季节变化，得到的数据显示，在整个胶州湾，春季、秋季、冬季 $Si(OH)_4$：NO_3 的值都小于 1。证实了该水域硅酸盐在春季、秋季、冬季是浮游植物生长的限制营养盐。又通过对 $Si(OH)_4$：

NO_3 的值与初级生产力的相关性，以及胶州湾初级生产力时空变化的特征分布和初级生产力的季节变化的分析得到，它们的胶州湾分布模式在时间和空间上是同步的。并且，通过模型计算得到胶州湾营养盐硅对浮游植物生长的阈值和阈值时间以及初级生产力受硅限制的阈值等结论。而且，1984 年的胶州湾月调查数据甚至也证实了这个结论。

（2）Si：N 的比值、Si：16P 的比值与浮游植物生长。在整个胶州湾 Si：N 的比值一年四季中都小于 1，而在胶州湾的一些站位一般只有每年的夏季 Si：16P 的比值才接近且小于 1，而在另一些站位大于 1。在胶州湾的季节尺度上和空间尺度上，硅酸盐的浓度变化和营养盐值的变化都充分显示了溶解硅在溶解氮或溶解磷之前就趋于耗尽，Si：N 的值和 Si：16P 的值都小于 1 则指出硅潜在地在限制浮游植物的生长，特别是硅藻的生长（Conley and Malone，1992）。在胶州湾有些站位 Si：N 和 Si：16P 的值在一年四季都小于 1，如 1 号、5 号站（图 4-10）。

这个发现也解释了显著的胶州湾生态现象：值得注意的是湾西南部黄岛前湾 E1 站（8 号站）浮游植物优势种组成有与众不同的生态特点。在那里，夏季优势种暖水性的长角角藻在浮游植物总量中所占比例从 7 月开始就明显增加（较湾内其他观测站提前 1 个月），而冬季优势种日本星杆藻的增加却较其附近观测站推迟

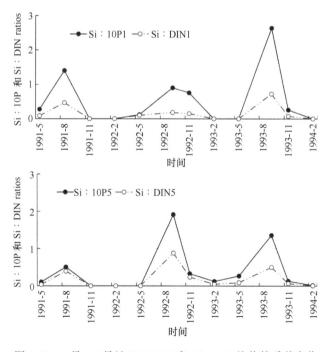

图 4-10　1 号、5 号站 Si：DIN 和 Si：10P 比值的季节变化

2个月，较湾北部诸站甚至推迟3个月（郭玉洁和杨则禹，1992a）。

大家都知道，湾西南部（8号站）水域的硅酸盐浓度为整个湾中分布最低的。首先，在冬季的2月，湾内水温要比湾西南部（8号站）的水温低 $0.2 \sim 0.8℃$，而湾西南部（8号站）的水温为 $3.5 \sim 4.5℃$。日本星杆藻是硅藻，日本星杆藻增殖的适应温度是 $4 \sim 6℃$，可是在冬季湾西南部（8号站）日本星杆藻却推迟2个月增加，可见其增殖生长缓慢。这是因为硅酸盐浓度在湾西南部（8号站）相对依然比较低。其次，在 $7 \sim 9$ 月湾内水温要比湾西南部（8号站）的水温高 $1 \sim 2℃$。而且在 $7 \sim 9$ 月，湾内的优势种短角弯角藻、波状石鼓藻、骨条藻都是硅藻。而夏季暖水性的长角角藻不属于硅藻类，却生长在湾西南部（8号站），这里应该多是硅藻在生长。因此，硅藻的生长空间被长角角藻所占有。在湾西南部低得多的硅酸盐浓度解释了这种现象。

因此，可以知道，硅酸盐是胶州湾浮游植物初级生产力的限制因子。硅酸盐的缺乏可以改变浮游植物的集群结构，并且可以解释胶州湾水体的生态现象。这些现象确定硅酸盐的耗尽可以导致优势种从硅藻到非硅藻的转变，如从硅藻转变到甲藻（郭玉洁和杨则禹，1992a）。

对于硅藻生长的营养盐吸收比例来说，氮、磷要比硅丰富得多。那么，在胶州湾对于以硅藻为优势种的浮游植物的生长来说，在一年四季中，营养盐氮最富足，其次是磷，硅在一年中只有在夏季的值高，才能满足浮游植物的生长需要，而在春季、秋季、冬季，硅却是浮游植物生长的营养盐限制因子，因此，严重妨碍春季、秋季、冬季的浮游植物硅藻水华的产生，这样，在胶州湾发生赤潮的时间一般都在夏季，这个发现与实际调查结果（郝建华等，2000）相符。

总之，Si∶N的值和Si∶16P的值确定了胶州湾的硅酸盐在春季、秋季、冬季是浮游植物生长的限制因子，在胶州湾有些水域营养盐硅一年中都是胶州湾浮游植物生长的限制因子。

4.2.4　营养盐的绝对、相对限制法则

（1）营养盐的绝对限制法则（潜在限制）。首先是从营养盐的浓度来考虑营养盐对胶州湾浮游植物生长的影响。这是根据营养盐吸收动力学的研究（Rhee，1973；Harrison et al.，1977；Brown and Button，1979；Perry and Eppley，1981；Goldman and Gilbert，1983；Nelson and Brzezinski，1990），由此总结营养盐浓度限制浮游植物生长的阈值为：溶解 $Si = 2 \mu M$（$\mu mol/L$），$DIN = 1 \mu M$ 和 $P = 0.1 \mu M$（Justic et al.，1995），作者将以上溶解 Si、DIN 和 P 阈值的组成定义为营养盐的绝对限制法则。

根据这个营养盐的绝对限制法则来讨论营养盐 N、P、Si。从 1962 年 3 月至 1963 年 5 月和 1981 年 1 月～12 月的胶州湾每月调查数据（刁焕祥，1984a，1984b，1992）和 1984 年 1 月～12 月的胶州湾每月调查数据（郭玉洁和杨则禹，1992a）及从 1991 年 5 月至 1994 年 2 月的季度调查数据来分析确定哪个营养盐会限制胶州湾浮游植物的生长（表 4-1）。

表 4-1　胶州湾 DIN 和磷酸盐浓度的调查数据表　　　　（单位：μmol/L）

时间	1962 年 3 月至 1963 年 5 月调查		1981 年 1 月～12 月调查	
营养盐	DIN	P	DIN	P
最低值范围	1.07～1.42	0.13～0.19	3.42～3.85	0.2～0.3
最高值范围	2.78～4.02	0.23～0.35	4.71～5.5	0.7～0.9

时间	1984 年 1 月～12 月调查		1991 年 5 月至 1994 年 2 月季度调查	
营养盐	DIN	P	DIN	P
最低值范围	3.21	0.35	2.36～3.89	0.16～0.26
最高值范围	42.14	1.22	9.4～6.98	0.39～.98

首先，在胶州湾，从 1962 年开始，DIN＞1μmol/L，P＞0.1μmol/L（刁焕祥，1984a，1984b，1992）。而且从 30 年的时间变化趋势上，DIN 和磷酸盐浓度没有减少的趋势，至少保持不变或增加的趋势。DIN 和磷酸盐的浓度具有小于一年的周期变化时间，并不以季节变化而进行循环变化。因此，根据营养盐的绝对限制法则，胶州湾的 N、P 浓度满足浮游植物的生长，不能成为浮游植物生长的限制因子。这与胶州湾的相关性研究的结果相一致。刁焕祥（1992）根据 1962 年 3 月至 1963 年 5 月和 1981 年 1 月～12 月的胶州湾每月调查数据，认为胶州湾的 N、P 营养元素基本上能满足浮游植物的需要。郭玉洁和杨则禹（1992a）根据 1984 年 1 月～12 月的胶州湾每月调查数据认为，胶州湾的 N、P 均在浮游植物生长要求的最适浓度下限以上。吴玉霖和张永山（1995）、王荣和焦念志（1995）、张均顺和沈志良（1997）认为胶州湾的 N、P 营养盐不成为浮游植物的限制因子。

其次，在胶州湾，硅酸盐浓度的季节变化趋势非常明显。与春季、秋季、冬季相比，每年硅酸盐浓度只有一个夏季的高峰值。而春季、秋季、冬季硅酸盐浓度较低，特别是在冬季，硅酸盐浓度低于检测线，甚至几乎趋于零。硅酸盐浓度的周期变化时间为一年，以季节变化展示了其周期变化。在 5 月初，胶州湾硅酸盐浓度从 0～1μmol/L 开始增长，一直到 8～9 月达到高峰值，然后下降，在 11 月初已下降到 0～1μmol/L，然后，又周而复始，如在 1 号、4 号站。从硅酸盐的平面分布特点，在整个胶州湾，硅酸盐变化都呈现年周期变化。

大约 5 月底至 6 月底和 10 月初至 11 月初，胶州湾的个别站位有 Si＞2μM，而大部分站位的 Si 小于且接近 2μM。在每年，只有夏季，大约在 7 月、8 月、9 月，整个胶州湾有 Si>2μM。根据营养盐的绝对限制法则，胶州湾营养盐硅从 5 月底开始满足浮游植物的生长到 11 月初开始限制浮游植物的生长。而从 11 月初至翌年 5 月底，整个胶州湾的营养盐硅都有 Si<2μM。根据营养盐的绝对限制法则，在春季、秋季、冬季，硅是胶州湾浮游植物生长的潜在限制因子。

由于硅酸盐变化呈现年周期变化，硅在每年都呈现年周期的变化限制胶州湾浮游植物的生长。

（2）营养盐的相对限制法则（潜在限制）。从营养盐的相对比值来考虑营养盐对胶州湾浮游植物的生长影响，应用化学计量限制的评估法则（Justic et al.，1995）：①N 限制，如果 DIN：P<10 和 Si：DIN>1；②P 限制，如果 Si：P>22 和 DIN：P>22；③Si 限制，如果 Si：P<10 和 Si：DIN<1。Dortch 和 Whitledge（1992）也用了同样的计算方法。作者将这个法则定义为营养盐的相对限制法则。

根据相对限制法则来讨论营养盐 N、P 和 Si。从 1962 年 3 月至 1963 年 5 月和 1981 年 1 月~12 月的胶州湾每月调查数据（刁焕祥，1984a，1984b，1992）显示，从 1962 年 3 月至 1963 年 5 月期间，DIN：P 值一般在 10.7~14.9 的时间约 6.5 个月，而 DIN：P 值的低值 5.5~8.8 的时间较短，约 4 个月，而高值 24.8 的时间更短，约为 2 个月。在 1981 年，其中 4 个月 DIN：P 值为高值 10.06~15.65，而其他 6 个月为 6.5~9.92（刁焕祥，1984a，1984b，1992）。从 1962 年 3 月至 1963 年 5 月，DIN：P>22 和 DIN：P<10 是交替出现的，这样的时间比较短；在大部分时间里 DIN：P 处于平衡位置，即 DIN：P 的值在 10~22 摆动，因此，很难确定 N 与 P 哪个先趋向于耗尽。在 1981 年，DIN：P<10 的时间相对比较长，而 DIN：P 值处于平衡位置的时间相对比较短，也很难确定是否 N 先趋向于耗尽。

根据胶州湾 1991 年 5 月至 1994 年 2 月三年调查的季度数据，用 N、P 和 Si 的季节变化详细阐述营养盐 N、P 和 Si 对胶州湾浮游植物生长的潜在限制。

（1）考虑 N 限制。对于 DIN：P<10，胶州湾三年的 DIN：P 值数据中只有 3 个数据有 DIN：P<10，占整个数据的比例不到 3%。因此，DIN：P>10 的 DIN：P 值的数据量大于 97%；可以说在整个胶州湾 DIN：P 的值几乎都大于 10。

同样，又对于 Si：DIN>1，在胶州湾 Si：DIN 的值的数据中只有 3 个数据有 Si：DIN>1，Si：DIN>1 的值的数据占整个数据的比例不到 3%。因此，DIN：P<1 的 DIN：P 的值的数据量大于 97%；这样可以说在整个胶州湾 Si：DIN 的值几乎都小于 1。

所以，这个研究结果表明胶州湾不存在浮游植物生长的潜在 N 限制。

（2）考虑 P 限制，对于 DIN：P>22，胶州湾 DIN：P 的值，在三年的数据中大约有 1/3 的 DIN：P<22。针对整个胶州湾这三年的变化过程，就不能确定胶州

湾浮游植物生长受 P 限制。

又对于 Si：P>22，在胶州湾三年的 Si：P 的值数据中，只有 3 个数据显示 Si：P>22；占整个数据的比例不到 3%。因此，Si：P<22 的 Si：P 的值的数据量大于 97%；这样，可以说在整个胶州湾 Si：P 的值都小于 22。

所以，这个研究结果表明，胶州湾不存在浮游植物生长的潜在 P 限制。

（3）考虑 Si 限制。对于 Si：DIN<1，在整个胶州湾三年中的 Si：DIN 的数据都小于 1，只有湾外 10 号站 Si：DIN 的 2 个数据才大于 1。

对于 Si：P<10，Si：P 的值变化主要受硅酸盐浓度变化的影响，是按着季节的变化，只有在每年的夏季才有些 Si：P 的值大于 10，而在春季、秋季、冬季所有 Si：P 的值都小于 8.93。

所以，这个研究结果表明，胶州湾存在浮游植物生长的潜在 Si 限制。

因此，根据营养盐的相对限制法则，在每年的春季、秋季、冬季，营养盐 Si 是胶州湾浮游植物生长的潜在限制。

（4）营养盐 Si 的限制。从营养盐绝对限制法则的角度考虑，营养盐 N、P 满足浮游植物生长，不能成为胶州湾浮游植物生长的限制因子，而在春季、秋季、冬季，营养盐 Si 潜在地限制胶州湾浮游植物的生长。又营养盐 Si 的变化呈年周期变化，并在每年的春季、秋季、冬季都是胶州湾浮游植物生长的潜在限制。

从营养盐相对限制法则的角度考虑，营养盐 N、P 不能成为胶州湾浮游植物生长的潜在限制，只有营养盐 Si 在每年的春季、秋季、冬季是胶州湾浮游植物生长的潜在限制。这是因为 Si：DIN 在每年的四季中一直都小于 1，而 Si：P 的值的变化呈年周期变化，在每年的春季、秋季、冬季都小于 10，这表明营养盐 Si 在每年的春季、秋季、冬季限制胶州湾浮游植物生长呈年周期变化。

通过营养盐绝对、相对限制法则，每年的春季、秋季、冬季的营养盐 Si 是胶州湾浮游植物生长的限制因子。这个结论与 Yang 等（2002，2003）的结论相一致。

那么，在胶州湾的夏季，营养盐 N、P、Si 都满足浮游植物的生长。然而，有些科学家和研究者提出一些观点认为，营养盐交替限制浮游植物的生长，或者多种营养盐元素同时限制浮游植物的生长，或者认为虽然限制营养盐是单种元素，但随着季节变化，营养盐限制的单一种元素也在变化。作者不同意这些观点。从营养盐绝对、相对限制法则的原理中，也只能有且只有一种营养盐成为浮游植物生长的主要限制因子，一般认为主要限制因子就是限制因子。

虽然许多生态因子结合在一起可以来限制藻类的生长，这些也可以用生态数学模型展现出来（O' Neill et al.，1989），但是藻类生长的营养盐限制的很多模型和研究采用只有一种控制的营养盐（Droop，1974；Dugdale et al.，1981；Kremer and Nixon，1977；De Groot，1983）。营养盐绝对、相对限制法则的原理，也支持了这个想法的正确性。

因此，作者认为在海域，营养盐 N、P、Si 中只能有一种元素限制浮游植物的生长。这样，在胶州湾的夏季，营养盐 N、P、Si 都满足浮游植物的生长。作者也未发现有任何证据显示营养盐 N、P、Si 同时限制浮游植物的生长或者交替地限制浮游植物的生长。就我们所知，在胶州湾的水域中，只有营养盐 Si 才是唯一的限制因子。

4.2.5　判断营养盐限制的方法和唯一性

满足绝对限制法则或者相对限制法则只能表明营养盐潜在地限制浮游植物的生长。营养盐满足绝对法则，表明此营养盐低于限制浮游植物生长的阈值之下，但并不一定是此营养盐首先被耗尽的，也许还有别的营养盐先耗尽。满足相对法则，表明此营养盐将首先被损耗到低值，但并不一定是此营养盐低于限制浮游植物生长的阈值，也许此营养盐远远地高于限制浮游植物生长的阈值，满足浮游植物的生长。因此，限制浮游植物生长的营养盐必须同时满足绝对限制法则和相对限制法则。可见，此限制营养盐一定只有一种。

作者建议用以下方法判断营养盐限制。

（1）对于海域的营养盐研究，必须根据此水域浮游植物的优势种所需要的所有主要营养盐（如 N、P、Si），而且这些营养盐元素是影响浮游植物生长的主要指标。因此，只有同时考虑所有这些营养盐元素，才能确定这些营养盐元素中（如 N、P、Si）哪种元素是限制浮游植物生长的营养盐。

（2）首先，要应用绝对限制法则来考虑营养盐对浮游植物生长的影响，如果每个营养盐元素（如 N、P、Si）都超过相应的阈值，就不存在营养盐（如 N、P、Si）对浮游植物生长的限制。

（3）如果营养盐中有一个元素其浓度低于限制浮游植物生长的阈值，那么，这个元素就是唯一的限制因子。如果营养盐中有两个或两个以上的元素都低于浮游植物生长的阈值，那么就要应用相对限制法则来考虑，确定哪个营养盐先限制浮游植物的生长。这样，就能揭示哪个营养盐元素是限制浮游植物生长的唯一因子。

因此，必须要同时应用绝对限制法则和相对限制法则，才能确定浮游植物生长限制的营养盐元素，根据逻辑学原理，这将是优先的限制性的营养盐元素。这证实了限制营养盐的唯一性。

如果缺少（1）、（2）、（3）的步骤，就会引起错误的结论和不休的争论。

如果没有步骤（1）。如果 Si 是否存在对此研究水域浮游植物的优势种生长没有任何影响，那么对此浮游植物的生长讨论营养盐 Si 的限制是没有用的。如果 Si 的存在对此水域浮游植物的优势种生长有着至关重要的影响，那么在此水域讨论浮游植物生长的营养盐限制时，如果不讨论营养盐 Si，那么得到的营养盐限制的结论也是错误的。例如，如果只讨论 N、P，而没有谈 Si，就会得到不准确的结论。

如果没有步骤（2）。如果此研究水域的营养盐浓度都很高，甚至高出限制浮游植物生长阈值的几倍或几十倍，就不存在营养盐的限制。如果只按照相对法则，得到营养盐限制的结论显然是非常荒谬的。仅应用相对限制法则，只能表明在当时的调查情况下，此营养盐有可能先被损耗到低值，但并不能说明此营养盐有限制的可能性。

如果没有步骤（3）。如果有两种或两种以上营养盐浓度都低于阈值，于是此水域的浮游植物生长产生了多种营养盐限制的争论，如 N 限制、P 限制和 Si 限制。甚至产生了季节不同，限制营养盐元素也不同的观点。或者营养盐 N、P、Si 同时都限制的不确定的模糊结论。这样不确定的结论会引起不停的争论。

应用绝对限制法则、相对限制法则，掌握判断营养盐限制的方法，就能阐明生态系统中营养盐 N、P、Si 调控浮游植物生长的机制。作者认为，在海域，营养盐 N、P、Si 中只能有一种营养盐限制浮游植物的生长。

4.2.6　仅考虑 N、P 成为限制因子不准确

在研究胶州湾浮游植物的结构、生长和增殖过程中，作者认为仅考虑营养盐 N、P 是不够的，还必须考虑营养盐 Si。

硅藻类是构成胶州湾浮游植物的主要成分。硅酸盐与硅藻的结构和新陈代谢有着密切的关系并且控制浮游植物的生产过程（Dugdale，1972，1983，1985；Dugdale and Goering，1970；Dugdale et al.，1981，1995）。因此，没有硅，硅藻瓣是不能形成的，而且细胞的周期也不会完成（Brzezinski et al.，1990；Brzezinski，1992）。硅藻对硅有着绝对的需要（Lewin，1962）。由此可知，硅是硅藻必不可少的营养盐。这样考虑胶州湾浮游植物生长限制的营养盐时仅考虑 N、P 是不够的，必须考虑营养盐 Si 对浮游植物生长的影响。

（1）如果不考虑营养盐 Si，就 N、P 而言，首先从 1962 年 3 月至 1963 年 5 月和 1981 年 1 月～12 月的胶州湾的月调查（刁焕祥，1984a，1984b，1992），DIN：P 的值数据中大约有 2/3 小于 10，错误地认为浮游植物生长主要受 N 限制。而 1991 年 2 月至 1994 年 5 月的数据中，大约 2/3 数据有 DIN：P>22，错误地认为浮游植物生长主要受 P 限制。于是，20 世纪 60～90 年代的变化，有些研究者认为在

胶州湾浮游植物生长受氮限制或者受磷限制。

如将营养盐 Si 纳入考虑，发现 Si：P 比值具有年周期变化，在春季、秋季、冬季的所有数据 Si：P 比值都小于 10，而所有数据 Si：DIN 比值在一年四季都小于 1。这样，就很清楚地看到 Si 才是浮游植物生长的真正限制因子。

（2）如果只考虑 N、P 的相对比值，仅能说明哪种营养盐先会耗尽，有潜在的限制浮游植物生长，并不能够延伸推测表明营养盐浓度限制浮游植物生长和吸收。1962 年 3 月至 1963 年 5 月和 1981 年 1 月~12 月的月调查数据和 1991 年 5 月至 1994 年 2 月的季度调查的数据显示，DIN>1μmol/L；P>0.1μmol/L。而且从 30 多年的时间变化上看，胶州湾的营养盐氮、磷都具有增加的趋势。因此，根据判断营养盐限制的方法和营养盐绝对限制法则，胶州湾的氮、磷都满足浮游植物生长，这样就不存在氮、磷对胶州湾浮游植物生长的潜在限制。而硅酸盐浓度呈年周期变化，在春季、秋季、冬季胶州湾硅酸盐浓度都小于 2μM。由此可知，在胶州湾，硅才是春季、秋季、冬季浮游植物生长的唯一限制因子。

（3）研究营养盐对浮游植物的限制，首先要全面而不能片面地考虑浮游植物生长所需要的主要营养盐种类，如一定要考虑营养盐 N、P、Si，而不是只考虑 N、P。其次，必须同时应用营养盐绝对限制法则和相对限制法则，而不能单独依据其中的一个法则来判断哪种营养盐是浮游植物生长的限制因子，仅仅使用 N、P 营养盐和 DIN：P 的值来分析营养盐 N、P 对浮游植物生长的限制，是不充分的。必须对浮游植物所需要的主要营养盐 N、P、Si 进行相对的比值分析和绝对的浓度分析，从而才能知道营养盐 Si 限制浮游植物的生长，是胶州湾唯一的限制因子。而且硅限制浮游植物生长的时间也是固定的，以年周期进行变化。这说明营养盐限制不随季节变化。因此，只有营养盐 Si 是胶州湾唯一的限制因子。

通过以上分析，作者认为，在许多需硅量大的浮游植物为优势种的水域中，如果仅仅考虑 N、P 和相对限制法则，就会得到错误的结论，这是以往科学家和研究者以前经常作为事实谈到的 N 限制或者 P 限制，或者 N、P 同时限制，或者是随着时间变化，营养盐 N、P 的交替限制。作者认为得到这些错误的结论是因为缺少对浮游植物生长所需的重要营养盐的全面分析和忽视绝对限制法则的应用。

4.2.7 营养盐 Si 控制生态系统的机制

在河口区、海湾、海洋等水域中，氮、磷成为富营养盐，但高营养盐区却有的还是低叶绿素量的海域，这引起人们去探索出现这种现象的原因。一些水域展现了富营养化的征兆，其初级生产力迅速增加；而另外有一些富营养的水域却保持低的初级生产力。生态系统出现这样大的差别意味着必然存在一种机制。

胶州湾的营养盐 N、P、Si 和初级生产力的研究展示,硅是控制浮游植物生长和初级生产力的主要因子。于是造成了高营养盐 N、P 低生物量的海域出现,作者认为,在营养盐 N、P 很高的水域,浮游植物初级生产力的高低值相差甚大的生态系统的机制是由营养盐 Si 控制的。

作者认为,这要从两个方面来考虑:一方面是在全球海域,硅藻是构成浮游植物的主要成分,也是产生海洋初级生产力的主要贡献者,其种类多、数量大、分布广,是各种海洋动物直接或间接的饵料。硅藻的盛衰可直接引起海洋动物的相应变化。因此,在海洋动物丰富的海域,浮游植物需要大量的硅。

另一方面由营养盐 N、P、Si 的生物地球化学过程所决定。陆源提供的硅被浮游植物吸收,硅通过生物地球化学过程不断地转移到海底。由于缺硅的种群的高沉降率,硅的大量沉淀使得水体中硅酸盐浓度保持低值。而死亡的浮游植物和被浮游动物排泄的浮游植物趋于分解,在水体中产生了大量的、不稳定的、易再循环的氮、磷。于是,氮、磷的浓度在不断增高,而硅酸盐浓度在不断降低。因此,在这些海域展现了明显的高营养盐浓度,却有着浮游植物的低生物量。

4.3　结　　论

根据胶州湾生态站提供的 1991 年 5 月至 1994 年 2 月的胶州湾观测数据进行分析比较,得出了胶州湾营养盐溶解 Si：DIN 和 Si：DIP 值的时空变化的特征分布, Si：DIN 和 Si：16DIP 值的季节变化的分析结果表明,在整个胶州湾,在一年四季中, Si：DIN 的值都小于 1,春季、秋季、冬季 Si：16DIP 的值都小于 1。研究结果证实了该水域硅酸盐在春季、秋季、冬季是浮游植物生长的限制营养盐。从对 Si：DIN 和 Si：16DIP 值的分析发现,胶州湾有些海域的浮游植物的生长一年四季都受到营养盐硅的限制;硅的匮乏改变了该水域浮游植物集群的结构。

根据胶州湾营养盐的浓度,分析 1962 年至 1998 年的营养盐数据(间断性的数据)发现,该海域营养盐 N、P 浓度保持不变和增加的趋势;从 1962 年开始,浮游植物就一直不存在 N、P 的潜在限制。而对 1991 年 5 月至 1994 年 2 月的数据分析后认为,营养盐硅在每年的春季、秋季和冬季呈现年周期变化,限制胶州湾浮游植物的生长;在胶州湾许多水域中,浮游植物的优势种需求大量的硅。

根据营养盐浓度吸收的比值 Si：DIN 和 Si：DIP, 1991 年 5 月至 1994 年 2 月的数据分析表明,在整个胶州湾三年中 Si：DIN 都小于 1, Si：DIP 在春季、秋季、冬季的值都小于 10。这样,在整个胶州湾不存在 N、P 的潜在限制,营养盐硅在每年的春季、秋季、冬季呈现年周期变化限制胶州湾浮游植物的生长。

在许多以需求硅量大的浮游植物为优势种的水域中，仅从 N、P 营养盐和 DIN：P 的值来分析营养盐 N、P 对浮游植物生长的限制，就会产生不准确的结论，应用绝对限制法则和相对限制法则得到的分析结果充分支持了这个观点。

作者认为，在河口区、海湾、海洋等水域中，起主要作用的营养盐硅是调节和控制在这些水域的生态系统中浮游植物生长过程的机制。根据达尔文进化理论，因为不断地受到环境的压力，浮游植物的集群结构和硅藻的生理特征将会逐渐改变，要么需求硅量大的硅藻类种群在不断地减少，要么对硅的需求量减少。这样，将会引起海洋生态系统的一系列巨大的变化，使得整个生态系统需要不断地重新组成、改变和平衡。因此，为了人类在地球上顺利生存，必须保持海洋生态系统的连续性和稳定性，使海洋生态系统具有持续发展，人类必须减少对海洋的污染，提高陆源输送硅的能力。

从胶州湾营养盐溶解 Si：N（DSi：DIN）和 Si：16P（DSi：16DIP）的值来考虑，Si：N 的值在整个胶州湾的一年四季中都小于 1，而 Si：16P 的值在春季、秋季、冬季都小于 1，一般只有每年的夏季才接近于 1 或大于 1。这样，在胶州湾的季节尺度上和空间尺度上，硅酸盐的浓度变化和营养盐比值的变化都充分显示了溶解硅在溶解氮或溶解磷之前就趋于耗尽，这说明硅在春季、秋季、冬季都是硅藻生长的营养盐限制因子，在胶州湾有些站位的 Si：N 和 Si：16P 的值在一年四季都小于 1，这表明在胶州湾有些海域，浮游植物的生长一直都受到营养盐硅的限制，一直都在缺硅的环境下，硅藻生长不断地受到抑制，而硅藻生长的海域空间被甲藻所代替，甲藻类也逐步替代硅藻类，浮游植物的集群结构和食物链发生了巨大的变化。

在整个胶州湾，对于硅藻生长的营养盐吸收比例来说，氮、磷要比硅丰富得多，尤其氮过剩。通过对 Si：N 的值和 Si：16P 的值研究分析，表明胶州湾的硅酸盐在春季、秋季、冬季是浮游植物生长的限制因子。

通过对胶州湾 30 年的 N、P 变化分析，认为 N、P 在保持不变或者上升趋势，这是由于人类活动的影响和本身的 N、P 生态循环过程所造成的。营养盐硅在 3 年的调查中一直具有周期性变化，呈年周期变化，Si 的这种变化是由径流、雨季和硅本身的生物地球化学过程所决定的。通过营养盐绝对、相对限制法则，每年的春季、秋季、冬季，营养盐硅是胶州湾浮游植物生长的限制因子。这些结论得到 1984 年的观测数据和 1962 年的观测数据的支持和证实。因此，作者认为，生态系统中营养盐硅过去一直是、现在仍然是胶州湾浮游植物生长的限制因子。由于生态系统的稳定性和连续性，这个结论将保持几十年、几百年甚至更长时间。

大约从 20 世纪 60 年代到 1987 年，人们主要强调 N、P 的限制，持此观点的文章比比皆是；即使到目前，沿岸海域日趋富营养化，N、P 大量过剩，然而许多文章讨论的重点依然是 N、P 限制。作者认为，在许多以需要硅量大的浮游植物为优势种的水域中，如果仅仅考虑 N、P 和相对限制法则，就会得到错误的结论。得到这些结论是因为缺少对浮游植物生长所需的重要营养盐的全面分析和绝对限制法则的应用。

由于河水输入量的变化和人类排污量的增大，营养盐 N 和 P 日趋富营养化。由此产生的破坏生物生理生长和浮游植物集群的结构对沿岸海域生态过程的危害正在扩展，在胶州湾发生的赤潮也在增多。硅酸盐是胶州湾初级生产力的限制因子的情况在进一步加剧。

作者认为，浮游植物初级生产力过程的机制不取决于营养盐 N、P 很高，而是取决于营养盐硅的变化。由于营养盐硅的比例下降变化使得硅限制显得更加突出，生态系统的响应是转换浮游植物的生理特征和浮游植物的集群结构来适应变化的环境，以便浮游植物能够生存下去。随着时间的累积，年代逐渐久远，主要由硅藻组成的浮游植物集群将不断地进行结构转变，需求硅量少的非硅类的种群将不断地增长，需求硅量大的硅藻类种群将不断地减少。随着时间推移，需硅量大的硅藻种群的生理特征在不断地受到环境的压力。根据达尔文进化理论，藻类的生理特征逐渐改变，以便对硅的需求量减少。在海洋中，由于浮游植物是生态系统的能量流动和食物链的基础，当浮游植物的集群结构和硅藻的生理特征发生巨大的变化时，将会引起海洋生态系统一系列的巨大变化，也将对海洋生态系统产生巨大的冲击力。例如，也许一些生物，如大的海洋动物将像恐龙一样在世界上会突然消失。作者认为，在许多海域，硅藻藻种将会不断地消亡，继而代替硅藻藻种的甲藻如长角角藻将会不断地扩张。浮游植物的集群结构中，硅藻和甲藻的比例在变化，硅藻的比例在下降，甲藻的比例在上升。这使得整个生态系统需要重新组成、改变和平衡。也许这会使食物链金字塔顶端的渔业资源受到沉重的打击，在海洋生态系统中的许多物种也将很快绝迹。小型物种代替大型物种，繁殖快的物种代替繁殖慢的物种。为了人类在地球上顺利生存，必须保持海洋生态系统的连续性和稳定性，来实现海洋生态系统的可持续发展。

一方面，通过各种方法减少 N、P 输入海洋；另一方面，提高河流的输入量，以便河水携带的大量营养盐硅能满足浮游植物生长的需求。但是，浅海养殖区的面积不断扩展，养殖密度也在增大，尤其养殖的一些生物吸收大量的硅，又排泄大量的 N、P，这样，进一步加剧了养殖区水域 N、P 的增加和硅的损失。因此，必须尽早、尽快地减少 N、P 的污染，使海洋胶州湾生态系统能够持续发展。

参 考 文 献

刁焕祥. 1984a. 胶州湾水域生物理化环境的评价. 海洋湖沼通报, 2: 45-49.

刁焕祥. 1984b. 胶州湾浮游植物与无机环境的相关研究. 海洋科学, 4: 16-19.

刁焕祥. 1992. 胶州湾的自然环境: 海水化学. 见: 刘瑞玉. 胶州湾生态学和生物资源. 北京: 科学出版社: 73-92.

郭玉洁, 杨则禹. 1992a. 胶州湾的生物环境: 初级生产力. 见: 刘瑞玉. 胶州湾生态学和生物资源. 北京: 科学出版社: 110-125.

郭玉洁, 杨则禹. 1992b. 胶州湾的生物环境: 浮游植物. 见: 刘瑞玉. 胶州湾生态学和生物资源. 北京: 科学出版社: 136-170.

郝建华, 霍文毅, 俞志明. 2000. 胶州湾增养殖海域营养状况与赤潮形成的初步研究. 海洋科学, 4: 37-40.

沈志良. 1994. 胶州湾水域的营养盐. 海洋科学集刊, 35: 115-129.

沈志良. 1995. 胶州湾营养盐变化的研究. 见: 董金海, 焦念志. 胶州湾生态学研究. 北京: 科学出版社: 47-51.

沈志良. 1997. 胶州湾营养盐的现状和变化. 海洋科学, 1: 60-63.

宋金明. 1997. 中国近海沉积物-海水界面化学. 北京: 海洋出版社.

宋金明, 罗延馨, 李鹏程. 2000. 渤海沉积物-海水界面附近磷与硅的生物地球化学循环模式. 海洋科学, 12: 30-32.

王荣, 焦念志. 1995. 胶州湾的初级生产力和新生产力. 见: 董金海, 焦念志. 胶州湾生态学研究. 北京: 科学出版社: 125-135.

吴玉霖, 张永山. 1995. 胶州湾叶绿素a 和初级生产力的特征分布. 见: 董金海, 焦念志. 胶州湾生态学研究. 北京: 科学出版社: 137-149.

杨东方, 李宏, 张越美, 等. 2000. 浅析浮游植物生长的营养盐限制及其判断方法. 海洋科学, 12: 47-50.

杨东方, 谭雪静. 1999. 铁对浮游植物生长的影响研究与进展. 海洋科学, 3: 48-49.

张经. 1996. 中国主要河口的生物地球化学研究. 北京: 海洋出版社.

张均顺, 沈志良. 1997. 胶州湾营养盐结构变化的研究. 海洋与湖沼, 28(5): 529-535.

赵卫红, 焦念志, 赵增霞. 2000. 烟台四十里湾养殖水域营养盐的分布及动态变化. 海洋科学, 4: 31-34

Ammerman J W. 1992. Seasonal variation in phosphate turnover in the Mississippi River plume and the inner Gulf shelf: rapid summer turnover. *In*: Texas Sea Grant Program. Nutrient Enhanced Coastal Ocean Productivity. NECOP Workshop Proceedings, October 1991, NOAA Coastal Ocean Program. Texas Sea Grant Publications, College Station: 69-75.

Brown E J, Button D K. 1979. Phosphate-limited growth kinetics of *Selanastrum capricornutum* (Chlorophyceae). Journal of Phycology, 15: 305-311.

Brzezinski M A, Olson R J, Chisholm S W. 1990. Silicon availability and cell-cycle progression in marine diatoms. Marine Ecology Progress Series, 67: 83-96.

Brzezinski M A. 1985. The Si: C: N ratio of marine diatoms: interspecific variability and the effect of some environmental variables. Journal of Phycology, 21: 347-357.

Brzezinski M A. 1992. Cell-cycle effects on the kinetics of silicic acid uptake and resource competition among diatoms. Journal of Plankton Research, 14: 1511-1536.

Chen B. 1994. The effects of growth rate, light and nutrients on the C/Chl a ratio for phytoplankton in the Mississippi River plume. MS Thesis, University of Southern Mississippi, Hattiesburg , MS, 86.

Conley D J, Malone T C. 1992. Annual cycle of dissolved silicate in Chesapeake Bay: implications for the production and fate of phytoplankton biomass. Marine Ecology Progress Series, 81: 121-128.

De Groot W T. 1983. Modelling the multiple nutrient limitation of algal growth. Ecological Modeling, 18: 99-119.

Delmas R J, Ascencio J M, Legrand M. 1980. Polar ice evidence that atmospheric CO_2 20000 yr BP was 50% of present. Nature, 284: 155-157.

Dortch Q, Whitledge T E. 1992. Does nitrogen or silicon limit phytoplankton production in the Mississippi River plume and nearby regions? Continental Shelf Research, 12: 1293-1309.

Droop M R. 1974. The nutrient status of algal cells in continuous culture. Journal of the Marine Biological Association of the U K, 54: 825-855.

Dugdale R C, Goering J J. 1970. Nutrient limitation and the path of nitrogen in Peru Current production. Scientific Results of the Southeast Pacific Expedition, Anton Bruun Report, 5: 5-8.

Dugdale R C, Jones B H, Macclsaac J J, et al. 1981. Adaptation of nutrient assimilation. *In*: Platt T. Physiological bases of phytoplankton ecology. Canadian Bulletin of Fisheries and Agriculture Sciences, 210: 234-250.

Dugdale R C, Wilkerson F P, Minas H J. 1995. The role of a silicate pump in driving new production. Deep-Sea Res(I), 42(5): 697-719.

Dugdale R C. 1972. Chemical oceanography and primary productivity in upwelling regions. Geoforum, 11: 47-61.

Dugdale R C. 1983. Effects of source nutrient concentrations and nutrient regeneration on production of organic matter in coastal upwelling centers. *In*: Pt A, Suess E, Thiede J. USA: Plenum Press: 175-182.

Dugdale R C. 1985. The effects of varying nutrient concentration on biological production in upwelling regions. CalCOFI Report, 26: 93-96.

Fisher T R, Peele E R, Ammerman J W, et al. 1992. Nutrient limitation of phytoplankton in Chesapeake Bay. Marine Ecology Progress Series, 82: 51-63.

Goldman J C, Gilbert P M. 1983. Kinetics of inorganic nitrogen uptake by phytoplankton. *In*: Carpenter E J, Capone D G. In Nitrogen in Marine Environments. New York: Academic Press: 223-274.

Goldman J C, McCarthy J J, Peavey D G. 1979. Growth rate influence on the chemical composition of phytoplankton in oceanic waters. Nature, 279: 210-215.

Harrison K G. 2000. Role of increased marine silica input on paleo-p CO_2 levels. Paleoeanography, 15: 292-298.

Harrison P J, Conway H L, Holmes R W, et al. 1977. Marine diatoms in chemostats under silicate or ammonium limitation. III. Cellular chemical composition and morphology of three diatoms. Marine Biology, 43: 19-31.

Healey F P, Hendzel L L. 1979. Indicators of phosphorus and nitrogen deficiency in five algae in culture. Journal of the Fisheries Research Board of Canada, 36: 1364-1369.

Healey F P. 1979. Short-term responses of nutrient-deficient algae to nutrient addition. Journal of Phycology, 15: 289-299.

Hecky R E, Kilham P. 1988. Nutrient limitations of phytoplankton in freshwater and marine environments: a review of recent evidence on the effects of enrichment. Limnology and Oceanography, 33: 796-822.

Hitchcock G L, Wiseman Jr W J, Boicourt W C, et al. 1997. Property fields in an effluent plume of the Mississippi River. Journal of Marine Systems, 12: 109-126.

Howarth R W. 1988. Nutrient limitation of net primary production in marine ecosystems. Annual Review in Ecological Systematics, 19: 89-110.

Hu M H, Yang Y P, Harrision P J, et al. 1990. Phosphaate limitation of phytoplankton growth in the Changjiang Estuary. Acta Oceanologica Sinica, 9: 405-411.

Jeffery S W, Humphery G P. 1975. New spectrophotometric equations for determining chlorophylls a, b, c1 and c2 on higher plant, algae and natural phytoplankton. Biochem, Physiol Pflanzen, 167: 191-194.

Justic D, Rabalais N N, Turner R E, et al. 1995. Changes in nutrient structure of river-dominated coastal waters: stoichiometric nutrient balance and its consequences. Estuarine Coastal Shelf Science, 40: 339-356.

Kremer J N, Nixon S W. 1977. A coastal marine ecosystem. New York: Springer-Verlag: 217.

Levasseur M E, Therriault J C. 1987. Phytoplankton biomass and nutrient dynamics in a tidally induced upwelling: the role of the $NO_3 : SiO_4$ ratio. Marine Ecology Progress Series, 39: 87-97.

Lewin J C. 1962. Silicification. *In*: Lewin R E. Physiology and biochemistry of the algae. Salt Lake City: Academic Press: 445-455.

Lohrenz S E, Fahnenstiel G L, Redalie D G, et al. 1999. Nutrients, irradiance, and mixing as factors regulating primary production in coastal waters impacted by the Mississippi River plume. Continental Shelf Research, 19: 1113-1141.

Loubere P. 2000. Marine control of biological production in the eastern equatorial Pacific Ocean. Nature, 406: 497-500.

Martin J H. 1990. Glacial-interglacial CO_2 change: the iron hypothesis. Paleoceanography, 5: 1-13.

Nelson D M, Brzezinski M A. 1990. Kinetics of silicic acid uptake by natural diatom assemblages in two Gulf Stream warm-core rings. Mar Ecol Prog Ser, 62: 283-292.

Nelson D M, Dortch Q. 1996. Silicic acid depletion and silicon limitation in the plume of the Mississippi River: evidence from kinetic studies in spring and summer. Marine Ecology Progress Series, 136: 163-178.

O'Neill R V, DeAngelis D L, Pastor J J, et al. 1989. Multiple nutrient limitations in ecological models. Ecological Modelling, 46: 147-163.

Parsons T R, Stephens K, Strickland J D H. 1961. On the chemical composition of eleven species of marine phytoplankters. Journal of the Fisheries Research Board of Canada, 18: 1001-1016.

Paytan A. 2000. Iron uncertainty. Nature, 406(3): 468-469.

Perry M J, Eppley R E. 1981. Phosphate uptake by phytoplankton in the central North Pacific Ocean. Deep-Sea Research, 28: 39-49.

Redfield A C, Ketchum B H, Richards F A. 1963. The influence of organisms on the composition of seawater. *In*: Hill M

N. the Sea. New York: John Wiley, 2: 247-261.

Rhee G Y. 1973. A continuous culture study of phosphate uptake, growth rate and polyphosphate in *Scenedesmus* sp. Journal of Phycology, 9: 495-506.

Sklar F H, Turner R E. 1981. Characteristics of phytoplankton production off Barataria Bay in an area influenced by the Mississippi River. Contributions in Marine Science, 24: 93-106.

Smith S M, Hitchcock G L. 1994. Nutrient enrichments and phytoplankton growth in the surface waters of the Louisiana Bight. Estuaries, 17: 740-753.

Toggweller J R. 1999. An ultimate limiting nutrient. Nature, 400: 511-512.

Treguer P, Pondaven P. 2000. Silica control of carbon dioxide. Nature, 406: 358-359.

Turner R E, Rabalais N N, Nan Z Z. 1990. Phytoplankton biomass, production and growth limitations on the Huanghe (Yellow) River. Continental Shelf Research, 10: 545-571.

Yang Dongfang, Zhang Jing, Gao Zhenhui, et al. 2003. Examination of Silicate Limitation of Primary Production in the Jiaozhou Bay, North China II. Critical Value and Time of Silicate Limitation and Satisfaction of the Phytoplankton Growth. Chin J Oceanol Limnol, 21(1): 46-63.

Yang Dongfang, Zhang Jing, Lu Jibin, et al. 2002. Examination of Silicate Limitation of Primary Production in the Jiaozhou Bay, North China I .Silicate Being a Limiting Factor of Phytoplankton Primary Production. Chin J Oceanol Limnol, 20(3): 208-225.

第5章 硅的亏损过程

陆地物质不断地随河流等载体输入海洋，经过海洋无数种生物的吸收后，一起随海洋生物沉降到海底，展现了物质从陆地到海底的迁移过程。为了研究这个动态过程，本章通过海洋中硅藻的特性和迁移过程，阐述了硅的生物地球化学过程；并与氮、磷进行比较分析，讨论海洋中营养盐的限制和水华产生的原因，认为海洋在生态系统中保持着营养盐和浮游植物的动态平衡。

根据胶州湾 1991 年至 1994 年 2 月的观测数据，通过硅酸盐的特征分布、动态周期和变化趋势，认为胶州湾周围的河流给整个胶州湾提供了丰富的硅酸盐，这使整个胶州湾的硅酸盐浓度随着径流的大小而变化。远离河口横断面的硅酸盐浓度的水平变化，展示了径流将大量的硅酸盐带入海湾后，使海水硅酸盐浓度发生了变化。结果表明：离带有河口的海岸距离越远，水域中硅酸盐浓度就越低。远离带有河口的横断面的硅酸盐浓度的垂直变化，表现了通过浮游植物的吸收和浮游植物死亡、沉降后，硅酸盐沉积到海底。这样不断地将硅从陆源逐渐转移到海底。通过海洋中硅藻的特性和迁移过程，以及浮游动物的摄食和排泄，阐述了硅的生物地球化学过程。这说明了胶州湾浮游植物缺硅的原因，进一步证实了营养盐硅是胶州湾浮游植物生长的限制因子。

5.1 硅的生物地球化学过程

5.1.1 海洋中浮游植物的优势种——硅藻

浮游植物是水生环境中从无机到有机物质转换的主要承担者，即主要的初级生产者。它们的变化直接影响着食物链中其他各环节的变化。因此，研究浮游植物的基本特性及其与环境因子的相互关系，对于水产资源的开发和利用有着十分重要的意义。营养盐（主要指氮、磷、硅）是浮游植物生长繁殖必需的成分，是影响浮游植物的重要因素之一（杨小龙和朱明远，1990）。

浮游植物是海洋生态系统中生物的物质和能量来源。硅藻是海洋浮游植物的主要成分，是单细胞且具有硅细胞壁的藻类。它们色彩缤纷、形式多样，有 1000 余种。其中最大的藻种的形状是平的圆盘、扁的圆柱体或者细长的棒状体，这些大型的硅藻种的直径或长度能够达到 2～5mm（Smetacek，2000）。而小型的硅藻具有小的细胞和长的链，它们的直径或长度能够达到 5～50μm（Smetacek，1999）。

5.1.2 硅是硅藻必不可少的营养盐

自然界含硅岩石风化，随陆地径流入海，是海洋中硅的重要来源，致使近岸及河口区硅的含量较高（Huang et al.，1983）。

海水中可溶性无机硅是海洋浮游植物所必需的营养盐之一，尤其是对硅藻类浮游植物，硅更是构成机体不可缺少的组分。在海洋浮游植物中，硅藻占很大部分，硅藻繁殖时摄取硅使海水中硅的含量下降（Armstrong，1965；Spencer，1975）。

在自然水域中，硅一般以溶解态单体正硅酸盐[$Si(OH)_4$]的形式存在。在浮游植物中，只有硅藻和一些金鞭藻纲的鞭毛藻对硅有大量需求（杨小龙和朱明远，1990）。硅酸盐与硅藻的结构和新陈代谢有着密切的关系。硅酸盐被浮游植物吸收后大量用来合成无定形硅（$SiO_2 \cdot nH_2O$），组成硅藻等浮游植物的硅质壳，少量用来调节浮游植物的生物合成。浮游植物体内亦可累积硅，其浓度可为外界介质硅浓度的 30～350 倍（杨小龙和朱明远，1990）。在一些特别的海洋区域，如上升流区（Dugdale，1972；Dugdale and Goering，1967）和南极海域（Sakshang et al.，1991）中，硅酸盐可以控制浮游植物的生长过程。在这些或其他海域，$Si(OH)_4$ 对浮游植物水华的形成有着核心的作用（Conley and Malone，1992）。硅藻对硅有着绝对的需要（Lewin，1962），没有硅，硅藻外壳是不能形成的，而且细胞的周期也不会完成（Brzezinski et al.，1990；Brzezinski，1992）。由此可知，硅是硅藻必不可少的营养盐。

对于全球的硅循环（De Master，1981；Van Bennekom et al.，1988；Treguer and Van Bennekom，1991；Treguer et al.，1995；Nelson et al.，1995），硅化的浮游植物对世界海洋的初级生产力有着极为重要的贡献。Nelson 等 1995 年的估计，显示了整个初级生产力的 40%多都归因于硅藻。在海洋的浮游植物水华中，硅藻占优势（Smetacek，1999）。

在硅藻水华结束时，硅酸盐的有用性是人们经常提到的因子（Dugdale，1983）。在高营养的河口区，硅的限制会使浮游植物的藻类结构从硅藻类转变成非硅藻类，而且这些硅藻通过沉降离开真光层，在海底附近或者海底进行分解导致了大面积缺氧（Dortch and Whitledge，1992）。然而，硅的重要性被低估了，因为，确信只是硅引起藻种结构的改变，而没有考虑硅对初级生产力的改变（Dortch and Whitledge，1992）。硅酸盐的降低减少了大量硅藻的优势。Smadya（1989，1990）认为，除了硅酸盐之外，营养盐浓度的增长导致了在许多沿岸水域新的、有害的非硅藻浮游植物的水华。

1984～1988 年，研究者在 Chesapeake 海湾进行了调查。沿着 Chesapeake 海湾的盐梯度，溶解无机氮、硅和磷的分布及季节上的变化分析表明，溶解硅在春季水华期控制着硅藻的生产量，并引起了春季水华的衰败和导致水华结构的变化。而且还认为在这一阶段叶绿素生物量的高沉积速率可能是由于硅的缺少。这样，溶解硅的提供也可以控制浮游植物的生物量到海底的通量（Conley and Malone，1992）。科研人员对这些海湾的研究认为，溶解硅的利用限制着硅藻的生产。而且，认为在 Chesapeake 海湾，新的营养盐的输入刺激了每年的浮游植物的生产（Boynton et al.，1982）。

在营养盐硅缺乏的条件下，浮游植物代谢及其生理状态鉴定认为，在硅缺乏不严重的情况下，浮游植物的生长速率可能不降低，但细胞壁硅含量减少，壁变薄；在硅缺乏严重时，则出现 C/N、C/P、C/Si、C/Chl 增加和脂类合成过剩的现象（杨小龙和朱明远，1990）。

5.1.3　硅藻的沉降

相对于硅藻的吸收率，溶解硅（DSi）是低供给，这能够限制硅藻的生物量或生长率的增长，也可以导致硅藻生物量的下降。这是由于缺硅的种群的高沉降率（Bienfang et al.，1982）。

大型的硅藻（2～5mm）遍布海洋，在海底的沉积物中尤其显著。Kemp 等指出了大型硅藻对颗粒雨做出了巨大的贡献，这些颗粒雨离开了海洋表层沉降，在海洋的生物地球化学过程中，起着重要的作用（Kemp et al.，2000）。这些大尺寸、生长迅速的浮游植物的自养生物（Farnas，1990）是沉淀颗粒物质的主要生产者。大型硅藻是向深海运输物质的输送者（Smetacek，2000）。

小型的硅藻（5～50μm）沿着海洋边缘或者横跨北大西洋形成稠密的水华，它们经常发生在春季。在冬季，深海混合把新的营养盐带到表层或者在新的上升流带着丰富的营养盐。如果这些小的硅藻有高的生长率，它们就迅速地聚集生物量在浅的营养丰富的表层。当营养盐耗尽时，它们趋向于聚集成絮状物，然后迅速沉降（Smetacek，1999）。沉降的颗粒把硅带到海底及海洋深处。

5.1.4　硅的生物地球化学过程

在厦门西海域现场测得在透光层以下的水柱中，由于生物碎屑和排泄物等的分解氧化，磷等营养物得以再生，其中活性磷再生速率一般为 $3.88\mu g/(dm^3 \cdot d)$，而生物净利用率为 $3.10\mu g/(dm^3 \cdot d)$，可见磷的生物收支过程基本平衡（陈慈美等，

1993）。

根据 1987 年 3 月至 1988 年 12 月，九龙江口、厦门西海域的调查资料，该水域 DIP 补充的两个主要途径是：表层沉积物中可溶性磷形态释出并随潮汐运动扩散到水体；水中悬浮颗粒物对磷的吸附在盐度增大时解吸（陈水土和阮五崎，1993）。

浮游植物对磷酸盐具有较高的吸收速率和较快的周转时间，这使得在低磷海域，如厦门港的生产力可保持一定水平（洪华生等，1994）。

磷含量的减少主要有：因藻类和碎屑的沉降而从水体中移出；藻类和碎屑被摄食而在食物网中传递移出。

大量的数据，如地球化学海洋区域研究数据（GEOSECS，1996）和世界海洋地图集（Tyrrell and Law，1997，1998）显示，在自然海域，当营养盐在表层水域被耗尽时，硝酸盐通常比磷酸盐稍微早一点耗尽，也就是营养盐耗尽的水域通常含有少量残留的磷酸盐，而硝酸盐测不到（Tyrrell，1999）。生物学家也发现给营养盐贫瘠表层海水的样品中加入硝酸盐，明显地促进了浮游植物的生长，然而加磷酸盐却没有出现这个现象。

营养盐的再生是非常重要的。在沿岸海域，在生态系统消耗之前，每个氮原子重循环 2 次以上（Harrison et al.，1983），在河口和路易斯安那陆架，氮循环是 3.7 次（Turner and Rabalais，1991）。这样，通过再生，河流氮的输入也许被放大了许多倍，这对浮游植物初级生产力有着重大的影响（Dortch and Whitledge，1992）。

死亡细胞和排泄物从真光层沉降被不断地重新矿化成铵氮，然后氧化成硝酸盐。这些转化过程同时有硝酸盐和铵氮的上升运输伴随，以便供给表层水域。这个仿真模型展示了这个循环的主要部分发生在水柱的 50m 以上。几乎 90% 的初级生产力也在这儿循环产生。每年真光层氮的估算表明，60% 的初级生产力受真光层的循环的铵氮资源的支持（Oguz et al.，1999）。

于是，有人认为水域中氮的含量过高，是由于过量地使用氮肥，这种说法是不确切的，最重要的是氮的生物地球化学过程对浮游植物的影响。

从真光层沉降的 90% 的颗粒有机物被矿化在真光层和营养盐生态群的下方，然后再生的营养盐重新返回表层水域，那儿最终被生物利用所耗尽（如浮游植物水华），只有颗粒物质的小部分沉降到较深层的缺氧层（Lebedeva and Vostokov，1984；Karl and Knauer，1991）。在缺氧层，颗粒通量能产生化学合成的生产，大约达到光合成生产的 10%（Deuser，1971；Brewer and Murray，1973）。

硅不像氮或磷，在海洋中以多种多样的无机物和有机物的形式存在。硅主要的存在形式是正硅酸盐（Brzezinski and Nelson，1989）。这不能通过食物链到任何一级。而且，它的再生不是通过有机物的降解，而是通过蛋白石 SiO_2 的溶解（Broecker and Peng，1982）。与发现的氮和磷再生相比，它的再生要在海水的更深处才能完成。

高的硅溶解率典型地发生在有死的硅藻和空的硅藻壳的海域，如海湾流（Brzezinski and Nelson，1989），而相对的低溶解率发生在活细胞占据的有生产的水域中，如秘鲁上升流系统（Nelson et al.，1981）的表层水域。这可能是因为完整的活细胞受到了有机膜的保护（Lewin，1962）。

海水中硅的浓度除了受地质过程影响外，还受生物过程的影响。在河口，水文要素的变化加速了这两个过程。海水中的硅，以溶解硅酸盐离子和悬浮二氧化硅两种形式存在（Burton，1976）。Sillen（1961）指出，硅酸 H_4SiO_4 是一种弱酸，因此，在海水中 pH 为 8 左右的范围内，只有约 5%的溶解硅能以 $H_3SiO_4^-$ 形式存在，他的结论是溶解硅以单分子$[Si(OH)_4]$形式存在。另外，Si（IV）的水合过程是可变的。硅酸容易不可逆地脱水成为十分稳定的 SiO_2（Goldberg，1971）。显然，这也是可溶性硅浓度下降的原因之一（王正方等，1983）。

目前，研究人员认识到，大型硅藻在任何系统的春季水华的形成中都起着关键作用（Chisolm，1992）。在全球尺度，硅藻维持海洋初级生产力的 40%，其中50%是输送到深海（Nelson et al.，1995）。因此，调查控制硅藻水华发展的因子给出一些信息，导致 HLNC 海域和中尺度营养盐区域的差别的因子和机制。这是因为硅藻需要硅来生成它们的外壳，硅的有用性在控制浮游植物生产和向广阔海洋的输出方面起关键作用（Dugdale and Wilkerson，1998）。例如，在大西洋北部，硅酸经常优先于硝酸盐耗尽（Sieracki et al.，1993）。

与氮的降解速率相比，生源硅的低溶解率和铵氮对硝酸盐吸收的抑制加强了硅酸的利用，净超硝酸盐。由于这个结果，一维耦合物理生物地球化学模型描述了在南大洋、太平洋北部和大西洋北部的三个区域的硅泵的效率。在真光层合成的生源硅的大约 50%输出离开表层 100m 水域。而只有 4%～11%的颗粒有机氮离开表层的循环（Pondaven et al.，1999）。

硅藻硅壳的溶解已经被认为主要是由于化学解聚作用，而没有涉及生物活动，多细胞动物没有提高营养盐的再生（Cowie and Hedges，1996；Tande and Slagstad，1985）。

海洋里的浮游细菌侵入新鲜硅藻的碎屑（Biddanda and Pomeroy，1988）、活着的硅藻（Smith et al.，1995）和植物聚集体"海洋雪花"（Smith et al.，1992），这些侵入者具有很高水平的水解外酶。细菌对硅藻壁的水解侵蚀剥夺硅藻的有机膜的硅壳，并且加速硅藻硅壳的溶解（Bidle and Azam，1999）。

Bidle 和 Azam（1999）的研究展示了细菌的确利用酶"啃咬"硅藻的硅壳，

有效地加速了硅壳的溶解速率。有证据显示，硅的再生的确由细菌引起，这个机制涉及碎屑的侵入作用和对有机基质的水解侵蚀。

作者认为，细菌提高了营养盐氮、磷和硅的再生速率。

5.1.5　营养盐硅和浮游植物的动态平衡

在一些水域，硅酸盐相对于主要的营养盐氮和磷供应不足（Dugdale et al., 1995）。在全球，海洋硅酸强烈的不饱和，但硅的循环处于稳定状态，河流中每年的输入由硅藻的硅壳在沉积中的埋葬所平衡（Treguer et al., 1995）。

浮游植物被浮游动物摄食和浮游植物不可逆转地沉降到深海被认为是平衡浮游植物的生长（Kirchman, 1999）。当然，当生物量增长迅速，出现水华时，打破了这种平衡。传统的食物链是浮游植物被浮游动物摄食，浮游动物被大型的生物体摄食（Kirchman, 1999），沿着这个食物链运行，浮游植物的死亡如何就决定着其他海洋生物体如何活着。

证据显示，在太平洋，浮游植物的增长大致上与浮游动物的摄食相匹配（Landry et al., 1997）。Brussard 等也提供了证据证明，在一年的不同时刻，摄食和沉降能够平衡浮游植物的增长。

5.1.6　胶州湾的研究结果

根据胶州湾 1991 年至 1994 年 2 月的观测数据，通过硅酸盐的特征分布、动态周期和变化趋势认为，胶州湾周围的河流给整个胶州湾提供了丰富的硅酸盐，这使整个胶州湾的硅酸盐浓度随着径流的大小而变化。远离河口横断面的硅酸盐浓度的水平变化，展示了径流将大量的硅酸盐带入海湾后，硅酸盐浓度发生了变化。结果表明离带有河口的海岸距离越远，水域中硅酸盐浓度就越低。远离带有河口横断面的硅酸盐浓度的垂直变化，表现了硅酸盐通过生物吸收和死亡、沉积后，沉降到海底。这样，硅不断地被从陆源转移到海底。这说明了胶州湾浮游植物缺硅的原因，进一步证实了营养盐硅是胶州湾浮游植物生长的限制因子。

含硅岩石风化和含硅土壤流失，使硅溶解于水并随陆地径流输送到河口和海洋中。通过硅藻的吸收，硅进入了生物体。死亡的硅藻和摄食硅藻的浮游动物的排泄物离开真光层沉降到海底，硅离开了海水表层沉降到海底。因此，硅通过这样一个亏损过程：河流输入（起源）→ 浮游植物吸收和死亡（生物地球化学过程）→ 沉降海底（归宿），展现了陆地、海洋生态系统沧海变桑田的缓慢过程。每当输入大量的营养盐硅，浮游植物的初级生产力都会出现高峰值，有时有水华产生。由于浮游植物吸收大量的硅，海水中硅的含量大幅度降低，由于硅的缺乏，浮游植物的生长受到严重的限制而又产生了高的沉降率。这样，保持了海洋中营养盐硅的平衡和浮游植物生长的平衡。

通过营养盐的生物地球化学过程，当浮游植物吸收的营养盐耗尽时，营养盐磷比营养盐氮有剩余，而营养盐氮比硅的再生能力又高得多。因此，作者认为，营养盐硅将会成为浮游植物的恒限制营养盐，即过去、现在和将来都是限制营养盐，而讨论终极限制营养盐意义不大。

由此，海洋为了保持生态系统的稳定性和连续性会产生营养盐的平衡和浮游植物的平衡，通过氮、磷、硅的生物地球化学过程，在深海中，展现了营养盐氮、磷高，而浮游植物生物量却甚低的一个贫瘠海洋；在浅海中，展现了经常有浮游植物的水华，包括了硅藻和非硅藻（如甲藻）。作者认为，产生水华的主要原因是由于营养盐硅的缺乏，其的存在与氮、磷的比例失去平衡。当营养盐硅一直过低，氮、磷过高，就会限制硅藻的生长，所形成的真空空间被非硅藻（如甲藻）迅速占据，产生非硅藻的水华。在极度缺乏硅的水域中，当营养盐硅突然大量提供时，硅藻会迅速增长，产生硅藻水华。假如此时进行水域调查，会发现水域营养盐硅丰富，有硅藻水华产生。

因此，为了海洋生态系统的持续发展，维护海洋中营养盐氮、磷、硅的比例稳定，保持营养盐的平衡和浮游植物的平衡，人类最好减少氮、磷的输入，提高硅的输入。

5.2　硅酸盐的起源、生物地球化学过程和归宿

陆地物质不断地随河流等载体输入海洋，经过海洋的生物吸收再生后，一起随海洋生物沉降到海底，展现了物质从陆地到海底的迁移过程。为了研究这个动态过程，须要阐明海洋中硅藻的特性和迁移。浮游植物是水生环境中从无机到有机物质转换的主要承担者，即主要的初级生产者。它们的变化直接影响着食物链中其他各环节的变化。因此，浮游植物的基本特性及其与环境因子的相互关系，对于水产资源的开发和利用有着十分重要的意义。浮游植物是海洋食物链的基础，浮游植物的优势种在一般海域是硅藻，而营养盐硅对于硅藻生长是必不可少的。因此，研究营养盐的生物地球化学过程对于浮游植物的生长有着重要的影响。海洋食物链是生态系统研究的一个核心问题，食物链是浮游植物—浮游动物—鱼类，浮游动物是食物链的第二个环节，它们既是能量的转换者，又是鱼类的饵料基础。浮游动物对浮游植物的摄食引起营养盐的转移有着重要的作用。

在 Nouakchott 附近，非洲西北部的上升流沿岸，以及在南大洋的阿根廷近岸水域南纬 15°，秘鲁海域和切斯皮克湾（Chesapeake）的水域研究认为：当垂直远离近岸或硅酸盐的来源，硅酸盐浓度下降，硅酸盐浓度逐渐变小。研究表明，在硅藻作用下，硅从表层转移到海底。这与胶州湾水域的研究展示了共同特征。

本章通过胶州湾硅酸盐浓度的分布特征、动态周期和变化趋势，以及远离带有河口海岸的横断面硅酸盐浓度的水平和垂直变化，揭示了硅的亏损的重要过程：营养盐硅由陆源提供，经过生物地球化学过程，不断地将硅转移到海底。通过浮游植物的特性和迁移过程，以及浮游动物的摄食和排泄，阐述了硅的生物地球化学过程。

5.2.1 研究海区概况及数据来源

5.2.1.1 研究海区概况

胶州湾位于北纬 35°55′～36°18′，东经 120°04′～120°23′，面积约为 446km^2，平均水深为 7m，是一个半封闭型海湾，周围为青岛、胶州、胶南等地区所环抱。由于工农业生产、水产养殖和城市生活污水的排放，向胶州湾内输入了大量的营养物质。

5.2.1.2 数据来源

本节分析时所用的数据由胶州湾生态站提供。包括初级生产力（^{14}C 法测定）、硅酸盐（硅钼蓝法测定）等，时间跨度为 1991 年 5 月至 1994 年 11 月。代表冬季、春季、夏季、秋季的 2 月、5 月、8 月、11 月进行现场实验研究。共进行了 15 个航次。站位是 10 个标准站位（缺 3 号站位的数据）（图 5-1），按标准层采样。主要河流的数据引自《海洋科学》于 1992 年发表的文章。1984 年的月数据初级生产力（^{14}C 法测定）引自杨着禹于 1992 年获得的数据。

5.2.2 硅酸盐浓度远离带有河口海岸的横断面变化

5.2.2.1 季节变化

1 号、4 号站是大沽河、洋河的河口区。7 号、8 号、9 号、10 号站依次由湾内、湾口、湾外平面分布。1 号、4 号、7 号、8 号、9 号、10 号站表明了远离河口海岸的横断面的水平分布。

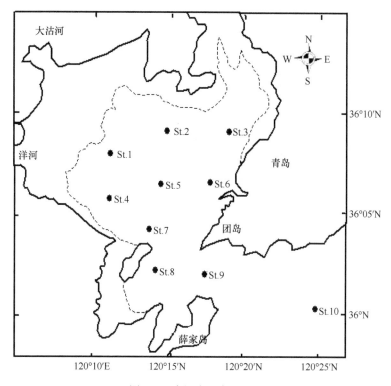

图 5-1　胶州湾调查站位图

　　在春季，1991 年、1992 年、1994 年的 5 月，河流提供的营养盐硅形成了一定的舌状分布，河流提供的营养盐硅浓度都很低。在 1993 年的 5 月，9 号站硅酸盐的浓度没有任何的舌状分布，在垂直的剖面上，营养盐形成不同浓度的块状，没有展示营养盐的来源。在 0～20m 的水域，营养盐硅浓度小于 0.5μmol/L。在低于 20m 深度，越向底层，浓度越高，每下降 1m，浓度增加 1μmol/L，展示经过冬天后，没有任何营养盐供给的侵扰（图 5-2、图 5-3）。

　　在夏季，在 1991 年的 8 月初，河流输入硅酸盐的浓度基本形成舌状。在 1994 年的 8 月底，河流输入大量的硅酸盐，形成了迅速扩展的梯度。从 1 号站的硅酸盐浓度 24μmol/L 沿着离岸横断面，浓度不断下降，在 9 号站降到 3μmol/L。而且硅酸盐浓度沿水平横断面由表面不断地下移。在 1992 年 9 月初，可看到硅酸盐浓度以河口区 4 号站为中心向周围扩展，展示了河流是硅酸盐的来源，其扩展深度大约在 2m。硅酸盐浓度≥3μmol/L。在 2～9m 其浓度＜3μmol/L。而且 9～11m 的海底，硅酸盐浓度随深度增加而增加。在 1993 年 9 月中旬，硅酸盐浓度沿表层远离河口近岸在逐渐降低（图 5-4、图 5-5）。

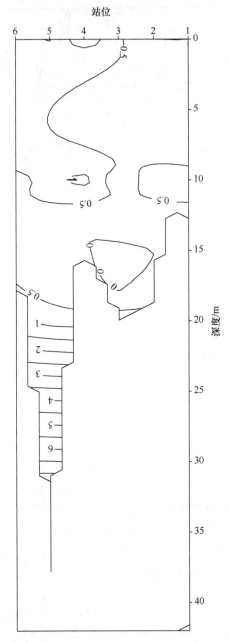

图 5-2 1991 年春季（5 月 22 日、23 日）硅酸盐浓度远离带有河口海岸的横断面变化

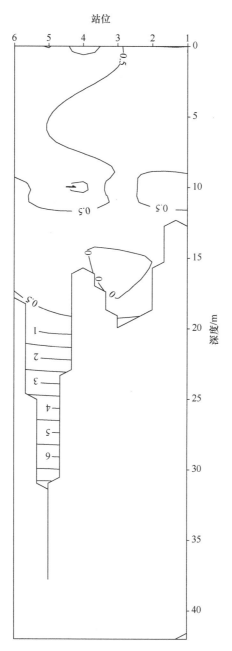

图 5-3　1993 年春季（5 月 13 日、14 日）硅酸盐浓度远离带有河口海岸的横断面变化

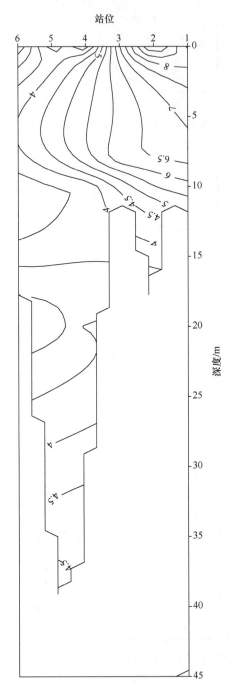

图 5-4　1993 年夏季（9 月 10 日、11 日）硅酸盐浓度远离带有河口海岸的横断面变化

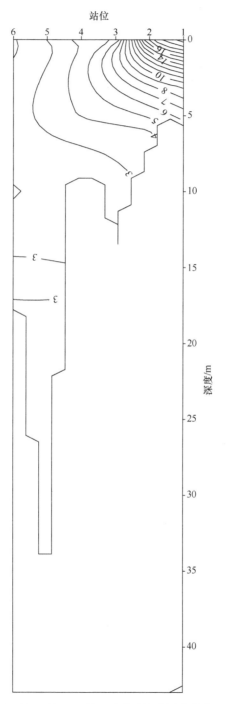

图 5-5　1994 年夏季（8 月 30 日、31 日）硅酸盐浓度远离带有河口海岸的横断面变化

在秋季，硅酸盐浓度在河口区已没有舌状的扩展，显示硅酸盐的供给源已经消失，沿岸的硅酸盐浓度都趋向于零，甚至到湾口才达到 0.2μmol/L。在 1993 年的 11 月初，水域形成不同硅酸盐浓度的块状区域。其浓度值一般都小于 2μmol/L，展示了水域在没有供给来源时的消耗区域。在 1992 年 11 月中旬，河口区 1 号、4 号站的河流硅酸盐在迅速减小，其水域硅酸盐浓度为刚小于 2μmol/L 的情况，浮游植物刚处于生长限制的临界状态，还没有形成不同块状的低硅酸盐浓度区域。沿水平方向，还展示了随着远离河口区的沿岸硅酸盐浓度，在逐渐降低。在 1994 年 11 月，营养盐浓度在水深 10m 处，形成了不同浓度的块状，向其区块中心，浓度有增高，但不超过 5μmol/L；有减少，趋向于 0μmol/L。整个水域浓度一般为 2.5～3μmol/L，在河口区 1 号和 4 号站没有形成舌状梯度（图 5-6）。

在冬季，1992 年、1993 年、1994 年 2 月，硅酸盐浓度都非常低，在 1992 年、1994 年都小于 0.05μmol/L，趋于 0，无法画等值线图。而在 1993 年 2 月的等值线图表明在整个水域硅酸盐浓度小于 1.5μmol/L，大部分水域的硅酸盐浓度在 0.8～0μmol/L 范围内，靠近河口区的硅酸盐浓度都趋于 0μmol/L。该水域没有任何硅酸盐的来源供给（图 5-7）。

5.2.2.2 水平变化

在 1991 年 8 月，河口区 1 号站的硅酸盐浓度较高，从 1 号站一直到 10 号站，即从河口区一直到湾外的横断面，从海水表层一直到海底，沿着这个横断面，硅酸盐浓度逐渐降低，从 4.00μmol/L 一直降到小于 1.00μmol/L。在 1992 年 9 月，河口区 4 号站的硅酸盐浓度较高，以 4 号站为中心向 1 号站、7 号站扩展的浓度逐渐降低。随着从河口区 4 号站到湾外的 10 号站的横断面，沿着海水表层硅酸盐浓度逐渐降低，从大约 5.00μmol/L 一直降到小于 2μmol/L。在 1993 年 9 月，河口区 4 号站的浓度较高，从海水表层一直到海底沿着从河口区 4 号站到湾外 10 号站的横断面，硅酸盐浓度逐渐降低，从大约 10.00μmol/L 一直降到大约 2μmol/L。

从这三年夏季的硅酸盐浓度的水平变化，可以认为，河流提供了大量的硅酸盐，在河口区其浓度较高；逐渐向湾外，其浓度逐渐降低（图 5-8）。

5.2.2.3 垂直变化

在 1991 年 8 月，河口区 1 号站硅酸盐浓度较高，在 1 号、4 号站硅酸盐浓度的等值线几乎呈 S 形向下。在 9 号站水深 20～40m，发现硅酸盐浓度从 1μmol/L 增加到大约 3.5μmol/L，可见在海底的硅酸盐浓度较高。在 1993 年 9 月，河口区 4 号站硅酸盐浓度较高，大约为 10μmol/L，使得以 4 号站为中心的附近海区，从海水表层到海底硅酸盐浓度逐渐降低。在其他站的海水表层从 0m 到水深 10m 的

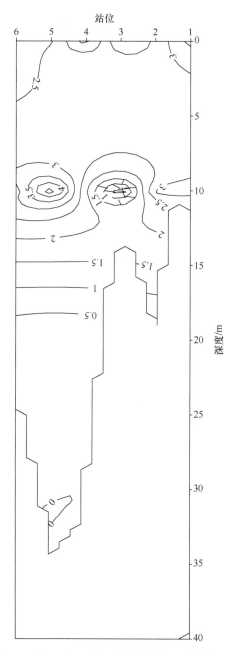

图 5-6　1994 年秋季（11 月 8 日、9 日）硅酸盐浓度远离带有河口海岸的横断面变化

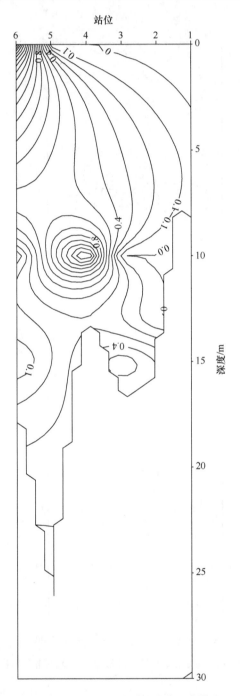

图 5-7　1993 年冬季（2 月 25 日、26 日）硅酸盐浓度远离带有河口海岸的横断面变化

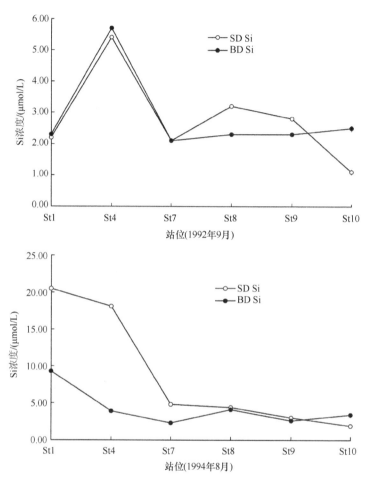

图 5-8 硅酸盐浓度远离带有河口海岸的横断面的表底层变化

SD Si 表示表层的硅酸盐浓度，BD Si 表示底层的硅酸盐浓度

硅酸盐浓度都是逐渐降低。在河口区 7 号、8 号站附近，硅酸盐浓度的等值线几乎垂直向海底。在 9 号站从 0m 到水深 10m，硅酸盐浓度都逐渐降低。而在水深 25m 到海底大约 40m 左右，硅酸盐浓度增高。在 1992 年 9 月，硅酸盐浓度以 4 号站为中心进行扩展，深度到 0~2m，而在 2~8m 处硅酸盐浓度为 2.5μmol/L。而在 8m 到海底 10m 左右，硅酸盐浓度也在增大。在 1994 年 8 月，硅酸盐浓度以 1 号站为中心形成舌状的梯度变化，硅酸盐浓度从表层的 20μmol/L 降到海底的 4~5μmol/L。

从远离带有河口的海岸的横断面的各个站位的硅酸盐浓度垂直变化分析认为，硅酸盐浓度在河口区 1 号、4 号站较高，以河口区 4 号站的海水表层为中心，硅酸盐浓度逐渐向外扩散，同时也逐渐降低，在其他站位，海水表层的硅酸盐浓度也随深度逐渐降低，但在 9 号站趋向于海底的硅酸盐浓度却逐渐增高。

5.2.2.4 表底层变化

1991 年至 1994 年夏季，在表层，硅酸盐浓度从河口区高浓度到湾外呈下降趋势，在湾外的河口区一般硅酸盐浓度较低。在底层，硅酸盐浓度从河口区到湾外一般呈稳定的、变化较少的状态。可以看到，在有些站位，硅酸盐浓度累计沉积增高状态，如 1991 年 5 号站、1992 年 2 号站的海底。表底层浓度没有直接的相关性，但底层的高浓度却是表层浓度经过生化作用后累计叠加的沉积表现（图 5-8）。

5.2.3 硅酸盐浓度与黄海海水的交换

在夏季，从陆源提供的硅酸盐浓度在胶州湾内一方面被黄海海水水流稀释；另一方面被浮游植物吸收。水流的稀释和生物的吸收降低了营养盐硅的浓度，可通过水交换计算硅酸盐的浓度变化来分析胶州湾浮游植物吸收硅的量。对于海水交换的体积，选取盐度作为计算海水交换的指标因子。湾外进入湾内的海水体积几乎占到湾内海水总体积的 1/3（Yang et al.，2002）。每年夏季稀释后硅酸盐的浓度 Sidi 和湾口实测的硅酸盐浓度 Sime 的变化几乎一致，Sidi 和 Sime 的相关系数为 0.98，Sidi 和 Sime 是高度相关，这说明 Sidi 和 Sime 的变化是一致的，同时受到陆源硅酸盐浓度的影响，也进一步说明径流将大量的硅酸盐带入海湾（Yang et al.，2002）。

在冬季，胶州湾河流流量很小，其海域没有硅酸盐的来源，呈现了黄海海水向胶州湾提供的硅酸盐浓度甚微，一般都小于 1.5μmol/L。从湾外、湾口到湾中心及河口硅酸盐浓度以 1.5μmol/L 梯度下降到 0μmol/L，这与夏季输入的硅酸盐浓度的下降方向刚好相反。由于黄海海水硅酸盐浓度较低，从海湾外到河口区的变化也很小。有时整个胶州湾硅酸盐浓度小于 0.05μmol/L，趋于 0μmol/L。

5.2.4 河流的硅酸盐与初级生产力的基本特征

胶州湾沿岸入海河流主要有大沽河和洋河。在 2 月枯水期，大沽河流量为 3.39m³/s，洋河为 0.395m³/s，两河流量的和为 3.785m³/s，大沽河和洋河两河流量和占总流入量的 84.3%。在 8 月的丰水期，大沽河为 98.5m³/s，洋河为 6.361m³/s，大沽河和洋河两河流量和占总流入量的 77.6%。因此，我们认为大沽河和洋河是输入胶州湾的主要河流，其河流特征、周期和趋势变化基本上代表了入湾所有河流的特点。那么，在研究中，其他河流可忽略不予考虑。河流在 2 月的流量最低，为 3.785m³/s，在 5 月，从 5.84m³/s 开始增加，在 8 月达到最高值 104.86m³/s。而在 11 月开始下降，降到 9.71m³/s，从 12 月至翌年 5 月，流量为 3.785～6.15m³/s。

河流具有年周期变化，具有夏季流量高，秋季、冬季、春季流量较低的特点。河流携带的硅酸盐浓度也具有年周期变化，并展现与河流同样的周期、特征和变化趋势。由于胶州湾的硅藻在浮游植物的生物量中所占比例达到 96%～99%，硅酸盐浓度的变化影响着浮游植物生长的变化，Yang 等（2002）已阐明了硅酸盐浓度对浮游植物初级生产力的影响。那么，现在我们考虑河流对硅酸盐浓度的影响和河流通过硅酸盐浓度对浮游植物初级生产力的影响（表 5-1、表 5-2）。

表 5-1　河流流量和硅酸盐浓度的相关性

站位	1	2	4	5	6	7	8	9	10
相关系数	0.83	0.68	0.79	0.83	0.75	0.73	0.73	0.79	0.75

表 5-2　河流流量和初级生产力的相关性

站位	1	2	4	5	6	7	8	9	10
相关系数	0.76	0.72	0.67	0.71	0.77	0.80	0.79	0.54	0.69

河流流量与硅酸盐浓度在各站的相关性是显著的，在 1 号、5 号站的相关性是高度相关。在各站的相关性比较稳定，其范围为 0.68～0.83，这表明河流影响从河口区 1 号、2 号站到湾中心、湾口，甚至波及外海，其影响程度都是一致的。河流流量与初级生产力的相关性也是显著相关，在各站的相关性也比较稳定，相关系数范围为 0.54～0.79，河流流量对初级生产力从河口区到湾中心、湾口和湾外的影响程度基本保持一致。展示胶州湾 Si 和初级生产力的分布变化与河流输入变化是同步的。

5.2.4.1　河流-硅酸盐、河流-初级生产力的动态模型

（1）建立模型。胶州湾的河流-硅酸盐模型简单地描述为输入胶州湾的河流流量变化引起海水中硅酸盐浓度变化和随着时间 t 的变动，展现了河流流量和硅酸盐浓度的动态联系。这主要是根据河流流量变化和硅酸盐浓度变化随时间变化建立的模型。

胶州湾的河流-硅酸盐的动态模型方程为

$$s(t) = ax(t) + b \tag{5-1}$$

式中，a 为单位河流流量输入硅时，海水中的硅酸盐浓度，即海水中由河流提供的 Si 的供给率；b 为当河流流量为零时，海水中的硅酸盐浓度。

表 5-3　式（5-1）的变量和参数

变量和参数	值	单位
t 为时间变量	—	月
$x(t)$ 为河流流量	3.785～104.86	m³/s
$s(t)$ 为硅酸盐函数	0～14.9	μmol/L
a 为 Si 的供给率	0.028～0.062	(μmol/L) / (m³/s)
b 为断流时，海水中的硅酸盐浓度	0.05～0.69	μmol/L

式（5-1）中 a 和 b 的值见表 5-4。

表 5-4　式（5-1）中 a 和 b 值

a	0.062	0.057	0.056	0.045	0.043	0.045	0.029	0.031	0.030
b	0.167	0.696	0.121	0.140	0.480	0.054	0.403	0.267	0.260

　　胶州湾的河流-初级生产力模型展示了输入胶州湾的河流流量变化通过硅酸盐作用，引起的初级生产力的变化和随着时间 t 的变动，展现了河流流量和初级生产力的动态联系。这主要是根据河流流量变化和初级生产力变化随时间变化建立的模型。

　　胶州湾的河流-初级生产力的动态模型方程为

$$y(t) = cx(t) + d \qquad (5\text{-}2)$$

式中，c 为单位河流流量产生的浮游植物初级生产力，即河流通过营养盐硅转化为初级生产力的转化率；d 为当河流流量为零时，浮游植物初级生产力的值，即没有河流提供营养盐硅的初级生产力值。

表 5-5　式（5-2）的变量和参数

	值	单位
t 为时间变量	—	月
$x(t)$ 为河流流量	3.785～104.86	m³/s
$y(t)$ 为初级生产力函数	33.60～2518	mg C/m²d
c 为初级生产力的转化率	5.21～15.55	(mg C/m²d) / (m³/s)
d 为断流时，初级生产力值	121.98～195.33	mg C/m²d

式（5-2）中 c 和 d 的值见表 5-6 及图 5-9 和图 5-10。

表 5-6　式（5-2）中 c 和 d 值

c	12.797	13.489	14.228	5.213	9.637	9.319	15.559	11.755	8.773
d	195.339	121.987	168.853	185.099	131.119	148.430	131.239	182.086	184.110

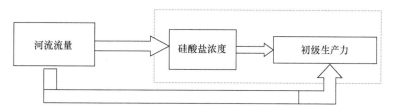

图 5-9　胶州湾河流-硅酸盐、河流-初级生产力的动态模型框图

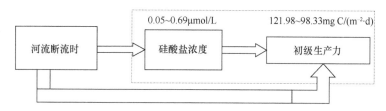

图 5-10　胶州湾河流断流时，海水中的硅酸盐浓度和浮游植物初级生产力的值

（2）模型检验。

复相关系数检验，可查复相关系数的临界值表，如下。

$r_{0.05}(10) = 0.576$，$r_{0.01}(10) = 0.708$，$R^2_{0.05}(10) = 0.331$，$R^2_{0.01}(10) = 0.501$

F 检验，可查 F 分布表得临界值，如下。

$$F_{0.05}(1, 10) = 4.96,\quad F_{0.01}(1, 10) = 10.0$$

对于式（5-1）在 2 号站，在 α=0.05 水平上有意义，其余各站在 α=0.01 水平上有意义；对于式（5-2）在 9 号站，无意义。4 号、5 号、10 号站在 α=0.05 水平上有意义，1 号、2 号、6 号、7 号、8 号站在 α=0.01 水平上有意义（表 5-7、表 5-8）。

表 5-7　河流流量和硅酸盐浓度的式（5-1）的相关性

站位	1	2	4	5	6	7	8	9	10
R^2	0.690	0.466	0.623	0.683	0.555	0.537	0.536	0.625	0.567
F	22.291	8.728	16.531	21.498	12.481	11.613	11.535	16.685	13.118

表 5-8　河流流量和初级生产力的式（5-2）的相关性

站位	1	2	4	5	6	7	8	9	10
R^2	0.585	0.521	0.448	0.498	0.599	0.632	0.618	0.292	0.473
F	14.090	10.856	8.116	9.936	14.961	17.181	16.178	4.124	8.985

（3）模拟曲线。在 9 个站中，随意取 1 号、8 号站。式（5-1）的曲线模拟实

测曲线的情况，Si1、Si8 分别是 1 号、8 号站实测的硅酸盐浓度曲线，SSi1、SSi8 分别是 1 号、8 号站的式（5-1）的模拟曲线（图 5-11）。式（5-2）的曲线模拟实测曲线的情况，PP1、PP8 分别是 1 号、8 号站实测的初级生产力曲线，SPP1、SPP8 分别是 1 号、8 号站的式（5-2）的模拟曲线（图 5-12）。

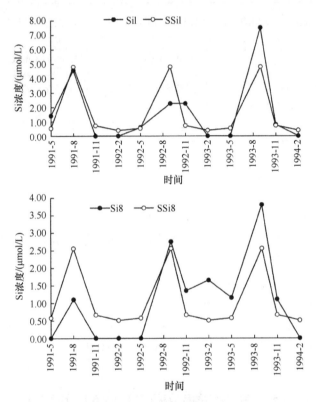

图 5-11　1 号、8 号站硅酸盐浓度的实测曲线和式（5-1）的模拟曲线相比较

Si1、Si8 分别是 1 号、8 号站实测的硅酸盐浓度曲线，SSi1、SSi8 分别是 1 号、8 号站的式（5-1）的模拟曲线

5.2.4.2　河流-硅酸盐和河流-初级生产力动态模型的生态意义

在式（5-1）中，$a>0$，表明有河流输入，就有硅酸盐的输入。在河口区，1号、2 号、4 号站，流量给海水中 Si 的含量的供给率为 0.055～0.062，在湾中心附近，5 号、6 号、7 号站，供给率为 0.042～0.045，在湾口和湾外，8 号、9 号、10 号站，Si 的供给率为 0.028～0.031，明显地，河流将胶州湾水域分为三个区域（图 5-13）。3 个区域分别为河口区 1 号、2 号、4 号站，湾中心 5 号、6 号、7 号站，湾口和湾外 8 号、9 号、10 号站。每个区域供给率差值的范围为 0.003～0.007。

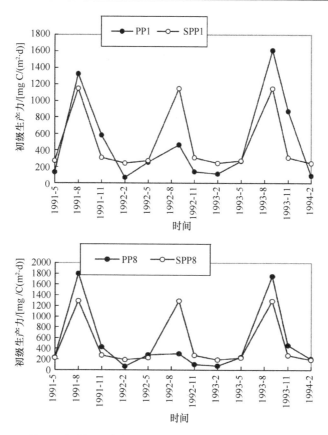

图 5-12　1 号、2 号站初级生产力的实测曲线和式（5-2）的模拟曲线相比较
PP1、PP8 分别是 1 号、8 号站实测的初级生产力曲线，SPP1、SPP8 分别是 1 号、8 号站的式（5-2）的模拟曲线

这 3 个区域，展示了相同的河流流量对这 3 个区域的硅含量的提供有着 3 个不同的量级。这表明随着远离河口，河流提供的硅含量在降低。河流提供胶州湾水域大量硅酸盐，而黄海海水的硅酸盐浓度较低，当黄海海水与湾内水交换时，不断稀释由河流提供的硅酸盐浓度。从 3 个区域可见，黄海海水稀释后其浓度低的区域是 8 号、9 号、10 号站，在湾内，8 号站是河流提供硅酸盐浓度最低的地方。

当河流断流时，胶州湾没有营养盐硅的供给源，海水中的硅酸盐浓度为 b，海水中硅的含量范围为 0.05～0.69μmol/L，远远低于硅限制浮游植物生长的阈值：2μmol/L。不同的站位的硅酸盐浓度展示，在不同水域，硅酸盐浓度形成不同的块状。例如，2 号、6 号、8 号站属于相对较高浓度 0.40～0.69μmol/L 区域；1 号、4 号、5 号、7 号站属于相对低浓度 0.05～0.16μmol/L 区域。

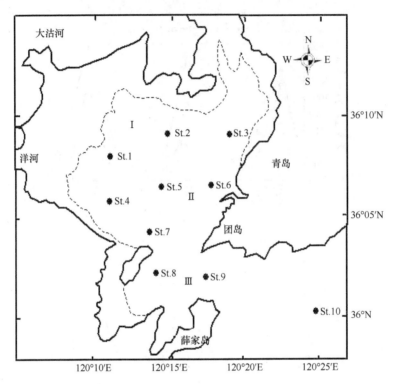

图 5-13　河流提供硅酸盐的量级将胶州湾分为 3 部分区域 Ⅰ、Ⅱ、Ⅲ

在冬季，输入胶州湾河流流量减少，整个胶州湾硅酸盐浓度都小于 0.05μmol/L，趋于 0μmol/L。有时在胶州湾水域呈现由黄海海水交换的舌状，但输入的硅酸盐浓度很低。当输入胶州湾河流流量减少时，胶州湾硅酸盐浓度由黄海海水交换、沉积物释放及大气输运维持，这样，黄海海水携带硅酸盐浓度虽然低，但比沉积物释放及大气输运的作用大。

在式（5-2）中，$c>0$，表明有河流输入，就提高初级生产力，由 c 值将胶州湾分为两个区域。一个区域为 1 号、2 号、4 号、8 号、9 号站，流量对于这个水域的初级生产力影响较大，c 值为 11.75～15.55，尤其是 8 号站影响最大，其 c 值为 15.55，而 8 号站在一年四季中硅一直是浮游植物生长的限制因子（Yang et al.,2003b）。另一个区域为 5 号、6 号、7 号、10 号站，流量对于这个水域的初级生产力影响较小，c 值范围为 5.21～9.63，尤其是湾中心 5 号站影响最小，其 c 值为8.77。c 值反映了浮游植物初级生产力缺硅的灵敏度，也反映了不同海区的不同浮游植物集群对硅的需求量也不同。将缺硅的站位依 c 值大小进行排列表明，浮游植物生长缺硅的变化程度如图 5-14 所示。

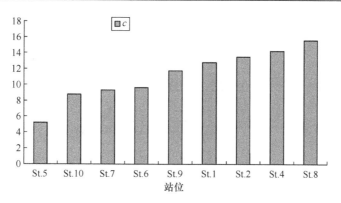

图 5-14 胶州湾河流通过硅对浮游植物生长的影响程度
c 值越大，硅影响初级生产力越严重

当河流断流时，没有营养盐硅源的提供，依靠海水中的硅及与黄海海水交换、沉积物释放及大气输运提供的硅，其中以黄海海水交换为主要来源，来维持浮游植物初级生产力。其 d 值范围为 121.98～195.33mg C/(m²·d)，这与文中（Yang et al.，2003a）基础值 $b1$ 相一致，由 Yang 等（2003a）的研究知道，当胶州湾硅酸盐浓度趋于零时，其硅限制的初级生产力的基础值 $b1$ 为 125.28～256.47mg C/(m²·d)。因此，当河流断流时，其 d 值范围与硅酸盐浓度趋于零时，基础值 $b1$ 的范围是一致的（图 5-15）。

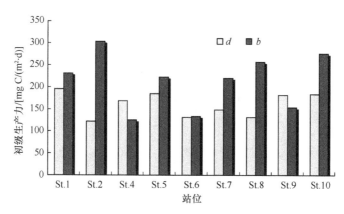

图 5-15 胶州湾硅酸盐浓度趋于零时，硅限制的初级生产力的基础值 b 为 125.28～256.47mg C/(m²·d)；河流断流时，初级生产力值 d 为 121.98～195.33 mg C/(m²·d)

初级生产力值 195.33～256.47mg C/(m²·d)表明，河流没有断流，但提供的营养盐硅已完全不能维持浮游植物生长，被浮游植物消耗尽（趋于零）。初级生产力值 125.28～195.33mg C/(m²·d)表明河流已经断流，营养盐硅被浮游植物消耗尽（趋于零）。初级生产力值 121.98～125.28mg C/(m²·d)表明河流已经断流，营养盐已被耗尽，这时，依靠与黄海海水交换提供的很低的硅维持最低的初级生产力值（图5-16）。

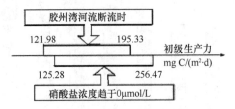

图 5-16　河流断流和硅酸盐浓度趋于零的初级生产力值

将式（5-1）、式（5-2）进行求导得：

$$ds(t)/dt = a(dx(t)/dt) \qquad (5\text{-}3)$$

$$dy(t)/dt = c(dx(t)/dt) \qquad (5\text{-}4)$$

由于 $a, c > 0$，于是

$$dx(t)/dt = 1/a \quad ds(t)/dt = 1/c(dy(t)/dt) \qquad (5\text{-}5)$$

当河流流量增加时，有 $dx(t)/dt > 0$，由式（5-5）有 $ds(t)/dt > 0$。海水中硅酸盐浓度在增加。由式（5-5）有 $dy(t)/dt > 0$，即水域中的浮游植物初级生产力在提高。当河流流量减少时有 $dx(t)/dt < 0$，同样，据以上分析知道硅酸盐浓度在减小。水域中浮游植物初级生产力在降低。当河流流量达到最大值或最小值时，有 $dx(t)/dt = 0$。同样据上分析，得到硅酸盐浓度达到最大值或最小值，初级生产力也达到最大值或最小值。于是，$x(t)$、$s(t)$、$y(t)$ 具有同样的动态周期特征和趋势，这表明，初级生产力和硅酸盐浓度与淡水是同步变化的。而且，河流流量的变化决定着营养盐硅的变化，营养盐硅的变化决定着初级生产力的变化，即河流流量的变化决定着营养盐硅和初级生产力的变化（图5-17～图5-19）。

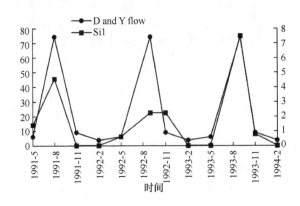

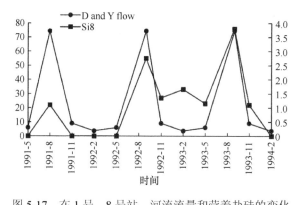

图 5-17　在 1 号、8 号站，河流流量和营养盐硅的变化

D 代表大沽河，Y 代表洋河，余同

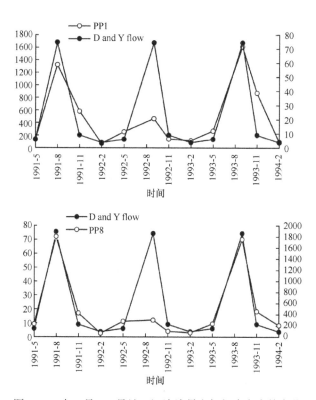

图 5-18　在 1 号、8 号站，河流流量和初级生产力的变化

5.2.5　硅酸盐的起源

Stefánsoon 和 Richards（1963），Huang 等（1983）发现自然界含硅岩石风化，

随地表径流入海,是海洋中的硅的重要来源,致使近岸及河口区的硅含量较高(图5-20)。

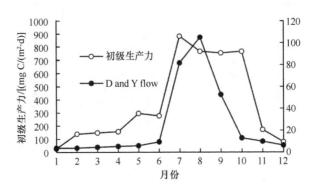

图 5-19　1984 年胶州湾的河流流量和初级生产力的月变化

图 5-20　硅从陆源进入海湾的过程

河流在冬季 2 月的流量最低,在春季 5 月开始增加,在夏季 8 月达到峰值。而在秋季 11 月开始下降,降到冬季的 2 月,达到最低值,形成年周期变化。

5.2.5.1　硅酸盐季节变化和平面分布

在胶州湾,硅酸盐浓度的季节变化趋势非常明显。以夏季为最高,与秋季、春季、冬季相比,每年夏季有高峰值。而春季、秋季、冬季较低,特别是冬季几乎为零,在冬季各个站硅酸盐浓度几乎都在检出线以下。在 5 月初,硅酸盐的浓度从 0~1μmol/L 开始增长,一直到 8~9 月达到高峰值,然后下降,在 11 月初已下降到 0~1μmol/L。由径流携带大量的硅酸盐流入河口处,在河口处形成高硅酸盐水舌伸向外海(Yang et al.,2002)。河口区 1 号、2 号、4 号站的硅酸盐浓度在每年夏季最高。5 号、6 号、7 号站的硅酸盐浓度居中,8 号、9 号、10 号站在每年夏季是低的,其中 10 号站相对最低(Yang et al.,2002)。

5.2.5.2　硅酸盐横断面的变化

在 5 月,有时还没有展示由河流提供的硅酸盐的舌状等值线图,只有硅酸盐浓度形成不同的块,有的块状浓度高,有的块状浓度低。有时看到离岸的横断面上出现了硅酸盐的舌状等值线图,由于河流的流量不大,所带的硅酸盐浓度较低。

到 8 月,河流输入的硅酸盐浓度以河口为中心向外扩散,形成舌状的等值线图，展示一层层半圆形状的梯度，梯度垂直向海底；水平远离河口。浓度以中心为高，向外渐低。有时高浓度的硅酸盐没有被浮游植物大量吸收，没有被海水稀释，沿着海水表层远离河口向外海蔓延，这表明河水的密度比海水低。

到 11 月，河流的流量明显减少。硅酸盐浓度在河口区呈现没有舌状的等值线，丰富的硅酸盐浓度供给源已经消失。水域开始形成、正在形成不同块状区域。

到 2 月，整个水域硅酸盐浓度非常低，小于 $0.05\mu mol/L$，靠近河口区和近岸的水域硅酸盐浓度都趋于 0。

由此，硅酸盐浓度横断面的变化展示了河流输入硅酸盐的一年变化过程。

5.2.5.3　式（5-5）生态意义

由式（5-5）可知，$x(t)$、$s(t)$ 具有同样的动态周期特征和趋势。这样，输入胶州湾的河流流量变化决定着胶州湾营养盐硅的变化。

河口区 1 号、2 号、4 号站在大沽河口和洋河附近。通过陆源与河流变化、硅酸盐季节变化和平面分布、硅酸盐水平、垂直横断面的变化以及式（5-5）生态意义分析表明。入湾径流决定了胶州湾硅酸盐浓度的变化，而且提供了丰富的硅酸盐含量。

5.2.6　硅、浮游植物和浮游动物的食物链过程

海水中的可溶性无机硅是海洋浮游植物所必需的营养盐之一，尤其是对硅藻类浮游植物，硅更是构成机体不可缺少的组分。Armstrong（1965）、Spencer（1975）发现，在海洋浮游植物中，硅藻占很大部分，硅藻繁殖时摄取硅使海水中硅的含量下降（图 5-21）。

图 5-21　硅的生物地球化学过程

在自然水域中，硅一般以溶解态单体正硅酸盐 $[Si(OH)_4]$ 形式存在（Horne，1969）。杨小龙和朱明远（1990）的研究发现，在浮游植物中，只有硅藻和一些金鞭藻纲的鞭毛藻对硅有大量需求。硅酸盐与硅藻的结构和新陈代谢有着密切的关系。杨小龙和朱明远（1990）还发现，硅酸盐被浮游植物吸收后大量用来合成无定形硅（$SiO_2 \cdot nH_2O$）。组成硅藻等浮游植物的硅质壳，少量用来调节浮游植物的生物合成。浮游植物体内亦可累积硅，其浓度可为外界介质硅浓度的 30～350 倍。在一些重要的海洋区域，如在 Dugdale（1972，1983）、Dugdale 和 Goering（1967）

研究上升流区和 Sakshang 等（1991）研究南极海域中，都发现硅酸盐可以控制浮游植物的生长过程。Conley 和 Malone（1992）在这些海域或其他海域的研究中发现，Si(OH)$_4$ 对浮游植物水华的形成有着核心的作用。Lewin（1962）的研究结果认为硅藻绝对需要硅。Brzezinski 等（1990）和 Brzezinski（1992）发现，如果没有硅，则硅藻外壳是不能形成的，而且细胞生长的周期也不会完成。由此可知，硅是硅藻必不可少的营养盐。

De Master（1981）、Van Bennekom 等（1988）、Treguer 和 Van Bennekom（1991）、Treguer 等（1995）和 Nelson 等（1995）在研究全球的硅循环后，认为硅化的浮游植物对全世界海洋的初级生产力有着极为重要的贡献。Nelson 等（1995）的估计显示，整个初级生产力的 40%多都归因于硅藻。在海洋的浮游植物水华中硅藻占有绝对优势（Smetacek，1999）。

硅酸盐与硅藻的结构和新陈代谢有着密切的关系。在海洋的一些区域，如上升流区（Dugdale，1972，1983；Dugdale and Goering，1967）和南极海域（Sakshang et al.，1991），它都可以控制浮游植物的生长过程。在这些或其他海域，在浮游植物水华形成的过程中，Si(OH)$_4$ 有着核心的作用（Conley and Malone，1992）。

5.2.6.1 浮游植物的分布

胶州湾浮游植物的优势种是硅藻。根据 1977 年 2 月至 1978 年 1 月进行的月份调查，胶州湾及其附近海域，浮游藻种群结构以硅藻和甲藻两大类为主，特别是前者，无论在种数上还是细胞个数上，都占绝对优势，胶州湾及其近海浮游藻的种群分布，几乎由硅藻决定。湾内硅藻的细胞数量可占浮游藻细胞总量的 99.9%（1977 年 2 月）至 96.0%（1977 年 7 月）；湾外（10 号站附近）占 99.9%（1977 年 2 月）至 89.9%（1977 年 7 月）（钱树本等，1983）。

调查期内，胶州湾及其近海浮游藻细胞总量平面分布的总趋势是：湾边缘海区高于湾中央海区，湾北部海区高于湾南部海区，湾口区最低，与湾外 10 号站附近处相接近。

湾内，除 1977 年 2 月外，其他月份的细胞数量密集区在靠近湾东北部和湾西北部两处河流入海的近岸海区交互出现。湾外 10 号站附近的浮游藻细胞总量一般低于湾内，与湾口处接近。

在调查期内，胶州湾及其附近海域浮游藻细胞总量平面分布反映出胶州湾边缘海区高于湾中央海区，湾北半部海区高于湾南半部海区，湾中央至湾口区与湾外 10 号站附近海区相接近（钱树本等，1983）。

在每年的夏季，径流给 1 号、2 号、4 号站的河口区提供了大量的硅酸盐。随着远离河口，硅酸盐几乎垂直转移到海底。

根据胶州湾 1991 年 5 月至 1994 年 2 月的观测数据，在夏季，湾内的硅酸盐浓度比湾西南部高，而湾西南部的硅酸盐浓度又比湾外高。初级生产力与硅酸盐浓度具有相似的水平分布特点。初级生产力的高值区主要出现在河口区（1 号、2 号、4 号）站。在冬季，湾内的初级生产力变化不大，河口区的初级生产力在湾内居中。硅酸盐在 9 个站的时空分布变化和初级生产力在 9 个站的时空分布变化是一致的（Yang et al.，2002）。

在 1984 年的每月调查中，6 月底胶州湾西部大沽河河口和洋河河口海区初级生产力上升到全湾的最高值[2177mg C/(m^2·d)]。这说明，当大量的高浓度硅酸盐在河口区时，会被大量的浮游植物所吸收，于是，浮游植物增殖旺盛，初级生产力很高（郭玉洁和杨则禹，1992）。

在夏季，径流提供的硅酸盐不仅由海水交换不断稀释，而且由于浮游植物的吸收使得海水中硅酸盐浓度降低。假设夏季的整个胶州湾，一天被吸收的硅酸盐量约为 Sitotal，一天的初级生产力约为 PPtotal。我们发现硅酸盐浓度 Sitotal 变化与相应的初级生产力 PPtotal 的变化大致相似，Sitotal 和 PPtotal 的相关系数为 0.81，Sitotal 和 PPtotal 是高度相关，这表明浮游植物吸收硅酸盐的量与产生浮游植物的生物量是密切相关的，即浮游植物的初级生产力是由浮游植物吸收硅酸盐的量来决定的（Yang et al.，2002）。这与胶州湾的初级生产力-硅酸盐的动态模型的分析结论相一致（Yang et al.，2002）。于是，由式（5-5）知道 $s(t)$、$y(t)$ 具有同样的动态周期特征和趋势，这表明初级生产力和硅酸盐浓度是同步变化的。而且，营养盐硅的变化决定着初级生产力的变化。

5.2.6.2 浮游动物的分布

浮游动物的密集区主要出现在河口区（1 号、2 号、4 号站）。根据 1991~1993 年的季度调查数据，浮游动物的生物量分布较均匀，总的趋势是以湾西北部数量较多，并经常形成密集中心。湾南、湾外生物量较低，胶州湾浮游动物生物量的季节变化明显，在夏季出现了一年的峰值（高尚武和王克，1995）。

根据 1980 年 6 月至 1981 年 11 月的调查资料，胶州湾以河口区水域的浮游动物的生物量较高，河口区近岸出现浮游动物的密集中心。浮游动物生物量的季节变化明显，1980 年和 1981 年都以夏季达到全年的高峰。从平面分布和季节变化来看，各月浮游植物的密集区都与浮游动物高生物量区的位置一致（肖贻昌等，1992）。

浮游动物也在不断地增多，随着大量的浮游植物被摄食，所产生的排泄物不断地沉降到海底，同时死亡的硅藻也大量地沉降到海底。1991~1994 年的夏季，浮游植物吸收硅酸盐的量占海水中硅酸盐的量不超过 1/5；整个胶州湾的硅酸盐除了稀释之外，在夏季每天浮游植物吸收硅酸盐的量为 13.33～73.58t；浮游植物对硅的内禀转化率为 0.229～0.542mg C/μmol（Yang et al.，2002）。浮游植物硅藻不断地把硅几乎垂直地带向了海底，使得海水表层到真光层的底部在浮游植物的生化作用下，从河口区 1 号、2 号、4 号站的硅酸盐高浓度 8～10μmol/L 降到小于2μmol/L。这是从硅酸盐浓度在横断面的水平和垂直变化的分析得到的。

硅以硅酸盐随河流进入胶州湾水域后，被浮游植物吸收，使浮游植物生长旺盛，其中一部分浮游植物被浮游动物摄食，展示了硅的输送和转运过程。

5.2.7　硅酸盐的归宿

5.2.7.1　硅藻的沉降

浮游生物身体的密度（每单位面积的质量）略大于海水密度，这意味着浮游生物最终将沉入水中（图 5-22）。这一点对浮游植物是有害的。如果浮游植物沉于海洋中透光层之下，就不能进行光合作用（尼贝肯，1991）。

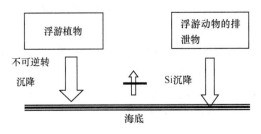

图 5-22　硅的沉积过程和沉积到海底的归宿

硅藻的构造，虽然适合于漂浮，但归根结底它们的悬浮器官及其类似构造，只能使其下沉速率降低，而不能完全抵消重力的不断拖拽。因此，这类生物群的很多个体，仍将下沉到真光层以下的水层中；这种下沉的个体，除非它们死亡以前由于海水的上升运动，把它们再带回真光层内，否则，从种群繁殖这一角度来看，它们就和被动物所吞食而消失是一样的（斯菲德鲁普等，1959）。

藻很小是一个优点，在这方面，藻的恒速沉降也具有决定性意义。浮游藻类在大洋中的下沉速度是每 24h 约 5m。对于直径为 10μm 的藻，这是很快的沉降速度，大约每秒 50μm。细胞周围的水不断地和迅速地被更新（斯蒂曼·尼耳森，1979）。

大型的硅藻（2～5mm）遍布海洋，在海底的沉积物中尤其显著。Kemp 等（2000）指出，大型硅藻对颗粒雨做出了巨大的贡献，这些颗粒雨离开了海洋表层发生沉降，在海洋的生物地球化学过程中，起着重要的作用。Michadls 和 Sielver（1988）、Farnas（1990）研究指出，这些大尺寸、生长迅速的浮游植物的自养生物是沉淀颗粒物质的主要生产者。大型硅藻是向深海输送物质的输送者（Smetacek，2000）。

小型的硅藻（5～50μm）沿着海洋边缘或者横跨北大西洋形成稠密的水华。它们经常发生在春季，在冬季，深海混合把新的营养盐带到表层或者由新的上升流携带着丰富的营养盐进入表层。如果这些小的硅藻有高的生长率，它们就会迅速地聚集生物量在浅的营养丰富的表层。当营养盐耗尽时，它们趋向于聚集成絮状物，然后迅速沉降。沉降的颗粒把硅带到海底及海洋深处。

从胶州湾硅藻分析可知，硅藻在不断地向海底沉降，将硅带到海底。

5.2.7.2　缺硅引起硅藻沉降

相对于硅藻的吸收率，溶解硅（DSi）是低供给，这能够限制硅藻的生物量或生长率的增长，也可以导致硅藻生物量的下降。Bienfang 等（1982）研究认为这是由于缺硅的种群的高沉降率。

Dortch 和 Whitledge（1992）发现，在高营养的河口区，硅的限制会使浮游植物的藻类结构从硅藻类转变成非硅藻，而且硅藻通过沉降离开真光层，在海底附近或者海底进行分解，又导致了大面积缺氧。

1984～1988 年，Conley 和 Malone（1992）在 Chesapeake 海湾进行了调查认为，在这一阶段叶绿素的生物量的高沉积速率可能是由于硅的缺少。这样，溶解硅的提供也可以控制浮游植物的生物量到海底的通量。这些大尺寸、生长迅速的浮游植物的自养生物（Farnas，1990）是沉淀颗粒物质的主要生产者（Michadls and Sielver，1988）。

硅藻死亡以后，细胞内含物分解腐败，但硅藻壳仍保留着，它们下沉到湖底或海底，堆积成硅藻黏土。在从前的地壳历史期中，湖底或海底沉淀有巨大的硅藻黏土层，其中的有机物完全矿化，即今天人们发现的硅质沉积层（称为"Diatomate"）。它们或者是以柔软的含沙的硅藻土出现，或者是以坚硬的片岩出现，根据其出现的种类，可以判定它是海产硅藻或者是淡水硅藻所产生的。硅藻土发亮或全为白色，轻，脆，并且普通的是疏松的或容易碎裂的。由淡水硅藻所沉积的硅藻土层可达好几米厚，而海产硅藻的沉积层更甚，如在加利福尼亚的圣玛利亚石油田，其深度达几百米。

作者的研究提供了充分的证据说明在胶州湾硅酸盐是浮游植物初级生产力的限制因子（Yang et al.，2002，2003a，2003b）。

作者（Yang et al.，2002）的研究结果表明，硅酸盐对初级生产力的特征分布、动态周期和变化趋势有着重要影响，通过初级生产力-硅酸盐的动态模型，又分析探讨了胶州湾的硅酸盐成因、生态环境和生态现象，首次认为硅酸盐在春季、秋季、冬季是胶州湾初级生产力的限制因子。

作者（Yang et al.，2003a）通过对营养盐 $Si(OH)_4$：NO_3 的值的分析认为，硅酸盐在春季、秋季、冬季是胶州湾浮游植物生长的限制因子。通过此比值与初级生产力的相关性和建立相应的式（5-3），认为硅酸盐在春季、秋季、冬季是胶州湾初级生产力的限制因子，也进一步明确了春季、秋季、冬季胶州湾的硅酸盐对浮游植物生长限制的时间范围为 11 月初至翌年的 5 月底，并被 1984 年逐月的调查数据所证实。同时，作者还计算了胶州湾的硅酸盐限制浮游植物生长的阈值和满足浮游植物生长的阈值。

作者（Yang et al.，2003b）分析营养盐浓度限制浮游植物生长的阈值和浮游植物吸收营养盐的比值来考虑胶州湾营养盐氮、磷和硅哪个会成为浮游植物生长的限制因子。通过对胶州湾营养盐氮、磷和硅的分析和营养盐溶解 Si：DIN（DSi：DIN）和 Si：16DIP（DSi：16DIP）值的分析研究认为，营养盐硅在春季、秋季、冬季都是硅藻生长的营养盐限制因子。在胶州湾有些海域的浮游植物生长一直都受到营养盐硅的限制。

这样，缺硅的胶州湾浮游植物具有高沉降率。同时，一年中近 6 个半月的时间缺硅，造成长时期的硅藻沉降。

5.2.7.3　硅的横断面分布与沉积过程

在夏季，胶州湾水域在 9 号站，海水表层 0～10m 的硅酸盐浓度逐渐降低，而在水深 25m 到海底大约 40m，硅酸盐浓度逐渐增加。在 4 号站，海水表层 0～2m，硅酸盐浓度逐渐降低，2～8m 硅酸盐浓度都处于 2.5μmol/L，保持不变。从 8m 到海底 10m 左右，硅酸盐浓度也在增大。表层的结果说明，河流输入了硅酸盐浓度；中层的结果说明的是浮游植物吸收作用下的硅酸盐浓度；底层的结果说明硅藻和浮游动物排泄将硅带到海底。以上结果展示了硅的沉积过程。

这表明了，在海面，硅酸盐这种营养确实被消耗，而在深层水中，则趋于积储（斯菲德鲁普等，1959）；在陆地上，由于一部分的养料以溶解盐类的形式，被径流输入海洋，故其储量继续减少。这样，就整个海洋而论，这种营养的蕴藏量，将因陆地上藏量的减少而不断地增加着。径流将一部分的硅酸盐、磷酸盐、硝酸盐和其他养料，从陆地上带到沿岸海区的表层水中（斯菲德鲁普等，1959）。

5.2.7.4　硅酸盐的不可逆特征

胶州湾是一个平均水深为 7m 左右的浅水海湾，营养盐含量较丰富，上层、下层海水混合良好，故不存在不同水层透过不同波长色光的影响（郭玉洁和杨则禹，1992）。

在冬季，由于胶州湾是浅海，上下混合良好，水温一致，不存在对流。在夏季，由于河流输入大量营养盐，从 5 月底至 11 月初，营养盐都满足浮游植物的生长（Yang et al.，2003a）。夏季河流的流量很大，胶州湾海水表层盐度降低，表层的密度也不会增大，夏季的表层水温比底层高，表层的密度比底层低，故不会存在对流。

在海底，有时有较高的硅酸盐浓度，如 9 号站，越趋于海底，硅酸盐浓度越趋于增高。这些硅酸盐高浓度一直保持在海底深部，没有向上转移到表层。在没有上升流时，硅酸盐的高浓度不会带向表层，而它本身的扩散在垂直方向上又非常小。这些分析表明，硅酸盐由陆源提供，通过生物的吸收和死亡、沉积后，沉降到海底。同时，海流不断地交换，稀释硅酸盐浓度。这样，当径流将大量的硅酸盐带入海湾后，由于海流和硅藻的作用，硅酸盐的浓度分布一般从河口区依次到湾中心、湾口、湾外，逐渐降低。在浮游植物的生化作用下，硅被垂直带向海底，而在海底，硅酸盐又不能向上扩散，这展现了硅的亏损过程。

硅酸 $Si(OH)_4$ 容易不可逆地脱水成为十分稳定的蛋白石 SiO_2（Horne，1969）。尽管海水对硅来说是不饱和的，溶解过程还是十分缓慢的（Armstrong，1965），未溶解的硅最后沉到海底，加进到硅质沉积中（Horne，1969）。

硅不像氮或磷，在海洋中可以多种多样的无机物和有机物的形式存在。硅主要的存在形式是正硅酸盐（Brzezinski and Nelson，1989）。这不能通过食物链到任何一级。而且，它的再生不是通过有机物的降解，而是通过蛋白石 SiO_2 的溶解（Broecker and Peng，1982）。与发现的氮和磷再生相比，它的再生要在海水的更深处才能完成。

5.3 生态系统中硅的作用

5.3.1 硅的迁移过程

1）硅酸盐的分布

自然界含硅岩石风化，随地表径流到河口和海洋。河流提供了丰富的硅酸盐含量，以致海洋中硅酸盐浓度随着河流的流量和季节的变化而变化（Yang et al.，2002）。因此，离带有河口的海岸距离越远，水域中的硅酸盐浓度就越低。

2）浮游植物的分布

胶州湾的浮游植物的优势种是硅藻。胶州湾及其附近海域的浮游藻细胞总量的平面分布反映，藻细胞的亮在胶州湾边缘海区高于湾中央海区，湾北半部海区高于湾南半部海区，湾中央至湾口区与湾外附近海区相接近（钱树本等，1983）。

初级生产力与硅酸盐浓度具有相似的水平分布，初级生产力的高值区主要出现在河口区，硅酸盐和初级生产力在 9 个站的时空分布变化是一致的（Yang et al.，2002）。

3）浮游动物的分布

胶州湾以河口区水域的浮游动物的生物量较高，河口区近岸出现浮游动物的密集中心。从平面分布和季节变化来看，各月浮游植物的密集区都与浮游动物高生物量区的位置一致（肖贻昌等，1992）。

4）浮游植物的沉降

浮游植物最终都将沉入海洋中的不能进行光合作用的透光层之下，由于不能进行光合作用或者被浮游动物所吞食，许多个体将会消失。藻保持着恒速的沉降，当营养盐耗尽时，它们趋向于聚集成絮状物，然后迅速沉降，沉降的颗粒把硅带到海底及海洋深处。硅藻死亡以后，细胞内含物分解腐败，但硅藻壳仍保留着，它们下沉到湖底或海底，堆积成硅藻黏土。因此，通过重力，硅藻的构造就引起了硅藻的沉降，浮游植物水华的结果就是沉降颗粒将硅带到海底。胶州湾的研究结果（Yang et al.，2002，2003a，2003b）也证明胶州湾硅藻在不断地沉降、不断地将硅带到海底。

5）缺硅引起硅藻沉降

溶解硅（DSi）是低供给，能够限制硅藻的生物量或生长率的增长，也可以导致硅藻生物量的下降。这些硅藻通过沉降离开真光层，缺硅的种群具有高沉降率，这样，溶解硅的提供也可以控制浮游植物的生物量到海底的通量。作者的研究提供了充分的证据说明，在胶州湾硅酸盐是浮游植物初级生产力的限制因子（Yang et al.，2002，2003a，2003b）。

6）浮游动物的排泄物沉降

河流输送硅到大海，浮游植物在生长过程中吸收了大量的硅。随着大量的浮游植物被摄食，浮游动物所产生的排泄物不断地沉降到海底，把硅也大量地带到海底。

7）硅的横断面分布

硅酸盐的垂直横断面分布展示了不同层次分布的原因。表层说明河流输入的硅酸盐浓度；中层说明浮游植物吸收作用下的硅酸盐浓度；底层说明硅藻和浮游动物排泄物将硅带到海底。在深层水中，硅则趋于积储，展示了硅的沉积过程。

8）硅酸盐的不可逆特征

在浮游植物的生化作用下，硅被垂直带向海底，硅酸 $Si(OH)_4$ 容易不可逆地脱水成为十分稳定的蛋白石 SiO_2，它的溶解过程是十分缓慢的。硅不能通过食物链到任何一级，它的再生不是通过有机物的降解，而是通过蛋白石 SiO_2 的溶解。

而在海底的硅酸盐浓度又不能向上扩散。

通过以上的分析发现：陆源提供的硅酸盐，经历了浮游植物的吸收和死亡后的沉积，最后到达海底，不能向上扩散，导致了水域硅的亏损（图 5-23）。

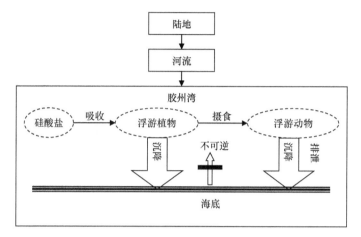

图 5-23　从陆源到海底的硅的迁移过程、硅的生物地球化学过程、硅的沉积过程以及硅的归宿（沉降到海底）

5.3.2　全球硅的亏损

根据 Dugdale 等（1995）、Conley 和 Malone（1992）和 Yang 等（2002，2003a，2003b）的文中的图和数据，对以下海域的硅酸盐横断面变化进行了分析。

5.3.2.1　Nouakchott 附近非洲西北部的沿岸上升流

由于非洲西北部的沿岸上升流提供硅的供给，在离岸 10～40km 的 Si(OH)$_4$ 的表层浓度有一个峰值。在沿岸附近，在表层水域，Si(OH)$_4$ 浓度高；离岸 40～60km，Si(OH)$_4$ 的浓度有陡直的下降，一直降到 0.5～1μmol/L。然而，在 Nouakchott 的离岸水域中，硅藻丰富。于是，通过硅藻的作用，像硅泵（Dugdal et al.，1995），Si(OH)$_4$ 从表层转移到海底。离岸 60～140km，Si(OH)$_4$ 浓度一直保持低于 2μmol/L。因此，说明没有上升流，硅本身不能上升到表层。在 Nouakchott 附近，远离非洲西北部的上升流沿岸，硅酸盐浓度渐渐变小，这显示了硅的运动过程。

5.3.2.2　南大洋

在 ANTIPROD II 的航行观察中。沿着西经 65°，从南纬 45° 到南纬 55° 的航线，渐渐趋向于阿根廷岛的近岸一直到岛的顶端岸边。这时的 Si(OH)$_4$ 浓度变得越来越高。大约在南纬 55°、西经 65°，有 Si(OH)$_4$ 浓度的峰值，恰好这个位置，离岛的岸边最近。沿着西经 65°，从南纬 55°到南纬 57°远离岛的近岸，Si(OH)$_4$ 浓度下降。同样，沿着这个航线趋近于岛的岸边，Si(OH)$_4$ 浓度增加迅速。这样，可以看到硅的清楚的沉降过程。

5.3.2.3　南纬 15°秘鲁海域

在 1986 年 8 月、9 月期间，在南纬 15°，秘鲁海域的 Puiprod 航程调查的数据。此研究水域包括近岸的横断面。

温水区域展示了沿岸上升流通过同温层的提高，冷水表层水温（即 15~16℃）延伸到离岸 130km（Dugdale et al.，1995），表层的 H$_4$SiO$_4$ 从岸边的 14μmol/L 下降到离岸 200km 的 2μmol/L。远离岸边，H$_4$SiO$_4$ 浓度渐渐降低，而且通过硅藻作用，从岸边到 200km 的距离延伸，将表层的 H$_4$SiO$_4$ 转移到海底。

5.3.2.4　Chesapeake（切斯皮克）湾

每年循环的溶解硅的浓度都随着河口到湾中心的距离而降低。在湾的上游，表层浓度等于或高于底层的浓度；相反，在湾中心和湾的下游，站位的溶解硅浓度分布的峰值在夏季最高，其水底层的浓度等于或高于表层的浓度。一般来说，随着离淡水源的距离越大，在表层溶解硅浓度开始下降就越早，而且保持值越低（Conley and Malone，1992）。

溶解硅浓度摆动值：在 2.2 站为 10~90μmol/L；在 4.2 站为 5~40μmol/L；在 6.4 站为 0~2μmol/L。从河口区到湾的下游，溶解硅浓度的变化是耗散的，这是由于溶解硅的沉降（硅藻沉降）。

5.3.2.5　南极圈区域

这些数据是分两次航程得到的。一个是在 1981 年 2 月到 Weddle Sea 的西北部；另一个在 1986 年 3 月和 4 月的 Maud Rise（Van Bennekom et al.，1988）。一个突出的硅岩"前沿"的南部 Si(OH)$_4$ 浓度很高。1986 年 3 月，硅藻在表层水域，"前沿"处的北部比南部有更多的、丰富的硅藻。也观察到这个水域有高的叶绿素 a 浓度。在"前沿"的南部表层水域，硅藻有充足的硅酸盐提供。从"前沿"的南部到北部（从南纬 55°到南纬 52°），硅藻迅速增长，然而相对的，H$_4$SiO$_4$ 首先迅速从 50μmol/L 降到 6μmol/L，即从南纬 55°到南纬 52°。然而，恰好在"硅岩前沿"的北部，NO$_3$-N 和 PO$_4$-P 又降低一些（Van Bennekom et al.，1988）。在南纬 45°和南纬 52°间，NO$_3$-N 高于 18μmol/L 而 PO$_4$-P 高于 1.8μmol/L。因此，这个水域具有丰富的硅藻，与 N、P 相比，Si 是限制营养盐，在这个水域 NO$_3$-N 和 PO$_4$-P 的降低和恢复显示了 N、P 的再生，相形之下，Si 不能再生，保持在 5μmol/L 之下。从南纬 52°到南纬 45°，H$_4$SiO$_4$ 从 5μmol/L 缓慢下降。而南纬 45°和南纬 42°

之间，NO$_3$-N 和 PO$_4$-P 有迅速下降。这时，由于营养盐 Si 的限制，硅藻一定正处于死亡期间，最后引起 N、P、Si 浓度都非常低。远离南极沿岸，硅酸盐浓度渐渐变低。从南纬 64°到南纬 55°，H$_4$SiO$_4$ 浓度高。由于硅藻作用，从南纬 55°到南纬 52°，H$_4$SiO$_4$ 浓度陡然降到低于 5μmol/L，然后，继续缓慢下降。

5.3.2.6 胶州湾

根据 1962 年 3 月至 1963 年 5 月和 1981 年的 1～12 月的胶州湾每月调查数据和 1984 年 1～12 月的胶州湾每月调查数据（郭玉洁和杨则禹，1992），以及 1991年 5 月至 1994 年 2 月的季度调查数据来分析确定哪个营养盐会限制胶州湾浮游植物的生长（Yang et al.，2002，2003a，2003b），研究结果表明：胶州湾周围的河流给整个胶州湾提供了丰富的硅酸盐，这使整个胶州湾的硅酸盐浓度随着径流的大小在变化。在夏季，从河口区依次到湾中心、湾口、湾外，硅酸盐的浓度逐渐降低。浮游植物藻细胞数量密集区主要在河口区，远离河口的浮游植物藻细胞数量比较少，展示了径流将大量的硅酸盐带入海湾后，硅酸盐浓度发生的变化。硅酸盐浓度远离海岸的横断面的水平变化，表明了离带有河口的海岸距离越远，水域中的硅酸盐浓度就越低（图 5-24）。从河口区 1 号、2 号、4 号

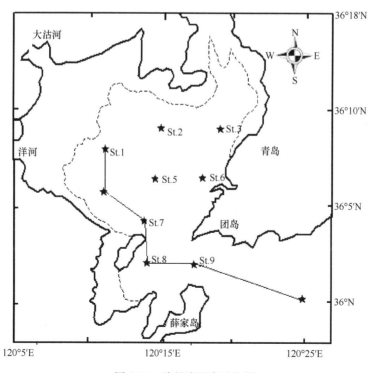

图 5-24 胶州湾调查站位图

站的硅酸盐高浓度 8～10μmol/L 降到小于 2μmol/L。这可以从硅酸盐浓度在横断面的水平和垂直变化的分析得到。在夏季，水流的稀释和浮游植物的吸收使硅酸盐大幅度地降低，浮游植物吸收硅酸盐的量决定了初级生产力的量（Yang et al.，2002）。

初级生产力-硅酸盐-水温的动态模型（Yang et al.，2002）展示了初级生产力的变化与硅酸盐浓度的变化相一致，而且初级生产力的动态过程是由营养盐硅变化来控制的。整个胶州湾的硅酸盐除了被稀释之外，在夏季，每天浮游植物吸收硅酸盐的量为 13.33～73.58t。浮游植物对硅的内禀转化率为 0.229～0.542mg C/μmol。浮游植物吸收的营养盐硅的量与水流稀释的营养盐硅的量的比例为 6∶94 至 20∶80。硅酸盐浓度远离带有河口的横断面的垂直变化，表现了硅酸盐通过浮游植物吸收和死亡、沉降后，沉积到海底，不断地将硅从陆源逐渐转移到海底的过程。

Yang 等（2002）认为，硅酸盐是胶州湾初级生产力的限制因子，Yang 等（2003a）用 $Si(OH)_4∶NO_3$ 的值进行分析，发现硅酸盐在春季、秋季、冬季是浮游植物硅藻生长的限制因子，而且证实了硅限制浮游植物生长的时间为 11 月 13 日至翌年的 5 月 22 日，这是 1 年中的连续的 6 个月 5 天。因此，在硅限制期间，由于胶州湾浮游植物缺硅，故又具有高沉降率。

作者通过以上水域的分析认为：在 Nouakchott 附近，垂直远离非洲西北部的上升流沿岸，在南大洋的阿根廷近岸水域，在南纬 15°，秘鲁海域，切斯皮克湾（Chesapeake），在南大洋的南极圈区域和胶州湾展示了共同特征，当垂直远离近岸或硅酸盐的来源，硅酸盐浓度逐渐下降、变小。研究表明，在硅藻作用下，硅从表层转移到海底。

5.3.3 营养盐硅和浮游植物的动态平衡

Dugdale 等（1995）的研究发现，在一些水域，硅酸相对于主要的营养盐氮和磷供应不足。Treguer 等（1995）的研究也发现，在全球，海洋硅酸强烈的不饱和，但是硅的循环处于稳定状态，河流每年的输入由硅藻的硅壳在沉积中的埋葬所平衡。

很容易理解，浮游植物被浮游动物摄食，浮游植物不可逆转地沉降到深海，这被认为是平衡浮游植物的生长（Kirchman，1999）。当然，当生物量增长迅速，出现水华，打破了这种平衡。传统的食物链是浮游植物被浮游动物摄食，浮游动物被大型的生物体摄食（Kirchman，1999）。沿着这个食物链运行，浮游植物如何死亡也就决定了其他海洋生物体如何活着。

Landry 等（1997）的研究证据显示，在太平洋，浮游植物的增长大致上与浮游动物的摄食相匹配。Brussard 等（1995）的研究也提供了证据，证实在一年的不同时刻，摄食和沉降能够平衡浮游植物的增长。

5.4 结 论

胶州湾周围的河流给整个胶州湾提供丰富的硅酸盐含量，这使整个胶州湾的硅酸盐浓度随着径流的大小在变化。在夏季，从河口区依次到湾中心、湾口、湾外，硅酸盐的浓度逐渐降低。展示了径流将大量的硅酸盐带入海湾后，硅酸盐浓度发生的变化。硅酸盐浓度远离海岸的横断面的水平变化表明，离带有河口的海岸距离越远，水域中的硅酸盐浓度就越低。硅酸盐浓度远离海岸的横断面的垂直变化，表现了硅酸盐通过生物吸收和死亡、沉积后，沉降到海底，这样不断地把硅逐渐转移到海底。以上分析表明，胶州湾陆源提供的硅酸盐的浓度变化，严重影响浮游植物的生长。因此，通过本章研究，作者认为，在全球海域有以下特征：当垂直远离近岸或硅酸盐的来源时，硅酸盐浓度逐渐下降、变小。研究表明在硅藻和浮游动物排泄的作用下，硅从表层转移到海底。

含硅岩石风化和含硅土壤流失，使硅溶于水并随陆地径流输送到河口和海洋中。通过硅藻的吸收，硅进入生物体。死亡的硅藻和摄食硅藻的浮游动物的排泄物离开真光层沉降到海底，硅离开了海水表层沉降到海底（图 5-25）。因此，硅通过这样一个亏损过程：河流输入（起源）→ 浮游植物吸收和死亡（生物地球化学过程）→沉降海底（归宿），展现了陆地、海洋生态系统沧海变桑田的过程。每当输入大量的营养盐硅，浮游植物的初级生产力都会出现高峰值，有时有水华产生。由于浮游植物吸收大量的硅，海水中硅的含量大幅度降低，由于硅的缺乏，浮游植物的生长受到严重的限制，产生了高的沉降率。这样，保持了海洋中营养盐硅的平衡和浮游植物生长的平衡。

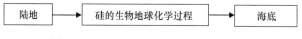

图 5-25　从陆源到海底的硅的亏损过程

通过营养盐的生物地球化学过程，当浮游植物吸收的营养盐耗尽时，营养盐氮、磷比硅的再生能力高得多，因此，作者认为，营养盐硅将会成为浮游植物的恒限制营养盐，即过去、现在和将来都是限制营养盐。而去讨论终极限制营养盐（Toggweller，1999）意义不大。

海洋为了保持生态系统的稳定性和连续性会产生营养盐的平衡和浮游植物的

平衡，通过氮、磷、硅的生物地球化学过程，在深海中，展现了营养盐氮、磷高，而浮游植物生物量却甚低的一个贫瘠状态；在浅海中，展现了经常有浮游植物的水华，包括硅藻和非硅藻（如甲藻）。作者认为，产生水华的主要原因是由于营养盐硅的缺乏，与氮、磷的比例失去平衡。当营养盐硅一直过低，氮、磷过高，就会限制硅藻的生长，所形成的真空空间被非硅藻（如甲藻）迅速占据，产生非硅藻的水华。在极度缺乏硅的水域中，当营养盐硅突然大量提供时，硅藻会迅速增长，产生硅藻水华。假如此时进行水域调查，发现水域营养盐硅丰富，就有硅藻水华产生。

因此，为了海洋生态系统的持续稳定，维护海洋中营养盐氮、磷、硅的比例稳定，保持营养盐的平衡和浮游植物的平衡，人类最好减少氮、磷的输入，提高硅的输入。

参 考 文 献

陈慈美, 林月玲, 陈于望, 等. 1993. 厦门西海域磷的生物地球化学行为和环境容量. 海洋学报, (3): 43-48.

陈水土, 阮五崎. 1993. 九龙江口、厦门西海域磷的生物地球化学研究. 海洋学报, (11): 47-54.

高尚武, 王克. 1995. 胶州湾的浮游动物数量和分布. 见: 董金海, 焦念志. 胶州湾生态学研究. 北京: 科学出版社: 151-157.

郭玉洁, 杨则禹. 1992. 胶州湾的生物环境: 初级生产力. 见: 刘瑞玉. 胶州湾生态学和生物资源. 北京: 科学出版社: 110-125.

洪华生, 戴民汉, 黄邦钦, 等. 1994. 厦门港浮游植物对磷酸盐吸收速率的研究. 海洋与湖沼, (1): 54-58.

李冠国, 黄世玫. 1956. 青岛近海浮游硅藻季节变化研究的初步报告. 山东大学学报, 2(4): 119-143.

尼贝肯. 1991. 海洋生物学-生态学探讨. 林光恒, 李和平, 译. 北京: 海洋出版社: 39-42.

钱树本, 王莜庆, 陈国蔚. 1983. 胶州湾的浮游藻类. 山东海洋学院学报, 13(1): 39-56.

沈志良. 1995. 胶州湾营养盐变化的研究. 见: 董金海, 焦念志. 胶州湾生态学研究. 北京: 科学出版社: 47-51.

斯蒂曼·尼耳森 E. 1979. 海洋光合作用. 周百成, 温宗存, 译. 北京: 科学出版社: 28-35.

斯菲德鲁普 H U, 约翰逊 M W, 佛莱明 R H. 1959. 海洋. 毛汉礼, 译. 北京: 科学出版社: 665-676, 685-691.

王荣, 焦念志. 1995. 胶州湾的初级生产力和新生产力. 见: 董金海, 焦念志. 胶州湾生态学研究. 北京: 科学出版社: 125-135.

王正方, 姚龙奎, 阮小正. 1983. 长江口营养盐(N, P, Si)分布与变化特征. 海洋与湖沼, (4): 324-331.

吴玉霖, 张永山. 1995. 胶州湾叶绿素a 和初级生产力的特征分布. 见: 董金海, 焦念志. 胶州湾生态学研究. 北京: 科学出版社: 137-149.

小久保清治. 1960. 浮游矽藻类. 上海: 上海科学技术出版社: 18-51.

肖贻昌, 高尚武, 张河清. 1992. 胶州湾的生物环境: 浮游动物. 见: 刘瑞玉. 胶州湾生态学和生物资源. 北京: 科学出版社: 170-202.

杨小龙, 朱明远. 1990. 浮游植物营养代谢研究新进展. 黄渤海海洋, (3): 65-72.

Armstrong F A J. 1965. Silicon. *In*: Riley J P, Skirrow G. Chemical Oceanography, London: Academic Press, Vol. 1: Chap. 10.

Biddanda B A, Pomeroy L R. 1988. Microbial aggregation and degradation of phytoplantkon-derived detritus in seawater. I. Microbial succession. Mar Ecol Pro Ser, 42: 79-88.

Bidle K D, Azam F. 1999. Accelerated dissolution of diatom silica by marine bacterial assemblages. Nature, 397: 508-512.

Bienfang P K, Harrison P J, Quarmby L M. 1982. Sinking rate response to depletion of nitrate, phosphate and silicate in fourine diatoms. Mar Biol, 67: 295-302.

Boynton W R, Kemp W M, Keefe C W. 1982. A comparative analysis of nutrients and other factors influencing estuarine phytoplankton production. *In*: KennedyV S. Estuarine comparisons. New York: Academic Press: 69-90.

Brewer P G, Murray J W. 1973. Carbon, nitrogen and phosphorous in the Black Sea. Deep Sea Research, 20: 803-818.

Broecker W S, Peng T H. 1982. Tracers in the Sea. New York: Eldigio Press, Lamout-Doherty Geological Obsergvatory of Columbia University, Palisades: 690.

Brussard C P D, Riegman R, Noordeloos A A M, et al. 1995. Effects of grazing, sedimentation and phytoplankton cell lysis on the structure of a coastal pelagic food web. Mar Ecol Prog Ser, 123: 259-271.

Brzezinski M A, Olson R J, Chisholm S W. 1990. Silicon availability and cell-cycle progression in marine diatoms. Marine Ecology Progress Series, 67: 83-96.

Brzezinski M A, Nelson D M. 1989. Seasonal changes in the silicon cycle with a Gulf Stream warm-core ring. Deep-Sea Research, 36: 1009-1030.

Brzezinski M A. 1992. Cell-cycle effects on the kinetics of silicic acid uptake and resource competition among diatoms. Journal of Plankton Researc, 14: 1511-1536.

Burton J D. 1976. Basic Properties and Processes in Estuary Chemistry. Estuarine Chemistry. London and New York: Academic Press: 1-36.

Chisolm S W. 1992. Phytoplankton size. *In*: Falkowski P G, Woodhead A D. Primary Productivity and Biogeochemical Cycles in the Sea. New York: Plenum Press: 213-233.

Clarke F W, Washington H S. 1924. The composition of the earth's crust. Washington: Washington Government Printing Office.

Conley D J, Malone T C. 1992. Annual cycle of dissolved silicate in Chesapeake Bay: implications for the production and fate of phytoplankton biomass. Marine Ecology Progress Series, 81: 121-128.

Cowie G L, Hedges J I. 1996. Digestion and alteration of the biochemical constituents of a diatom(*Thalassiosira weissflogii*) ingested by a herbivorous zooplankton (*Calanus pacificus*). Limnol Oceanogr, 41: 81-594.

De Master D J. 1981. The supply and accumulation of silica in the marine environment. Geochimica et Cosmochimica Acta, 45: 1715-1732.

Deuser W G. 1971. Organic-carbon budget of the Black Sea. Deep Sea Research, 18: 995-1004.

Dortch Q, Whitledge T E. 1992. Does nitrogen or silicon limit phytoplankton production in the Mississippi River plume and nearby regions? Continental Shelf Research, 12: 1293-1309.

Dugdale R C, Wilkerson F P. 1998. Silicate regulation of new production in the equatorial Pacific upwelling. Nature, 391(6664): 270-273.

Dugdale R C, Goering J J. 1967. Uptake of new and regenerated forms of nitrogen in primary productivity. Limnology and Oceanography, 12: 196-206.

Dugdale R C, Wilkerson F P, Minas H J. 1995. The role of a silicate pump in driving new production. Deep-Sea Res(I), 42(5): 697-719.

Dugdale R C. 1972. Chemical oceanography and primary productivity in upwelling regions. Geoforum, 11: 47-61.

Dugdale R C. 1983. Effects of source nutrient concentrations and nutrient regeneration on production of organic matter in coastal upwelling centers. *In*: Pt A, Suess E, Thiede J. Coastal Upwelling. New York: Plenum Press: 175-182.

Farnas M J. 1990. In situ growth rates of marine phytoplankton: approaches to measurement, community and species growth rate. Journal of Plankton Research, 12: 1117-1151.

Geochemical Oceans Section Study (GEOSECS) data set. 1996. http://ingrid. ldgo.columbia. edu/SOURCES/.GEO SECS. [1996-12-10]

Goldberg E D. 1971. The Behaviour of Dissolved Aluminium in Estuarine and Coastal Waters. Estuar and Coast Mar Sci, 5(6): 755-770.

Harrison W G, Douglas D, Falkowski P, et al. 1983. Summer nutrient dynamics of the middle Atlantic Bight: nitrogen uptake and regeneration. Journal of Plankton Research, 5: 539-556.

Horne R A. 1969. The structure of water and the chemistry of the Hydrosphere. Wiley Interscience, Marine Chemistry: 146-149.

Huang S G, Yang J D, Ji W D, et al. 1983. Proceedings of International Symposium on Sedimentation on the Continental Shelf with Special Reference to the Fast China Sea. vol. 1. Beijing: China Ocean Press: 241-249.

Jeffery S W, Humphery G P. 1975. New spectrophotometric equations for determining chlorophylls a, b, c1 and c2 on higher plant, algae and natural phytoplankton. Biochem, Physiol Pflanzen, 167: 191-194.

Karl D M, Knauer G A.1991. Microbial production and particle flux in the upper 30 m of the Black Sea. Deep Sea Research, 38: S655-S661.

Kemp A E S, Pike J, Peacrce R B, et al. 2000. The "fall dump"—a new perspective on the role of a "shade flora" in the annual cycle of diatom production and export flux. Deep-Sea Res Ⅱ, 47: 2129-2154.

Kirchman D L.1999. Phytoplankton death in the sea. Nature, 398: 293-294.

Landry M R, Barber R T, Bidigare R, et al. 1997. Iron and grazing constraints on primary production in the central equatorial Pacific: An EqPac synthesis. Limnol Oceanog, 42(3): 405-418.

Lebedeva L P, Vostokov S V. 1984. Studies of detritus formation processes in the Black Sea. Oceanology, 24: 258-263.

Lewin J C. 1962. Silicification. *In*: Lewin R E. Physiology and biochemistry of the algae. New York: Academic Press: 445-455.

Michaels A F, Silver M W. 1988. Primary production, sinking fluxes and the microbial food web. Deep-sea Research, 35: 473-490.

Nelson D M, Brzezinski M A. 1990. Kinetics of silicic acid uptake by natural diatom assemblages in two Gulf Stream warm-core rings. Mar Ecol Prog Ser, 62: 283-292.

Nelson D M, Goering J J, Boisseau D W. 1981.Consumption and regeneration of silicic acid in three coastal upwelling systems. *In*: Richards F A. New York: Plenum Press: 242-256.

Nelson D M, Treguer P, Brzezinski, et al. 1995. Production and dissolution of biogenic silica in the ocean: revised global estimates, comparison with regional data and relationship to biogenic sedimentation. Global Biogeochemistry Cycle, 9: 359-372.

Oguz T, Ducklow H, Malanotte-Rizzoli W, et al. 1999. A physical-biochemical model of plankton productivity and nitrogen cycling in the Black Sea. Deep Sea Research Ⅰ, 46: 597-636.

Pondaven P, Ruiz-Pino D, Druon J N, et al. 1999. Factors controlling silicon and nitrogen biogeochemical cycles in high nutrient, low chlorophyll systems (the Southern Ocean and the North Pacific): Comparison with a mesotrophic system (the North Atlantic). Deep Sea Research Ⅰ, 46: 1923-1968.

Sakshaug E, Slagstad D, Holm-Hansen O. 1991. Factors controlling the development of phytoplankton blooms in the Antarctic Ocean- a mathematical model. Marine Chemistry, 35: 259-271.

Sieracki M E, Verity P G, Stocker D K. 1993. Plankton community response to sequential silicate and nitrate depletion during the 1989 North Atlantic spring bloom. Deep-Sea Res Ⅱ, 40: 213-225.

Sillen L G. 1961. The Physical Chemistry of Seawater. Oceanog, 67: 549-581.

Smadya T J. 1989. Primary production and the global epidemic of phytoplankton blooms in the sea: a linkage? *In*: Cosper E M, Bricelj V M, Carpenter E J. Novel phytoplankton blooms. New York: Springer: 449-483.

Smadya T J. 1990. Novel and nuisance phytoplankton blooms in the sea: evidence for a global epidemic. *In*: Graneli E, Sunderstrom B, Edler L, et al. Toxic marine phytoplankton. New York: Elsevier: 29-40.

Smetacek V. 1999. Bacteria and silica cycling. Nature, 397: 475-476.

Smetacek V. 2000. The giant diatom dump. Nature, 406: 574-575.

Smith D C, Simon M, Alldredge A L, et al. 1992. Intense hydrolytic enzyme activity on marine aggregates and implications for rapid particle dissolution. Nature, 359: 139-142.

Smith D C, Steward G F, Long R A, et al. 1995. Bacterial utilization of carbon fluxes during a diatom bloom in a mesocosm. Deep-Sea Res Ⅱ, 42: 75-97.

Spencer C P. 1975. The Micronutrient Elements. *In*: Riley J P, Skirrow G. Chemical Oceanography, Vol. 2, 2nd ed. New York: Academic Press: 245-300.

Stefánsoon U, Richards F A. 1963. Processes contributing to the nutrient distributions off the Columbia River and strait of Juan de Fuca. Limmol Oceanogr, 8: 394-410.

Tande K S, Slagstad D. 1985. Assimilation efficiency in herbivorous aquatic organisms - the potential of the raio method using ^{14}C and biogenic silica as markers. Limnol Oceanogr, 30: 1093-1099.

Toggweller J R. 1999. An ultimate limiting nutrient. Nature, 400: 511-512.

Treguer P, Le Corre P, Grall J R. 1979. The seasonal variations of nutrients in the upper waters of the Bay of Biscay region and their relation to phytoplankton growth. Deep-Sea Res Ⅱ, 26: 1121-1152.

Treguer P, Nelson D M, Van Bennekom A J, et al. 1995. The silica balance in the world ocean: a reestimate. Science, 268: 375-379.

Treguer P, Van Bennekom A J. 1991. The annual production of biogenic silica in the Antarctic Ocean. Marine Chemistry, 35: 477-487.

Turner R E, Rabalais N N. 1991. Changes in Mississippi River Water Quality this century. BioScience, 41: 140-147.

Tyrrell T, Law C S. 1997. Low nitrate: phosphate ratios in the global ocean. Nature, 387: 793-796.

Tyrrell T, Law C S. 1998. Low nitrate: phosphate ocean ratios corrected. Nature, 393: 318.

Tyrrell T. 1999. The relative influences of nitrogen and phosphorus on oceanic primary production. Nature, 400: 525-531.

Van Bennekom A, Berger J, Van der Gaast G W, et al. 1988. Primary productivity and the silica cycle in the Southern Ocean. Paleogeography, Paleoclimatology, Paleoecology, 67: 19-30.

Vinogradov A P. 1962. Average contents of chemical elements in the principal types of igneous rocks of the earth's crust. Geochemistry, 7: 641-664.

Yang D F, Gao Z H, Chen Y, et al. 2003b. Examination of silicate limitation of primary production in the Jiaozhou Bay, North China Ⅲ. Judgment method, rules and uniqueness of nutrient limitation among N, P, and Si. Chin J Oceanol Limnol, 21(2): 114-133.

Yang D F, Zhang J, Gao Z H, et al. 2003a. Examination of silicate limitation of primary production in the Jiaozhou Bay, North China Ⅱ. Critical value and time of silicate limitation and satisfaction of the phytoplankton growth. Chin J Oceanol Limnol, 21(1): 46-63.

Yang D F, Zhang J, Lu J B, et al. 2002. Examination of silicate limitation of primary production in the Jiaozhou Bay, North China Ⅰ. Silicate being a limiting factor of phytoplankton primary production. Chin J Oceanol Limnol, 20(3): 208-225.

第 6 章　胶州湾海水交换的时间

近年来，对于海湾的研究越来越多（杨东方和高振会，2006；杨东方等，2010a，2010b）。海湾是陆源多类型物质输入海洋的重要海域，在胶州湾，污染物有有机污染物（杨东方等，2008b，2008c，2009a，2010a，2010b，2011）、重金属（杨东方等，2008a，2009b）、石油烃等（Yang et al.，2011）。自然物质有：硅酸盐等（Yang et al.，2005a，2005b），这些物质都进入海湾。在海湾，这些物质通过对流输运和稀释扩散等物理过程与周围水体混合，然后湾内水体通过平流和扩散等物理过程与周围水体混合，经过湾口与外海水交换，物质浓度降低。要想知道这个过程，就需要研究海湾水交换能力。可以用潮周期内水质变化来预测海水交换率，或用平均水体更新时间衡量海湾水交换能力。

采用数值模型来计算海水交换率或平均水体更新时间，数值模型有箱式模型、标识质点数值跟踪法、对流-扩散水交换模型等许多模型。由于不同海域的流场和地形存在差异，不同海域的水交换能力是不同的（王宏等，2008）。在胶州湾，许多学者基于不同的水交换概念和不同的水动力模式开展了一系列海湾水交换能力的研究（陈时俊等，1982；孙英兰等，1988；吴永成等，1992；国家海洋局和青岛水产局，1998；赵亮等，2002；Liu et al.，2004；吕新刚等，2010）。

本书以胶州湾为研究区域，首次提出了新的海湾水交换时间（marine bay water exchange time）定义、海湾水交换完成的定义，以及海湾充满和放空的原理，并且首次利用非保守性物质作为湾内水的示踪剂，采用生物地球化学的数值模型，计算得到海湾水交换时间的范围。

6.1　研究方法的建立

6.1.1　海区概况及数据来源

（1）海区概况。胶州湾地理位置为东经 120°04′～120°23′，北纬 35°58′～36°18′，在山东半岛南部，面积约为 446km^2，平均水深约 7m，是一个典型的半封闭型海湾，周围为青岛、胶州、胶南等地区所环抱（图 6-1）。在胶州湾的西北部和西部，入海的河流有大沽河和洋河。沿青岛市区的近岸，有海泊河、李村河、娄山河等河流。胶州湾西部、北部地区有即墨盆地和胶莱平原，这是胶州湾地区的主要农业区。

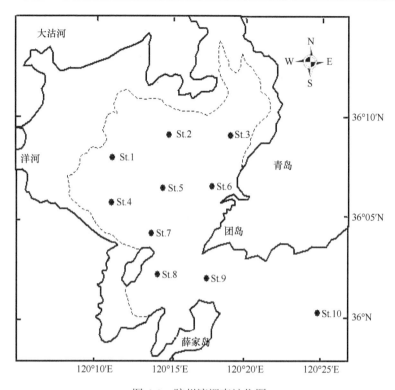

图 6-1　胶州湾调查站位图

（2）数据来源。本研究所使用的数据由胶州湾生态站提供，数据包括初级生产力（^{14}C 法测定）、硝酸盐（镉-铜还原法测定）、硅酸盐（硅钼蓝法测定），营养盐数据由沈志良测得（沈志良，1994，1997），初级生产力的数据由吴玉霖和张永山（1995）测得的。营养盐水样用不锈钢颠倒采水器采集，加 0.3%氯仿保存于聚乙烯瓶内，于–25℃冰箱内速冻，回实验室解冻后取上层清液测定。全部要素均利用美国 Technicon AA-Ⅱ型自动分析仪分析（沈志良，1995）。营养盐数据保留到小数点后两位，硅酸盐浓度的检出限在 0.05μmol/L 以下。每次观察时间为两天，观测时间跨度为 1991 年 5 月至 1994 年 2 月，每年代表冬季、春季、夏季、秋季的 2 月、5 月、8 月、11 月进行现场实验研究。共进行了 12 个航次，每个航次10 个站位（缺 3 号站位的数据），站位分布见图 6-1，在各站按标准水层采样（标准水层分别为 0m、5m、10m、15m 等，直到底层）。

6.1.2　硅酸盐与硝酸盐的比值起因

营养盐（N、P、Si）是海洋浮游植物生长繁殖必需的成分，也是影响浮游植物生长的重要因素之一。全球海域浮游植物种群结构以硅藻和甲藻两大类为主，而硅藻是浮游植物的主体。研究发现，硅藻在浮游植物中占 80%～99%，甲藻在浮游植物中占 20%～1%，其他藻类仅仅占 5%～1%（杨东方等，2008c）。

在海洋浮游植物中，硅藻占很大部分，硅藻繁殖时摄取 Si 使海水中 Si 的含量下降（Armstrong，1965）。在上升流区（Dugdale，1972，1983；Dugdale and Goering，1967；Dugdale et al.，1981）和南极海域中，硅酸盐可以控制浮游植物的生长过程，而且对浮游植物水华的形成有着核心的作用（Conley and Malone，1992）。溶解 Si 的提供也可以控制浮游植物的生物量到海底的通量（Conley and Malone，1992）。在胶州湾，春季、秋季、冬季营养盐 Si 是浮游植物初级生产力的限制因子（杨东方等，2000，2001，2002；Yang et al.，2002，2003a，2003b，2005a，2005b）。在海洋环境中，已经用环境 $Si(OH)_4：NO_3$ 的值来证实 $Si(OH)_4$ 还是 NO_3 作为限制营养盐（Conley and Malone，1992；Howarth，1988）。从营养盐 Si：N，即 $Si(OH)_4：NO_3$ 的值来探讨硅酸盐对浮游植物生长的影响。

6.1.3　硅酸盐与硝酸盐的比值指标

对于整个胶州湾的海水交换，选取胶州湾的硅酸盐与硝酸盐的比值即 $Si(OH)_4：NO_3$（Si：N）作为计算胶州湾水交换的指标因子。

陆源提供的硅酸盐浓度从河口区到胶州湾湾口的降低，一方面是由于被水流稀释，另一方面是被浮游植物吸收，沉降到海底（杨东方等，2000，2001，2002；Yang et al.，2002，2003a，2003b，2005a，2005b）。

在春季，5 月雨季来临，降雨量增加，大沽河流作为陆源，给胶州湾内输入的 Si 也显著增加，导致胶州湾海域水体中 Si 的含量大幅增加。在整个胶州湾，Si：N 的值从低于 1 上升到高于 1。考虑 Si：N 值为 1 时，从胶州湾一个水域出现 Si：N 值为 1，到整个胶州湾水域都达到 Si：N 值为 1，通过这个过程所需要的时间，来计算整个胶州湾海水交换的时间。

在秋季，11 月雨季结束，降雨量减少，大沽河流作为陆源，给胶州湾内输入的硅也显著减少，导致胶州湾海域水体中硅的含量大量减少。在整个胶州湾，Si：N 的值从高于 1 下降到低于 1。考虑 Si：N 值为 1 时，从胶州湾一个水域出现 Si：N 值为 1，到整个胶州湾水域都达到 Si：N 值为 1，通过这个过程所需要的时间区间，来计算整个胶州湾海水交换的时间。

6.1.4　硅的生物地球化学过程

　　胶州湾周围的河流给整个胶州湾提供了丰富的硅酸盐含量，这使整个胶州湾的硅酸盐浓度随着径流的大小在变化。在夏季，从河口区依次到湾中心、湾口、湾外，硅酸盐的浓度逐渐降低。硅酸盐浓度远离海岸的横断面的水平变化，表明了离带有河口的海岸距离越远，水域中的硅酸盐浓度就越低。硅酸盐浓度远离海岸的横断面的垂直变化，表现了硅酸盐通过生物吸收和死亡后，沉降到海底，这样不断地把硅逐渐转移到海底的过程，展示了硅的生物地球化学过程（Yang et al., 2002，2003a，2003b，2005a，2005b）。因此，胶州湾陆源提供的硅酸盐浓度变化对胶州湾浮游植物的生长将会产生重大影响（图 6-2）。

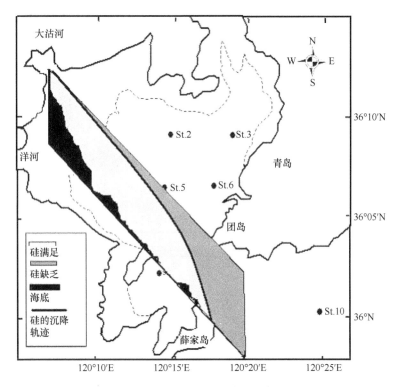

图 6-2　胶州湾硅酸盐的空间变化

　　含硅岩石风化和含硅土壤流失，使硅溶解于水并随陆地径流输送到河口和海洋中。通过硅藻的吸收，硅进入了生物体。死亡的硅藻和摄食硅藻的浮游动物的排泄物离开真光层沉降到海底，硅离开了海水表层沉降到海底。因此，硅通过这样一个亏损过程（Yang et al.，2005a，2005b）：河流输入（起源）→ 浮游植物吸收和死亡（生物地球化学过程）→沉降到海底（归宿），展现了陆地、海洋生态系统沧海变桑田的变化过程。

6.2 海水交换的计算过程

6.2.1 Si：N 的值与初级生产力

（1）Si：N 的值与初级生产力的相关性。将 Si：N 的值与初级生产力进行相关分析，发现 1 号和 9 号站是高度相关，2 号和 10 号站是低相关，而其余各站是显著相关（表 6-1）。

表 6-1 Si：N 的值与初级生产力的相关性

站位	1	2	4	5	6	7	8	9	10
相关系数	0.878	0.397	0.746	0.550	0.792	0.718	0.691	0.926	0.348

（2）初级生产力与 Si：N 的方程。借助于营养盐 Si：N 的值的变化，建立了一个简单的模型来阐述浮游植物的初级生产力与营养盐 Si：N 的值的联系。

$$y(t) = k\,sn(t) + b \tag{6-1}$$

随着时间变量 t 的变化，用初级生产力函数 $y(t)$ 和 Si：N 的值[函数 $sn(t)$]能够表达初级生产力与营养盐 Si：N 的值的变化（表 6-2）。

表 6-2 式（6-1）的变量和参数

变量和参数	值	单位
t 为时间变量		月
$y(t)$ 为初级生产力函数	33.60～2518	mg/(m²·d)
$sn(t)$ 为 Si：N 的比值函数	0～12.084	—
参数 $k+b$ 称为浮游植物受到营养盐硅限制的初级生产力的临界值	336.05～610.34	mg/(m²·d)
参数 k 称为浮游植物受到营养盐硅限制的初级生产力的幅度	182.04～485.06	mg/(m²·d)
参数 b 称为浮游植物受到营养盐硅限制的初级生产力的基础值	125.28～256.47	mg/(m²·d)

根据 1991 年 5 月至 1994 年 2 月胶州湾的初级生产力数据和硅酸盐、硝酸盐数据，然后利用式（6-1），求得浮游植物受到营养盐硅限制的初级生产力的基础值 b、浮游植物受到营养盐硅限制的初级生产力的幅度 k、浮游植物受到营养盐硅

限制的初级生产力的临界值 $k+b$。在利用数据时，模型的变量时间 t 单位为月，采样的时间跨度为 3 个月（表 6-3）。

表6-3 式（6-1）的参数 k、b 值

参数 \ 站位	1	4	6	7	8	9
k	290.42	485.06	233.65	226.47	215.85	182.04
b	230.96	125.28	133.25	220.18	256.47	154.01

注：缺 3 号站数据。2 号、5 号、10 号站不相关。

（3）方程检验。复相关系数检验，查复相关系数的临界值表得，

$$R_{0.05}（11）= 0.576，R_{0.01}（11）= 0.708$$

F 检验，查 F 分布表得临界值得，

$$F_{0.05}（1，10）= 4.96，F_{0.01}（1，10）= 10.00$$

表6-4 式（6-1）的相关性

相关性 \ 站位	1	4	6	7	8	9
相关系数 R^2	0.771	0.557	0.628	0.516	0.478	0.858
F 值	33.82	12.59	16.88	10.67	9.16	60.63

在式（6-1）中，表 3-12 展示了初级生产力与 Si：N 的值的相关性：在 1 号、4 号、6 号、7 号、9 号站，在 $\alpha=0.01$ 水平上有意义；8 号站，在 $\alpha=0.05$ 水平上有意义，2 号、5 号、10 号站不相关。

6.2.2 Si：N 的值的时间和区间

当初级生产力大于这个临界值 $k+b$ 时，即 $y（t）>y（t_1）$ 时，浮游植物生长不受营养盐硅的限制；当初级生产力等于这个临界值 $k+b$ 时，浮游植物生长恰好满足浮游植物对营养盐的吸收比值；当初级生产力小于这个临界值 $k+b$ 时，即 $y（t）<y（t_1）$，浮游植物生长受到营养盐硅的限制（表 6-5）。

表6-5 参数 k、b 和 $k+b$ 值

参数 \ 站位	1	4	6	7	8	9
b	230.96	125.28	133.25	220.18	256.47	154.01
k	290.42	485.06	233.65	226.47	215.85	182.04
$k+b$	521.38	610.34	366.9	446.65	472.32	336.05

根据 1991 年、1992 年、1993 年 5 月、8 月、11 月的初级生产力数据，可以看出，可使用抛物线方程，用最小二乘法建立最佳近似解的方程，变量为时间 t，单位为月，每月以 30 天计算，函数为初级生产力（表 6-6）。

$$y(t) = at^2 + bt + c \qquad\qquad (6\text{-}2)$$

表 6-6　式（6-2）a、b、c 的参数值

参数 ＼ 站位	1	4	6	7	8	9
a	−85.04	−99.07	−69.87	−61.00	−114.04	−85.65
b	1479.81	1724.32	1192.24	1045.63	1926.34	1465.68
c	−5306.05	−6283.54	−4256.25	−3667.57	−6837.91	−5239.47
r^2	0.54	0.41	0.51	0.49	0.54	0.24

式（6-1）中的 $y(t)=b+k$ 为胶州湾浮游植物生长受到营养盐硅限制的临界值，通过已知的 $b+k$ 值，利用式（6-2）求出相应的时间 t（表 6-7）。

表 6-7　胶州湾 Si∶N 的值的时间区间

站位	1	4	6	7	8	9
t（月/日）	6/1	6/7	5/29	6/4	5/23	5/22
t（月/日）	11/11	11/6	11/4	11/3	11/4	11/13

5 月，在整个胶州湾，Si∶N 的值是上升的。从胶州湾 Si∶N 的值为 1 出现，到整个胶州湾 Si∶N 的值都上升到 1，这个过程所需要的时间区间为 5 月 22 日至 6 月 7 日，即这个过程所花费的时间是 15 天。

11 月，在整个胶州湾，Si∶N 的值是下降的。从胶州湾的 Si∶N 的值为 1 的出现，到整个胶州湾 Si∶N 的值都下降到 1，这个过程所需要的时间区间为 11 月 3～13 日，即这个过程所花费的时间是 10 天。

6.3　海水交换的计算原理及应用

6.3.1　原　　理

当某一种物质的指示浓度充满整个海湾，即在整个海湾某一种物质的指示浓度都一致的话，海湾的水交换就完成。

作者定义这一种物质的某一指示浓度为此物质的海湾衡量值 r，其取值范围为正实数，即 $r \geq 0$。这个海湾衡量值 r 可以取任意某一值 r_0，来衡量这种物质在

海湾出现 r_0 值到整个湾内都达到 r_0 值，这个过程所需要的时间就认为是海湾的水交换时间。或者整个湾内都达到 r_0 值，然后，在海湾出现低于 r_0 值到整个湾内都低于 r_0 值，这个过程所需要的时间就认为是海湾的水交换时间。那么，下面举出一个例子，当 $r_0=0$ 时，有以下结果：

1）海湾的充满

当带着某一种物质的水体流入湾中，这种物质是保守性物质。在海湾水交换的作用下，使整个湾内部都充满这种物质，这个充满过程所需要的时间就认为是海湾的水交换时间。如果该物质还有沉降时，这种物质是非保守性物质，若全湾充满这种物质所需要的时间为 A 天，那么，水交换时间小于 A 天，即水交换时间<A 天。

2）海湾的放空

整个湾内部都充满某一种物质，这种物质是保守性物质。当水体停止给湾内输入这种物质时，在海湾水交换的作用下，使整个湾内部放空这种物质，这个放空过程所需要的时间就认为是海湾的水交换时间。如果该物质还有沉降时，这种物质是非保守性物质，若全湾放空这种物质所需要的时间为 B 天，那么，水交换时间大于 B 天，即 B 天<水交换时间。

那么，根据海湾水交换完成的定义及海湾充满和放空的原理，于是得到结果：

B 天<海湾水交换时间<A 天

6.3.2　应　　用

陆源物质 Si 通过河流输入胶州湾内，陆源物质 Si 进入海水中后，一方面被水流稀释，另一方面被浮游植物吸收，沉降到海底。这样，陆源物质 Si 经过了物理过程和生物地球化学过程，导致了陆源提供的 Si 浓度从河口区到胶州湾湾口的降低。

1）胶州湾海域内 Si：N 的值的充满

5 月，在整个胶州湾，Si：N 的值是上升的。当河流向胶州湾海域不断地输入 Si 时，在有些区域就出现了 Si：N 的值为 1。这时，Si 也不断地经历两个过程：一个是在胶州湾水交换的作用下，Si 经过物理过程在输运、扩散；另一个是在浮游植物吸收的作用下，Si 经过生物地球化学过程，沉降到海底。当河流继续向胶州湾海域不断地输入 Si 时，就导致整个胶州湾 Si：N 的值都达到 1。这个过程所花费的时间是 15 天。若没有 Si 的沉降，只有水交换的作用，Si：N 的值在整个胶州湾都上升到 1 的时间就比较短，那么，胶州湾水交换时间为 15 天。当有 Si 沉降时，Si：N 的值在整个胶州湾都上升到 1 的时间就比较长，胶州湾水交换时间小于 15 天，即：胶州湾水交换时间＜15 天。

2）胶州湾海域内 Si：N 比值的放空

11 月，在整个胶州湾，Si：N 的值是下降的。当河流向胶州湾海域停止输入 Si 时，在有些区域就出现了 Si：N 的值为 1。这时，Si 也不断地经历两个过程，一个是在胶州湾水交换的作用下，Si 经过物理过程在输运、扩散；另一个是在浮游植物吸收的作用下，Si 经过生物地球化学过程，沉降到海底。当河流一直停止向胶州湾海域输入 Si 时，就导致整个胶州湾 Si：N 的值都达到 1。这个过程所花费的时间是 10 天。若没有 Si 的沉降，只有水交换的作用，Si：N 的值在整个胶州湾都下降到 1 的时间就比较长，那么，胶州湾水交换时间为 10 天。当有 Si 沉降时，Si：N 的值在整个胶州湾都下降到 1 的时间就比较短，那么，胶州湾水交换时间大于 10 天，即：胶州湾水交换时间＞10 天。

那么，根据海湾的水交换完成的定义及海湾的充满和放空原理，将生物地球化学模型应用到胶州湾，得到如下结果。

$$10 \text{ 天} < \text{胶州湾水交换时间} < 15 \text{ 天}$$

于是，胶州湾水交换时间的集合 $X= \{x \mid 10 < x < 15\}$，单位：天，也就是胶州湾水交换时间是这个集合的某一个天数。如果按照平均值来计算，胶州湾水交换时间 $x=12.5$ 天。

6.4 计算过程的正确性

6.4.1 浮游植物初级生产力的支持

环境的 $Si(OH)_4：NO_3$ 的值小于 1 就可以显示硅对硅藻的生长是潜在的限制（Conley and Malone，1992）。根据 1991 年 5 月至 1994 年 2 月的硅酸盐和硝酸盐数据，通过营养盐 $Si(OH)_4：NO_3$ 的值发现，硅酸盐在春季、秋季、冬季是胶州湾浮游植物生长的限制因子。通过此比值与初级生产力的相关性，建立相应的式（6-1），进一步证实，硅酸盐在春季、秋季、冬季是胶州湾的初级生产力的限制因子，并且明确了春季、秋季、冬季胶州湾的硅酸盐对浮游植物生长限制的时间范围。这个结果被 1984 年逐月调查的初级生产力变化所证实（Yang et al.，2003a，2003b）。在 1984 年的每月胶州湾调查中，全湾一年中初级生产力的时空变化都是由硅酸盐的变化所控制。这表明式（6-1）是有意义的，式（6-1）的计算结果是可靠的。

6.4.2 营养盐硅阈值的支持

通过营养盐 $Si(OH)_4$：NO_3 的值与初级生产力的相关性，建立了式（6-1），通过初级生产力变化曲线，建立了式（6-2）。根据式（6-1）和式（6-2），计算得到胶州湾硅酸盐的秋季限制和春季满足浮游植物生长的阈值，当硅酸盐浓度 $s(t)$ ＜0.36μmol/L 时，整个胶州湾的硅是完全限制浮游植物的生长；当硅酸盐浓度 $s(t)$ ＞2.15μmol/L 时，整个胶州湾的硅是完全满足浮游植物的生长。此研究结果与 Dortch 和 Whitledge（1992）的硅潜在限制的法则中，硅限制浮游植物生长的绝对量是 $Si(OH)_4$＜2μmol/L 的是基本相一致。而且，此文中硅酸盐浓度的阈值阐述比 Dortch 和 Whitledge（1992）的更清楚、更详细。

在营养盐浓度的绝对限制法则（杨东方等，2001）中，营养盐 Si 浓度限制浮游植物生长的阈值为：Si=2μmol/L，这是根据营养盐吸收动力学的研究（Rhee，1973；Harrison et al.，1977；Brown and Button，1979；Perry and Eppley，1981；Goldman and Gilbert，1983；Nelson and Brzezinski，1990；Justic et al.，1995）得到的。这个法则中的阈值与式（6-1）和式（6-2）的计算结果相一致。因此，这证实了式（6-1）和式（6-2）的可靠性，也说明通过式（6-1）和式（6-2）的计算得到水交换时间的可靠性。

6.4.3 营养盐硅时空分布的支持

大沽河和洋河（图 6-1）是胶州湾硅酸盐的主要来源。胶州湾硅酸盐的季节变化曲线与胶州湾周围盆地的雨量，以及大沽河和洋河径流量的变化曲线在周期、峰值、趋势上大致相似。硅酸盐的平面分布特点及垂直分布特点分析进一步表明：整个胶州湾的硅酸盐浓度变化与大沽河和洋河径流量有关；而且，入湾径流提供丰富的硅酸盐含量。

根据式（6-1）和式（6-2）计算得到，硅酸盐浓度阈值的发生时间是 5 月 22 日至 6 月 7 日。这清楚表明，也许是在雨季来临时，陆源将大量的硅酸盐带到河口，而海水通过水交换将硅酸盐不断地由高浓度的河口区向低浓度的湾口输送扩散。胶州湾硅酸盐浓度的变化和浮游植物初级生产力的变化与胶州湾水交换输送的硅酸盐浓度变化相一致，在这期间，硅酸盐浓度逐渐满足了浮游植物的生长。

根据式（6-1）和式（6-2）计算得到，硅酸盐浓度阈值的发生时间是 11 月 3～13 日。这清楚表明，随着雨季的结束，陆源已停止或最小量的将硅酸盐带到河口。在陆源将要停止或提供小量的硅酸盐到河口的比较短时间，水交换在硅酸盐运输和扩散的过程中起着很大的作用。因此，胶州湾硅酸盐浓度的阈值受到水交换的影响，在这期间，硅酸盐浓度逐渐限制了浮游植物的生长。

通过式（6-1）和式（6-2）计算得到的结果与胶州湾硅酸盐浓度的时空分布相一致，这充分证实了式（6-1）和式（6-2）计算结果的准确性。

6.4.4　箱式模型和数值模型的支持

根据作者提出的海水交换的计算原理及应用，计算得到胶州湾水交换时间是10～15 天。

陈时俊等（1982）以半日潮为动力背景，在给定排污源的条件下，对胶州湾的污染物输运做了数值计算得到，大约经过 11 个半日潮周期，该污染物总量减少一半。于是，可以认为湾内的海水也已更新一半，即胶州湾水体的半更新期为 11 个半日潮周期，这样，得到胶州湾的水交换时间是 11.5 天（陈时俊等，1982）。1992 年，吴家成等利用海水交换的体积，选取盐度作为计算海水交换的指标因子，借助一个箱式模型，计算得到胶州湾内的海水半交换所需要的时间是 5 天（吴永成等，1992）。国家海洋局和青岛水产局（1998）利用数值模型，采用数值计算方法，通过对标识质点运动轨迹的数值跟踪计算，求出通过胶州湾湾口断面的进出净水量，然后确定该断面上的海水交换率，计算得到水交换率为每天 9.6%。一个半日潮周期水交换率为 4.8%，10 个半日潮周期海水更新一半。这样，得到胶州湾的水交换时间是 10.4 天。这表明陈时俊等（1982）利用输运数值模型计算的结果、吴家成等利用箱式模型计算的结果、国家海洋局和青岛水产局（1998）利用数值模型计算的结果与作者计算得到的胶州湾水交换时间为 10～15 天的结果一致，对作者计算得到的结果也给予一定支持。

6.5　计算过程的创新

6.5.1　海湾水交换时间的定义

许多学者对海湾水交换能力进行了大量的研究，为了衡量海湾的水交换能力，给出许多水交换时间的定义，以便能够充分展示描述水交换的实际状况，如净化时间（flushing time）（Bolin and Rohde，1973）、水体更新时间（turn-over time）（Prandle，1984）、平均存留时间（mean residence time）（Takeoka，1984）、半交换时间（half-life time）（Luff and Pohlmann，1996）。然而，由于不同的水交换时间的定义，得到水交换时间的结果也不同，当然，结果的比较也使我们更加清楚地了解实际状况。于是，作者首次提出了新的海湾水交换时间（marine bay water exchange time）定义，从两个方面，即某物质在海湾的充满和海湾的放空，来说明此定义。通过海湾的充满和海湾的放空过程，在保守性物质的情况下，给出了海湾水交换时间的定义。这是从新的角度来探讨和分析海湾的水交换能力。

在研究海湾水交换能力时，一般以溶解态的保守性物质作为湾内水的示踪剂，如选用化学耗氧量（COD）和盐度作为指标物质。然而，作者首次探讨了在非保守性物质情况下来确定海湾水交换时间的范围。这拓宽了以前的海湾水交换时间的计算条件。

6.5.2　海湾水交换时间的计算方法

衡量海湾水交换的能力，主要以潮流和污染物扩散为研究对象。通过溶解态的保守性物质作为湾内水的示踪剂，借助许多方法和模型，如箱式模型、标识质点数值跟踪法、对流-扩散水交换模型等来完成。考虑海湾内外的水交换，计算海水的交换量、海水的交换率、半交换时间和平均存留时间，来展示海湾的水交换能力，如胶州湾的水交换能力。有许多学者对胶州湾水交换能力进行了长期的研究，如对胶州湾两个污染物的高值区的研究（陈时俊等，1982），对胶州湾水交换活跃程度进行区域划分（孙英兰等，1988），对胶州湾水体半交换时间（吴永成等，1992）、胶州湾的"水体净化时间"（国家海洋局和青岛水产局，1998）、胶州湾平均水体存留时间（赵亮等，2002；Liu et al.，2004；吕新刚等，2010）的研究。

对于胶州湾水交换能力的研究，作者给出了海湾水交换完成的定义，并且首次提出了海湾充满和放空的原理，将此海湾水交换完成的定义及海湾充满和放空的原理应用到胶州湾水交换时间的计算上，然后利用非保守性物质 Si：N 的值作为湾内水的示踪剂，计算得到海湾水交换时间的范围。这个计算方法与前人的研究方法有三个方面的不同：①没有以潮流为研究对象；②没有用保守性物质作为湾内水的示踪剂；③没有采用潮流数值模型进行模拟。作者利用新的定义、原理和方法来研究胶州湾的水交换能力，并且取得了较好的结果，与陈时俊等（1982）、吴永成等（1992）、国家海洋局和青岛水产局（1998）利用不同方法计算的结果比较接近，但是，又有不一样，作者计算得到的结果：海湾水交换时间的范围包含了他们计算的结果，他们的结果是作者海湾水交换时间区间内的不同点。

6.5.3　海湾水交换时间的参数

在海湾水交换研究的各种方法中，都以潮流的动力学为背景，如正规半日潮、M_2 分潮、驻波、潮周期、潮余流场等。采用数值模型模拟海湾水交换中对流和扩散的水动力过程，在模型中存在空间网距、时间步长、固定边界、扩散项及扩散系数等参数对模拟的结果影响较大。同时，数值模拟还要考虑预报变量对模拟结果的影响，如流速、温度、盐度、密度、风速、湍动能和湍宏观尺度等。

作者的海湾水交换研究不需要以潮流的动力学为背景，也不受上述参数和变量的影响，也不需要考虑每个潮周期湾内水外海水的充分混合状况，也可以忽略扩散过程。只要有硅酸盐、硝酸盐和初级生产力实测的数据，采用生物地球化学的数值模型，就可以计算胶州湾水交换时间。

6.6 结 论

通过胶州湾 1991 年 5 月至 1994 年 2 月实测数据的分析，展示了在胶州湾环境 $Si(OH)_4 : NO_3$（Si∶N）浓度比值的季节变化、Si∶N 值起因和 Si 生物地球化学过程，建立了海湾水交换能力的研究方法。对于整个胶州湾的海水交换，选取胶州湾的 Si∶N 的值作为计算胶州湾水交换的指标因子。

通过胶州湾的 Si∶N 的值与初级生产力的时空变化比较分析，建立初级生产力与 Si∶N 的值的动态方程，并且计算得到如下结果。①5 月，在整个胶州湾，Si∶N 的值是上升的。从胶州湾的 Si∶N 的值为 1 的出现，到整个胶州湾 Si∶N 的值都上升到 1，这个过程所需要的时间区间为 5 月 22 日至 6 月 7 日，即这个过程所花费的时间是 15 天。②11 月，在整个胶州湾，Si∶N 的值是下降的。从胶州湾的 Si∶N 值为 1 的出现，到整个胶州湾 Si∶N 的值都下降到 1，这个过程所需要的时间区间为 11 月 3～13 日，即这个过程所花费的时间是 10 天。

从新的角度来探讨和分析海湾的水交换能力，作者首次提出了新的海湾水交换时间（marine bay water exchange time）的定义。作者拓宽了以前的海湾水交换时间的计算条件，探讨了在非保守性物质情况下，来确定海湾水交换时间的范围。而且，作者提出了海湾充满和放空的原理，然后利用了保守性物质或者非保守性物质作为湾内水的示踪剂，计算得到海湾水交换时间的范围。

在胶州湾水交换时间的计算上，采用生物地球化学的数值模型，并且利用了非保守性物质 Si∶N 的值作为湾内水的示踪剂，于是，计算得到胶州湾水交换时间的集合 $X=\{x \mid 10 < x < 15\}$，单位：天，也就是胶州湾水交换时间是这个集合的某一个天数。如果按照平均值来计算，胶州湾水交换时间 $x=12.5$ 天。这个计算的过程和结果得到初级生产力的变化、营养盐 Si 浓度限制浮游植物生长的阈值、营养盐 Si 浓度的时空分布，得到陈时俊等（1982）利用输运数值模型计算的结果、吴家成等利用箱式模型计算的结果，以及国家海洋局和青岛水产局（1998）利用

数值模型计算的结果的证实和支持。

作者提出的这个计算方法与前人的研究方法完全不同，作者的海湾水交换研究不需要以潮流的动力学为背景，也不受潮流参数和变量的影响。因此，只要利用新的定义、原理、方法和生物地球化学模型来研究胶州湾水交换能力，就可以计算胶州湾水交换时间，并且取得了较好的结果。

参 考 文 献

陈时俊, 孙文心, 王化桐. 1982. 胶州湾环流和污染扩散的数值模拟: Ⅱ. 污染浓度的计算. 山东海洋学院学报, 12(4): 1-12.

国家海洋局, 青岛水产局. 1998. 胶州湾陆源污染物入海总量控制研究.青岛: 国家海洋局北海监测中心.

吕新刚, 赵昌, 夏长水. 2010. 胶州湾潮汐潮流动边界数值模拟. 海洋学报, 32(2): 20-30.

沈志良. 1994. 胶州湾水域的营养盐. 海洋科学集刊, 35: 115-129.

沈志良. 1995. 胶州湾营养盐变化的研究. 见: 董金海, 焦念志. 胶州湾生态学研究. 北京: 科学出版社: 47-51.

沈志良. 1997. 胶州湾营养盐的现状和变化.海洋科学, 1: 60-63.

孙英兰, 陈时俊, 俞光耀, 等.1988. 海湾物理自净能力分析和水质预测——胶州湾.山东海洋学院学报, 18(2): 60-67.

王宏, 陈丕茂, 贾晓平, 等. 2008. 海水交换能力的研究进展. 南方水产, 4(2): 75-80.

吴永成, 王从敏, 张以恳, 等. 1992. 胶州湾的自然环境: 海水交换和混合扩散. 见: 刘瑞玉. 胶州湾生态学和生物资源.北京: 科学出版社: 57-72.

吴玉霖, 张永山.1995. 胶州湾叶绿素a 和初级生产力的特征分布. 见: 董金海, 焦念志. 胶州湾生态学研究. 北京: 科学出版社: 137-149.

杨东方, 苗振清, 丁咨汝, 等. 2011. 有机农药六六六对胶州湾海域水质的影响 Ⅱ. 污染源变化过程.海洋科学, 35(5): 112-116.

杨东方, 苗振清, 高振会.2010a. 海湾生态学(上、下). 北京: 海洋出版社.

杨东方, 曹海荣, 高振会, 等. 2008a. 胶州湾水体重金属 Hg Ⅰ. 分布和迁移. 海洋环境科学, 27(1): 37-39.

杨东方, 陈豫, 吴绍渊, 等. 2010b. 有机农药六六六对胶州湾海域水质的影响Ⅰ. 含量的年份变化.海洋科学, 34(12): 52-56.

杨东方, 高振会. 2006. 海湾生态学. 北京: 中国教育文化出版社.

杨东方, 高振会, 曹海荣, 等. 2008b. 胶州湾水域有机农药六六六分布及迁移. 海岸工程, 27(2): 65-71.

杨东方, 高振会, 陈豫, 等. 2002. 硅的生物地球化学过程的研究动态. 海洋科学, 26(3): 35-36.

杨东方, 高振会, 孙培艳, 等. 2009a. 胶州湾水域有机农药六六六春、夏季的含量及分布. 海岸工程, 28(2): 69-77.

杨东方, 王磊磊, 高振会, 等.2009b. 胶州湾水体重金属 Hg Ⅱ. 分布和污染源. 海洋环境科学, 28(5): 501-505.

杨东方, 于子江, 张柯, 等. 2008c. 营养盐硅在全球海域中限制浮游植物的生长. 海洋环境科学, 27(5): 547-553.

杨东方, 詹滨秋, 陈豫, 等. 2000. 生态数学模型及其在海洋生态学应用. 海洋科学, 6: 21-24.

杨东方, 张经, 陈豫, 等. 2001. 营养盐限制的唯一性因子探究. 海洋科学, 25(12): 49-51.

赵亮, 魏皓, 赵建中. 2002. 胶州湾水交换的数值研究.海洋与湖沼, 33(1): 23-29.

Armstrong F A J. 1965. Silicon. In: Riley J P, Skirrow G. Chemical Oceanography. London: Academic Press, 1: 132-154.

Bolin B, Rohde H. 1973. A note of the concepts of age distribution and transmit time in natural reservoirs. Tell us, 25(2): 58-62.

Brown E J, Button D K. 1979. Phosphate-limited growth kinetics of *Selanastrum capricornutum* (Chlorophyceae). Journal of Phycology, 15: 305-311.

Conley D J, Malone T C. 1992. Annual cycle of dissolved silicate in Chesapeake Bay: implications for the production and fate of phytoplankton biomass. Marine Ecology Progress Series, 81: 121-128.

Dortch Q, Whitledge T E. 1992. Does nitrogen or silicon limit phytoplankton production in the Mississippi River plume and nearby regions? Continental Shelf Research, 12: 1293-1309.

Dugdale R C. 1972. Chemical oceanography and primary productivity in upwelling regions. Geoforum, 11: 47-61.

Dugdale R C. 1983. Effects of source nutrient concentrations and nutrient regeneration on production of organic matter in coastal upwelling centers. *In*: Pt A, Suess E, Thiede J. Coastal Upwelling. New York: Plenum Press: 175-182.

Dugdale R C, Goering J J. 1967. Uptake of new and regenerated forms of nitrogen in primary productivity. Limnology and Oceanography, 12: 196-206.

Dugdale R C, Jones B H, Macclsaac J J, et al. 1981. Adaptation of nutrient assimilation. *In*: Platt T. Physiological bases of phytoplankton ecology. Canadian Bulletin of Fisheries and Agriculture Sciences, 210: 234-250.

Goldman J C, Gilbert P M. 1983. Kinetics of inorganic nitrogen uptake by phytoplankton. *In*: Carpenter E J, Capone D G. In Nitrogen in Marine Environments. New York: Academic Press: 223-274.

Harrison P J, Conway H L, Holmes R W, et al. 1977. Marine diatoms in chemostats under silicate or ammonium limitation. III. Cellular chemical composition and morphology of three diatoms. Marine Biology, 43: 19-31.

Howarth R W. 1988. Nutrient limitation of net primary production in marine ecosystems. Annual Review in Ecological Systematics, 19: 89-110.

Justic D, Rabalais N N, Turner R E, et al. 1995. Changes in nutrient structure of river-dominated coastal waters: stoichiometric nutrient balance and its consequences. Estuarine Coastal Shelf Science, 40: 339-356.

Levasseur M E, Therriault J C. 1987. Phytoplankton biomass and nutrient dynamics in a tidally induced upwelling: the role of the NO_3 : SiO_4 ratio. Marine Ecology Progress Series, 39: 87-97.

Liu Z, Wei H, Liu G S, et al. 2004. Simulation of water exchange in Jiaozhou Bay by average residence time approach. Estuarine, Coastal and Shelf Science, 61: 25-35.

Luff R, Pohlmann T. 1996. Calculation of water exchange times in the ICES-boxes with a Eulerian dispersion model using a half-life time approach. Dtsch Hydrogr Z, 47(4): 287-299.

Nelson D M, Brzezinski M A. 1990. Kinetics of silicic acid uptake by natural diatom assemblages in two Gulf Stream warm-core rings. Mar Ecol Prog Ser, 62: 283-292.

Perry M J, Eppley R E. 1981. Phosphate uptake by phytoplankton in the central North Pacific Ocean. Deep-Sea Research, 28: 39-49.

Prandle D. 1984. A modelling study of the mixing of 137Cs in the seas of the European Continental Shelf. London: Phil Trans Royal Soc: 407-436.

Rhee G Y. 1973. A continuous culture study of phosphate uptake, growth rate and polyphosphate in *Scenedesmus* sp. Journal of Phycology, 9: 495-506.

Sakshaug E, Slagstad D, Holm-Hansen O. 1991. Factors controlling the development of phytoplankton blooms in the Antarctic Ocean-a mathematical model. Marine Chemistry, 35: 259-271.

Spencer C P. 1975. The Micronutrient Elements. *In*: Riley J P, Skirrow G. Chemical Oceanography, Vol. 2, 2nd ed. New York: Academic Press: 245-300.

Takeoka H. 1984. Fundamental concepts of exchange and transport time scales in a coastal sea. Continental Shelf Research, 3: 331-336.

Yang D F, Chen Yu, Gao Z H, et al. 2005a. Silicon limitation on primary production and its destiny in Jiaozhou Bay, China IV Transect offshore the coast with estuaries. Chin J Oceanol Limnol, 23(1): 72-90.

Yang D F, Gao Z H, Chen Y, et al. 2003b.Examination of silicate limitation of primary production in the Jiaozhou Bay, North China III. Judgment method, rules and uniqueness of nutrient limitation among N, P, and Si. Chin J Oceanol Limnol, 21(2): 114-133.

Yang D F, Gao Z H, Wang P G, et al. 2005b. Silicon limitation on primary production and its destiny in Jiaozhou Bay, China V Silicon deficit process. Chin J Oceanol Limnol, 23(2): 169-175.

Yang D F, Zhang J, Gao Z H, et al. 2003a. Examination of silicate limitation of primary production in the Jiaozhou Bay, North China II. Critical value and time of silicate limitation and satisfaction of the phytoplankton growth. Chin J Oceanol Limnol, 21(1): 46-63.

Yang D F, Zhang J, Lu J B, et al. 2002. Examination of silicate limitation of primary production in the Jiaozhou Bay, North China I. Silicate being a limiting factor of phytoplankton primary production. Chin J Oceanol Limnol, 20(3): 208-225.

Yang D F, Zhang Y C, Zou J, et al. 2011. Contents and distribution of petroleum hydrocarbons(PHC)in Jiaozhou Bay waters. Open Journal of Marine Science, 2(3): 108-112.

第7章 生物地球化学模型的建立

在海洋近岸水域有许多海湾，人类对海湾的研究越来越深入和广泛（杨东方和高振会，2006；杨东方等，2010a，2010b）。在海湾内，有许多河流，将陆源的很多物质输入海洋，如在胶州湾，污染物物质有有机污染物（杨东方等，2008b，2009a，2010b，2011；Yang et al.，2012）、重金属（杨东方等，2008a，2009b；Yang et al.，2011）、石油烃等（Yang et al.，2011a；杨东方等，2013b），自然物质有硅酸盐等（Yang et al.，2005a，2005b），这些物质都随着河流进入海湾。在海湾，这些物质从湾底到湾中心，到湾口，经过了对流输运和稀释扩散等物理过程，经过了湾口与外海水交换，物质的浓度不断地降低，展示了海湾水交换的能力。海湾水交换能力用潮周期内水质变化预测海水交换率，或用平均水体更新时间来衡量。

7.1 生物地球化学模型

7.1.1 定 义

作者提出了：海湾水交换时间（marine bay water exchange time）的定义，包括从两个方面来说明此定义。通过海湾的充满和海湾的放空过程，在保守性物质的情况下，给出了海湾水交换时间的定义。探讨了非保守性物质情况下，海湾水交换时间的范围。

作者提出了海湾水交换时间的定义如下：当带着某一种物质的水体流入湾中，这种物质是保守性物质。在海湾水交换的作用下，使整个湾内部都充满这种物质，这个充满过程所需要的时间就认为是海湾的水交换时间。整个湾内部都充满某一种物质，这种物质是保守性物质。当水体停止给湾内输入这种物质，在海湾水交换的作用下，使整个湾内部放空这种物质，这个放空过程所需要的时间就认为是海湾的水交换时间。

在非保守性物质情况下，根据海湾的水交换完成的定义及海湾的充满和放空原理，于是得到海湾水交换时间的范围。这样，不仅在保守性物质情况下，确定海湾水交换时间。而且在非保守性物质情况下，也能够确定海湾水交换时间的范围。这就拓宽了以前的海湾水交换时间的计算条件。

7.1.2 原　　理

当某一种物质充满整个海湾，即在整个海湾某一种物质的指示浓度都一致的话，海湾的水交换就完成了。

作者定义这一种物质的某一指示浓度为此物质的海湾衡量值 r，其取值范围为正实数，即 $r \geq 0$。这个海湾衡量值 r 可以取任意某一值 r_0，来衡量这种物质在海湾出现 r_0 值到整个湾内都达到 r_0 值，这个过程所需要的时间就认为是海湾的水交换时间。或者整个湾内都达到 r_0 值，然后，在海湾出现低于 r_0 值到整个湾内都低于 r_0 值，这个过程所需要的时间就认为是海湾的水交换时间。那么，下面举出一个例子，当 $r_0 = 0$，有以下结果。

（1）海湾的充满：当带着某一种物质的水体流入湾中，这种物质是保守性物质。在海湾水交换的作用下，整个湾内部都充满这种物质，这个充满过程所需要的时间就认为是海湾的水交换时间。如果该物质还有沉降时，是非保守性物质，若全湾充满这种物质所需要的时间为 A 天，那么，水交换时间小于 A 天，即水交换时间 $< A$ 天。

（2）海湾的放空：整个湾内部都充满某一种物质，这种物质是保守性物质。当水体停止给湾内输入这种物质，在海湾水交换的作用下，使整个湾内部放空这种物质，这个放空过程所需要的时间就认为是海湾的水交换时间。如果该物质还有沉降时，是非保守性物质，若全湾放空这种物质所需要的时间为 B 天，那么，水交换时间大于 B 天，即 B 天 $<$ 水交换时间。

那么，根据海湾水交换完成的定义及海湾充满和放空的原理，于是得到结果：B 天 $<$ 海湾水交换时间 $< A$ 天。

7.2　生物地球化学模型的应用

陆源物质 Si 通过河流输入到胶州湾内，陆源物质 Si 进入海水中后，一方面被水流稀释，另一方面被浮游植物吸收，沉降到海底。这样，陆源物质 Si 经过了物理过程和生物地球化学过程，导致陆源提供的 Si 浓度从河口区到胶州湾湾口的降低。

通过胶州湾 1991 年 5 月至 1994 年 2 月实测数据的分析，展示了 Si∶N 的值的起因和 Si 的生物地球化学过程，并且建立初级生产力与 Si∶N 的值的动态方程。利用非保守性物质 Si∶N 的值作为湾内水的示踪剂，根据海湾的水交换完成的定义及海湾的充满和放空原理，应用作者提出的生物地球化学模型，计算得到胶州湾水交换时间的集合 $X=\{x \mid 10<x<15\}$，单位：天，其平均值为 12.5 天（杨东方等，2013a）。

7.2.1　胶州湾海域内 Si：N 的值的充满

5 月，在整个胶州湾，Si：N 的值是上升的。当河流向胶州湾海域不断地输入 Si 时，在有些区域就出现了 Si：N 的值为 1。这时，Si 也不断地经历两个过程：一个是在胶州湾水交换的作用下，Si 经过物理过程在输运、扩散；另一个是在浮游植物吸收的作用下，Si 经过生物地球化学过程沉降到海底。当河流继续向胶州湾海域不断地输入 Si 时，导致整个胶州湾 Si：N 的值都达到 1，这个过程所花费的时间是 15 天。若没有 Si 的沉降，只有水交换的作用，Si：N 的比值在整个胶州湾都上升到 1 的时间就比较短，那么，胶州湾水交换时间为 15 天。当有 Si 沉降时，Si：N 的值在整个胶州湾都上升到 1 的时间就比较长，胶州湾水交换时间小于 15 天，胶州湾水交换时间 <15 天。

7.2.2　胶州湾海域内 Si：N 的值的放空

11 月，在整个胶州湾，Si：N 的值是下降的。当河流向胶州湾海域停止输入 Si 时，在有些区域就出现了 Si：N 的值为 1。这时，Si 也不断地经历两个过程：一个是在胶州湾水交换的作用下，经过物理过程在输运、扩散；另一个是浮游植物吸收的作用下，经过生物地球化学过程沉降到海底。当河流一直停止向胶州湾海域输入 Si 时，导致整个胶州湾 Si：N 的值都达到 1。这个过程所花费的时间是 10 天。若没有 Si 的沉降，只有水交换的作用，Si：N 的值在整个胶州湾都下降到 1 的时间就比较长，那么，胶州湾水交换时间为 10 天。当有 Si 沉降时，Si：N 的值在整个胶州湾都下降到 1 的时间就比较短，那么，胶州湾水交换时间大于 10 天，胶州湾水交换时间 >10 天。

那么，根据海湾的水交换完成的定义及海湾的充满和放空原理，将生物地球化学模型应用到胶州湾，得到如下结果：10 天＜胶州湾水交换时间＜15 天。

于是，胶州湾水交换时间的集合 $X=\{x \mid 10<x<15\}$，单位：天，也就是胶州湾水交换时间是这个集合的某一个天数。如果按照平均值来计算，胶州湾水交换时间 $x=12.5$ 天。

7.3 生物地球化学模型特征

7.3.1 海湾水交换时间的定义

许多学者对海湾水交换能力进行了大量的研究,为了衡量海湾的水交换能力,给出许多水交换时间的定义,以便能够充分展示描述水交换实际状况,如净化时间(Bolin and Rohde,1973)、水体更新时间(Prandle,1984)、平均存留时间(Takeoka,1984)、半交换时间(Luff and Pohlmann,1996)。然而,由于水交换时间的定义不同,得到的水交换时间的结果也不同,当然,结果的比较也使我们更加清楚地了解实际状况。下面给出一些水交换时间的定义。

(1)净化时间(Bolin and Rohde,1973):水流通过开边界进入箱内并充满整个箱体所需的时间,其计算公式为 $T=V/F$,这里 V 为计算海域总体积,F 为通过箱体开边界的总通量。

(2)水体更新时间(Prandle,1984):箱内物质量减少到原有物质总量的 37% 所需的时间。

(3)平均存留时间(Takeoka,1984):

$$\theta = \int_0^\infty \frac{C(t)}{C(t_0)}\mathrm{d}t,$$

式中,t_0 和 t 分别为初始时刻和 t 时刻;$C(t_0)$ 为湾内示踪剂的初始浓度;$C(t)$ 为湾内示踪剂 t 时刻的浓度;θ 为平均存留时间。

(4)半交换时间(Luff and Pohlmann,1996):某海域保守物质浓度通过对流扩散稀释为初始浓度的一半时所需的时间。

(5)杨东方提出的海湾水交换时间(marine bay water exchange time)定义:当带着某一种物质的水体流入湾中,这种物质是保守性物质。在海湾水交换的作用下,使整个湾内部都充满这种物质,这个充满过程所需要的时间就认为是海湾的水交换时间。整个湾内部都充满某一种物质,这种物质是保守性物质。当水体停止给湾内输入这种物质,在海湾水交换的作用下,使整个湾内部放空这种物质,这个放空过程所需要的时间就认为是海湾的水交换时间。

在非保守性物质情况下,根据海湾的水交换完成的定义及海湾的充满和放空原理,于是得到海湾水交换时间的范围。这样,不仅在保守性物质情况下,能够确定海湾水交换时间,而且在非保守性物质情况下,也能够确定海湾水交换时间的范围。这就拓宽了以前的海湾水交换时间的计算条件。

7.3.2　海湾水交换的指标物质

在研究海湾水交换能力时，一般以溶解态的保守性物质作为湾内水的示踪剂，如选用化学耗氧量（COD）、盐度作为指标物质。然而，作者首次探讨了非保守性物质情况下，来确定海湾水交换时间的范围。这就拓宽了以前的海湾水交换时间的计算条件。

7.3.3　海湾水交换时间的计算方法

衡量海湾水交换的能力，主要以潮流和污染物扩散为研究对象。研究的方法有实测指示物质浓度法、箱式模型、标识质点数值跟踪法、对流-扩散水交换模型和三维潮流场及物质输送模型等。考虑海湾内外的水交换，计算海水的交换量、海水的交换率、半交换时间和平均存留时间，来展示海湾的水交换能力，如胶州湾的水交换能力。

对于海湾水交换能力的研究，作者的研究方法是生物地球化学模型，利用海湾水交换完成的定义及海湾充满和放空的原理，计算得到海湾水交换时间的范围。

7.3.4　海湾水交换计算涉及的参数

在海湾水交换研究的各种方法中，都以潮流的动力学为背景，如正规半日潮、M_2 分潮、驻波、潮周期、潮流和潮余流场等。采用数值模型模拟海湾水交换中对流和扩散的水动力过程，在模型中存在的空间网距、时间步长、固定边界、扩散项及扩散系数等参数对模拟的结果影响较大。同时，数值模拟还要考虑预报变量对模拟结果的影响，如流速、温度、盐度、密度、风速、湍动能和湍宏观尺度等。

在作者的海湾水交换研究方法中，所采用的生物地球化学模型，以硅酸盐、硝酸盐和初级生产力等环境因子和生物因子为参数，来计算胶州湾的水交换时间。

7.3.5　海湾水交换方法和模型的不足

在数值模拟中，数值模拟不能描述某些微观结构（如局部紊动结构等），同时受到某些参数的选定和网格的大小、模型方法等的影响。另外，正压潮动力模型不包含风、密度层结等因子，水质模型没考虑外源强迫和悬浮物质沉降的作用，而且箱式模型要考虑湾内外海水的混合，质点追踪模型要考虑扩散过程。因此，海湾水交换方法和模型不能完全反映实际状况，只能近似模拟实际状况。

在作者的海湾水交换研究方法中，所采用的生物地球化学模型，不须以潮流的动力学为背景，也不受上述参数和变量的影响，也不须考虑每个潮周期湾内水外海水的充分混合状况，也可忽略扩散过程而通过环境因子和生物因子的实际调查数据，就能够更好地反映实际状况。

7.4　结　　论

对于胶州湾水交换能力的研究，作者首次给出了海湾水交换完成的定义，并且首次提出了海湾充满和放空的原理，然后作者据此建立了生物地球化学的数值模型，利用了保守性物质或者非保守性物质作为湾内水的示踪剂，计算得到海湾水交换时间的范围。于是，在胶州湾水交换时间的计算上，根据海湾水交换完成的定义、海湾充满和放空的原理，采用生物地球化学的数值模型，并且利用了非保守性物质 Si∶N 的值作为湾内水的示踪剂，于是，计算得到胶州湾水交换时间的集合 $X=\{x \mid 10 < x < 15\}$，单位：天，也就是胶州湾水交换时间是这个集合的某一个时刻。如果按照平均值来计算，胶州湾水交换时间 $x=12.5$ 天。在作者的海湾水交换研究方法中，不仅在保守性物质情况下，能够确定海湾水交换时间，而且在非保守性物质情况下，也能够确定海湾水交换时间的范围。所采用的生物地球化学模型，以硅酸盐、硝酸盐和初级生产力等环境因子和生物因子为参数，来计算胶州湾的水交换时间。而且不需要以潮流的动力学为背景，也不受潮流参数和变量的影响，也不需要考虑每个潮周期湾内水外海水的充分混合状况，也可以忽略扩散过程，而通过环境因子和生物因子的实际调查数据，就能够更好地反映实际状况。

因此，作者提出了海湾水交换完成的定义、海湾的充满和放空原理及海湾的水交换研究方法为海湾水交换时间的计算开辟了新的研究方法。在胶州湾水交换时间的计算上，取得了较好的结果。

参 考 文 献

杨东方, 曹海荣, 高振会, 等. 2008a. 胶州湾水体重金属 Hg Ⅰ. 分布和迁移. 海洋环境科学, 27(1): 37-39.

杨东方, 陈豫, 吴绍渊, 等. 2010b. 有机农药六六六对胶州湾海域水质的影响Ⅰ. 含量的年份变化.海洋科学, 34(12): 52-56.

杨东方, 高振会, 曹海荣, 等. 2008b. 胶州湾水域有机农药六六六分布及迁移. 海岸工程, 27(2): 65-71.

杨东方, 高振会, 孙培艳, 等. 2009a. 胶州湾水域有机农药六六六春、夏季的含量及分布. 海岸工程, 28(2): 69-77.

杨东方, 高振会. 2006. 海湾生态学. 北京: 中国教育文化出版社.

杨东方, 苗振清, 丁咨汝, 等. 2011. 有机农药六六六对胶州湾海域水质的影响Ⅱ. 污染源变化过程. 海洋科学, 35(5): 112-116.

杨东方, 苗振清, 高振会.2010a. 海湾生态学(上、下). 北京: 海洋出版社.

杨东方, 苗振清, 徐焕志, 等. 2013a. 胶州湾海水交换的时间. 海洋环境科学, 32(3): 373-380.

杨东方, 孙培艳, 陈晨, 等. 2013b. 胶州湾水域石油烃的分布及污染源. 海岸工程, 32(1): 65-71.

杨东方, 王磊磊, 高振会, 等. 2009b. 胶州湾水体重金属 Hg Ⅱ. 分布和污染源. 海洋环境科学, 28(5): 501-505.

Bolin B, Rohde H.1973. A note of the concepts of age distribution and transmit time in natural reservoirs. Tell us, 25(2): 58-62.

Luff R, Pohlmann T. 1996. Calculation of water exchange times in the ICES-boxes with a Eulerian dispersion model using a half-life time approach. Dtsch Hydrogr Z, 47(4): 287-299.

Prandle D.1984. A modelling study of the mixing of 137C s in the seas of the European Continental Shelf. London: Phil Trans Royal Soc: 407-436.

Takeoka H. 1984. Fundamental concepts of exchange and transport time scales in a coastal sea. Continental Shelf Research, 3: 331-336.

Yang D F, Chen Yu, Gao Z H, et al. 2005a. Silicon limitation on primary production and its destiny in Jiaozhou Bay, China Ⅳ Transect offshore the coast with estuaries. Chin J Oceanol Limnol, 23(1): 72-90.

Yang D F, Gao Z H, Wang P G, et al. 2005b. Silicon limitation on primary production and its destiny in Jiaozhou Bay, China Ⅴ Silicon deficit process. Chin J Oceanol Limnol, 23(2): 169-175.

Yang D F, Guo J H, Zhang Y J, et al. 2011b. Pb distribution and sources in Jiaozhou Bay, East China. Journal of Water Resource and Protection, 3(1): 41-49.

Yang D F, Zhang Y J, Zou J, et al. 2011a. Contents and distribution of petroleum hydrocarbons (PHC) in Jiaozhou Bay waters. Open Journal of Marine Science, 2(3): 108-112.

Yang D F, Ding Z, Miao Z Q, et al. 2012. Input Quantity and Distribution of hexachlorocyclohexane (HCH) in the Jiaozhou Bay Water. Journal of Water Resource and Protection, 4(3): 140-148.

第8章 胶州湾水交换时间的计算过程与比较

日本学者最先提出了水体交换的概念，并提出了浓度交换律的计算公式。随着海洋数学模式技术的发展，水体交换的概念和计算过程也在不断地发展和完善。目前，科学界大多采用数值模型来计算海水交换率或平均水体更新时间。数值模型有箱式模型、标识质点数值跟踪法、对流-扩散水交换模型等许多模型。由于不同海域的流场、地形差异，不同海域的水交换能力是不同的（王宏等，2008）。在胶州湾，许多学者基于不同的水交换概念和不同的水动力模式开展了一系列海湾水交换能力的研究（陈时俊等，1982；孙英兰等，1988；吴永成等，1992；国家海洋局和青岛水产局，1998；赵亮等，2002；吕新刚等，2010）。现在，可以通过作者提出的生物地球化学模型（杨东方等，2013），来探讨和分析海湾水交换能力，为海湾水交换时间的计算开拓了新的方法。

8.1 生物地球化学模型

8.1.1 定　　义

作者提出了海湾水交换时间（marine bay water exchange time）定义，包括从两个方面来说明此定义。通过海湾的充满和海湾的放空过程，在保守性物质的情况下，给出了海湾水交换时间的定义。探讨了非保守性物质情况下，海湾水交换时间的范围。

作者提出的海湾水交换时间的定义如下：当带着某一种物质的水体流入湾中，这种物质是保守性物质。在海湾水交换的作用下，使整个湾内部都充满这种物质，这个充满过程所需要的时间就认为是海湾的水交换时间。整个湾内部都充满某一种物质，这种物质是保守性物质。当水体停止给湾内输入这种物质，在海湾水交换的作用下，使整个湾内部放空这种物质，这个放空过程所需要的时间就认为是海湾的水交换时间。

在非保守性物质情况下，根据海湾的水交换完成的定义及海湾的充满和放空原理，就可得到海湾水交换时间的范围。这样，不仅在保守性物质情况下，确定海湾水交换时间。而且在非保守性物质情况下，能够确定海湾水交换时间的范围。这就拓宽了以前的海湾水交换时间的计算条件。

8.1.2　原　　理

当某一种物质的指示浓度充满整个海湾，即在整个海湾某一种物质的指示浓度都一致的话，海湾的水交换就完成。

作者定义这一种物质的某一指示浓度为此物质的海湾衡量值 r，其取值范围为正实数，即 $r \geqslant 0$。这个海湾衡量值 r 可以取任意某一值 r_0，来衡量这种物质在海湾出现 r_0 值到整个湾内都达到 r_0 值，这个过程所需要的时间就认为是海湾的水交换时间。或者整个湾内都达到 r_0 值，然后，在海湾出现低于 r_0 值到整个湾内都低于 r_0 值，这个过程所需要的时间就认为是海湾的水交换时间。那么，下面举出一个例子，当 $r_0 = 0$ 时，有以下结果。

（1）海湾的充满：当带着某一种物质的水体流入湾中，这种物质是保守性物质。在海湾水交换的作用下，整个湾内部都充满这种物质，这个充满过程所需要的时间就认为是海湾的水交换时间。如果该物质还有沉降时，是非保守性物质，若全湾充满这种物质所需要的时间为 A 天，那么，水交换时间小于 A 天，即水交换时间 $< A$ 天。

（2）海湾的放空：整个湾内部都充满某一种物质，这种物质是保守性物质。当水体停止给湾内输入这种物质时，在海湾水交换的作用下，使整个湾内部放空这种物质，这个放空过程所需要的时间就认为是海湾的水交换时间。如果该物质还有沉降时，是非保守性物质，若全湾放空这种物质所需要的时间为 B 天，那么，水交换时间大于 B 天，即 B 天 $<$ 水交换时间。

那么，根据海湾水交换完成的定义及海湾充满和放空的原理，于是得到结果：B 天 $<$ 海湾水交换时间 $< A$ 天。

8.1.3　应　　用

陆源物质 Si 通过河流输入到胶州湾内，陆源物质 Si 进入海水中后，一方面被水流稀释，另一方面被浮游植物吸收，沉降到海底。这样，陆源物质 Si 经过了物理过程和生物地球化学过程，导致了陆源提供的 Si 从河口区到胶州湾湾口的降低。

通过胶州湾 1991 年 5 月至 1994 年 2 月的实测数据的分析，展示了 Si∶N 的值变化起因和 Si 的生物地球化学过程，并且建立初级生产力与 Si∶N 的值的动态方程。利用非保守性物质 Si∶N 的值作为湾内水的示踪剂，根据海湾的水交换完成的定义及海湾的充满和放空原理，应用作者提出的生物地球化学模型，计算得到胶州湾水交换时间的集合 $X = \{x \mid 10 < x < 15\}$，单位：天，其平均值为 12.5 天

（杨东方等，2013）。

1）胶州湾海域内 Si：N 值的充满

5 月，在整个胶州湾，Si：N 的值是上升的。当河流向胶州湾海域不断地输入 Si 时，在有些区域就出现了 Si：N 的值为 1。这时，Si 也不断地经历两个过程，一个是在胶州湾水交换的作用下，经过物理过程在输运、扩散；另一个是在浮游植物吸收的作用下，经过生物地球化学过程沉降到海底。当河流继续向胶州湾海域不断地输入 Si 时，导致整个胶州湾 Si：N 的值都达到 1。这个过程所花费的时间是 15 天。若没有 Si 的沉降，只有水交换的作用，Si：N 的值在整个胶州湾都上升到 1 的时间就比较短，那么，胶州湾水交换时间为 15 天。当有 Si 沉降时，Si：N 的值在整个胶州湾都上升到 1 的时间就比较长，胶州湾水交换时间小于 15 天，即胶州湾水交换时间<15 天。

2）胶州湾海域内 Si：N 值的放空

11 月，在整个胶州湾，Si：N 的值是下降的。当河流向胶州湾海域停止输入 Si 时，在有些区域就出现了 Si：N 的值为 1。这时，Si 也不断地经历两个过程，一个是在胶州湾海水交换的作用下，经过物理过程在输运、扩散；另一个是在浮游植物吸收的作用下，经过生物地球化学过程沉降到海底。当河流一直停止向胶州湾海域输入 Si 时，导致整个胶州湾 Si：N 的值都达到 1。这个过程所花费的时间是 10 天。若没有 Si 的沉降，只有水交换的作用，Si：N 的值在整个胶州湾都下降到 1 的时间就比较长，那么，胶州湾水交换时间为 10 天。当有 Si 沉降时，Si：N 的值在整个胶州湾都下降到 1 的时间就比较短，那么，胶州湾水交换时间大于 10 天，即胶州湾水交换时间>10 天。

那么，根据海湾的水交换完成的定义及海湾的充满和放空原理，将生物地球化学模型应用到胶州湾，得到如下结果：10 天<胶州湾水交换时间<15 天。

于是，胶州湾水交换时间的集合 $X=\{x\mid 10<x<15\}$，单位：天，也就是胶州湾水交换时间是这个集合的某一个天数。如果按照平均值来计算，胶州湾水交换时间 $x=12.5$ 天。

8.2　胶州湾水交换时间

8.2.1　研究的过程

为了研究胶州湾的环境容量和环境质量以及胶州湾水交换的规律，研究人员对胶州湾的水交换能力进行了长期的研究。通过胶州湾的水体计算得到，胶州湾水体区域的定性分析，以及胶州湾水体的半交换时间和平均存留时间，通过作者提出的水交换时间定义，计算得到胶州湾水交换时间区间。因此，经过许多研究者的长期探索展示了胶州湾水交换能力的研究过程。

1982 年，陈时俊等运用数值模式（陈时俊等，1982），以半日潮为动力背景，在给定排污源的条件下，对胶州湾的污染物输运做了数值计算，得到两个污染物的高值区，分别位于大沽河口和胶州湾东侧－东北侧。

1988 年，孙英兰等用二维数值模型，通过拉格朗日余流分布，标识质点跟踪，对胶州湾水交换活跃程度进行区域划分，将其分为湾顶滞留区，黄岛附近活跃区和湾口良好区（孙英兰等，1988）。

1992 年，吴永成等借助一个箱式模型（吴永成等，1992），利用盐度资料，计算得到胶州湾水体半交换时间为 5 天，相应的平均存留时间为 7.2 天。

1998 年，国家海洋局和青岛水产局（1998）应用潮汐潮流数值模型（国家海洋局和青岛水产局，1998），采用对标识质点运动轨迹的数值跟踪计算，得到胶州湾的水交换时间是 10.4 天。

2002 年，赵亮等运用拉格朗日质点追踪的方法（赵亮等，2002），追踪胶州湾内不同初始位置的质点出湾所用的时间，得出平均存留时间为 80 天。

2004 年，Liu 等应用水动力扩散模型（Liu et al.，2012），给出了胶州湾水体存留时间的水平分布，得出胶州湾平均存留时间为 52 天。

2010 年，吕新刚等利用潮汐潮流数值模型（吕新刚等，2010），模拟了胶州湾的水交换过程。整个胶州湾平均水体存留时间为 71 天，平均半交换时间为 25 天。

2013 年，杨东方等利用生物地球化学模型（杨东方等，2013），展示了整个胶州湾水交换的结果，得到整个胶州湾水体交换时间为 10～15 天，整个胶州湾平均水体交换时间为 12.5 天。

8.2.2　计算结果的证实

通过营养盐 $Si(OH)_4$：NO_3 的值与初级生产力，建立了生物地球化学模型。

1984 年的一年中，初级生产力的时空变化证实，生物地球化学模型的计算结果是可靠的。通过生物地球化学模型计算得到的结果与胶州湾硅酸盐浓度的时空分布相一致，营养盐硅时空分布的支持充分证实了生物地球化学模型计算结果的准确性。根据生物地球化学模型，计算得到胶州湾硅酸盐的秋季限制和春季满足浮游植物生长的阈值。在营养盐浓度的绝对限制法则（杨东方等，2000，2001，2002）中，这个阈值与生物地球化学模型的计算结果相一致。因此，营养盐硅阈值的支持证实了生物地球化学模型的可靠性。

因此，生物地球化学模型计算的过程和结果得到初级生产力的时空变化、营养盐 Si 浓度的时空分布、营养盐 Si 浓度限制浮游植物生长的阈值的充分证实和支持。

8.2.3 计算结果的对比

陈时俊等（1982）以半日潮为动力背景，在给定排污源的条件下，对胶州湾的污染物输运做了数值计算得到，大约经过 11 个半日潮周期，该污染物总量减少一半。于是，可以认为湾内的海水也已更新一半，即胶州湾水体的半更新期为 11 个半日潮周期，这样，得到胶州湾的水交换时间是 11.5 天。

有研究利用海水交换的体积，选取盐度作为计算海水交换的指标，借助一个箱式模型，计算得到胶州湾内的海水半交换所需要的时间是 5 天，胶州湾内的海水平均存留时间为 7.2 天。那么，作者认为胶州湾的水交换时间是在 10 天以上。

国家海洋局和青岛水产局（1998）利用数值模型，采用数值计算方法，通过对标识质点运动轨迹的数值跟踪计算，求出了通过胶州湾湾口断面的进出净水量，然后确定该断面上的海水交换率，计算得到每天的水交换率为 9.6%。一个半日潮周期的水交换率为 4.8%，10 个半日潮周期海水更新一半。这样，得到胶州湾的水交换时间是 10.4 天。

根据杨东方等（2013）提出的海水交换的计算原理及应用，利用生物地球化学模型，计算得到胶州湾水交换时间是 10~15 天。

对比作者与其他研究者的计算结果，发现作者计算得到胶州湾水交换时间为 10~15 天的，与陈时俊等（1982）、吴家成等（1992）、国家海洋局和青岛水产局（1998）的计算结果相近。这表明作者的计算结果得到其他研究者的计算结果的支持和证实。

作者计算得到的结果说明在 10~15 天的任何一点的时刻作为胶州湾水交换时间都是正确的。可见，虽然与陈时俊等（1982）、吴家成等（1992）以及国家海洋局和青岛水产局（1998）的计算结果不一样，但是都在作者计算结果的区间内。从作者的角度看，他们的计算结果都是对的，他们的计算结果只是在作者计算结果区间内的某一刻。

杨东方等以生物地球化学模型计算的结果与陈时俊等（1982）利用输运数值模型计算的结果、吴家成等（1992）利用箱式模型计算的结果以及国家海洋局和青岛水产局（1998）利用数值模型计算的结果之间可相互证实和支持。但这个结果是与赵亮等（2002）运用拉格朗日质点追踪方法的计算结果，Liu 等（2004）

应用水动力扩散模型的计算结果和吕新刚等（2010）利用潮汐潮流数值模型的计算结果相差甚远（表 8-1）。

表 8-1　胶州湾水交换时间的研究结果对比

作者	发表年份	水半交换时间/d	水交换时间/d	平均存留时间/d
陈时俊等	1982		11.5	
吴永成等	1992	5	10 以上	7.2
国家海洋局和青岛水产局	1998		10.4	
赵亮等	2002			80
Liu 等	2004			52
吕新刚等	2010	25		71
杨东方等	2013		10～15	

8.3　结　　论

对于胶州湾水交换能力的研究，作者首次给出了海湾水交换完成的定义，并且首次提出了海湾充满和放空的原理，然后作者利用保守性物质或者非保守性物质作为湾内水的示踪剂，计算得到海湾水交换时间的范围。于是，在胶州湾水交换时间的计算上，根据海湾水交换完成的定义、海湾充满和放空的原理，采用生物地球化学的数值模型，并且利用了非保守性物质 Si∶N 的值作为湾内水的示踪剂，于是，计算得到胶州湾水交换时间的集合 $X=\{x|10<x<15\}$，单位：天，也就是胶州湾水交换时间是这个集合的某一个时刻。如果按照平均值来计算，胶州湾水交换时间 $x=12.5$ 天。而且，该模型的计算过程和结果都得到初级生产力的时空变化、营养盐 Si 浓度的时空分布、营养盐 Si 浓度限制浮游植物生长的阈值的证实和支持。

1982～2013 年，在胶州湾水交换时间的研究上，经过 21 年漫长的路途，有许多研究者不断的探索和发展，也得到许多研究成果。作者计算的结果得到陈时俊等（1982）、吴家成等（1992）以及国家海洋局和青岛水产局（1998）的证实和支持，但与赵亮等（2002）、Liu 等（2004）、吕新刚等（2010）的计算结果却大相径庭。

陈时俊等（1982）、吴永成等（1992）、国家海洋局和青岛水产局（1998）利用不同方法计算的结果比较接近，但又有所区别。然而作者计算得到的结果：海湾水交换时间的范围却包含了他们的计算结果，他们的结果是作者海湾水交换时间区间内的不同点。作者计算得到的结果说明在 10～15 天的任何一点的时刻作为胶州湾水交换时间都是正确的，而且作者计算得到的这个区间结果拓宽了以前研究的时刻结果。

因此，作者提出了海湾水交换完成的定义、海湾的充满和放空原理以及海湾的水交换研究方法，为海湾水交换时间的计算开辟了新的研究方法。

参 考 文 献

陈时俊, 孙文心, 王化桐. 1982. 胶州湾环流和污染扩散的数值模拟: Ⅱ.污染浓度的计算. 山东海洋学院学报, 12(4): 1-12.

国家海洋局, 青岛水产局. 1998. 胶州湾陆源污染物入海总量控制研究. 青岛: 国家海洋局北海监测中心内部资料.

吕新刚, 赵昌, 夏长水. 2010. 胶州湾潮汐潮流动边界数值模拟. 海洋学报, 32(2): 20-30.

孙英兰, 陈时俊, 俞光耀, 等. 1988. 海湾物理自净能力分析和水质预测——胶州湾. 山东海洋学院学报, 18(2): 60-67.

王宏, 陈丕茂, 贾晓平, 等. 2008. 海水交换能力的研究进展. 南方水产, 4(2): 75-80.

吴永成, 王从敏, 张以恳, 等. 1992. 海水交换和混合扩散(胶州湾生态学和生物资源). 北京: 科学出版社: 57-72.

杨东方, 高振会, 陈豫, 等. 2002. 硅的生物地球化学过程的研究动态. 海洋科学, 26(3): 35-36.

杨东方, 苗振清, 徐焕志, 等. 2013. 胶州湾海水交换的时间. 海洋环境科学, 32(3): 373-380.

杨东方, 詹滨秋, 陈豫, 等. 2000. 生态数学模型及其在海洋生态学应用. 海洋科学, 6: 21-24.

杨东方, 张经, 陈豫, 等. 2001. 营养盐限制的唯一性因子探究. 海洋科学, 25(12): 49-51.

赵亮, 魏皓, 赵建中. 2002. 胶州湾水交换的数值研究. 海洋与湖沼, 33(1): 23-29.

Liu Z, Wei H, Liu G S, et al. 2004. Simulation of water exchange in Jiaozhou Bay by average residence time approach. Estuarine, Coastal and Shelf Science, 61: 25-35.

第9章 水箱的水交换原理及应用

在海洋近岸水域，有许多海湾。海湾的研究越来越深入和广泛（杨东方和高振会，2006；杨东方等，2010a）。在海湾内，有许多河流，将陆源的很多物质输入海洋，如在胶州湾（图9-1），污染物物质有有机污染物（杨东方等，2008a，2009a，2010b，2011；Yang et al.，2012）、重金属（杨东方等，2008b，2009b；Yang et al.，2011a）、石油烃等（Yang et al.，2011b；杨东方等，2013a），自然物质有硅酸盐等（Yang et al.，2005a，2005b），这些物质都随着河流进入到海湾。在海湾，这些物质从湾底到湾中心、湾口，经过了对流输运和稀释扩散等物理过程，经过湾口与外海水交换，物质的浓度不断地降低，展示了海湾水交换的能力。可以通过作者提出的海湾水交换完成的定义，以及海湾充满和放空原理（杨东方等，2013b），来探讨和分析如何应用到湖泊和水库，来考虑湖泊和水库的水交换能力，为水交换时间的计算开拓了新的研究领域，而且为湖泊和水库等水域的水交换、水污染研究提供了新方法。

图 9-1 水箱水交换的模型框图

有一水箱，有两个水口，一个是入水口，另一个是出水口

9.1 海湾的水交换

9.1.1 定　义

作者提出了：海湾水交换时间的定义，包括从两个方面来说明此定义。通过海湾的充满和海湾的放空过程，在保守性物质的情况下，给出了海湾水交换时间的定义。探讨了非保守性物质情况下，海湾水交换时间的范围。

作者提出的海湾水交换时间的定义如下：当带着某一种物质的水体流入湾中，

这种物质是保守性物质。在海湾水交换的作用下，使整个湾内部都充满这种物质，这个充满过程所需要的时间就被认为是海湾的水交换时间。整个湾内部都充满某一种物质，这种物质是保守性物质。当水体停止给湾内输入这种物质，在海湾水交换的作用下，使整个湾内部放空这种物质，这个放空过程所需要的时间就被认为是海湾的水交换时间。

在非保守性物质情况下，根据海湾的水交换完成的定义及海湾的充满和放空原理进行分析，就可以得到海湾水交换时间的范围。这样，不仅在保守性物质情况下，能够确定海湾水交换时间，而且在非保守性物质情况下，也能够确定海湾水交换时间的范围。这也就拓宽了以前的海湾水交换时间的计算条件。

9.1.2 原　　理

当某一种物质的指示浓度充满整个海湾，即在整个海湾某一种物质的指示浓度都一致的话，海湾的水交换就完成。

定义某种物质的某一指示浓度为此物质的海湾衡量值 r，其取值范围为正实数，即 $r \geqslant 0$。这个海湾衡量值 r 可以取任意某一值 r_0，来衡量这种物质在海湾出现 r_0 值到整个湾内都达到 r_0 值，这个过程所需要的时间就被认为是海湾的水交换时间。或者整个湾内都达到 r_0 值，然后，在海湾出现低于 r_0 值到整个湾内都低于 r_0 值，这个过程所需要的时间就被认为是海湾的水交换时间。下面举出一个例子，当 $r_0 = 0$ 时，有以下结果。

（1）海湾的充满：当带着某一种物质的水体流入湾中，而且这种物质是保守性物质。在海湾水交换的作用下，使整个湾内部都充满这种物质，这个充满过程所需要的时间就被认为是海湾的水交换时间。如果该物质还有沉降，是非保守性物质，且假设全湾充满这种物质所需要的时间为 A 天，那么，水交换时间小于 A 天，即水交换时间 $< A$ 天。

（2）海湾的放空：整个湾内部都充满某一种物质，而且这种物质是保守性物质。当水体停止给湾内输入这种物质，在海湾水交换的作用下，使整个湾内部放空这种物质，这个放空过程所需要的时间就认为是海湾的水交换时间。如果该物质还有沉降，是非保守性物质，且假设全湾放空这种物质所需要的时间为 B 天，那么，水交换时间大于 B 天，即 B 天 $<$ 水交换时间。

那么，根据海湾水交换完成的定义及海湾充满和放空的原理，于是得到结果：B 天 $<$ 海湾水交换时间 $< A$ 天。

9.2　水箱的水交换

9.2.1　定　　义

根据杨东方等（2013）提出的海湾水交换完成的定义和海湾充满和放空原理，作者提出了水箱的定义：水箱，有两个水口，一个是入水口，另一个是出水口。

作者提出了：水箱水交换时间（marine bay water exchange time）的定义，包括从两个方面来说明此定义。通过水箱的充满和海湾的放空过程，在保守性物质的情况下，给出了水箱水交换时间的定义。探讨了非保守性物质情况下，水箱水交换时间的范围。

作者提出了水箱水交换时间的定义如下：当带着某一种物质的水体流入湾中，这种物质是保守性物质。在水箱水交换的作用下，使整个水箱内部都充满这种物质，这个充满过程所需要的时间就认为是水箱的水交换时间。另外，整个水箱内部都充满某一种物质，这种物质是保守性物质。当水体停止给水箱内输入这种物质，在水箱水交换的作用下，使整个水箱内部放空这种物质，这个放空过程所需要的时间就认为是水箱的水交换时间。

在非保守性物质情况下，根据水箱的水交换完成的定义及水箱的充满和放空原理，于是得到水箱水交换时间的范围。这样，不仅在保守性物质情况下，能够确定水箱水交换时间，而且在非保守性物质情况下，也能够确定水箱水交换时间的范围。这就拓宽了水箱水交换时间的计算方法。

9.2.2　原　　理

根据杨东方等（2013b）提出的海湾水交换完成的定义和海湾充满和放空原理，更好地广泛地应用到湖泊和水库等水域，并就此提出了水箱水交换的原理。

（1）有一水箱，有两个水口，一个是入水口，另一个是出水口。在水箱中，有流入水，称为水箱的新水；有流出水，称为水箱的旧水（图 9-1）。

（2）有某一物质 W，是保守性物质 BW，或者是非保守性物质 FBW。

（3）根据杨东方提出的海湾的充满原理，如果是保守性物质，当入水口带入这个物质，这时，此物质在水箱中某一点出现，其浓度为 r_0，从这一刻时间开始，进入水箱的水不断地把此物质带入水箱中，当整个水箱的水体中，物质浓度全部都达到 r_0，到这一刻时间结束。这个时间段就称为水箱的水交换时间 SJS（图 9-2）。

（4）根据作者提出的海湾放空原理，如果是保守性物质，当出水口带走这个物质。这时，此物质在整个水箱中出现，其浓度为 r_0，从这一刻开始，流出水箱的水不断地把此物质带出水箱，当整个水箱的水体中，只有某一点物质浓度为 r_0，在这一点上，最后浓度低于 r_0 时，即这点浓度为 r_0 消失时，到这一刻时间结束。这个时间段就称为水箱的水交换时间 SJS（图 9-3）。

图 9-2　水箱充满物质的模型框图

在水箱水体中，有某一点的物质浓度为 r_0。通过物质的输入，在整个水箱的水体中，物质浓度全部都达到 r_0

图 9-3　水箱放空物质的模型框图

在水箱水体中，任何一点的物质浓度为 r_0。通过物质的输出，在整个水箱的水体中，物质浓度全部都低于 r_0

（5）根据作者提出的海湾的充满原理，如果是非保守性物质，入水口给水箱带入这个物质。当完成步骤（3）过程时，所花费时间为 B，就有 SJS<B。

（6）根据作者提出的海湾的放空原理，如果是非保守性物质，出水口将这个物质带离水箱。当完成步骤（4）过程时，所花费时间为 A。就有 A<SJS。

（7）根据作者提出的海湾的充满和放空原理，用非保守性物质作为标记。水流将物质带入水箱，同时将物质带离水箱。完成步骤（5）和（6）过程，分别花费时间为 A 和 B，于是有下式成立：A<SJS<B。

9.2.3　应　　用

湖泊具有水箱的功能，有入水口、出水口。于是，将湖泊可以看作水箱，来讨论湖泊的水交换时间及能力。

湖泊原来存在的水称为旧水，当外来水进入到湖泊中，称为湖泊的新水。物质进入湖泊水域，一部分随着湖泊出水带走，一部分留在湖泊水中。当湖泊水缓慢地流出湖泊，而流进的新水不断地占据原来旧水的位置，于是带来了新物质的浓度。这样，当原来湖泊中旧水全部从出口流出时，从入口进来的新水带来新的物质，占据整个湖泊。这时，湖泊所需要的时间，就称为湖泊的水交换时间。这时所带的物质是保守型物质，没有被吸收、沉降等，在湖中没有损失。

如果新水中带入的物质是非保守型的，有物质在湖中沉降、被吸收等，在湖的水体中有损失。这时，所花费的时间，若为 B，那么湖泊水的交换时间<B。

另外，如果水中原来存在某种物质，浓度为 r_0，而入口水并没有这样的物质，这样，出口流出的湖泊旧水不断地把湖中的物质带出，当整个湖中浓度低于 r_0 时，表明整个湖泊中旧水被新水所代替，使得整个湖泊物质浓度下降。这时，所花费的时间称为 A，那么 A＜湖泊水的交换时间。这样，就有 A＜湖泊水的交换时间＜B。

根据作者提出的水箱水交换完成的定义和水箱充满和放空原理，可以计算出湖泊的水交换时间或者时间范围。

9.3　结　　论

对于海湾、湖泊和水库等水域的水交换能力研究，作者首次给出了水箱水交换完成的定义，并且首次提出了水箱充满和放空的原理，利用了保守性物质或者非保守性物质作为水箱内水的示踪剂，计算得到水箱水交换时间的范围。于是，水箱的研究可以充分应用到湖泊和水库等水域的研究，在海湾、湖泊和水库等水域的水交换时间计算上，根据水箱水交换完成的定义、水箱充满和放空的原理，利用了保守性物质或者非保守性物质，可以计算得出海湾、湖泊和水库等水域的水交换时间或者时间范围。

参 考 文 献

杨东方, 曹海荣, 高振会, 等. 2008b. 胶州湾水体重金属 Hg Ⅰ. 分布和迁移. 海洋环境科学, 27(1): 37-39.

杨东方, 陈豫, 吴绍渊, 等. 2010b. 有机农药六六六对胶州湾海域水质的影响 Ⅰ. 含量的年份变化. 海洋科学, 34(12): 52-56.

杨东方, 高振会, 曹海荣, 等. 2008a. 胶州湾水域有机农药六六六分布及迁移. 海岸工程, 27(2): 65-71.

杨东方, 高振会, 孙培艳, 等. 2009a. 胶州湾水域有机农药六六六春、夏季的含量及分布. 海岸工程, 28(2): 69-77.

杨东方, 高振会. 2006. 海湾生态学. 北京: 中国教育文化出版社.

杨东方, 苗振清, 丁咨汝, 等. 2011. 有机农药六六六对胶州湾海域水质的影响 Ⅱ. 污染源变化过程. 海洋科学, 35(5): 112-116.

杨东方, 苗振清, 高振会. 2010a. 海湾生态学(上、下). 北京: 海洋出版社.

杨东方, 苗振清, 徐焕志, 等. 2013b. 胶州湾海水交换的时间. 海洋环境科学, 32(3): 373-380.

杨东方, 孙培艳, 陈晨, 等. 2013a. 胶州湾水域石油烃的分布及污染源. 海岸工程, 32(1): 65-71.

杨东方, 王磊磊, 高振会, 等. 2009b. 胶州湾水体重金属 Hg Ⅱ. 分布和污染源. 海洋环境科学, 28(5): 501-505.

Yang D F, Chen Yu, Gao Z H, et al. 2005a. Silicon limitation on primary production and its destiny in Jiaozhou Bay, China Ⅳ Transect offshore the coast with estuaries. Chin J Oceanol Limnol, 23(1): 72-90.

Yang D F, Ding Z, Miao Z Q, et al. 2012. Input Quantity and Distribution of hexachlorocyclohexane (HCH) in the Jiaozhou Bay Water. Journal of Water Resource and Protection, 4(3): 140-148.

Yang D F, Gao Z H, Wang P G, et al. 2005b. Silicon limitation on primary production and its destiny in Jiaozhou Bay, China Ⅴ Silicon deficit process. Chin J Oceanol Limnol, 23(2): 169-175.

Yang D F, Guo J H, Zhang Y J, et al. 2011a. Pb distribution and sources in Jiaozhou Bay, East China. Journal of Water Resource and Protection, 3(1): 41-49.

Yang D F, Zhang Y C, Zou J, et al. 2011b. Contents and distribution of petroleum hydrocarbons (PHC) in Jiaozhou Bay waters. Open Journal of Marine Science, 2(3): 108-112.

第 10 章 胶州湾的浮游藻类生态现象

胶州湾位于北纬 $35°55'\sim36°18'$，东经 $120°04'\sim120°23'$，面积约为 $446km^2$，平均水深为 7m，是一个半封闭型海湾。良好的自然条件，滋润着丰富多样的生物群落。胶州湾浮游植物已鉴定的种类约 175 种，近年初级生产力平均为 $503mg/(m^2\cdot d)$；浮游动物生物量约 $100mg/m^3$，已鉴定种类 110 种；底栖动物平均生物量为 $73.6g/m^2$，栖息密度为 203.6 个$/m^2$，产量最高的经济底栖动物是菲律宾蛤仔（董金海和焦念志，1995）。此外，胶州湾是多种经济鱼、虾、蟹类的繁殖、育幼和索饵场所，也是对虾、扇贝、海带等经济物种的养殖基地。

胶州湾周围为青岛、胶州、胶南等市所环抱，形成了高度密集的沿湾产业区，胶州湾与周边社会经济体系已构成了一个多元化的复合生态系统。胶州湾入海的十几条河流（如大沽河、洋河、海泊河、李村河等）的相当部分已成为周边城镇工农业生产和居民生活的排污渠道，构成了外源有机物质和污染物的重要来源。其他人类活动（包括养殖、捕捞等经营开发）也都给胶州湾生态系统造成很大的影响。青岛经济的快速发展，工业废水和城市生活污水大量注入胶州湾内，造成一些海域严重污染，生态环境逾趋恶化，部分海域海洋生物资源枯竭。尤其近年来，大沽河、洋河的流量逐渐减少，海泊河、李村河成为排污河，这样输送的硅在逐年减少，而氮、磷在逐年增加（沈志良，1995；Yang et al.，2003b），胶州湾水域日趋富营养化。

10.1 胶州湾生态现象

浮游植物是水域有机物的生产者，是食物链的基本环节。因此，了解某一海域浮游植物的种群结构、细胞数量分布和浮游植物藻种的季节变化，可为开发利用该水域的生物资源、研究海洋环境提供基础资料。

10.1.1 浮游植物的生长

研究者于 1977 年 2 月至 1978 年 1 月进行了月份调查，整个调查共设 10 个站位（图 10-1）。

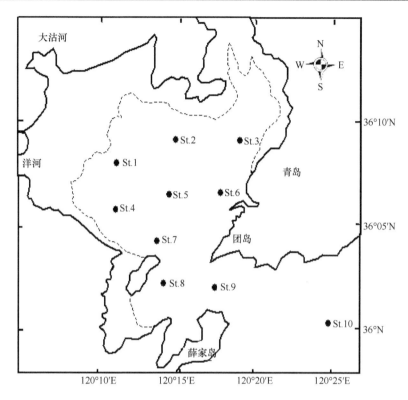

图 10-1　1977 年 2 月至 1978 年 1 月的胶州湾调查站位图

　　胶州湾及其附近海域浮游藻种群结构以硅藻和甲藻两大类为主,特别是前者,无论在种数上或细胞个数上,都占绝对优势,胶州湾及其近海浮游藻的种类、数量分布,几乎由硅藻决定。湾内硅藻的细胞数量可占浮游藻细胞总量的 99.9%(1977 年 2 月)至 96.0%(1977 年 7 月);湾外 1 号站处占 99.9%(1977 年 2 月)至 89.9%(1977 年 7 月)(钱树本等,1983)。李冠国和黄世玫(1956)认为:青岛近海浮游硅藻的细胞数量高峰出现在 9 月,4～5 月为细胞数量最低时期。郭玉洁和杨则禹(1992)观察发现,浮游植物在每年的 4～5 月的数量是一年中最少的。

　　在调查期内,少数浮游藻种,如刚毛根管藻(*Rhizosolenia setigera*)和柔弱根管藻(*R. delicatula*)等曾出现正常状态细胞和发生色素体褪色、细胞曲折变形的不正常细胞同时并存的现象。前者出现上述现象的时间和分布海区比后者长而广。刚毛根管藻在胶州湾及其近海几乎全年均有,并在 1977 年 4 月和 9 月于湾内局部海区出现数量优势而不正常状态细胞主要于 4 月前后出现,尤其 4 月最明显(图 10-2),其中 4 号站的非正常细胞可占此种硅藻细胞总量的 71%。

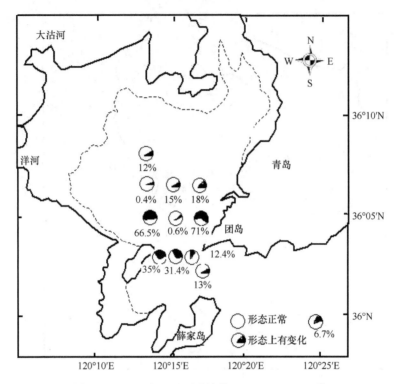

图 10-2　1977 年 4 月刚毛管藻（*R. setigera*）正常
和非正常细胞分布

　　1977 年前后，胶州湾内外普遍出现有刚毛根管藻等少数浮游藻类发生细胞曲
折变形、色素体褪色等衰亡现象的个体。从形变的刚毛根管藻于湾内外的分布情
况来看，位于青岛港外的马蹄礁附近 4 号站及黄岛油港附近（3 号站）和船舶锚
地西侧等海域的变形细胞数量又占刚毛根管藻细胞总量的 31%～71%（钱树本等，
1983）。

10.1.2　浮游植物的结构

　　值得注意的是，湾西南部黄岛前湾 E1 站（8 号站，图 10-3）浮游植物优势
种组成有与众不同的生态特点。在那里，夏季优势种暖水性的长角角藻在浮游植
物总量中所占比例从 7 月开始就明显增加（较湾内其他测站提前一个月），而冬
季优势种日本星杆藻的增加却较其附近测站推迟 2 个月，较湾北部诸站甚至推迟
了 3 个月（郭玉洁和杨则禹，1992）。

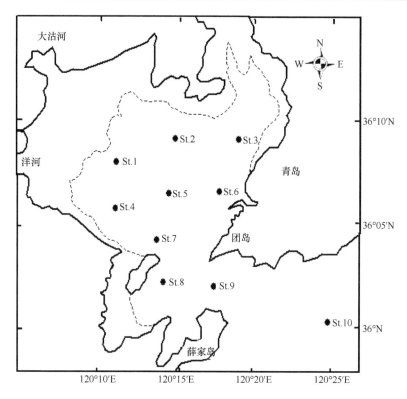

图 10-3　1991 年 5 月至 1994 年 2 月的胶州湾调查站位图

10.2　胶州湾生态现象的剖析

10.2.1　地　　点

以上描述的生态现象发生在胶州湾的水域。4 号站（图 10-1）和 6 号站（图 10-3）位于青岛港对外的附近水域，3 号站（图 10-1）和 8 号站（图 10-3）位于黄岛港附近水域。

从胶州湾环境来看，湾内浮游植物平均数量为 8×10^6 个/m³，以国内已知资料来看亦属浮游植物高产海区，并且湾内浮游植物以细胞较小的硅藻为主（郭玉洁和杨则禹，1992）。构成湾内冬季浮游植物高峰的优势种是日本星杆藻。它的最繁盛的季节是 12 月至翌年 3 月，2 月，本种的平均数量最高为 10^7 个/m³，另外，海链藻和冕孢角刺藻也较多，这些都是硅藻（郭玉洁和杨则禹，1992）。日本星杆藻的增殖适合温度是 4～6℃，是寒期性的硅藻（小久保清治，1960）。

从叶绿素 a、温度、硅酸盐和初级生产力来考虑，由表 10-1 可知，在冬季以日本星杆藻为优势种，在增殖适应的温度条件下，其叶绿素 a 量较大，又知胶州湾是一个平均水深为 7m 左右的浅水海湾。在 2 月底时，其光照时间约为 11.30h，而且营养盐氮、磷比较富足。可见，对于冬季胶州湾的优势种硅藻——日本星杆藻来说，在 2 月，温度适应，光照充足，营养盐氮、磷丰富。但由于硅酸盐浓度很低，甚至出现在检测限以下（在 0.05μmol/L 以下），造成其初级生产力的量值非常低。因此，硅酸盐是初级生产力的限制因子。

表 10-1 6 号站叶绿素 a、温度、硅酸盐和初级生产力在同一时间、地点的量

因子　　　　　　　　　站位号（年，月）	6（1993，2）
叶绿素 a/(mg/m³)	8.394
温度/℃	3.43
硅酸盐浓度/(μmol/L)	0.89
初级生产力/ [mg/(m²·d)]	309.4
NO_3-N/(μmol/L)	2.95
NO_2-N/(μmol/L)	0.415
NH_4-N/(μmol/L)	12.40
PO_4-P/(μmol/L)	0.46

注：硅酸盐浓度低于 0.05μmol/L 时，约定为零；表中数据由胶州湾生态站提供。

在湾西南部（8 号站）的硅酸盐浓度是整个湾中分布最低的。在 7～9 月，湾内水温要比湾西南部（8 号站）的水温高 1～2℃，而且在 7～9 月湾内的优势种短角弯角藻（*Eucampia zoodiacus*）、波状石鼓藻（*Lithodesmium undulatum*）、骨条藻（*Skeletonema costatum*）都是硅藻。而在湾西南部（8 号站）的夏季暖水性的长角角藻不属于硅藻类。因此，所属硅藻的生长空间被长角角藻所占有。日本星杆藻是硅藻，在冬季的 2 月里，湾内水温要比湾西南部（8 号站）的水温低 0.2～0.8℃，而湾西南部（8 号站）的水温在 3.5～4.5℃。日本星杆藻增殖的适应温度是 4～6℃，可是日本星杆藻冬季在湾西南部（8 号站）却推迟 2 个月增加，可见其增殖增长缓慢。

胶州湾 1991 年 5 月至 1994 年 2 月的观测数据由胶州湾生态站提供。采用统计和微分方程分析比较研究该水域主要理化因子——温度、光照和 5 项营养盐（NO_3^--N、NO_2^--N、NH_4^+-N、SiO_3^{2-}-Si、PO_4^{3-}-P）与浮游植物、初级生产力时空分布变化之间的关系。结果表明胶州湾的硅酸盐是初级生产力的限制因子（Yang et al.，2002）。

胶州湾湾内的硅酸盐浓度在 8 号站是最低的（Yang et al.，2002），初级生产力每年的分布几乎均为湾内高于西南部（8 号站），可见胶州湾湾内的初级生产力在每年中在 8 号站是最低的。

胶州湾营养盐溶解 Si∶DIN 和 Si∶DIP 值展示了胶州湾时空变化的特征分布和季节变化，通过 Si∶DIN 和 Si∶16DIP 的值的分析认为，在整个胶州湾，一年四季中 Si∶DIN 的值都小于 1，春季、秋季、冬季 Si∶16DIP 的值都小于 1。证实了该水域硅酸盐在春季、秋季、冬季是浮游植物生长的限制营养盐。这样在胶州湾的季节尺度上和空间尺度上，硅酸盐的浓度变化和营养盐比值的变化都充分显示了溶解硅在溶解氮或溶解磷耗尽之前就趋于耗尽。胶州湾 6 号、8 号站位 Si∶N 和 Si∶16P 的值在一年四季都小于 1（Yang et al.，2003b）。

以上内容表明，在胶州湾 6 号、8 号站海域，浮游植物的生长一直都受到营养盐硅的限制。这些都说明了硅酸盐在胶州湾 6 号、8 号站海域一直都限制浮游植物的生长，改变了浮游植物的集群结构。在胶州湾 6 号、8 号站海域的浮游植物生长一年四季一直都受到营养盐硅的限制，一直都在缺硅的环境下，硅藻生长不断地受到抑制，使浮游植物的细胞曲折变形、色素体减少，如钱树本等（1983）的发现；硅藻生长的海域空间被甲藻所代替，甲藻逐步替代硅藻，浮游植物的集群结构和食物链发生巨大的变化，这样，硅的匮乏改变了该水域浮游植物集群的结构，如郭玉洁和杨则禹（1992）的发现。

10.2.2　时　　间

发生色素体减少、细胞曲折变形的不正常细胞在 4 月最为明显，在 4 号站非正常细胞可占此种硅藻细胞总量的 71%。而且 4～5 月为细胞数量最低时期。这表明，在 4～5 月时环境因子严重影响藻类细胞的生长。

根据胶州湾 1991 年 5 月至 1994 年 2 月的观测数据，通过模型得到浮游植物生长的阈值和阈值时间，以及初级生产力受硅限制等的结论。胶州湾浮游植物生长受到硅限制的阈值时间为秋季的 11 月 3～13 日、硅满足浮游植物生长的阈值时间为春季的 5 月 22 日至 6 月 7 日，并计算出硅限制浮游植物生长的阈值为 2.15～0.76μmol/L，硅满足浮游植物生长的阈值为 1.42～0.36μmol/L。这样，硅限制浮游植物生长的时间为 11 月 13 日至翌年的 5 月 22 日，而浮游植物的生长不受硅的影响的时间为 6 月 7 日至 11 月 3 日（Yang et al.，2003a）。

从 11 月 13 日至翌年的 5 月 22 日，1984 年逐月调查（郭玉洁和杨则禹，1992）的初级生产力值均小于 294.00mg/(m²·d)，这表明初级生产力的值都非常低，小于整个胶州湾受到营养盐硅限制的浮游植物生长的初级生产力的临界值 336.05～610.34mg/(m²·d)。这也证实了从 11 月 13 日至翌年的 5 月 22 日处于阈值之下的营养盐硅一直是浮游植物生长的限制因子。可见，当营养盐硅匮乏时，浮游植物生长一直受到严重影响。在 6 个月 5 天的营养盐硅的长时间缺乏下，浮游植物的初级生产力一直都处于低值。在这期间，浮游植物一直都是缓慢地、衰弱地生长，这表明，通过巨大的自然试验空间（胶州湾）和漫长的试验时间（1 年中的连续的 6 个月 5 天，每月以 30 天计算）的检测和验证：营养盐硅是胶州湾初级生产力的限制因子。据硅酸盐浓度的变化认为，这是由于长时间（6 个月 5 天）营养盐硅的缺乏造成了浮游植物 Si 元素的补充，故在一年中浮游植物的数量在 4～5 月是维持最低的了。这与李冠国和黄世玫（1956）、钱树本等（1983）、郭玉洁和杨则禹（1992）的观察结果相一致。

从以上分析得知，胶州湾浮游植物对硅的需要非常强烈，而且对硅变化的灵敏度很高，反应迅速。这也揭示了浮游植物的生长依赖硅的动态变化全过程。这也说明，整个胶州湾生态系统保持着长期的稳定，浮游植物的生长也一直保持着受控于生态因子硅。

10.2.3 结　　论

作者认为，浮游植物的生产过程的机制不取决于营养盐氮和磷，而是取决于营养盐硅的变化。由于营养盐的比例变化，硅的限制显得更加突出，生态系统的反应是转换浮游植物的生理生长和浮游植物的集群结构来适应变化的环境，以便使浮游植物能够生存下去。随着漫长的时间变化，主要由硅藻组成的浮游植物集群将不断地进行结构转变，需硅量少的非硅类种群在不断地增长，需硅量大的硅藻种群在不断地减少。随着时间推移，需硅量大的硅藻种群的生理特征不断地受到环境的压力，根据达尔文的进化理论，藻类的生理特征逐渐改变，以便对硅的需求量减少。这样，在海洋中，由于浮游植物是生态系统的能量流动和食物链的基础，当浮游植物的集群结构和硅藻的生理特征发生巨大的变化时，将会引起海洋生态系统一系列的巨大变化，也将对海洋生态系统产生巨大的冲击力，如一些生物也许像恐龙一样会突然消失。作者认为，在许多海域，硅藻藻种将会不断地消亡，继而代替的藻种甲藻将会不断地扩张，如甲藻中的长角角藻。浮游植物集群结构的硅藻和甲藻的比例变化，硅藻下降，甲藻上升。这使得整个生态系统需要重新组成、改变和平衡。也许这会使食物链金字塔顶端的渔业资源受到沉重的打击，海洋生态系统的许多物种很快绝迹。大型物种被小型物种所代替，繁殖慢的物种被繁殖快的物种所代替。因此，为了人类在地球上顺利生存，必须保持海洋生态系统的连续性和稳定性，使海洋系统可持续发展。一方面，通过各种方法减少氮、磷输入海洋；另一方面，提高河流的输入量以便其携带大量的营养盐硅，以满足浮游植物生长的需求。同时，浅海养殖区的面积不断扩展，密度增大，尤其一些养殖生物的排泄，将使大量的 Si 沉降，氮、磷却不断再生，这样，进一步加剧了水域 N、P 的比例增加和硅的损失。因此，人类建造排污工程同时，不可人为地建立大坝、水库以阻止河流的携带能力。沿岸许多海域必须尽早、尽快改造优化浅海养殖区，还要谨慎建造浅海养殖区和认真选择养殖生物种类，减少 N、P 的污染，使海洋生态系统能够持续发展。

10.3 用定量化生态位研究环境影响生物物种的变化过程

在生态系统中，生物的生存和消亡，以及环境的变化一直是人们研究的热点。通过胶州湾生态模型的研究，本节定义和量化多维生态位，并应用多维生态位定量化地展示物种之间的团结、吸引和竞争、排斥的基本原理，以及在环境作用下，物种之间的关系变化过程，为研究物种生存和消亡、环境变化和物种进化提供一定科学依据。

生态位是生物存活和消失的重要指标之一。如何定义生态位，如何表示和量化多维生态位，全面表明生物在生态系统中的位置和作用，显得尤为重要。如何看待生物和环境，如何用生态位量化其关系，这是本处要探讨的问题。从胶州湾的研究发现，浮游植物的不同种群，其水温的影响系数和硅酸盐的表观转化率也是不同的，种群对水温和硅的表观转化率占据不同的生态位。

10.3.1 生态位的概念

生态位（niche）的概念最早是格林尼尔（Grinnell）在 1917 年提出的，用来表示对栖息地再划分的空间单位。有的植物学家译为小生境。埃尔顿（Elton）在 1927 年又独立地对 niche 下了定义（Elton, 1958）: niche 是指物种在生物群落中的地位和作用，有的动物生态学家译为生态龛或生态灶。哈钦森在 1958 年对生态位又下了一定义（Hutchinson, 1978），认为在生物群落中，能够为某一物种所栖息的理论上最大空间，称为基础生态位（fundamental niche）；但实际上，很少有一个物种能全部占据基础生态位。当有竞争者时，必然使该物种只占据基础生态位的一部分,这一部分实际占有的生态位空间,就称为实际生态位(realized niche)。竞争种类越多，物种占有的实际生态位可能越小。

哈钦森举例说，有两个环境变量，温度和湿度，决定每一物种能够存活和增殖的范围，它可以用图方块 s_1 和 s_2 表示两个物种生态位的空间（niche space），而且有一部分重叠。这个图用了两个环境变量，但环境变量还能增加到 3 个、4 个和更多（如 pH、食物……）。因 3 个变量就形成体积，更多变量就形成 n 维空间，哈钦森称之为超体积（hypervolume）。

根据应用生态位概念的历史来看，格林尼尔指的是空间生态位（space niche），埃尔顿指的主要是营养生态位（trophic niche），而哈钦森的生态位既包括空间位置，也包括在生物群落中的功能地位，可以称为超体积生态位（hypervolume niche）哈钦森定义的优点是能对生态位定量描述和研究，从而使这个方面的研究工作大为推进（孙儒泳，1992）。

生态位研究是近些年来群落生态学研究非常活跃的一个领域。为此，有生态位宽度、生态位重叠等基本分析方法对生物种群进行划分。生态位宽度是生物利用资源多样性的一个指标。生态位重叠指数测定的是生态位的一个资源利用维度的重叠情况（Abrams，1980；Slobodkichoff and Schulz，1980）。但是人们往往很难区别哪些生态位维度之间是独立的，哪些是相互依赖的。哈钦森的生态位概念是多维的，多维生态位的重叠却是很难的（孙儒泳，1992）。

惠特克等（Whittaker）认为，应按下面方式应用 niche 这个术语。

（1）生态位（niche），指生物在生物群落中的作用，即埃尔顿和哈钦森的概念。

（2）生境（habitat），指生物出现在环境中的空间范围，即格林尼尔的概念。

对此，作者认为：生态位是指生物在环境中适合生存的不同环境因子变化的区间范围。

10.3.2　多维生态位和生态系统量化的定义

通过生态位的研究，作者给出多维生态位的定义，并用数学公式进行定量化表达。多维生态位是指使用时间、空间、营养盐、光照、水温物理化学等生态环境因子定量化地确定的生物在生态系统中的位置、作用（图 10-4）。

在生态环境中，每一个物种都有自己固定的生态位，称为物种 A 的生态位，以时间因子考虑，称为物种 A 的时间生态位；以营养盐因子考虑，称为物种 A 的营养盐生态位；以 x 因子考虑，称为物种 A 的 x 生态位。

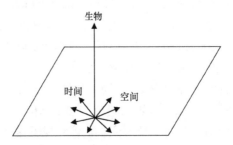

图 10-4　多维生态位是环境因子组成的平面和生物构成的三维空间

在生态系统中，时间、空间、营养盐等所有因子都在变化。

$$E=E（B；t，s，n，\cdots）=E（B；X）$$

式中，E 为生态系统；B 为生物种类；X 为物种的环境因子生态位；在 t 时刻，所有的因子都有确定的值，展示的是 t 时刻的生态系统 E 值。

X_A 表示物种 A 的环境因子生态位，

$$X_A = X_A（t_A，s_A，n_A，\cdots）$$

t_A 表示物种 A 的时间生态位，

$$t_A=[t_1，t_2]$$

s_A 表示物种 A 的空间生态位，

$$s_A=[s_1，s_2]$$

n_A 表示物种 A 的营养盐生态位，

$$n_A=[n_1，n_2]\cdots$$

当 $t=t_0$ 时，有

$$X_0=（t_0，s_0，n_0，\cdots），当 t_0\in t_A，s_0\in s_A，n_0\in n_A，\cdots$$

当 $X_0<X_A$，生态系统中 X_0 的所有因子满足物种 A 的生态位，表明物种 A 在生态系统中 $t=t_0$ 时生长健康、繁殖旺盛。

在生态系统中，当 $t=t_3$ 时，有某个因子不满足物种 A 的生态位，即 X 因子 $X_3\in X_A=[X_1，X_2]$，物种 A 就面临着生死选择，表明物种 A 的生态位要么适应环境条件，继续生存，即改变自己的生态位，适应环境，继续生存；要么无法适应环境条件，无法生存。

10.3.3　胶州湾的生态位研究

通过对胶州湾海域的研究，建立水温、硅与初级生产力的动态模型，得到了两个参数值的变化范围（Yang et al.，2002）。

胶州湾的初级生产力-硅酸盐-水温的动态模型方程为

$$dy/dt = C\times ds/dt +\pi/6\times D\sin(\pi/6t-\pi/3) \tag{10-1}$$

式（10-1）中右边第一项为硅酸盐对初级生产力的限制，第二项为水温对初级生产力的限制，式（10-1）中的变量和参数的变化范围：t 为时间变量，为月；$y（t）$ 为初级生产力函数，数值范围为 33.60～2518mg C/(m^2·d)；$s（t）$ 为硅酸盐函数，数值范围为 0～14.9μmol/L；C 为海水中硅酸盐转化为浮游植物生物量的表观转化率，数值范围为 62.92～474.85；D 为水温对浮游植物的初级生产力的影响系数，数值范围为-66～384。C 是通过硅的吸收影响浮游植物的生长的量；D 则是通过时间控制水温影响浮游植物的生长的量。

当 $C>0$ 时，可知海水中硅酸盐转化为浮游植物生物量的表观转化率大于零，表明浮游植物吸收硅酸盐就产生了初级生产力的量。

当 $D>0$ 时，这些水域的浮游植物集群的主要优势种趋于狭温性，主要由暖水性种组成。

当 $D=0$ 时，这些水域的浮游植物集群的主要优势种趋于广温性，主要由广温性种组成。

当 $D<0$ 时，这些水域的浮游植物集群的主要优势种趋于狭温性，主要由冷水性种组成。

浮游植物集群对于 C 和 D 有不同的生态位，C 和 D 将浮游植物集群分成不同的组分，浮游植物集群的不同种群占据了 C 和 D 不同的生态位。这样保持了胶州湾生态系统的稳定性（图 10-5）。

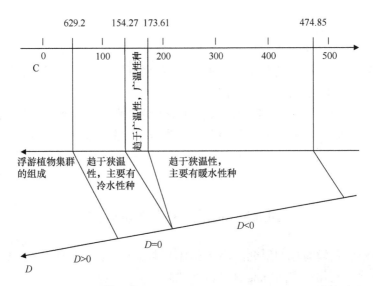

图 10-5　胶州湾浮游植物集群的不同种群占据了 C 和 D 不同的生态位

C 为海水中硅酸盐转化为浮游植物生物量的表观转化率；D 为水温对浮游植物的初级生产力的影响系数（引自 Yang et al.，2002）；图中，C 是通过硅的吸收影响浮游植物的生长的量，用数字来表示，单位是[C/(m^2·d)]/(μmol/L)；D 则是通过时间控制水温影响浮游植物的生长的量，用整数来表示，如大于零，单位是[C/(m^2·d)]/t

把 C 和 D 分别作为坐标系中的 x 轴和 y 轴，这样，通过吸收硅，提高初级生产力的浮游植物被分为三部分：狭温性、暖水性种；狭温性、冷水性种；广温性种（图 10-6）。

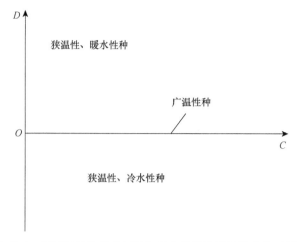

图 10-6　通过吸收硅提高初级生产力的浮游植物被分为三部分

COD 组成的平面上任一点，都表示一个物种，一个物种都有自己的 X 和 Y 坐标，即每个物种都有自己的不同的生态位；于是，不同的点代表不同的物种，不同的物种代表不同的点，将物种和平面的点一一对应。这样，就可以全面考虑平面 COD 组成的浮游植物集群。

在胶州湾，浮游植物集群的不同种群所占据的生态位区域，由 C、D 将其分割（图 10-7）。

将 C 值扩展到整个实数域，平面 COD 组成浮游植物集群（图 10-8）。

图中，平面 SW 代表狭温性、暖水性种；平面 SC 代表狭温性、冷水性种；C 的正轴代表广温性种，于是通过 C 和 D 分割了胶州湾浮游植物所占据生态位的区域。

平面 C>0 =平面 SC+SW，表示通过吸收硅，提高初级生产力的浮游植物。

平面 C=0，即 D 轴表示浮游植物生长不受硅存在的影响。

平面 C<0 =平面 USC+USW，表示吸收硅后，降低初级生产力的浮游植物。

平面 D>0 =平面 USW+SW，表示浮游植物由狭温性、暖水性种组成。

平面 D=0，即 C 轴，表示广温性浮游植物，其生长不受水温的影响。

平面 D<0 =平面 USC+SC，表示浮游植物由狭温性、冷水性种组成。

用相关数据计算 C 和 D 的范围，就可以知道浮游植物集群的特征。同样，通过水域的浮游植物集群的组分调查，可计算 C 和 D 的范围。

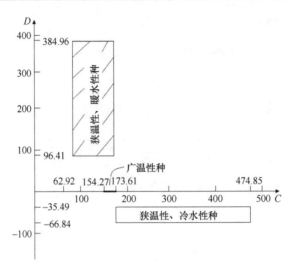

图 10-7　在胶州湾，浮游植物集群的不同种群所占据的生态位区域，由 C、D 将其分割（引自 Yang et al.，2002）

图中，C 是通过硅的吸收影响浮游植物的生长的量，用数字来表示，单位是[C/(m²·d)]/(μmol/L)；D 则是通过时间控制水温影响浮游植物的生长的量，用整数来表示，如大于零，单位是[C/(m²·d)]/t

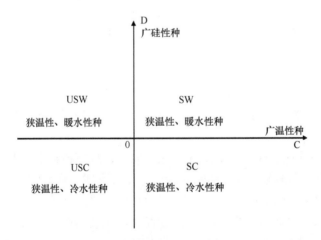

图 10-8　将 C 值扩展到整个实数域，浮游植物集群由平面 COD 组成（引自 Yang et al.，2002）

10.3.4　生态位的观点

近代生态系统中一个争论热烈的问题即高斯假说或竞争排斥原理，即完全的竞争者不能共存。对此，生态学界持有完全不同的观点。例如，在 1949 年，哈钦森（Huchinson）和迪维（Deevey）认为它是"理论生态学最重要的发展"，而在

1960 年，科尔（Cole）却认为高斯假说是"陈腐的格言"。这样就产生了两种观点：一种认为自然界中很少见到竞争，即物种很少为有限资源而竞争。因此，在自然群落中没有必要去找竞争排斥的证据；另一种观点认为，自然界中竞争十分普遍，它是群落中支配物种进化发展的主要因素。那么自然界中的竞争究竟是十分普遍的还是少见的（孙儒泳，1992）？

作者认为：当环境发生微小的变化时，即环境因子在生态位区间内变化时，在自然界物种之间不会有竞争、排斥，只有团结、吸引。

当环境发生变化时，即环境因子在生态位区间外变化时，在自然界物种面临改变生态位区间。若生态位区间不包含环境因子的变化，则物种趋于消亡。如物种改变自己的生态位区间并包含环境因子的变化，物种趋于生存。这种物种改变生态位区间的过程就是进化。当物种生态位发生改变时，与其他物种的生态位相重叠就会出现竞争和排斥。

任何物种之间不存在竞争和排斥，物种种群的强盛，是取决于物种的生态位与实际的环境条件的一致性。不同物种在多维生态位中必有某一维生态位与其他物种相比所处于不同位置完全分离，这使种群能够在生态环境中生存。

当物种的生态位与实际的生态环境条件不一致时，生态位和环境因子相分离的物种只能改变生态位适应环境，于是物种产生进化。当不能改变生态位适应环境时，物种就消亡。

物种为了生存，随着环境的改变，其生态位也在改变。当一个物种的生态位改变时，与另一个物种的生态位相重叠，于是发生了竞争、排斥，经过一段时间后，重叠生态位消失，形成各自衔接且分离的生态位。这样，物种的生态位与实际的生态环境条件相一致。

在自然界中，环境的变化是绝对的，环境的变化是物种间产生竞争、排斥的主要动力，也是物种消亡的主要动力。当环境的变化与物种的生态位是相对静态时，物种生态位相互衔接或分离，物种间相互团结、吸引；当环境的变化与物种的生态位是相对动态时，物种生态位相互重叠，物种间相互竞争和排斥，通过物种之间的竞争和排斥，物种生态位相互重叠和消失，物种生态位又回到相互连接或分离的状态。这些变化过程说明，在环境的作用下，生态位展示了物种间的关系变化的过程（图 10-9）。

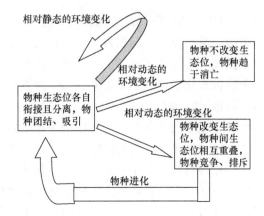

图 10-9　通过定量化生态位，研究环境变化影响物种及物种间的变化过程
的模型框图

10.4　结　　论

通过以上的研究分析认为，多维生态位定量化地展示了物种的团结、吸引和竞争、排斥的基本原理，以及在环境作用下，物种之间的关系变化过程。为研究物种生存和消亡、环境变化和物种进化提供了科学依据。

参 考 文 献

董金海, 焦念志. 1995. 胶州生态学研究总论. 胶州湾生态学研究. 北京: 科学出版社: 1-7.

郭玉洁, 杨则禹. 1992. 胶州湾的生物环境: 初级生产力. 见: 刘瑞玉. 胶州湾生态学和生物资源. 北京: 科学出版社: 110-125.

李冠国, 黄世玫. 1956. 青岛近海浮游硅藻季节变化研究的初步报告. 山东大学学报, 2(4): 119-143.

钱树本, 王筱庆, 陈国蔚. 1983. 胶州湾的浮游藻类. 山东海洋学院学报, 13(1): 39-56.

沈志良. 1995. 胶州湾营养盐变化的研究. 见: 董金海, 焦念志. 胶州湾生态学研究. 北京: 科学出版社: 47-51.

孙儒泳. 1992. 动物生态学原理. 北京: 北京师范大学出版社: 268-276.

小久保清治. 1960. 浮游矽藻类. 上海: 上海科学技术出版社: 18-51.

Abrams P. 1980. Some comments on measuring niche overlap. Ecology, 61: 44-49.

Elton C. 1958. The ecology of invasions by animals and plants. London: Methuen and Co. LTD.

Hutchinson G E. 1978. An Introduction to Population Ecology. New Haven: Yale University Press.

Slobodkichoff C N, Schulz W C. 1980. Measures of niche overlap. Ecology, 61: 1051-1055.

Yang D F, Zhang J, Lu J B, et al. 2002. Examination of silicate limitation of primary production in the Jiaozhou Bay, North China Ⅰ. Silicate being a limiting factor of phytoplankton primary production. Chin J Oceanol Limnol, 20(3): 208-225.

Yang D F, Zhang J, Gao Z H, et al. 2003a. Examination of silicate limitation of primary production in the Jiaozhou Bay, North China Ⅱ. Critical value and time of silicate limitation and satisfaction of the phytoplankton growth. Chin J Oceanol Limnol, 21(1): 46-63.

Yang D F, Gao Z H, Chen Y, et al. 2003b. Examination of silicate limitation of primary production in the Jiaozhou Bay, North China Ⅲ. Judgment method, rules and uniqueness of nutrient limitation among N, P, and Si. Chin J Oceanol Limnol, 21(2): 114-133.

第 11 章　光照时间对浮游植物生长影响

　　系统研究有助于人类把复杂的部件和过程的网络形象化。对一个系统更多的是需要分析和理解系统的组分。系统的所有特征都伴有能量的储存和流动。能量的科学概念可为理解结构和过程提供共同的基础（奥德姆，1993）。能语言是一般描述系统的一种方法，因为所有现象都伴着能的转化（奥德姆，1993）。整个世界生态系统的功能几乎毫无例外地取决于海洋植物光合作用固定的能量。其中，最大量的能量是由生活在海洋有光照的表层水中的微小浮游植物固定的（尼贝肯，1991）。因此，应尝试考虑太阳的热能给水体的能量输入和水体生态系统的浮游植物的生长过程。科学家认为光不仅是浮游植物的光合作用的能源而且是水体储藏的热能，是提高水温的来源。当光照充足保证浮游植物的光合作用正常进行时，作者研究了如何展现胶州湾的光照时间影响水温，以及水温影响浮游植物的生长过程（Yang et al.，2004）。本章用模型框图进行分解，讨论光照时间、水温对浮游植物生长的影响过程，以阐释胶州湾光照时间、水温影响初级生产力时空变化的综合机制。更好地了解光照时间影响初级生产力的生态现象和原因。通过光照时间、水温，描述了随着时间的变化环境因子影响初级生产力的变化过程。

11.1　光辐射、光照时间对浮游植物生长的影响

　　光辐射、光照时间对浮游植物生长的影响，是通过以下 6 个步骤起作用的。

　　1）步骤①

　　浮游植物在太阳光作用下进行有机物生产，形成初级生产力。海洋浮游植物通过光合作用，利用光能同化无机碳的过程是整个海洋生态系统物质循环和能量流动的基础。海洋浮游植物的光合作用是海洋生态系统中各生物类群的物质和能量的来源。光在海洋中随着深度的增加是呈指数衰减的，这使得光在许多情况下成为海洋中浮游植物光合作用最主要的限制因子。

　　2）步骤②

　　光合作用包括两个过程，即光化学过程与酶催化过程（斯蒂曼·尼耳森，1979）。浮游植物光合作用的酶催化过程一直受到光照时间长短的影响。光辐射和光照时间分别决定了浮游植物光合作用的光化学过程与酶催化过程（Yang et al.，2004）。

3）步骤③

光的辐照度和波长是影响初级生产力的主要参数（Lursinsap，1974；Ryther and Yentsch，1958）。光对海洋中化学反应的直接效应，主要是影响生物的代谢，即影响其光合作用和色素形成。

4）步骤④

温度是一切酶促反应的控制因子，虽然它对光合作用的初光反应过程影响不大，对暗反应的诸酶促反应过程的影响却很大（Durbin et al.，1975）。因此，水温与初级生产力的关系密切。Eppley（1972）在实验室研究浮游植物生长速率与温度的关系时发现碳同化数与温度呈对数相关。Williams 和 Murdoch（1966）、Mandelli 等（1970）、Takahashi 等（1973）、Durbin 等（1975）以及 Harrison 和 Platt（1980）都发现海洋沿岸水域浮游植物的碳同化数与温度的关系显著。

许多学者的研究表明，在藻类生长的适宜温度范围内，藻类生长随着水温的升高而加快。同时，浮游植物光合作用中的酶催化过程的速度也受温度影响。因此，可以说水域初级生产力的变化受水温的影响较大（吴玉霖和张永山，1995）。

代谢作用的速率，随着温度的上升而加快。根据 Vant'Hoff 定律，在一定范围内，温度每上升 10℃，代谢作用的速率增加 2～3 倍（斯菲德鲁普等，1959）。

5）步骤⑤

在一定范围内，较长的光照时间有利于光色素对光的吸收，所以较长的光照时间对提高初级生产力有着明显的影响。因此，光照时间即昼长也是影响水域初级生产力的因子（吴玉霖和张永山，1995）。根据胶州湾 1991 年 5 月至 1994 年 2 月光照时间、水温观测数据进行分析表明，光照时间的变化和周期控制着水温的变化和周期。同时，作者建立了相应的有光照时间时滞-水温动态模型，发现将每年光照时间的周期变化向后推移 2 个月，得到了与水温变化的周期耦合（Yang et al.，2004）。

6）步骤⑥

当光照充足时，光合作用的速度与温度呈正相关（Postma and Rommets，1970；Ryther，1969）。在光照充足的条件下，光照时间长引起水温升高，加速了光合作用，符合自然界的一般规律（Jeffery and Humphery，1975；Ryther and Yentsch，1958）。

通过上述 6 个步骤（图 11-1），作者认为在一定范围内，较强的光辐射和较长的光照时间对提高初级生产力有着明显的影响（Yang et al.，2004）。

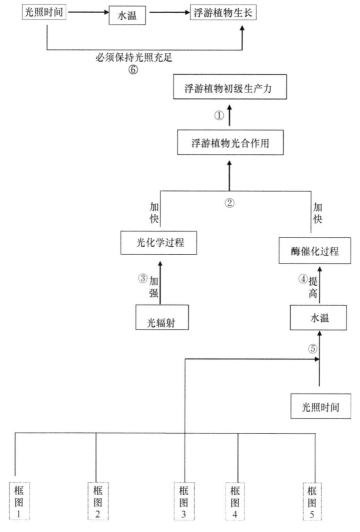

图 11-1　光辐射、光照时间对浮游植物生长的影响过程（框图见后述）

11.2　光照时间对水温的影响

影响海水温度变化的因素众多，人们主要考虑的是太阳辐射强度的变化、热量向海底的传递过程、海水交换及陆地的影响等，但对光照时间影响水温的变化考虑较少。

在胶州湾，海水增温过程和降温过程的热量传递方式是不同的。增温是由于表层热量以涡动方式传向深层，这一过程需要较长时间，因此，海水温度出现分层现象。降温过程主要是由于表层海水的冷却对流再加以风的搅拌作用，相对来说需时较短。因此，降温期各层水温基本相同（翁学传等，1992）。在海水增温、降温过程中，胶州湾内的水域还不断和外海海水进行交换，也就是热能量在不断地交换。

因胶州湾是一个平均水深为 7m 左右的浅水海湾，营养盐含量较丰富，上层、下层海水混合良好，故不存在不同水层透过不同波长色光的影响（郭玉洁和杨则禹，1992）。根据胶州湾初级生产力与水温呈紧密正相关的统计结果，也可说明胶州湾一年中的光照基本上是充足的，可保证浮游植物光合作用正常进行（郭玉洁和杨则禹，1992）。这样，无须考虑光辐射、光化学过程对浮游植物的光合作用的影响，而只要考虑步骤⑥。

11.2.1　构建水温变化的模型框图

用模型框图分解光照时间影响水温的过程进行分析，以胶州湾为例（Yang et al.，2004），有 5 个模型框图。

1）模型框图 1

从光照时间来考虑对水温的影响。光照时间决定阳光对海水水体加温的时间长短，也决定对水体输入的热能多少，对于水体，只考虑输入水体热能的光照时间和水体的温度变化，不考虑水体内的海水增温、降温过程，以及与外海水交换的过程（模型框图 1，图 11-2）。

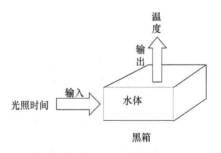

图 11-2　输入水体热能的光照时间与输出水体的温度变化（模型框图 1）

2）模型框图 2

从湾顶到湾中、湾口和湾外，光照时间与 2 个月后水温变化的相关系数逐渐提高，即湾顶的相关系数 0.96 到湾中的 0.98 再到湾口、湾外的 0.99。这表明离岸远，水体深，其光照时间完全决定其水体的水温变化；而离岸近，水体浅，光照时间决定其 2 个月后水温变化的 92%，其陆地对邻近水体水温影响仅仅 8%（模型框图 2，图 11-3）。

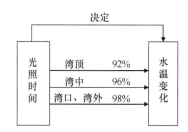

图 11-3　光照时间决定 2 个月后水体温度的变化（模型框图 2）

3）模型框图 3

光照时间时滞-水温模型简单地描述了光照时间变化和周期控制着水温的变化和周期，通过光照时间，海水积累 2 个月的能量，使其海水温度提高。胶州湾光照时间的变化确定着海水温度的变化。从胶州湾的光照时间时滞-水温的动态模型方程可以知道，当光照时间变长，能量输入增多，2 个月后的水温增加；当光照时间变短，能量输入减少，2 个月后水温降低。

光照时间决定着太阳辐射能对海水水体的净输入能，被吸收的太阳辐射能变成了海水的热能，当热能使海水的水温升高或降低，这个过程由分子热传导和涡动热传导完成。在胶州湾，海水的热传导过程需要 2 个月的时间。这样，海水水体经过 2 个月的能量积累，光照时间作用于水温变化，于是，在胶州湾，光照时间要经过 2 个月的时间才能影响到浮游植物的光合作用。光照时间通过水温控制2 个月后的浮游植物生长的速率，这不须要考虑水体内的海水增温、降温过程以及与外海水交换的过程（模型框图 3，图 11-4）。

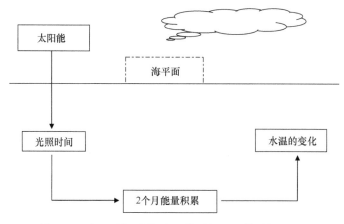

图 11-4　光照时间时滞-水温模型框图（模型框图 3）

4）模型框图 4

通过光照时间时滞-水温的动态模型,计算光照时间转化成海水温度的转化率 a 为 4.15~4.69℃/h,2 个月后,海水为 0℃ 的光照时间临界值 b 为 8.85~9.19h。a 表示经过单位光照时间,2 个月后水温上升的度数,作者简称光照时间转化成海水温度的转化率。胶州湾 a 值的范围为 4.15~4.69℃/h。在胶州湾,每增加 1h 光照时间,2 个月后水温就上升 4.15~4.69℃;每减少 1h 光照时间,2 个月后水温就下降 4.15~4.69℃;当光照时间不变时,2 个月后水温也保持不变(模型框图 4,图 11-5)。

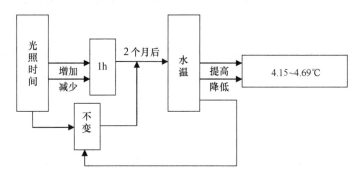

图 11-5　光照时间转化成水温的转化率(模型框图 4)

5）模型框图 5

在胶州湾,光照时间的最低值为 9.7h,水温也在 2℃ 以上,但从光照时间时滞-水温的动态模型中,如果光照时间降至 8.85~9.19h,2 个月后,水温降到 0℃。作者简称这个光照时间对于 2 个月后海水为 0℃ 的临界值为 b 值(模型框图 5,图 11-6)。

根据渤海的纬度、光照时间和此模型中的转化率 a、临界值 b,计算出渤海水域水温为 0℃ 的结冰日期,水域的水温达到了 0℃ 的纬度值和渤海冬季、夏季水温的变化值,这些与实际观测值相一致。这证实了参数转化率 a 和临界值 b 的可靠性。通过纬度为 30° 的黄海、东海的冬季光照时间和参数 a 和 b,计算出此水域的水温,该水温和黑潮水温的平均值与实际水温相一致。

11.2.2　光照时间通过水温影响初级生产力

光照时间的增加或减少,使太阳光能通过海水进行 2 个月的能量积累,使其海水温度具有相应的提高或降低,并且当光照时间达最长和最短时,2 个月后,海水温度达到最高和最低。说明海水温度变化滞后于光照时间变化 2 个月。表明具有相同光照时间的不同时期,2 个月后,却具有不相同的水温,而且,水温相

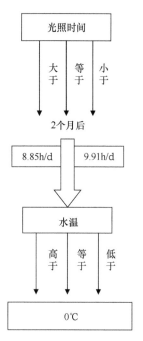

图 11-6　光照时间的临界值（模型框图 5）

差甚大。在水温相差很大的情况下，浮游植物的生长过程也不相同，其初级生产力也相差很大。因此，在相同光照时间的时间期间内，浮游植物的初级生产力通常不一样，相差很大（正弦曲线表示，图 11-7）。

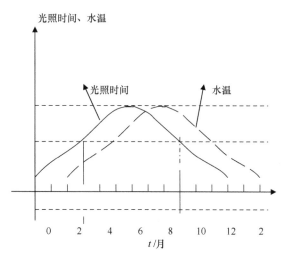

图 11-7　光照时间和水温的动态曲线

3 月和 9 月光照时间大致一样，但 3 月的水温比 9 月的水温要低得多

胶州湾是一个平均水深只有 7m 的浅水湾，根据胶州湾初级生产力与水温呈紧密正相关的统计结果，也可说明胶州湾内一年中的光照基本上是充足的，可保证浮游植物光合作用的正常进行（郭玉洁和杨则禹，1992）。根据步骤⑥，在自然界光照充足的条件下，水温的变化是由光照时间的变化来确定的，以此来讨论光照时间对初级生产力的影响。于是根据步骤⑤，讨论光照时间、水温对浮游植物初级生产力的影响时，只要考虑 2 个月后的水温对浮游植物生长的影响。这也解释了生态现象：①春季 4 月、5 月，虽昼长也达 13h 以上，初级生产力却只有 200mg C/(m²·d)，而 10 月昼长虽较夏季缩短 2.9h，其生产力却高达 730mg C/(m²·d)。②3 月底和 10 月上旬的昼长都是 12h，而初级生产力则相差 4.7 倍（郭玉洁和杨则禹，1992）。水温滞后于光照时间 2 个月，在春季 4 月、5 月，虽昼长也达 13h 以上，但它的作用要 2 个月才表现在 6 月、7 月的水温上，而春季 4 月、5 月的水温由两个月前的 2 月、3 月的光照时间来确定，同样，在 10 月，昼长所作用的水温是 12 月的，而 10 月水温是由两个月前的 8 月的光照时间来确定的。这样，2 月、3 月的光照时间比 8 月的光照时间要短得多，因此，4 月、5 月的水温比 10 月的水温低得多。当光照充足时，光合作用速度与温度呈正相关。那么，4 月、5 月的光合作用速度比 10 月的光合作用速度要低得多。所以，根据光照时间和光合作用速度，4 月、5 月的初级生产力比 10 月的初级生产力要低得多。这也表明当时的光照时间不能直接影响浮游植物的生长，要通过水温经过 2 个月时间才能影响浮游植物的生长（Yang et al.，2004）。

通过模型框图，可清楚地了解光照时间、水温、酶催化过程、光辐射、光化学过程、光合作用和初级生产力之间的关系，可形象地说明光照时间影响水温和水温影响浮游植物生长的机制和过程。

数学模式，如浮游植物生长能量平衡模型、颗粒垂直通量模型等的作用在于它对新的概念、新的观点及一些生态现象给予清晰地描述。它的应用对于可能的基本原理提供了有用的启发，而且有时会产生出乎意料的结果和对一个生态学问题形成新的认识（杨东方等，2000）。

对于复杂系统，要有一个总体方案，即需要一个通俗易懂的模型，来分解这个系统，使之成为简单的组分或子系统；通过描述每一个子系统的特性，来研究各系统之间的相互作用。这个相互作用的模式研究是通过数学模型、逻辑推理和自然规律的有机结合来达成的，尤其数学模型具有可以用于解释、预测和监控系统的全面特性，可定量化表明各个子系统的关系和作用。总体方案使系统中的各个子系统的变化过程变得显而易见。

本节对光照时间、水温和初级生产力之间的模型框图进行了剖析，希望有更多的科学工作者能够了解和利用这个方法，促进相关学科的发展。

11.3　胶州湾的光照时间、水温对浮游植物生长的影响

这里，首次尝试考虑太阳光的热能对水体的能量输入和水体生态系统的浮游植物的生长过程的影响。作者认为，光不仅是浮游植物的光合作用的能源而且是水体储藏热能来提高水温的来源。当光照充足，可保证浮游植物的光合作用正常进行时，展现了胶州湾的光照时间如何影响水温，水温如何影响浮游植物的生长。根据 1991 年 5 月至 1994 年 2 月的观测数据，对胶州湾的光照时间、水温进行分析，认为光照时间的变化和周期控制着水温的变化和周期。并建立了相应的有意义的光照时间时滞-水温的动态模型，发现将每年的光照时间的周期变化向后推移 2 个月，得到了与水温变化的周期耦合。通过此模型，计算出光照时间转化成海水温度的转化率 a 为 4.15～4.69℃/h，2 个月后的海水为 0℃的光照时间临界值 b 为 8.85～9.19h。根据渤海的纬度、光照时间和此模型中的转化率 a、临界值 b，计算出渤海水域水温为 0℃的结冰日期，水域的水温达到 0℃ 的纬度值和渤海冬季、夏季水温的变化值，这些与实际观测值相一致。这证实了参数转化率 a 和临界值 b 的可靠性。通过纬度为 30°的黄海、东海的冬季光照时间和参数 a 和 b，计算出此水域的水温，该水温和黑潮水温的平均值与实际水温相一致。以上分析认为，通过光照时间、参数 a 和 b 估算的水温温度与实际的水温基本一致。另外，通过对此模型的分析认为，光辐射和光照时间分别决定了浮游植物的光合作用的光化学过程与酶催化过程两个方面。结合光照时间对水温的影响的时间滞后和光照时间对光合作用的影响，能更好地理解胶州湾光照时间、水温因子影响初级生产力的时空变化的综合机制，本研究还解释了光照时间、水温和营养盐对初级生产力的影响。

1）光温对浮游植物生长的影响

海洋浮游植物通过光合作用，利用光能同化无机碳的过程是整个海洋生态系统物质循环和能量流动的基础。海洋浮游植物的光合作用是海洋生态系统中各生物类群的物质和能量来源。光在海洋中随着深度的增加是呈指数衰减的，这使得光在许多情况下成为海洋中浮游植物光合作用最主要的限制因子。

浮游植物在太阳光作用下进行有机物生产，形成初级生产力。所以，较长的光照时间对提高初级生产力有着明显的影响。光合作用包括两个过程，即光化学过程与酶催化过程，在一定范围内，较长的光照时间有利于光色素对光的吸收，因此，光照时间即昼长是影响水域初级生产力的因子（吴玉霖和张永山，1995）。

温度是一切酶促反应的控制因子，虽然它对光合作用的初光反应过程影响不大，但它对暗反应的诸酶促反应过程的影响很大。因此，水温与初级生产力的关系密切。Eppley（1972）在实验室研究浮游植物生长速率与温度的关系时发现碳

同化数与温度呈对数相关。Williams 和 Murdoch（1966）、Mandelli 等（1970）、Takahashi 等（1973）、Durbin 等（1975），以及 Harrison 和 Platt（1980）都发现海洋沿岸水域浮游植物的碳同化数与温度的关系显著。

许多学者研究表明，在藻类适宜的温度范围内，藻种的生长随着水温的升高而加快。同时，浮游植物光合作用中的酶催化过程的速度也受温度影响。因而，可以说水域的初级生产力的变化受水温的影响较大。

2）胶州湾的光照、温度对浮游植物生长的影响

光的辐照度和波长都是影响初级生产力的主要参数（Lursinsap，1974；Ryther，1969）。因胶州湾是一个平均水深为 7m 左右的浅水海湾，营养盐含量较丰富，上层、下层海水混合良好，故不存在不同水层透过不同波长色光的影响（郭玉洁和杨则禹，1992）。

当光照充足时，光合作用的速度与温度呈正相关（Postma and Rommets，1970）。因此，根据胶州湾初级生产力与水温呈紧密正相关的统计结果，也可说明胶州湾内一年中的光照基本上是充足的，可保证浮游植物的光合作用正常进行（郭玉洁和杨则禹，1992）。

在胶州湾光照充足的条件下，光照时间的加长引起水温升高，加速了光合作用，符合自然界的一般规律（Jeffery and Humphery，1975；Ryther and Yentsch，1958）。于是，胶州湾的光照时间如何影响水温，水温如何影响浮游植物生长，正是本章所要阐述的内容，本章还解释了光照时间、水温和营养盐对初级生产力的影响。

11.3.1　研究海区概况及数据来源

1）研究海区概况

胶州湾位于北纬 35°55'～36°18'，东经 120°04'～120°23'，面积约为 446km^2，平均水深为 7m，是一个半封闭型海湾，周围被青岛、胶州、胶南等地区所环抱（图 11-8）。胶州湾是一个平均水深约为 7m 的浅水海湾，胶州湾内一年中的光照基本上是充足的，可保证浮游植物的光合作用正常进行。

2）数据来源

本章分析时所用水温数据由胶州湾生态站提供。每次观察时间为 2 天，观测时间跨度为 1991 年 5 月至 1994 年 2 月，在每年代表冬季、春季、夏季、秋季的 2 月、5 月、8 月、11 月进行现场实验研究。共进行了 12 个航次，每个航次 10 个站位（缺 3 号站位的数据）（图 11-8），按标准水层采样（标准水层分别为 0m、5m、10m、15m 等，一直到底层）。光照时间数据由卢继武和吴玉霖提供，胶州湾日出到日落的这段时间作为光照时间。

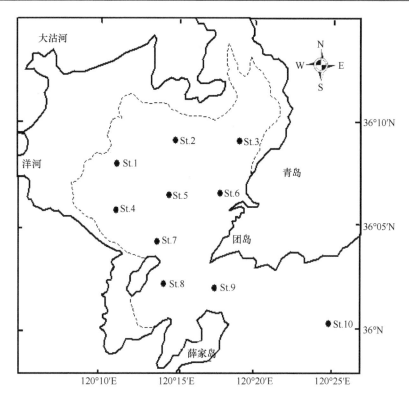

图 11-8　胶州湾调查站位图

11.3.2　光照时间与水温的关系

1）光照时间

光照时间的低谷期是每年的 12 月 7 日至翌年的 1 月 5 日，光照时间为 9.70～9.90h。在 12 月 22 日或 23 日即冬至，光照时间最短，为 9.70h，光照时间的高峰期是每年的 6 月 5 日至 7 月 7 日，光照时间为 14.50～14.62h。在 6 月 21 日或 22 日即夏至，光照时间最长，为 14.62h。而第一年从 12 月 22 日或 23 日开始一直到翌年 6 月 21 日或 22 日，光照时间是上升的，从 6 月 21 日或 22 日到 12 月 22 日或 23 日，光照时间是下降的，光照时间周期为一年。

2）水温

胶州湾海水温度的变化，从 1991 年 5 月至 1994 年 2 月的数据可知，1～10 号观测站（除 3 号站外）每年的水温变化特征都比较相似，近似于正弦曲线。水温的周期是一年，在 2 月最低，8 月最高，水温的高峰期约为 8 月 5 日至 9 月 5 日，温度为 23～28℃，水温的低谷期约为 2 月 7 日至 3 月 5 日，其温度为 3～5℃。

3）光照时间时滞与水温的相关性

光照时间与水温变化曲线是一致的（图 11-9，1 号、6 号站）。光照时间与水温在各站高度相关（胶州湾的光照时间与水温进行比较，它们并不相关。但将光照时间向后位移 2 个月，发现光照时间与水温的相关系数，见表 11-1）。

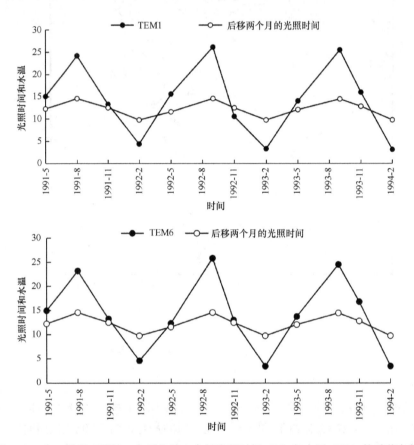

图 11-9 在 1 号和 6 号站，向后位移 2 个月光照时间（h）与水温（℃）的季节变化

TEM1，1 号站实测水温曲线；TEM6，6 号站实测水温曲线

表 11-1 光照时间时滞（位移 2 个月）和水温的相关系数

站位	1	2	4	5	6	7	8	9	10
相关系数	0.96	0.96	0.97	0.97	0.98	0.98	0.99	0.99	0.99

4）光照时间时滞-水温的动态模型

光照时间时滞-水温模型简单地描述了光照时间的变化和周期控制着水温的变化和周期，这是光照通过光照时间积累和海水积累 2 个月能量，使海水温度提高造成的（图 11-10）。

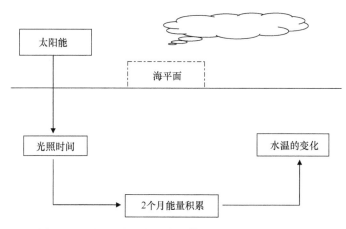

图 11-10　光照时间时滞-水温模型框图（模型框图 3）

胶州湾 2 个月的光照时间时滞-水温的动态模型方程为：

$$T(t) = a[L \times (t-2) - b] \qquad (11\text{-}1)$$

式（11-1）的右边变量项表示 2 个月后的光照时间的变化量（表 11-2）。

表 11-2　式（11-1）的变量和参数

	值	单位
t 为时间变量		月
$T(t)$ 为水温函数	2.95～28.21	℃
$L(t)$ 为光照时间	9.7～14.62	h
a 为光照时间转化成海水温度的转化率	4.15～4.69	℃/h
b 为 2 个月后的海水为 0℃ 的光照时间临界值	8.85～9.19	h

根据 1991 年 5 月至 1994 年 2 月胶州湾的光照时间时滞数据和水温数据，然后通过式（11-1）建立回归方程求得参数 a 和参数 b（表 11-3）。

表 11-3　式（11-1）的参数 a 和 b 的值

参数站位	1	2	4	5	6	7	8	9	10
a	4.39	4.61	4.69	4.19	4.28	4.30	4.21	4.23	4.15
b	8.96	9.19	9.08	8.92	8.92	8.90	8.88	8.91	8.85

进行模型的检验：

相关系数检验　查相关系数的临界值表，得

$$R_{0.05}(10) = 0.576,\ R_{0.01}(10) = 0.708$$

F 检验　查 F 分布表，得临界值。

式（11-1）在每个站，在 α=0.01 水平上有意义（表 11-4）。

表 11-4　式（11-1）的相关性

站位	1	2	4	5	6	7	8	9	10
相关系数	0.96	0.96	0.97	0.97	0.98	0.98	0.99	0.99	0.99
F 值	128.52	149.09	182.30	158.60	396.98	322.06	578.95	692.38	498.74

5）模型的应用

用胶州湾光照时间时滞-水温的动态模型，得到 9 个站的模拟曲线，这个模型展示了光照时间调控水温和模型的预测值。看式（11-1）的曲线模拟与实测曲线的情况，任意取 1 号、6 号站，TEM1 和 TEM6 分别是 1 号站和 6 号站的实测水温曲线，STEM1 和 STEM6 分别是 1 号站和 6 号站的式（11-1）的模拟曲线（图 11-11，1 号、6 号站）。

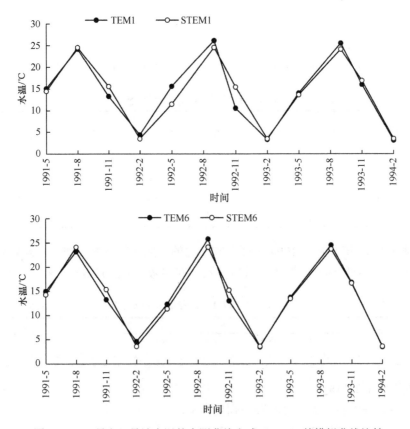

图 11-11　1 号和 6 号站水温的实测曲线和式（11-1）的模拟曲线比较

11.3.3　光辐射、光照时间对浮游植物生长的影响

地球自转形成了地球上的昼夜交替。除极圈以内地区外，一日内都可有昼夜之分。所谓昼长时数（又称可照时数），是指从日出到日落的时间间隔。本文所用的光照时间数据表示了胶州湾日出到日落的这段时间，即光照时间，光照时间不考虑白昼是阴天、多云，还是晴天。作者定义太阳辐射能对海水水体的净输入热能=输入的热能–释放的热能，水温是海水水体的净输入能量的表现形式。光照时间的变化和经过 2 个月的水温的变化保持一致，这表明不论白昼是阴天、多云，还是晴天，太阳辐射能的净输入热能不受任何影响，即海水水体的输入能量和释放能量差的变化不受白昼是阴天、多云，还是晴天的变化影响。这样光照时间决定了太阳辐射能的净输入热能。总辐射受太阳高度、大气透明度和天空云状况的影响。当云量增加时，太阳的总辐射减弱，云对太阳总辐射的影响是十分重要的。这样，在阴天、多云和晴天的天气里，向海水水体输入的热能能量大，释放的热能能量就大；向海水水体输入的热能能量小，释放的热能能量就小。因此，在没有大洋环流的影响下，海水水体的水温上升、下降是由光照时间的长短所决定的。这也许是水温上升、下降致使白昼的阴天、多云和晴天可以忽略不计。

浮游植物的光合作用包括两个过程，即光化学过程与酶催化过程。白昼是阴天或多云，还是晴天，浮游植物在不同的太阳光作用下进行有机物生产所形成的初级生产力却不同。因此，浮游植物的光合作用的光化学过程受到白昼是阴天或多云，还是晴天的影响。另外，不论白昼是阴天或多云，还是晴天，浮游植物的光合作用一直受到水温的影响，而水温的上升、下降是由光照时间的长短所决定的。因此，浮游植物的光合作用的酶催化过程没有受到白昼是阴天、多云，还是晴天的影响，而是一直受到光照时间长短的影响。光辐射和光照时间分别决定了浮游植物的光合作用的光化学过程与酶催化过程两个方面。于是，在适当的范围内，较强的光辐射和较长的光照时间对提高初级生产力有着明显的影响。

模型框图表明了光辐射和光照时间如何影响初级生产力（图 11-12）。

第一步：在阳光下，浮游植物通过光合作用获得初级生产力。

第二步：光合作用包括的两个过程，即光化学作用和酶催化。

第三步：光对海洋中的化学反应的直接效应，主要是影响生物的代谢作用，即影响其光合作用和色素形成。

第四步：温度是一切酶促反应的控制因子，虽然它对光合作用的初光反应过程影响不大，对暗反应的诸酶促反应过程的影响很大。

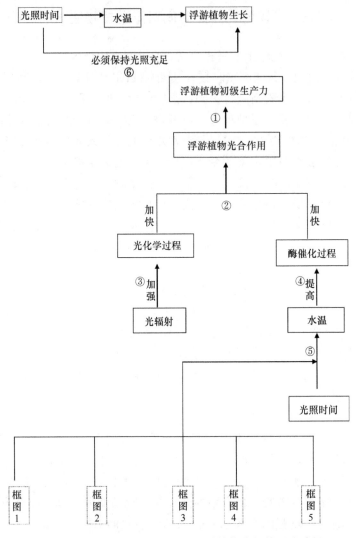

图 11-12　光辐射、光照时间对浮游植物生长的影响过程

代谢作用的速率，随着温度的上升而加快。根据 Vant'Hoff 定律，在一定范围内，温度每上升 10℃，代谢作用的速率增加 2～3 倍（斯菲德鲁普等，1959）。

　　第五步：对胶州湾的光照时间、水温观测数据进行分析，表明光照时间的变化和周期控制着水温的变化和周期。同时建立了相应的光照时间时滞-水温动态模型，发现将每年光照时间的周期变化向后推移 2 个月，得到了与水温变化的周期耦合。

　　第六步：在光照充足的条件下，光照时间长引起水温升高，加速了光合作用

（Ryther and Yentch，1958）。

因此，以上 6 个步骤（图 11-12）清楚地说明了光辐射和光照时间对初级生产力的影响。

11.3.3.1　光照时间影响水温

影响海水温度变化的因素众多，人们主要考虑的是太阳辐射强度的变化、热量向深度的传递过程、海水交换，以及陆地的影响等，但对光照时间影响水温的变化考虑较少。

在胶州湾，海水增温过程和降温过程的热量传递方式是不同的。增温是由于表层热量以涡动方式传向深层，这一过程需要较长的时间，因此，海水温度出现分层现象。降温过程主要是由于表层海水的冷却对流再加以风的搅拌作用造成的，相对来说需时较短。因此，降温期各层水温基本相同（翁学传等，1992）。在海水增温、降温过程中，胶州湾水域还时刻受到外海海水的交换，也就是热能量与外海海水在不断地交换。

光辐射对胶州湾全年的浮游植物光合作用已基本足够（郭玉洁和杨则禹，1992）。因此，不必考虑光辐射和光反应过程对浮游植物光合作用的影响，只须考虑第六步即可。

5 种模型框图用于分析胶州湾光照时间对水温的影响。

从光照时间来考虑对水温的影响，将海水水域看作一个水体，光照时间决定阳光对海水水体加温的时间长短，也决定对水体输入的热能多少，这样，对于水体，只考虑输入水体的热能的光照时间和水体的温度变化，不考虑水体内的海水增温、降温过程，以及与外海水交换的过程（图 11-13）。

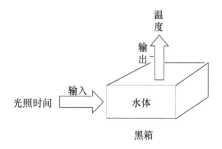

图 11-13　输入水体热能的光照时间与输出水体的温度变化（模型框图 1）

从湾顶依次到湾中、湾口和湾外，光照时间与 2 个月后水温变化的相关系数逐渐提高，即湾顶的相关系数 0.96 到湾中的 0.98 再到湾口、湾外的 0.99。这表明离岸远，水体深，其光照时间完全决定其水体的水温变化；而离岸近，水体浅，光照时间决定其 2 个月后水体水温变化的 92%，其陆地对水体的水温影响也仅仅是 8%（图 11-14）。

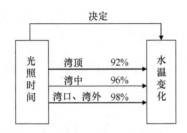

图 11-14　光照时间决定 2 个月后水体温度的变化（模型框图 2）

　　光照时间决定着太阳辐射能对海水水体的净输入能，被吸收的太阳辐射能变成了海水的热能，热能能使海水的水温升高或降低，这个过程由分子热传导和涡动热传导完成。从本章的分析可知，在胶州湾，海水水体的热传导过程需要 2 个月的时间。这样，海水水体经过 2 个月的能量积累，光照时间作用在水温上。这样，在胶州湾，光照时间要经过 2 个月的时间才能影响浮游植物的光合作用。光照时间通过水温控制 2 个月后的浮游植物的生长速率，这无须考虑水体内的海水增温、降温过程，以及与外海海水交换的过程（图 11-10）。

　　胶州湾光照时间的变化确定着海水温度变化。根据式（11-1），当光照时间变长，能量输入增多，2 个月后的水温增加；当光照时间变短，能量输入减少，2 个月后水温降低。a 表示经过单位光照时间，2 个月后水温上升的度数，作者简称光照时间转化成海水温度的转化率。在胶州湾，a 值的范围为 4.15~4.69℃/h。在胶州湾，每增加 1h 光照时间，2 个月后水温就上升 4.15~4.69℃；每减少 1h 光照时间，2 个月后水温就下降 4.15~4.69℃；当光照时间不变时，2 个月后水温也保持不变（图 11-15）。

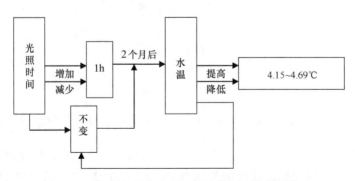

图 11-15　光照时间转化成水温的转化率（模型框图 4）

在胶州湾，光照时间的最低值为 9.7h，水温也在 2℃以上，但从式（11-1）中，如果光照时间降至 8.85～9.19h，2 个月后，海水的水温降到 0℃。作者简称这个光照时间对于 2 个月后的海水为 0℃的临界值为 b 值（图 11-16）。

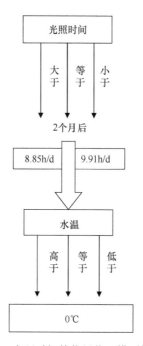

图 11-16　光照时间的临界值（模型框图 5）

11.3.3.2　模型的生态意义

由式（11-1）得，

$$dT(t)/dt=a\times dL(t-2)/dt \tag{11-2}$$

由表 11-3 可知，$a>0$，那么水温的变化和提前 2 个月的光照时间变化相一致，其周期也一样。由式（11-2）可见，光照时间的变化和周期控制 2 个月后的海水温度的变化和周期。由式（11-2）和 $a>0$ 可知，

当 $dT(t)>0$ 时，$dL(t-2)/dt>0$。光照时间增加，使太阳光能通过海水进行 2 个月的能量积累，使海水温度相应提高。

当 $dT(t)=0$ 时，$dL(t-2)/dt=0$，当光照时间达到最长和最短时，过 2 个月，海水的温度也相应地出现最高和最低。

当 $dT(t)<0$ 时，$dL(t-2)/dt<0$。光照时间减少，2 个月后，海水温度也下降。

这样，研究者发现海水温度的变化后滞于光照时间变化 2 个月，但具有同样的变化。这表明具有相同的光照时间的不同的日期里，过两个月后，却具有不相同的水温，而且，水温相差甚大。这样，在相差很大的水温下，浮游植物的生长过程也不相同，其初级生产力也相差很大。因此，在相同的光照时间的时间期间里，浮游植物的初级生产力通常也不一样，相差很大（图 11-17）。

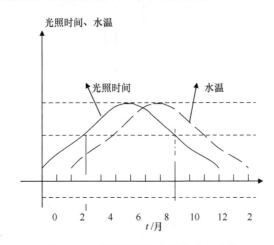

图 11-17　光照时间和水温的动态曲线

3 月和 9 月光照时间大致一样，但 3 月的水温比 9 月的水温要低得多

11.3.3.3　渤海的纬度、光照时间和水温

在式（11-1）中，b 是 2 个月后海水为 0℃ 的光照时间临界值，胶州湾的临界值 b 为 8.85～9.19h。由于在冬季，胶州湾的最低水温也在 2℃ 以上。只好考虑在冬季较高的纬度区域来证实这个区域的光照时间达到临界值 b，这个区域的水温是否达到 0℃，或者水温达到 0℃ 时，通过光照时间计算出的纬度又是如何。

只有通过考虑渤海的水温来证实参数 a 和 b 值。在冬季，在渤海湾纬度为 40° 的水域，根据光照时间的计算公式，此水域的光照时间为 9.15h（高国栋和陆渝蓉，1982），比 b 的临界值少了 0.04h，那么，根据参数 b，通过式（11-1）计算在冬季的 2 月 20 日～24 日，此水域的海水水温达到了 0℃。而此水域以北光照时间更短，海水趋于结冰。再看实际情况，渤海湾沿岸的初冰日出现在 12 月上旬、中旬，渤海的终冰在翌年的 2 月中旬、下旬或 3 月初，冰期 90～110 天（孙湘平等，1981）。从一般的冰情的冰界及冰厚的实际情况来看，证实了参数 b 的推论。这表明当冰界达到北纬 40° 水域附近时，冰界就不向南推进，这时，此水域的水温降到了 0℃。而时间为 2 月中旬、下旬或 3 月初，与参数 a 和 b 值计算的水温达到了 0℃ 的时间（冬季的 2 月 20～24 日）相一致。

在渤海水域，纬度为多少时，冬季水域的水温达到 0℃？根据光照时间和参数 a、b 计算得出，水温达到 0℃时的水域纬度为 39°34′。这与中国沿岸冬季的表层水温相吻合（孙湘平等，1981）。

考虑在渤海的冬季、夏季，水温的变化是否与通过参数 a 的计算值相一致。参数 a 是光照时间转化成海水温度的转化率。在冬季，渤海北纬 40° 的水域，根据参数 a 转化率 4.15～4.69℃/h，在冬季的光照时间是 9.15h（高国栋和陆渝蓉，1982），而夏季是 14.85h。那么，冬季、夏季的水温相差为 23.65～26.73℃，又知冬季水温在–1～0℃。于是可得到夏季的水温为 22.65～25.73℃。这与实测的夏季水温 24～26℃相一致。这样，证实了参数 a、b 的可靠性和广泛性。

11.3.3.4　北纬 30° 的水域的光照时间与水温

在冬季的黄海、东海，北纬 30° 的水域受到太阳的辐射能和黑潮的影响。按照参数 a、b 的计算水温为 5.02℃，在北纬30°、东经 117°～128°的附近水域，由于黑潮使得水温升高，黑潮从 0～200m 的水深中北纬 30°～33°，温度为 18～28℃（山东海洋学院海洋系海洋学教研室，1973）。黑潮水提供的热量与太阳辐射提供的热量平均是水的温度为：（5.02℃+18℃）/2–（5.02℃+28℃）/2，即 11.51～16.51℃。

这与冬季的水温 12～17℃基本相一致（孙湘平等，1981）。由于大洋表面的水温分布主要受制于太阳总辐射的地理分布和大洋环流的配置，这个结果也证实了海水水温受太阳的辐射和环流的影响。

11.3.4　光照时间、水温和营养盐对初级生产力的影响

考虑光照、水温和营养盐生态因子对浮游植物生长和初级生产力的影响。根据第六步，在自然界光照充足的条件下，水温的变化是由光照时间的变化来确定的，以此来讨论光照时间对初级生产力的影响。于是根据第五步，讨论光照时间、水温对浮游植物初级生产力的影响时，只要考虑 2 个月后的水温对浮游植物生长的影响。

这也解释了生态现象：①春季 4 月、5 月，虽昼长也达 13h 以上，初级生产力却只有200mg C/(m²·d)，而10月昼长虽较夏季缩短2.9h,其生产力却高达730mg C/（m²·d）。②3 月底和 10 月上旬的昼长都是 12h，而初级生产力则相差 4.7 倍。水温滞后于光照时间 2 个月，在春季 4 月、5 月，虽昼长也达 13h 以上，但它的作用要过 2 个月后才表现在 6 月、7 月的水温上，而春季 4 月、5 月的水温由两个月前的 2 月、3 月的光照时间来确定，同样，在 10 月，昼长所作用的水温是 12

月的，而 10 月水温是由两个月前的 8 月的光照时间来确定的。这样，2 月、3 月的光照时间比 8 月的光照时间要短得多，因此，4 月、5 月的水温比 10 月的水温低得多。当光照充足时，光合作用速度与温度呈正相关。那么，4 月、5 月的光合作用速度比 10 月的光合作用速度要低得多。所以，根据光照时间和光合作用速度，4 月、5 月的初级生产力比 10 月的初级生产力要低得多。这也表明，当时的光照时间不能直接影响浮游植物的生长，要通过水温经过 2 个月时间才能影响浮游植物的生长。

营养盐硅从 11 月初至翌年 5 月底都是胶州湾浮游植物初级生产力的限制因子，而营养盐 Si、N、P 满足浮游植物生长是 6～11 月（Yang et al.，2002，2003）。这样，3 月、4 月、5 月的浮游植物初级生产力受到营养盐硅的限制，而 10 月的营养盐 N、P、Si 满足浮游植物初级生产力。这样就可以解释生态现象的起因是由于营养盐 Si 限制和满足浮游植物初级生产力，而与当时昼长的时间长短没有直接的关系。

11.4 结 论

光照时间和水温的动态周期、特征和趋势产生下列的结果。

（1）光照时间转化成海水温度的转化率 a 为 4.15～4.69℃/h，2 个月后的海水为 0℃的光照时间临界值 b 为 8.85～9.19h。

（2）浮游植物的光合作用的酶催化过程没有受白昼是阴天或多云，还是晴天的影响，而是一直受光照时间长短的影响。光辐射和光照时间分别决定了浮游植物光合作用的光化学过程与酶催化过程两个方面。这进一步探讨了光对浮游植物生长影响的不同过程。

（3）胶州湾的海水水体经过 2 个月的能量积累，光照时间作用在水温上。这样，在胶州湾，光照时间要经过 2 个月才能影响浮游植物的光合作用。光照时间通过水温控制 2 个月后的浮游植物生长的速率，这不须要考虑水体内的海水增温、降温过程，以及与外海水交换的过程。

（4）分析发现，海水温度的变化滞后于光照时间变化 2 个月，具有同样的变化。这表明，在相同的光照时间的期间，浮游植物的初级生产力通常也不一样，相差很大。因此，不能只根据光照时间的长短来决定浮游植物初级生产力的大小。

（5）根据渤海的纬度、光照时间、转化率 a 和临界值 b，可计算得出渤海水域水温为 0℃的结冰时间，水域的水温达到了 0℃的纬度值和渤海冬季、夏季水温的变化值，这些与实际观测值相一致。这证实了参数转化率 a 和临界值 b 的可靠性。又通过纬度为 30°的黄海、东海的冬季光照时间和参数，计算出此水域的水温，该水温和黑潮水温的平均值与实际水温相一致。

（6）在水域没有受到大洋环流的影响下，通过光照时间、参数 a 和 b 估算的水温温度与实际的水温基本相一致。在水域受到大洋环流的影响下，通过光照时间、参数 a 和参数 b 估算的水温温度和大洋环流所提供的水温的平均值与实际的水温基本相一致。分析注意到，若水域受大洋环流的影响，通过估算的水温和实际的水温之差可以计算得出大洋环流所提供的水温。

（7）模型框图描述了初级生产力与光照时间、水温、酶催化过程、太阳辐射、光化学过程和光合作用之间的关系。此研究显示，光照时间不能影响当时的浮游植物生长，而是经过 2 个月时间，通过水温才能影响浮游植物的生长。光照时间、水温和营养盐对初级生产力的影响解释了胶州湾的生态现象，并展现了光照时间影响水温和水温影响浮游植物生长的机制和过程。

参 考 文 献

奥德姆 H T.1993. 系统生态学. 蒋有绪, 徐德应, 译. 北京: 科学出版社: 3-16.

高国栋, 陆渝蓉. 1982. 中国地表面辐射平衡与热量平衡. 北京: 科学出版社: 1-9.

郭玉洁, 杨则禹. 1992. 胶州湾的生物环境: 初级生产力. 见: 刘瑞玉. 胶州湾生态学和生物资源. 北京: 科学出版社: 110-125.

尼贝肯 J W. 1991. 海洋生物学——生态学探讨. 林光恒, 李和平, 译. 北京: 海洋出版社: 46-52.

山东海洋学院海洋系海洋学教研室. 1973. 海洋学. 北京: 科学出版社: 80-109, 249-261.

沈国英, 施并章. 1990. 海洋生态学. 厦门: 厦门大学出版社: 67-123.

斯蒂曼·尼耳森. 1979. 海洋光合作用. 周百成, 温宗存, 译. 北京: 科学出版社: 5-10, 96-102.

斯菲德鲁普 H U, 约翰逊 M W, 佛莱明著 R H. 1959. 海洋. 毛汉礼, 译. 北京: 科学出版社: 665-676.

孙湘平, 姚静娴, 黄易畅, 等. 1981. 中国沿岸海洋水文气象概况. 北京: 科学出版社: 47-57, 68-79.

翁学传, 朱兰部, 王一飞. 1992. 物理海洋学: 水温要素的结构和变化. 见: 刘瑞玉. 胶州湾生态学和生物资源. 北京: 科学出版社: 33-37.

吴玉霖, 张永山. 1995. 胶州湾叶绿素 a 和初级生产力的特征分布. 见: 董金海, 焦念志. 胶州湾生态学研究. 北京: 科学出版社: 137-149.

杨东方, 詹滨秋, 陈豫, 等. 2000. 生态数学模型及其在海洋生态学应用. 海洋科学, 24(6): 21-24.

Durbin E C, Krawiec R W, Smayda T J. 1975. Seasonal studies on the relative importance of different size fractions of phytoplankton in Narragansett Bay(USA). Mar Biol, 32(3): 271-281.

Eppley R W. 1972. Temperature and phytoplankton growth in the sea. Fish Bull, 70(4): 1063-1085.

Harrison S W, Platt T. 1980. Variations in assimilation number of coastal marine phytoplankton: Effects of environmental co-variates. J Plankton Res, 2(4): 249-260.

Jeffery S W, Humphery G P. 1975. New spectrophotometric equations for determining chlorophylls a, b, c1 and c2 on higher plant, algae and natural phytoplankton. Biochem Physiol Pflanzen, 167: 191-194.

Lursinsap A. 1974. Proceedings of the 3rd CSK Symposium1972. Bankoke: Bankoke Press: 339-364.

Mandelli E F, Burkholder P R, Doheny T E, et al. 1970. Studies of primary productivity in coastal waters in southern Long Island, New York. Mar Bial, 7: 153-160.

Postma H, Rommets J W. 1970. Primary Production in the Wadder Sea. Netherland. J Sea Res, 4(4): 470-493.

Ryther J H, Yentsch C S. 1958. Primary production of continental shelf waters off New York. Limnol Oceanog, 3: 327-335.

Ryther J H. 1969. Photosynthesis and fish production in the sea. Science, 166: 72-76.

Takahashi M, Fugii K, Parsons T R. 1973. Simulation study of phytoplankton photosynthesis and growth in the Fraser

River Estuary. Mar Biol, 19: 102-116.

Williams R B, Murdoch M B. 1966. Phytoplankton production and chlorophyll concentration in the Beaufort Channel, North Carolina. Limnol Oceanog, 11(1): 73-82.

Yang D F, Gao Z H, Zhang J, et al. 2004. Examination of Daytime Length's Influence on Phytoplankton Growth in Jiaozhou Bay, China. Chin J Oceanol Limnol, 22(1): 70-82.

Yang D F, Zhang J, Gao Z H, et al. 2003. Examination of Silicate Limitation of Primary Production in the Jiaozhou Bay, North China Ⅱ. Critical Value and Time of Silicate Limitation and Satisfaction of the Phytoplankton Growth. Chin J Oceanol Limnol, 21(1): 46-63.

Yang D F, Zhang J, Lu J B, et al. 2002. Examination of Silicate Limitation of Primary Production in the Jiaozhou Bay, North China Ⅰ. Silicate Being a Limiting Factor of Phytoplankton Primary Production. Chin J Oceanol Limnol, 20(3): 208-225.

第 12 章　水温对浮游植物生长的影响

作者从浮游植物的生态意义出发，提出了新概念：浮游植物的增殖能力。增殖能力体现在碳同化系数、光照时间和真光层的厚度上，它充分反映了自然海区的浮游植物本身的增殖过程，并能够进行定量化的描述，也排除了叶绿素含量变化的影响。该概念可以克服初级生产力和初级生产过程的基础——叶绿素量的两个变量在海域中所观察到的不一致性。与传统观念相比，在时空尺度上更清楚、更有力地解释在生产过程的生态因子的属性。例如，增殖能力在胶州湾所有的站位要比初级生产力与温度有更好的相关性。这样，展示了两个变量在海域中不能观察到的定量化的浮游植物的增殖生产过程。而且增殖能力可解释出现春季、秋季双峰型增殖和夏季单峰型增殖的现象和机制。

12.1　浮游植物增殖能力

12.1.1　生态现象

浮游植物对海洋生产具有很重要的意义，假使没有这类光化学过程，也就不会有鱼虾类的生产。一方面，对于海洋，在不同海域和不同的季节内，有不同种类的浮游植物在增殖。增殖是旺盛而急激的还是缓慢而衰落的，这在生态研究方面是非常重要的。因此，须要定量描述自然海域的浮游植物的生长效率如何，如何定量化地描述自然海域的浮游植物生长过程，以及如何能定量化表达自然海域的增殖强弱过程。另一方面，有些海域是春季、秋季双峰型增殖，如在黑海（Sorokin，1983；Vedernikov and Demidov，1993）、基尔湾（Kiel）、日本的青森湾（小久保清治，1960）。有些海域是夏季单峰型增殖，如黑海（Bologa，1986；Sur et al.，1996）、格陵兰的卡拉约克福特（Karaiakfjord）、北美华盛顿州的弗拉爱代港（Friday Harbour）、北海道的花口关（小久保清治，1960）。引起浮游植物的春季、秋季双峰型增殖和夏季单峰型增殖的机制如何？而这种机制又如何定量化解释？

12.1.2　生物因子

将浮游植物生长过程定量化，如何能准确地、定量化地反映自然海域的增长过程？又如何能了解海域会出现春季、秋季双峰型增殖，还是夏季单峰型增殖，而且出现单（双）峰型增殖的机制是什么？这些问题至今还没有清楚、定量化地解决，这是由于当前的生物因子参数还不能解决。目前，用浮游植物的叶绿素a、初级生产力、碳同化系数和光合速率来描述浮游植物增长过程。一方面，初级生产力和叶绿素a受浮游植物生物量变化的影响，而其生物量变化是受浮游动物生物量变化的影响。因此，初级生产力和叶绿素a还不能够充分准确地反映自然海区的浮游植物的增长过程。另一方面，初级生产力和叶绿素a也不能一致地反映浮游植物的增长过程。例如，海区1，叶绿素a量大；海区2，叶绿素a量小，这两个海区却具有同样的初级生产力值。这样，初级生产力并不能准确反映海区浮游植物的增长能力，因为在海区1的浮游植物增长显然比在海区2的浮游植物增长差。碳同化数也不包含光照时间和真光层的厚度，光合速率也不包含真光层的厚度，由于自然海域的浮游植物增长受当时的光照时间和真光层的厚度的影响，故碳同化系数和光合速率PB也不能够充分地、准确地反映自然海区的浮游植物增长过程。那么，对于上述这些问题的解决和探讨，仅依靠现有的生物因子，即浮游植物的叶绿素a、初级生产力、碳同化系数和光合速率是不够的。

于是，为了解决这些问题，作者提出新的概念：浮游植物的增殖能力。它不同于初级生产力、碳同化系数、单位叶绿素a的日碳同化速率，能够对浮游植物的增长过程进行定量化的描述。

12.1.3　浮游植物的增殖能力

我们定义：浮游植物的增殖能力为初级生产力与同一时间、地点的叶绿素a的含量之比，即，

增殖能力（RCP）=初级生产力（PP）/叶绿素a（Chl.a）

又知

$$PP = L \times Chl.a \times Q \times D$$

PP单位：$mg/(m^2 \cdot d)$（毫克碳）。式中Chl.a为叶绿素a含量，单位为mg/m^3；Q为碳同化数，单位为$mg\ C\ (mg\ Chl.a\ h)^{-1}$；$L$为光照时间，单位为h/d；D为真光层的厚度，单位为m。

还有

$$RCP = L \times Q \times D \times PP/Chl.a$$

可见，增殖能力与碳同化数、光合速率和初级生产力是不同的概念。光合速率PB是单位叶绿素a的日碳同化速率，初级生产力是每天的固碳量，而浮游植物的增殖能力是每平方米的海水柱体中，浮游植物的单位叶绿素a的日固碳能力。

由于一年的光照时间是变量，不同海域的真光层厚度是变量，不同时间的叶绿素 a 含量也是变量。因此，增殖能力与碳同化数、光合速率和初级生产力具有不同的定义，而且，碳同化数、光合速率和初级生产力不能替代增殖能力。增殖能力反映了一年中的不同时间和不同海域浮游植物增长的情况。

12.1.4　增殖能力的应用

通过这个新概念，解决胶州湾的单（双）峰型的增殖机制。考虑生态因子光照、营养盐和水温影响浮游植物的增殖。

在胶州湾内，一年中的光照基本上是充足的，可保证浮游植物的光合作用正常进行（郭玉洁和杨则禹，1992）。在春季、秋季、冬季营养盐硅是浮游植物初级生产力的限制因子（Yang et al.，2002）。进一步确定了营养盐硅限制浮游植物初级生产力的时间从 11 月中旬到 5 月中旬。而营养盐硅满足的时间从 5 月底至 11 月初（Yang et al.，2003）。研究认为，从 5 月底至 11 月初，营养盐 N、P、Si 都满足浮游植物的生长（Yang et al.，2003）。这样，在胶州湾，从 5 月底至 11 月初，对于浮游植物的生长，光照充足；营养盐氮、磷、硅丰富。那么考虑水温对浮游植物的生长。

根据 1991 年 5 月至 1994 年 2 月的观测数据，对胶州湾浮游植物增殖能力的平面分布和季节变化以及水温变化对增殖能力的影响和动态模型进行分析研究，得到的结果是，在胶州湾，有些站位是每年连续的单峰型增殖，有些站位是每年连续的双峰型增殖，有些站位是每年单、双峰型增殖在交替。

分析认为，出现单峰型增殖的起因是：5～11 月，水温在藻类生长的最适温度区间变化。那么，浮游植物的增殖能力随着温度升高而增长，随着降低而减少。这样，在胶州湾，当水温在夏季达到最高值时，就有单峰型增殖出现。

分析认为，出现双峰型增殖的起因是：5～11 月，水温超过藻类生长的最适温度以后，就会引起藻类迅速死亡（沈国英和施并章，1990）。于是增殖能力几乎不增或缓慢下降，这样的情况一直持续到水温达到最高值。由于藻类生活在较高温度环境中一段时间后，藻类生长最适温度比那些适应于正常温度条件下的最适温度高一些（沈国英和施并章，1990）。于是，随着温度下滑，增殖能力却缓慢地开始上升。到 11 月，增殖能力达到第二个高峰值。11 月以后，温度继续下滑时，由于温度已进入正常温度条件下的最适温度，于是，增殖能力随着温度的降低而减少。这样，在胶州湾，春季、秋季就有双峰型增殖出现。

以上讨论夏季增殖能力对水温的依赖出现的情况。那么，对于冬季，当水温低于藻类生长的最适温度并继续下降时，对藻类的生存影响就不显著（沈国英和施并章，1990）。在胶州湾的冬季，虽然增殖能力与水温变化保持一致，但是低于藻类生长的最适温度的水温并不影响藻类的增殖能力。冬季藻类增殖能力的低值是由于营养盐硅限制浮游植物的生长（Yang et al.，2002）。

分析胶州湾的浮游植物增殖能力-水温的动态模型认为，产生单峰型的浮游植物的集群结构主要由暖水性藻类和广温性藻类组成。双峰型的浮游植物的集群主要由寒期性藻类和广温性藻类组成。这表明，在胶州湾，以暖水性藻类和广温性藻类为优势种的水域会出现单峰型，以寒期性藻类和广温性藻类为优势种的水域会出现双峰型。在同一年，甚至在同一时间内，在胶州湾不同的水域，可由不同的寒期性、广温性和暖水性藻类组成不同的浮游植物的集群结构。这样，在一年中，胶州湾就会同时出现单（双）峰型的增殖。

因此，通过增殖能力定量化地研究胶州湾出现的春季、秋季双峰型增殖和夏季单峰型增殖的现象和增殖能力-水温的动态模型的分析认为，在全球的一般水域出现单（双）峰型增殖的机制是：如果水域的夏季水温没有超过浮游植物集群结构优势种生长的最适温度，此水域一般会出现浮游植物的单峰型。如果水域的夏季水温超过浮游植物集群结构优势种生长的最适温度，此水域一般会出现浮游植物的双峰型。一个大水域有两个小水域组成，如果大水域的夏季水温没有超过部分小水域的浮游植物集群结构优势种生长的最适温度，却超过另一部分小水域的浮游植物集群结构优势种生长的最适温度，此大水域一般会同一年出现浮游植物的双峰型和单峰型，如胶州湾。

12.1.5　浮游植物增殖能力的重要性

引入浮游植物增殖能力的概念，排除了叶绿素 a 含量变化的影响，并考虑了当时光照时间和真光层厚度。浮游植物增殖能力能够准确地、定量化地反映自然海域的浮游植物增长的过程。由于水温与增殖能力的相关性比初级生产力更好，这样浮游植物增殖能力更清楚地展示了水温对浮游植物生长的影响。通过水温-增殖能力动态模型的分析，可以认识水温对浮游植物增殖能力的影响和对浮游植物结构的影响。探讨胶州湾水温的特点及季节变化和胶州湾浮游植物增殖能力的平面分布的特点和季节变化，认为胶州湾的水温具有限制和提高浮游植物增殖能力的双重作用，使其具有一致的周期性和起伏性。在胶州湾，在光照充分和营养盐 N、P、Si 满足浮游植物生长的条件下，随着水温的变化，展现了单、双峰型定量化地增殖过程，确定了胶州湾同一年具有这两种特性，而且定量化地阐述了在全球一般海域的浮游植物有夏季单峰型的增殖和春季、秋季双峰型的增殖的机制。这样，增殖能力与碳同化数、光合速率和初级生产力相比，从另一个侧面更能准确地、定量化地反映自然海域浮游植物的增长过程。

12.2　胶州湾水温对浮游植物增殖能力的影响

浮游植物在海洋生产的意义方面，可和陆上的禾谷类相比拟。一方面，对于海洋，在不同海域和不同的季节下，就有不同种类的浮游植物在增殖。增殖是旺盛而急激的还是缓慢而衰落的，这在生态研究方面是非常重要的。目前，用生物因子叶绿素 a、初级生产力、碳同化系数和光合速率 PB 不能反映自然海域浮游植物的生长过程，也不能定量化地表达增殖强弱过程。因此，自然海域浮游植物的生长效率如何，又如何定量化地描述自然海域浮游植物的生长过程，如何能定量化表达自然海域的增殖强弱过程。另一方面，有些海域是春季、秋季双峰型增殖，在基尔湾（Kiel）、日本的青森湾具有春季、秋季双峰型增殖（小久保清治，1960）。有些海域是夏季单峰型增殖，在格陵兰的卡拉约克福特（Karaiakfjord）、北美华盛顿州的弗拉爱代港（Friday Harbour）、北海道的花口关具有夏季单峰型增殖（小久保清治，1960）。引起浮游植物的春季、秋季双峰型增殖和夏季单峰型增殖的机制如何，而这种机制又如何定量化解释。通过胶州湾水域的研究，要探讨和解决这两个方面的问题。

如何将浮游植物生长过程定量化，准确地、定量化地反映自然海域的增长过程？又如何能了解海域会出现春季、秋季双峰型增殖，还是夏季单峰型增殖，而且出现单（双）峰型增殖的机制是什么？这些问题至今还没有清楚地定量化地解决，这是由于当前生物因子参数还不能解决。目前，生物因子只有浮游植物的叶绿素 a、初级生产力、碳同化系数和光合速率 PB 来描述浮游植物增长过程。初级生产力和叶绿素 a 受浮游植物生物量变化的影响，而其生物量的变化受浮游动物生物量变化和海流运输的影响。因此，初级生产力和叶绿素 a 还不能够充分地、准确地反映自然海区的浮游植物增长过程。例如，海区 1，叶绿素 a 量大，海区 2，叶绿素 a 量小，这两个海区具有同样的初级生产力的值。这样，初级生产力并不能准确反映海区的浮游植物生长能力，因为在海区 1 的浮游植物增长显然比在海区 2 的浮游植物增长差。碳同化数也不包含光照时间和真光层的厚度，光合速率 PB 也不包含真光层的厚度，由于自然海域的浮游植物增长受到当时的光照时间和真光层厚度的影响，故碳同化系数和光合速率 PB 也不能够充分地、准确地反映自然海区的浮游植物增长过程。那么，对于上述这些问题的解决和探讨，仅依靠现有的生物因子浮游植物的叶绿素 a、初级生产力、碳同化系数和光合速率 PB 是不够的。作者通过在这方面做的研究工作，提出了新的概念：浮游植物的增殖能力。它不同于初级生产力、碳同化数、单位叶绿素 a 的日碳同化速率 PB，能够对浮游植物的生长过程进行定量化的描述。

在胶州湾，一些研究者认为一年中有两个高峰值，分别出现在春季和秋季（潘友联和曾呈奎，1992），这是双峰型。另一些研究者认为胶州湾的浮游植物有一个高峰值在夏季的 8 月（吴玉霖和张永山，1995），如在胶州湾 1991 年 5 月至 1993 年 2 月调查中知，这是单峰型。这样，在胶州湾会出现春季、秋季双峰型增殖，还是夏季单峰型增殖，还是在一年中单（双）峰型的增殖同时出现，而且出现单（双）峰型增殖的机制是什么，而这种机制又如何定量化解释？胶州湾自然海区的浮游植物增长过程又如何呢？这是作者为了解决胶州湾的这些问题，所做的研究工作。

在胶州湾，浮游植物的叶绿素 a 含量和浮游植物的初级生产力的两个生物量不能够说明胶州湾浮游植物的生长过程，更不能对其进行定量化地描述。这是由于胶州湾浮游植物叶绿素 a 含量的变化和浮游植物的初级生产力的变化在一年中是不一致的。在夏季，当浮游植物叶绿素 a 的含量处于高峰值时，初级生产力的变化也处于高峰值。然而，在冬季浮游植物叶绿素 a 的含量经常处于高峰值，可是浮游植物的初级生产力却处于一年中的较低值。这说明，胶州湾浮游植物的生长过程不能由叶绿素 a 含量和初级生产力来准确描述。初级生产力的变化受叶绿素含量变化的影响，叶绿素 a 含量受浮游动物生物量的变化和海流运输的影响。怎么考虑才能不受叶绿素 a 含量变化的影响，同时又能准确地、定量化地反映胶州湾浮游植物生长的过程。为了解决这个问题，作者从浮游植物生态的意义出发，提出了新概念：浮游植物的增殖能力。增殖能力包含了碳同化系数、光照时间和真光层的厚度，它充分反映了自然海区浮游植物本身的增殖过程，并能够进行定量化的描述，也排除了叶绿素含量变化的影响。根据 1991 年 5 月至 1994 年 2 月的观测数据，通过对光照、营养盐和水温等生态因子的分析，考虑水温的变化对增殖能力的影响和动态模型进行了分析和研究，说明胶州湾一年中会同时出现春季、秋季双峰型增殖和夏季单峰型增殖的现象，而且增殖能力定量化地阐述了出现单（双）峰型增殖的机制。

因此，考虑到浮游植物的初级生产力和生物量在时空分布变化上是不一致的，这两个变量并不能充分说明浮游植物的增殖能力的强弱和水体生产过程的缓急。这个概念克服了初级生产力和初级生产过程的基础——叶绿素量的两个变量在海域中所观察到的不一致性。与传统观念相比，在时空尺度上更清楚更有力地解释生产过程的生态因子的属性。例如，增殖能力在胶州湾所有的站位要比初级生产力与温度有更好的相关性。这样展示了两个变量在海域中不能观察到的定量化的浮游植物的增殖生产过程，并定量化解释了单、双峰型的机制。

12.2.1　研究海区概况及数据来源

12.2.1.1　研究海区概况

胶州湾位于北纬 35°55′～36°18′，东经 120°04′～120°23′，面积约为 446km²，平均水深为 7m（最深达 50m），是一个半封闭型海湾，周围为青岛、胶州、胶南等地区所环抱。工农业生产、水产养殖和城市生活污水的排放，人类向胶州湾内输入了大量的营养物质。

12.2.1.2　数据来源

本文分析时所用数据由胶州湾生态站提供，包括水温、初级生产力（^{14}C 法测定）、叶绿素 a（荧光法测定）（吴玉霖和张永山，1995），时间跨度为 1991 年 5 月至 1994 年 2 月。代表冬季、春季、夏季、秋季的 2 月、5 月、8 月、11 月进行现场实验研究。共进行了 12 个航次。站位是 10 个标准站位（缺 3 号站位的数据），见图 12-1。用不锈钢容器按标准层采水样（表层 5m、10m、15m 等，一直到底部）。

12.2.2　浮游植物的增殖能力

12.2.2.1　增殖能力的定义

定义浮游植物的增殖能力（reproduction capacity of phytoplankton）为初级生产力与同一时间、地点的叶绿素 a 的含量之比，即

增殖能力（RCP）=初级生产力（PP）/ 叶绿素 a（Chl.a）

又知

$$PP=L \times Chl.a \times Q \times D$$

于是有

$$RCP=L \times Q \times D \times PP/Chl.a$$

生物参数和单位在表 12-1 中列出，生物参数的差别在表 12-2 中列出。可见增殖能力与碳同化数、光合速率和初级生产力是不同的概念。光合速率 PB 是单位叶绿素 a 的日碳同化速率，初级生产力是每天的固碳量，而浮游植物的增殖能力是每平方米的海水柱体中，浮游植物的单位叶绿素 a 的日固碳能力。由于一年的光照时间是变量，不同海域的真光层厚度是变量，不同时间的叶绿素 a 含量也是变量。因此，增殖能力与碳同化数、光合速率和初级生产力具有不同的定义，而且，从表 12-1 中可知，碳同化数、光合速率和初级生产力不能替代增殖能力。增殖能力反映了一年中的不同时间和不同海域浮游植物增长的情况。因此，增殖能

力比上述三种生物因子更有力地、准确地、定量化地反映了自然海域浮游植物的生长过程。实际上,增殖能力是每平方米海水柱体中浮游植物单位叶绿素 a 日固碳能力。

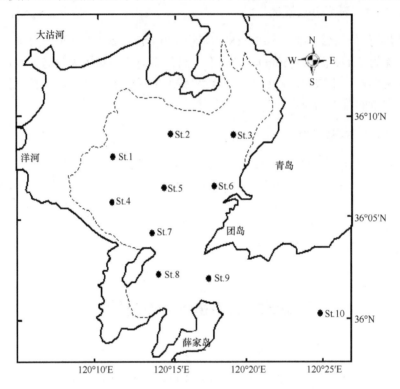

图 12-1　胶州湾调查站位图

表 12-1　生物参数及单位

生物参数	单位
PP:初级生产力	mg C/(m^2·d)
Chl.a:叶绿素 a 含量	mg/m^3
Q:碳同化数	mg C/(mg Chl.a h)
L:光照时间	h/d
D:真光层厚度	m

表 12-2　生物参数的差别

Q 碳同化数	单位叶绿素 a 含量	碳同化量类别	光照时间类别	层类的厚度
PB 光合速率	单位叶绿素 a 含量	碳同化量	每天光照时间	
PP 初级生产力	叶绿素 a 含量	碳同化量	每天光照时间	真光层的厚度
RCP 增殖能力	单位叶绿素 a 含量	碳同化量	每天光照时间	真光层的厚度

12.2.2.2　增殖能力的平面分布

浮游植物增殖能力的平面分布在不同季节有差异。在冬季，增殖能力在湾口及湾外高于湾内，而在西北部最弱。在春季，增殖能力在湾外、湾口及湾中心、湾东部逐渐降低，在湾西部和湾西北部弱。在夏季，湾北部、湾中心和湾口的增殖能力强，在湾东部的增殖能力弱。在秋季，增殖能力强的位置在湾内（除东部）及湾口不断变换，但只有湾东部保持着较弱的增殖能力（图 12-2）。

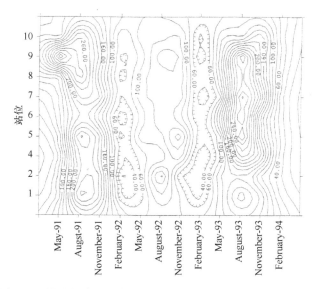

图 12-2　增殖能力在 9 个站位的时空分布变化（单位：μmol/L）

12.2.2.3　增殖能力的季节变化

在冬季 2 月，整个胶州湾的增殖能力是一年中的最低值。在春季的 5 月，整个胶州湾的增殖能力在增强，呈上升趋势。在夏季的 8 月，增殖能力在 1 号、2 号、6 号、9 号站达到最高值。而 4 号、5 号、7 号、8 号站，在 1991 年、1993 年也达到了最高值，但在 1992 年夏季，增殖能力与相邻春季、秋季相比，有一个相对的低谷值，而 10 号站在 1992 年、1993 年夏季，增殖能力的变化也同样如此，只在 1991 年夏季达到最高值。在秋季的 11 月增殖能力在衰退，呈下降趋势。由上可知，整个胶州湾浮游植物的增殖能力在春季 5 月上升，在秋季的 11 月下降，在冬季 2 月达到最低值，在夏季的 8 月有时达到最高值，有时与春、秋两季相比，是一个相对的低谷值（图 12-3，2 号、5 号站）。

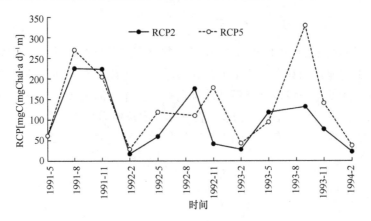

图 12-3　2 号、5 号站增殖能力的季节变化

12.2.3　增殖能力与水温的动态模型

12.2.3.1　水温与增殖能力的相关性

水温与增殖能力具有相同的周期（一年）。在秋季、冬季、春季里，增殖能力与水温具有一样的下降和上升变化。当水温到达低谷值时，其增殖能力也达到低谷值。在夏季，当水温到达高峰值时，其增殖能力有时达到高峰值，但有时却达到相应的低谷值。但从整体来看，水温影响浮游植物的增殖能力，使其具有相同的周期性和起伏性。水温与增殖能力的相关性。

水温与增殖能力在 6 号、8 号站是高度相关的，其余各站是显著相关（表 12-3）。

表 12-3　水温和增殖能力的相关性

站位	1	2	4	5	6	7	8	9	10
相关系数	0.70	0.70	0.65	0.71	0.82	0.74	0.81	0.69	0.64

12.2.3.2　建立模型

为了进一步弄清水温对增殖能力的影响，应当建立水温-增殖能力模型。水温-增殖能力的动态模型可清楚地描述水温的作用是加快和延缓浮游植物增殖能力的变化，但它们具有相同的周期。用统计和微分方程建立一个关于随时间变化的水温和增殖能力速率的模型。

胶州湾的水温-增殖能力的动态模型方程为：

$$R(t)=a \times T(t)+b \times \sin(\pi/6(t-5))+c \qquad (12\text{-}1)$$

式（12-1）的右边第一、第二项分别代表水温和增殖能力（表 12-4）。

表 12-4　模型的变量和参数

变量或参数	值	单位
t 为时间变量		月
$T(t)$ 为水温函数	2.95～28.21	度
$R(t)$ 为增殖能力函数	16.76～365.84	mgC（mgChl.a·d）$^{-1}$ m
a 为参数	-14.70～2.65	mgC（mgChl.a·d）$^{-1}$ m（℃）$^{-1}$
b 为参数	66.27～250.79	mgC（mgChl.a·d）$^{-1}$ m
c 为参数	98.53～336.57	mgC（mgChl.a·d）$^{-1}$ m

根据 1991 年 5 月至 1994 年 2 月胶州湾的水温和增殖能力数据，然后通过式（12-1）建立多元回归方程，求得参数 a、b、c。在利用数据时，由于模型的变量时间 t 单位为月，又采样的时间跨度为 3 个月。因此，相差时间不超过一个月的数据，都按该月的数据来处理。一年的采样日期为 2 月、5 月、8 月、11 月。例如，以 8 月 15 日为中心，7 月 15 日至 9 月 15 日内采集样品的日期都作为 8 月（表 12-5）。

表 12-5　式（12-1）的参数 a、b、c 的值

站位参数	1	2	4	5	6	7	8	9	10
a	-9.14	-9.98	-5.06	-14.70	-0.87	2.65	-5.92	1.83	-2.13
b	180.00	184.08	135.55	250.79	101.52	66.27	156.67	85.53	80.98
c	242.49	239.90	185.05	336.57	129.72	98.53	220.15	137.55	150.52

注：缺 3 号站数据。

12.2.3.3　模型检验

相关系数检验。查相关系数的临界值得 $R_{0.05}(9)=0.697$，$R_{0.01}(9)=0.80$；F 检验。查 F 分布表得临界值 $F_{0.05}(2, 9)=4.26$，$F_{0.01}(2, 9)=8.02$。

表 12-6　式（12-1）的相关性

站位	1	2	4	5	6	7	8	9	10
相关系数	0.76	0.78	0.68	0.80	0.82	0.75	0.84	0.70	0.67
F 值	6.16	7.05	4.08	8.52	9.57	5.88	11.61	4.32	3.86

式（12-1）在 5 号、6 号、8 号站，在 $\alpha=0.01$ 水平上有意义，1 号、2 号、7 号、9 号站在 $\alpha=0.05$ 水平上有意义。

12.2.3.4　模型的应用

通过水温-增殖能力的动态模型，得到1号、5号、6号、7号、8号、9号站的模拟曲线，模型表明了水温调控增殖能力，并表明了模型的预测值与实测值相吻合。因此，在7个站中，随意取2号、5号站，看式（12-1）的曲线模拟实测曲线的情况（图12-4，2号、5号站）。RCP2、RCP5分别是2号、5号站的实测增殖能力曲线，SRCP2、SRCP5分别是2号、5号站的式（12-1）的模拟曲线。

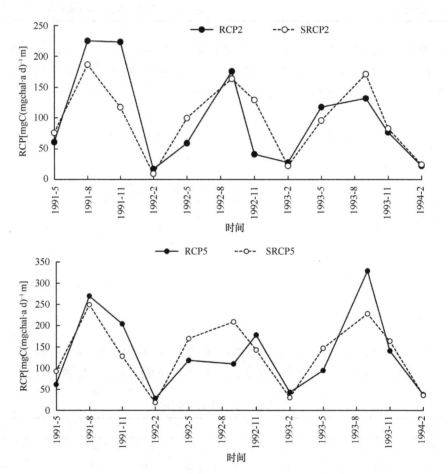

图12-4　2号、5号站的实测增殖能力和式（12-1）模拟的曲线比较

RCP2和RCP5分别代表实测增殖能力的曲线；SRCP2和SRCP5分别代表式（12-1）的模拟曲线

12.2.4　水温影响增殖能力

在冬季的2月里，水温最低为3～5℃，这时增殖能力也最弱，为16.70～

55.34mg C(mg·Chl.a·d)$^{-1}$ m。2～5 月,水温开始上升,其增殖能力也在上升,在 5 月,水温上升为 14～16℃时,其增殖能力增强,为 60～120mg C(mg·Chl.a·d)$^{-1}$ m,其至在 9 号站增殖能力迅猛增强到 365.84mg C(mg·Chl.a·d)$^{-1}$ m。可见,浮游植物在春季有着旺盛的增殖能力。5～8 月,水温持续上升,在夏季 8 月水温上升到最高 22～28℃,而对于增殖能力来说,却有两种结果:一种是 5～8 月,增殖能力继续上升,在 8 月,增殖能力上升到最强,如 1 号、2 号、6 号、9 号站的浮游植物群落的增殖能力为 131.54～127.65mg C(mg·Chl.a·d)$^{-1}$ m,这样,增殖能力是随着温度上升到最高而达到最强(图 12-5,2 号站);另一种是,5～8 月,增殖能力却缓慢下降,在 8 月增殖能力下降到一个相对的低谷值,如 5 号、10 号站在 1992 年夏季的 8 月浮游植物群落的增殖能力为 109.65mg C(mg·Chl.a·d)$^{-1}$ m 或者 5～8 月,增殖能力几乎不增,如在 1992 年夏季 4 号、7 号、8 号站的增殖能力。这样,这些浮游植物群落的增殖能力,不是随温度上升,而是保持几乎不增或下降(图 12-5,5 号站)。8～11 月,水温开始下降,在 11 月,水温降到 11～16℃,而对于增殖能力来说,却有两种结果:一种是,8～11 月,增殖能力也随之衰退,如在 1 号、2 号、6 号、9 号站,到 11 月,增殖能力持续衰退到 76.57～191.08mg C(mg·Chl.a·d)$^{-1}$m,这样,增殖能力是随着温度下降而衰退;另一种是 8～11 月,增殖能力却开始上升。在 11 月,增殖能力达到第二个高峰值(第一个高峰值 5 月),如在 1992 年 11 月,4 号、5 号、7 号、8 号、10 号站,增殖能力为 136.76～177.66mg C(mg·Chl.a·d)$^{-1}$m,这样,这些浮游植物群落的增殖能力不是随着温度下降,而是持续上升达到第二高峰值。11 月至翌年 2 月,水温继续降低,到 2 月降到最低,同样,增殖能力也持续衰退,到 2 月降到最弱,可见增殖能力是随着温度降低而衰退。

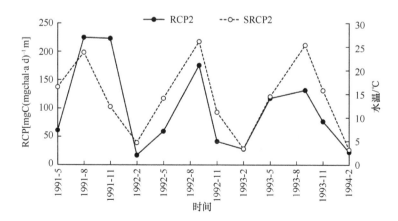

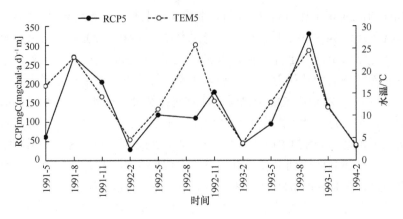

图 12-5　2 号、5 号站增殖能力的季节变化

从以上水温与增殖能力在一年中的变化和关系的分析，认为水温具有限制和提高浮游植物增殖能力的双重作用，使其具有相同的周期性和起伏性。水温影响增长能力的根本原因就是水温通过限制酶反应速率来限制光合作用。

12.2.5　增殖能力-水温的动态模型的生态意义

胶州湾的水温-增殖能力的动态模型方程为：

$$R(t) = a \times T(t) + b \times \sin(\pi/6(t-5)) + c \qquad (12-1)$$

式中，a 为由水温转化成浮游植物的增殖能力，单位为 mg C(mg·Chl.a·d)$^{-1}$ m(℃)$^{-1}$，即每平方米的 m 米深的水柱，经过水温的 1℃ 的变化，单位叶绿素 a 含量转化成增殖能力的值；b 为增殖能力的一年变化的幅度值；c 为增殖能力的变化中心值，增殖能力以 c 值为中心值在上、下变动。

由表 12-5 可知，b、$c > 0$，讨论 a 值的范围。

当 $a=0$ 时，浮游植物继续生长而不受温度的影响。

当 $a<0$ 时，随着水温的升高，$a \times T(t)$ 增殖能力在减弱；随着水温降低，$a \times T(t)$ 增殖能力在增强。当 2～8 月水温升高时，$a \times T(t)$ 增殖能力逐渐减弱。浮游植物的寒期性藻类和广温性藻类（暖水性藻类和广温性藻类）逐渐被暖水性藻类（热带近岸性种）所代替，浮游植物的集群结构就不断地发生转换。当 8 月至翌年 2 月水温降低时，$a \times T(t)$ 增殖能力在逐渐增强。浮游植物的寒期性藻类和广温性藻类（暖水性藻类和广温性藻类）逐渐代替暖水性藻类（热带近岸性种）。由此可推知，在胶州湾大部分水域，7 个站位（总共有 9 个站位），浮游植物的集群结构主要为寒期性藻类和广温性藻类（暖水性藻类和广温性藻类），相对的，暖水性

藻类较少（相对的热带近岸性种较少）。

当 $a > 0$ 时，随着水温的升高，$a \times T(t)$ 增殖能力在增强；随着水温的降低，$a \times T(t)$ 增殖能力减弱。与上面同样地讨论，得到的结果为：在胶州湾的小部分水域，2 个站位（总共有 9 个站位），浮游植物的集群结构主要为暖水性藻类和广温性藻类（热带近岸性种和广温性藻类），相对的寒期性藻类（暖水性藻类）较少。

实际调查情况是：胶州湾内浮游植物优势种结构较简单，尤其在 11 月至翌年 3 月的冬半年，全湾各测站都以日本星杆藻占绝对优势。夏半年湾南部的优势种与湾北部有明显不同。前者在仲夏常有热带近岸性种，如几内亚藻、扭鞘藻、双凹梯链藻和伏氏梯链藻等侵入，湾北部仍以暖温带种和广布种居优势（郭玉洁和杨则禹，1992）。

这个增殖能力-水温的动态模型的 a 值讨论的结果与实际调查情况相一致。夏季，在胶州湾大部分水域，浮游植物的集群结构主要为暖水性藻类和广温性藻类，相对的，热带近岸性种较少。在胶州湾的小部分水域，浮游植物的集群结构组成主要为热带近岸性种和广温性藻类，相对的，暖水性藻类较少。这个胶州湾的小部分水域的站位是 7 号、9 号站。7 号、9 号站位于湾南部的近岸。因此，这个增殖能力-水温的动态模型真实地反映了实际的水域和浮游植物藻类的生态规律。

12.2.6　增殖能力与初级生产力的差异

初级生产力与增殖能力对于水温的反应是有差别的。一般来说，初级生产力与温度的变化相一致，但有时，由于叶绿素量变化，使得初级生产力与温度相抵触。例如，1993 年 2 月的 6 号站，这时的温度处于低谷期。可是，这时的初级生产力比它相邻的两个日期（1992 年 11 月、1993 年 5 月）的 6 号站的初级生产力都高。这是由于在 1993 年 2 月，6 号站的叶绿素量要比相邻两个日期 1992 年 11 月、1993 年 5 月的叶绿素量大得多。即使在这相应的浮游植物增殖能力差的情况下，由于叶绿素 a 量大，也使得相应的初级生产力高。同样，在 1994 年 2 月的 9 号站和 10 号站的说明一样。由于浮游植物光合作用中的酶催化过程的速度亦受温度的影响，因而可以说水域的初级生产力变化受水温的影响较大（吴玉霖和张永山，1995）。那么，增殖能力更加表现了水温的影响。

根据水温分别与初级生产力和增殖能力的相关性分析和胶州湾的实际情况的分析（表 12-7、表 12-8），认为浮游植物的增殖能力的变化比初级生产力的变化受水温变化的影响更大。增殖能力比初级生产力更能够说明水温对浮游植物生长的影响。

表 12-7 水温和增殖能力的相关性

站位	1	2	4	5	6	7	8	9	10
相关系数	0.70	0.70	0.65	0.71	0.82	0.74	0.81	0.69	0.64

表 12-8 水温和初级生产力的相关性

站位	1	2	4	5	6	7	8	9	10
相关系数	0.75	0.59	0.64	0.65	0.60	0.70	0.66	0.44	0.57

12.2.7 胶州湾的单（双）峰型的增殖机制

影响浮游植物增殖的主要生态因子是光照、营养盐和水温。

在胶州湾内一年中的光照基本上是充足的，可保证浮游植物的光合作用正常进行（郭玉洁和杨则禹，1992）。在春季、秋季、冬季，营养盐硅是浮游植物初级生产力的限制因子（Yang et al.，2002）。进一步确定了营养盐硅限制浮游植物初级生产力的时间为 11 月中旬至 5 月中旬。而营养盐硅满足的时间为 5 月底至 11 月初（Yang et al.，2003）。研究认为从 5 月底至 11 月初，营养盐 N、P 、Si 都满足浮游植物的生长（杨东方等，2003）。这样，在胶州湾，生态因子营养盐、光照从 5 月底至 11 月初，对于浮游植物的生长，有光照充足和营养盐 N、P、Si 丰富。

对于胶州湾 5～11 月出现的浮游植物增殖高峰的单峰型和双峰型，从水温开始考虑对单、双峰型的影响，由于水温变化对浮游植物增殖能力的变化比初级生产力的变化影响更大，因此就考虑水温与增殖能力的关系及变化。

通过对胶州湾的增殖能力分析可知，在一年中，有些站是夏季单峰型增殖，如 2 号、6 号站；有些站是春季、秋季双峰型增殖，如 5 号、10 号站。可见，胶州湾同时具有这两种特性，那么，在胶州湾有夏季的单峰型增殖，也有春季、秋季的双峰型增殖。这也证实了在胶州湾一年中有两个高峰值，分别出现在春季和秋季（潘友联和曾呈奎，1992），这是双峰型。从胶州湾 1991 年 5 月至 1993 年 2 月的调查中可知胶州湾的浮游植物有一个高峰值在夏季的 8 月（吴玉霖和张永山，1995），这是单峰型。根据 1991 年 5 月至 1994 年 2 月的观测数据，对胶州湾浮游植物的增殖能力的平面分布的特点和季节变化进行分析研究，得到的结果是，在胶州湾，有些站位是每年连续的单峰型增殖，有些站位是每年连续的双峰型增殖，有些站位是每年单、双峰型增殖在交替。

于是，认为出现单峰型的增殖起因是：5～11 月，水温在藻类生长的最适温度区间变化。那么，浮游植物的增殖能力随着温度升高而增长，降低而减少。这样，在胶州湾，当水温在夏季达到最高值时，就有单峰型增殖出现（图12-5，2号站）。

有研究认为，出现双峰型的增殖起因是：5～11月，水温超过藻类生长的最适温度以后，引起藻类迅速死亡（沈国英和施并章，1990），于是增殖能力几乎不增或缓慢下降，这样的情况一直持续到水温达到最高值。由于藻类生活在较高温度环境中一段时间后，藻类生长最适温度比那些适应于正常温度条件下的最适温度高一些。于是，随着温度的下降，增殖能力却缓慢地开始上升。到11月，增殖能力达到第二个高峰值。11月以后，温度继续下降时，由于温度已进入正常温度条件下的最适温度，于是，增殖能力是随着温度的降低而减少。这样，在胶州湾，在春季、秋季就有双峰型增殖出现（图12-5，5号站）。

前面谈了夏季增殖能力对水温的依赖出现的情况。那么，对于冬季，由于当水温低于藻类生长的最适温度继续下降时，对藻类的生存影响就不显著（沈国英和施并章，1990）。在胶州湾的冬季，虽然增殖能力与水温变化保持一致，但是低于藻类生长的最适温度的水温并不影响藻类的增殖能力。冬季藻类增殖能力的低值是由于营养盐硅限制浮游植物的生长（Yang et al.，2003）。

由增殖能力-水温的动态模型分析认为，单峰型的浮游植物的集群结构主要由暖水性藻类和广温性藻类组成。双峰型的浮游植物的集群结构主要由寒期性藻类和广温性藻类组成。这表明，在胶州湾，以暖水性藻类和广温性藻类为优势种的水域会出现单峰型，以寒期性藻类和广温性藻类为优势种的水域会出现双峰型。

因此，通过增殖能力定量化地研究胶州湾出现的春季、秋季双峰型增殖和夏季单峰型增殖的现象和增殖能力-水温的动态模型的分析认为，在全球的一般水域出现单（双）峰型增殖的机制：如果水域的夏季水温没有超过浮游植物集群结构的优势种生长的最适温度，此水域一般会出现浮游植物的单峰型。如果水域的夏季水温超过浮游植物集群结构的优势种生长的最适温度，此水域一般会出现浮游植物的双峰型。一个大水域有两个小水域组成，如果大水域的夏季水温没有超过部分小水域的浮游植物集群结构的优势种生长的最适温度，却超过另一部分小水域的浮游植物集群结构的优势种生长的最适温度，此大水域一般会同一年出现浮游植物的双峰型和单峰型，如胶州湾。

12.3 结　论

通过对叶绿素 a 和初级生产力的研究，研究者提出了新概念：浮游植物的增殖能力（不同于初级生产力、碳同化数、单位叶绿素 a 的日碳同化速率 PB）。它对浮游植物的生长过程进行了定量化地深刻的揭示，尤其是定量化地展示了水温对浮游植物生长的影响过程。引入浮游植物增殖能力的概念，排除了叶绿素 a 含量变化的影响，并考虑了当时光照时间和真光层厚度。于是，浮游植物增殖能力能够准确地、定量化地反映自然海域浮游植物生长的过程。由于水温与增殖能力的相关性比初级生产力更好，这样浮游植物增殖能力更清楚地展示了水温对浮游植物生长的影响。

根据 1991 年 5 月至 1994 年 2 月的观测数据，对胶州湾浮游植物的增殖能力的平面分布的特点和季节变化进行分析研究，确定了浮游植物生长的动态周期、特征和区域，建立了相应的有意义的水温-增殖能力的动态模型和模拟曲线。

通过模型的分析，认识了水温对浮游植物的增殖能力的影响和浮游植物的结构的影响。探讨了胶州湾的水温的特点和季节变化以及胶州湾的浮游植物的增殖能力的平面分布的特点和季节变化，认为胶州湾的水温具有限制和提高浮游植物增殖能力的双重作用，使其具有一致的周期性和起伏性。胶州湾的营养盐硅在 5 月底至 11 月初满足浮游植物的生长，即营养盐 N、P、Si 都满足浮游植物的生长，光照充足时，增殖能力表明了水温对浮游植物生长的影响过程，随着水温的变化，展现了单、双峰型的定量化的增殖过程，确定了胶州湾同一年具有这两种特性。并且定量化地解释了胶州湾出现的单双峰型增殖的现象和原因。同样定量化地阐述了在全球的一般海域浮游植物有夏季单峰型的增殖和春季、秋季双峰型的增殖的机制。这样，增殖能力与碳同化数、光合速率和初级生产力相比更能准确地、定量化地反映自然海域浮游植物的增长过程。

参 考 文 献

郭玉洁, 杨则禹. 1992. 胶州湾的生物环境——初级生产力. 见: 刘瑞玉. 胶州湾生态学和生物资源. 北京: 科学出版社: 110-125.

潘友联, 曾呈奎. 1992. 胶州湾的生物环境——浮游植物的碳同化数. 见: 刘瑞玉. 胶州湾生态学和生物资源. 北京: 科学出版社: 126-135.

沈国英, 施并章. 1990. 海洋生态学. 厦门: 厦门大学出版社: 67-123.

吴玉霖, 张永山. 1995. 胶州湾叶绿素 a 和初级生产力的特征分布. 见: 董金海, 焦念志.胶州湾生态学研究. 北京: 科学出版社: 137-149.

小久保清治. 1960. 浮游矽藻类. 华汝成, 译. 上海: 上海科学技术出版社: 18-51.

Bologa A S. 1986. Planktonic primary productivity of the Black Sea. A review. Thalassia Yugoslavia, 21(22): 1-22.

Sorokin Y I. 1983. The Black Sea. *In*: Ketchum B H. Estuaries and Enclosed Sea. Ecosystem of the World. New York:

Elsevier: 253-292.

Sur H I, Ozsoy E, Ilyin Y P, et al. 1996. Coastal/deep ocean interactions in the Black Sea and their ecological/environmental impacts. Journal of Marine Systems, 7: 293-320.

Vedernikov V I, Demidov A B. 1993. Primary production and chlorophyll in the deep regions of the Black Sea. Oceanology, 33: 193-199.

Yang D F, Zhang J, Gao Z H, et al. 2003. Examination of silicate limitation of primary production in the Jiaozhou Bay, North China II. Critical value and time of silicate limitation and satisfaction of the phytoplankton growth. Chin J Oceanol Limnol, 21(1): 46-63.

Yang D F, Zhang J, Lu J B, et al. 2002. Examination of silicate limitation of primary production in the Jiaozhou Bay, North China I. Silicate being a limiting factor of phytoplankton primary production. Chin J Oceanol Limnol, 20(3): 208-225.

第 13 章　胶州湾环境变化对海洋生物资源的影响

浮游植物是海洋食物链的基础，浮游植物的生长和其集群结构的变化在海洋生态系统内起着至关重要的推动作用。因此，研究人类活动、环境变化和浮游植物的生态变化过程对于海洋生物资源的持续利用有着重要的意义。

根据近年来对胶州湾水域的研究（杨东方等，2000，2001；Yang et al.，2002，2003a），本章通过研究人类活动、环境变化和浮游植物的生态变化过程，阐明营养盐硅、水温影响浮游植物生长和其集群结构变化的机制，展现浮游植物生长和其集群结构变化的规律，揭示了人类对生态环境的影响和营养盐硅、水温对海洋生态系统的影响，确定了海洋生物资源下降的原因。研究结果表明，在人类的活动中，营养盐硅的缺乏和水温的上升就会引起海洋生态系统食物链的基础改变，就会引起海洋生态系统的正常运行改变，造成海洋生物资源的下降。

13.1　胶州湾环境的变化

胶州湾位于北纬 35°55′～36°18′、东经 120°04′～120°23′，是一个中型的半封闭浅水海湾。大沽河是胶州湾最大的河流，胶州湾水域中 SiO_3-Si 主要由河流输送。由于流入胶州湾的河流大沽河流量逐年减少，故硅的入海量逐年减少（杨东方等，2000，2001；Yang et al.，2002，2003a）。近年来，由于城市化进程的加快，工业和城市废水以及养殖污水大量排放，导致近岸海域水体富营养化较为严重。胶州湾的主要污染物是营养氮、磷（高振会等，2004），沿岸有许多市区工业废水和生活污水的排污河，故氮、磷入海量相对逐年增长。因此，胶州湾环境和浮游植物都发生了很大变化，这对胶州湾海洋生物资源影响巨大，引起了海洋生物种类和数量的变化，造成赤潮频繁发生和其面积扩大。

13.1.1　研究海区概况

胶州湾总面积约为 446km²，平均水深为 7m，湾内最大水深为 64m，0～5m 的浅水区占 52.7%，而水深大于 20m 的仅占总面积的 5.4%。胶州湾位于黄海之滨，山东半岛南岸，为青岛市所辖。著名的青岛港坐落于湾中，湾畔有全长 68km 的胶州湾高速公路，湾内有青-黄轮渡往返通航，周边有胶济铁路和胶黄铁路，构成了环胶州湾经济圈快捷的立体交通枢网。

大沽河是胶州湾最大的河流，发源于招远市阜山，流域面积 4631.3km²，总长 179.0km，至胶州河西屯村入海。沿岸的海泊河、李村河、板桥坊河、娄山河、墨水河、白沙河、洋河等十几条河流基本无自身径流，河道上游常年干涸，中游、下游成为市区工业废水和生活污水的排污河。

13.1.2　营　养　盐

胶州湾的营养盐氮、磷的变化主要是人类活动的直接影响结果。近 30 多年来，围绕胶州湾的青岛市、胶南市等的人口迅速增长，流入海湾的工业废水和生活污水的排放量快速增长。在 1980 年流入海湾的河流中，仅海泊河每天就有 140 000m³ 污水流入胶州湾（沈志良，1997）。近 30 年来，在胶州湾滩涂和沿岸水域又是良好的养殖区，并长期施加氮肥（刁焕祥，1992）。这样，大量的氮、磷输入胶州湾的水域，胶州湾的主要污染物是营养盐氮、磷（高振会等，2004）。由于人类活动的直接或间接的干涉，使营养盐氮、磷发生了巨大改变，逐渐破坏了营养盐氮、磷的生态循环，使氮、磷呈现上升趋势。

20 世纪 60 年代～90 年代，在胶州湾水域 PO_4-P 浓度增加了 2.2 倍，NO_3-N 和 NH_4-N 分别增加了 7.3 倍和 7.1 倍（沈志良，1997）。这样，近年来氮、磷河流输入的增长，导致了胶州湾的日趋富营养化。在增养殖区胶州湾女姑山海域，在 1998 年 TIN 一般达到 30μmol/L，最高值为 60.88μmol/L；DIP 一般为 0.14～0.70μmol/L，最高值为 2.54μmol/L（郝建华等，2000），这表明氮、磷的营养盐浓度一直趋向增长。

胶州湾 SiO_3-Si 浓度具有季节性变化，这个变化主要依赖于季节径流的变化。在雨季，胶州湾的 SiO_3-Si 浓度很高，而在雨季过后，胶州湾的 SiO_3-Si 浓度很低，尤其在冬季，SiO_3-Si 浓度降低到检测线以下，甚至都几乎趋于零（SiO_3-Si 浓度 <0.05μmol/L）。从这三年的调查结果分析可知，SiO_3-Si 浓度每年的变化、趋势和周期都一致（Yang et al.，2003a）。因此，认为胶州湾的 SiO_3-Si 浓度没有受到人类活动的直接影响。

20 世纪 60 年代～90 年代，30 年的胶州湾营养盐的绝对浓度发生了巨大变化。经过 30 年的环境变化，营养盐 Si 在冬季的浓度几乎仍然保持低值，甚至在检测限以下（小于 0.05μmol/L）（Yang et al.，2002，2003a）。这说明了胶州湾受人类的污染，氮、磷浓度在不断地增加，Si 浓度的变化却显示，几乎没有受到人类活动的影响，而主要是受到雨季的影响。对此，Si 对浮游植物的生长来说是显得日趋重要的限制因子。

胶州湾营养盐的浓度，从 1962 年开始至 1998 年的营养盐数据（间断性的数据）分析显示了营养盐氮、磷浓度保持不变和增加的趋势；从 1962 年开始，浮游植物就一直不存在氮、磷的潜在限制（Yang et al.，2003b）。而对 1991 年 5 月至 1994 年 2 月的数据分析，认为营养盐硅在每年的春季、秋季、冬季呈现年周期变化，限制胶州湾浮游植物的生长（Yang et al.，2003b）；在胶州湾，许多水域中浮游植物的优势种需求大量的硅（Yang et al.，2002，2003a）。

13.1.3 气温和水温

根据青岛月平均气温资料（1898～1992 年），研究了 1995 年的青岛年与季气温变化趋势，指出 1995 年来青岛年与季平均气温变化是上升的。其中春季增温最显著，冬季次之，秋季、夏季增温最小（方修佩等，1994）。

1990 年，政府间气候变化专门委员会第一工作组报告指出，全球有仪器观测以来的近百年增温为 0.3～0.6℃（Houghton et al.，1990）。王绍武（1990）曾分析了近百年我国气温变化的特征，指出与全球北半球一样，总的趋势为上升。1994 年的近年青岛年与各季平均气温有明显的变暖趋势，这与近百年全国气温和全球气温变化趋势是一致的（方修佩等，1994）。

根据 1960～2002 年青岛海洋站的海水表层年平均水温，多年平均水温动态变化过程与平均气温变化趋势基本一致，青岛沿海海水表层温度呈波浪式上升趋势（杨鸣等，2005）。青岛近海水温升高与全球变化和气温上升是同步的，年平均水温与 20 世纪 60 年代至 21 世纪最初两年的平均值相比，青岛近海水温上升了 0.75℃（杨鸣等，2005）。

13.2 胶州湾海洋生物资源的变化

浮游植物是海洋生物生产和海洋食物链的第一个环节，进行水域资源合理开发、科学管理和发展渔业生产首先就须要了解水域的浮游植物。由于水域浮游植物初级生产力是估算和预测渔业生产力的基本参量之一，研究浮游植物的规律及其控制因子对于海洋生物资源的可持续利用有着重要意义。

13.2.1　浮游植物生态变化

在胶州湾，春季、秋季、冬季营养盐硅是浮游植物初级生产力的限制因子，进一步确定了营养盐硅限制浮游植物的初级生产力的时间为 11 月 13 日至翌年的 5 月 22 日。而营养盐硅满足的时间为 6 月 7 日至 11 月 3 日（杨东方等，2000，2001，2002；Yang et al.，2002，2003a，2003b）。硅的限制会使浮游植物的藻类结构从硅藻类转变成非硅藻类，并确信只是硅引起藻种结构的改变（杨东方等，2004；Dortch and Whitledge，992）。胶州湾浮游植物对硅的需要非常强烈，而且对硅变化的灵敏度很高，反应迅速（杨东方等，2004；Yang et al.，2002，2003a）。硅的亏损过程（Yang et al.，2005a，2005b）；营养盐硅由陆源提供，经过生物地球化学过程，不断地将硅转移到海底。营养盐硅是初级生产力的主要控制因子，当营养盐硅满足浮游植物生长时，其控制因子转变为水温（Yang et al.，2002）。

在胶州湾不同的水域，由不同的寒期性、广温性、暖水性藻类和亚热带藻类组成不同的浮游植物的集群结构，随着水温的变化，这个集群结构在不断地改变，在一年中，胶州湾就会出现单峰型增殖或者双峰型增殖或者同时出现单（双）峰型增殖（杨东方等，2003；Yang et al.，2004）。

13.2.2　物种的变化

根据胶州湾 30 年的 N、P 变化，研究者认为 N、P 在保持不变或者上升趋势，这是由于人类活动的影响和 N、P 本身的生态循环过程所造成的。营养盐 Si 呈年周期变化，这是由径流、雨季和 Si 本身的生物地球化学过程所决定的（杨东方等，2002；Yang et al.，2002，2005a，2005b）。通过营养盐绝对、相对限制法则及初级生产力-硅酸盐-水温的动态模型（杨东方等，2001；Yang et al.，2002，2003b），确定每年的春季、秋季、冬季，营养盐 Si 是胶州湾浮游植物生长的限制因子。

20 世纪 70 年代前期，青岛海洋生物资源近 1500 种。近年来，由于城市化进程的加快，工业和城市废水及养殖污水大量排放，导致近岸海域水体富营养化。

在过去的几十年中，人类带来输入胶州湾的 N、P 增长，而 Si 则保持年周期变化。由于河流的筑坝和截流，使得流入胶州湾的主要河流大沽河输送 Si 的能力下降，甚至由于断流而没有 Si 的输送，导致营养盐 Si 的限制显得更加突出。同时，胶州湾水域的水温升高。这样，过剩的 N、P 引起沿岸富营养化，加上水温的升高，就会造成水域的富营养化和频繁发生赤潮的灾难。在胶州湾近岸逐年有赤潮发生，并且其有发生频率增高，面积增大的趋势，如连续三年发生红色中缢虫赤潮。

胶州湾东岸无脊椎动物由原来的近 150 种降至目前的 38 种；重要经济鱼、虾、贝类的生息、繁殖场所消失，珍稀濒危物种，如黄岛长吻虫、多鳃孔舌形虫和三崎柱头虫群体锐减，濒临绝迹。并且赤潮、病害等海损现象频繁发生，渔业生态环境破坏严重，渔业资源量降低，经济效益下降。

13.3 水温、营养盐硅是浮游植物生长的动力

通过对胶州湾周围区域的人类活动、胶州湾水域的环境变化以及胶州湾浮游植物的生态变化过程的研究，根据 Si 的生物地球化学过程和 N、P 生态循环过程以及水温年周期变化过程，作者认为，在全球海域，水温、营养盐硅是浮游植物生长的动力。

13.3.1 营养盐硅为主要发动机

全球海域，在营养盐硅和水温的年周期变化推动下，浮游植物生长和浮游植物集群结构变化展示了各种类型的生产力和各种类型的集群结构（杨东方等，2006；Yang et al.，2006）。

在硅的限制下，硅藻生长不断地受到抑制，使浮游植物的细胞曲折变形、色素体褪去（杨东方等，2004），初级生产力呈现低值，浮游植物生物量低，细胞数量低；硅藻生长的海域空间被非硅藻所代替，浮游植物优势种硅藻也逐步转变为非硅藻。在硅的满足下，硅藻生长迅猛，细胞增殖旺盛；硅藻代替了非硅藻的生长海域空间，浮游植物优势种又成为硅藻，非硅藻的生长海域空间受到硅藻的挤压，非硅藻消失。这样，营养盐硅的限制-满足-限制-满足的年周期变化，迅速推动了浮游植物生长和浮游植物集群结构变化进行周而复始的动态变化过程。硅藻类和非硅藻类发生交替变化，其变化过程迅速（Yang et al.，2002，2005a）。

因此，在全球海域，硅是浮游植物生长和浮游植物集群结构变化的主要发动机。

13.3.2 水温为次要发动机

在硅的满足下，初级生产力处于高值，浮游植物生物量高，细胞数量高；这时，水温对于浮游植物生长具有双重作用：提高和限制，使其具有相同的周期性和起伏性。产生了浮游植物增殖的单峰型和双峰型，并组成了三种情形：①只有浮游植物增殖的单峰型；②只有浮游植物增殖的双峰型；③浮游植物增殖的单、

双峰型同时都有。水温影响浮游植物的结构变化：寒期性藻类、广温性藻类、暖水种藻类和热带近岸性种发生交替变化。这样，水温的上升-下降-上升-下降的年周期变化，不断地缓慢推动了浮游植物生长和浮游植物集群结构变化进行周而复始的动态变化过程，但单、双峰型组成的三种情形出现却是根据水温与浮游植物种群生态位的相对变化。浮游植物的集群结构在不断地变更替换，其变化过程缓慢（杨东方等，2003；Yang et al.，2004，2005a）。

在全球海域，水温是浮游植物生长和浮游植物集群结构变化的次要发动机。

13.4　人类影响环境

人类的活动改变了水流方向和流速，改变了河流输入营养盐的比例和输入量，减少了营养盐硅的入海量。同时，污水排放大大增加了河口区水中的氮、磷含量。这样，随着河流输入大海的营养盐硅在减少，氮、磷在增加（杨东方等，2001，2002；Yang et al.，2002，2003，2005a）。于是，人类活动改变了浮游植物的丰度、种类组成、多样性和种类演替（Patrick，1973），给自己造成重大的灾害，如赤潮等，改变了河口、海湾和近岸的海洋生态。

在近一百多年来，由于工业发展和人类对环境保护不够重视，CO_2 等温室气体不断增加，全球表层气温上升。到 20 世纪中叶以后，工业发展更为迅猛，气温随着温室气体的增加而迅速上升。气温的上升引起水温上升，水温上升又引起浮游植物藻类死亡，改变了原来藻种等生物的生活环境和区域，像海洋中的珊瑚。于是，人类活动改变了海洋生态的食物链的基础。

在全球海域，随着河水输入硅量的变化和人类排放的 N 和 P 的增长，近岸水域日趋富营养化。随着人类向大气不断地排放 CO_2，水温也在上升。随着时间的推移，浮游植物不断地受到营养盐硅和水温变化的压力。根据达尔文的进化理论，这种情况要么改变浮游植物的生理特征，浮游植物的集群结构变化来适应变化的环境，以便浮游植物能够生存下去；要么浮游植物的物种就会死亡、消失。这样，浮游植物的生理生长和浮游植物的集群结构就受到破坏，且对沿岸海域生态过程造成的危害正在扩展。

在海洋中，由于浮游植物是生态系统能量流动和食物链的基础，当浮游植物的集群结构和其生理特征发生巨大的变化时，将会引起海洋生态系统的一系列的巨大变化，也将对海洋生态系统产生巨大的冲击力。这使得整个生态系统重新组成、改变和平衡，也使食物链的金字塔顶端的渔业资源受到沉重打击，在海洋生态系统中的许多物种很快绝迹。

13.5 结　　论

随着胶州湾周围区域工农业城市的快速发展及胶州湾水域和岸滩的开发利用，河流输入量持续下降，海湾水域污染严重，导致近岸海域水体富营养化，又加上水温的升高，造成赤潮频繁发生，危及胶州湾近岸生态资源的可持续利用和发展。

在过去的几十年中，人类带来的输入导致胶州湾的 N、P 增长，而 Si 则保持年周期变化。确定每年的春季、秋季、冬季，营养盐 Si 是胶州湾浮游植物生长的限制因子；同时，人类也引起水温的上升。这样，人类活动改变了胶州湾海洋生态的食物链的基础，也改变了海洋生态系统的正常运行，造成胶州湾海洋生物资源的下降。

人类的活动对于向大海硅量的输送和水温周期变化规律的改变要负起责任。目前，人类已经引起海洋中营养盐硅的缺乏和水温的升高。人类要如何约束自己、顺应自然、进行深刻反省，并将积极的科学思想观应用于人类活动中，使海洋生态系统得以长期的持续发展呢？

参 考 文 献

刁焕祥. 1992. 胶州湾的自然环境: 海水化学. 见: 刘瑞玉. 胶州湾生态学和生物资源. 北京: 科学出版社: 73-92.

方修佩, 郭可彩, 胡基福. 1994. 青岛气温变化趋势及其预测. 海洋湖沼通报, 2: 184-189.

高振会, 杨东方, 马媛. 2004. 胶州湾复合生态系统的变化. 海洋科技与经济发展国际论坛论文集. 青岛: 科学技术出版社: 70-74.

郝建华, 霍文毅, 俞志明. 2000. 胶州湾增养殖海域营养状况与赤潮形成的初步研究. 海洋科学, 24(4): 37-40.

沈志良. 1997. 胶州湾营养盐的现状和变化. 海洋科学, 1: 60-63.

王绍武. 1990. 近百年我国及全球气温变化趋势分析. 气象, 16(2): 11-15.

杨东方, 高振会, 陈豫, 等. 2002. 硅的生物地球化学过程的研究动态. 海洋科学, 26(3): 35-36.

杨东方, 高振会, 孙培艳, 等. 2003. 浮游植物的增殖能力的研究探讨. 海洋科学, 27(5): 26-28.

杨东方, 高振会, 孙培艳, 等. 2006. 胶州湾水温和营养盐硅限制初级生产力的时空变化. 海洋科学进展, 24(2): 203-212.

杨东方, 李宏, 张越美, 等. 2000. 浅析浮游植物生长的营养盐限制因子和方法. 海洋科学, 24(12): 47-50.

杨东方, 王凡, 高振会, 等. 2004. 胶州湾的浮游藻类生态现象. 海洋科学, 28(6): 71-74.

杨东方, 张经, 陈豫, 等. 2001. 营养盐限制的唯一性因子探究. 海洋科学, 25(12): 49-51.

杨鸣, 夏东兴, 谷东起, 等. 2005. 全球变化影响下青岛海岸带地理环境的演变. 海洋科学进展, 23(3): 289-296.

Dortch Q, Whitledge T E. 1992. Does nitrogen or silicon limit phytoplankton production in the Mississippi River plume and nearby regions? Continental Shelf Research, 12: 1293-1309.

Houghton J H, Jenkins G J, Ephraums T J. 1990. IPCC, WGI, climate Change. London: Cambridge University Press: 365.

Patrick R. 1973. Use of algae, especially diatoms, in the assessment of water quality. In Biological Methods for the Assessment of Water Quality. New York: Am Soc Test Mater Spec Tech Publ, 528: 76-95.

Yang D F, Chen Y, Gao Z H, et al. 2005a. Examination of silicate limitation of primary production in Jiaozhou Bay, north China Ⅳ Transect offshore the coast with estuaries. Chin J Oceanol Limnol, 23(1): 72-90.

Yang D F, Gao Z H, Wang P G, et al. 2005b. Silicon limitation on primary production and its destiny in Jiaozhou Bay, China Ⅴ Silicon deficit process. Chin J Oceanol Limnol, 23(2): 169-175.

Yang D F, Gao Z H, Chen Y, et al. 2003b. Examination of silicate limitation of primary production in the Jiaozhou Bay, north China Ⅲ. Judgment method, rules and uniqueness of nutrient limitation among N, P, and Si. Chin J Oceanol Limnol, 21(2): 114-133.

Yang D F, Zhang J, Gao Z H, et al. 2003a. Examination of Silicate Limitation of Primary Production in the Jiaozhou Bay, North China Ⅱ. Critical Value and Time of Silicate Limitation and Satisfaction of the Phytoplankton Growth. Chin J Oceanol Limnol, 21(1): 46-63.

Yang D F, Gao Z H, Chen Y, et al. 2004. Examination of seawater temperature's influence on phytoplankton growth in Jiaozhou Bay, north China. Chin J Oceanol Limnol, 22(2): 166-175.

Yang D F, Gao Z H, Sun P Y, et al. 2006. Silicon limitation on primary production and its destiny in Jiaozhou Bay, China Ⅵ The ecological variation process of the phytoplankton. Chin J Oceanol Limnol, 24(2): 186-203.

Yang D F, Zhang J, Lu J B, et al. 2002. Examination of Silicate Limitation of Primary Production in the Jiaozhou Bay, North China Ⅰ. Silicate Being a Limiting Factor of Phytoplankton Primary Production. Chin J Oceanol Limnol, 20(3): 208-225.

第14章 胶州湾水温和营养盐硅限制初级 生产力的时空变化

很多调查发现，在一些海湾、河口区等许多海域出现了富营养化的征兆，氮、磷成为高营养盐。可是，随着时间和空间的变化，在一些时间和空间中，其初级生产力迅速增加，使浮游植物生长的结构经常发生变换，且常常引起赤潮的发生；而在另外一些时间和空间中，却保持低的初级生产力。那么，生态系统出现这样大的差别的机制是什么？这些初级生产力的时间和空间变化，又受到哪些环境因子的控制？这正是本章要研究的问题。

人们以往的主要研究多关注环境因子控制浮游植物生长的空间变化。例如，在研究营养盐限制的水域有：南大洋（Sommer，1991；Pondaven et al.，1999；Tréguer et al.，1995；Nelson et al.，1995）、太平洋近北极的水域（Coale，1996）、印度洋（Dugdale，1972，1985）、太平洋的赤道海域（Hutchins and Bruland，1998；Takeda，1998；Dugdale and Wilkerson，1998）、秘鲁海域（Dugdale et al.，1995）、切萨皮克（Chesapeake）湾（Conley and Malone，1992）、胶州湾（王荣等，1995；张均顺和沈志良，1997；吴玉霖和张永山，1995；沈志良，1995，1997，2002；Yang et al，2002，2003a，2003b，2004a，2004b，2005a）、密西西比河口区（Sklar and Turner，1981；Ammerman，1992；Chen，1994；Smith and Hitchcock，1994；Dortch and Whitledge，1992；Hitchcock et al.，1997；Nelson and Dortch，1996）、黄河口（Turner et al.，1990）、长江口（Edmond et al.，1985；Shi et al.，1986；Sun et al.，1986；胡明辉等，1989；Harrison et al.，1990；郭玉洁和杨则禹，1992；沈志良，1993；蒲新明等，2000）等许多海域。

在探讨环境因子控制浮游植物生长的时间变化方面，研究成果较少。所见到的只是对季节性的交替变化进行研究（Fisher et al.，1992），而对时间变化过程中环境因子如何控制浮游植物的生长，却是没有的。Paytan（2000）在 *Nature* 杂志上发表的关于营养盐限制的空间和时间方面的文章才提出这个时间尺度的问题。因此，研究时间尺度上，环境因子控制浮游植物生长的变化过程是非常重要的。

根据作者近年来在胶州湾水域的主要研究结果（杨东方等，2006a，2006b；Yang et al.，2006），分析和探讨了营养盐硅和水温是如何影响浮游植物生长的变化和其集群结构的改变，确定了胶州湾初级生产力的一年变化过程是如何受营养盐硅和水温的限制和提高的，分析了其时间阶段和空间区域又如何划分，营养盐硅和水温如何控制不同阶段和不同区域的初级生产力。同时，本文揭示了一种因子营养盐硅或水温在时间和空间的尺度上如何控制浮游植物生长的变化过程，而且在时空的变化中，两种因子营养盐硅和水温在时间和空间的尺度上又如何有顺序地控制，产生出我们所观察到的各种类型的生产力。研究结果展示了在初级生产力的时间和空间的变化过程中，营养盐硅和水温控制初级生产力的不同时间阶段，尤其用增殖能力展示了水温对浮游植物生长的控制时间阶段；营养盐硅控制初级生产力的不同空间区域，从而确定了营养盐硅和水温控制初级生产力的变化过程。从陆地到海洋界面的硅输送量决定了初级生产力的时间变化过程；硅的生物地球化学过程决定了初级生产力的空间变化过程。由此可知，营养盐硅和水温是浮游植物生长的发动机。

14.1 胶州湾浮游植物的研究基础

14.1.1 研究海区概况及数据来源

（1）研究海区概况。胶州湾位于北纬 $35°55'\sim36°18'$，东经 $120°04'\sim120°23'$，面积约为 $446km^2$，平均水深为 7m，最大水深为 50m，是一个半封闭型海湾，周围为青岛、胶州、胶南等地区所环抱（图 14-1）。

（2）数据来源。本文分析时所用数据由胶州湾生态站提供。按照国际标准方法，营养盐数据由沈志良测得，叶绿素、初级生产力的数据由吴玉霖、张永山测得。观测时间跨度为 1991 年 5 月至 1994 年 2 月，每年代表冬季、春季、夏季、秋季的 2 月、5 月、8 月、11 月进行现场实验研究。共进行了 12 个航次，每个航次 10 个站位（图 14-1），按标准水层采样（标准水层分别为 0m、5m、10m、15m 等到底层）。

14.1.2 序 列 成 果

作者通过对胶州湾水域的研究（1996～2005 年），得到以下主要研究结果（杨东方等，2000，2001，2002a，2002b，2003，2004；Yang et al.，2002，2003a，2003b，2004a，2004b）。

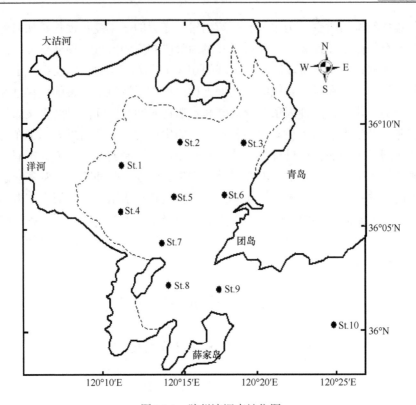

图 14-1　胶州湾调查站位图

（1）研究胶州湾营养盐硅的生物地球化学过程，建立相应的动力学模型，计算出胶州湾浮游植物吸收营养盐硅的量、浮游植物对硅的内禀转化率和营养盐硅的量对浮游植物的吸收与水流稀释的分配比例。

（2）按照限制初级生产力的营养盐硅的变化，首次将初级生产力的值的范围分为三个部分：硅限制的初级生产力的基础值、初级生产力的幅度和初级生产力的临界值。通过浮游植物对营养盐的吸收比例，定量化地阐明了营养盐硅限制浮游植物生长的阈值和阈值的时间及初级生产力受硅限制的阈值，详细阐述了营养盐硅限制浮游植物初级生产力的动态过程。

（3）分析认为，在整个胶州湾不存在氮、磷的限制，营养盐硅在每年的春季、秋季、冬季呈现年周期变化，限制胶州湾浮游植物的生长。在胶州湾有些海域浮游植物生长一年四季都受到营养盐硅的限制。

（4）提出营养盐限制的判断方法和绝对限制法则、相对限制法则，并认为必须要同时满足，才能确定浮游植物生长限制的营养盐元素，且限制营养盐是唯一的。

（5）尝试考虑太阳光的热能给水体的能量输入和水体生态系统的浮游植物的生长过程。分析认为，光辐射和光照时间分别决定了浮游植物光合作用的光化学过程与酶催化过程两个方面，展现了胶州湾的光照时间如何影响水温，水温如何影响浮游植物生长的过程。通过叶绿素 a 和初级生产力提出了新概念：浮游植物的增殖能力，定量化地阐述了浮游植物有夏季的单峰型（1 回）增殖和春季、秋季的双峰型（2 回）增殖的机制。

（6）运用统计和微分方程等数理工具，建立了初级生产力-硅酸盐-水温等多个动态模型，定量化阐明胶州湾生态系统浮游植物生产过程及理化因子的综合调控机制。

14.2 限制初级生产力的时空变化

14.2.1 限 制 因 子

决定浮游植物生长的重要因素是光照、水温和营养盐。那么，对浮游植物生长最重要的影响因子是营养盐，其次是水温，最后是光照（杨东方等，2006a，2006b），因此，光照、水温和营养盐对浮游植物生长起作用是有顺序的，现在必须考虑的是每一种因素是如何分别地限制或提高生产力。

在胶州湾内，一年中的光照基本上是充足的，氮、磷营养盐充足，可保证浮游植物生长（郭玉洁和杨则禹，1992；吴玉霖和张永山，1995；王荣等，1995）。这样，就应当研究和探讨营养盐硅和水温是如何控制浮游植物生长的时间和空间变化的。

14.2.2 在时间尺度上

胶州湾海域，在光照充足的情况下，随着时间的变化，展示了营养盐硅和水温的变化影响浮游植物的生长变化过程。通过一年周期的时间变化，展示硅酸盐影响初级生产力的变化过程（图 14-2）。

5 月 22 日至 6 月 7 日，是硅满足浮游植物生长的阈值时间；6 月 7 日至 11 月 3 日，硅不限制浮游植物生长，氮、磷和硅都满足浮游植物生长；11 月 3 日～13 日，是硅限制浮游植物生长的阈值时间；11 月 13 日至翌年的 5 月 22 日，硅限制浮游植物生长。

通过一年周期的时间变化，展示了营养盐和水温影响增殖能力的变化过程（图 14-3～图 14-5）。

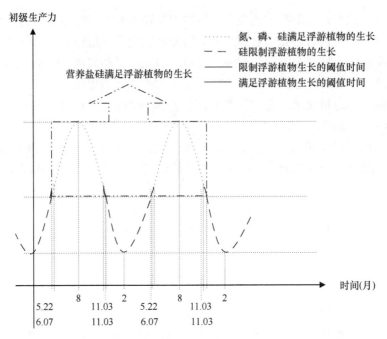

图 14-2　胶州湾初级生产力的时间变化

8 为 8 月，2 为 2 月；5.22 为 5 月 22 日；6.07 为 6 月 7 日；11.03 为 11 月 3 日；11.13 为 11 月 13 日。本节下图同

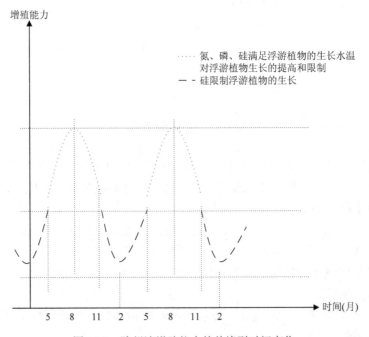

图 14-3　胶州湾增殖能力的单峰型时间变化

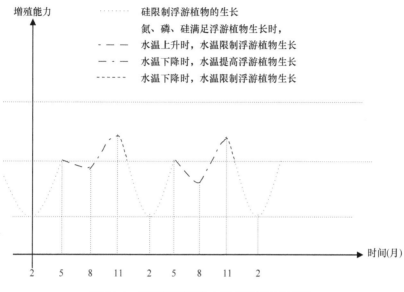

图 14-4　胶州湾增殖能力的双峰型时间变化

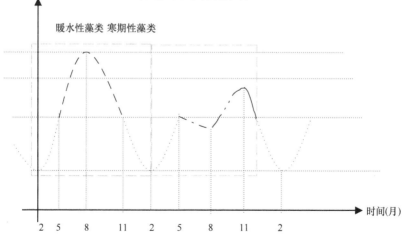

图 14-5　胶州湾增殖能力的单、双峰型时间变化

5 月 22 日至 6 月 7 日，是硅满足浮游植物生长的阈值时间；6 月 7 日至 11 月 3 日，氮、磷和硅都满足浮游植物生长，浮游植物生长出现两种情况。一种是从 6 月 7 日至 8 月 21 日或 22 日，水温提高，浮游植物生长，从 8 月 21 日或 22 日至 11 月 3 日，水温限制浮游植物生长。另一种是从 6 月 7 日至 8 月 21 日或 22 日，水温限制浮游植物生长，从 8 月 21 日或 22 日至 11 月 3 日，水温提高，浮游植物生长；11 月 3~13 日，是硅限制浮游植物生长的阈值时间；从 11 月 13 日至翌年的 5 月 22 日，硅限制浮游植物生长。

胶州湾增殖能力的时间变化，有两种类型和三种情形。两种类型：浮游植物增殖的单峰型和双峰型。并组成三种情形：只有浮游植物增殖的单峰型（图 14-3），只有浮游植物增殖的双峰型（图 14-4），浮游植物增殖的单、双峰型同时都有（图 14-5）。

14.2.3 在空间尺度上

在大沽河口区，通过陆源与河流变化、硅酸盐季节变化和平面分布、硅酸盐水平、垂直横断面的变化及河流-硅酸盐动态模型、河流-初级生产力动态模型的综合分析的研究结果表明（Yang et al., 2005a, 2005b），入湾径流决定了胶州湾硅酸盐浓度的变化，而且提供了丰富的硅酸盐含量。硅随河流进入胶州湾水域后，被浮游植物吸收，使浮游植物生长旺盛。可是，春季、秋季、冬季胶州湾的硅酸盐对浮游植物生长限制的时间范围为 11 月初至 5 月底（Yang et al, 2002, 2003a, 2003b）。其中一部分浮游植物在一年中近 6 个半月的时间缺硅，造成长时期的硅藻沉降；另一部分浮游植物被浮游动物摄食后，硅藻不断向海底沉降。这样，将硅带到海底，展示了硅的输运过程。

胶州湾周围的河流给整个胶州湾提供了丰富的硅酸盐含量，这使整个胶州湾的硅酸盐浓度随着径流的大小在变化。夏季，从河口区依次到湾中心、湾口、湾外，硅酸盐的浓度逐渐降低。硅酸盐浓度远离海岸的横断面的水平变化，表明了离带有河口的海岸距离越远，水域中的硅酸盐浓度就越低。硅酸盐浓度远离海岸的横断面的垂直变化，表现了硅酸盐通过生物吸收和死亡后，沉降到海底，这样不断地把硅逐渐转移到海底，展示了硅的生物地球化学过程。因此，胶州湾陆源提供的硅酸盐浓度变化对胶州湾浮游植物的生长产生重大影响（图 14-6）。

硅酸盐和初级生产力在 9 个站的时空分布变化是一致的，初级生产力与硅酸盐的水平分布在季节变化上也是一样的（Yang et al., 2002）。于是，初级生产力的特征分布是随着越远离河口区，初级生产力就越低（图 14-7）。

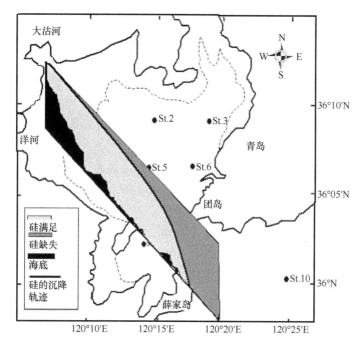

图 14-6　胶州湾硅酸盐的空间变化

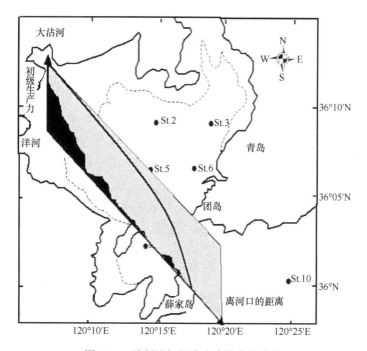

图 14-7　胶州湾初级生产力的空间变化

14.3　初级生产力的变化规律

在初级生产力的时间和空间变化过程中，营养盐硅和水温控制初级生产力的不同时间阶段，尤其用增殖能力展示了水温对浮游植物生长的控制时间阶段；营养盐硅控制初级生产力的不同空间区域。于是，克服了我们所观察到的那些地理差异，得到了如下结论。

结论1　光照、水温和营养盐对浮游植物生长起作用是有顺序的，在时间变化阶段不是共同起作用，而是在不同的时间变化阶段有不同的环境因子起作用。

结论2　从陆地到海洋界面的硅输送量随着时间的变化决定了初级生产力随着时间的变化过程。在硅限制的过程中，输送的硅量、海洋的硅量与初级生产力同样地随着时间变化。

结论3　水温控制增殖能力随着时间的变化过程，产生了浮游植物增殖的单峰型和双峰型。并组成了三种情形：只有浮游植物增殖的单峰型，只有浮游植物增殖的双峰型，浮游植物增殖的单、双峰型同时都有。

结论4　离带有河口的海岸距离越远，水域中的硅酸盐浓度就越低，初级生产力就越低。硅的生物地球化学过程决定了初级生产力的空间变化过程。

结论5　营养盐硅和水温是浮游植物生长的一大一小发动机，营养盐硅是主要的、强烈的、迅速的，水温是次要的、辅助的、缓慢的。

14.4　结　　论

营养盐硅和水温在时间和空间的尺度上有顺序地控制我们所观察到的各种类型的初级生产力，展示了营养盐硅和水温控制初级生产力的不同阶段，尤其用增殖能力展示了水温对浮游植物生长的控制阶段，从而确定了营养盐硅和水温控制初级生产力的变化过程。从陆地到海洋界面的硅输送量决定了初级生产力的时间变化和过程；硅的生物地球化学过程决定了初级生产力的空间变化过程。由此可知，营养盐硅和水温是浮游植物生长的发动机。

参 考 文 献

郭玉洁, 杨则禹. 1992. 长江口区浮游植物的数量变动及生态分析. 海洋科学集刊, 33: 167-189.

胡明辉, 杨逸萍, 徐春林, 等. 1989. 长江口浮游植物生长的磷酸盐限制. 海洋学报, 11(4): 439-443.

蒲新明, 吴玉霖, 张永山. 2000. 长江口区浮游植物营养限制因子的研究 I, 秋季的营养限制情况. 海洋学报, 22(4): 60-66.

沈志良. 1997. 胶州湾营养盐的现状和变化. 海洋科学, 21(1): 60-63.

沈志良. 1993. 长江口海区理化环境对初级生产力的影响. 海洋湖沼通报, 1: 47-51.

沈志良. 1995. 胶州湾营养盐变化的研究. 见: 董金海, 焦念志. 胶州湾生态学研究. 北京: 科学出版社: 47-51.

沈志良. 2002. 胶州湾营养盐结构的长期变化及其对生态环境的影响. 海洋与湖沼, 33(3): 322-330.

王荣, 焦念志, 李超伦, 等. 1995. 胶州湾的初级生产力和新生产力. 见: 董金海, 焦念志. 胶州湾生态学研究. 北京: 科学出版社: 125-135.

吴玉霖, 张永山. 1995. 胶州湾叶绿素a 和初级生产力的特征分布. 见: 董金海, 焦念志. 胶州湾生态学研究. 北京: 科学出版社: 137-149.

杨东方, 李宏, 张越美, 等. 2000. 浅析浮游植物生长的营养盐限制因子和方法. 海洋科学, 24(12): 47-50.

杨东方, 张经, 陈豫, 等. 2001. 营养盐限制的唯一性因子探究. 海洋科学, 25(12): 49-51.

杨东方, 高振会, 陈豫, 等. 2002a. 硅的生物地球化学过程的研究动态. 海洋科学, 26(3): 35-36.

杨东方, 高振会, 王培刚, 等. 2002b. 光照时间和水温对浮游植物生长影响的初步剖析. 海洋科学, 26(12): 18-22.

杨东方, 高振会, 孙培艳, 等. 2003. 浮游植物的增殖能力的研究探讨. 海洋科学, 27(5): 26-28.

杨东方, 王凡, 高振会, 等. 2004. 胶州湾的浮游藻类生态现象. 海洋科学, 28(6): 71-74.

杨东方, 高振会, 孙培艳, 等. 2006a. 胶州湾水温和营养盐硅限制初级生产力的时空变化. 海洋科学进展, 24(2): 203-212.

杨东方, 高振会, 王培刚, 等. 2006b. 营养盐硅和水温影响浮游植物的机制. 海洋环境科学, 25(1): 1-6.

张均顺, 沈志良. 1997. 胶州湾营养盐结构变化的研究. 海洋与湖沼, 28(5): 529- 535.

Ammerman J W. 1992. Seasonal variation in phosphate turnover in the Mississippi River plume and the inner Gulf shelf: rapid summer turnover. In: Texas Sea Grant Program. Nutrient Enhanced Coastal Ocean Productivity. NECOP Workshop Proceedings, October 1991, NOAA Coastal Ocean Program. Texas Sea Grant Publications, College Station, 69-75.

Chen B. 1994. The effects of growth rate, light and nutrients on the C/Chl a ratio for phytoplankton in the Mississippi River plume. Hattiesburg: MS Thesis, University of Southern Mississippi: 86.

Coale K H. 1996. A massive phytoplankton bloom induced by an ecosystem-scale iron fertilization experiment in the equatorial Pacific Ocean. Nature, 383: 495-501.

Conley D J, Malone T C. 1992. Annual cycle of dissolved silicate in Chesapeake Bay: implications for the production and fate of phytoplankton biomass. Marine Ecology Progress Series, 81: 121-128.

Dortch Q, Whitledge T E. 1992. Does nitrogen or silicon limit phytoplankton production in the Mississippi River plume and nearby regions? Continental Shelf Research, 12: 1293-1309.

Dugdale R C, Wilkerson F P, Minas H J. 1995. The role of a silicate pump in driving new production. Deep-Sea Res(I), 42(5): 697-719.

Dugdale R C, Wilkerson F P. 1998. Silicate regulation of new production in the equatorial Pacific upwelling. Nature, 391: 270-273.

Dugdale R C. 1972. Chemical oceanography and primary productivity in upwelling regions. Geoforum, 11: 47-61.

Dugdale R C. 1985. The effects of varying nutrient concentration on biological production in upwelling regions. CalCOFI Report, 26: 93-96.

Edmond J M A, Spivack A, Grant B C, et al. 1985. Chemical dynamics of the Changjiang estuary. Cont Shelf Res, 4: 17-36.

Fisher T R, Peele E R, Ammerman J W, et al. 1992. Nutrient limitation of phytoplankton in Chesapeake Bay. Marine Ecology Progress Series, 82: 51-63.

Harrison P H, Hu M H, Yang Y P, et al. 1990. Phosphate limitation in estuarine and coastal waters of China. J Exp Biol Ecol, 140: 79-87.

Hitchcock G L, Wiseman Jr W J, Boicourt W C, et al. 1997. Property fields in an effluent plume of the Mississippi River. Journal of Marine Systems, 12: 109-126.

Hutchins D A, Bruland K W. 1998. Iron-limited diatom growth and Si : N uptake ratios in a coastal upwelling regime. Nature, 393: 561-564.

Nelson D M, Dortch Q. 1996. Silicic acid depletion and silicon limitation in the plume of the Mississippi River: evidence from kinetic studies in spring and summer. Marine Ecology Progress Series, 136: 163-178.

Nelson D M, Tréguer P, Brzezinski M A, et al. 1995. Production and dissolution of biogenic silica in the ocean: revised global estimates, comparison with regional data and relationship to biogenic sedimentation. Global Biogeochemistry Cycle, 9: 359-372.

Ning X, Vaulot D, Liu Z, et al. 1988. Standing stock and production of phytoplankton in the estuary of the Changjiang (Yangtse River) and the adiacent East China Sea. Mar Ecol Ser, 49: 141-150.

Paytan A. 2000. Iron uncertainty. Nature, 406: 468-469.

Pondaven P, Ruiz-Pino D, Druon J N, et al. 1999. Factors controlling silicon and nitrogen biogeochmical cycles in high nutrient, low chlorophyll systems (the Southern Ocean and the North Pacific): comparison with a mesotrophic system (the North Atlantic). Deep Sea Research I , 46: 1923-1968.

Shi Z L, Sun B Y, Wan Y C. 1986. Comprehensive survey and research report on the water areas adjacent to the Changjiang River Estury and Chejudo Island .4. Marine Chemistry –inorganic nitrogen in seawater. J Shangdong Cdll Oceanol, 16: 189-207.

Sklar F H, Turner R E. 1981. Characteristics of phytoplankton production off Barataria Bay in an area influenced by the Mississippi River. Contributions in Marine Science, 24: 93-106.

Smith S M, Hitchcock G L. 1994. Nutrient enrichments and phytoplankton growth in the surface waters of the Louisiana Bight. Estuaries, 17: 740-753.

Sommer U. 1991. Comparative nutrient status and competitve interactions of two Antarctic diatoms (*Corethron crophilum* and *Thalassiosira antarctica*). J Plankton Res, 13: 61-75.

Sun B Y, Yu S R, Hao E L. 1986. Comprehensive Survey and research report on the water areas adjacent to the Changjiang River Estury and Chejudo Island .4. Marine Chemistry –soluble Phosphate in seawater. J Shangdong Cdll Oceanol, 16: 172-182.

Takeda S. 1998. Influence of iron availability on nutrient consumption ratio of diatoms in oceanic waters. Nature, 393: 774-777.

Tréguer P, Nelson D M, Van Bennekom A J, et al. 1995. The silica balance in the world ocean: a reestimate. Science, 268: 375-379.

Turner R E, Rabalais N N, Nan Z Z. 1990. Phytoplankton biomass, production and growth limitations on the Huanghe (Yellow) River. Continental Shelf Research, 10: 545-571.

Yang D F, Chen Y, Gao Z H, et al. 2005a. Silicon limitation on primary production and its destiny in Jiaozhou Bay, China IV Transect offshore the coast with estuaries. Chin J Oceanol Limnol, 23(1): 72-90.

Yang D F, Gao Z H, Wang P G, et al. 2005b. Silicon limitation on primary production and its destiny in Jiaozhou Bay, China V Silicon deficit process. Chin J Oceanol Limnol, 23(2): 169-175.

Yang D F, Zhang J, Gao Z H, et al. 2003a. Examination of Silicate Limitation of Primary Production in the Jiaozhou Bay, North China II. Critical Value and Time of Silicate Limitation and Satisfaction of the Phytoplankton Growth. Chin J Oceanol Limnol, 21(1): 46-63.

Yang D F, Gao Z H, Chen Y, et al. 2003b. Examination of Silicate Limitation of Primary Production in the Jiaozhou Bay, North China III. Judgment Method, Rules and Uniqueness of Nutrient Limitation among N, P, and Si. Chin J Oceanol Limnol, 21(2): 114-133.

Yang D F, Gao Z H, Zhang J, et al. 2004a. Examination of Daytime Length's Influence on Phytoplankton Growth in Jiaozhou Bay, China. Chin J Oceanol Limnol, 22(1): 70-82.

Yang D F, Gao Z H, Chen Y, et al. 2004b. Examination of Seawater Temperature's Influence on Phytoplankton Growth in Jiaozhou Bay, North China. Chin J Oceanol Limnol, 22(2): 166-175.

Yang D F, Zhang J, Lu J B, et al. 2002. Examination of Silicate Limitation of Primary Production in the Jiaozhou Bay, North China I .Silicate Being a Limiting Factor of Phytoplankton Primary Production. Chin J Oceanol Limnol, 20(3): 208-225.

Yang D F, Gao Z H, Sun P Y, et al. 2006. Silicon limitation on primary production and its destiny in Jiaozhou Bay, China VI The ecological variation process of the phytoplankton. Chin J Oceanol Limnol, 24(2): 186-203.

第 15 章　营养盐硅和水温影响浮游植物的机制

光照、水温和营养盐是决定浮游植物生长的重要因素。对浮游植物生长的最重要影响因子是营养盐，其次是水温，最后是光照（杨东方等，2005）。

在胶州湾内，一年中的光照基本上是充足的，可保证浮游植物的光合作用正常进行（郭玉洁和杨则禹，1992）。因此，不存在光合作用限制浮游植物的生长和初级生产的过程。这样，只须考虑营养盐的限制。

在胶州湾，氮、磷营养盐丰富、充足，相对的比硅更加可以利用（吴玉霖和张永山，1995；王荣等，1995）。于是，只须考虑营养盐硅的限制（杨东方等，2000，2001，2002a；Yang et al.，2002，2003a，2003b）。

硅酸盐与硅藻的结构和新陈代谢有着密切的关系，它可以控制浮游植物的生长过程（Sakshaug et al.，1991），对浮游植物水华形成 $Si(OH)_4$ 有着核心的作用（Conley and Malone，1992）。硅藻对硅有着绝对的需要（Lewin，1962），没有硅，硅藻瓣不能形成，而且细胞的周期也不会完成（Brzezinski，1992；Brzezinski et al.，1990）。这里的硅藻占主要地位（Conley and Malone，1992）。营养盐硅是初级生产力的主要控制因子，当营养盐硅满足浮游植物生长时，其控制因子转变为水温（杨东方等，2002b，2003，2004；Yang et al.，2004a，2004b）。因此，本章分析营养盐硅和水温如何影响浮游植物生长的变化和其集群结构的改变，探讨硅和水温影响浮游植物生长变化的不同特点和其集群结构改变的不同侧面。以胶州湾为例，展示了浮游植物生长的变化和其集群结构改变的过程，揭示了营养盐硅和水温影响浮游植物生长变化和其集群结构改变的机制，确定了营养盐硅和水温是海洋生态系统健康运行的动力。

15.1　营养盐影响浮游植物

15.1.1　营养盐影响浮游植物生长

在胶州湾（图 15-1），径流将大量的硅酸盐带入海湾，浮游植物的初级生产力是由浮游植物吸收硅酸盐的量来决定的，这揭示了胶州湾硅酸盐在春季、秋季、冬季是初级生产力的限制因子（Yang et al., 2002）。假定陆源提供的硅酸盐浓度在胶州湾的降低是由于水流稀释和浮游植物吸收而引起的，那么，整个胶州湾的硅酸盐除了稀释之外，在夏季每天浮游植物吸收硅酸盐的量为 13.33～73.58t，浮游植物对硅的内禀转化率（以 C 计）为 0.229～0.542mg/μmol，浮游植物吸收营养盐硅的量与水流稀释的营养盐硅的量的比例为 6：94～20：80（Yang et al., 2002）。

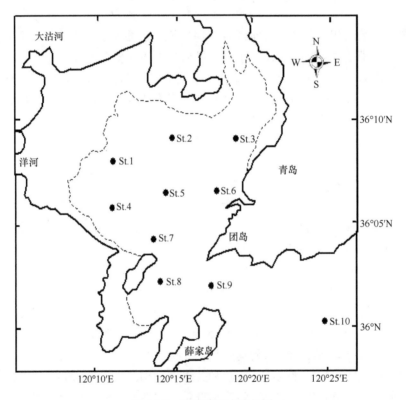

图 15-1　胶州湾调查站位图

在整个胶州湾，一年四季中，Si：DIN 的比值都小于 1，春季、秋季、冬季 Si：16DIP 的比值也都小于 1。研究结果（Yang et al., 2003a）证实了该水域硅酸盐在春季、秋季、冬季是浮游植物生长的限制营养盐。

考虑胶州湾营养盐的浓度（Yang et al., 2003b），1962～1998 年的营养盐数据（间断性的数据）分析指出营养盐氮、磷浓度保持不变和增加的趋势；从 1962 年开始，浮游植物就一直不存在氮、磷的潜在限制。根据 1991 年 5 月至 1994 年 2 月的数据，确定营养盐硅在每年的春季、秋季、冬季呈现的年周期变化，限制胶州湾的浮游植物的生长；在胶州湾许多水域中浮游植物的优势种需求大量的硅。

在过去的 30 年，胶州湾水体氮和磷的浓度趋于上升，而硅的浓度呈现年周期性的变化，按照限制初级生产力的营养盐硅的变化，划分初级生产力的值的范围为三个部分（吴玉霖和张永山，1995）：硅限制的初级生产力的基础值、初级生产力的幅度和初级生产力的临界值。胶州湾硅酸盐浓度趋于零时，其硅限制的初级生产力的基础值（以碳计）为 125.28～256.47mg/(m^2·d)，浮游植物受到营养盐硅限制的初级生产力的幅度（以碳计）为 182.04～485.06mg/(m^2·d)，受到营养盐硅限制的浮游植物的初级生产力的临界值（以碳计）为 336.05～610.34mg/(m^2·d)。

巨大的试验空间（胶州湾）和漫长的试验时间（1 年中的连续的 6 个月 5 天，每月以 30 天计算）的检测和验证（Yang et al.，2003a），证实了营养盐硅是胶州湾初级生产力的限制因子。胶州湾浮游植物生长受到硅限制的阈值时间为秋季的 11 月 3～13 日；硅满足浮游植物生长的阈值时间为春季的 5 月 22 日至 6 月 7 日，并计算出硅满足浮游植物生长的阈值为 2.15～0.76µmol/L 和硅限制浮游植物生长的阈值为 1.42～0.36µmol/L。这样，硅限制浮游植物生长的时间约为 11 月 13 日至翌年的 5 月 22 日，而浮游植物生长不受硅影响的时间为 6 月 7 日至 11 月 3 日。从秋季、春季的硅酸盐浓度限制、满足浮游植物生长的阈值来考虑，当硅酸盐浓度<0.36µmol/L 时，整个胶州湾的硅完全限制浮游植物的生长；当 0.36µmol/L≤硅酸盐浓度≤2.15µmol/L 时，在胶州湾，硅潜在地满足和限制浮游植物的生长；当硅酸盐浓度>2.15µmol/L 时，整个胶州湾的硅完全满足浮游植物的生长。

在湾西南部（8 号站），冬季优势种日本星杆藻的增加却较其附近测站推迟 2 个月，较湾北部诸站甚至推迟 3 个月（郭玉洁和杨则禹，1992）。对于冬季胶州湾的优势种硅藻日本星杆藻来说，在 2 月，温度适应，光照充足，N、P 丰富，但其增殖增长缓慢，这是因为西南部（8 号站）的硅酸盐浓度低，使硅藻生长缓慢（Yang et al.，2004b）。从胶州湾空间上，出现硅限制浮游植物的生长。

硅酸盐浓度的变化影响一年中浮游植物的数量变化（杨东方等，2004）。在胶州湾，从 11 月 13 日至翌年的 5 月 22 日，浮游植物的生长一直受到硅的限制，可是，从 5 月 22 日至 6 月 7 日，营养盐硅开始满足浮游植物的生长。这个结果与浮游植物在每年 4～5 月的细胞数量是一年中最少的（郭玉洁和杨则禹，1992）的观察结果相一致，根据硅酸盐浓度的变化，认为这是由于长时间（一年中的 6 个月 5 天）营养盐硅的缺乏造成了胶州湾浮游植物得不到高值的初级生产力的补充，故在一年中胶州湾浮游植物的细胞数量在 4～5 月是维持最低的了。从胶州湾时间上，出现了硅限制浮游植物的生长。

胶州湾浮游植物对硅的需求非常强烈，而且对硅变化的灵敏度很高，反应迅速。这也揭示了浮游植物的生长依赖硅的动态变化的全过程。

15.1.2　营养盐影响浮游植物的集群结构变化

在湾西南部（8 号站），夏季优势种，暖水性的长角角藻在浮游植物总量中所占比例从 7 月开始就明显增加，较湾内其他测站提前 1 个月（郭玉洁和杨则禹，1992）。由于 8 号站的硅酸盐浓度为整个湾中最低的。因此，在 7~9 月，不是属于硅藻类的夏季暖水性的长角角藻在湾西南部（8 号站）生长，这个水域本应所属硅藻生长的空间。这样，特别低的湾西南部硅酸盐使硅藻生长的空间转变为非硅藻生长（Yang et al.，2002）。

在胶州湾西南部 8 号站，Si∶DIN 和 Si∶16DIP 的值在一年四季都小于 1，这表明在胶州湾西南部海域的浮游植物生长一直都受到营养盐硅的限制。硅的匮乏改变了该水域浮游植物集群的结构。一直都在缺硅的环境下，硅藻生长在不断地受抑制，而硅藻生长的海域空间被甲藻所代替，甲藻类也逐步替代硅藻类，浮游植物的集群结构和食物链发生了巨大的变化。

15.1.3　营养盐影响浮游植物的机制

硅酸盐在影响浮游植物的生长和浮游植物的集群结构方面起重要作用。

光照充足，满足浮游植物的光合作用。并且水温保持在浮游植物生长的最适合温度区间内，营养盐氮、磷的绝对值和相对值都满足浮游植物的生长，只有营养盐硅限制浮游植物的生长。于是，考虑营养盐硅的变化对初级生产力、增殖能力的变化影响。

假设初级生产力和增殖能力的变化是直线的，经过硅酸盐的变化对初级生产力和增殖能力的变化的影响，得到受硅限制的初级生产力和增殖能力的变化（图 15-2）。

这样，当硅浓度低于浮游植物的阈值时，随着限制浮游植物生长的硅的降低，初级生产力和增殖能力也在降低；随着硅的上升，初级生产力和增殖能力也上升。可见，受硅限制的初级生产力和增殖能力与硅酸盐具有同样的上升和下降变化。

硅酸盐的限制使得浮游植物集群结构发生改变。缺硅的浮游植物具有高沉降率，这样，本应所属硅藻生长的空间被非硅藻所代替。随着硅限制的变化，硅藻类和非硅藻类发生交替变化，其变化过程迅速。

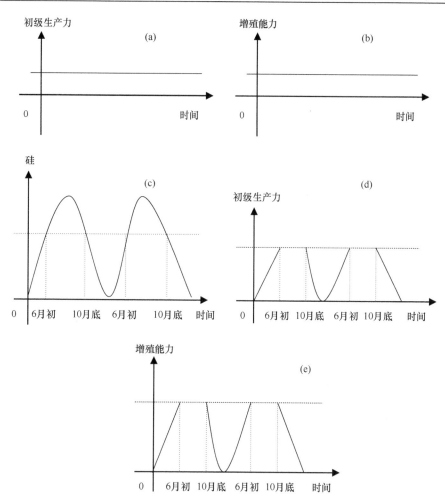

图 15-2　硅酸盐变化对初级生产力和增殖能力的影响

（a）和（b）假定初级生产力和增殖能力的直线变化；（c）硅酸盐的变化；
（d）和（e）受到硅酸盐变化影响的初级生产力和增殖能力的变化

15.2　水温影响浮游植物

15.2.1　水温影响浮游植物生长

水温对浮游植物的生长影响变化过程表明：在冬季（1月、2月、3月），由于水温较低，水温几乎不影响浮游植物生长。

在春季（4月、5月、6月），水温的提高加速了暖水性藻类的生长。逐渐限制寒期性藻类的生长,广温性藻类保持良好生长。随着营养盐硅的满足,浮游植物在春季,特别是 6 月 7 日以后,营养盐 N、P、Si 满足浮游植物的迅速生长,浮游植物增殖迅速。整个胶州湾的浮游植物初级生产力、增殖能力呈上升趋势。

在夏季(7 月、8 月、9 月),营养盐 N、P、Si 满足浮游植物生长,随着水温进一步提高,浮游植物生长出现两种情况:一种是从 6 月 7 日至 8 月 21 日或 22 日,增殖能力继续上升,在 8 月,增殖能力上升到最强,这样,增殖能力随着温度上升到最高而达到最强。从 8 月 21 日或 22 日至 11 月 3 日,随着温度的下降,增殖能力也下降。另一种是从 6 月 7 日至 8 月 21 日或 22 日,增殖能力却缓慢下降,在 8 月,增殖能力下降到一个相对的低谷值,或者从 6 月 7 日至 8 月 21 日或 22 日,增殖能力几乎不增。这样,这些浮游植物群落的增殖能力,不是随温度上升,而是保持几乎不增或下降。从 8 月 21 日或 22 日至 11 月 3 日,随着温度的下降,增殖能力上升到第二个高峰值。11 月以后,随着温度的下降,增殖能力也下降。

在秋季(10 月、11 月、12 月),水温持续下降,暖水性浮游植物的生长逐渐下降,加速了寒期性藻类的生长,而广温性藻类保持良好的生长。但由于秋季营养盐硅从 11 月 13 日开始限制浮游植物的生长,那么,整个胶州湾浮游植物初级生产力、增殖能力呈下降趋势。在冬季(1 月、2 月、3 月),水温、营养盐硅限制了浮游植物的生长。整个胶州湾,浮游植物的初级生产力、增殖能力处于一年中最低状态。

15.2.2 水温影响浮游植物的集群结构变化

胶州湾光照充足,满足浮游植物的光合作用,营养盐从 11 月 13 日至 5 月 22 日限制浮游植物生长,而营养盐氮、磷、硅从 6 月 7 日至 11 月 3 日满足浮游植物生长,水温随着时间发生年周期变化。在胶州湾,从 6 月 7 日至 8 月 22 日随着水温的上升,浮游植物集群结构由寒期性藻类、广温性藻类和暖水种藻类转换成暖水性藻类、广温性藻类和热带近岸性种,从 8 月 22 日至 11 月 3 日,随着水温下降,浮游植物集群结构由暖水性藻类、广温性藻类和热带近岸性种转换成寒期性藻类、广温性藻类和暖水种藻类。浮游植物的集群结构在不断地变化、更替,以适应水温,并使浮游植物保持稳定的生长。

在胶州湾大部分水域(Yang et al.,2004b),站位是 1 号、2 号、4 号、5 号、6 号、8 号、10 号(7 个站位,总共有 9 个站位),浮游植物的集群结构主要由寒期性藻类和广温性藻类组成(暖水性藻类和广温性藻类),相对地,暖水性藻类较少(相对的热带近岸性种较少)。

在胶州湾的小部分水域(Yang et al.,2004b),站位是 7 号、9 号(2 个站位,总共有9个站位），浮游植物的集群结构主要由暖水性藻类和广温性藻类组成（热带近岸性种和广温性藻类），相对的寒期性藻类（暖水性藻类）较少。

夏季，在胶州湾大部分水域，浮游植物的集群结构主要由暖水性藻类和广温性藻类组成，相对地，热带近岸性种较少，这个胶州湾的大部分水域是在胶州湾的湾北部和湾中心。在胶州湾的小部分水域，浮游植物的集群结构主要由热带近岸性种和广温性藻类组成，相对地，暖水性藻类较少。这个小部分水域位于湾南部的近岸。

15.2.3　水温影响浮游植物的机制

首先，某水域光照充足，满足浮游植物的光合作用。其次，氮、磷、硅高于浮游植物生长的绝对阈值（Justic et al.，1995）：N=1μmol/L，Si =2μmol/L，P=0.1μmol/L，并且，营养盐的相对比值也展示没有任何N、P、Si有潜在的限制。根据营养盐限制的绝对法则和相对法则（杨东方等，2001），不存在N、P、Si中任何一种营养盐对浮游植物生长有限制。最后，水温随着时间变化发生年周期变化。这样，营养盐 N、P、Si 都满足浮游植物的生长，光照充足时，增殖能力表明了水温对浮游植物生长的影响过程。

假设初级生产力和增殖能力的变化是直线的（图15-2），经过水温的变化对初级生产力和增殖能力的变化影响，得到受水温提高、限制的初级生产力和增殖能力的变化（图15-3）。观察图15-3中虚线以上的变化即凸曲线的变化，这个曲线的变化是指光照充足，N、P、Si 丰富，都满足浮游植物的生长。

水温与初级生产力具有同样的上升和下降变化（图15-3）。但由于增殖能力比初级生产力与水温有更好的相关性，因此，增殖能力比初级生产力更准确地刻画了水温对浮游植物生长的影响。水温超过藻类生长的最适温度以后，就会引起藻类迅速死亡（沈国英和施并章，1990），当水温低于藻类生长的最适温度继续下降时，对藻类的生存影响就不显著（沈国英和施并章，1990）。

增殖能力有两种变化（图15-3）：一种是（Yang et al.，2004b）浮游植物的增殖能力随温度升高而增长，随温度降低而减少，浮游植物就有单峰型增殖出现；另一种是（Yang et al.，2004b）浮游植物的增殖能力随着温度升高而几乎不增或缓慢下降，随着温度降低，增殖能力却缓慢地开始上升，浮游植物就有双峰型增殖出现。

水温是浮游植物单、双峰型产生的主要动力。

在一年中，水温具有限制和提高浮游植物增殖能力的双重作用，使其具有相同的周期性和起伏性。水温影响增殖能力的根本原因就是水温通过限制酶反应速率来限制光合作用。水温对于浮游植物生长具有双重作用：提高和限制。

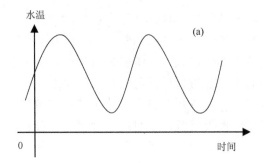

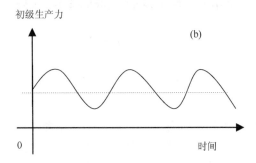

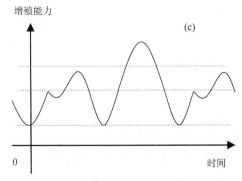

图 15-3　水温变化对初级生产力和增殖能力的影响
（a）水温变化；（b）和（c）受到水温变化影响的初级生产力和增殖能力的变化

　　当水温从 2 月开始至 8 月升高时，浮游植物的寒期性藻类和广温性藻类（暖水性藻类和广温性藻类）逐渐被暖水性藻类（热带近岸性种）所代替，浮游植物的集群结构就不断地发生转换。当水温从 8 月至翌年 2 月降低时，浮游植物的寒期性藻类和广温性藻类（暖水性藻类和广温性藻类）逐渐代替暖水性藻类（热带近岸性种）。产生单峰型的浮游植物的集群结构主要由暖水性藻类和广温性藻类组成。产生双峰型的浮游植物的集群结构主要由寒期性藻类和广温性藻类组成。

水温影响浮游植物的结构变化：寒期性藻类、广温性藻类、暖水种藻类和热带近岸性种发生交替变化。随着水温不断地缓慢变化，浮游植物的集群结构也在不断变化，在变更替换，其变化过程缓慢。

15.3 结 论

浮游植物生长的变化和其集群结构的改变，主要受营养盐硅和水温的影响。营养盐硅是主要控制因子，水温是次要控制因子。营养盐硅和水温控制浮游植物生长的变化和其集群结构的改变的不同时间阶段和不同空间区域。

由于输送向海的硅量在周期变化下趋势于减少，在海洋中营养盐硅量在下降；由于温室效应，在海洋中，水温在上升。营养盐硅的缺乏和水温的上升就会引起海洋生态系统食物链的基础改变，进而引起海洋生态系统的正常运行改变。

目前，人类的活动已经引起海洋中营养盐硅的缺乏和水温升高。如何维持海洋中营养盐硅和水温的正常周期变化，给海洋生态系统的健康运行提供稳定的动力，这是摆在人类面前的生死攸关的问题。

参 考 文 献

郭玉洁, 杨则禹. 1992. 胶州湾的生物环境-初级生产力. 见: 刘瑞玉. 胶州湾生态学和生物资源. 北京: 科学出版社: 110-125.

沈国英, 施并章. 1990. 海洋生态学. 厦门: 厦门大学出版社: 67-123.

王荣, 焦念志, 李超伦, 等. 1995. 胶州湾的初级生产力和新生产力. 见: 董金海, 焦念志. 胶州湾生态学研究. 北京: 科学出版社: 125-135.

吴玉霖, 张永山. 1995. 胶州湾叶绿素 a 和初级生产力的分布特征. 见: 董金海, 焦念志. 胶州湾生态学研究. 北京: 科学出版社: 137-150.

杨东方, 李宏, 张越美, 等. 2000. 浅析浮游植物生长的营养盐限制因子和方法. 海洋科学, 12: 47-50.

杨东方, 张经, 陈豫, 等. 2001. 营养盐限制的唯一性因子探究. 海洋科学, 25(12): 49-51.

杨东方, 高振会, 陈豫, 等. 2002a. 硅的生物地球化学过程的研究动态. 海洋科学, 26(3): 35-36.

杨东方, 高振会, 王培刚, 等. 2002b. 光照时间和水温对浮游植物生长影响的初步剖析. 海洋科学, 26(12): 18-22.

杨东方, 高振会, 孙培艳, 等. 2003. 浮游植物的增殖能力的研究探讨. 海洋科学, 5(27): 26-28.

杨东方, 王凡, 高振会, 等. 2004. 胶州湾的浮游藻类生态现象. 海洋科学, 28(6): 71-74.

杨东方, 高振会, 王培刚, 等. 2005. 胶州湾浮游植物的生态变化过程与地球生态系统的补充机制. 北京: 海洋出版社: 152-155.

Brzezinski M A, Olson R J, Chisholm S W. 1990. Silicon availability and cell-cycle progression in marine diatoms. Marine Ecology Progress Series, 67: 83-96.

Brzezinski M A. 1992. Cell-cycle effects on the kinetics of silicic acid uptake and resource competition among diatoms. Journal of Plankton Research, 14: 1511-1536.

Conley D J, Malone T C. 1992. Annual cycle of dissolved silicate in Chesapeake Bay: implications for the production and fate of phytoplankton biomass. Marine Ecology Progress Series, 81: 121-128.

Justic D, Rabalais N N, Turner R E, et al. 1995. Changes in nutrient structure of river-dominated coastal waters: Stoichiometric nutrient balance and its consequences. Estuarine Coastal Shelf Science, 40(4): 339-356.

Lewin J C. 1962. Silicification. *In*: Lewin R E. Physiology and Biochemistry of the Algae. New York: Academic Press:

445-455.

Sakshaug E, Slagstad D, Holm-hansen O. 1991. Factors controlling the development of phytoplankton blooms in the Antarctic Ocean-a mathematical model. Marine Chemistry, 35: 259-271.

Yang D F, Zhang J, Lu J B, et al. 2002. Examination of Silicate Limitation of Primary Production in the Jiaozhou Bay, North China Ⅰ. Silicate Being a Limiting Factor of Phytoplankton Primary Production. Chin J Oceanol Limnol, 20(3): 208-225.

Yang D F, Zhang J, Gao Z H, et al. 2003a. Examination of Silicate Limitation of Primary Production in the Jiaozhou Bay, North China Ⅱ. Critical Value and Time of Silicate Limitation and Satisfaction of the Phytoplankton Growth. Chin J Oceanol Limnol, 21(1): 46-63.

Yang D F, Gao Z H, Chen Y, et al. 2003b. Examination of silicate limitation of primary production in the Jiaozhou Bay, North China Ⅲ. Judgment method, rules and uniqueness of nutrient limitation among N, P, and Si. Chin J Oceanol Limnol, 21(2): 114-133.

Yang D F, Gao Z H, Zhang J H, et al. 2004a. Examination of Daytime Length's Influence on Phytoplankton Growth in Jiaozhou Bay, China. Chin J Oceanol Limnol, 22(1): 70-82.

Yang D F, Gao Z H, Chen Y, et al. 2004b. Examination of Seawater Temperature's Influence on Phytoplankton Growth in Jiaozhou Bay, North China. Chin J Oceanol Limnol, 22(2): 166-175.

第16章 浮游植物的生态

　　根据光照、水温、营养盐对浮游植物生长影响的研究结果，综合分析光照、水温、营养盐影响浮游植物生长的变化和其集群结构的改变，探讨了上述因子影响浮游植物生长的生理特征和其集群结构的改变特点。本章阐明光照、水温和营养盐对浮游植物生长影响的机制和过程，确定了它们对浮游植物生长重要影响大小的顺序，重要影响程度由小到大依次为：光照、水温、营养盐硅。这样，在人类的活动中，首先要考虑输入大海的营养盐硅，其次要关注海洋的水温变化，为海洋生态的持续发展做出积极的贡献。

　　对全球海域浮游植物的结构进行分析，发现浮游植物种群结构以硅藻和甲藻两大类为主，而硅藻是浮游植物的主体。以中国近海的海湾生态中浮游植物的组成为例，发现硅藻在浮游植物中占80%~99%，甲藻在浮游植物中占20%~1%，其他藻类仅占5%~1%。通过硅藻和甲藻的生理和生态行为机制以适应不同的水环境的综合研究，发现硅藻的生理特征很大地优越于甲藻等其他非硅藻，这样，在营养盐供给充足的条件下，硅藻理所应当成为浮游植物的优势种。根据光照、水温、营养盐对浮游植物生长影响的研究结果和营养盐氮、磷、硅的生物地球过程，发现营养盐硅决定浮游植物生长的生理特征和其集群结构的改变过程，揭示了硅藻与甲藻相互交替的变化过程。目前，在人类活动的影响下，大海中营养盐氮、磷在迅速增长，营养盐硅受到限制，水域呈现富营养化。那么，采取何种措施使海洋生态能够持续发展，这是人类面临的重要问题。

16.1　光照、水温和营养盐对浮游植物的影响大小

　　全球海洋生态系统的功能几乎毫无例外地取决于海洋植物光合作用固定的能量。其中，大部分的能量是由生活在海洋有光照的水平水层内的微小浮游植物固定的。光照、温度和营养盐是影响海洋浮游植物光合作用的重要环境因子，这些环境因子的影响效应表现在藻类生长与繁殖的快慢。这些海洋浮游植物对于海洋中所有的生境都有着巨大的影响，这是由于浮游植物初级生产是海洋食物链的第一环节。所以了解提高或抑制浮游植物初级生产的环境因子是非常重要的，这是迈向了解海洋生态如何运行的第一步。因此，本章阐明光照、水温和营养盐对浮游植物生长影响的机制和过程，并且确定光照、水温和营养盐对浮游植物生长重

要影响大小的顺序，为研究浮游植物生长与环境因子的影响提供科学依据。

16.1.1 光照影响浮游植物生长

浮游植物光合作用取决于光，光强大，光合作用率高，并且随光强的减弱而降低。另外，漂浮植物细胞的呼吸作用率所在的深度，一般是恒定不变的。这意味着海藻细胞在水中分布越深，其光合作用率随光强减弱而降低的值越大，直到光合作用率等于呼吸作用率的某一深度为止。

对于大多数浮游植物，在适度光强范围内，其光合作用率几乎是光强的一种线性函数，然而接近水体表面的光强越大，大多数种类的光合作用越趋于平稳或下降。这种情况可能是由于高光强的抑制作用，也可能是由于光合作用处于饱和状态，因而使光合作用率不可能再提高。把光合作用率和光强作图，则不同的植物具有不同的曲线，其最大强度的光合作用要求不同的最适光强。这在季节演替中可能有重要意义。

由于细胞分裂速度与光合作用产物碳的供应有关，所以细胞分裂速度取决于光强度。浮游植物也通过改变细胞内色素量或光合酶量来适应光强度的变化。当海底在透光带以内的时候，即使混浊度高，生产力也是高的（Odum and Wilson，1962）。浮游硅藻只需很少的光，故它可以生活在光照很弱的深水处（福迪，1980）。

在水中光线作为生态学因子有明显的效果。Maucha（1942）曾计算过，在地球任何一处水表面的光强度，对藻类的同化作用是足够的，因此水表面的光线，对于藻类来说不是一个限制因素。只要有实际光照的一小部分，就足够藻类进行适度的光合作用。在欧洲中部，夏天大概只有实际光照的 1/20，藻类便可达到光合作用的最大限度，由于这个原因，许多浮游藻类，其发生的适宜环境条件绝不是在水的表面，而是在一定的深度中。在湖泊或海洋的深处，光线很快被吸收，并且光的性质也有明显的改变；在湖泊的 10m 水深处，光强度仅为水表面的 10%，在海洋 100m 深处，则仅保留水表面光强度的 1%，因此，在海水深处生活的，完全是另外一些藻类群，不仅有底栖的，而且有浮游的（福迪，1980）。

光不仅是浮游植物光合作用的能源，而且是水体储藏热能来提高水温的来源。光照充足保证浮游植物的光合作用正常进行，同时，太阳光的热能给水体和水体生态系统输入能量。根据 1991 年 5 月至 1994 年 2 月的观测数据，对胶州湾的光照时间、水温进行分析，认为光照时间的变化和周期控制着水温的变化和周期。通过光照时间时滞-水温的动态模型，发现将每年的光照时间的周期变化向后推移 2 个月，得到了与水温变化的周期耦合。另外，通过此模型的分析认为，光辐射和光照时间分别决定了浮游植物光合作用的光化学过程与酶催化过程两个方面

（杨东方等，2002b；Yang et al., 2004a）。

作者认为，①浮游植物的生长和增殖只需要很少的光。因为在光强较大的水体表面，大多数藻类的光合作用趋于平稳或下降。这表明藻类本身的生长不需要水体表面太强的光，只要有实际光照的一小部分，就足够藻类进行适度的光合作用。这样，藻类会在水下一定深度，在光照减少到一定程度下，其光合作用达到最大限度。②浮游植物能够在真光层内上下浮动。当浮游植物从表层开始下降，在细胞分裂后，新产生的细胞又浮在表层。随着细胞的生长，细胞又开始下降。于是，藻类细胞能够在真光层中不断地上下浮动。另外，在水的搅动和干扰下，细胞能够在真光层内待较长时间。这样，藻类的细胞能够在真光层中垂直上下浮动，充分接触光强度的变化：由强变弱、由弱变强。使藻类能够充分利用光强度的变化，提高生产力。③浮游植物改变细胞内色素量或光合酶量来适应光强度的变化。这样藻类细胞在光强度的变化下维持着生产力的平衡和稳定。这展示了藻类细胞能够在混浊度高或离开真光层到 100m 深处的微弱光线下生活。而且，通过这些细胞的自身适应和改变，对初级生产力进行补偿，使藻类保持着高生产力。④浮游植物光合作用暗反应在光线弱时或黑暗时，也起很大作用，使藻类细胞能够昼夜工作，在很短的时间内，藻类细胞既要保持生长，又要准备分裂。这样，即使藻类细胞在黑暗中，也具有较高的生产力。

因此，光照对于浮游植物生长几乎是满足的。与水温、营养盐相比，光照对海洋初级生产力的影响相对地就不是那么重要。

16.1.2　水温影响浮游植物生长

温度是一切酶促反应的控制因子，虽然它对光合作用的光反应过程影响不大，但对暗反应的诸酶促反应过程的影响很大（斯蒂曼-尼耳森，1979）。代谢作用的速率，随着温度的上升而加快。根据 Vant' Hoff 定律，在一定范围内温度每上升 10℃，代谢作用的速率增加 2~3 倍（斯菲德鲁普等，1959）。因此，水温与初级生产力的关系密切。在实验室研究浮游植物生长速率与温度的关系，发现碳同化数与温度呈对数相关（Eppley，1972）。在海洋沿岸水域，浮游植物的碳同化数与温度的关系显著（Williams and Murdoch，1966；Mandelli et al.，1970；Takahashi et al.，1973；Durbin et al.，1975；Harrison and Platt，1980）。

浮游植物通过改变细胞分裂速度（Eppley，1972）和单位叶绿素生产力（Talling，1955；Ichimura，1968）来适应水温的变化。如果水温范围有利于浮游植物的生长，则水温每上升 10℃，培养液中的细胞分裂速度一般可增加 1~3 倍（Fogg，1965）。例如，海链藻 *Thalassiosira pseudonana* 河口无性系 3H 在 20℃时的细胞分裂速度是 10℃时的 2 倍（Ferguson，1971）。因为代谢率，包括光合作用暗反应速率都取决于水温，所以在不利的高温出现以前，河口无性系 3H 细胞分裂速度和同化数随温度而增长。浮游植物也改变细胞内的有机成分来适应水温的变化。水温超过藻类生长的最适温度以后，就会引起藻类迅速死亡（沈国英和施并章，1990）。在低温条件下，骨条藻细胞内光合作用酶和有机质含量均增加，当水温从 20℃降至 7℃时，骨条藻各细胞碳含量增加 1 倍（Jøgensen，1968）。这种细胞碳和单位叶绿素 a 的造碳量随水温下降而增加的现象为海洋浮游植物所特有（Eppley and Sloan，1966；Jøgensen，1968）。因为细胞分裂和光合作用暗反应速度取决于酶化过程的速度，所以每个细胞的细胞酶的数量增加到一定程度即补偿了由于温度下降所引起的酶活性的减弱。对于冬季，当水温低于藻类生长的最适温度且继续下降时，对藻类的生存影响也不显著（沈国英和施并章，1990）。资料表明，各种浮游植物对其生活区的温度适应范围是不尽一致的（Braarud，1961）。许多种类被证明具有最佳海区温度，这种温度接近于它们大量出现时所观测到的海区温度。

水的黏滞性随温度而改变，它对浮游生物的下沉同样起间接作用。其特征是显著的：当温度由 0℃升到 25℃时，同一个个体的下沉速度就快 1 倍（福迪，1980）。

温度也是藻类结构的重要的影响因子（Whitford and Schumacher，1961），无数的硅藻类和金藻类在春天和秋天出现，这时水温较低（狭冷性种）。但在低温处，随后水温会很快升高的地方，也能在几天内有大量的狭冷性的藻类出现，但它们很快又消失，如一些金胞藻类的鱼鳞藻（*Mallomonas schwemmlei* Glenk，1956）、硅藻（Landingham，1964）等。相反有些蓝藻和绿藻则仅在夏天水温较高时出现（多温性种或称广温性种）。水温对藻类的结构是有影响的（福迪，1980）。在胶州湾不同的水域，由不同的寒期性、广温性、暖水性藻类和亚热带藻类组成不同的浮游植物的集群结构，随着水温的变化，这个集群结构在不断地改变，在一年中胶州湾就会出现单峰型的增殖、双峰型的增殖或者同时出现单（双）峰型的增殖（杨东方等，2003；Yang et al.，2004b）。

作者认为，①碳同化数与温度的关系显著，这是由于细胞分裂和光合作用暗反应速度取决于酶化过程的速度，而温度是一切酶促反应的控制因子。甚至浮游植物的光合作用中的酶催化过程的速度也受温度影响。②当水温范围有利于浮游植物的生长时，代谢速度随着水温的上升或下降而加快、提高；当水温范围不利于浮游植物的生长时，代谢速度随着水温的上升或下降而变慢、抑制。③温度改变水的黏滞性，这使得浮游藻类个体在真光层中下沉的速度增加或减少。这样，决定浮游藻类在真光层中的生长和增殖。尤其当水的黏滞性增大时，下沉速度减慢，使浮游藻类在短的时间内，细胞相应的生长加快、细胞分裂增多。于是，藻类的初级生产力提高。④浮游植物的结构受到水温变化的影响。当水温升高时，浮游植物的寒期性藻类和暖水性藻类被相应的暖水性藻类和亚热带性藻类所替代；反之亦然。⑤水温每上升 10℃，培养液中的细胞分裂速度一般可增加 1～3 倍，在实际水域的水温每上升 10℃，需要花费很长时间，如在胶州湾，需要 50～60 天时间。这表明在很长时间内，才能使细胞分裂速度提高。

因此，水温对于浮游植物生长的影响是缓慢的。与营养盐相比，水温对海洋初级生产力的影响相对地就不是那么重要。

16.1.3　营养盐影响浮游植物生长

营养盐（氮、磷、硅）是海洋浮游植物生长繁殖必需的成分，也是影响浮游植物生长的重要因素之一。

当氮缺乏时，NH_3-N 的吸收导致呼吸率的增加以及细胞中碳水化合物储量的下降（Syrett，1953）。缺氮细胞同化数比非缺氮细胞的同化数低，同时缺氮细胞的叶绿素活性也比非缺氮细胞的叶绿素活性小（Bongers，1956；Fogg，1959）。细胞的含氮量减少，细胞的叶绿素含量减少（杨小龙和朱明远，1990）。浮游植物的光合速率降低，光合能力下降。

当磷缺乏时，细胞的含磷量减少，造成细胞蛋白质、Chl-a、RNA 和 DNA 的含量减少，内呼吸增加，光合作用下降（杨小龙和朱明远，1990）。

当硅缺乏时，硅藻的结构和新陈代谢都受到严重影响。细胞壁硅含量减少，壁变薄；C/N、C/P、C/Si、C/Chl 增加，出现脂类合成过剩的现象（杨小龙和朱明远，1990）。硅藻绝对地需要硅（Lewin，1962），没有硅，硅藻外壳是不能形成的，而且细胞生长的周期也不会完成（Brzezinski et al.，1990；Brzezinski，1992）。组成硅藻等浮游植物的硅质壳，少量用来调节浮游植物的生物合成，硅是构成硅藻类浮游植物机体不可缺少的组分。

在海洋浮游植物中硅藻占很大部分，硅藻繁殖时摄取硅使海水中 Si 的含量下降（Armstrong，1965；Spencer et al.，1975）。在上升流区（Dugdale，1972，1983；Dugdale and Goering，1967；Dugdale et al.，1981）和南极海域（Sakshaug et al.，1991）中，硅酸盐可以控制浮游植物的生长过程，而且对浮游植物水华的形成有着核心的作用（Conley and Malone，1992）。溶解 Si 的提供也可以控制浮游植物的生物量到海底的通量（Conley and Malone，1992）。在胶州湾，春季、秋季、冬季营养盐是浮游植物初级生产力的限制因子，进一步确定了营养盐硅限制浮游植物的初级生产力的时间为 11 月中旬至翌年 5 月中旬，而营养盐 Si 满足的时间为 5 月底至 11 月初（杨东方等，2000b，2001，2002a；Yang et al.，2002，2003a，

2003b）。Si 的限制会使浮游植物的藻类结构从硅藻类转变成非硅藻类，确信只是硅引起藻种结构的改变（杨东方等，2004b；Dortch and Whitledge，1992）。胶州湾浮游植物对 Si 的需要非常强烈，而且对硅变化的灵敏度很高，反应迅速（杨东方等，2004b；Yang et al.，2002，2003a）。

作者认为，①氮、磷、硅是海洋浮游植物必不可少的营养盐，同时要考虑氮、磷、硅对浮游植物生长和藻类结构的影响。②在海洋的浮游植物水华中，随着藻类细胞的生长与繁殖分裂，营养盐浓度很快就明显降低，消耗，并且限制浮游植物的生长和改变浮游植物的藻类结构。③浮游植物继续繁殖生长，营养盐含量逐渐减少，这个过程需要的时间一般不超过一周，快的甚至只有几小时。④在营养盐氮、磷、硅中，硅会成为全球海域浮游植物生长的限制因子。

因此，营养盐尤其硅对浮游植物生长的影响是迅速的、灵敏的。在光照、水温和营养盐中，营养盐对海洋初级生产力的影响是最重要的。

16.1.4 硅酸盐和水温对初级生产力的影响

胶州湾位于北纬 $35°55'\sim36°18'$，东经 $120°04'\sim120°23'$，面积为 $446km^2$，是一个半封闭型海湾，周围为青岛、胶州、胶南等市县区所环抱。胶州湾是一个平均水深约为 7m 的浅水海湾，胶州湾内一年中的光照基本上是充足的，可保证浮游植物的光合作用正常进行。

为了了解硅酸盐和水温对初级生产力的影响，建立一个简单的模型将初级生产力和硅酸盐、水温联系在一起，初级生产力模型简单地描述了初级生产力的变化对硅酸盐变化的依赖性和水温对初级生产力的影响，以及随着时间 t 的变动，展现了初级生产力和硅酸盐、水温的动态联系；定量化随时间变化的初级生产力和硅酸盐、水温的动态变化关系。这是根据初级生产力的变化率和硅酸盐的变化率通过微分方程和统计数据建立的模型。

胶州湾的初级生产力-硅酸盐-水温的动态模型方程（Yang et al.，2002）为

$$dy/dt = C×ds/dt +π/6×D×\sin(π/6t-π/3) \tag{16-1}$$

式中，sin 为正弦函数；dy/dt 为初级生产力函数的导数；ds/dt 为硅酸盐函数的导数。

式（16-1）中右边第一项为硅酸盐对初级生产力的限制，第二项为水温对初级生产力的限制，根据 1991 年 5 月至 1994 年 2 月胶州湾初级生产力的数据和硅酸盐数据，式（16-1）中的变量和参数的变化范围在表 16-1 中。

由表 16-1 可知，$C>0$。当 $C>0$ 时，可推知，海水中硅酸盐转化为浮游植物生物量的表观转化率大于零，即只要浮游植物吸收硅酸盐，就产生了初级生产力的量。

表 16-1　模型的变量和参数

变量和参数	数值	单位
t 为时间变量		月
$y(t)$ 为初级生产力函数	$33.60 \sim 2518$	mg/(m²·d)(以 C 计)
$s(t)$ 为硅酸盐函数	$0 \sim 14.9$	μmol / L
C 为海水中硅酸盐转化为浮游植物生物量的表观转化率	$62.92 \sim 474.85$	
D 为水温对浮游植物初级生产力的影响系数	$-66 \sim 384$	

从式（16-1）中的结构、参数分析表明：当 ds/dt 趋于 0 时，水温控制初级生产力的变化。ds/dt 趋于零意味着营养盐 Si 几乎没有变化。在 2 月，当营养盐 Si 趋于耗尽时，营养盐 Si 几乎没有变化，水温控制初级生产力的变化，这时初级生产力的变化非常小，其初级生产力的值也非常低。在 8 月，当营养盐 Si 趋于高峰时，营养盐 Si 几乎没有变化，水温控制初级生产力的变化，这时初级生产力的变化较小，但其初级生产力的值非常高。

对此，通过初级生产力-硅酸盐-水温的动态模型和模拟曲线，式（16-1）展现了初级生产力变化是由营养盐 Si 变化控制和水温变化影响的复合动态过程。可以清楚看出，初级生产力的量由营养盐 Si 和水温复合控制，主要控制因子仍然为营养盐 Si。

作者认为，在胶州湾，光照满足的条件下，①营养盐 Si 限制的条件下，主要由营养盐 Si 控制浮游植物的生长；②营养盐 Si 满足的条件下，主要由水温控制浮游植物的生长。

16.1.5　光照、水温和营养盐的综合影响顺序

决定浮游植物生长的重要因素是光照、水温和营养盐。那么，光照、水温、营养盐这三个方面的因素如何对海洋上浮游植物的生产力起限制作用，并且克服了我们所观察到的那些地理差异。现在必须考虑的是每一种因素是如何分别地限制或提高生产力，其综合重要影响顺序又是如何。

考虑影响浮游植物生长、生存和生产力的一系列物理和化学因子时，则决定性的重要因子是光照、水温、营养盐。由于浮游植物的光合作用具有光反应和暗反应，无论在有无光照的情况下，都有初级生产力的产生，相应的光照限制浮游植物生长就不如水温和营养盐那么重要。在海洋环境中，水温变化幅度就相当窄，这个变化范围对海洋生物而言从来都未达到致死的极限，再加上水的固有物理特性的变化总是缓慢的，这样，与营养盐相比，水温对海洋初级生产力的影响就不是那么重要。

因此，在影响浮游植物生长的光照、水温、营养盐因子中，依次重要限定因子的顺序为光照、水温、营养盐。在研究水域浮游植物的生长时，先研究营养盐对浮游植物生长的限制。当营养盐满足浮游植物生长时，再研究水温对浮游植物的生长。最后，当水温、营养盐都满足浮游植物生长时，再考虑光照对浮游植物的生长。而且营养盐、水温、光照影响的生物量也依次逐渐变小。这样，清楚地理解光照、水温和营养盐对浮游植物生长的顺序和影响的大小。

以胶州湾为例，展示上述的研究过程，考虑因子光照、水温和营养盐对浮游植物生长的影响。

首先已知：在胶州湾内一年中的光照基本上是充足的，可保证浮游植物的光合作用正常进行（郭玉洁和杨则禹，1992）。于是，就不必考虑光照因子。

其次，考虑营养盐因子。在春季、秋季、冬季营养盐硅是浮游植物初级生产力的限制因子（Yang et al.，2002）。进一步确定了营养盐硅限制浮游植物初级生产力的时间为11月13日至翌年5月22日，而营养盐硅满足的时间为6月7日至11月3日。而且为6月7日至11月3日，营养盐氮、磷、硅都满足浮游植物的生长（Yang et al.，2003a）。这样，6月7日至11月3日，对于浮游植物的生长，在胶州湾有光照充足和营养盐氮、磷、硅丰富。

最后，考虑水温因子。6月7日至11月3日，光照和营养盐都满足浮游植物的生长，这时考虑水温对浮游植物生长的影响。由于水温变化对浮游植物的增殖能力的变化比初级生产力的变化相关性更好，影响更大，因此就考虑水温与增殖能力的关系及变化。水温、增殖能力以及水温-增殖能力动态模型确定胶州湾的水温具有限制和提高浮游植物增殖能力的双重作用，使其具有一致的周期性和起伏性；随着水温的变化，展现了单峰型、双峰型定量化的增殖过程，确定了胶州湾同一年具有单峰型、双峰型或者同时有单峰型和双峰型。而且定量化地阐述了在全球一般海域的浮游植物有夏季单峰型的增殖和春季、秋季双峰型的增殖的机制（杨东方等，2003；Yang et al.，2004b）。

16.1.6 结　论

光照、水温和营养盐对浮游植物有重要影响，探讨光照、水温和营养盐因子的综合对浮游植物生长的影响。本节阐明光照、水温和营养盐对浮游植物生长影响的机制和过程，确定了光照、水温和营养盐对浮游植物生长重要影响大小的顺序，由小到大的重要影响程度依次为：光照、水温和营养盐 Si。这为研究浮游植物的生长规律和环境因子光照、水温和营养盐的变化决定浮游植物的集群结构和生理特征的变化过程奠定了基础，进一步研究光照通过水温影响浮游植物生长的变化过程、营养盐的生物地球化学过程以及水温对浮游植物生长的单双峰型的影响过程提供了科学依据，同时，为维持海洋生态系统稳定性和连续性以及浮游植物和营养盐在海洋生态系统中的平衡作用，提供了新的研究举措。

浮游植物生长具有双重作用：①浮游植物是海洋食物链的基础，海洋食物链是生态系统的核心；②浮游植物通过光合作用更多地结合 CO_2 进入有机物质，有效地从大气的接触中，长期地除去大气中的 CO_2。因此，浮游植物生长对海洋生态系统和大气生态系统都有举足轻重的作用，有效地遏制人类对环境的影响。这样，在人类的活动中，首先要考虑输入大海的营养盐硅，其次要关注大海的水温变化，为海洋生态的持续发展做出积极的贡献。

16.2　营养盐硅在全球海域中限制浮游植物的生长

浮游植物是水生环境中从无机到有机物质转换的主要承担者，即主要的初级生产者，其变化直接影响着食物链中其他各环节的变化。因此，研究浮游植物的基本特性与环境因子的相互关系，对于水产资源的开发和利用有着十分重要的意义。浮游植物是海洋食物链的第一环节，这些海洋浮游植物对于海洋中所有的生境都有着巨大的影响，所以了解全球浮游植物和影响其生长的环境因子是非常重要的。

浮游植物生长具有双重作用（杨东方等，2007）：一是浮游植物是海洋食物链的基础，海洋食物链是生态系统的核心；二是浮游植物通过光合作用更多地结合 CO_2 进入有机物质，有效地从大气的接触中，长期地除去大气 CO_2。因此，浮游植物生长对海洋生态系统和大气生态系统都有举足轻重的作用。

本节剖析全球浮游植物生长特征和其集群结构，阐明光照、水温和营养盐对浮游植物生长影响的机制和过程，通过海洋中硅藻的特性和迁移过程，阐述了 Si 的生物地球化学过程和 N、P 的再生产过程。研究发现，在海洋生态系统中，营养盐 Si 是全球浮游植物生长的限制因子。

16.2.1　全球浮游植物优势种——硅藻

16.2.1.1　全球浮游植物由硅藻组成

浮游植物是海洋生态系统中生物物质和能量的基础。硅藻是海洋浮游植物的主要成分，有 1000 余种。其中最大的藻种的形状是平的圆盘、扁的圆柱体或者细长的棒状体，这些大型硅藻种的直径或长度能够达到 2～5mm（Smetacek，2000）。而小型的硅藻具有小的细胞和长的链，它们的直径或长度能够达到 5～50μm

（Smetacek，1999）。海洋中硅藻是浮游植物的优势种。

对于全球的硅循环（De Master，1981；Van Bennekom et al.，1988；Treguer and Van Bennekom，1991；Treguer et al.，1995；Nelson et al.，1995），硅化的浮游植物对世界海洋的初级生产力有着极为重要的贡献，整个初级生产力的40%多都归因于硅藻（Nelson et al.，1995）。在海洋的浮游植物水华中硅藻占优势（Smetacek，1999）。

目前，认识到大型硅藻在任何系统的春季水华的形成中都起着关键作用（Chisolm，1992）。在全球尺度，硅藻维持海洋初级生产力的40%，其中50%输送到深海（Nelson et al.，1995；Treguer et al.，1995）。因此，调查控制硅藻水华发展的因子给出一些信息，导致HNLC海域和中尺度营养盐区域的差别的因子和机制。这是因为硅藻需要Si来生成它们的外壳，Si的有用性在控制浮游植物生产和向广阔海洋的输出方面起关键作用（Dugdale and Wilkerson，1998）。

以中国近海的海湾生态中浮游植物的组成（杨东方和高振会，2006）为例，通过其缩影可展示全球浮游植物的组成。

在青岛胶州湾共设9个站，调查时间为2003年1~12月，调查频率为每月1次。调查鉴定出浮游植物共163种，其中硅藻48属142种（包括变种），甲藻8属20种，金藻1属1种。种类较多的属有角毛藻属（Chaetoceros）（31种）、圆筛藻属（Coscinodiscus）（26种）、根管藻属（Rhizosolenia）（9种）、菱形藻属（Nitzschia）和伪菱形藻属（Pseudo-nitzschia）（8种），由此可见胶州湾海域浮游植物种群结构以硅藻和甲藻两大类为主，特别是前者，在种类上占绝对优势（李艳等，2005年）。

2002年5月至2003年8月，对莱州湾进行了20个站位、4个航次的调查，初步鉴定浮游植物共有22属45种，其中硅藻门的种类和数量最多，为20属40种，占88.9%；甲藻门次之，为2属5种，占11.1%（李广楼等，2006年）。

柘林湾，调查海区的大面站共有19个（杜虹等，2003），S1~S19站基本形成了从湾内至湾外的站点布设格局。2001年7月至2002年7月，每月于前后两次大潮期间对大面站和重点站各进行一次现场理化因子与浮游动植物等的现场调查。共鉴定浮游植物183种（含变种、变型），其中硅藻门51属143种，占总种数的77.8%；甲藻门11属34种，占总种数的18.6%；金藻门1属1种；绿藻门2属2种；蓝藻门3属3种。

于1998年2月、9月、12月，1999年1月、5月在北部湾进行了5个航次的现场调查。共检出浮游植物382种（包括变种、变型），分属于80属27科12目。其中硅藻6目12科60属265种，甲藻3目12科16属109种，金藻1目1科1属3种，蓝藻2目2科3属6种。硅藻是浮游植物的主体，占总生物量的97.49%。甲藻占 1.34%，蓝藻占 1.15%，金藻占 0.02%（高东阳等，2001）。

2001 年 1 月至 2003 年 1 月对福鼎后屿湾红树林区水体浮游植物的种类和密度的季节变化进行调查，采集时间为 1 月（冬季）、4 月（春季）、7 月（夏季）、10 月（秋季）。共鉴定到浮游植物 32 属 77 种（包括变种），其中硅藻门 29 属 74 种，甲藻门 1 属 1 种，绿藻门 1 属 1 种，裸藻门 1 属 1 种（陈瑞厦等，2001）。

2001～2003 年在长江口及其邻近海域，春季（5 月）、夏季（8 月）6 个航次的调查，共采样 6 次，共采集到 155 种浮游植物，主要为硅藻和甲藻，分别为 113 种和 28 种，绿藻（8 种）和蓝藻（6 种）较少。春夏季硅藻种类百分比分别为 72.8% 和 72.5%；但夏季种类数增加 36 种。甲藻夏季种类百分比（19.9%）比春季（14.8%）明显增加。硅藻占每航次浮游植物总数量的 90% 以上，其中 4 个航次更达到 99% 以上；角毛藻属和圆筛藻属的种类最为丰富，但在数量上中肋骨条藻却占绝对优势。春夏季硅藻数量百分比分别为 99.7%（春季）和 99.8%（夏季）；甲藻数量百分比分别为 0.24%（春季）和 0.09%（夏季）（袁骐等，2005）。

2004～2005 年每年 8 月进行监测，三沙湾 2004 年 8 月浮游植物共出现 94 种，其中硅藻类 85 种，占 90.4%，甲藻类 9 种，占 9.6%。2005 年 8 月浮游植物共出现 83 种，其中硅藻类 72 种，占 86.7%，甲藻类 11 种，占 13.3%（王兴春，2006）。

2005 年 7～9 月在辽东湾近岸海域共设置 40 个调查站位，此次调查共鉴定出浮游植物包括硅藻门 26 属 46 种，甲藻门 4 属 9 种，金藻门 1 属 1 种，与 1981 年（硅藻 23 属的 51 种）相比，硅藻种类有所减少（宋伦等，2007）。

因此，全球海域浮游植物种群结构以硅藻和甲藻两大类为主，而硅藻是浮游植物的主体。上述研究发现硅藻在浮游植物中占 80%～99%，甲藻在浮游植物中占 20%～1%，其他藻类仅仅占 5%～1%。

16.2.1.2 硅藻生理特征（优于甲藻）

比较硅藻和甲藻的生理特征，确定硅藻成为浮游植物优势种的基本原理。

在浊度较大的水体中，如风浪混合、平流和上升流会极大地影响藻类对光的吸收。藻类生理和生态行为机制决定它们要适应不同的水环境，所以它们具有垂直移动能力（Cullen and Macintyer，1998），能够适应垂直混合中上下波动的光强（Ibeings and Kroon，1994）。藻类对明显分层的水体的适应性包括生理调节浮力（Walsby and Renolds，1980）和运动能力（Kamykowski，1995），浮在水体表面进行生长并发生水华（Burkholder and Glasgow，1997）。

硅藻能够忍受水体混合产生的切力、搅动和高速度的海流，这在现场观察、实验模拟和理论上均得到认可（Smayda，1997）。而甲藻必须要有稳定的水体，而稳定的水体正是甲藻发生水华的重要条件，因为小尺度的搅动直接损害藻细胞，对甲藻的生长产生影响。

藻细胞大小、形状和表面积/体积比例的不同会影响对营养盐的吸收能力和对小尺度湍流的反应（Karp-boss et al.，1996），大小和形状也影响被捕食的可能性和潜在捕食者的范围。藻类对于即使很小的水搅动也很敏感（White，1976），硅藻会由于水流搅动加速了营养盐的供应而从中受益（Kiϕrboe and Hansen，1993）。

营养盐的吸收与细胞表面积高度相关（Egge，1998），从理论上讲单位面积的细胞表面有一个相对恒定的吸收率（Aksnes and Egge，1991），许多实验也测定了这个值（Friebele et al.，1978；Smith and Kalff，1982；Blasco et al.，1982）。藻细胞的形状对于解释硅藻和甲藻在营养盐的吸收上的差异很有帮助（Egge，1998）。硅藻在不受营养盐限制的情况下生长速度较快，在高营养盐条件下硅藻对营养盐的吸收更有效率。

硅藻的细胞质是接近细胞表面约 1μm 的一层，而液泡占据了细胞中央的主要部分（Elder，1979）。那么，硅藻的生物量主要与细胞表面积而不是细胞体积相关，但是别的藻类（如甲藻）没有这么多的胞液。由此可见，如果吸收率与细胞表面积成正比的话，由于硅藻的特异性（高表面积：生物量的比值），硅藻单位生物量的吸收率应该比甲藻高。这样，通过硅藻的生理特征，我们知道它的生存能力很大地优于甲藻等其他非硅藻。因此，在营养盐供给充足的条件下，在全球海域，硅藻理所应当成为浮游植物的优势种。

16.2.2　限制全球浮游植物生长的营养盐硅

16.2.2.1　光照、水温和营养盐

光照、水温和营养盐对浮游植物有重要影响，确定光照、水温和营养盐对浮游植物生长重要影响大小的顺序，这为研究浮游植物的生长规律和环境因子光照、水温和营养盐的变化决定浮游植物的集群结构和生理特征的变化过程奠定了基础（杨东方等，2007）。

浮游植物的生长和增殖只需要很少的光，浮游植物能够在真光层内上下浮动，同时，浮游植物改变细胞内色素量或光合酶量来适应光强度的变化，而且浮游植物光合作用暗反应在光线弱或黑暗时，也起很大作用（Odum and Wilson，1962；福迪，1980）。因此，光照对于浮游植物生长几乎是满足的。与水温、营养盐相比，光照对海洋初级生产力的影响相对地就不是那么重要。

碳同化数与温度的关系显著，温度是一切酶促反应的控制因子，浮游植物的代谢速度随着水温变化而加快或变慢（斯蒂曼·尼耳森，1979）。由于温度改变水的黏滞性，这使得藻类的初级生产力提高。浮游植物的结构受到水温变化的影响，

而且水温每上升 10℃,培养液中的细胞分裂速度一般可增加 1～3 倍(Fogg,1965)。在实际水域的水温每上升 10℃,需要花费很长时间,如在胶州湾,需要 50～60 天时间。这表明在很长时间内,才能使细胞分裂速度提高。因此,水温对于浮游植物生长的影响是缓慢的。与营养盐相比,水温对海洋初级生产力的影响相对地就不是那么重要。

氮、磷、硅是海洋浮游植物必不可少的营养盐,随着藻类细胞的生长与繁殖分裂,营养盐浓度很快就明显降低、消耗(Armstrong,1965;Spencer,1975),浮游植物继续繁殖生长,营养盐含量逐渐减少的过程的时间很短,快的甚至只有几小时,在营养盐氮、磷、硅中,硅会成为全球海域浮游植物生长的限制因子。因此,营养盐,尤其是硅对浮游植物生长的影响是迅速的、灵敏的(Yang et al.,2002,2003a;杨东方等,2004b)。在光照、水温和营养盐中,营养盐对海洋初级生产力的影响是最重要的。

决定浮游植物生长的重要因素是光照、水温和营养盐。那么,光照、水温、营养盐这三个方面的因素是如何对海洋上浮游植物的生产力起着限制作用,并且克服了我们所观察到的那些地理差异的。现在必须考虑的是每一种因素如何分别地限制或提高生产力,其综合重要影响顺序由小到大为(杨东方等,2007):光照、水温、营养盐。

16.2.2.2 营养盐氮、磷、硅的生物地球过程

营养盐(主要是指氮、磷、硅)是浮游植物生长繁殖必需的成分,是影响浮游植物的重要因素之一。形成营养盐限制的过程分析就要以营养盐的生物地球化学循环过程作为重点研究。生物地球化学循环在海洋生态系统中起着举足轻重的作用(宋金明,1997;张经,1996),通过营养盐氮、磷、硅的循环时间、周期和速率,就会更加深刻了解营养盐限制的起因和过程(Yang et al.,2002;杨东方等,2001,2002a)。

营养盐氮、磷、硅和元素铁对浮游植物生长是非常重要的,有它们浮游植物就会生长旺盛、迅速。那么,哪一种对海域中的浮游植物生长起着重要的限制作用?这须要确定限制的方法和限制的唯一性。对此,作者提出了(杨东方等,2001)限制浮游植物生长的营养盐必须同时满足绝对限制法则和相对限制法则。而且,要确定浮游植物生长限制的营养盐元素,必须要绝对限制法则和相对限制法则同时满足,根据逻辑学原理,这将是优先的限制性的营养盐元素。这证实了限制营养盐的唯一性,通过胶州湾的营养盐分析充分证实了这个观点。

最新研究表明,铁使大型硅藻迅猛增殖,而且,加铁后,硅藻对硅的吸收几乎不增加(Takeda,1998)。加铁后,改变了浮游植物的生理特征和结构。从这个

结果来看，我们认为对浮游植物生长来说，由于铁改变了浮游植物的吸收比例，这样，要么铁是硅的替代品，要么铁改变了浮游植物本身的结构（杨东方和谭雪静，1999）。铁不是浮游植物的限制因子，而是刺激因子（杨东方和谭雪静，1999）。在铁的作用下，浮游植物吸收硅的量在减少，这样，硅壳的重量在减少，其含硅量也在减小，其向下沉降的速度放慢，即改变了碳的沉降速率，不仅没有使大量碳沉降加大，反而减小。于是，在大气的二氧化碳中，碳通过浮游植物并没有达到海底，并被埋葬起来，而是长时间留在水体中分解，这使得除去大气中二氧化碳的速度变慢。这个结果造成了大气中二氧化碳在动态变化过程中增加，温室效应的作用也在增强。同时，加铁后，由于浮游植物对氮、磷、硅的吸收比例改变，使浮游植物的生长机制也要改变；浮游植物结构也要改变。这导致了在海洋生态中的生物食物链的基础动摇。因此，用铁作为肥料，不仅不会降低大气中的二氧化碳，还会相对增加大气中的二氧化碳。同时，对海洋生态还会带来巨大的破坏和灾害。

营养盐的再生是非常重要的。在沿岸海域，在生态系统中被消耗之前，每个氮重循环 2 次以上（Harrision et al.，1983），然而，在河口和路易斯安那陆架，氮重循环 3.7 次（Turner et al.，1990）。这样，通过再生，河流氮的输入也许被放大了许多倍，这对浮游植物初级生产力有着重大的影响（Dortch and Whitledge，1992）。死亡细胞和排泄物从真光层沉降并被不断地重新矿化成 NH_4^+-N，然后氧化成 NO_3^--N。每年在真光层氮的估算表明 60%的初级生产力受到真光层循环的 NH_4^+-N 资源的支持（Oguz et al.，1999）。

在透光层以下的水柱中，由于生物碎屑和排泄物等的分解氧化，磷等营养物得以再生，其中 PO_4^{3-}-P 再生速率一般为 $3.88\mu g/(dm^3 \cdot d)$，而生物净利用率为 $3.10\mu g/(dm^3 \cdot d)$，可见磷的生物收支过程基本平衡（陈慈美等，1993）。浮游植物对 PO_4^{3-}-P 具有较高的吸收速率和较快的周转时间，这使得低磷海域的生产力可保持一定水平（洪华生等，1994）。

在全球海域，随着沿海地区经济的快速发展，城市人口剧增，大量工业废水、城市生活污水和各种废弃物排放到河口及近岸海域。城市工业废水和生活污水加剧了海域环境的恶化，使海水富营养化日趋严重。例如，近 20 年来，广州近海海域的 DIP、DIN 浓度的年平均值呈逐年增长趋势（黄云峰等，2006）。

在海洋浮游植物中硅藻占很大部分，硅藻繁殖时摄取硅使海水中硅的含量下降（Armstrong，1965；Spencer，1975）。在上升流区（Dugdale，1972，1983；Dugdale and Goering，1967；Dugdale et al.，1981）和南极海域（Sakshaug et al.，

1991) 中，硅酸盐可以控制浮游植物的生长过程，而且对浮游植物水华的形成有着核心的作用（Conley and Malone，1992）。硅的限制会使浮游植物的藻类结构从硅藻类转变成非硅藻类（洪华生等，1994）。浮游植物对硅的需要非常强烈，而且对硅变化的灵敏度很高、反应迅速（Yang et al.，2002，2003a；杨东方等，2004b）。溶解硅的提供也可以控制浮游植物的生物量到海底的通量（Conley and Malone，1992）。硅藻死亡以后，细胞内含物分解腐败，但硅藻壳仍保留着，它们下沉到湖底或海底，堆积成硅藻黏土（福迪，1980）。

在全球海域，水温、营养盐硅是浮游植物生长的动力，在营养盐硅和水温年周期变化的推动下，浮游植物生长和浮游植物集群结构变化展示了各种类型的生产力和各种类型的集群结构。因此，在全球海域，硅是浮游植物生长和浮游植物集群结构变化的主要发动机，水温是浮游植物生长和浮游植物集群结构变化的次要发动机（杨东方等，2006b）。

16.2.3　硅造成死亡空间

16.2.3.1　缺硅的原因

营养盐硅是浮游植物生长的主要发动机，从陆地到海洋界面的硅输送量决定了初级生产力的时间变化过程；硅的生物地球化学过程决定了初级生产力的空间变化过程（杨东方等，2006a）。在初级生产力的时间和空间变化过程中，得到了5个规律的研究结果（Dugdale，1983）。规律 1：光照、水温和营养盐对浮游植物生长起作用是有顺序的，在时间变化阶段不是共同起作用，而是在不同的时间变化阶段有不同的环境因子起作用。规律 2：从陆地到海洋界面的 Si 输送量随着时间的变化决定了初级生产力随着时间的变化过程。在硅限制的过程中，输送的硅量、海洋硅量都与初级生产力具有同样的随着时间变化的规律。规律 3：水温控制增殖能力随着时间的变化过程，产生了浮游植物增殖的单峰型和双峰型，并组成了三种情形：只有浮游植物增殖的单峰型，只有浮游植物增殖的双峰型，浮游植物增殖的单峰型、双峰型同时都有。规律 4：离带有河口的海岸距离越远，水域中的硅酸盐浓度就越低，初级生产力就越低。硅的生物地球化学过程决定了初级生产力的空间变化过程。规律 5：营养盐硅和水温是浮游植物生长的一大一小两个发动机，营养盐硅是主要的、强烈的、迅速的，水温是次要的、辅助的、缓慢的。

这些规律说明：河流给近岸水域提供丰富的硅酸盐，这使整个近岸水域的硅酸盐浓度随着径流的大小而变化。离带有河口的海岸距离越远，水域中的硅酸盐浓度就越低。生物吸收和死亡后硅酸盐沉降到海底，这样不断地把硅逐渐转移到海底，展示了硅的生物地球化学过程，也是硅的损耗过程。

因此，陆源提供的硅酸盐浓度变化对胶州湾浮游植物的生长产生重大影响，同时，硅的生物地球化学过程不断地将硅从陆源逐渐转移到海底。这说明了全球海域浮游植物缺硅的原因，进一步证实了营养盐硅是浮游植物生长的限制因子。

16.2.3.2　缺硅对食物链的影响

在一些水域，硅酸（silicic acid）相对于主要的营养盐 N 和 P 供应不足。研究也发现，在全球海洋硅酸强烈地不饱和，但是 Si 的循环处于稳定状态，河流每年的输入由硅藻的硅壳在沉积中的埋葬所平衡（Treguer et al.，1995）。

浮游动物摄食浮游植物与浮游植物不可逆转地沉降到深海被认为是平衡浮游植物的生长（Dugdale et al.，1981）。当然，当生物量增长迅速，出现水华时，打破了这种平衡。传统的食物链是浮游植物被浮游动物摄食，浮游动物被大型的生物体摄食（Kirchman，1999）。沿着这个食物链运行，浮游植物的死亡如何就决定着其他海洋生物体如何活着。

16.2.3.3　缺硅产生的后果

硅的缺少，造成藻类的高速沉积（陈慈美等，1993）。在高营养的河口区，Si 的限制会使浮游植物的藻类结构从硅藻类转变成非硅藻类，而且这些硅藻通过沉降离开真光层，在海底附近或者海底进行分解导致了大面积缺氧（Dortch and Whitledge，1992）。这样，在营养盐氮和磷的过剩与硅的缺少的结合引起的环境下，改变了营养盐在海水中的结构，改变了食物链的基础，导致了海洋生物的大量死亡，在海洋中形成了许多"死亡区"。

墨西哥海湾、美国切斯皮克湾有死亡区海域（见《参考消息》2004 年 6 月 24 日报纸第七版，余同）。总部设在华盛顿的地球政策研究所近日公布的意向研究报告说，全球年化肥使用量已增加到 1.45 亿 t，在过去 50 年中增加了 10 倍，造成了海洋生物（特别是美国海区）的大量死亡。统计数字表明，随着夏季降临北半球，这里的海洋开始出现季节性的"死亡区"。该研究所呼吁农民少使用化肥。死亡区海洋中缺少维持生命所需的氧气，死亡区的数量从 20 世纪 60 年代以来每 10 年就增加 1 倍。该报告说，现在有 146 个这样的死亡区，其中包括在美国沿海海域的 43 个死亡区。近十几年来，墨西哥海湾每年都会出现的死亡区已扩大到 2.1 万 km^2，为全球第二大死亡区。造成这里死亡区的主要原因是，密西西比河沿岸农场主过量使用化肥，造成沿岸海域在夏天某个时候成为没有生命的海域。全球最大的死亡区在波罗的海，农业残留物、矿物燃料燃烧时产生的氮沉积物以及生活垃圾已使波罗的海营养过剩。亚得里亚海、黄海和泰国湾也是较大的死亡区海域。

科学家在海洋中发现约 200 个"死亡地带"（陈修璞，2006）。联合国 2006 年 10 月 19 日发表报告说，科学家目前已在世界海洋中发现了大约 200 个"死亡地带"，即海洋中由于污染而威胁鱼类和其他海洋生物生存的区域，这一数字比两年前增加了 34%。进一步认为，化肥、工农业污水排放和矿物燃料燃烧等造成的海洋污染物富含氮和磷等物质，导致藻类大量繁殖，最终致使海水中氧的浓度降低（陈修璞，2006）。联合国一位官员说："海水中氧的浓度降低，会导致鱼类、贝类和其他海洋生物死亡。这些缺氧地带对渔业资源以及靠捕鱼为生的渔民构成重大威胁。"而且，以美国弗吉尼亚州海洋学家罗伯特·迪亚斯为首的一个研究小组在加纳附近海域、英国默西河出海口和希腊的爱琴海等地都发现了新的"死亡地带"。还预测到 2030 年，世界各地河流排入海洋的氮将比 20 世纪 90 年代中期增加 14%（陈修璞，2006）。

在全球海洋中，随着化肥、工农业污水等排放，营养盐氮、磷的浓度在迅速增长，并保持长期稳定的氮、磷高浓度。这样，水域的富营养化在不断加剧和扩展，造成海洋中的"死亡区"呈现增长趋势。

16.2.4　结　论

全球浮游植物的主要优势种为硅藻，硅藻的生理特征展示：当硅充足时，硅藻生长旺盛，当硅限制时，甲藻等非硅藻生长旺盛，当硅又满足时，硅藻又占了甲藻的空间。氮、磷、硅的生物地球化学过程以及氮、磷的再生过程与硅的亏损过程表明，限制硅藻生长的是硅。

人类活动的直接结果使营养盐氮、磷的浓度迅速增长和水域富营养化。而营养盐硅由陆源所提供，又受人类活动的影响，如筑坝和截流，导致营养盐硅的限制显得更加突出。这会在全球海域改变浮游植物生长和其集群结构。随着硅藻的生长受到抑制，硅藻集群逐渐转换成甲藻集群。同时也改变了海洋生物链的基础，动摇了生态系统，会造成许多物种消失，产生海洋中的"死亡区"。

胶州湾的研究（Yang et al.，2003b，2004a，2004b，2005a，2005b，2006a，2006b；杨东方等，2000a，2000b，2003，2004a，2004b，2006c，2006d）发现硅是浮游植物生长的限制因子。硅的生物地球化学过程与浮游植物的生理特征和其结构变化证实了这个发现，同时，通过初级生产力的时间和空间的变化过程和机制（杨东方等，2006a，2006c），进一步表明在全球海洋硅是浮游植物生长的限制因子。因此，向海洋提供大量的硅，减少氮、磷的输入，能够恢复硅藻在海洋中的优势地位，消除海洋中的"死亡区"，也能够提高大气的碳沉降到海底的速率，同时，维护海洋生态系统的持续发展。

16.3 浮游植物生态规律

在海洋水域内，浮游植物生长的时间变化和空间变化与光照、水温和营养盐的变化密切相关。但这些环境因子光照、水温和营养盐是如何综合控制浮游植物生长的时间变化及空间变化的？这是本节研究的重点。

用初级生产力和增殖能力定量化研究浮游植物的生长规律。讨论光照、水温和营养盐与初级生产力和增殖能力的关系。并且对环境因子和生物因子之间的联系和作用进行一一剖析，阐明了营养盐、水温影响浮游植物生长的机制，展现了浮游植物生长的规律，确定了浮游植物生长的理想状态和赤潮产生的原因。

以胶州湾为研究水域，探讨光照、水温和营养盐因子对浮游植物生长的综合影响，分析了光照、水温和营养盐的影响程度，确定了光照、水温和营养盐依次对浮游植物生长有重要影响的顺序。从时间尺度和空间尺度上，定量化地展示了水温、营养盐因子控制浮游植物生长的规律和浮游植物生长的不同阶段。揭示了营养盐、水温影响浮游植物生长的机制、营养盐限制浮游植物初级生产力的变化过程和水温影响浮游植物增殖能力的变化过程以及浮游植物集群结构的变化。并且阐述了浮游植物生长的理想状态和赤潮产生的原因。在人类的活动中，首先要考虑输入大海的营养盐硅，其次要关注大海的水温变化，为海洋生态的持续发展做出积极的贡献。

16.3.1 研究胶州湾海区概况

胶州湾位于北纬 $35°18'\sim36°18'$，东经 $120°04'\sim120°23'$，是一个中型的半封闭浅水海湾（图 16-1），总面积为 $446km^2$，平均水深为 7m，湾内最大水深为 64m，$0\sim5m$ 的浅水区占 52.7%，而水深大于 20m 的仅占总面积的 5.4%。湾口朝东南与黄海相通，口门宽 3.14km；湾南北长 33.0km，东西宽 28.0km。胶州湾位于黄海之滨，山东半岛南岸，为青岛市所辖。

胶州湾温度有明显的季节变化，2 月温度最低，为 $4\sim5℃$；8 月温度最高，为 $26\sim28℃$。平面分布为秋冬季节湾外比湾内温度高，春夏季节相反。盐度的季节变化为 $31.4\sim32.3$，平面分布为湾内比湾外盐度低。由于胶州湾较浅，温度和盐度的垂直变化较小，底层和表层温度的变化不超过 2℃，盐度的变化不超过 0.2。温度的垂直分布均为表层高、底层低（张武昌和王荣，2001）。

大沽河是胶州湾最大的河流，胶州湾水域中 SiO_3-Si 主要由河流输送。由于流入胶州湾的河流大沽河流量逐年减少，故硅的入海量逐年减少。沿岸的海泊河、李村河、洋河等十几条河流基本无自身径流，河道上游常年干涸，中游、下游成

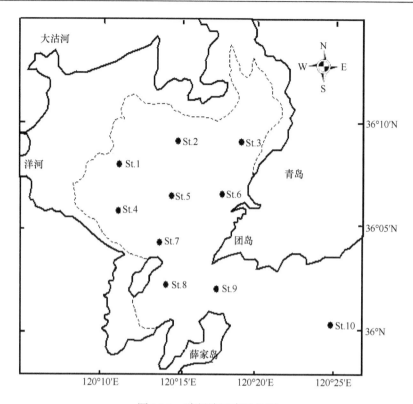

图 16-1　胶州湾调查站位图

为市区工业废水和生活污水的排污河，故氮、磷入海量相对逐年增长。因此，胶州湾环境和浮游植物都发生了很大变化。

近年来，由于城市化进程的加快，工业和城市废水以及养殖污水大量排放，导致近岸海域，尤其是胶州湾海域的水环境和沉积物环境质量下降，水体富营养化较为严重，胶州湾的主要污染物是营养盐、COD 和油类，其中以营养盐污染最为严重；主要污染海域为工业和生活污水排放较为集中的水域。胶州湾东岸无脊椎动物由原来的近 150 种降至目前的 38 种；重要经济鱼、虾、贝类的生息、繁殖场所消失。并且赤潮、病害等海损现象频繁发生，渔业生态环境破坏严重，渔业资源量降低，经济效益下降。因此，研究胶州湾海域的生态，保护海洋生态使胶州湾资源可持续发展。

16.3.2　浮游植物生长的理想状态与赤潮

光照、水温、营养盐这三个方面的因素是如何对海洋上浮游植物的生产力起着限制作用，并且克服了所观察到的那些地理差异的。现在必须考虑的是每一种因素是如何分别地限制或提高生产力，然后再考虑这三个方面的因素如何在时空的变化中，产生出观察到的各种类型的生产力。影响浮游植物生长的光照、水温、营养盐因子中，依次重要限定因子的顺序为光照、水温、营养盐。同时，根据浮游植物生长的变化过程和其集群结构的改变过程以及营养盐硅和水温影响浮游植物生长变化和其集群结构改变的机制，发现了浮游植物生长的理想环境条件。

浮游植物生长的理想环境：光照充足，光照时间大约在日照平均值以上；水温保持在恒定最适合藻类的生长；营养盐氮、磷、硅从绝对值、相对比值满足浮游植物的生长，即营养盐氮、磷、硅高于其阈值 N=1μmol/L，Si=2μmol/L，P=0.1μmol/L，而相对比值 N：P，Si：N，Si：P 表明不受氮、磷、硅限制，根据绝对法则和相对法则（Yang et al.，2003b），氮、磷、硅都满足浮游植物的生长。这时浮游植物生长旺盛、迅速，增殖能力保持不变。

由于浮游植物种群的生态位都不同，那么环境因子一定时间区间内保持不变或有微小变化即相对静态变化时，只能使浮游植物集群中一种藻种生长的生态位最适合此稳定的环境生长（杨东方等，2004b）。于是，浮游植物的集群结构发生变化，渐渐趋向于单一种群。这个种群就是产生赤潮的优势种，这些环境因子就是产生赤潮的条件，这些环境因子保持不变的过程就是产生赤潮的原因。在此理想环境下，浮游植物的集群结构趋向一种藻种，随着时间的变化此藻种的增殖能力保持不变，而初级生产力在不断增加，其叶绿素量迅速增加，最终形成赤潮。

16.3.3 初级生产力的控制因子

硅酸盐与硅藻的结构和新陈代谢有着密切的关系，硅藻对硅有着绝对的需要（Lewin，1962）。没有硅，硅藻瓣是不能形成的，而且细胞的周期也不会完成（Brzezinski et al.，1990；Brzezinski，1992）。在海洋浮游植物水华中硅藻占主要地位（Smetacek，1999）。硅藻繁殖时摄取硅使海水中硅的含量下降（Armstrong，1965；Spencer，1975）。硅酸盐可以控制浮游植物的生长过程（Dugdale，1972，1983，1985；Dugdale et al.，1981；Sakshang et al.，1991）。而且对浮游植物水华的形成有着核心的作用（Conley and Malone，1992），溶解硅的提供也可以控制浮游植物的生物量到海底的通量（Conley and Malone，1992）。在胶州湾，春季、秋季、冬季营养盐硅是浮游植物初级生产力的限制因子，进一步确定了营养盐硅限制浮游植物初级生产力的时间为 11 月中旬至 5 月中旬。而营养盐硅满足的时间为

5 月底至 11 月初（杨东方等，2001，2002a；Yang et al，2002，2003a，2003b）。硅的限制会使浮游植物的藻类结构从硅藻类转变成非硅藻类，确信只是硅引起藻种结构的改变（杨东方等，2004b；Dortch and Whitledge，1992）。胶州湾浮游植物对硅的需要非常强烈，而且对硅变化的灵敏度很高、反应迅速（杨东方等，2004b；Yang et al.，2002，2003a）。硅的亏损过程（Yang et al.，2005a，2005b）：营养盐硅由陆源提供，经过生物地球化学过程，不断地将硅转移到海底。营养盐硅是初级生产力的主要控制因子，当营养盐硅满足浮游植物生长时，其控制因子转变为水温（Yang et al.，2002）。

因此，通过硅的特性、硅藻的结构、硅的生物地球化学过程以及硅的亏损过程，作者认为：硅是全球海域浮游植物生长的限制因子；当营养盐硅满足后，水温转变为限制因子。营养盐硅和水温是全球海域浮游植物生长的控制因子。

16.3.4　初级生产力的受控原理

在初级生产力的时间和空间的变化过程中，营养盐硅和水温控制初级生产力的不同时间阶段，尤其用增殖能力展示了水温对浮游植物生长的控制时间阶段；营养盐硅控制初级生产力的不同空间区域。于是，克服了所观察到的那些地理差异，得到了如下定理。

定理 1：光照、水温和营养盐对浮游植物生长起作用是有顺序的，在时间变化阶段不是共同起作用，而是在不同的时间变化阶段有不同的环境因子起作用。

定理 2：从陆地到海洋界面的硅输送量随着时间的变化决定了初级生产力随着时间的变化过程。在硅限制的过程中，输送的硅量、海洋硅量与初级生产力之间具有同样的随着时间变化的规律。

定理 3：离带有河口的海岸距离越远，水域中的硅酸盐浓度就越低，初级生产力就越低。硅的生物地球化学过程决定了初级生产力的空间变化过程。

定理 4：水温控制增殖能力随着时间的变化过程，产生了浮游植物增殖的单峰型和双峰型。并组成了三种情形：①只有浮游植物增殖的单峰型，②只有浮游植物增殖的双峰型，③浮游植物增殖的单峰型、双峰型同时都有。

定理 5：营养盐硅和水温是浮游植物生长的一大一小发动机，营养盐硅是主要的、强烈的、迅速的，水温是次要的、辅助的、缓慢的。

由此可知，在时空变化中，营养盐硅和水温在时间和空间尺度上限制和提高不同阶段的初级生产力，有顺序地控制初级生产力的一年的变化过程，展示了产生出所观察到的各种类型的生产力。向海洋输送的硅量和海洋的水温，其年周期变化的稳定是非常重要的，这样使海洋生态系统能够保持可持续发展。

16.3.5　浮游植物生长的发动机

浮游植物是海洋生态系统中生物的物质和能量的来源。硅藻是海洋浮游植物的主要成分，是单细胞且具有硅细胞壁的藻类。它们色彩缤纷、形式多样，有1000多种。其中最大的藻种的形状是平的圆盘、扁的圆柱体或者细长的棒状体，这些大型的硅藻种的直径或长度能够达到2～5mm（Smetacek，2000）。而小型的硅藻具有小的细胞和长的链，它们的直径或长度能够达到5～50μm（Smetacek，1999）。

对于全球的硅循环（De Master，1981；Van Bennekom et al.，1988；Treguer and Van Bennekom，1991；Treguer et al.，1995；Nelson et al.，1995），硅化的浮游植物对世界海洋的初级生产力有着极为重要的贡献。在海洋的浮游植物水华中硅藻占优势（Smetacek，1999）。

大型的硅藻（2～5mm）遍布海洋，在海底的沉积物中尤其显著。Kemp 等指出了大型硅藻对颗粒雨做出了巨大的贡献，这些颗粒雨离开了海洋表层沉降，在海洋的生物地球化学过程中，起着重要的作用。

全球海域，在营养盐硅和水温的年周期变化的推动下，浮游植物生长和浮游植物集群结构变化展示了各种类型的生产力和各种类型的集群结构。

在硅的限制下，硅藻生长不断地受到抑制，使浮游植物的细胞曲折变形、色素体褪色（杨东方等，2004b），初级生产力低，浮游植物生物量低，细胞数量低；硅藻生长的海域空间被非硅藻所代替，浮游植物优势种硅藻也逐步转变为非硅藻。在硅的满足下，硅藻生长迅猛，细胞增殖旺盛；硅藻代替了非硅藻的生长海域空间，浮游植物优势种又成为硅藻，非硅藻的生长海域空间受到硅藻的挤压，非硅藻消失。这样，营养盐硅的限制-满足-限制-满足的年周期变化，迅速推动了浮游植物生长和浮游植物集群结构变化进行周而复始的动态变化过程。硅藻类和非硅藻类发生交替变化，其变化过程迅速。

因此，在全球海域，硅是浮游植物生长和浮游植物集群结构变化的主要发动机。

在硅的满足下，初级生产力高，浮游植物生物量高，细胞数量高；这时水温对于浮游植物生长具有双重作用：提高和限制，使其具有相同的周期性和起伏性，产生了浮游植物增殖的单峰型和双峰型，并组成了三种情形：①只有浮游植物增殖的单峰型；②只有浮游植物增殖的双峰型；③浮游植物增殖的单峰型、双峰型同时都有。水温影响浮游植物的结构变化：寒期性藻类、广温性藻类、暖水种藻类和热带近岸性种发生交替变化。这样，水温的上升-下降-上升-下降的年周期变化，不断地缓慢推动浮游植物生长和浮游植物集群结构变化进行周而复始的动态变化过程，但单峰型、双峰型组成的三种情形出现却是根据水温与浮游植物种群生态位的相对变化。浮游植物的集群结构在不断地变更替换，其变化过程缓慢。

因此，在全球海域，水温是浮游植物生长和浮游植物集群结构变化的次要发动机。

营养盐硅、硅藻分别是海洋生态系统中环境亚系统和浮游植物亚系统的主要控制元素。在海洋生态系统中的食物链上，硅藻是基础，而营养盐硅决定硅藻的旺盛和消亡。例如，在胶州湾，当硅起作用时，初级生产力为 $336.05 \sim 610.34mg\ C/\ (m^2 \cdot d)$；当水温起作用时，初级生产力为 $336.05 \sim 610.34mg\ C/\ (m^2 \cdot d)$（Yang et al.，2002，2003a，2003b，2005a）。所以，营养盐硅是海洋生态系统可持续发展的主要动力。

16.3.6　人类对环境的影响

世界大部分人口分布于沿海地区或离海不远的大河两岸，很早以前人们就开始发展开凿航道以及筑堤建坝等技术。人们通过疏浚、填积和开凿水道来改变海洋特别是河口区环境。这些人类活动改变了水流方向和流速，改变了河流输入营养盐的比例和输入量。同时，污水排放大大增加了河口区水中的氮、磷含量，进入河口区和沿岸水域的污水和农业废水的营养物质改变了浮游植物的生长率以及种类优势。例如，胶州湾、大沽河流量在减少，甚至断流；胶州湾周围的城市发展迅速，增大了向胶州湾排放氮、磷含量。这样，随着河流输入大海的营养盐硅在减少，氮、磷在增加（杨东方等，2001；Yang et al.，2002）。于是，人类活动改变了浮游植物的丰度、种类组成、多样性和种类演替（Patrick，1973），给自己造成重大的灾害，如赤潮等，改变了河口、海湾和近岸的海洋生态。

近 100 多年来，由于工业发展和人类对环境保护不够重视，CO_2 等温室气体不断增加，全球表层气温上升。20 世纪中叶以后，工业发展更为迅猛，气温随着温室气体的增加而迅速上升。80 年代的全球表层气温是近百年来的有年代中最高的。气温的上升引起水温上升，水温上升，引起浮游植物藻类死亡，改变了原来藻种的生活环境和区域，像海洋中的珊瑚。于是，人类活动改变了海洋生态的食物链基础。

在人类的活动中，首先要考虑输入大海的营养盐硅，其次要关注大海的水温变化，为海洋生态的持续发展做出积极的贡献。

16.3.7　结　　论

营养盐硅和水温在时间和空间的尺度上有顺序地控制所观察到的各种类型的

初级生产力，展示了营养盐硅和水温控制初级生产力的不同阶段，尤其用增殖能力展示了水温对浮游植物生长的控制阶段。从而确定了营养盐硅和水温控制初级生产力的变化过程。从陆地到海洋界面的硅输送量决定了初级生产力的时间变化过程；硅的生物地球化学过程决定了初级生产力的空间变化过程。由此可知，营养盐硅和水温是浮游植物生长的发动机。

浮游植物生长的变化和其集群结构的改变，主要是营养盐硅和水温在推动着。由于输送向大海的硅量在周期变化下具有减少的趋势，在海洋中营养盐硅量在下降；由于温室效应的作用，在海洋中水温在上升。营养盐硅的缺乏和水温的上升就会引起海洋生态系统食物链的基础改变，引起海洋生态系统的正常运行改变。因此，要维持海洋中营养盐硅和水温变化的周期规律，使浮游植物生长和其集群结构的变化规律不会改变。这样，营养盐硅和水温就会给海洋生态系统的健康运行提供稳定的动力。

人类要对向大海输送的硅量和水温周期变化规律的改变负起责任。目前，人类活动已经引起海洋中营养盐硅的缺乏和水温的升高。人类应该约束自己，顺应自然，进行深刻的反省，并以积极的科学思想观应用于人类的活动中，使海洋生态系统得以长期的持续发展。

参 考 文 献

陈慈美, 林月玲, 陈于望, 等. 1993. 厦门西海域磷的生物地球化学行为和环境容量. 海洋学报, 3: 43-48.

陈瑞厦, 张汉华, 陈景文. 2001. 红海湾浮游植物种类组成及分布. 南海研究与开发, 1: 18-24.

陈修璞. 2006. 科学家在海洋中发现约 200 个"死亡地带". 参考消息, 2006-10-21(7).

杜虹, 黄长江, 陈善文, 等. 2003. 2001—2002 年粤东柘林湾浮游植物的生态学研究. 海洋与湖沼, 34(6): 604-617.

福迪. 1980. 藻类学. 罗迪安, 译. 上海: 上海科学技术出版社: 107-135.

弗恩伯格 F J, 弗恩伯格 W B. 1991. 海洋生物的功能适应. 北京: 海洋出版社: 6-37.

高东阳, 李纯厚, 刘广锋, 等. 2001. 北部湾海域浮游植物的种类组成与数量分布. 湛江海洋大学学报, 2l(3): 23-28.

郭玉洁, 杨则禹. 1992. 胶州湾的生物环境 初级生产力. 见: 刘瑞玉. 胶州湾生态学和生物资源. 北京: 科学出版社: 110-125.

洪华生, 戴民汉, 黄邦钦, 等. 1994. 厦门港浮游植物对磷酸盐吸收速率的研究. 海洋与湖沼, 1: 54-58.

黄云峰, 白洁, 冯佳和, 等. 2006. 广州海域潜在性富营养化特征研究. 生态科学, 25: 247-252.

李广楼, 陈碧鹃, 崔毅, 等. 2006. 莱州湾浮游植物的生态特征. 中国水产科学, 13(2): 292-299.

李艳, 李瑞香, 王宗灵, 等. 2005. 胶州湾浮游植物群落结构及其变化的初步研究. 海洋科学进展, 23(3): 328-334.

尼贝肯 J W. 1991. 海洋生物学生态学探讨. 北京: 海洋出版社: 29-63.

沈国英, 施并章. 1990. 海洋生态学. 厦门: 厦门大学出版社: 67-123.

斯蒂曼·尼耳森 E. 1979. 海洋光合作用. 周百成, 温宗存, 译. 北京: 科学出版社.

斯菲德鲁普普 H U, 约翰逊 M W, 佛莱明 R H. 1959. 海洋. 毛汉礼, 译. 北京: 科学出版社: 665-676.

宋伦, 周遵春, 王年斌, 等. 2007. 辽东湾浮游植物多样性及与海洋环境因子的关系. 海洋环境科学, 26(4): 365-368.

宋金明. 1997. 中国近海沉积物——海水界面化学. 北京: 海洋出版社: 1-222.

王荣, 焦念志, 李超伦, 等. 1993. 胶州湾的初级生产力和新生产力. 见: 董金海, 焦念志. 胶州湾生态学研究. 北京: 科学出版社: 125-135.

王兴春. 2006. 三沙湾夏季浮游植物(Phytoplankton)分布状况初步研究. 现代渔业信息, 21(7): 20-22.

吴玉霖, 张永山. 1995. 胶州湾叶绿素a 和初级生产力的特征分布. 见: 董金海, 焦念志. 胶州湾生态学研究. 北京: 科学出版社: 137-149.

杨东方, 陈生涛, 胡均, 等. 2007. 光照、水温和营养盐对浮游植物生长重要影响大小的顺序. 海洋环境科学, 26(3): 201-207.

杨东方, 高振会. 2006. 海湾生态学. 北京: 中国教育文化出版社: 1-291.

杨东方, 高振会, 陈豫, 等. 2002a. 硅的生物地球化学过程的研究动态. 海洋科学, 26(3): 35-36.

杨东方, 高振会, 崔文林, 等. 2004a. 用定量化生态位研究环境影响生物物种的变化过程. 海洋科学, 28(1): 38-42.

杨东方, 高振会, 马媛, 等. 2006b. 胶州湾环境变化对海洋生物资源的影响. 海洋环境科学, 25(4): 39-42.

杨东方, 高振会, 秦洁, 等. 2006c. 地球生态系统的营养盐硅补充机制. 海洋科学进展, 24(4): 407-412.

杨东方, 高振会, 孙培艳, 等. 2003. 浮游植物的增殖能力的研究探讨. 海洋科学, 27(5): 26-28.

杨东方, 高振会, 孙培艳, 等. 2006a. 胶州湾水温和营养盐硅限制初级生产力的时空变化. 海洋科学进展, 24(2): 203-212.

杨东方, 高振会, 王培刚, 等. 2002b. 光照时间和水温对浮游植物生长影响的初步剖析. 海洋科学, 26(12): 18-22.

杨东方, 高振会, 王培刚, 等. 2006d. 营养盐硅和水温影响浮游植物的机制. 海洋环境科学, 25(1): 1-6.

杨东方, 李宏, 张越美, 等. 2000b. 浅析浮游植物生长的营养盐限制及其判断方法. 海洋科学, 24(12): 47-50.

杨东方, 谭雪静. 1999. 铁对浮游植物生长影响的研究与进展. 海洋科学, 23(3): 48-49.

杨东方, 王凡, 高振会, 等. 2004b. 胶州湾的浮游藻类生态现象. 海洋科学, 28(6): 71-74.

杨东方, 詹滨秋, 陈豫, 等. 2000a. 生态数学模型及其在海洋生态学应用. 海洋科学, 6: 21-24.

杨东方, 张经, 陈豫, 等. 2001. 营养盐限制的唯一性因子探究. 海洋科学, 25(12): 49-51.

杨小龙, 朱明远. 1990. 浮游植物营养代谢研究新进展. 黄渤海海洋, 3: 65-72.

袁骐, 王云龙, 沈新强, 等. 2005. N 和 P 对东海中北部浮游植物的影响研究. 海洋环境科学, 24(4): 5-8.

张经. 1996. 中国主要河口的生物地球化学研究. 北京: 海洋出版社: 1-210.

张武昌, 王荣. 2001. 胶州湾桡足类幼虫和浮游生纤毛虫的丰度和生物量. 海洋与湖沼, 32(3): 280-287.

Aksnes D L, Egge J K.1991. A theoretical model for nutrient uptake in phytoplankton. Mar Ecol Prog Ser, 70: 65-72.

Armstrong F A J. 1965. Silicon. *In*: Riley J P, Skirrow G. Chemical Oceanography. London: Academic Press, 1: 132-154.

Blasco D, Pacard T T, Garfield P C. 1982. Size-dependence of growth rate, respiratory electron transport system activity and chemical composition in marine diatoms in the laboratory. J Phycol, 18: 58-63.

Bongers C H J. 1956. Aspects of nitrogen assimilation by cultures of green algae(*Chlorella vulgaris*, strain A and Scenedesmus). Meded. Landbouwhogesch. Wageningen, 56: 1-52.

Braarud T. 1961. Cultivation of marine organisms as a means of understanding environmental influences on population. Sears M. Oceanography, Washington D C: Publ Am Assoc Adv Sci, 67: 271-298.

Braarud T, Hope B. 1952. The annual phytoplankton cycle of a landlocked fjord near Bergen. Rep Norw Fish Mar Invest, Rep Technol Res, 9: 1-26.

Brzezinski M A, Olson R J, Chisholm S W. 1990. Silicon availability and cell-cycle progression in marine diatoms. Marine Ecology Progress Series, 67: 83-96.

Brzezinski M A. 1992. Cell-cycle effects on the kinetics of silicic acid uptake and resource competition among diatoms. Journal of Plankton Research, 14: 1511-1536.

Burkholder J M, Glasgow H B. 1997. Pfiesteria piscicida and other Pfiesteria-like dinoflagellates; Behaviour, impacts, and environmental controls. Limnol Oceanogr, 42: 1052-1075.

Chisolm S W. 1992. Phytoplankton size. *In*: Falkowski P G, Woodhead A D. Primary Productivity and Biogeochemical Cycles in the Sea. New York: Plenum Press: 213-233.

Conley D J, Malone T C. 1992. Annual cycle of dissolved silicate in Chesapeake Bay: implications for the production and fate of phytoplankton biomass. Marine Ecology Progress Series, 81: 121-128.

Cullen J J, Macintyer J G. 1998. Behavior, physiology and the niche regulating phytoplankton. Physiological Ecology of Harmful Algal Blooms. Berlin: Springer.

De Master D J. 1981. The supply and accumulation of silica in the marine environment. Geochimica et Cosmochimica Acta, 45: 1715-1732.

Dortch Q, Whitledge T E. 1992. Does nitrogen or silicon limit phytoplankton production in the Mississippi River plume and nearby regions? Continental Shelf Research, 12(11): 1293-1309.

Dugdale R C. 1972. Chemical oceanography and primary productivity in upwelling regions. Geoforum, 11: 47-61.

Dugdale R C. 1983. Effects of source nutrient concentrations and nutrient regeneration on production of organic matter in coastal upwelling centers. *In*: Suess E, Thiede J. Coastal Upwelling. Washington: Plenum Press: 175-182.

Dugdale R C. 1985. The effects of varying nutrient concentration on biological production in upwelling regions. CalCOFI Report, 26: 93-96.

Dugdale R C, Goering J J. 1967. Uptake of new and regenerated forms of nitrogen in primary productivity. Limnology and Oceanography, 12: 196-206.

Dugdale R C, Jones B H, Macclsaac J J, et al. 1981. Adaptation of nutrient assimilation. *In*: Platt T. Physiological bases of phytoplankton ecology. Canadian Bulletin of Fisheries and Agriculture Sciences, 210: 234-250.

Dugdale R C, Wilkerson F P. 1998. Silicate regulation of new production in the equatorial Pacific upwelling. Nature, 391: 270-273.

Durbin E C, Krawiec R W, Smayda T J. 1975. Seasonal studies on the relative importance of different size fractions of phytoplankton in Narragansett Bay(USA). Mar Biol, 32(3): 271-281.

Egge J K. 1998. Are diatoms poor competitors at low phosphate concentration? Journal of Marine Systems, 16: 191-198.

Elder L. 1979. Recommendations on the methods for marine biological studies in the Baltic Sea. Phytoplankton and chlorophyll. The Baltic Marine Biologists Publication, 5: 38.

Eppley R W, Sloan P K. 1966. Growth rates of marine phytoplankton: Correlation with light adsorption by cell chlorophyll-a. Physiol Plant, 19: 47-59.

Eppley R W. 1972. Temperature and phytoplankton growth in the sea. Fish Bull, 70(4): 1063-1085.

Ferguson R L. 1971.Growth kinetics of an estuarine diatom: Factorial study of physical factors and nitrogen sources. Florids: Ph D Thesis, Florids State University, Tallahassee.

Fogg G E. 1959. Nitrogen nutrition and metabolic patterns in algae. Symp Soc Exp Biol, 13: 106-125.

Fogg G E. 1965. Algal Cultures and Phytoplantkon Ecology. Madison: Univ of Wisconsin Press.

Friebele E S, Correll D L, Faust M A. 1978. Relationship between phytoplankton cell size and the rate of orthophosphate uptake in situ observations of an estuarine population. Mar Bio, l45: 39-52.

Gran H H. 1930. The spring growth of the plankton at More in 1928-29 and Lofoten in 1929 in relation to its limiting factors. Norske Vidensk Akad I Oslo, Skrifter, 1 Mat Naturv Klasse, 5: 5-77.

Harrision W G, Douglas D, Falkowski P, et al. 1983. Summer nutrient dynamics of the middle Atlantic Bight: nitrogen uptake and regeneration. Journal of Plankton Research, 5: 539-556.

Harrison S W, Platt T. 1980.Variations in assimilation number of coastal marine phytoplankton: Effects of environmental co-variates. J Plankton Res, 2(4): 249-260.

Harvey H W. 1953. Synthesis of organic nitrogen and chlorophyll by *Nitzschia closterum*. J Mar Biol Assoc U K, 31: 477-487.

Hemtschel E, Wattenberg H. 1930. Plankton und Phosphat in der Oberflächenschicht des Südatlantischen Ozeans Ann D Hydrogr U Mar Meteor, Bd, 58: 273-277.

Humborg C, Lttekkot V, Cociasu A, et al. 1997. Effect of Danube river dam on Black Sea biogeochemistry and ecosystem structure. Nature, 386: 385-388.

Ibeings B W, Kroon B M. 1994. Acclimation of photosystem II in a cyanobacteria and a eukaryotic green alga to high and fluctuating photosynthetic photon flux densities, simulating light regimes induced by mixing in lakes. New Phytol, 128: 407-424.

Ichimura S. 1968. Phytoplantkon photosynthesis. *In*: Jackson D F. Alage, Man and the Environment. New York: Syracuse Univ Press Syracuse: 103-120.

Jøgensen E G. 1968. The adaptation of plankton algae II. Aspects of the temperature adaptation of *Skeletonema costatum*. Physiol Plant, 21: 423-427.

Kiφrboe T, Hansen J L S. 1993. Phytoplankton aggregate formation: Observations of patterns and mechanisms of cell sticking and the significance of exopolymeric material. J Plankton Res, 15: 993-1018.

Kamykowski D. 1995. Trajectories of autotrophic marine dinoflagellates. J Phyco, 31: 200-208.

Karp-Boss L, Boss E, Jumars P A. 1996. Nutrient fluxes to plantonic osmotrophs in the presence of fluid motion. Oceanogr Mar Biol Annu Rev, 34: 71-107.

Kirchman D L. 1999. Phytoplankton death in the sea. Nature, 398: 293-294.

Landingham S L. 1964. Some physical and generic aspects of fluctuations in non-marine plankton diatom populations. Bot Review, 30: 437-478.

Lewin J C. 1962. Silicification. *In*: Lewin R E. Physiology and biochemistry of the algae. London: Academic Press:

445-455.

Mallomonas S G. 1956. Eine neue Chrysomonade aus dem plankton eines fränkischen Teiches. Ber dtsch bot Ges, 69: 189-192.

Mandelli E F, Burkholder P R, Doheny T E, et al.1970.Studies of primary productivity in coastal waters in southern Long Island, New York. Mar Bial, 7: 153-160.

Marshall S M, Orr A P. 1927. The relation of the plankton to some chemical and physical factors in the Clyde Sea area. Marine Biol Assn U K, Jour, 14: 837-868.

Maucha R. 1942. Das gleichgewicht des limnischen Lebensraumes. Magyar Boil Kutatóintézet Munkái, 14: 192-230.

Nelson D M, Treguer P, Brzezinski M A, et al. 1995. Production and dissolution of biogenic silica in the ocean: revised global estimates, comparison with regional data and relationship to biogenic sedimentation. Global Biogeochemistry Cycle, 9: 359-372.

Odum H T, Wilson R F. 1962. Further studies on reaeration and metabolism of Texas bays, 1958-1960. Publ Inst Mar Sci Univ Tex, 8: 23-55.

Oguz T, Ducklow H W, Malanotte-rizzoli P, et al. 1999. A physical-biochemical model of plankton productivity and nitrogen cycling in the Black Sea. Deep Sea Research I , 46: 597-636.

Patrick R. 1973. Use of alage, especially diatoms, in the assessment of water quality. In: Cairns J, Dickson K L. Biological Methods for the Assessment of Water Quality. Am Soc Test Mater Spec Tech Publ, 528: 76-95.

Ryther J H. 1959. The ecology of phytoplankton blooms in Moriches Bay and Great South Bay, Long Island, New York. Biol Bull(Woods Hole, Mass), 106: 198-209.

Ryther J H, Dunstan W M. 1971. Nitrogen, phosphorus and eutrophication in the coastal marine environment. Science, 171: 1008-1031.

Sakshaug E, Slagstad D, Holm-Hansen O. 1991. Factors controlling the development of phytoplankton blooms in the Antarctic Ocean- a mathematical model. Marine Chemistry, 35: 259-271.

Schreiber E. 1927. Die Reinkultur von marinen Phytoplankton und deren Bedeutung für der Produktionsfähigkeit des Meerswassers. Komm.z. Wissensch. Untersuch. Der Deutschen Meere in Kiel und d Biologischen Anstalt auf Helgoland, Wissensch. Meersuntersuch, N F, Abt Helgoloand, Bd, 16: 1-35.

Smayda T J. 1997. Harmful algal blooms: their ecophysiology and general relevance to phytoplankton blooms in the sea. Limnol Oceanogr, 42: 1137-1153.

Smetacek V. 1999. Bacteria and silica cycling. Nature, 397: 475-476.

Smetacek V. 2000. The giant diatom dump. Nature, 406: 574-575.

Smith R E H, Kalff J. 1982. Size-dependent phosphate uptake kinetics and cell quota in phytoplankton. J Phycol, 18: 275-284.

Spencer C P. 1975. The micronutrient elements. In: Riley J P, Skirrow G. Chemical Oceanography. London: Academic Press, 2: 245-300.

Syrett P J. 1953. The assimilation of ammonia by nitrogen-starved cells of *Chlorella vulgaris*. I The correlation of assimilation with respiration. Ann Bot(London), 17: 1-19.

Takahashi M, Fugii K, Parsons T R. 1973. Simulation study of phytoplankton photosynthesis and growth in the Fraser River Estuary. Mar Bial, 19: 102-116.

Takeda S. 1998. Influence of iron availability on nutrient consumption ratio of diatoms in oceanic waters. Nature, 393: 774-777.

Talling S F. 1955. The relative growth rate of three plankton diatoms in relation to underwater radiation and temperature. Ann Bot (London), 19: 329-341.

Treguer P, Nelson D M, van Bennekom A J, et al. 1995. The silica balance in the world ocean: a reestimate. Science, 268: 375-379.

Treguer P, van Bennekom A J. 1991. The annual production of biogenic silica in the Antarctic Ocean. Marine Chemistry, 35: 477-487.

Turner R E, Rabalais N N. 1991. Changes in Mississippi River water quality this century-implications for coastal food webs. Science, 41: 140-147.

Turner R E, Rabalais N N, Nan Z Z. 1990. Phytoplankton biomass, production and growth limitations on the Huanghe(Yellow)River continental shelf Continental. Shelf Research, 10: 545-571.

van Bennekom A J, Berger G W, van der Gaast S J, et al. 1988. Primary productivity and the silica cycle in the Southern Ocean. Paleogeography, Paleoclimatology, Paleoecology, 67: 19-30.

Wahby S D, Bishara N F. 1980. The effect of the River Nile on Mediterranean water, before and after the construction of the High Dam at Aswan. *In*: Martin J M, Burton J D, Eisma D. Proceedings of a SCOR Workshop on River Inputs to ocean systems, 26-30 March 1979, Rome, Italy. Paris: UNESCO: 311-318.

Walsby A E, Renolds C S. 1980. Sinking and floating.The physiological Ecology of Phytoplankton. Berkeley: University of California Press.

White A. 1976. Growth inhibition caused by turbulence in the toxoc marine dinoflagellate Gonyaulax excavata. J Fish Res Bd Canada, 33: 2598-2602.

Whitford L A, Schumacher G J. 1961. Effect of current on mineral uptake and respiration by fresh-water alga. Limnol And Oceanogr, 6: 423-425.

Williams R B, Murdoch M B. 1966. Phytoplankton production and chlorophyll concentration in the Beaufort Channel, North Carolina. Limnol Oceanogr, 11(1): 73-82.

Yang D F, Chen Y, Gao Z H, et al. 2005a. Silicon limitation on primary production and its destiny in Jiaozhou Bay, China IV Transect offshore the coast with estuaries. Chin J Oceanol Limnol, 23(1): 72-90.

Yang D F, Gao Z H, Wang P G, et al. 2005b. Silicon limitation on primary production and its destiny in Jiaozhou Bay, China V Silicon deficit process. Chin J Oceanol Limnol, 23(2): 169-175.

Yang D F, Zhang J, Gao Z H, et al. 2003a. Examination of silicate limitation of primary production in the Jiaozhou Bay, North China II. Critical value and time of silicate limitation and satisfaction of the phytoplankton growth. Chin J Oceanol Limnol, 21(1): 46-63.

Yang D F, Gao Z H, Chen Y, et al. 2003b. Examination of silicate limitation of primary production in the Jiaozhou Bay, North China III. Judgment method, rules and uniqueness of nutrient limitation among N, P, and Si. Chin J Oceanol Limnol, 21(2): 114-133.

Yang D F, Gao Z H, Zhang J, et al. 2004a. Examination of Daytime Length's Influence on Phytoplankton Growth in Jiaozhou Bay, China. Chin J Oceanol Limnol, 22(1): 70-82.

Yang D F, Gao Z H, Chen Y, et al. 2004b. Examination of Seawater Temperature's Influence on Phytoplankton Growth in Jiaozhou Bay, North China. Chin J Oceanol Limnol, 22(2): 166-175.

Yang D F, Gao Z H, Sun P Y, et al. 2006a. Silicon limitation on primary production and its destiny in Jiaozhou Bay, China VI The ecological variation process of the phytoplankton. Chin J Oceanol Limnol, 24(2): 186-203.

Yang D F, Gao Z H, Yang Y B, et al. 2006b. Silicon limitation on primary production and its destiny in Jiaozhou Bay, China VII The Complementary mechanism of the earth ecosystem. Chin J Oceanol Limnol, 24(4): 401-412.

Yang D F, Zhang J, Lu J B, et al. 2002. Examination of silicate limitation of primary production in the Jiaozhou Bay, North China I .Silicate being a limiting factor of phytoplankton primary production. Chin J Oceanol Limnol, 20(3): 208-225.

第17章　地球生态系统的机制

通过海洋生态系统的结构和功能以及海洋生态系统对大气生态系统和陆地生态系统的影响，根据营养盐硅对浮游植物生长的影响过程和浮游植物的生理特征以及其集群结构的改变特点的研究结果，综合分析硅的生物地球化学过程，探讨人类对生态环境的影响、生态环境变化对地球生态系统的影响。作者首次提出了地球生态系统的营养盐硅的补充机制：近岸的洪水、大气的沙尘暴和海底的沉积物向缺硅的水体输入大量的硅，即由陆地、大气、海底三种途径将硅输入海水水体中，满足浮游植物的生长，保持海洋中浮游植物生长的动态平衡和海洋生态系统的可持续发展。

首次提出了气温和水温的补充机制，并用框图模型确定了补充机制在运行过程中的每个流程，阐明了人类对生态环境的影响过程、生态环境变化对地球生态系统的影响过程以及地球生态系统对环境变化的响应过程，解释了气温和水温的补充起因。研究结果表明，人类是引起环境变化的起源以及其变化后的结果又作用于人类，即人类排放二氧化碳引起气温和水温的上升，地球生态系统又借助其补充机制使得气温和水温下降恢复到正常的动态平衡。虽然这个补充机制带来了沙漠化、洪涝和风暴潮，但人类引起水温和气温上升的灾难要比自然界中三种灾难深重得多。自然界的这三种灾难是局部的、短期的，而人类引起水温和气温上升的灾难是全球的、长期的。

首次提出地球生态系统的碳补充机制，并且用框图模型说明了补充机制在运行过程中的每个流程，阐明了无论硅的充足与缺乏，地球生态系统都要将碳从大气中移动到海底，储藏起来，完成碳的迁移过程。研究结果表明，人类排放 CO_2 引起气温和水温上升，地球生态系统不惜损害陆地生态系统和海洋生态系统，也要启动碳补充机制，完成碳的迁移，导致气温和水温恢复到动态的平衡。启动碳补充机制期间，在输送硅的过程中，地球生态系统给陆地带来三大类型灾害：沙漠化、洪涝和风暴潮；在阻断硅的过程中，地球生态系统给海洋带来一大类型灾害：赤潮。在这些过程中，人类引起大气碳的增加与地球生态系统导致大气碳的减少充分展现了人类与自然界的相互撞击，这会强烈地引起一系列自然灾害发生，如干旱、沙漠化、沙尘暴、暴雨、洪水、泥石流、山体滑坡、风暴潮和赤潮。人类应尽可能减少这些撞击，为地球生态系统的可持续发展，也为人类生存创造良好的环境。

17.1 地球生态系统的营养盐硅补充机制

浮游植物是水生环境中从无机到有机物质转换的主要承担者之一，即主要的初级生产者。浮游植物是海洋食物链的基础，它们的变化直接影响着食物链中其他各环节的变化。浮游植物的优势种在一般海域是硅藻，营养盐硅对于硅藻生长是必不可少的。因此，研究硅的生物地球化学过程对于浮游植物生长有着重要的意义。海洋食物链是海洋生态系统研究的一个核心内容，浮游植物是海洋食物链的基础，营养盐硅决定浮游植物的生长。因此，营养盐硅对海洋生态系统的可持续发展有着重要的作用。

作者认为，硅的生物地球化学过程决定了硅是从河流输入到海洋，经过浮游植物吸收后，将硅沉降到海底，而且，在水体几乎没有硅再生的过程。建坝、水库、改道等人类活动阻止或减少陆源向大海输送硅，同时，人类对陆源的污染向海洋输送大量的氮、磷，相对减少硅的输送。因此，在海洋中，硅对浮游植物生长的限制日趋严重，缺硅造成海洋生态的破坏。如何来解决这个缺硅的严重问题，作为人类无法向占地球表面积70%的海洋投放硅。只有地球生态系统向大海提供大量的硅，才能够维持海洋生态系统的可持续发展。对此，作者提出了地球生态系统的营养盐硅的补充机制。作者认为，通过地球生态系统向大海提供大量的硅，使浮游植物生长保持其稳定性和持续性，使海洋的贫瘠和赤潮逐渐消失，更使海洋生态系统具有良好的持续发展（杨东方等，2001）。

17.1.1 人类活动对生态环境的影响

17.1.1.1 硅的生物地球化学过程

自然界含硅岩石风化，随陆地径流入海，是海洋中硅的重要来源，致使近岸及河口区硅的含量较高（Stefánsoon and Richards，1963；Huang et al.，1983）。

含硅岩石风化和含硅土壤流失，使硅溶解于水并随陆地径流输送到河口和海洋中。通过硅藻的吸收，硅进入了生物体。死亡的硅藻和摄食硅藻的浮游动物的排泄物离开真光层沉降到海底，硅离开了海水表层沉降到海底。因此，硅通过这样一个亏损过程：河流输入（起源）→ 浮游植物吸收和死亡（生物地球化学过程）→ 沉降海底（归宿），展现了沧海变桑田的缓慢过程（Yang et al.，2002，2005a，2005b）。每当输入大量的营养盐硅，浮游植物的初级生产力都会出现高峰值，有时有水华产生。由于浮游植物吸收大量的硅，海水中硅的含量大幅度降低（Armstrong，1965；Spencer，1975），另外，由于硅的缺乏，浮游植物的生长受到严重的限制，产生了高的沉降率（Bienfang et al.，1982）。这样，保持了海洋中营养盐硅的平衡，浮游植物生长的平衡（杨东方等，2002）。

以胶州湾为例，胶州湾的周围河流给整个胶州湾提供丰富的硅酸盐含量，这使整个胶州湾的硅酸盐浓度随着径流的大小变化。在夏季，从河口区依次到湾中心、湾口、湾外，硅酸盐的浓度逐渐降低。硅酸盐浓度远离海岸的横断面的水平变化，表明了离带有河口的海岸距离越远，水域中的硅酸盐浓度就越低。而硅酸盐浓度远离海岸的横断面的垂直变化，表现了硅酸盐通过生物吸收和死亡，沉积后，沉降到海底，通过这个过程硅逐渐转移到海底（Yang et al.，2002，2005a，2005b）。胶州湾陆源提供的硅酸盐的浓度变化严重影响浮游植物的生长。

硅的生物地球化学过程确定了在全球海域，具有以下特征：当垂直远离具有硅酸盐来源的近岸时，硅酸盐浓度逐渐下降、变小。

17.1.1.2　氮、磷相对于硅的生物地球化学过程

浮游植物对磷酸盐具有较高的吸收速率和较快的周转时间，这使得低磷海域的生产力可保持一定水平，如厦门港（洪华生等，1994）。在厦门西海域现场测得在透光层以下的水柱中，由于生物碎屑和排泄物等的分解氧化，磷等营养物得以再生，其中活性磷再生速率一般为 $3.88\mu g/(dm^3\cdot d)$，而生物净利用率为 $3.10\mu g/(dm^3\cdot d)$，可见磷的生物收支过程基本平衡（陈慈美等，1993）。

营养盐的再生是非常重要的。在沿岸海域，氮原子在生态系统消耗之前，每个氮循环 2 次以上（Harrison et al.，1983），然而，在河口和路易斯安那陆架，氮循环 3.7 次（Turner and Rabalais，1991）。这样，通过再生，河流氮的输入也许被放大了许多倍，这对浮游植物初级生产力有着重大影响（Dortch and Whitledge，1992）。

硅不像氮或磷，在海洋中以多种多样的无机物和有机物的形式存在。硅主要的存在形式是正硅酸盐（Brzezinski and Nelson，1989）。这不能通过食物链到任何一级。而且，它的再生不是通过有机物的降解，而是通过蛋白石 SiO_2 的溶解（Broecker and Peng，1982）。与发现的氮和磷再生相比，它的再生要在海水的更深处才能完成。

这样，当径流将大量的硅酸盐带入海湾后，由于海流、硅藻的作用，硅酸盐的浓度分布一般从河口区依次到湾中心、湾口、湾外逐渐降低。在浮游植物的生化作用下，把硅垂直带向海底，而在海底的硅酸盐浓度又不能向上扩散，这展现了硅的亏损过程（Yang et al.，2002，2005a，2005b）。

硅酸盐容易不可逆地脱水成为十分稳定的蛋白石 SiO_2（Horne，1969）。尽管海水对硅来说是不饱和的，溶解过程还是十分缓慢的（Armstrong，1965），但未溶解的硅最后还是沉到海底，加进到硅质沉积中（Horne，1969）。

在营养盐氮、磷、硅的生物地球化学过程中，当浮游植物吸收的营养盐耗尽时，营养盐氮、磷比硅的再生能力高得多。因此，讨论 Toggweller（1999）提出的终极限制营养盐，其意义不大（杨东方等，2001；Yang et al.，2002，2005a，2005b），营养盐硅将会成为浮游植物的恒限制营养盐。

17.1.1.3 人类活动的影响

20 世纪以来，在沿海城市，工农业生产迅速发展，近岸工业地区日益增多，城市扩展加快，人口激增，工业废水和城市生活污水大量排放到海洋中，大量的氮、磷被输送到海洋中，相对减少硅的输送，造成海湾、河口和沿岸水域的严重污染和富营养化。

在过去的几十年中，人类的活动、土地使用的变化和河道地貌改变的耦合导致了氮的成倍增长和磷的量级也在增长，而硅则保持年周期变化。由于河流的筑坝和截流，使得输送硅的能力下降，甚至由于断流而没有硅的输送。这样过剩的氮、磷造成沿岸富营养化。人类活动的直接结果使营养盐氮、磷迅速增长，水域富营养化。而营养盐硅由陆源所提供，又受人类活动的影响，如筑坝和截流，导致营养盐硅的限制显得更加突出（Yang et al.，2002，2003a，2003b，2005a，2005b）。在渤海中，根据渤海沉积物-海水界面附近磷与硅的生物地球化学循环模式，渤海中的磷主要来自于沉积物向海水的扩散，硅主要来自于河流的输入（宋金明等，2000），胶州湾的硅酸盐浓度与径流输送的硅酸盐浓度、雨季的长短及胶州湾周围盆地的雨量有关（Yang et al.，2002）。以流入胶州湾最大的河流大沽河为例，在2000 年左右，大沽河有时断流，给胶州湾几乎没有输送营养盐硅（杨东方等，2001；Yang et al.，2002，2005a，2005b），而最近几年，流入渤海的主要河流黄河在一年中断流多达 210 天，这都会造成水域的富营养化和频繁发生赤潮。

建坝、水库、改道等人类活动阻止或减少陆源向大海输送硅。大坝建成以后，硅浓度下降（Turner and Rabalais，1991），并且导致输送到海洋的硅量减少。埃及的尼罗河（Wahby and Bishara，1980）、美国的密西西比河（Turner and Rabalais，1991）、欧洲的多瑙河（Humborg et al.，1997）和中国的大沽河（Yang et al.，2005a，2005b）输送到海洋的硅量在减少。

17.1.2 生态环境变化对海洋生态系统的影响

17.1.2.1 硅藻的分布

在全球海域，硅藻是构成浮游植物的主要成分，也是产生海洋初级生产力的主要贡献者，其种类多、数量大、分布广，是各种海洋动物直接或间接的饵料。

硅藻的盛衰可直接引起海洋动物的变化。

胶州湾浮游植物的优势种是硅藻。于 1977 年 2 月至 1978 年 1 月进行的月份调查表明，胶州湾及其附近海域浮游藻种群结构以硅藻和甲藻两大类为主，特别是前者，无论在种数上或细胞个数上，都占绝对优势，湾内硅藻的细胞数量可占浮游藻细胞总量的 99.9%（1977 年 2 月）～96.0%（1977 年 7 月）；湾外占 99.9%（1977 年 2 月）～89.9%（1977 年 7 月）（钱树本等，1983）。

胶州湾共鉴定浮游植物 116 种，其中硅藻 35 属 100 种，甲藻 3 属 15 种，金藻 1 属 1 种（郭玉洁和杨则禹，1992）。在四季出现的优势种：骨条藻（*Skeletonema costatum*）、尖刺菱形藻（*Nitzschia pungens*）、弯角刺藻（*Ch.curvisetus*）、短角弯角藻（*Eucampia zoodiacus*）、日本星杆藻（*Asterionella japanica*）等，这些优势种都是硅藻，平均约为 10^6 个/m³，硅藻单种就可占到该水域浮游植物总量的 50% 以上。而非硅藻的优势种（主要是甲藻）之和占总数量百分比不超过 5%，并且出现的时间一般只在 7 月、8 月、9 月（郭玉洁和杨则禹，1992）。因此硅藻总的生物量几乎就是胶州湾浮游植物的总量，非硅藻总的生物量相对可以忽略。非硅藻的初级生产力（主要是鞭毛藻）占整个胶州湾的初级生产力不超过 5%，这样，硅藻的初级生产力几乎就是胶州湾浮游植物的初级生产力。

对于全球的硅循环（de Master，1981；van Bennekom et al.，1988；Treguer and van Bennekom，1991；Treguer et al.，1995；Nelson et al.，1995），硅化的浮游植物对世界海洋的初级生产力有着极为重要的贡献。在海洋的浮游植物水华中硅藻占优势（Smetacek，1999）。

17.1.2.2　硅的重要性

海水中可溶性无机硅是海洋浮游植物所必需的营养盐之一，尤其是对硅藻类浮游植物，硅更是构成机体不可缺少的组分。在海洋浮游植物中硅藻占很大部分，硅藻繁殖时摄取硅使海水中硅的含量下降（Armstrong，1965；Spencer et al.，1975）。

在自然水域中，硅一般以溶解态单体正硅酸盐形式存在。在浮游植物中，只有硅藻和一些金鞭藻纲的鞭毛藻对硅有大量需求（杨小龙和朱明远，1990）。硅藻类是构成浮游植物的主要成分。硅酸盐与硅藻的结构和新陈代谢有着密切的关系并且控制浮游植物的生长过程（Dugdale，1972，1983，1985；Dugdale and Goering，1967；Dugdale et al.，1981，1995；Sakshaug et al.，1991）。在浮游植物水华形成中 $Si(OH)_4$ 起核心的作用（Conley and Malone，1992）。硅限制浮游植物的初级生产力（Yang et al.，2002，2003a，2003b）。没有硅，硅藻瓣是不能形成的，而且细胞的周期也不会完成（Brzezinski et al.，1990，Brzezinski，1992）。硅藻对硅有着绝对的需要（Lewin，1962）。营养盐硅是浮游植物生长的主要发动机，对浮游植物生长的影响是强烈的、迅速的（杨东方等，2006a，2006d）。

17.1.2.3　浮游植物的限制因子

在河口区、海湾、海洋等水域中，氮、磷成为富营养盐，使人们对高营养盐区却有着低叶绿素量的海域的原因进行探索。一些水域展现了富营养化的征兆，其初级生产力迅速增加。而另外一些富营养的水域却保持低的初级生产力。生态系统出现这样大的差别的机制是什么。

胶州湾的营养盐氮、磷、硅和初级生产力的研究展示硅是控制浮游植物生长和初级生产力的主要因子。于是造成了高营养盐氮、磷低生物量海域的出现，作者认为，在营养盐氮、磷很高的水域，浮游植物的初级生产力的高低值相差甚大的生态系统的机制一方面是由营养盐硅控制的（Yang et al.，2002，2003a，2003b，2005a，2005b）。

另一方面由营养盐氮、磷、硅的生物地球化学过程所决定的。陆源提供的硅被浮游植物吸收，硅通过生物地球化学过程不断地转移到海底。由于缺硅的种群的高沉降率（Bienfang et al.，1982），硅的大量沉降使得水体中硅酸盐浓度保持低值。而死亡的浮游植物和被浮游动物排泄的浮游植物趋于分解，在水体中产生了大量的、不稳定的、易再循环的氮、磷。因此，氮、磷浓度不断增高，而硅酸盐浓度不断降低，这些海域展现了明显的高营养盐（氮、磷）的浓度，却有着浮游植物的低生物量。整个生态系统可能成为初级生产力的硅限制（Yang et al.，2002）。在河口区、海湾、海洋等水域中，起主要作用的营养盐硅调节和控制在这些水域的生态系统中浮游植物生长过程的机制。

17.1.2.4　易发生赤潮

在近岸河口区域，由于河水输入量的变化和人类排污量的增长，营养盐氮和磷日趋富营养化，营养盐硅日趋缺乏。浮游植物生理生长和其集群的结构受到破坏，沿岸海域生态过程的危害正在扩展。当营养盐硅一直过低，氮、磷过高时，就会限制硅藻的生长，所形成的真空空间被非硅藻（如甲藻）迅速占据，产生非硅藻的水华。在极度缺乏硅的水域中，当营养盐硅突然大量增加时，硅藻会迅速增长，产生硅藻水华。例如，硅是胶州湾初级生产力的限制因子，在进一步加剧的情况下，在胶州湾发生的赤潮增多。

通过氮、磷、硅的生物地球化学过程，在深海中，展现了营养盐氮、磷高，而浮游植物生物量却甚低的一个贫瘠海洋；在浅海中，展现了经常有浮游植物的水华，包括了硅藻和非硅藻（如甲藻）。

17.1.2.5　浮游植物的生长和集群结构的变化

在全球海域的近岸河口区域或远离河口区域，浮游植物的初级生产力过程的机制不是取决于营养盐氮、磷很高，而是取决于营养盐硅的变化。由于营养盐硅的比例下降变化使得硅限制显得更加突出，为了继续生存下去，浮游植物改变生理特征和集群结构来适应变化的环境。随着时间的推移，需硅量大的硅藻种群的生理特征在不断地受到环境的压力（Yang et al.，2003b）。随着时间的延长，主要由硅藻组成的浮游植物集群将不断地进行结构转变，需求硅少的种群在不断地增长，需求硅量大的硅藻类种群在不断地减少。例如，在胶州湾，考虑浮游植物集群结构受到硅限制的变化。

在湾西南部（8 号站），夏季优势种暖水性的长角角藻在浮游植物总量中所占比例从 7 月开始就明显增加，较湾内其他测站提前 1 个月（郭玉洁和杨则禹，1992）。由于湾西南部（8 号站）的硅酸盐浓度为整个湾中最低的，因此，在 7～9 月，不属于硅藻类的夏季暖水性的长角角藻在湾西南部（8 号站）生长，这个水域本应属硅藻生长的空间。这样，特别低的湾西南部硅酸盐使硅藻生长的空间转变为非硅藻生长（Yang et al.，2002）。

在胶州湾西南部 8 号站，Si∶N 和 Si∶16P 的值在一年四季都小于 1，这表明在胶州湾西南部海域的浮游植物生长一直都受到营养盐硅的限制。硅的匮乏改变了该水域浮游植物集群的结构（Yang et al.，2002，2003a，2003b，2005a，2005b）。一直都在缺硅的环境下，硅藻生长在不断地受到抑制，而硅藻生长的海域空间被甲藻所代替，甲藻类也逐步替代硅藻类，浮游植物的集群结构和食物链发生巨大的变化。在胶州湾，一年中近 6 个半月的时间缺硅，造成长时期的硅藻沉降。这样，影响着浮游植物的生长和浮游植物的集群结构，使得湾外浮游植物初级生产力要比湾内提前一个半月下降。浮游植物的结构变化：硅藻类和非硅藻类发生交替变化，其变化过程迅速。

17.1.2.6　海洋生态系统的变化

根据达尔文的进化理论，在不断地受到环境的压力时，浮游植物的集群结构和硅藻的生理特征将会逐渐改变，要么需求硅量大的硅藻类种群在不断地减少，要么对硅的需求量减少。这样，营养盐硅的缺乏造成浮游植物的死亡趋势，引起浮游植物生理特征的变化和浮游植物结构的变化，生态遭到毁灭性打击，食物链发生巨大变化，尤其食物链金字塔的顶端生物，如鱼类会绝迹和变异。在海洋中，由于浮游植物是生态系统的能量流动和食物链的基础，将会引起海洋生态系统的一系列的巨大变化，也将对海洋生态系统产生巨大的冲击力。使得整个生态系统须要不断地重新组成、改变和平衡。

例如，考虑胶州湾生物资源，胶州湾的营养盐氮、磷的变化主要是人类活动的直接影响结果。近30多年来，围绕胶州湾的青岛市、胶南市等的人口迅速增长，流入海湾的工业废水和生活污水的排放量快速增长。在1980年流入海湾的河流中，仅海泊河每天就有140 000m³污水流入胶州湾（沈志良，1997）。近30年来，胶州湾滩涂和沿岸水域成为人工养殖区，长期施加氮肥（刁焕祥，1992）。这样，导致大量的氮、磷输入胶州湾水域，胶州湾的主要污染物是营养盐氮、磷[49]。由于人类活动的直接或间接的干涉，使营养盐氮、磷发生了巨大改变，逐渐破坏了营养盐氮、磷的生态循环，使氮、磷现在呈上升趋势。

20世纪60～90年代，在胶州湾水域PO_4-P浓度增加了2.2倍，NO_3-N和NH_4-N分别增加了7.3倍和7.1倍（沈志良，1997）。这样，近年来，河流输入氮、磷的增长，导致了胶州湾的日趋富营养化。在增养殖区胶州湾女姑山海域，1998年TIN一般达到30μmol/L，最高值为60.88μmol/L；DIP一般为0.14～0.70μmol/L，最高值为2.54μmol/L（郝建华等，2000），这表明氮、磷的营养盐浓度一直在趋向增长。

胶州湾SiO_3-Si浓度具有季节性变化，主要依赖于季节径流的变化（Yang et al.，2002，2003b）。于是，胶州湾SiO_3-Si浓度的变化由雨季的变化所确定。在雨季中，胶州湾的SiO_3-Si浓度很高，而在雨季过后，胶州湾的SiO_3-Si浓度很低，尤其在冬季SiO_3-Si浓度降低到检测线以下，甚至都几乎趋于零（SiO_3-Si浓度<0.05μmol/L）。分析20世纪90年代的调查结果可知，SiO_3-Si浓度每年的变化、趋势和周期都一致（Yang et al.，2003b）。但近年来，随着河流的筑坝和截流，河流输送到海洋的硅量在减少。

通过胶州湾30年的氮、磷变化，认为氮、磷在保持不变或者上升趋势，这是由于人类活动的影响和氮、磷本身的生态循环过程所造成的。营养盐硅呈年周期变化，这是由径流、雨季和营养盐硅的生物地球化学过程所决定的（杨东方等，2002；Yang et al.，2002，2005a，2005b）。通过营养盐绝对、相对限制法则以及初级生产力-硅酸盐-水温的动态模型（杨东方等，2001；Yang et al.，2002，2003b），确定每年的春季、秋季、冬季，营养盐硅是胶州湾浮游植物生长的限制因子。胶州湾沉积物中高生源硅含量的发现也给胶州湾浮游植物生长硅限制提供了强有力的证据（李学刚等，2005）。

胶州湾东岸无脊椎动物由原来的近150种降至目前的38种；重要经济鱼、虾、贝类的生息、繁殖场所消失，珍稀濒危物种，如黄岛长吻虫、多鳃孔舌形虫和三崎柱头虫群体锐减，濒临绝迹。并且赤潮、病害等海损现象频繁发生，渔业生态环境破坏严重，渔业资源量降低，经济效益下降（杨东方等，2006b）。

17.1.3　地球生态系统对海洋生态系统的响应

海洋中缺硅造成海洋生态的破坏，如何解决缺硅的严重问题？人类无法向占地球表面积 70% 的海洋投放硅，只有地球生态系统才能向大海提供大量的硅，才能够维持海洋生态系统的可持续发展。于是，作者提出了地球生态系统的营养盐硅补充机制。

17.1.3.1　硅的补充起因

陆源输入大海真光层的硅是主要的，大气、上升流向海洋真光层输入的硅量与河流相比是可以忽略的。人类建坝、建水库、引流、种植，这样造成自然生态的破坏，改变自然生态平衡。

修建大坝、水库，使悬浮物浓度降低，输入海洋的硅的浓度下降；将河流上游进行引流和分流，使主河流的输送能力下降，流量变小，输入海洋的硅浓度降低，从而改变河口水域和近岸水域生态系统的结构，尤其是营养盐比例失调，浮游植物集群结构失控，诱导赤潮的产生，而且赤潮面积逐年加大，发生频率逐年增多；在沿河两岸和沿河流域盆地进行大面积的植树造林，改变了雨水对地表层的冲刷力度，雨水形成的小溪向河流输送的硅浓度降低，使水流清澈，减少了河流携带的硅量。这样入海河流流量大幅减少，输送营养盐硅能力显著降低，河流含硅量减少，河流对硅总的输送量降低。

对于大气输送，由于大量种植绿化，使土壤被固定，地表层的冲刷能力下降，空气变得清新，大气对硅的输送减少。

这样，河流、大气向海洋的真光层输送硅量在大幅度减少，不断地改变从陆地向海洋输送硅的含量，导致海水中氮、磷过剩，硅缺乏，氮、磷、硅的比例严重失调，硅限制浮游植物的生长进一步加剧。

17.1.3.2　营养盐硅的补充途径

通过近岸的洪水、大气的沙尘暴和海底的沉积物向缺硅的水体输入大量的硅。这样，由陆地、大气、海底三种途径将陆地的硅输入大海中，满足浮游植物的生长（图 17-1）。陆地的输送：在近岸地区和流域盆地，长时间的暴雨形成了洪水，向大海的水体输入大量的硅。大气的输送：在内陆地区，长期的干旱经过大风形成了沙尘暴，向大海的水体输入大量的硅。海底的输送：在海面上，水温的提高形成了风暴潮，通过海底的沉积物，向大海的水体输入大量的硅。大气的二氧化碳溶于大海，浮游植物生长要吸收大量海水中的二氧化碳，并将碳随着浮游植物的沉降带到海底（图 17-1）。

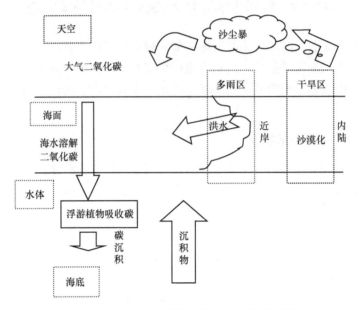

图 17-1　地球生态系统的营养盐硅补充机制

17.1.3.3　营养盐硅的补充机制

地球生态系统为了保持海洋中浮游植物生长的平衡和海洋生态系统的可持续发展以及大气二氧化碳的增长放慢，启动营养盐硅的补充机制。

（1）近岸地区和流域盆地成为多雨区，连续遭受暴雨袭击，其中雨量加大，次数频繁，下雨区域扩大，并导致塌方、落石、山洪、泥石流和山体滑坡，使沿岸向海洋的洪水增大，向海洋输入硅量增加。

（2）使内陆成为干旱区，长期干旱缺雨。由于太阳暴晒，地面温度升高。地表土壤干燥化、颗粒化。由于晴天使地表引起了上升流，将沙尘刮向天空，经过大风形成了遮天蔽日的沙尘暴，使得沙尘暴次数增多，面积扩大，密度增加，能见度降低。在强风的推动下，向海洋的近岸水域和远海中央输送大量的沙尘，也是向海洋输入大量的硅。

（3）在海底有大量的沉积物，在沉积物中硅酸盐浓度比海水中的高几倍到几十倍。由于风暴潮：台风、飓风、热带风暴和寒潮都移向近海和沿岸。其中经过的水域和近岸的面积加大，次数增多，强度加大，旋转速度加快，移动速度放慢。路径曲折，路程加长，使海底的沉积物不断被搅动进入水体，使水体硅酸盐浓度升高。由海底通过沉积物向海洋水体输入大量的硅。

17.1.3.4　硅的补充结果

1992 年，中国西北部的居延海有大片湖泊和沼泽，可是由于长期气候干旱缺雨，到 2002 年已经成为一片沙漠，环境的迅速变化令人吃惊。然而这样的过程和结果，为内陆经过大气向海洋输送硅，铺平了道路。

1966 年 1 月 7～8 日，热带气旋"丹尼斯"在 12h 之内，降雨 1144mm。

1979 年 10 月 12 日，发生在太平洋西北的台风"提普"，估计中心持续风力为 85m/s。

2004 年 9 月 14 日的"海马"风暴在温州登陆，3h 内降雨量 26.7mm，带来了大量暖湿空气，引起强暴雨。

2004 年，中国大部分台风向北、向东，从江苏、浙江、福建的沿岸区域登陆，是 15 年来出现最多的路径较长的台风，这样的台风会增大扫过的水域面积和增多所带的雨量。

2004 年 9 月的飓风"伊万"，已经席卷格林纳达、牙买加、开曼群岛和古巴，持续风速达到 248km/h。

2005 年 8 月 29 日，美国东南部墨西哥湾沿海数州居民遭受特大飓风袭击，时速高达 233km 的"卡特里娜"（Katrina）飓风势如破竹，引发狂风暴雨和洪水泛滥，专家估计将为新奥尔良带来 38cm 的降雨量（邹德浩和钟翔，2005）。

美国麻省理工学院的研究人员在《自然》杂志上报告说，过去 30 年间，热带海洋表面温度上升了 0.5℃。北大西洋飓风的潜在破坏力在该时期几乎翻了一番，而太平洋西北部台风的潜在破坏力增大了 75%（李岩，2005）。

17.1.4　结　　论

随着海洋生态系统硅的严重缺乏，地球生态系统启动了补偿机制。

（1）水流对硅的输送能力加大，在海洋沿岸，形成了多雨气候和季节，降雨次数频繁、时间延长、提高了雨量，形成了沿岸河流向大海输入泥石流和洪水，同时风暴潮也越来越频繁和剧烈。进一步加大了洪水流量，向海洋输送更多的硅量和更高的硅浓度。

（2）大气的输送增加。在内陆，气候干燥、高温，使内陆的植物死亡，土地干裂，加速了土地的沙漠化。并且干燥、高温的上升气流，将地面所形成的沙尘带起，随着风力加大逐步变成猛烈的沙尘暴，尽可能将这些沙尘送向大海的近岸水域，有时送到远离近岸水域。沙尘暴从中国内蒙古的沙漠区带沙尘到黄海、东海，甚至到太平洋中心、太平洋东岸。

（3）近年，台风或飓风发生频率剧增，其强度在不断增加，在近海扫过的面积也在增大，使海底通过沉积物向海洋水体输入大量的硅。同时，在海洋的沿岸，台风或飓风所带的雨量也在增加，使近岸的洪水向海洋水体输入大量的硅。

因此，为了海洋生态系统的持续发展，维护海洋中营养盐氮、磷、硅的比例稳定，保持营养盐的平衡和浮游植物的平衡，人类最好减少氮、磷的输入，提高硅的输入。

17.2 地球生态系统的气温和水温补充机制

全球变暖导致的气候恶化在威胁着人类的生存。气候变暖已经严重影响到人类的生存和全球生态的可持续发展。著名气象专家戴维·格瑞格斯认为，亚洲即将面临气候恶化的严峻挑战，亚洲到 21 世纪末将在降雨方式、热浪和热带风暴等方面面临巨大的变化，亚洲地区将变得更加炎热，内陆区域发生夏季干旱，而台风带来的风险将会更大。全球变暖是由于 CO_2 产生的温室效应，在海洋中浮游植物的固碳在大时空尺度上调节大气和地球气候在全球碳循环和海洋生物地球化学过程中起重要作用。

根据营养盐硅对浮游植物生长的影响过程和浮游植物的生理特征以及集群结构的变化特点以及碳循环过程、硅的生物地球化学过程、地球生态系统的硅补充机制，作者提出了气温和水温的补充机制，表明了人类、生态环境和地球生态系统的相互依赖关系和影响过程以及产生的自然灾害，为人类的生存和全球生态的可持续发展提供了科学依据。

17.2.1 人类对生态环境的影响

17.2.1.1 人类的二氧化碳排放

最近 50 年的气候变暖，主要是人类使用化石燃料排放的大量二氧化碳等温室气体的增温效应造成的。二氧化碳产生的温室效应占所有温室气体总增温效应的 63%，对气候变化影响最大，且在大气中停留的时间可长达 100～200 年。温室气体的历史积累是从发达国家工业革命后开始的，所以二氧化碳的全球总量增高。据最新统计，现在美国人均排放的二氧化碳是中国的 8 倍，印度的 18 倍。由于人类活动的影响，1850～1990 年，100 多年来地球表面平均温度上升了 0.6℃（何强等，1993）。自工业革命以来，二氧化碳浓度由 $270×10^{-6}$ 增加至 1988 年的 $350×10^{-6}$，2003 年又增至 $376×10^{-6}$，粗略计算为二氧化碳在空气中每增加 $1×10^{-6}$，全球地表温度上升 0.01℃（杨鸣等，2005）。

17.2.1.2　二氧化碳对环境的影响

近 100 多年来，由于农业、工业发展和人类对环境保护不够重视，二氧化碳等温室气体不断增加，全球表层气温上升。20 世纪中叶以后，农业、工业发展更为迅猛，气温随着温室气体的增加而迅速上升。大气中的二氧化碳浓度升高，在温室效应的作用下，全球气温和海洋水温升高。气温的上升引起水温上升，气温和水温的上升引起海洋生态和陆地生态的食物链基础的改变，改变了原来植物等生物的生活环境和区域。于是，人类活动改变了海洋生态和陆地生态的持续发展。

英国南极调查项目负责人埃里克·沃尔夫在 2004 年的《自然》杂志上发表文章认为，他们在南极进行的最新一项研究表明，如果人类采取较少措施减少温室气体的排放，地球在今后的 1.5×10^4 年间会变得越来越热。通过对冰层中气泡的研究，75×10^4 年前大气中二氧化碳的含量至少比目前低 30%，而甲烷的含量仅为目前的一半。地球会因大量排放二氧化碳和其他温室气体而进入一个高温期。数据显示，过去的 200 年是 75×10^4 年来气候变暖速度最快的一个时期，也正是工业社会发展最快的时期，这说明人类活动是全球变暖的主要原因。

17.2.1.3　气温和水温的上升

由于人为因素造成的温室气体排放量继续增加，全球气候变暖趋势近期内不会减缓。1990 年政府间气候变化专门委员会第一工作组报告中指出，全球有仪器观测以来的近百年增温为 0.3～0.6℃（Houghton et al.，1990）。王绍武曾分析了近百年我国气温变化特征，指出与全球北半球一样总的趋势是上升（王绍武，1990）。世界气象组织在其发表的全球气候年度报告中指出，2004 年，全球地表平均温度预计要比 1961～1991 年的平均温度高 0.44℃。

根据美国国家航空航天局 2006 年 3 月 2 日公布的一项研究结果，近 3 年来南极冰盖急剧减少。科学家发现南极冰盖在 2002 年 4 月至 2005 年 8 月以平均每年 152km³ 的速度在减少。减少的这部分冰盖估计可以将全球的海平面抬高 1.2mm，大部分消失的冰盖位于南极西部（《参考消息》2006 年 3 月 4 日第七版内容）。

17.2.2　生态环境变化对地球生态系统的影响

17.2.2.1　生态的变化

绝大多数科学家认为温室效应对人类的威胁仅次于全球核大战。它的威胁并不仅仅局限于极地冰川融化和粮食减产等问题。

2004 年的中美联合考察队报告，在过去的 40 年，由于天气变暖，中国的冰川消失了 7%。美国研究人员发现：气温越高，季风向近岸带来的雨量就越大。近100 年来，北欧的湿度增加了 10%～40%；与此同时，南欧却变得更为干燥，干燥程度比原来增加 20%多。

2005 年，英国利兹大学生态学家克利斯·托马斯带领的国际调查小组对 1103种动植物的栖息环境进行了研究，指出到 2050 年 15%～37%的物种将因为气温升高、无法寻找到适宜的栖息地而灭绝。世界自然保护同盟的官员指出，现在物种灭绝的速度比单纯自然状态下的速度要快 1000 倍。物种灭绝不是单纯的自然选择，而是人类活动引起的气候变化，并导致物种的灭绝。

17.2.2.2　海洋生态系统的变化

气温上升使极地和高山的冰雪融化速度加快，海洋的水量增加，海水温度上升，海洋热胀，体积加大。于是，海洋中硅酸盐浓度降低，浮游植物生长受硅限制进一步加剧。这使得海洋中浮游植物生物量在快速下降，海洋吸收二氧化碳量也在降低，加速温室效应，使大气温度进一步上升，水温进一步上升，造成了恶性循环。同时，水温上升，引起浮游植物藻类突然灭绝，尤其寒期性藻类趋于灭绝。暖水性和亚热带藻种随水温上升而不断地由南向北扩展，向北方入侵，改变了原来藻种的生活环境和区域。藻种的生命时间变短，增殖分裂加快，环境变化使得 R 种群变成 r 种群。这导致了食物链相应的变化，食物链的顶端鱼群也随着浮游植物生长和结构的变化而产生相应的变化，海洋生物的生存也面临严重威胁。

水温上升引起浮游植物的水温生态位的改变和浮游植物受硅限制进一步加剧，在水温和营养盐硅的作用下，浮游植物生长的生理和集群结构都发生了改变。由于浮游植物是海洋生态系统的基础，这样，海洋生态系统就会受到破坏。

17.2.3　地球生态系统对生态环境变化的响应

17.2.3.1　气温和水温的补充起因

人类活动在不断增加，工业迅速发展，加大了向大气排放二氧化碳，提高了大气中二氧化碳的含量。在温室效应的作用下，使大气温度升高。由于大气环绕着地球的陆地和海洋，因此，海洋就出现了升温。

在海洋中浮游植物生长旺盛决定了大气中二氧化碳的平衡，消除或放慢了由于人类活动给大气带来的二氧化碳的增长。换句话说，浮游植物生长决定着未来地球的气温或海水水温的升降变化。而浮游植物的生长主要由营养盐氮、磷、硅来控制。

在海洋中，由于人类的污染，氮、磷过剩。同时，由于人类为本身利益考虑，陆源输送被破坏，如河流筑坝、改道、灌溉等原因，输入到海洋的硅急剧减少，严重限制了浮游植物的生长。这样，营养盐硅成为海洋中浮游植物生长的限制因子（杨东方等，2000，2001，2002，2004；Yang et al.，2002，2003a，2003b，2005a，2005b）。那么，为了保持大气碳的动态平衡，减少人类对海洋生态系统、大气生态系统的严重影响，如何给海洋补充硅成为人类面临的生死攸关的问题。

海洋生态系统缺硅会改变海洋食物链的基础，对整个海洋生态系统具有毁灭性打击。同时，会影响地球生态系统，尤其全球变暖，气温上升，海水水温上升，进一步动摇地球生态系统的稳定性和连续性。

对于整个海洋缺硅，人类束手无策、力不从心，显然无法向大海补充足够的硅。而人类活动又进一步加剧了海洋中缺硅。因此，怎样才能给海洋补充大量的硅是人类无法完成的。这时，地球生态系统启动了硅的补充机制，从内陆、近岸和海底 3 种途径向海洋水体输送大量的硅（杨东方等，2006a，2006d，2007b；Yang et al.，2006a）。

浮游植物生长具有双重作用：浮游植物是海洋食物链的基础，海洋食物链是生态系统研究的一个核心内容；浮游植物通过光合作用更多地结合二氧化碳进入有机物质，有效地从大气的接触中，长期地除去二氧化碳，具有浮游植物的降碳作用。因此，浮游植物生长对海洋生态系统和大气生态系统都有举足轻重的作用，有效地遏制人类对环境的影响（Yang et al.，2006a；杨东方等，2007b）。通过营养盐硅对浮游植物生长的影响以及浮游植物生长具有双重作用，作者提出了气温和水温的补充机制。

17.2.3.2　气温和水温的补充机制

地球生态系统为了保持海洋中浮游植物生长的平衡和海洋生态系统的可持续发展以及大气二氧化碳的动态平衡，避免水温的升高引起海洋生态系统的毁灭性打击，消除气温不断升高给整个地球生态系统带来的灾难，开始启动气温和水温的补充机制（Yang et al.，2006a；杨东方等，2007b）。

大量的硅使浮游植物生长旺盛。由于浮游植物生长要吸收大量海水中的二氧化碳，并将碳随着浮游植物的沉降带到海底。这样，海水中的二氧化碳下降，大气中的二氧化碳溶于大海进行补充，使得大气中的二氧化碳也下降。于是，气温下降，这又导致了水温下降，使地球生态恢复健康平衡（图 17-2）。

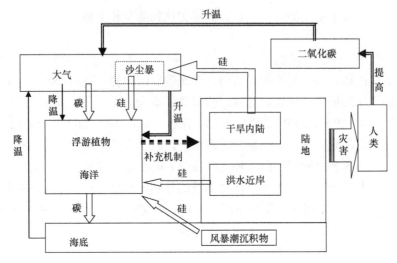

图 17-2　地球生态系统的气温和水温补充机制

由于地球系统采用 3 种途径向海洋中输入大量的硅，使浮游植物生长旺盛，吸收了海洋中的碳，并随着浮游植物沉降碳被带到海底。由于海洋吸收大气中的二氧化碳，这使得大气中二氧化碳减少，温室效应作用下降，大气的气温下降。这样，使得水温的温度也在下降，恢复到原来的平衡位置。

17.2.3.3　气温和水温的补充框图模型

作者提出了地球生态系统的气温和水温补充框图模型（图 17-2），并对气温和水温补充框图模型过程中运行的每一步骤进行详细说明。

（1）人类活动在不断增加，工业、农业迅速发展，加大了向大气排放二氧化碳，提高了大气中二氧化碳的含量。

（2）在大气中，人类所排放的大量二氧化碳等温室气体在增加。在温室效应的作用下，使大气的温度升高。而且，温室气体在大气里会滞留一个世纪之久，这样会使大气温度长期的持续升高。

（3）由于大气环绕着地球的陆地和海洋，又海洋占全球面积的 70.8%，因此，海洋就出现了升温。而且，海洋水温会长期地持续升高。

（4）全球变暖，气温上升，海水水温上升，就会影响地球生态系统。并且，进一步动摇了地球生态系统的稳定性和连续性。那么，如何使气温和水温下降，恢复到原来的动态平衡位置，地球生态系统启动了气温和水温的补充机制。这就要使大气中二氧化碳增长放缓，保持大气中二氧化碳平衡。

（5）海洋是大气中二氧化碳的最大吸附器。由于二氧化碳能够溶解在海水中，大气中的大量碳进入海水。

（6）浮游植物吸收溶解在海水中的碳，沉降到海底，并储存。这样，在海水中有大量的浮游植物，使海水中的碳源源不断地转移到海底。完成了碳从大气经过海洋到海底的储存过程。在这个过程中浮游植物起到泵一样的作用，将碳从大气源源不断地转移到海底。

（7）在海洋中，由于人类的污染，氮、磷过剩。而由于陆源被破坏，如河流筑坝、改道、灌溉等为人类本身利益考虑，输入到海洋的硅急剧减小，严重限制了浮游植物的生长。这样，营养盐硅成为海洋中浮游植物生长的限制因子。那么，如何给海洋补充硅使浮游植物生长迅速、旺盛，地球生态系统启动了硅的补充机制。

（8）地球生态系统对海洋硅的补充采用了 3 种途径，从内陆、近岸和海底向海洋水体输送大量的硅。这样，由陆地、大气、海底 3 种途径将陆地的硅输入大海中，满足浮游植物的生长。

（9）大气的输送：在内陆地区，长期的干旱经过大风形成了沙尘暴，向大海的水体输入大量的硅。陆地的输送：在近岸地区和流域盆地，长时间的暴雨形成了洪水，向大海的水体输入大量的硅。海底的输送：在海面上，水温的提高形成了风暴潮，通过海底的沉积物，向大海的水体输入大量的硅。

（10）大气中的二氧化碳溶于大海，浮游植物生长要吸收大量海水中的碳，并随着浮游植物的沉降将碳带到海底。

（11）由于浮游植物的作用，使得大气中温室效应减弱，气温开始降低，也使得海水温度下降。

（12）地球生态系统使大气气温和海洋水温下降，恢复到原来动态平衡的位置。在这个过程中，同时也给人类带来了灾难，如洪水、沙尘暴、风暴潮。

17.2.3.4 气温和水温的补充现象

当大气二氧化碳增加时，温室效应显著，大气温度升高，这时大气对海水产生巨大影响，使海水增温，为了使水温下降，地球生态系统启动了气温和水温的补充机制：大气中的大量碳进入海水，浮游植物生长要吸收大量海水中的碳，随着浮游植物生长旺盛，海水中碳不断地减少，大气中的碳不停地进行补充。这样，大气中的碳在减少，气温和海水温度开始下降。

浮游植物起到生物泵的作用，为了使浮游植物生长迅速、旺盛，地球生态系统启动了营养盐硅的补充机制：①沿岸地区有多雨季节，发生大量降水，产生严重的洪涝灾害，同时，产生塌方、滑坡、泥石流等，通过水流向近岸提供大量的硅；②在一些地区，有长期的干旱天气，产生大量的沙尘，发生严重的沙尘暴和龙卷风等，通过大气环流向远离近岸的海洋中心提供大量的硅；③风暴潮。使得浮游植物大量繁殖，生长旺盛，吸收了海洋中大量的碳。海洋中大量碳的损耗，引起了海水中碳的减少，为了保持海水中碳的平衡，二氧化碳在海水中溶解增强。这样，大气中的二氧化碳降低，导致气温和水温下降。

在赤道水域水温上升 0.5℃，就产生了"厄尔尼诺"现象。"厄尔尼诺"现象是指 2～7 年在中太平洋到东太平洋会产生一个增温，即比正常海温高 0.5℃并且持续 6 个月以上，特指发生在赤道太平洋东部和中部的海水大范围持续异常偏暖现象。例如，1997～1998 年的"厄尔尼诺"事件，就是 20 世纪中最强的一次。"厄尔尼诺"一旦发生就会给南美太平洋沿岸带来很大的洪涝，在太平洋西岸就会发生很大的干旱。每次"厄尔尼诺"现象发生，太平洋中东部国家和地区容易发生强烈的降水，产生严重的洪涝灾害；太平洋西部的国家和地区容易产生旷日持久的干旱天气，容易引发森林大火等自然灾害。

气候变暖已使我国多年出现"南涝北旱"的情况。温室效应会导致暴雨增加，而有时候又会造成降雨量减少，发生干旱。例如，中国南方部分地区，可能会有更多的暴雨和洪涝发生，同时有研究表明，影响和登陆中国的台风数量也将增多。

17.2.4　结　　论

作者提出的气温和水温的补充机制表明，人类是引起环境变化的起源以及其变化后的结果又作用于人类，即人类排放二氧化碳引起气温和水温的上升，地球生态系统又借助其补充机制使得气温和水温下降恢复到正常的动态平衡。因此，为了气温和水温的下降或缓慢地增加，作者认为必须采取以下主要措施：①禁止或减少向大气大量排放二氧化碳；②当大气二氧化碳增多时，疏通河道增大流量、加强流速，向海洋输送大量的硅，通过浮游植物生长减少大气中的二氧化碳含量；③当人类又不断地排放二氧化碳，又阻断或减少河流的输送时，那么只有洪水、沙尘暴和风暴潮 3 种方式向大海水体输送硅。对人类来说这 3 种方式都是灾害，但是这些灾害与全球气温和水温上升所带来的灾害相比是微不足道的。通过作者提出的气温和水温的补充机制的研究结果，各国有责任为人类的生存和地球生态系统的可持续发展做出自己的奉献，减少向大气排放二氧化碳，同时，增加河流对硅的输送。这样，既避免了全球性的灾难，又避免了局部的灾难洪水、沙尘暴和风暴潮。

17.3　地球生态系统的碳补充机制

人类向大气排放二氧化碳，引起了地球的气温上升，继而海洋的水温也在上升。二氧化碳的浓度升高，气温和水温升高等，引起地球上一系列自然灾害的发生，如干旱、沙漠化、沙尘暴、暴雨、洪水、泥石流、山体滑坡、风暴潮和赤潮。这些自然灾害发生的频率加快，强度加大。那么，这些自然灾害发生的起因和作用是什么？其之间有何关联？这是人类面临的严重问题，也是本节要解决的问题。

在海洋中，浮游植物生长具有双重作用（杨东方等，2007a）：①浮游植物是海洋食物链的基础，海洋食物链是生态系统的核心；②浮游植物通过光合作用更多地结合二氧化碳进入有机物质，有效地从与大气的接触中，长期地除去大气中的二氧化碳。因此，浮游植物生长对海洋生态系统和大气生态系统都有举足轻重的作用，有效地遏制人类对环境的影响。

在海洋生态系统中，剖析全球浮游植物生长特征和其集群结构，阐明光照、水温和营养盐对浮游植物生长影响的机制和过程，通过海洋中硅藻的特性和迁移过程，阐述了碳的沉积过程。研究发现，无论是硅的补充，还是硅的阻断，地球生态系统都要将碳从大气迁移到海底，以便气温和水温保持动态平衡。这样，通过地球生态系统的碳补充机制，了解地球上这些自然灾害发生的起因。借助地球生态系统的碳补充机制，减少人类活动向大气排放二氧化碳。

17.3.1　碳　沉　降

17.3.1.1　碳的大气源和海洋汇

随着全球气候变暖的趋势不断加强，温室效应的影响进一步扩大，在全球最为关注的温室气体中，二氧化碳的增温效应最大，占到 70%。政府间气候变化专门委员会（IPCC）发布的第三次评估报告称（Houghton et al.，2001）：在过去的 42×10^4 年中，大气二氧化碳浓度从未超过目前的大气二氧化碳浓度，估计到 21 世纪中叶，大气中二氧化碳将比工业革命前增加 1 倍，而工业革命以来的全球气温已增加了约 0.6℃。

碳循环是碳元素在地球各圈层的流动过程，是一个"二氧化碳—有机碳—碳酸盐"系统（袁道先，1998），以二氧化碳为中心，在大气圈、陆地圈和海洋中进行。在工业革命前，全球碳循环在短时间尺度上处于相对动态平衡的状态，但是工业革命后，人为碳的大量释放破坏了这种平衡，使大气中二氧化碳的浓度不断上升，引发了全球气候的变化。海洋被看作是大气二氧化碳最大的汇。而且海洋有一定碳储存的能力，其中碳的储存形式有三种，包括可溶性无机碳（二氧化碳、HCO_3^- 和 CO_3^{2-}）、可溶性有机碳（各种大小不一的有机分子）和有机分子碳（存在于活的生物体或死亡动植物的碎片中）（郑淑颖和管东生，2001）。生物圈中循环的碳有 95%存在于海洋，海洋是地球系统中最大的碳库，它不仅是大气二氧化碳的主要汇，还可以通过河流汇集等形式吸收大量的人为碳，从而缓解气候变化。所以，碳的大气源和海洋汇对生态环境及人类生存都有重大的意义。

17.3.1.2 浮游植物产生碳沉降

二氧化碳被海水吸收时，在二氧化碳进入海水-大气界面后，立即水化，按照 Henry 定律和 Fick 定律进行扩散，在海水表层，浮游植物进行光合作用，使海水中溶解的无机碳转变为有机碳，这部分有机碳通过直接沉降或经食物链转化后再沉降到海底形成沉积物，由海水表面到达深海，从而改变了海水-大气界面二氧化碳通量和海水中有机碳的垂直通量。海洋生物泵的净效应是减少海洋表层水的含碳量，从而使海洋从大气中吸收更多的二氧化碳（李绚丽和谈哲敏，2000）。

通过三维全球海洋碳循环模式，认为在浮游植物的作用下，海洋吸收大气中二氧化碳的 42%（邢如楠，2000）。由美国能源部资助（DOE）、美国能源部联合基因组研究所（JGI）主持的硅藻 DNA 测序计划揭开了硅藻的一种假矮海链藻（*Thalassiosira pseudonana*）可以吸收大量的二氧化碳，其总量相当于地球上所有的热带雨林吸收的量。由此可见，浮游植物的作用是全球碳循环的主要途径，它使海洋碳的储量大大增加。

浮游生物死后形成沉降颗粒物，在重力的作用下向海洋深部转移。由于海洋深水的密度大于表层海水，因此除了在有上升流的海区（如东赤道太平洋）之外，进入海洋深水的碳不再参与表层水中的交换（郑淑颖和管东生，2001）。

海洋沉积物处于水圈、生物圈和岩石圈的交汇地带，是有机质沉积和埋藏保存的重要环节，并在全球碳循环过程中扮演着重要的角色（卢龙飞等，2006）。沉积物中的有机碳含量受两个因素的控制：①表层海水中的生物生产力；②海洋底部水团中的溶解氧含量及氧化还原状态（郑淑颖和管东生，2001）。当海洋生物的生产力提高时，通过食物链及残体沉降等因素到达沉积物的碳通量也会相应地增加，因此也造成深层水中溶解氧的大量消耗，深层水处于亚氧化状态，局部地区甚至处于缺氧状态，从而进一步有利于沉积物中的有机碳保存（Yang et al.，1995）。碳从大气输入海洋，经溶解—沉淀—生物作用—动力运移使碳发生系列反应，海水中的无机碳经过光合作用、造礁作用等生命过程转化为有机碳和无机碳颗粒（如动物、植物的遗体和骨骼），这些颗粒经过一系列生物地球化学过程沉积到海底。例如，东侧黑潮持续的涌升及长江、黄河的径流输入为东海陆架带来充分的营养盐，通过最近十几年来调查的结果认为，东海是大气二氧化碳的净汇区（胡敦欣，1996；张远辉等，1997）。

浮游植物对海洋吸收大气二氧化碳的能力产生巨大的影响。对浮游植物生长的变化过程，光照、温度、营养盐对浮游植物生长的影响顺序（杨东方等，2007a），以及营养盐硅、氮、磷和元素铁对浮游植物生长的影响（杨东方和谭雪静，1999；杨东方等，2000），都做了细致、综合的研究分析。例如，杨东方等通过建立初级生产力-硅酸盐-水温模型研究显示，硅是我国胶州湾初级生产力的限制因子（Yang et al.，2002，2003a，2003b，2005a，2005b，2006a，2006b）。

17.3.2　浮游植物与环境因子

17.3.2.1　浮游植物的组成和特征

浮游植物主要由硅藻组成以及硅藻生理特征所决定。硅藻是海洋浮游植物的主要成分，是具有硅细胞壁的单细胞藻类，有 1000 余种。其中最大藻种的形状是平的圆盘、扁的圆柱体或者细长的棒状体，这些大型的硅藻种的直径或长度能够达到 2～5mm（Smetacek，2000）。而小型的硅藻具有小的细胞和长的链，它们的直径或长度能够达到 5～50μm。海洋中的硅藻是浮游植物的优势种。

对于全球的硅循环（De Master，1981；Van Bennekom et al.，1988；Treguer and Van Bennekom，1991；Treguer et al.，1995；Nelson et al.，1995），硅化的浮游植物对世界海洋的初级生产力有着极为重要的贡献。Nelson 等 1995 年的估计显示，整个初级生产力的 40%多都归因于硅藻。在海洋的浮游植物水华中硅藻占优势（Smetacek，1999）。大型硅藻在任何系统的春季水华的形成中都起着关键作用（Chisolm，1992）。在全球尺度，硅藻维持海洋初级生产力的 40%，其中 50%输送到深海（Nelson et al.，1995；Treguer et al.，1995）。

通过中国海湾的生态了解近海的浮游植物的组成（杨东方和高振会，2006），发现浮游植物种群结构以硅藻和甲藻两大类为主，硅藻在种类上占绝对优势。在胶州湾海域浮游植物种群以硅藻为优势种，在种类和数量上远远超过甲藻（李艳等，2005）。莱州湾硅藻门的种类和数量最多（李广楼等，2006）。柘林湾（杜虹等，2003）共鉴定浮游植物 183 种（含变种、变型），其中硅藻门 51 属 173 种，占总种数的 77.8%。北部湾的硅藻是浮游植物的主体，占总生物量的 97.49%（高东阳等，2001）。后屿湾红树林区水体共鉴定到浮游植物 32 属 77 种（包括变种），其中硅藻门 29 属 74 种（陈长平等，2005）。2004 年 8 月三沙湾浮游植物中有硅藻类 85 种，占 90.4%，2005 年 8 月浮游植物共出现 83 种，其中硅藻类 72 种，占 86.7%（王兴春，2006）。

对全球海域浮游植物的结构进行分析，发现（杨东方等，2008）硅藻在浮游植物中占 80%～99%，甲藻在浮游植物中占 20%～1%，其他藻类仅仅占 5%～1%，因此，浮游植物种群结构以硅藻和甲藻两大类为主，而硅藻是浮游植物的主体。通过硅藻和甲藻的生理和生态行为机制以适应不同水环境的综合研究（杨东方等，

2008），发现硅藻的生理特征在很大程度上优越于甲藻等其他非硅藻，这样，在营养盐供给充足的条件下，硅藻理所应当成为浮游植物的优势种。

17.3.2.2　影响浮游植物生长的环境因子

在 N、P 营养盐丰富的情况下，硅限制硅藻生长，改变硅藻结构。探讨影响浮游植物生长的光照、水温、营养盐环境因子和营养盐 N、P、Si 的生物地球过程，根据光照、水温、营养盐对浮游植物生长影响的研究结果（杨东方等，2007a），考虑影响浮游植物生长、生存和生产力的一系列物理和化学因子时，则决定性的重要因子是光照、水温、营养盐。由于浮游植物的光合作用具有光反应和暗反应，无论有无光照的情况下，都有初级生产力的产生，相应的光照限制浮游植物生长就不如水温和营养盐那么重要。在海洋环境中，水温变化幅度就相当窄，这个变化范围对海洋生物而言从来都未达到致死的极限，再加上水的固有物理特性的变化总是缓慢的，这样，与营养盐相比，水温对海洋初级生产力的影响就不是那么重要。因此，在影响浮游植物生长的光照、水温、营养盐因子中，依次重要限定因子的顺序为光照、水温、营养盐。在研究水域浮游植物的生长时，先研究营养盐对浮游植物生长的限制。当营养盐满足浮游植物生长时，再研究水温对浮游植物生长的限制。最后，当水温、营养盐都满足浮游植物生长时，再考虑光照对浮游植物生长的限制。而且营养盐、水温、光照影响的生物量也依次逐渐变小。这样，清楚地理解光照、水温和营养盐对浮游植物生长影响的顺序和大小（杨东方等，2007a）。

营养盐 N、P、Si（杨东方等，2003），Si 的生物地球过程（Yang et al.，2003b），N、P 再循环过程，Si 的亏损过程（Yang et al.，2002）以及海洋初级生产力变化过程研究结果展示，在初级生产力的时间和空间的变化过程中，营养盐硅和水温控制初级生产力的不同时间阶段，尤其用增殖能力展示了水温对浮游植物生长的控制时间阶段；营养盐硅控制初级生产力的不同空间区域，从而确定了营养盐硅和水温控制初级生产力的变化过程。从陆地到海洋界面的硅输送量决定了初级生产力的时间变化过程；硅的生物地球化学过程决定了初级生产力的空间变化过程。由此可知，营养盐硅和水温是浮游植物生长的发动机（杨东方等，2006a）。

海洋初级生产力变化的机制、浮游植物生长的变化和其集群结构的改变，主要受营养盐硅和水温的影响。营养盐硅是主要控制因子，水温是次要控制因子。营养盐硅和水温控制浮游植物生长的变化和其集群结构的改变的不同时间阶段和不同空间区域。由于输送向海的硅量在周期变化下趋于减少，在海洋中营养盐硅量在下降；由于温室效应，在海洋中水温在上升。营养盐硅的缺乏和水温的上升就会引起海洋生态系统食物链基础的改变，进而引起海洋生态系统的正常运行改变（杨东方等，2006d）。

海洋初级生产力变化过程和机制，发现营养盐 Si 决定浮游植物生长的生理特征和其集群结构的改变过程，揭示了硅藻与甲藻相互交替的变化过程。

海水中可溶性无机硅是海洋浮游植物所必需的营养盐之一，尤其是对硅藻类浮游植物，硅更是构成机体不可缺少的组分。在海洋浮游植物中硅藻占很大部分，硅藻繁殖时摄取硅使海水中硅的含量下降（Armstrong and Butler, 1968；Spencer，1975）。相对于硅藻的吸收率，溶解硅是低供给，这能够限制硅藻的生物量或生长率的增长，也可以导致硅藻生物量的下降。这是由于缺硅的种群的高沉降率（Bienfang et al.，1982）。

大型的硅藻（2～5mm）遍布海洋，在海底的沉积物中尤其显著。Kemp 等（2000）指出了大型硅藻对颗粒雨做出了巨大的贡献，这些颗粒雨离开了海洋表层沉降，在海洋的生物地球化学过程中，起着重要的作用。这些大尺寸、生长迅速的浮游植物的自养生物（Farnas，1990）是沉淀颗粒物质的主要生产者（Michaels and Sielver，1988）。大型硅藻是向深海的输送者（Smetacek，2000）。

小型的硅藻（5～50μm）沿着海洋边缘或者横跨北大西洋形成稠密的水华，它们经常发生在春季。在冬季，深海混合把新的营养盐带到表层或者在新的上升流带着丰富的营养盐。如果这些小的硅藻有高的生长率，它们迅速地聚集生物量在浅的营养丰富的表层。当营养盐耗尽时，它们趋向于聚集成絮状物，然后迅速沉降（Smetacek，1999）。

硅藻死亡以后，细胞内含物分解腐败，但硅藻壳仍保留着，它们下沉到湖底或海底，堆积成硅藻黏土。在从前的地壳历史期中，沉淀有巨大的硅藻黏土层，其中有机物完全矿化，即今天人们发现的硅质沉积层（称为"Diatomate"），它们或者是以柔软的含沙的硅藻土（Kieselgur，Kieselerde）出现，或是以坚硬的片岩出现，根据其出现的种类，可以判定它是海产硅藻或者是淡水硅藻所产生的。硅藻土发亮，白色，轻、脆，疏松或容易碎裂。由淡水硅藻所沉积的硅藻土层可达好几米厚，而海产硅藻的沉积层，如在加利福尼亚的圣玛利亚石油田其深度达几百米（福迪，1980）。

在硅藻春季繁殖的高潮以后，由于水层趋向稳定以及养料消耗而转入低潮时，甲藻（特别是角藻这一属）的产量大增，取代硅藻的地位；但其数量却不及硅藻多。这类甲藻，由于它们所需的养料较少，而且生产率亦较慢——在夏季，甲藻每天的增加量仅为 30%～50%，而硅藻中的刺角藻，则每天能增加 360%。这样，甲藻仍能在养料较低的海水中繁殖，直到养料几乎完全被用光为止，这种藻类，甚至可以将海水中所含的最后一滴养料都用光（斯菲德鲁普等，1959）。因此，硅藻消失后留下的空间，由甲藻填充（杨东方和高振会，2007）。甲藻会迅速生长和旺盛繁殖，会利用每一点营养盐氮、磷，容易形成甲藻等非硅藻赤潮。当硅突然提供时，又会有硅藻赤潮，如胶州湾（杨东方等，2002，2007a；杨东方和高振会，2007）。

目前，在人类活动的影响下，大海中营养盐氮、磷在迅速增长，水域呈现富营养化，浮游植物受到营养盐硅的限制。在海洋中大部分水域，氮、磷丰富，在近岸水域，水体富营养化。氮、磷与硅的浮游植物吸收比例相比，高出许多量级，远远超过藻类的阈值。这样，硅的补充造成浮游植物生长旺盛，硅的缺乏造成浮游植物大量沉降。于是，硅的变化决定海洋中碳的沉降变化。

17.3.3　碳补充机制

17.3.3.1　碳的补充起因

工业迅速发展，加大了向大气排放二氧化碳，提高了大气中二氧化碳的含量。在温室效应的作用下，大气温度升高。由于大气环绕着地球的陆地和海洋，海洋占全球面积的70%，因此，海洋就出现了升温。

由于浮游植物生长要吸收大量海水中的二氧化碳，随着浮游植物的沉降将碳带到海底。这样，海水中的二氧化碳下降，大气中的二氧化碳溶于大海进行补充，使得大气中的二氧化碳也下降。于是，气温下降，这又导致了水温下降，使地球生态恢复健康平衡（杨东方等，2007b）。在海洋中浮游植物生长旺盛决定了大气中二氧化碳的平衡，消除或放慢了由于人类活动给大气带来的二氧化碳的增长。换句话说，浮游植物的生长决定着未来地球的气温或海水水温的升降变化。而浮游植物的生长主要由营养盐氮、磷、硅来控制。

在海洋中，由于人类的污染，氮、磷过剩。同时，由于人类从本身利益考虑，陆源输送被破坏，如河流筑坝、改道、灌溉等原因，输入到海洋的硅急剧减少，严重限制了浮游植物的生长。这样，营养盐硅成为海洋中浮游植物生长的限制因子。当缺硅时，海洋浮游植物减少，碳沉降在减少，碳沉降率在降低。那么，为了保持大气碳的动态平衡，如何向海底补充碳的沉降，如何使硅藻迅速生长和旺盛繁殖，于是，作者提出了地球生态系统启动碳补充机制。

17.3.3.2　碳的补充机制

地球生态系统的碳补充机制（杨东方等，2009）：借助浮游植物的迅速生长和旺盛繁殖，将大量碳从大气迁移到海底，来消除大气碳的增多，导致大气温度和水温下降，恢复到动态平衡状态。这样，地球生态系统提高了碳的沉降率，碳向海底的沉降量增加，保持了大气碳的动态平衡，避免水温和气温的提高给整个地球生态系统带来的灾难。

当硅限制硅藻时，大气碳无法大量沉降，就启动了地球生态系统的碳补充机制。启动地球生态系统的碳补充机制，分为两种情况：当海洋硅限制时，硅补充；当海洋硅限制时，硅阻断。

1）硅补充

当硅限制硅藻时，需要硅的补充，启动硅的补充机制。通过近岸的洪水、大气的沙尘暴和海底的沉积物向缺硅的水体输入大量的硅。这样，由陆地、大气、海底 3 种途径将陆地的硅输入大海中，满足浮游植物的生长（图 17-1）（杨东方等，2006c）。陆地的输送：在近岸地区和流域盆地，长时间的暴雨形成了洪水，向大海的水体输入大量的硅。大气的输送：在内陆地区，长期的干旱经过大风形成了沙尘暴，向大海的水体输入大量的硅。海底的输送：在海面上，水温的提高形成了风暴潮，通过海底的沉积物，向大海的水体输入大量的硅。启动气温和水温的补充机制（杨东方等，2007b），大气的二氧化碳溶于大海，浮游植物生长要吸收大量海水中的二氧化碳，并随着浮游植物的沉降将碳带到海底，气温和水温恢复动态平衡（图 17-2）。这样，地球生态系统向海洋输送大量的硅，使浮游植物生长旺盛，甚至产生硅藻赤潮，将大量碳沉降到海底（图 17-3），于是造成气温和水温下降。

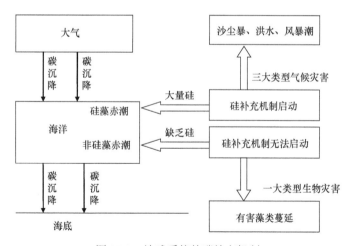

图 17-3 地球系统的碳补充机制

2）硅阻断

当硅限制硅藻时，需要硅的补充。可是，出现硅阻断，无法启动地球生态系统硅补充机制与气温和水温补充机制。然而，在地球生态系统中，由于水库、水坝及河流改道削弱了流域盆地和近岸的洪水排泄；在沙漠治理加强，同时风暴潮由于人类以及其他因素的干扰而无法形成，沙漠化、洪涝和风暴潮无法产生，或者产生的概率很低。这样，硅向海洋水体的输送被阻断或减少，无法启动硅补充机制、气温和水温补充机制。可是地球的气温和水温又要恢复正常的动态平衡，大气碳也要恢复正常的动态平衡。这样，地球生态系统的碳补充机制使得海洋生态系统中浮游植物藻类的非硅藻产生赤潮，强行使海洋中的碳沉降到海底。于是使气温下降、水温下降（图17-3）。

地球生态系统为了保持海洋中浮游植物生存空间和大气中二氧化碳的动态平衡，避免气温和水温给整个地球生态系统带来毁灭性灾难，启动了碳补充机制。在硅充足时，海洋水体空间中填充了大量的硅藻，在硅缺乏时，海洋水体空间中填充了大量的非硅藻，如甲藻。这样，地球生态系统保持了足够的浮游植物将大气中的碳带到海底。当大气碳浓度增长加快时，海洋浮游植物生长也在加快，出现了硅藻和非硅藻赤潮。而且随着大气碳的快速增长，赤潮的面积和频率也在显著上升，使得大气中的二氧化碳保持动态平衡。于是，水温和气温也恢复动态平衡，使地球生态系统恢复可持续发展。

17.3.3.3　碳的补充框图

作者提出了地球生态系统的碳补充框图模型（图17-3），并对碳补充框图模型的运行过程进行详细说明。①人类活动不断增强，水域营养盐氮、磷逐年增长，在海洋中，由于人类的污染，氮、磷过剩。而由于陆源被破坏，如河流筑坝、改道、灌溉等为人类本身利益考虑，输入到海洋的硅急剧减少，严重限制浮游植物生长。这样，营养盐硅成为海洋中浮游植物生长的限制因子。那么，如何给海洋补充硅使浮游植物生长迅速、旺盛，地球生态系统启动了硅的补充机制。②地球生态系统对海洋硅的补充采用了3种途径，从内陆、近岸和海底向海洋水体输送大量的硅。这样，由陆地、大气、海底的3种途径将陆地的硅输入大海中，满足浮游植物的生长。引起洪水、沙尘暴、风暴潮，形成了3大类型的气候灾害。③在长时间极度缺乏硅的水域，硅藻得到了硅后大量繁殖，产生了硅藻赤潮。④海洋是大气中二氧化碳的最大吸附器。由于二氧化碳能够溶解在海水中，大气中的大量碳进入海水。⑤浮游植物吸收溶解在海水中的碳，沉降到海底，并储存。这样，在海水中有大量的浮游植物，使海水中的碳源源不断地转移到海底，完成了碳从大气经过海洋到海底的储存过程。在这个过程中浮游植物起到泵一样的作用，将碳从大气源源不断地转移到海底。⑥在人类活动和一些自然因素的干扰下，地球生态系统无法启动硅补充机制、气温和水温补充机制，这样硅就无法输送到需要硅的水域。⑦在硅缺乏的条件下，营养盐氮、磷过剩，水域富营养化，非硅藻，如甲藻大量繁殖产生了非硅藻赤潮。⑧非硅藻，如甲藻改变了生态食物链的基础，形成了有害藻类的蔓延，成为一大类型的生物灾害。⑨海洋是大气中二氧化碳的最大吸附器。由于二氧化碳能够溶解在海水中，大气中的大量碳进入海水。⑩浮游植物吸收溶解在海水中的碳，沉降到海底，并储存。这样，在海水中有大量的浮游植物，使海水中的碳源源不断地转移到海底，完成了碳从大气经过海洋到海底的储存过程。在这个过程中浮游植物起泵一样的作用，将碳从大气源源不断地转移到海底。

17.3.4　赤潮的作用

17.3.4.1　赤潮的重要性

浮游植物，像陆地的小草，有充足的营养盐和适宜的水温，就会迅速生长，繁殖旺盛，没过多久，就铺满了广阔的水面。海洋是大气中二氧化碳的最大吸附器。由于二氧化碳能够溶解在海水中，大气中的大量碳进入海水。浮游植物吸收溶解在海水中的碳，沉降到海底，并储存。这样，在海水中有大量的浮游植物，使海水中的碳源源不断地转移到海底，完成了碳从大气经过海洋到海底的储存过程。在这个过程中浮游植物起到泵一样的作用，将碳从大气源源不断地转移到海底。因此，近年来，在全球范围内，浮游植物藻类引起暴发性增殖产生水华，并且引起水体变色的赤潮不断发生，其频度和强度在不断扩大，地理分布、面积都在增加。

在我国，20 世纪 80 年代前很少发生赤潮。据记载（孙冷和黄朝迎，1999），1933～1979 年 46 年间我国仅发生赤潮 29 次，至 80 年代，1980～1989 年发生 11 次。到 1990 年，仅一年内即发生 34 次赤潮，以后一直呈逐年增加，1991～1999 年 9 年间竟发生赤潮 236 次之多（孙冷和黄朝迎，1999），其中我国东海海区的赤潮发生日趋频繁。90 年代前，东海海区每年发生赤潮 20 起左右。近年来，年均发生 40 起左右。2003 年，东海海区赤潮发生了 70 多起，创下了历史新高。2004 年，东海海区发生赤潮 53 起，总面积近 4000km^2。所以，地球生态系统通过赤潮将大气中的大量碳沉降到海底，以消除人类不断对大气的碳排放，恢复大气温度和水温到动态平衡状态。

17.3.4.2　赤潮灾难性

东南沿海每年赤潮造成的直接经济损失均超过亿元。频繁发生的赤潮严重破坏了渔业资源和海水养殖业，赤潮毒素也严重威胁着人类的生命安全。在赤潮灾害中，鱼类的大量死亡带来的危害和损失占相当大的比重（华泽爱，1994）。在我国，1998 年春季南海的一次特大赤潮造成了大规模的养殖鱼死亡，直接经济损失超过 3 亿元。在这类赤潮灾害中不仅渔业资源和海水养殖业遭受了极大的破坏，海洋生物的种群结构乃至整个海洋生态系统也受到了影响，毒素在鱼类体内的累积威胁着食用者的生命安全。

根据危害情况，赤潮大致可以分为无毒赤潮和有毒赤潮。

无毒赤潮一般是无害的，不会引起海水养殖的大问题。有些赤潮生物，如凸角角毛藻能向体外分泌黏液或者在死亡分解后产生黏液。在鱼类等海洋动物的滤食或呼吸过程中，这些带黏液的赤潮生物可以附着在海洋动物的鳃上，妨碍它们的呼吸，使之窒息死亡。由于大量赤潮生物死亡后，在分解过程中不断消耗水体中的溶解氧，使水体溶解氧含量急剧下降，引起鱼、虾、贝类等因缺氧大量死亡。另外，由于赤潮生物一般密集于表层几十厘米以内，使阳光难以透过表层，水下其他生物因得不到充足的阳光而难以生存和繁殖。在赤潮持续时间长、密度高时经常发生底层海洋生物死亡（梁松，1997）。

有的赤潮通过食物链，造成人类肠胃消化系统或神经系统中毒。某些裸甲藻，如短裸甲藻可产生危害严重的神经性毒素，威胁人类健康；有的赤潮生物能分泌有害物质（如氨、硫化氢等），危害水体生态环境并使其生物中毒。例如，夜光藻在正常情况下可调节其体内多量的氨，大量繁殖时会造成水体氨浓度剧增，使生物中毒。还有些赤潮生物虽然含有毒素，但其毒素对贝类、鱼类无害或者不足以毒死贝类、鱼类，而是积累在它们体内。如果人们食用了这些有毒素的贝类、鱼类，毒素随食物链传递，就会导致人体中毒或死亡。在世界沿海地区每年都发生因误食含有赤潮毒素的贝类或鱼类而引起的人体中毒和人员死亡事件。例如，1986年 12 月，福建省东山县磁窑村发生了一起因采食菲律宾蛤仔而引起的集体中毒事件，所有吃过蛤仔的人无一幸免，中毒人数达 136 人，死亡 1 人（王初升，1987）。

已知我国沿岸海域中能引起赤潮的生物有 260 余种，其中能产生赤潮毒素的就有 78 种（孙冷和黄朝迎，1999）。

无毒赤潮和有毒赤潮，造成海洋环境一次污染。由于赤潮面积广、密度大、有害毒素强，使得赤潮所覆盖的水域的其他生物缺氧、中毒，造成整个水域的其他生物的全部死亡和消失，产生了海洋环境的二次污染。

联合国环境规划署（UNEP）一份报告说，自 1960 年以来，全世界近海水域中缺氧的死亡区域数在过去 10 年间翻了一番，达到将近 150 处，这将是对海洋生态系统的最大威胁。大量营养物质排入海中，使藻类疯长，死亡后消耗氧气。UNEP的报告说缺氧区域已增加到约 70 000km^2，海洋生物学家 Bob Diaz 说，当水中的溶解氧低于 2ml/L 时，成年鱼会窒息，孵卵生境会遭到破坏。UNEP 报告预测到，大气中二氧化碳浓度增加到 1 倍，会使进入墨西哥湾的密西西比河水增加 20%，使藻类增加 50%，氧减少 30%～60%，使墨西哥湾死亡区域扩大。

由此可见，赤潮虽然对海洋生态系统带来了危害，但是，对于全球来说，赤潮在降低大气的碳量方面有着重要的作用。而且，赤潮是局部的、短期的灾难，而气温和水温的升高却是全球的、长期的灾难。因此，在地球生态系统的碳补充机制下，赤潮的存在对人类具有重要的意义。

17.3.5 结　论

随着人类活动的加剧，大气中的二氧化碳增加，气温呈上升趋势，水温呈上升趋势；在海洋中氮、磷升高，硅降低。地球生态系统为了保持海洋中浮游植物生长的平衡和海洋生态系统的可持续发展以及大气二氧化碳的增长放慢，开始启动碳补充机制使大气碳迅速迁移沉降到海底。那么，这就分为两种情况。①地球生态系统启动硅补充机制，硅使浮游植物生长迅速、旺盛，形成硅藻为优势种，易产生硅藻赤潮。②地球生态系统无法启动硅补充机制，大量的氮、磷使浮游植物集群结构改变：从硅藻改变为甲藻等非硅藻。于是，甲藻等非硅藻生长迅速、旺盛，成为优势种，易产生甲藻等非硅藻赤潮。通过气温和水温补充机制，大气碳被迅速迁移沉降到海底，气温和水温恢复到动态平衡。因此，地球生态系统的碳补充机制的目的是保持大气碳的动态平衡。然而，碳补充机制带来陆地上的三大类型气候灾害：洪水、沙尘暴、风暴潮和水体中的一大类型生物灾害：赤潮。

通过地球生态系统的碳补充机制，未来气候变化的趋势是这样的：近岸和盆地流域地区成为多雨区，内陆成为干旱区，海上成为多风暴潮区。从全球生态系统和气候变异的变化趋势来看，作者发现（杨东方和高振会，2007）全球气候的变化趋势有两大显著特点：气温趋于升高，风暴趋于增强。那么，在未来气候变化的趋势下，首先，未来在陆地生长的整个农作物在全球都趋向于耐高温和抗倒伏。其次，未来在内陆生长的农作物，趋向于抗干旱；在近岸和盆地流域，趋向于抗洪涝。在水体中，水产品能够适应水上风暴潮的搅动，也能够适应甲藻等非硅藻赤潮以及赤潮带来的环境变化，使人类的水产资源能够可持续发展。

因此，人类须要适应陆地上和海洋上的气候变化。同时，提高生物技术来进行精选、培养、改良陆地的农作物物种和水产品物种，分别适合未来的高温、强风和持续干旱的内陆气候以及洪涝灾害的近岸和盆地流域气候与风暴潮的搅动、赤潮和赤潮带来的环境变化，以便人类的食品资源可持续利用。

参 考 文 献

陈长平, 高亚辉, 林鹏. 2005. 福建省福鼎市后屿湾红树林区水体浮游植物群落动态研究. 厦门大学学报(自然科学版), 44(1): 118-122.

陈慈美, 林月玲, 陈于望, 等. 1993. 厦门西海域磷的生物地球化学行为和环境容量. 海洋学报, 15(3): 43-48.

刁焕祥. 1992. 胶州湾的自然环境: 海水化学. 见: 刘瑞玉. 胶州湾生态学和生物资源. 北京: 科学出版社: 73-92.

杜虹, 黄长江, 陈善文, 等. 2003. 2001—2002 年粤东柘林湾浮游植物的生态学研究. 海洋与湖沼, 34(6): 604-617.

福迪. 1980. 藻类学. 罗迪安, 译. 上海: 上海科学技术出版社: 107-135.

高东阳, 李纯厚, 刘广锋, 等. 2001. 北部湾海域浮游植物的种类组成与数量分布. 湛江海洋大学学报, 21(3): 23-28.

郭玉洁, 杨则禹. 1992. 胶州湾的生物环境-初级生产力. 见: 刘瑞玉. 胶州湾生态学和生物资源. 北京: 科学出版社: 110-125.

郝建华, 霍文毅, 俞志明. 2000. 胶州湾增养殖海域营养状况与赤潮形成的初步研究. 海洋科学, 24(4): 37-40.

何强, 井文涌, 王翊亭. 1993. 环境科学导论. 北京: 清华大学出版社.

洪华生, 戴民汉, 黄邦钦, 等. 1994. 厦门港浮游植物对磷酸盐吸收速率的研究. 海洋与湖沼, 25(1): 54-58.

胡敦欣. 1996. 我国海洋通量研究. 地球科学进展, 11(2): 227-229.

华泽爱. 1994. 西加鱼毒的毒素研究概况. 海洋环境科学, 13(1): 57-63.

李广楼, 陈碧鹃, 崔毅, 等. 2006. 莱州湾浮游植物的生态特征. 中国水产科学, 13(2): 292-299.

李绚丽, 谈哲敏. 2000. 大气圈碳循环的模拟研究进展. 气象科学, 20(3): 400-412.

李学刚, 宋金明, 袁华茂, 等. 2005. 胶州湾沉积物中高生源硅含量的发现——胶州湾浮游植物生长硅限制的证据. 海洋与湖沼, 36(6): 572-579.

李岩. 2005. 飓风会不会越来越凶. 环球时报, 2005 年 8 月 31 日星期三 第 24 版.

李艳, 李瑞香, 王宗灵, 等. 2005. 胶州湾浮游植物群落结构及其变化的初步研究. 海洋科学进展, 23(3): 328-334.

梁松. 1997. 发展海水养殖与减轻赤潮灾害. 海洋开发与管理, (1): 33-37.

卢龙飞, 蔡进功, 包于进, 等. 2006. 粘土矿物保存海洋沉积有机质研究进展及其碳循环意义. 地球科学进展, 21(9): 931-937.

钱树本, 王筱庆, 陈国蔚. 1983. 胶州湾的浮游藻类. 山东海洋学院学报, 13(1): 39-56.

沈志良. 1997. 胶州湾营养盐的现状和变化. 海洋科学, 21(1): 60-63.

斯菲德鲁普 H U, 约翰逊 M W, 佛莱明 R H. 1959. 海洋. 毛汉礼, 译. 北京: 科学出版社: 665-676.

宋金明, 罗延馨, 李鹏程. 2000. 渤海沉积物-海水界面附近磷与硅的生物地球化学循环模式. 海洋科学, 12: 30-32.

孙冷, 黄朝迎. 1999. 赤潮及其影响. 灾害学, 14(2): 51-54.

王初升. 1987. 一起严重食用贝类中毒事件. 海洋信息, (2): 3.

王绍武. 1990. 近百年我国及全球气温变化趋势分析. 气象, 16(2): 11-15.

王兴春. 2006. 三沙湾夏季浮游植物(Phytoplankton)分布状况初步研究. 现代渔业信息, 21(7): 20-22.

邢如楠. 2000. 带生物泵三维全球海洋碳循环模式. 大气科学, 24(3): 333-340.

杨东方, 谭雪静. 1999. 铁对浮游植物生长影响的研究与进展. 海洋科学, 23(3): 48-49.

杨东方, 李宏, 张越美, 等. 2000. 浅析浮游植物生长的营养盐限制及其判断方法. 海洋科学, 24(12): 47-50.

杨东方, 张经, 陈豫, 等. 2001. 营养盐限制的唯一性因子探究. 海洋科学, 25(12): 49-51.

杨东方, 高振会, 陈豫, 等. 2002. 硅的生物地球化学过程的研究动态. 海洋科学, 26(3): 35-36.

杨东方, 高振会, 孙培艳, 等. 2003. 浮游植物的增值能力的研究探讨. 海洋科学, 27(5): 26-28.

杨东方, 王凡, 高振会, 等. 2004. 胶州湾的浮游藻类生态现象. 海洋科学, 28(6): 71-74.

杨东方, 高振会. 2006. 海湾生态学. 北京: 中国教育文化出版社: 1-291.

杨东方, 高振会, 孙培艳, 等. 2006a. 胶州湾水温和营养盐硅限制初级生产力的时空变化. 海洋科学进展, 24(2): 203-212.

杨东方, 高振会, 马媛, 等. 2006b. 胶州湾环境变化对海洋生物资源的影响. 海洋环境科学, 25(4): 89-96.

杨东方, 高振会, 秦洁, 等. 2006c. 地球生态系统的营养盐硅补充机制. 海洋科学进展, 24(4): 407-412.

杨东方, 高振会, 王培刚, 等. 2006d. 营养盐硅和水温影响浮游植物的机制. 海洋环境科学, 25(1): 1-6.

杨东方, 高振会. 2007. 胶州湾和长江口的生态. 北京: 海洋出版社: 1-366.

杨东方, 陈生涛, 胡均, 等. 2007a. 光照、水温和营养盐对浮游植物生长重要影响大小顺序. 海洋环境科学, 26(3): 201-207.

杨东方, 吴建平, 曲延峰, 等. 2007b. 地球生态系统的气温和水温补充机制. 海洋科学进展, 25(1): 117-122.

杨东方, 于子江, 张柯, 等. 2008. 营养盐硅在全球海域中限制浮游植物的生长. 海洋环境科学, 27(2): 11-16.

杨东方, 殷月芬, 孙静亚, 等. 2009. 地球生态系统的碳补充机制. 海洋环境科学, 28(1): 100-107.

杨鸣, 夏东兴, 谷东起, 等. 2005. 全球变化影响下青岛海岸带地理环境的演变. 海洋科学进展, 23(3): 289-296.

杨小龙, 朱明远. 1990. 浮游植物营养代谢研究新进展. 黄渤海海洋, 11(3): 65-72.

张远辉, 黄自强, 马黎明, 等. 1997. 东海表层水二氧化碳及其海气通量. 台湾海峡, 16(1): 37-42.

郑淑颖, 管东生. 2001. 人类活动对全球碳循环的影响. 热带地理, 21(4): 369-373.

邹德浩, 钟翔. 2005. 飓风毁了百万人的家. 环球时报, 2005-8-31(4).

Armstrong F A J. 1965. Silicon. In: Riley J P, Skirrow G. Chemical Oceanography. London: Academic Press, 1: 132-154.

Bienfang P K, Harrison P J, Quarmby L M. 1982. Sinking rate response to depletion of nitrate, phosphate and silicate in fourine diatoms. Mar Biol, 67: 295-302.

Broecker W S, Peng T H. 1982. Tracers in the Sea. New York: Eldigio Press: 690.

Brzezinski M A, Nelson D M. 1989. Seasonal changes in the silicon cycle with a Gulf Stream warm-core ring. Deep-Sea Research, 36: 1009-1030.

Brzezinski M A. 1992. Cell-cycle effects on the kinetics of silicic acid uptake and resource competition among diatoms. Journal of Plankton Research, 14: 1511-1536.

Brzezinski M A, Olson R J, Chisholm S W. 1990. Silicon availability and cell-cycle progression in marine diatoms. Marine Ecology Progress Series, 67: 83-96.

Chisolm S W. 1992. Phytoplankton size. In: Falkowski P G, Woodhead A D. Primary Productivity and Biogeochemical Cycles in the Sea. New York: Plenum Press: 213-233.

Conley D J, Malone T C. 1992. Annual cycle of dissolved silicate in Chesapeake Bay: implications for the production and fate of phytoplankton biomass. Marine Ecology Progress Series, 81: 121-128.

De Master D J. 1981. The supply and accumulation of silica in the marine environment. Geochimica et Cosmochimica Acta, 45: 1715-1732.

Dortch Q, Whitledge T E. 1992. Does nitrogen or silicon limit phytoplankton production in the Mississippi River plume and nearby regions? Continental Shelf Research, 12(11): 1293-1309.

Dugdale R C. 1972. Chemical oceanography and primary productivity in upwelling regions. Geoforum, 11: 47-61.

Dugdale R C. 1983. Effects of source nutrient concentrations and nutrient regeneration on production of organic matter in coastal upwelling centers. In: Suess E, Thiede J. Coastal Upwelling. Washington: Plenum Press: 175-182.

Dugdale R C. 1985. The effects of varying nutrient concentration on biological production in upwelling regions. CalCOFI Report, 26: 93-96.

Dugdale R C, Jones B H, Macclsaac J J, et al. 1981. Adaptation of nutrient assimilation. Canadian Bulletin of Fisheries and Agriculture Sciences, 21(4): 234-250.

Dugdale R C, Goering J J. 1967. Uptake of new and regenerated forms of nitrogen in primary productivity. Limnology and Oceanography, 12: 196-206.

Dugdale R C, Wilkerson F P, Minas H J. 1995. The role of a silicate pump in driving new production. Deep-Sea Res(I), 42(5): 697-719.

Farnas M J. 1990. In situ growth rates of marine phytoplankton: approaches to measurement, community and species growth rate. Journal of Plankton Research, 12: 1117-1151.

Harrison W G, Douglas D, Falkowski P, et al. 1983. Summer nutrient dynamics of the middle Atlantic Bight: nitrogen uptake and regeneration. Journal of Plankton Research, 5: 539-556.

Horne R A. 1969. The structure of water and the chemistry of the Hydrosphere. Marine Chemistry, 13(6): 146-149.

Houghton J H, Jenkins G J, Ephraums T J. 1990. IPCC, WGI, climate Change. London: Cambridge University Press: 365.

Houghton J T, Ding Y, Griggs D J, et al. 2001. Climate Change 2001: The Scientific Basis. Cambridge: Cambridge University Press.

Huang S G, Yang J D, Ji W D, et al. 1983. Proceedings of International Symposium on Sedimentation on the Continental Shelf with Special Reference to the Fast China Sea. vol. 1. China Ocean Press: 241-249.

Humborg C, Lttekkot V, Cociasu A, et al. 1997. Effect of Danube river dam on Black Sea biogeochemistry and ecosystem structure. Nature, 386: 385-388.

Kemp A E S, Pike J, Pearce R B, et al. 2000. The "fall dump" —a new perspective on the role of a "shade flora" in the annual cycle of diatom production and export flux. Deep-Sea Res. II, 47: 2129-2154.

Lewin J C. 1962. Silicification. In: Lewin R E. Physiology and biochemistry of the algae. London: Academic Press: 445-455.

Michaels A F, Silver M W. 1988. Primary production, sinking fluxes and the microbial food web. Deep-Sea Research, 35: 473-490.

Nelson D M, Treguer P, Brzezinski M A, et al. 1995. Production and dissolution of biogenic silica in the ocean: revised global estimates, comparison with regional data and relationship to biogenic sedimentation. Global Biogeochemistry Cycle, 9: 359-372.

Sakshaug E, Slagstad D, Holm-hansen O. 1991. Factors controlling the development of phytoplankton blooms in the Antarctic Ocean—a mathematical model. Marine Chemistry, 35: 259-271.

Smetacek V. 1999. Bacteria and silica cycling. Nature, 397: 475-476.

Smetacek V. 2000. The giant diatom dump. Nature, 406: 574-575.

Spencer C P. 1975. The micronutrient elements. In: Riley J P, Skirrow G. Chemical Oceanography. London: Academic Press, 2: 245-300.

Stefánsoon U, Richards F A. 1963. Processes contributing to the nutrient distributions off the Columbia River and strait of Juan de Fuca. Limmol Oceanogr, 8: 394-410.

Toggweller J R. 1999. An ultimate limiting nutrient. Nature, 400: 511-512.

Treguer P, Nelson D M, Van Bennekom A J, et al. 1995. The silica balance in the world ocean: a reestimate. Science, 268: 375-379.

Treguer P, Van Bennekom A J. 1991. The annual production of biogenic silica in the Antarctic Ocean. Marine Chemistry, 35: 477-487.

Turner R E, Rabalais N N. 1991. Changes in Mississippi River water quality this century-implications for coastal food webs. Science, 41: 140-147.

van Bennekom A J, Berger G W, Van der gaast S J, et al. 1988.Primary productivity and the silica cycle in the Southern Ocean. Paleogeography, Paleoclimatology, Paleoecology, 67: 19-30.

Wahby S D, Bishara N F. 1980. The effect of the River Nile on Mediterranean water, before and after the construction of the High Dam at Aswan. In: Martin J M, Burton J D, Eisma D. Proceedings of a SCOR Workshop on River Inputs to ocean systems, 26-30 March 1979, Rome, Italy. Paris: UNESCO: 311-318.

Yang D F, Zhang J, Gao Z H, et al. 2003a. Examination of silicate limitation of primary production in the Jiaozhou Bay, North China Ⅱ. Critical value and time of silicate limitation and satisfaction of the phytoplankton growth. Chin J Oceanol Limnol, 21(1): 46-63.

Yang D F, Zhang J, Lu J B, et al. 2002. Examination of silicate limitation of primary production in the Jiaozhou Bay, North China Ⅰ. Silicate being a limiting factor of phytoplankton primary production. Chin J Oceanol Limnol, 20(3): 208-225.

Yang D F, Gao Z H, Chen Y, et al. 2003b. Examination of silicate limitation of primary production in the Jiaozhou Bay, North China Ⅲ. Judgment method, rules and uniqueness of nutrient limitation among N, P, and Si. Chin J Oceanol Limnol, 21(2): 114-133.

Yang D F, Chen Y, Gao Z H, et al. 2005a. Silicon limitation on primary production and its destiny in Jiaozhou Bay, China Ⅳ Transect offshore the coast with estuaries. Chin J Oceanol Limnol, 23(1): 72-90.

Yang D F, Gao Z H, Wang P G, et al. 2005b. Silicon limitation on primary production and its destiny in Jiaozhou Bay, China Ⅴ Silicon deficit process. Chin J Oceanol Limnol, 23(2): 169-175.

Yang D F, Gao Z H, Sun P Y, et al. 2006a. Silicon limitation on primary production and its destiny in Jiaozhou Bay, China Ⅵ The ecological variation process of the phytoplankton. Chin J Oceanol Limnol, 24(2): 186-203.

Yang D F, Gao Z H, Yang Y B, et al. 2006b. Silicon limitation on primary production and its destiny in Jiaozhou Bay, China Ⅶ The Complementary mechanism of the earth ecosystem. Chin J Oceanol Limnol, 24(4): 401-412.

Yang Y L, Elderfield H, Ivanovich M, et al. 1995. Geochemical record of the Panama basin during the last glacial maximum carbon event shows that the glacial ocean was not suboxic. Geology, 23(12): 1115-1118.

第18章　海洋生态与沙漠化的耦合机制

中国沙漠化每年扩展并呈现出加剧趋势，中国北方深受沙尘暴的困扰。通过海洋生态系统的分析研究，发现地球生态系统为了保持海洋生态系统的持续发展和降低大气的二氧化碳浓度，对营养盐硅进行了补充，造成了沙漠化进一步扩大。人类不断地改变从陆地向海洋输送硅的含量，导致了海水中氮、磷过剩，硅缺乏，氮、磷、硅的比例严重失调，硅限制浮游植物的生长进一步加剧。营养盐硅的缺乏破坏了海洋生态系统，并造成大气碳沉降的减缓。作者认为，人类自我不断地向大气排放二氧化碳，使得全球变暖，海洋水温上升。于是，地球生态系统采用了硅酸盐的补充途径，通过海洋中浮游植物使大气的气温和水温降低，恢复平衡。为了向大海补充营养盐硅，通过大气输送硅，在内陆形成了沙漠化。营养盐硅通过海域中浮游植物的生长降低大气的二氧化碳浓度，减少温室效应的作用。人类无法阻挡沙漠化的脚步，只能减缓沙漠化进程的脚步，缓解沙漠化带来的危险。因此，首先要减少对大气排放二氧化碳；其次要提高河流对硅的输送能力，这样，大气中的二氧化碳保持平衡，全球气候变暖减缓，海洋生态系统持续发展，内陆旱情减轻，沙漠逐渐萎缩、消失。

中国沙漠化每年扩展并呈现出加剧趋势，中国北方深受沙尘暴的困扰。通过海洋生态系统的分析研究，发现地球生态系统为了保持海洋生态系统的持续发展和降低大气的二氧化碳浓度，启动了硅补充机制（杨东方等，2006c；Yang et al.，2006，2007），对海洋进行了营养盐硅补充，造成了沙漠化进一步扩大。沙漠化使人类生存环境受到威胁，人类为了生存，要减少沙漠化对空气的污染和财产的损失以及田地的荒芜，进行防沙治沙工程的研究与治理。沙漠化为海洋生态提供可持续发展的条件，同时，沙漠化又威胁人类生存。那么，在海洋生态与人类生存之间，沙漠化的进程既维持了海洋生态系统又维持人类生存的状况，使得沙漠化在海洋生态与人类生存之间发挥更好的平衡和作用。人类在影响沙漠化的进程中，应该充分应用经济杠杆使沙漠化在两者之间发挥更好的作用。

18.1　海洋生态和沙漠化的桥梁——沙尘暴

几百年来，中国北方深受沙尘暴的困扰。矮小的防风林未能挡住风沙，结果造成土壤进一步沙化。那么，如何让自然界恢复原貌，让植被以自然生长的方式来改善环境，这是本章要探索的。沙漠化的扩展，原因何在？研究发现这与大气的二氧化碳浓度有关，与温室效应有关，而且，与万里之外的海洋生态有关。因此，通过海洋生态系统的分析研究，发现地球生态系统为了保持海洋生态系统的持续发展和降低大气中的二氧化碳浓度，对营养盐硅进行了补充，造成了沙漠化进一步扩大。

18.1.1　沙漠化目前的状态

在 2007 年前后的一些春天里，我国北方大部分地区遭受一次次强烈的沙尘天气袭击。内蒙古中西部、甘肃大部、宁夏北部经常出现沙尘暴，京津地区出现扬沙天气，山西北部、陕西北部、河北西北部和南部以及东北地区西部等地也常常出现沙尘暴天气。

4 月是北京一年中最糟糕的季节，风卷着戈壁沙漠上的沙尘呼啸而来，空气中弥漫着一股呛人的土腥味，天空成了深黄色。2005 年 4 月出现的一次沙尘暴是近几年来最严重的。据中国国家环境监测中心报告，在中国所有大城市中，内蒙古首府呼和浩特和北京整个 4 月几乎有半个月看不到蓝天（中国尝试新法治理沙尘暴，见《参考消息》2007 年 5 月 12 日第八版）。

20 多年以前，政府播下了"绿色长城"的种子，称其为"防风林"。从内蒙古到河北，再到北京以北，人们栽下了不计其数的树苗，他们有一个宏大的计划，要终结肆虐了几个世纪的沙尘暴。北京地球纵观环境科普研究中心的李皓发现风力过大，树苗无法长到可以固沙挡沙的高度，并认为"事实证明，防风林没有取得效果"，树林根本挡不住沙子。近几十年来，人们总爱说人定胜天之类的话，事实上，自然界自我拯救的能力远远超过人类的力量（中国尝试新法治理沙尘暴，见《参考消息》2007 年 5 月 12 日第八版）。

18.1.2　海洋中浮游植物的硅需求

在河口区、海湾、海洋等水域中，氮、磷成为富营养盐，使人们对高营养盐区却有着低叶绿素量的海域进行原因探索。一些水域展现了富营养化的征兆，其初级生产力迅速增加，而另外一些富营养的水域却保持低的初级生产力，生态系统出现这样大的差别的机制是什么？

胶州湾的营养盐 N、P、Si 和初级生产力的研究展示硅是控制浮游植物生长和初级生产力的主要因子，于是造成了高营养盐 N、P 低生物量的海域出现，作者认为，在营养盐 N、P 很高的水域，浮游植物初级生产力的高低值相差甚大的生态系统的机制由营养盐 Si 控制（Yang et al.，2002，2003a，2003b）。

研究表明胶州湾硅酸盐浓度具有季节性变化，主要依赖于季节径流的变化，胶州湾硅酸盐浓度的变化由雨季的变化所决定（Yang et al.，2004a，2004b）。在雨季，胶州湾的硅酸盐浓度很高，而在雨季过后，胶州湾的硅酸盐浓度很低，尤其在冬季硅酸盐浓度降低到检测限以下，甚至都几乎趋于零（硅酸盐浓度＜0.05μmol/L）。因此，胶州湾的硅酸盐浓度与径流输送的硅酸盐浓度有关，与雨季的长短有关，与胶州湾的周围盆地雨量有关。

埃及的尼罗河（Wahby and Bishara，1980）、美国的密西西比河（Turner and Rabalais，1991）和欧洲的多瑙河（Humborg et al.，1997），在大坝建设以后，硅浓度下降（Turner and Rabalais，1991），并且导致输送到海洋的硅量减少。以流入胶州湾最大的河流大沽河为例，在 2000 年前后，大沽河有时断流，给胶州湾几乎没有输送营养盐硅。

海水中可溶性无机硅是海洋浮游植物所必需的营养盐之一，尤其是对硅藻类浮游植物，硅更是构成机体不可缺少的组分。在海洋浮游植物中硅藻占很大部分，硅藻繁殖时摄取硅使海水中硅的含量下降（Armstrong，1965；Spencer，1975）。

在自然水域中，硅一般以溶解态单体正硅酸盐$[Si(OH)_4]$形式存在。硅酸盐与硅藻的结构和新陈代谢有着密切的关系。硅酸盐被浮游植物吸收后大量用来合成无定形硅（$SiO_2 \cdot nH_2O$），组成硅藻等浮游植物的硅质壳，少量用来调节浮游植物的生物合成（杨小龙和朱明远，1990）。在一些重要的海洋区域，如上升流区（Dugdale，1972，1983，1985；Dugdale and Goering，1967；Dugdale et al.，1981）和南极海域（Sakshaug et al.，1991）中，硅酸盐可以控制浮游植物的生长过程。在这些或其他海域，硅酸盐对浮游植物水华的形成有着核心的作用（Conley and Malone，1992）。硅藻对硅有着绝对的需要（Lewin，1962），没有硅，硅藻外壳是不能形成的，而且细胞的周期也不会完成（Brzezinski et al.，1990；Brzezinski，1992）。由此可知，硅酸盐是硅藻必不可少的营养盐。

海洋中，营养盐硅对浮游植物生长就像陆地上给植物施肥一样重要。在一些海域加了 Si，浮游植物生长就会旺盛、迅速。因此，这些营养盐硅对海域中浮游植物的生长起着重要的限制作用。营养盐硅由海上的大气层、海底的上升流以及陆地的河流来提供，从而决定了在海洋表面新的有机物质生产的速率（Toggweller，1999）。这样，希望减少大气的二氧化碳，促进浮游植物的生长。增加限制营养盐的更大有用性是提高海洋表面的初级生产力，被增加的初级生产力导致了浮游植物通过光合作用更多地结合二氧化碳进入有机物质。当浮游植物死亡或被吃掉，它们中的一些残体沉降到海底，有效地从大气的接触中，长期地除去二氧化碳

（Paytan，2000）。因此，营养盐硅通过海域中浮游植物的生长降低大气的二氧化碳浓度，起到减少温室效应的作用。

18.1.3　人类对营养盐硅输入的改变

自然界含硅岩石风化，随陆地径流入海，是海洋中硅的重要来源，致使近岸及河口区硅的含量较高（Huang et al.，1983）。

含硅岩石风化和含硅土壤流失，使硅溶解于水并随陆地径流输送到河口和海洋中。通过硅藻的吸收，硅进入了生物体。死亡的硅藻和摄食硅藻的浮游动物的排泄物离开真光层沉降到海底，硅离开了海水表层沉降到海底。因此，硅通过这样一个亏损过程：河流输入（起源）→ 浮游植物吸收和死亡（生物地球化学过程）→ 沉降海底（归宿），展现了沧海变桑田的缓慢过程。每当输入大量的营养盐硅，浮游植物的初级生产力都会出现高峰值，有时有水华产生。由于浮游植物吸收大量的硅，海水中硅的含量大幅度降低，由于硅的缺乏，浮游植物的生长受到严重的限制，产生了高的沉降率。这样，保持了海洋中营养盐硅的平衡和浮游植物生长的平衡（杨东方等，2000，2002；Yang et al.，2005a，2005b）。

作者认为，陆源输入大海真光层的硅是海洋硅主要的来源，大气、上升流向海洋真光层输入硅量与河流相比是可以忽略的。人类为了自己的利益，建坝、建水库、引流、种植，这样造成自然生态的破坏，改变了自然生态平衡。

作者认为，修建大坝、水库，使悬浮物浓度降低，输入海洋的硅的浓度下降；将河流上游进行引流和分流，使主河流的输送能力下降，流量变小，输入海洋的硅浓度降低，从而改变河口水域和近岸水域生态系统的结构，尤其是使营养盐比例失调，浮游植物集群结构失控，诱导赤潮的产生，而且赤潮面积逐年加大，发生频率逐年增多；在沿河两岸和沿河流域盆地进行大面积的植树造林，改变了雨水对地表层的冲刷力度，雨水形成的小溪向河流输送的硅浓度降低，使水流清澈，减少了河流携带的硅量。这样入海河流流量大幅度减少，输送营养盐硅能力显著降低，河流含硅量减少，河流对硅总的输送量降低。

20 世纪以来，在沿海城市，工农业生产迅速发展，近岸工业地区日益增多，城市扩展加快，人口激增，工业废水和城市生活污水大量排放到海洋中，大量的氮、磷被输送到海洋中，相对减少硅的输送，造成海湾、河口和沿岸水域的严重有机污染和富营养化。

作者认为，对于大气输送，由于大量植树种草绿化，使土壤被固定，地表层的冲刷能力下降，空气变得清新，大气对硅的输送减少。

这样，河流、大气向海洋的真光层输送硅量在大幅度减少，人类不断地改变从陆地向海洋输送硅的含量，导致了海水中氮、磷过剩，硅缺乏，氮、磷、硅的比例严重失调，硅限制浮游植物的生长进一步加剧。

18.1.4　缺硅对海洋生物造成的结果

这要从两个方面来考虑：一方面是在全球海域，硅藻是构成浮游植物的主要成分，也是产生海洋初级生产力的主要贡献者，其种类多、数量大、分布广，是各种海洋动物直接或间接的饵料。硅藻的盛衰可直接引起海洋动物的相应变化。因此，在这些海域浮游植物需要大量的硅。另一方面由营养盐氮、磷、硅的生物地球化学过程所决定。从陆源提供的硅被浮游植物吸收，硅通过生物地球化学过程不断地转移到海底。由于缺硅的种群的高沉降率（Bienfang et al.，1982），硅的大量沉降使得水体中硅酸盐浓度保持低值。而死亡的浮游植物和被浮游动物排泄的浮游植物趋于分解，在水体中产生了大量的、不稳定的、易再循环的氮、磷。由于硅的大量沉降使得硅酸盐浓度保持低值。因此，随着氮、磷浓度的不断增高，而硅酸盐浓度不断降低，这些海域展现了明显的高营养盐（氮、磷）的浓度，却有着浮游植物的低生物量。整个生态系统可能成为初级生产力的硅限制（Yang et al.，2002）。在河口区、海湾、海洋等水域中，起主要作用的营养盐硅是调节和控制在这些水域的生态系统中浮游植物生长过程的机制（杨东方等，2006a，2006b，2006c）。

在近岸河口区域，由于河水输入量的变化和人类排污量的增长，营养盐氮和磷日趋富营养化，营养盐硅日趋缺乏。生物生理生长和浮游植物集群结构受到破坏，沿岸海域生态过程的危害正在扩展。当营养盐硅一直过低，氮、磷过高时，就会限制硅藻的生长，所形成的真空空间被非硅藻（如甲藻）迅速占据，产生非硅藻的水华。在极度缺乏硅的水域中，当营养盐硅突然大量提供时，硅藻会迅速增长，产生硅藻水华。假如此时进行水域调查，会发现水域营养盐硅丰富，有硅藻水华产生。例如，在胶州湾发生的赤潮增多，硅酸盐是胶州湾初级生产力的限制因子的情况在进一步加剧。

在近岸河口区域或远离河口区域，也就是在全球海域，浮游植物的初级生产力过程的机制不是取决于营养盐氮、磷很高，而是取决于营养盐硅的变化。由于营养盐硅的比例下降变化使得硅限制显得更加突出，为了继续生存下去，浮游植物改变生理特征和集群结构来适应变化的环境。随着时间的漫长，年代的久远，主要由硅藻组成的浮游植物集群将不断地进行结构转变，需求硅量少的非硅类种群在不断地增长，需求硅量大的硅藻类种群在不断地减少。因此，随着时间推移，需硅量大的硅藻种群的生理特征在不断地受到环境的压力（Yang et al.，2003b）。

作者认为，根据达尔文的进化理论，在不断地受到环境的压力时，浮游植物的集群结构和硅藻的生理特征将会逐渐改变，要么需求硅量大的硅藻类种群不断地减少，要么对硅的需求量减少。这样，营养盐硅的缺乏造成浮游植物的死亡，引起浮游植物生理特征的变化和浮游植物结构的变化，生态遭到毁灭性打击，食物链发生巨大变化，尤其食物链金字塔顶端的生物，如鱼类会绝迹和变异。在海洋中，由于浮游植物是生态系统能量流动和食物链的基础，将会引起海洋生态系统的一系列巨大变化，也将对海洋生态系统产生巨大的冲击力，使得整个生态系统须要不断地重新组成、改变和平衡。

营养盐硅的缺乏破坏了海洋生态系统，并造成大气碳沉降的减缓。

18.1.5　营养盐硅的补充

作者认为，随着海洋生态系统硅缺乏的严重，地球生态系统启动了补偿机制，首先加大了水流对硅的输送能力，在海洋沿岸，形成了多雨气候和季节，使降雨次数增多、时间延长、雨量增大，形成了沿岸河流向海的泥石流和洪水，同时台风、风暴潮也越来越频繁和剧烈，进一步加大了洪水流量，向海洋输送更多的硅和更高的硅浓度。

另一方面，加大了大气的输送。在内陆，气候干燥、高温，使内陆的植物死亡，土地干裂，加速了土地的沙漠化。并通过干燥、高温的上升气流，将地面所形成的沙尘带起，逐步随着风力的加大变成猛烈的沙尘暴，尽可能将这些沙尘送向大海的近岸水域，有时送到远离近岸水域。例如，沙尘暴从中国内蒙古的沙漠区带沙尘到黄海、东海，甚至到太平洋中心、太平洋东岸。

1992年，中国西北部的居延海有大片湖泊和沼泽，可是由于长期干旱缺雨，到2002年已经成为一片沙漠，环境的迅速变化令人吃惊。然而这样的过程和结果，为内陆经过大气向海洋输送硅，铺平了道路。

地球生态系统为了保持海洋中浮游植物生长的平衡和海洋生态系统的可持续发展以及大气二氧化碳的增长放慢，开始启动硅酸盐的补充机制。

首先，使近岸地区成为多雨区，连续遭受暴雨袭击，其中雨量加大、次数频繁、下雨区域扩大，并导致山洪、泥石流和山体滑坡，使沿岸向海洋的洪水增大，向海洋输入硅量增加。

其次，使内陆成为干旱区，长期干旱缺雨。由于太阳暴晒，地面温度升高，地表土壤干燥化、颗粒化。由于晴天在地表引起了上升气流，将沙尘刮向天空，经过大风形成了遮天蔽日的沙尘暴。还使得沙尘暴次数增多，面积扩大，密度增加，能见度降低。在强风的推动下，沙尘暴向海洋的近岸水域和远海中央输送大量的沙尘，也是向海洋输入大量的硅。

最后，在海底有大量的沉积物，在沉积物中硅酸盐浓度比海水中的高几倍到几十倍。由于台风、飓风、风暴潮、热带风暴和寒潮都移向近海和沿岸，其中经过水域和近岸的面积加大，次数增多，强度加大，旋转速度加快，移动速度放慢，路径曲折，路程加长，使海底的沉积物不断被搅动进入水体，使水体硅酸盐浓度升高。由海底通过沉积物向海洋水体输入大量的硅。

通过近岸的洪水、大气的沙尘暴和海底的沉积物向缺硅的水体输入大量的硅，这样，由陆地、大气、海底 3 种途径将陆地的硅输入大海中，满足浮游植物的生长。大气中的二氧化碳溶于海水，浮游植物生长要吸收大量海水中的二氧化碳，碳随着浮游植物沉降到海底（图 18-1）。

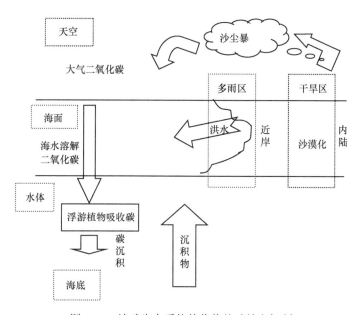

图 18-1　地球生态系统的营养盐硅补充机制

为了向大海补充营养盐硅，通过大气输送硅，在内陆形成了沙漠化。

18.1.6　沙尘暴变化

沙尘暴的产生有两个基本因素：一是大风及不稳定的气流；二是大面积裸露的沙源。土地沙漠化是沙尘暴产生的重要因素。中国沙漠化年扩展速度超过 $3000km^2$，并呈现出加剧趋势，给中国社会经济可持续发展带来严重的环境公害。

沙尘暴发生的频率和强度不断加强。一般沙地上，速度为 8.6m/s 的风就能让沙粒在空中飞舞。2005 年春季，在中国甘肃民勤县，发生的沙尘暴达到九级大风，其风速是 20m/s，目力不足 10m，持续了 8h。这是自 1993 年以来最大的沙尘暴。

中国大陆约 27% 的陆地，或者说 $267 \times 10^4 km^2$ 的土地受沙漠化影响，而且每年沙漠新增面积为 $3464km^2$。

阿拉善沙漠是每年三四月随着春天的狂风刮起而笼罩首都和其他北方城市的沙尘暴的来源之一。沙尘暴的其他两个来源分别是新疆的塔克拉玛干沙漠和甘肃的巴丹吉林沙漠。沙尘暴每年都给中国大陆、韩国和日本造成严重的破坏，它不仅摧毁价值数以百万元计的财物，而且给数百万人的日常生活带来不便（中国尝试新法治理沙尘暴，见《参考消息》2007 年 5 月 12 日第八版）。

中国林业局宣布（中国尝试新法治理沙尘暴，见《参考消息》2007 年 5 月 12 日第八版），它自 2000 年以来向北部地区的 70 多个固沙工程投入了 560 亿元资金。2007 年在内蒙古投入 2.8 亿元资金用于防沙工程，主要工程包括植树、建造蓄水基础设施、将居民从退化的土地上迁走。尽管中国林业局做出了种种努力，但由于全球气候变暖以及过度放牧和采矿之类严重破坏环境的经济行为，大陆的沙漠仍在以惊人的速度扩大。为了使这一问题恶化的人类因素降低到最小，专家们一致认为政府必须将防沙漠化努力进行到底。然而，他们认为不应该仅仅把重点放在植树上。许多科学家批评这种做法不仅经济效率差，而且在科学上无效果。

中国气象科学研究院的张小曳教授认为，沙尘暴正在减弱是不科学的。沙尘暴任何时候都有可能变得更糟。它完全取决于气候。他的最近研究结论是，人类的努力最多只能使沙尘暴的严重程度减弱 20%。中国林业科学院的卢琦认为，我们不能使用老办法与沙漠化做斗争，须要采取一体化的管理办法来解决引起沙漠化的社会和经济原因，如贫困和过度消耗资源等；并认为，在沙漠中应采用节约用水的技术（中国尝试新法治理沙尘暴，见《参考消息》2007 年 5 月 12 日第八版）。

对此，作者认为：人类向大气不断地排放二氧化碳，全球气候变暖。为了使大气二氧化碳的增长放慢，地球生态系统启动了硅酸盐的补充机制。

硅酸盐的补充机制导致内陆的土地长期干旱，雨量减少，河流干涸，土地干裂，沼泽和湖泊退化消失。最终，土地都沙漠化。在强风的吹动下，形成了龙卷风和沙尘暴，使沙尘在空气中运行。

人类无法战胜自然。无论是种树、种草，保持水土流失，还是退耕还林，想恢复以前的陆地生态系统；在湿地面积的锐减下，大力改造河道、引用河水，试图恢复原来的湖泊和沼泽；或者引水灌溉，使受旱土地暂缓旱情，等待雨水的早日来到。实际上，这些方法和措施对于整个内陆地区的雨量减少是徒劳无益的。而且随着二氧化碳排放量的加大，旱情更加严重，沙化面积更加扩大，使沙尘暴的面积、强度、次数都在增大。

人类无法阻挡沙漠化的脚步，只能放慢沙漠化进程的步子，缓解沙漠化带来的危害。

18.1.7　结　　论

人类不断地向大气排放二氧化碳，使得全球变暖，海洋水温上升。于是地球生态系统采用了硅酸盐的补充途径，通过海洋中浮游植物使大气的气温和水温降低，恢复平衡。那么，硅酸盐的补充给人类带来了 3 种气候类型的灾难，但是对于全球变暖来说，这 3 种气候类型的灾难是微不足道的。

硅酸盐的补充使沙漠化在不断地增强，沙漠的新增加面积在不断地扩大，旱情持续、频繁。人类无法抗衡沙漠化，人类无法改变地球生态系统的发展。但是，人类应该适应地球生态系统持续发展，从源头来减少、消除沙漠。

首先要减少对大气排放二氧化碳，须要严格遵守各国已签署的《京都议定书》，对于不签署和不遵守《京都议定书》的国家应限制其污染排放量，避免其给人类带来的巨大灾害。其次要提高河流对硅的输送能力，使海洋营养盐硅能满足浮游植物的生长，降低大气中二氧化碳的含量，维持海洋水温和大气温度的平衡。

这样，才能使大气中的二氧化碳保持平衡，全球气候变暖减缓，海洋生态系统持续发展，内陆旱情减轻，沙漠逐渐萎缩、消失。

18.2　沙漠化与海洋生态和人类生存的关系

人类不断地减少从陆地向海洋输送硅的量，导致海水中氮、磷过剩，硅缺乏，氮、磷、硅的比例严重失调，硅限制浮游植物的生长进一步加剧。营养盐硅的缺乏破坏了海洋生态系统，并造成大气碳沉降的减缓。人类不断地向大气排放二氧化碳，使得全球变暖，海洋水温上升。于是，地球生态系统采用了硅酸盐的补充途径，通过海洋中浮游植物使大气的气温和水温降低，恢复平衡。为了向大海补充营养盐硅，通过大气输送硅，在内陆形成了沙漠化（Yang et al.，2006，2007；杨东方等，2007）。那么，如何既维持海洋中浮游植物的生长，又保持人类生存的环境？这正是本文要探索的沙漠化的扩展如何能够平衡海洋的生态系统与人类的生存，为控制沙漠化所投入的资金能够发挥更好的效益。

18.2.1　沙漠状况与起因

中国从 20 世纪 90 年代开始，每年有 3500km² 的土地发生沙漠化或已变成沙漠。中国总面积的 18% 已变成沙漠，而大约 10% 的土地已经变成连草也不能正常生长的荒地。进入 21 世纪以来，沙漠化速度稍微减慢，但是每年依然有首尔面积 2 倍左右的土地变成沙漠（"森林木十"加剧土地沙漠化，见参考消息 2007 年 4 月 17 日第八版）。

对于沙尘规模和影响范围逐年扩大的情况，沙尘造成的严重污染使上海也开始抱有危机感。在北京等中国北方地区，沙尘因伴随大风和影响视野受到关注，目前它作为与气候变动相关的环境破坏现象，正日益得到重视。

中国的沙化面积太大了，沙漠面积占国土面积的 1/3。沙漠化和持续的干旱最近几年使得沙尘暴这一问题变得更加严重。高于平均水平的气温以及降雪量严重偏少，温暖干燥的天气使土壤变得疏松，当春天刮大风时，就很容易形成沙尘暴天气。当今的地球气候形势决定了在南北回归线正负 5°～10° 的范围内出现一个干旱气候带，在陆地上形成大片沙漠；沙漠的出现提供了沙尘暴形成的"物质基础"（潘锋，2007）。

根据上海中心气象台公布的 2007 年 3 月下旬至 4 月下旬污染数据，沙尘对上海造成的大气污染在 3 月 29 日至 4 月 1 日时为轻度污染，但从 4 月 2 日开始变成了重度污染。污染指数显示的是空气中浮尘和污染物质的含量，指数在 300 以上就是重度污染。4 月 2 日那天，上海的大气污染指数高达 500，而且污染天气一直持续到了 4 月 4 日（中国沙漠化问题严重，《参考消息》2007 年 4 月 17 日第八版）。

中国"绿色长城"没能挡住沙尘。据中国国家环境监测中心报告，在中国所有大城市中，北京天气晴好的天数最少，整个 4 月只有 14 天能够看到蓝天。在这一点上，呼和浩特是唯一可以与北京一争高下的大城市（中国尝试新法治理沙尘暴，见《参考消息》2007 年 5 月 12 日第八版）。

20 多年以前，政府播下了"绿色长城"的种子，称其为"防风林"。从内蒙古到河北省，再到北京以北，人们栽下了不计其数的树苗，他们有一个宏大的计划，要终结肆虐了几个世纪的沙尘暴。然而，树林根本挡不住沙子，自然界自我拯救的能力远远超过人类的力量（中国尝试新法治理沙尘暴，见《参考消息》2007 年 5 月 12 日第八版）。

18.2.2　沙漠化维持海洋生态

海洋中，营养盐硅对浮游植物生长是非常重要的，就像陆地上给植物施肥一样，营养盐限制浮游植物的光合作用，在一些海域加了硅，浮游植物生长就会旺盛、迅速。因此，这些营养盐硅对海域中浮游植物的生长起着重要的限制作用。营养盐硅从海上的大气层、海底的上升流以及从陆地的河流中提供，从而决定了在海洋表面新的有机物质生产的速率（Toggweller，1999）。这样，希望减少大气的二氧化碳，促进浮游植物的生长。增加限制营养盐的更大有用性是提高海洋表面的初级生产力，被增加的初级生产力导致了通过光合作用更多地结合二氧化碳进入有机物质。当浮游植物死亡或被吃掉，它们中的一些残体沉降到海底，有效地从大气的接触中，长期地除去二氧化碳（Adina，2000）。因此，营养盐硅通过海域中浮游植物的生长降低大气的二氧化碳浓度，减少温室效应的作用。

在全球海域，硅藻是构成浮游植物的主要成分，也是产生海洋初级生产力的主要贡献者，其种类多、数量大、分布广，是各种海洋动物直接或间接的饵料。硅藻的盛衰可直接引起海洋动物的相应变化。因此，在这些海域浮游植物需要大量的硅。硅酸盐可以控制浮游植物的生长过程。在这些或其他海域，硅酸盐对浮游植物水华的形成有着核心的作用（Conley and Malone，1992）。硅藻对硅有着绝对的需要（Lewin，1962），没有硅，硅藻外壳是不能形成的，而且细胞的周期也不会完成（Brzezinski et al.，1990；Brzezinski，1992）。由此可知，硅是硅藻必不可少的营养盐。

自然界含硅岩石风化，随陆地径流入海，是海洋中硅的重要来源，致使近岸及河口区硅的含量较高（Stefánsoon and Richards，1963；Huang et al.，1983）。

含硅岩石风化和含硅土壤流失，使硅溶解于水并随陆地径流输送到河口和海洋中。通过硅藻的吸收，硅进入了生物体。死亡的硅藻和摄食硅藻的浮游动物的排泄物离开真光层沉降到海底，硅离开了海水表层沉降到海底。因此，硅通过这样一个亏损过程：河流输入（起源）→ 浮游植物吸收和死亡（生物地球化学过程）→ 沉降海底（归宿），展现了沧海变桑田的缓慢过程。每当输入大量的营养盐硅，浮游植物的初级生产力都会出现高峰值，有时有水华产生。由于浮游植物吸收大量的硅，海水中硅的含量大幅度降低，由于硅的缺乏，浮游植物的生长受到严重的限制，产生了高的沉降率。这样，保持了海洋中营养盐硅的平衡和浮游植物生长的平衡（杨东方等，2000，2002；Yang et al.，2005a，2005b）。

陆源输入大海真光层的硅是真光层硅的主要来源。大气、上升流向海洋真光层输入硅量与河流输入硅量相比是可以忽略的。人类为了自己的利益，建坝、建水库、引流、种植，这样造成自然生态的破坏，改变了自然生态平衡。对于大气输送，由于大量植树造林、增加植被，使土壤被固定，地表层的冲刷能力下降，空气变得清新，大气对硅的输送减少（Yang et al.，2006，2007；杨东方等，2007）。

20 世纪以来，在沿海城市，工农业生产迅速发展，近岸工业地区日益增多，城市扩展加快，人口激增，工业废水和城市生活污水大量排放到海洋中，大量的氮、磷被输送到海洋中，相对减少硅的输送，造成海湾、河口和沿岸水域的严重有机污染和富营养化。这样，河流、大气向海洋的真光层输送硅量在大幅度减少，人类不断地改变从陆地向海洋输送硅的含量，导致了海水中氮、磷过剩，硅缺乏，氮、磷、硅的比例严重失调，硅限制浮游植物的生长进一步加剧。

营养盐硅的缺乏破坏了海洋生态系统，并造成大气碳沉降的减缓。

地球生态系统为了保持海洋中浮游植物生长的平衡和海洋生态系统的可持续发展以及大气二氧化碳的增长放慢，开始启动营养盐硅的补充机制（Yang et al., 2006）。

通过近岸的洪水、大气的沙尘暴和海底的沉积物向缺硅的水体输入大量的硅。这样，由陆地、大气、海底三种途径将陆地的硅输入大海中，满足浮游植物的生长。大气的二氧化碳溶于大海，浮游植物生长要吸收大量海水中的二氧化碳，碳随着浮游植物沉降到海底（图 18-1）。

为了向大海补充营养盐硅，通过大气输送硅，在内陆形成了沙漠化，使内陆成为干旱区，长期干旱缺雨。由于太阳暴晒，地面温度升高，地表土壤干燥化、颗粒化。由于晴天在地表引起了上升流，将沙尘刮向天空，经过大风形成了遮天蔽日的沙尘暴，使得沙尘暴次数增多，面积扩大，密度增加，能见度降低。在强风的推动下，向海洋的近岸水域和远海中央输送大量的沙尘，也向海洋输入大量的硅。而且，尽可能将这些沙尘送向大海的近岸水域，有时送到远离近岸水域。沙尘暴从中国内蒙古的沙漠区带沙尘到黄海、东海，甚至到太平洋中心、太平洋东岸。这样，使内陆干旱沙漠化。1992 年，中国西北部的居延海有大片湖泊和沼泽，可是由于气候长期干旱缺雨，到 2002 年已经成为一片沙漠，环境的迅速变化令人吃惊。然而这样的过程和结果，为内陆经过大气向海洋输送硅铺平道路。

18.2.3 沙漠化危害人类生存

2007 年 6 月 17 日联合国敲响有关荒漠化的警钟，警告人们全球变暖正在让世界上的干旱土地越来越多，而且在未来几年，数百万人可能因此背井离乡。在"世界防治荒漠化和干旱日"即将到来之际，专家警告说，在全球 60 亿人口中，有将近 1/5 的人受到荒漠化的直接或者间接威胁。除了非洲的主要地区以及阿根廷、巴西和智利等国的大片地方，中国、印度、巴基斯坦、中亚和中东也是荒漠化的主要受害地区。荒漠化并不一定意味着沙漠面积的扩展。一个更微妙，然而却更大的问题是所谓的干旱地区的土地退化，这些地区降水量少、蒸发量大，它们占世界可耕地面积的 40% 以上。《联合国防治荒漠化公约》认为：全球 $52 \times 10^{12} m^2$

农业干旱地区中的大约 70%"已经退化,并受到荒漠化的威胁"。与 1990 年时相比,非洲到 2025 年可能失去 2/3 的可耕地面积,而亚洲的可耕地面积可能减少 1/3,南美洲可能减少 1/5。有多达 1.35 亿的人口面临着背井离乡的危险。政府间气候变化问题研究小组估计,到 2080 年,面临饥饿威胁的人口将增加 8000 万～2 亿。发达国家与贫困国家一样,严重的干旱和水资源消耗已经让美国将近 1/3 的土地受到荒漠化的影响,而西班牙也面临着同样的局面,连年的夏季干旱以及不计后果的开发和用水已经严重影响西班牙南部地区(荒漠化已成全球危机,见《参考消息》2007 年 6 月 17 日第七版)。

法国荒漠化科学委员会的主席马克·比耶认为,荒漠化每年带来的直接损失高达 600 亿美元,其中还不包括移民和其他自然灾害带来的经济损失。全球环境署刚刚开始在这方面迈出一小步,表示将在 4 年内拨款 2 亿美元。在去年 12 月与一些经济学家和世界银行召开的会议上,认为未来 10 年要恢复所有退化土地的生产能力每年将需要 100 亿美元(荒漠化已成全球危机,见《参考消息》2007 年 6 月 17 日第七版)。

联合国报告指出,以往的治理荒漠化的政策已经失败,今后 10 年荒漠化将使 5000 万人变为难民。报告的主要作者、联合国大学水、环境和健康国际网络中心主任扎法尔·阿迪勒指出,日益严重的荒漠化问题是当今世界在环境方面面临的最大挑战。题为《对解决荒漠化问题的政策重新评估》的报告指出,目前荒漠化对全球 1 亿～2 亿人造成影响,使他们在获得食品、水和其他基本服务方面的能力不断降低。最为严重的是,如果不采取全球性的应对政策,今后几年内荒漠化将影响 20 亿人,是全球人口的 1/3(联合国报告:荒漠化十年内将产生五千万难民,见《参考消息》2007 年 6 月 30 日第七版)。

驱车从甘肃民勤县向北,你必定能看到黄色的沙丘,一个接一个出现在麦田里,上面还有零星的枯树。在一个地方能看到小小的白色贝壳,那里过去是一片湖,20 世纪 50 年代,那里水深 40m,但现在沙漠化非常严重,几乎覆盖整个民勤县。沙漠每年推进 8～10m,吞噬着河西走廊上所剩无几的绿洲。这里曾经连接中部平原与新疆草原,是腾格里沙漠和巴丹吉林沙漠之间的阻隔。如今,干旱的土地甚至给北京造成危害。民勤县已经有 1/3 被沙漠吞噬。此外,华北地区每年有 1506km^2 耕地变成沙漠。中国气象局干旱气象研究所的韩永翔认为,不到 20 年,腾格里沙漠和巴丹吉林沙漠可能将合二为一。仅仅这 10 年,沙漠化就使中国付出高达 70 亿美元的经济代价(沙漠化困扰中国,见《参考消息》2007 年 8 月 15 日第十六版)。

18.2.4　沙漠化在海洋生态和人类生存之间的平衡

中国大陆约 27% 的陆地或者说 $267×10^4km^2$ 的土地受沙漠化影响，而且每年沙漠的新增面积为 $3464km^2$。

人类无法战胜自然。无论是种树、种草，保持水土流失，还是退耕还林，想恢复以前的陆地生态系统；在湿地面积的锐减下，大力改造河道、引用河水，试图恢复原来的湖泊和沼泽；或者引水灌溉，使受旱土地暂缓旱情，等待雨水的早日来到。实际上，这些方法和措施对于整个内陆地区的雨量减少是徒劳无益的。人类不断地向大气排放二氧化碳，使全球气候变暖。为了使大气二氧化碳的增长放慢，地球生态系统启动硅酸盐的补充机制。让内陆的土地长期干旱，雨量减少，河流干涸，土地干裂，沼泽和湖泊退化消失。最终，土地都沙漠化。在强风的吹动下，形成了龙卷风和沙尘暴，使沙尘在空气中运行。而且随着二氧化碳排放量加大，旱情更加严重，沙化面积更加扩大，使沙尘暴的面积、强度、次数都在增大。这样，沙漠化使海洋生态可持续发展。

人类为了改善生存环境，开始植树种草，停止开荒、过度放牧，将草场围栏保护起来。美国所采用的免耕、留茬、草田轮作、秸秆还田等均收到了显著的成效。日本采用在海岸沙丘防风林的保护下，对内侧的沙丘地开辟利用的模式，使流沙固定和沙丘地的改良利用密切结合，形成了一个完整的治理与利用体系。

中国政府为控制沙尘暴做出了艰苦卓绝的努力。自 1978 年以来，它展开了重建造混凝土工事喷洒固沙化学药品和种植数十亿株树组成绿色防护林带的一系列工程，以防止众多城市受北方沙漠的侵袭。韩国前驻中国大使权丙铉领导着一个叫作"韩中未来林"的组织，试图在内蒙古种植足够多的树木以减轻沙漠化。被中国誉为"沙漠绿化之父"的日本人、已故的远山正瑛进行了植树造林这一伟大事业，16 年前没有一棵树木的库布齐沙漠中部的恩格贝绿化工程取得进展，现在已成为一大观光旅游地的沙漠地区。远山先生的日本沙漠绿化实践协会、日本企业和民间非营利团体曾有 1 万多人来到这里，植树超过 300 万棵，总费用达 2000 万元人民币（中国尝试新法治理沙尘暴，见《参考消息》2007 年 5 月12 日第八版）。

国家林业局曾宣布，自 2000 年以来向北部地区的 70 多个固沙工程投入了 560 亿元资金。中国政府将在内蒙古投入 2.8 亿元资金用于防沙工程，主要工程包括植树、建造蓄水基础设施、将居民从退化的土地上迁走。为此，中国政府和人民对防止沙漠化的努力也变得非常积极。从 1998 年开始，通过植树造林活动，正式展开了防沙活动。到 2006 年为止，人工林已经占中国整个森林面积的一半左右。

中国环保团体"自然之友"表示:"去年一年期间,参加植树造林的人数累计达5.5亿人次,种植树木共达20亿棵"("森林木十"加剧土地沙漠化,见《参考消息》2007年4月17日第八版)。

人类在不断地治理沙漠,自然在不断地产生沙漠,于是,人类和自然在沙漠的扩大和缩小方面,进行着殊死搏斗。每年沙漠的新增面积在扩大,说明地球生态系统要从地球全局利益来考虑,而不能仅仅为人类利益来考虑。

18.2.5 结 论

人类不断地向大气排放二氧化碳,使得全球变暖,海洋水温上升。于是地球生态系统采用了营养盐硅的补充机制,通过海洋中浮游植物使大气的气温和水温降低,恢复平衡。那么,硅的补充给人类带来了沙漠化的灾难,但是相对全球变暖来说,这种灾难是微不足道的。当然,沙漠化使人类生存环境受到威胁,人类为了生存,要减少沙漠化对空气的污染和财产的损失以及田地的荒芜,进行防沙治沙工程的研究与治理。因此,在海洋生态与人类生存之间,人类在影响沙漠化的进程,充分应用经济杠杆使沙漠化的进程既维持了海洋生态系统又维持人类生存的状况,使得沙漠化在海洋生态与人类生存之间发挥更好的平衡和作用。

目前,硅的补充使沙漠化在不断地增强,沙漠的新增加面积在不断地扩大,旱情持续、频繁。人类无法抗衡沙漠化,人类无法改变地球生态系统的发展。但是,人类应该适应地球生态系统持续发展,从沙漠化的起因来减少、消除沙漠,并最大限度地利用资金的影响力。这样,沙漠化为海洋生态提供最大的硅量,使其可持续发展,同时,沙漠化给人类生存带来最小的威胁。那么,沙漠化在两者之间发挥更好的作用。

参 考 文 献

潘锋. 根治沙尘暴, 很难. 环球时报, 2007年04月06日, 第18版.

杨东方, 李宏, 张越美, 等. 2000. 浅析浮游植物生长的营养盐限制及其判断方法. 海洋科学, 24(12): 47-50.

杨东方, 高振会, 陈豫, 等. 2002. 硅的生物地球化学过程的研究动态. 海洋科学, 26(3): 35-36.

杨东方, 高振会, 崔文林, 等. 2007. 海洋生态和沙漠化的桥梁——沙尘暴. 科学研究月刊, 30(6): 1-5.

杨东方, 高振会, 孙培艳, 等. 2006a. 胶州湾水温和营养盐硅限制初级生产力的时空变化. 海洋科学进展, 24(2): 203-212.

杨东方, 高振会, 秦洁, 等. 2006b. 地球生态系统的营养盐硅补充机制. 海洋科学进展, 24(4): 407-412.

杨东方, 高振会, 王培刚, 等. 2006c. 营养盐硅和水温影响浮游植物的机制. 海洋环境科学, 25(1): 1-6.

杨小龙, 朱明远. 1990. 浮游植物营养代谢研究新进展. 黄渤海洋, 11(3): 65-72.

Armstrong F A J. 1965. Silicon. In: Riley J P, Skirrow G. Chemical Oceanography. London: Academic Press, 1: 132-154.

Bienfang P K, Harrison P J, Quarmby L M. 1982. Sinking rate response to depletion of nitrate, phosphate and silicate in fourine diatoms. Mar Biol, 67: 295-302.

Brzezinski M A. 1992. Cell-cycle effects on the kinetics of silicic acid uptake and resource competition among diatoms. Journal of Plankton Research, 14: 1511-1536.

Brzezinski M A, Olson R J, Chisholm S W. 1990. Silicon availability and cell-cycle progression in marine diatoms. Marine Ecology Progress Series, 67: 83-96.

Conley D J, Malone T C. 1992. Annual cycle of dissolved silicate in Chesapeake Bay: implications for the production and fate of phytoplankton biomass. Marine Ecology Progress Series, 81: 121-128.

Dugdale R C, Goering J J. 1967. Uptake of new and regenerated forms of nitrogen in primary productivity. Limnology and Oceanography, 12: 196-206.

Dugdale R C. 1972. Chemical oceanography and primary productivity in upwelling regions. Geoforum, 11: 47-61.

Dugdale R C. 1985. The effects of varying nutrient concentration on biological production in upwelling regions. CalCOFI Report, 26: 93-96.

Dugdale R C, Jones B H, Macclsaac J J, et al. 1981. Adaptation of nutrient assimilation.*In*: Platt T. Physiological bases of phytoplankton ecology. Canadian Bulletin of Fisheries and Agriculture Sciences, 210: 234-250.

Dugdale R C. 1983. Effects of source nutrient concentrations and nutrient regeneration on production of organic matter in coastal upwelling centers.*In*: Suess E, Thiede J. Coastal Upwelling. Washington: Plenum Press: 175-182.

Huang S G, Yang J D, Ji W D, et al. 1983. Proceedings of International Symposium on Sedimentation on the Continental Shelf with Special Reference to the Fast China Sea. Beijing: China Ocean Press: 241-249.

Humborg C, Lttekkot V, Cociasu A, et al. 1997. Effect of Danube river dam on Black Sea biogeochemistry and ecosystem structure. Nature, 386: 385-388.

Lewin J C. 1962. Silicification. *In*: Lewin R E. Physiology and biochemistry of the algae. London: Academic Press: 445-455.

Paytan A. 2000. Iron uncertainty. Nature, 406: 468-469.

Sakshaug E, Slagstad D, Holm-hansen O. 1991. Factors controlling the development of phytoplankton blooms in the Antarctic Ocean—a mathematical model. Marine Chemistry, 35: 259-271.

Spencer C P. 1975. The micronutrient elements. *In*: Riley J P, Skirrow G. Chemical Oceanography. London: Academic Press, 2: 245-300.

Stefánsoon U, Richards F A. 1963. Processes contributing to the nutrient distributions off the Columbia River and strait of Juan de Fuca. Limmol Oceanogr, 8: 394-410.

Toggweller J R. 1999. An ultimate limiting nutrient. Nature, 400: 511-512.

Turner R E, Rabalais N N. 1991. Changes in Mississippi River water quality this century-implications for coastal food webs. Science, 41: 140-147.

Wahby S D, Bishara N F. 1980. The effect of the River Nile on Mediterranean water, before and after the construction of the High Dam at Aswan. *In*: Martin J M, Burton J D, Eisma D. Proceedings of a SCOR Workshop on River Inputs to ocean systems, 26-30 March 1979, Rome, Italy. Paris: UNESCO: 311-318.

Yang D F, Chen Y, Gao Z H, et al. 2005a. Silicon limitation on primary production and its destiny in Jiaozhou Bay, China IV Transect offshore the coast with estuaries. Chin J Oceanol Limnol, 23(1): 72-90.

Yang D F, Gao Z H, Wang P G, et al. 2005b. Silicon limitation on primary production and its destiny in Jiaozhou Bay, China V Silicon deficit process. Chin J Oceanol Limnol, 23(2): 169-175.

Yang D F, Gao Z H, Zhang J, et al. 2004a. Examination of Daytime Length's Influence on Phytoplankton Growth in Jiaozhou Bay, China. Chin J Oceanol Limnol, 22(1): 70-82.

Yang D F, Gao Z H, Chen Y, et al. 2004b. Examination of Seawater Temperature's Influence on Phytoplankton Growth in Jiaozhou Bay, North China. Chin J Oceanol Limnol, 22(2): 166-175.

Yang D F, Zhang J, Gao Z H, et al. 2003a. Examination of silicate limitation of primary production in the Jiaozhou Bay, North China II. Critical value and time of silicate limitation and satisfaction of the phytoplankton growth. Chin J Oceanol Limnol, 21(1): 46-63.

Yang D F, Gao Z H, Chen Y, et al. 2003b. Examination of silicate limitation of primary production in the Jiaozhou Bay, North China III. Judgment method, rules and uniqueness of nutrient limitation among N, P, and Si. Chin J Oceanol Limnol, 21(2): 114-133.

Yang D F, Gao Z H, Yang Y B, et al. 2006. Silicon limitation on primary production and its destiny in Jiaozhou Bay, China

Ⅶ The Complementary mechanism of the earth ecosystem. Chin J Oceanol Limnol, 24(4): 401-412.

Yang D F, Wu J P, Chen S T, et al. 2007. The teleconnection between marine silicon supply and desertification in China. Chin J Oceanol Limnol, 25(1): 116-122.

Yang D F, Zhang J, Lu J B, et al. 2002. Examination of silicate limitation of primary production in the Jiaozhou Bay, North China Ⅰ. Silicate being a limiting factor of phytoplankton primary production. Chin J Oceanol Limnol, 20(3): 208-225.

第 19 章 北太平洋海洋生态系统的动力

北太平洋洋面广阔，北邻北冰洋，南以赤道为界，东濒北美洲，西临亚洲。在这样广阔的海洋中，海洋生态系统维持良好的持续发展，是研究关注的焦点。浮游植物是海洋生态系统的基础，浮游植物的优势种在一般海域是硅藻，而营养盐硅对于硅藻生长是必不可少的。研究发现，在海洋生态系统中，营养盐硅是全球浮游植物生长的限制因子（杨东方等，2008）。因此，营养盐硅对海洋生态系统的可持续发展有着重要的作用。本章研究在北太平洋水域，如何维持向大海提供大量的硅，使浮游植物生长保持其稳定性和持续性。根据营养盐硅对浮游植物生长的影响过程和浮游植物的生理特征和其集群结构变化特点以及硅的输入过程和硅的生物地球化学过程，作者提出了北太平洋水域营养盐硅的提供系统，阐明北太平洋海洋生态动力是硅，为人类的生存和全球生态的可持续发展提供了科学依据。

19.1 北太平洋硅限制时间

在北太平洋，旺盛生长的浮游植物在北太平洋的边缘上，即沿着北太平洋的海岸线生长。因为远离近岸，浮游植物生长受到硅的限制，导致了浮游植物集群减少，初级生产力降低（Yang et al.，2002，2003a，2003b；杨东方等，2004，2006a，2006d）。这样，选择了在北太平洋的边缘上纬度适中的胶州湾，来考察胶州湾海域中硅对浮游植物生长的影响。

通过北太平洋盆地边缘上的一个海域——胶州湾海域，来展示北太平洋的浮游植物生长和浮游植物集群结构变化与硅的亏损过程和限制时间。

19.1.1 种 群 结 构

对全球海域浮游植物的结构进行分析，发现浮游植物种群结构以硅藻和甲藻两大类为主，而硅藻是浮游植物的主体，以中国近海的海湾生态中浮游植物的组成为例，发现硅藻在浮游植物中占80%～99%，甲藻在浮游植物中占1%～20%，其他藻类仅仅占1%～5%（杨东方等，2008）。根据光照、水温、营养盐对浮游植物生长影响的研究结果（杨东方等，2007a）和营养盐 N、P、Si 的生物地球过程，发现营养盐 Si 决定浮游植物生长的生理特征和其集群结构的改变过程，揭示了硅藻与甲藻相互交替的变化过程（杨东方等，2008）。

在全球海域，硅是浮游植物生长和浮游植物集群结构变化的主要发动机，水温是浮游植物生长和浮游植物集群结构变化的次要发动机（杨东方等，2006a）。

在胶州湾，硅藻的总生物量几乎就是胶州湾浮游植物的总量，非硅藻的总生物量相对可以忽略。非硅藻的初级生产力（主要是鞭毛藻）占整个胶州湾的初级生产力不超过 5%，这样，硅藻的初级生产力几乎就是胶州湾浮游植物的初级生产力。以中国近海的海湾生态中，如胶州湾的浮游植物的组成（杨东方等，2006b，2010）为例，通过其缩影展示全球浮游植物的组成，当然也展示了北太平洋的浮游植物组成。因此，营养盐硅在北太平洋海域限制浮游植物的生长。

19.1.2　硅的重要性

海水中可溶性无机硅是海洋浮游植物所必需的营养盐之一，硅酸盐与硅藻的结构和新陈代谢有着密切的关系，并且控制浮游植物的生长过程（Dugdale，1972，1983，1985；Dugdale and Goering，1967；Dugdale et al.，1981，1995；Sakshaug et al.，1991）。在浮游植物水华形成中硅酸盐起着核心的作用（Conley and Malone，1992）。硅限制浮游植物的初级生产力（Yang et al.，2002，2003a，2003b，2004a，2004b，2005a，2005b，2006c）。没有硅，硅藻瓣是不能形成的，而且细胞的周期也不会完成（Brzezinski et al.，1990；Brzezinski，1992），硅藻对硅有着绝对的需要（Lewin，1962）。营养盐硅是浮游植物生长的主要发动机，对浮游植物生长的影响是强烈的、迅速的（杨东方等，2006c，2006d）。

含硅岩石风化和含硅土壤流失，使硅溶解于水并随陆地径流输送到河口和海洋中。通过硅藻的吸收，硅进入了生物体。死亡的硅藻和摄食硅藻的浮游动物的排泄物离开真光层沉降到海底，硅离开了海水表层沉降到海底。因此，硅通过这样一个亏损过程：河流输入（起源）→ 浮游植物吸收和死亡（生物地球化学过程）→ 沉降海底（归宿），展现了沧海变桑田的缓慢过程（Yang et al.，2002，2005a，2005b）。每当输入大量的营养盐硅，浮游植物的初级生产力都会出现高峰值，有时有水华产生。由于浮游植物吸收大量的硅，海水中硅的含量大幅度降低（Armstrong et al.，1965；Spencer，1975），另外，由于硅的缺乏，浮游植物的生长受到严重的限制，产生了高的沉降率（Bienfang et al.，1982）。这样，保持了海洋中营养盐硅的平衡、浮游植物生长的平衡（杨东方等，2002）。硅的输运过程和生物地球化学过程（杨东方等，2006d）确定了在全球海域具有以下特征：当垂直远离具有硅酸盐来源的近岸时，硅酸盐浓度逐渐下降。

19.1.3　浮游植物的硅限制

雨季的变化决定胶州湾硅酸盐浓度的变化（Yang et al.，2004a，2004b），硅酸盐浓度的变化影响一年中浮游植物的数量变化（杨东方等，2004）。在胶州湾，从 11 月 13 日至翌年的 5 月 22 日，浮游植物的生长一直受到硅的限制（Yang et al.，2002，2003a，2004a，2004b），这个结果与浮游植物在每年 4～5 月的细胞数量是一年中最少的观察结果相一致。根据硅酸盐浓度的变化，认为这是由于长时间（一年中的 6 个月 5 天）营养盐硅的缺乏造成了胶州湾浮游植物得不到高值的初级生产力的补充，故在一年中胶州湾浮游植物的细胞数量在 4～5 月是最低的。胶州湾浮游植物对硅的需要非常强烈，而且对硅变化的灵敏度很高，反应迅速，这也揭示了浮游植物的生长依赖硅的动态变化全过程（杨东方等，2004，2006d）。

19.1.4　北太平洋的硅补充

通过胶州湾陆源提供的硅酸盐浓度变化，可以认为在北太平洋的边缘上，即沿着北太平洋的海岸线上，这些近岸的水域硅酸盐浓度变化是由近岸的陆源提供的。当雨季结束了，通过硅的生物地球化学过程，陆源提供的硅酸盐浓度就消耗尽了。通过水域硅的输运过程，远离近岸，浮游植物生长受到硅的限制，导致了浮游植物集群减少，初级生产力降低（Yang et al.，2002，2003a，2003b，2006c；杨东方等，2004，2006a，2006d）。因此，在北太平洋的近岸水域，从秋天的雨季结束（11 月）至春天的雨季开始（5 月）之前，硅都限制浮游植物的生长。例如，在胶州湾水域，从 11 月 13 日至翌年的 5 月 22 日，硅限制浮游植物的生长。在北太平洋的远离近岸水域，浮游植物生长一直都受到硅的限制。

根据作者提出的地球生态系统的营养盐硅补充机制（Yang et al.，2002；杨东方等，2006d）：通过近岸的洪水、大气的沙尘暴和海底的沉积物向缺硅的水体输入大量的硅。这样，由陆地、大气、海底三种途径将陆地的硅输入大海中，满足浮游植物的生长。在陆地的近岸地区和流域盆地，在没有雨季的长时期内，就没有充足的洪水和河流向大海的水体输入大量的硅。这样，在没有雨季的长时期内，一方面，在海面上，只有寒潮通过海底的沉积物，向大海的水体输入大量的硅；另一方面，在内陆地区，沙尘暴通过大气的输送，向大海的水体输入大量的硅。

19.2　北太平洋硅输入方式

通过李培等（2002）的研究结果，作者对沙尘暴从中国内陆起源到北太平洋归宿的运输工具——北太平洋的季风进行分析，认为北太平洋的季风变化十分显著，对沙尘暴的运输起到了重要作用。

19.2.1　风场的方向

每年 10 月至翌年 3 月为最强烈的冬季季风季节，尤以 1 月最强盛。1 月在北太平洋西部吹很强的北—西风，风向频率为 50%以上；日本海、黄海以东的洋面盛行西北风，风向频率为 50%～60%；北纬 25°～50°中纬度广阔的洋面为盛行西风带，风向频率为 40%～50%（李培等，2002）。

通过冬季的风向，作者发现在北太平洋的中国一侧，季风通过大气由陆地向海洋进行输送，而且在北太平洋西部吹很强的北—西风，风向频率为 50%以上，甚至在日本海、黄海以东的洋面盛行西北风，以及北纬 25°～50°中纬度广阔的洋面都盛行西风带。这表明在 10 月至翌年 3 月，从中国到北太平洋，季风的输送是强劲的、面广的、经常的。季风都展现了通过大气由陆地向海洋的输送。

19.2.2　风场的速度

每年 10 月至翌年 3 月冬季季风期间，平均风速一般为 7～12m/s，6 级以上大风频率为 5%～15%，8 级以上大风频率为 0～15%。1 月 12m/s 以上的大风范围在北纬 36°～42°、东经 162°～176°海域，北太平洋大部分海域（北纬 30°以北）平均风速达 10m/s，6 级以上大风频率大于 40%，8 级以上大风频率为 5%～10%（李培等，2002）。

在 10 月至翌年 3 月，作者发现从中国到北太平洋，季风的输送是强劲的、经常的。

19.2.3　风场的时间

4～5 月为冬季季风转入夏季季风的过渡季节，大于 10m/s 的大风区域逐渐缩小。9～10 月为夏季风转入冬季风的转换季节，10 月，北纬 30°以北洋面风速逐渐增大，进入冬季风时期（李培等，2002）。

这表明在 11 月的雨季结束之前，北太平洋的季风已经成为冬季季风。在翌年

5月雨季开始时，北太平洋的季风在4～5月转入夏季季风。作者发现北太平洋的季风与北太平洋边缘的雨季在时间上密切衔接，顺利完成近岸洪水和河流的输送与大气的输送之间的相互转换，一直保持向大海的水体输入大量的硅。

19.2.4　风场的季节

冬季风稳定而强盛，持续时间长、范围大。夏季风较弱，持续时间短，稳定性较差。北太平洋全年各月平均风速最大为＞12m/s，出现在1月；最小风速为5m/s，出现在7月。全年平均风速≥6级、≥8级大风频率以冬季最大，夏季最小（李培等，2002）。

这表明季风的季节变化十分显著。作者发现在冬季，当没有陆源向北太平洋提供硅时，冬季风却稳定而强盛，持续时间长、范围大，它向北太平洋提供了稳定的、持续的、长时间的、大范围的大量硅。当雨季来临后，由陆源通过洪水和河流向北太平洋提供了稳定的、持续的、长时间的、近岸范围的大量硅时，就不需要季风提供输送了，于是，夏季风就变得较弱、持续时间短、稳定性较差。这说明季风在大气输送硅的作用也在变化。

19.3　北太平洋硅来源

19.3.1　易　发　区

沙尘暴天气易发区西起新疆喀什，东至陕西榆林，北起新疆富蕴、内蒙古海力素，南到和田、格尔木、吴起一线，东西呈带状分布（韩茂莉和程龙，2002）。沙尘暴天气多发生在七大沙漠及边缘地区：在古尔班通古特沙漠、塔克拉玛干沙漠、库母塔格沙漠、柴达木盆地沙漠、巴丹吉林沙漠、腾格里沙漠、乌兰布沙漠和毛乌素沙地周围（徐启松和胡敬松，1996）。

中国总面积的18%已变成沙漠，而10%左右的土地已经变成连草也不能正常生长的荒地。由此可见，中国为沙尘暴的来源提供了广阔的面积。

19.3.2　时间和强度

根据1952年4月9日至1994年4月9日强沙尘暴和特强沙尘暴的时间和强度（韩茂莉和程龙，2002），作者建立表19-1。

通过沙尘暴的时间和强度可知：从1952年4月9日至1994年4月9日，在

表 19-1　强沙尘暴和特强沙尘暴的时间和强度

沙尘暴类型或比例	3	4	5	6	7	11
沙尘暴/次	7	20	13	5	2	1
强沙尘暴/次	4	10	5	3	2	1
特强沙尘暴/次	3	10	8	2	0	0
特强沙尘暴/沙尘暴（%）	57.14	50.00	61.53	40.00	0.00	0.00

这 42 年期间，3 月、4 月、5 月，沙尘暴发生的次数比较多，其中 4 月最多；3 月、4 月、5 月沙尘暴最为严重，强度很大，特强沙尘暴占 50.00%~61.53%，其中 5 月最强烈，特强沙尘暴占 61.53%。6 月、7 月和 11 月沙尘暴的次数就比较少，7 月和 11 月特强沙尘暴就没有。

每年的 3 月、4 月、5 月，沙尘暴发生的频率和强度在不断地加强。2005 年的春季，在中国甘肃民勤县，发生的沙尘暴达到 9 级大风，其风速是 20m/s，目力不足 10m，持续了 8h。这是自从 1993 年以来，最大的沙尘暴（杨东方等，2007b）。

在天空，2010 年 3 月 20 日，中国的严重沙尘暴天气在空中形成一个巨大的球状沙尘带，整体构成一个逗号的形状（卫星图像，2010 年）。在地面，2010 年 3 月 22 日，又一场沙尘暴侵袭 16 个省份约 2.7 亿人，距离上一场沙尘暴仅仅间隔 1 天（治理沙尘暴，2010 年）。沙尘暴的强度大、覆盖面积广，从天空到地面整个空间都被沙尘覆盖和填充。而且，美国西部各州也会受到从中国沙漠卷起后吹过太平洋的沙尘影响（卫星图像，2010 年）。因此，沙尘也覆盖了整个太平洋。

19.3.3　沙　漠　化

通过 1959 年、1983 年和 1992 年三个时期的航片，对塔里木河的下游阿拉干地区沙漠化过程进行分析，1959 年为 1371.2km^2，1992 年增加至 1487.3km^2，30 多年增加了 116km^2（韩茂莉和程龙，2002），结果表明：沙漠化土地面积在不断地增加。

中国大陆约 27% 的陆地，或者说 267×10^{4}km^2 的土地受沙漠化影响，而且中国从 20 世纪 90 年代开始，每年有 3500km^2 的土地发生沙漠化或已变成沙漠（杨东方，2007c）。因此，中国大陆沙漠化的逐年增强和沙化面积的逐年扩大，为沙尘暴的次数增加和强度猛烈提供了强有力的支持。

19.4 北太平洋海洋生态系统动力

19.4.1 亏硅状况

在北太平洋的近岸水域，从秋天的雨季结束（11 月）到春天的雨季开始（5月）之前，没有充足的洪水和河流向北太平洋近岸的水体输入大量的硅。于是，在这期间，硅都限制浮游植物的生长。例如，在胶州湾水域，从 11 月 13 日至翌年 5 月 22 日，硅限制浮游植物的生长。在北太平洋的远离近岸水域，根据作者提出的硅亏损过程（Yang et al.，2002，2005a，2005b），浮游植物生长一直都受到硅的限制。

19.4.2 输送系统

根据作者提出的地球生态系统的营养盐硅补充机制（Yang et al.，2003a；杨东方等，2006f），在北太平洋的近岸水域，当海洋生态系统缺硅严重时，一定有一个系统为北太平洋水域提供大量的硅，作者将这个系统称为北太平洋水域营养盐硅的提供系统（图 19-1）。这个系统由硅的来源地点、上升动力、平移动力和下降地点组成，即由中国大陆沙漠、沙尘暴、北太平洋季风和北太平洋组成。这个系统经过的路径：陆地→陆气→大气→气水→北太平洋，于是，形成了陆→气→水的通道。这个通道借助于上升动力和平移动力将硅从硅的来源地（中国大陆沙尘暴）送到硅的目的地（北太平洋）。剖析这个系统通道，展示输送硅的时间和通量。

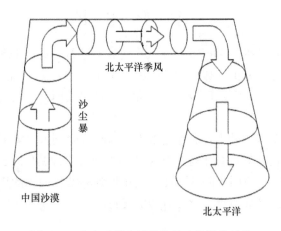

图 19-1 北太平洋水域营养盐硅的提供系统

（1）系统的通道起点：硅的来源地点是中国大陆。有沙漠面积 174 万 km²，每年沙化面积为 3500km²，为输送大量的硅提供了充足的来源。

（2）系统的上升通道：上升动力是沙尘暴。3 月、4 月、5 月，沙尘暴发生的次数多、强度大，其中 4 月次数最多，5 月强度最大。

（3）系统的平移通道：平移动力是北太平洋季风。在 10 月至翌年 3 月，从中国到北太平洋，季风的输送是强劲的、面广的、经常的。而且季风都展现了通过大气由陆地向海洋的输送。

（4）系统的通道终点：硅的下降地点是北太平洋。沙尘暴的强度大，覆盖面积广，从天空到地面整个空间都被沙尘覆盖和填充。因此，沙尘也覆盖了整个太平洋，甚至吹过太平洋到美国西海岸。

北太平洋水域的营养盐硅提供系统，为北太平洋海洋生态系统提供了动力。

19.4.3　生 态 动 力

在整个北太平洋水域，无论是在近岸水域还是远离近岸水域，从秋天的雨季结束（11 月）到春天的雨季开始（5 月）之前，浮游植物生长都受到硅的限制。而作者提出的这个系统，在没有雨季期间，向整个北太平洋水域提供了大量的硅。

在秋天雨季结束（11 月）后，硅就开始缺乏，一直到春天的雨季开始（5 月）后，硅才开始充足。在缺少硅的期间，系统的平移通道就开始运行，从 10 月一直至翌年的 3 月，而且输送是强劲的、面广的、经常的。在这期间，只要有沙尘暴，就可以被输送到北太平洋。如果有猛烈的沙尘暴，系统的平移通道尽可能将这些沙尘送向大海的近岸水域，有时送到远离近岸水域。从中国沙漠区上升的沙尘，被系统的平移通道一直输送到黄海和东海，到太平洋中心，甚至太平洋东岸。

在北太平洋水域，从秋天的雨季结束（11 月）至春天的雨季开始（5 月）之前，硅都限制浮游植物的生长，这个时期有 6～7 个月都受到硅的限制。由于长时间营养盐硅的缺乏，造成了浮游植物的细胞数量在 3 月、4 月、5 月是一年中最低的，也就是，3 月、4 月、5 月是营养盐硅缺乏最严重的时期。3 月、4 月、5 月正是系统的上升通道加大力度、提高运行能力的时候。3 月、4 月、5 月，沙尘暴次数多、强度大，尤其在雨季来临之前的 4 月和 5 月，北太平洋水域极度缺乏硅，沙尘暴 4 月次数最多，5 月强度最大，给北太平洋水域最大的硅补充。这表明上升通道与硅的缺乏在时间上紧密配合，其运行能力与硅缺乏的严重程度相一致。

在北太平洋水域，当 5 月雨季来临后，有陆源通过洪水和河流向北太平洋提供了稳定的、持续的、长时间的、近岸范围的大量硅。在 11 月的雨季结束之前，北太平洋的季风已经成为冬季季风。作者发现在冬季，当没有陆源向北太平洋提供硅时，冬季风却稳定而强盛，持续时间长、范围大，它向北太平洋提供了稳定的、持续的、长时间的、大范围的大量硅。在第二年的5月雨季开始时，北太平洋的季风在4～5月转入夏季季风。这时，在夏季有陆源向北太平洋提供硅时，就不需要季风提供输送了。于是，夏季季风就变得较弱、持续时间短、稳定性较差。由此可见，北太平洋的季风与北太平洋边缘的雨季在时间上密切相嵌，顺利完成近岸洪水和河流的输送与大气的输送之间的相互转换，一直保持向大海的水体输入大量的硅。

19.4.4 沙漠化的原因

在沿海的海湾、河口和沿岸水域，近岸工业地区日益增多，城市扩展加快，人口激增。工业废水和城市生活污水大量排放到海洋中，大量的氮、磷被输送到海洋中，而硅则保持年周期变化，相对减少硅的输送（杨东方等，2001，2002）。这样，相对于氮、磷的输送量，硅的相对输送量在减少。

胶州湾的硅酸盐浓度与径流输送的硅酸盐浓度、雨季的长短以及胶州湾的周围盆地雨量有关，硅主要来自于河流的输入（杨东方等，2001；Yang et al.，2002，2003a，2003b，2005a，2005b）。许多大坝建设以后，硅浓度下降（Turner and Rabalais，1991），并且导致输送到海洋的硅量减少。埃及的尼罗河（Wahby and Bishara，1980）、美国的密西西比河（Turner and Rabalais，1991）、欧洲的多瑙河（Humborg et al.，1997）和中国的大沽河（Yang et al.，2005a，2005b）输送到海洋的硅量减少。这样，河流的筑坝和截流，使得输送硅的能力下降，甚至由于断流而没有硅的输送，硅的绝对输送量在减少。

在人类活动的影响下，硅的相对输送量和硅的绝对输送量都在减少，导致营养盐硅的限制显得更加突出（杨东方等，2000，2001；Yang et al.，2002，2003a，2003b，2005a，2005b）。

目前，输送到海洋的硅量减少，那么，北太平洋硅的缺乏在严重加剧。为了北太平洋海洋生态系统的健康发展，作者提出的北太平洋水域营养盐硅的提供系统必须要有充足的硅源和强大的上升动力，这样才能充分保证这个系统的正常运行。

1）要有充足的硅源，就是需要硅源的面积扩大

首先，使内陆成为干旱区。长期干旱缺雨，地表土壤干燥化、颗粒化，于是，在内陆形成了沙漠化。其次，旱情进一步严重，沙化面积更加扩大。这样，沙漠化逐年增强，沙化的面积逐年扩大。

2）强大的上升动力，就是系统上升通道的运行能力增强

为了将更多沙尘送到天空，就要加强系统的上升动力。于是，沙尘暴的强度增大，次数增多，密度增加，能见度降低。这样，沙尘暴时间延长，空间变大。形成了遮天蔽日、持续数日的沙尘暴。

通过以上两个条件，导致了这样的结果：使内陆的气候干旱，使陆地沙漠化。例如，在 1992 年，中国西北部的居延海有大片湖泊和沼泽。由于长期干旱缺雨，到 2002 年已经成为一片沙漠，环境的迅速变化令人吃惊。然而这样的过程和结果，为内陆经过大气向海洋输送硅铺平道路。

19.5　结　　论

通过北太平洋盆地边缘上的一个海域——胶州湾海域，来展示胶州湾海域硅的重要性、硅的输入过程和生物地球化学过程以及硅限制浮游植物的时间，揭示了在北太平洋的近岸水域，从秋天的雨季结束（11 月）到春天的雨季开始（5 月）之前，硅都限制浮游植物的生长，在北太平洋的远离近岸水域，浮游植物生长一直都受到硅的限制。

探讨北太平洋气压场、风场变化的基本特点和规律与中国的沙尘暴发生、频率和强度，作者提出了北太平洋水域营养盐硅的提供系统。这个系统是由硅的来源地点、上升动力、平移动力和下降地点组成，即由中国大陆沙漠、沙尘暴、北太平洋季风和北太平洋组成。当北太平洋营养盐硅缺少时，这个系统就向北太平洋的水体输入大量的硅，来维持北太平洋海洋生态系统的良好发展。

在北太平洋水域，北太平洋的季风与北太平洋边缘的雨季在时间上密切相嵌，顺利完成近岸洪水和河流的输送与大气的输送之间的相互转换，一直保持向大海的水体输入大量的硅。而且，沙尘暴与北太平洋硅的缺乏在时间上紧密配合，其强度大小与硅缺乏的严重程度相一致。为了抵消人类活动带来的结果：无论硅的相对输送量还是硅的绝对输送量，输送到海洋的硅量都在减少，作者提出的北太平洋水域营养盐硅的提供系统提高了运行能力，要有充足的硅源和强大的上升动力，造成的结果：内陆成为干旱区，沙化的面积逐年扩大，沙尘暴的强度增大，时间延长。这也证实了三大补充机制：地球生态系统的营养盐硅补充机制（杨东方等，2006f）、地球生态系统的气温和水温补充机制（杨东方，2007c）、地球生态系统的碳补充机制（杨东方等，2009）。

在中国内陆地区，形成了长期的干旱气候，沙漠化面积和扩展速度都在加大，沙尘暴面积、强度、次数都在增大。从人类的角度，每年都给中国造成严重的破坏，它不仅摧毁价值数以百万元计的财物，而且给数百万人的日常生活带来不便，

给中国社会经济可持续发展带来严重的环境公害。于是，中国向北部地区的固沙和防沙工程投入了数万亿元资金，主要工程包括植树、建造蓄水基础设施，将居民从退化的土地上迁走。从地球的角度，在北太平洋海域中，当海洋生态系统缺硅严重时，引起浮游植物生理特征的变化和浮游植物结构的变化，造成浮游植物死亡的趋势。由于浮游植物是生态系统能量流动和食物链的基础，营养盐硅的缺乏将会引起食物链发生巨大变化，海洋生态系统遭到毁灭性打击，如会造成各种生物绝迹和变异。

沙漠化为海洋生态提供可持续发展，同时，沙漠化又威胁人类生存（杨东方等，2007c）。那么，在海洋生态与人类生存之间，沙漠化的进程非常重要，既维持了海洋生态系统又维持人类生存的状况，这需要人类制定相应的政策和战略来保持其平衡。因此，人类的政策和战略，不仅要从人类的角度，有益于人类的健康生存，而且也要从地球的角度，有利于地球生态系统的持续发展，这样，才能使人类最终更好地生活和生存下去。

参 考 文 献

韩茂莉, 程龙. 2002. 大漠狂风——沙尘暴历史、现实的思考. 太原: 山西人民出版社.

李培, 欧阳天宝, 俞慕耕. 2002. 北太平洋风场特点. 海洋预报, 19(2): 41-46.

卫星图像揭示上周末沙尘暴成因. 参考消息, 2010 年 3 月 25 日, 第 7 版.

徐启松, 胡敬松. 1996. 我国西北地区沙尘暴天气时空分布特征分析. 中国减灾, 6(3): 42-46.

杨东方, 李宏, 张越美, 等. 2000. 浅析浮游植物生长的营养盐限制及其判断方法. 海洋科学, 24(12): 47-50.

杨东方, 张经, 陈豫, 等. 2001. 营养盐限制的唯一性因子探究. 海洋科学, 25(12): 49-51.

杨东方, 高振会, 陈豫, 等. 2002. 硅的生物地球化学过程的研究动态. 海洋科学, 26(3): 35-36.

杨东方, 王凡, 高振会, 等. 2004. 胶州湾的浮游藻类生态现象. 海洋科学, 28(6): 71-74.

杨东方, 高振会. 2006. 海湾生态学. 北京: 中国教育文化出版社: 1-291.

杨东方, 高振会, 孙培艳, 等. 2006a. 胶州湾水温和营养盐硅限制初级生产力的时空变化. 海洋科学进展, 24(2): 203-212.

杨东方, 高振会, 马媛, 等. 2006b. 胶州湾环境变化对海洋生物资源的影响. 海洋环境科学, 25(4): 89-96.

杨东方, 高振会, 秦洁, 等 2006c. 地球生态系统的营养盐硅补充机制. 海洋科学进展, 24(4): 407-412.

杨东方, 高振会, 王師刚, 等. 2006d. 营养盐硅和水温影响浮游植物的机制. 海洋环境科学, 25(1): 1-6.

杨东方, 陈生涛, 胡均, 等. 2007a. 光照、水温和营养盐对浮游植物生长重要影响大小的顺序. 海洋环境科学, 26(3): 201-207.

杨东方, 高振会, 崔文林, 等. 2007b. 海洋生态和沙漠化的桥梁——沙尘暴. 科学研究月刊, 30(6): 1-5.

杨东方, 高振会, 黄宏, 等. 2007c. 沙漠化与海洋生态和人类生存的关系. 荒漠化防治与植被恢复生态工程新技术交流学术研讨会论文集. 北京: 环境出版社. 10-17.

杨东方, 吴建平, 曲延峰, 等. 2007d. 地球生态系统的气温和水温补充机制. 海洋科学进展, 25(1): 117-122.

杨东方, 于子江, 张柯, 等. 2008. 营养盐硅在全球海域中限制浮游植物的生长. 海洋环境科学, 27(5): 547-553.

杨东方, 殷月芬, 孙静亚, 等. 2009. 地球生态系统的碳补充机制. 海洋环境科学, 28(1): 100-107.

杨东方, 苗振清, 高振会. 2010. 海湾生态学(上、下). 北京: 海洋出版社: 1-650.

治理沙尘暴还需加强国际合作. 环球时报, 2010 年 3 月 23 日, 第 15 版.

Armstrong F A J. 1965. Silicon. *In*: Riley J P, Skirrow G. Chemical Oceanography. London: Academic Press, 1: 132-154.

Bienfang P K, Harrison P J, Quarmby L M. 1982. Sinking rate response to depletion of nitrate, phosphate and silicate in fourine diatoms. Mar Biol, 67: 295-302.

Brzezinski M A. 1992. Cell-cycle effects on the kinetics of silicic acid uptake and resource competition among diatoms. Journal of Plankton Research, 14: 1511-1536.

Brzezinski M A, Olson R J, Chisholm S W. 1990. Silicon availability and cell-cycle progression in marine diatoms. Marine Ecology Progress Series, 67: 83-96.

Conley D J, Malone T C. 1992. Annual cycle of dissolved silicate in Chesapeake Bay: implications for the production and fate of phytoplankton biomass. Marine Ecology Progress Series, 81: 121-128.

De Master D J. 1981. The supply and accumulation of silica in the marine environment. Geochimica et Cosmochimica Acta, 45: 1715-1732.

Dugdale R C. 1972. Chemical oceanography and primary productivity in upwelling regions. Geoforum, 11: 47-61.

Dugdale R C. 1983. Effects of source nutrient concentrations and nutrient regeneration on production of organic matter in coastal upwelling centers. In: Suess E, Thiede J. Coastal Upwelling. Washington: Plenum Press: 175-182.

Dugdale R C. 1985. The effects of varying nutrient concentration on biological production in upwelling regions. CalCOFI Report, 26: 93-96.

Dugdale R C, Goering J J. 1967. Uptake of new and regenerated forms of nitrogen in primary productivity. Limnology and Oceanography, 12: 196-206.

Dugdale R C, Jones B H, Macclsaac J J, et al. 1981. Adaptation of nutrient assimilation. In: Platt T. Physiological bases of phytoplankton ecology. Canadian Bulletin of Fisheries and Agriculture Sciences, 210: 234-250.

Dugdale R C, Wilkerson F P, Minas H J. 1995. The role of a silicate pump in driving new production. Deep-Sea Res(I), 42(5): 697-719.

Huang S G, Yang J D, Ji W D, et al. 1983. Proceedings of International Symposium on Sedimentation on the Continental Shelf with Special Reference to the Fast China Sea. vol. 1. Beijing: China Ocean Press: 241-249.

Humborg C, Lttekkot V, Cociasu A, et al. 1997. Effect of Danube river dam on Black Sea biogeochemistry and ecosystem structure. Nature, 386: 385-388.

Lewin J C. 1962. Silicification. In: Lewin R E. Physiology and biochemistry of the algae. London: Academic Press: 445-455.

Nelson D M, Treguer P, Brzezinski M A, et al. 1995. Production and dissolution of biogenic silica in the ocean: revised global estimates, comparison with regional data and relationship to biogenic sedimentation. Global Biogeochemistry Cycle, 9: 359-372.

Sakshaug E, Slagstad D, Holm-hansen O. 1991. Factors controlling the development of phytoplankton blooms in the Antarctic Ocean- a mathematical model. Marine Chemistry, 35: 259-271.

Smetacek V. 1999. Bacteria and silica cycling. Nature, 397: 475-476.

Spencer C P. 1975. The micronutrient elements. In: Riley J P, Skirrow G. Chemical Oceanography. London: Academic Press, 2: 245-300.

Stefánsoon U, Richards F A. 1963. Processes contributing to the nutrient distributions off the Columbia River and strait of Juan de Fuca. Limmol Oceanogr, 8: 394-410.

Treguer P, Nelson D M, Van Bennekom A J, et al. 1995. The silica balance in the world ocean: a reestimate. Science, 268: 375-379.

Treguer P, Van Bennekom A J. 1991. The annual production of biogenic silica in the Antarctic Ocean. Marine Chemistry, 35: 477-487.

Turner R E, Rabalais N N. 1991. Changes in Mississippi River water quality this century-implications for coastal food webs. Science, 41: 140-147.

Van Bennekom A J, Berger G W, Van dergaast S J, et al. 1988. Primary productivity and the silica cycle in the Southern Ocean. Paleogeography, Paleoclimatology, Paleoecology, 67: 19-30.

Wahby S D, Bishara N F. 1980. The effect of the River Nile on Mediterranean water, before and after the construction of the High Dam at Aswan. In: Martin J M, Burton J D, Eisma D. Proceedings of a SCOR Workshop on River Inputs to ocean systems, 26-30 March 1979, Rome, Italy. UNESCO, Paris: 311-318.

Yang D F, Zhang J, Lu J B, et al. 2002. Examination of silicate limitation of primary production in the Jiaozhou Bay, North China Ⅰ.Silicate being a limiting factor of phytoplankton primary production. Chin J Oceanol Limnol, 20(3): 208-225.

Yang D F, Zhang J, Gao Z H, et al. 2003a. Examination of silicate limitation of primary production in the Jiaozhou Bay, North China Ⅱ. Critical value and time of silicate limitation and satisfaction of the phytoplankton growth. Chin J Oceanol Limnol, 21(1): 46-63.

Yang D F, Gao Z H, Chen Y, et al. 2003b. Examination of silicate limitation of primary production in the Jiaozhou Bay, North China Ⅲ. Judgment method, rules and uniqueness of nutrient limitation among N, P, and Si. Chin J Oceanol Limnol, 21(2): 114-133.

Yang D F, Gao Z H, Zhang J, et al. 2004a. Examination of Daytime Length's Influence on Phytoplankton Growth in Jiaozhou Bay, China. Chin J Oceanol Limnol, 22(1): 70-82.

Yang D F, Gao Z H, Chen Y, et al. 2004b. Examination of Seawater Temperature's Influence on Phytoplankton Growth in Jiaozhou Bay, North China. Chin J Oceanol Limnol, 22(2): 166-175.

Yang D F, Chen Y, Gao Z H, et al. 2005a. Silicon limitation on primary production and its destiny in Jiaozhou Bay, China Ⅳ Transect offshore the coast with estuaries. Chin J Oceanol Limnol, 23(1): 72-90.

Yang D F, Gao Z H, Wang P G, et al. 2005b. Silicon limitation on primary production and its destiny in Jiaozhou Bay, China Ⅴ Silicon deficit process. Chin J Oceanol Limnol, 23(2): 169-175.

Yang D F, Gao Z H, Sun P Y, et al. 2006a. Silicon limitation on primary production and its destiny in Jiaozhou Bay, China Ⅵ The ecological variation process of the phytoplankton. Chin J Oceanol Limnol, 24(2): 186-203.

Yang D F, Gao Z H, Yang Y B, et al. 2006b. Silicon limitation on primary production and its destiny in Jiaozhou Bay, China Ⅶ The Complementary mechanism of the earth ecosystem. Chin J Oceanol Limnol, 24(4): 401-412.

第20章 海洋生态变化对气候及农作物的影响

近百年来由于工业的发展导致大气 CO_2 等气体浓度的增高,造成"温室效应",并导致地球暖化,气温明显上升。全球变暖导致的气候恶化在威胁着人类的生存,全球气温和水温的上升,风暴潮的增加,内陆干旱,暴风雨、洪水频繁发生,给人类的粮食作物带来了严重挑战。本章从地球生态系统的硅补充机制出发(杨东方等,2006a,2006b;Yang et al.,2006),以大气 CO_2 的变化过程(何强等,1993;杨鸣等,2005)、海洋浮游植物和其集群结构(杨东方等,2004;钱树本等,1983;Yang et al.,2002,2003b)以及硅的生物地球化学过程(Yang et al.,2005a,2005b;杨东方等,2002)的理论为依据,研究了气候变化(Vitousek,1994;Walker and Steffen,1999;林光辉,1995)、灾害发生(Houghton,1994)、气温和水温升高(Houghton et al.,1990;王绍武,1990;杨鸣等,2005)、大气 CO_2 增多(何强等,1993;杨鸣等,2005)、除去 CO_2 的浮游植物生长(Adina,2000;Toggweller,1999)以及控制浮游植物的硅的变化过程和特征(Yang et al.,2002,2003b,2005a,2005b),提出了未来气候变化范围和趋势及其对农作物的影响,并结合海洋生态系统和陆地生态系统,为中国在未来气候变化的趋势下,规划了未来生长的整个农作物的特征和性能;设计了未来灌溉系统和排水系统的建设方案。

根据在大气中二氧化碳的增多以及在海洋中氮、磷升高,硅降低的调查研究结果,探讨了硅的生物地球化学、浮游植物生长和其结构以及气温呈上升趋势。研究结果表明,未来气候变化的趋势是这样的:近岸和盆地流域地区成为多雨区,内陆成为干旱区,海上成为多风暴潮区。而且全球气候的变化趋势有两大显著特点:气温趋向于升高,风暴趋向于增强。并确定了在未来气候变化的趋势下,首先,未来生长的整个农作物在全球都趋向于耐高温和抗倒伏。其次,未来生长的农作物在内陆,趋向于抗干旱;在近岸和盆地流域,趋向于抗洪涝。对此,提出了相应的措施使未来的农作物生长适应大自然的变化。

在 2005 年,作者研究发现了未来气候变化的趋势。作者首先担心的是中国 13 亿人口的粮食问题,于是在广州农业生态会议上,作了《气候变化与农作物种植关系的研究》报告。在 2007 年,作者发表了《海洋生态变化对气候影响及农作物种植关系研究》这篇文章,当时,作者急切地希望能为农业研究者赢得 5~10 年的宝贵时间。在未来气候来临时,农业科学工作者能够培育出适宜此气候的农作物。作者在 2005 年提出的未来气候变化,在 2010 年中国就出现了这样的气候。

20.1 灾 害 发 生

20.1.1 农 作 物

最深远的以及最急迫的全球变暖的影响在于它对全球粮食保障构成的威胁。谷类作物模型显示，一些气候温和的地区，温度的小幅上升，也许会增加粮食产量。而温度的大幅度上升，总是导致粮食减产。在大部分热带和亚热带地区，大多数预计的温度上升值都将使粮食减产。由于全球人口最密集的地区位于亚热带和热带，看来气候变化一定会损害相当多人口的生计。由于这些地区的农业产量下降的可能性非常大，全球粮食总产量也会随之下降，结果会出现粮食严重匮乏，饥荒会接踵而来。粮食对于中国大量的人口是非常重要的。

20.1.2 全 球 变 暖

英国气象局"哈德利气候预报研究中心"主任、研究气候变迁的著名气象专家戴维·格瑞格斯表示，亚洲即将面临气候恶化的严峻挑战。他认为，亚洲将在降雨方式、热浪和热带风暴等方面出现巨大变化，亚洲地区将变得更加炎热，内陆区域交易发生夏季干旱，而台风带来的风险将会更大。

1990 年政府间气候变化专门委员会第一工作组报告中指出，全球有仪器观测以来的近百年增温为 0.3～0.6℃（Houghton et al.，1990）。王绍武曾分析了近百年我国气温的变化特征，指出与全球、北半球一样总的趋势为上升（王绍武，1990）。这可能对农业、工业产生重大影响。如果海平面升高 1m，那么孟加拉国将失去约 17%的土地。有推测认为，在气候变化超过某个限度后，水稻和其他农作物的生产可能受到干旱的严重打击。

20.1.3 二氧化碳浓度升高

1995 年 12 月在罗马召开的联合国气候变化专业委员会第 11 届全球会议上，来自 120 多个国家的近 200 名代表经过讨论，通过了一份"1995 年全球气候变化科学评估报告"。报告指出：由于人类活动的影响，特别是大量使用煤、石油等化石燃料，造成二氧化碳、甲烷和氮氧化合物等"温室气体"增加，全球气温自 20 世纪末已增加 0.3～0.6℃。1850～1990 年，100 多年来地球表面平均温度上升了 0.6℃（何强等，1993）。自工业革命以来，二氧化碳浓度也大幅度增加，全球地表温度上升 0.01℃（杨鸣等，2005）。

近 100 多年来，由于农业、工业发展和人类对环境保护不够重视，二氧化碳等温室气体不断增加，全球表层气温上升。到 20 世纪中叶以后，农业、工业发展更为迅猛，气温随着温室气体的增加而迅速上升。80 年代的全球表层气温是近 100 年来年代中最高的。大气中的二氧化碳浓度升高，在温室效应的作用下，全球气温和海洋水温升高。

气温的上升引起水温上升，气温和水温的上升引起海洋生态和陆地生态食物链基础的改变，改变了原来植物等生物的生活环境和区域。于是，人类活动改变了海洋生态和陆地生态的持续发展。

20.2　海洋生态

20.2.1　限制浮游植物生长

占地球表面积 70.8% 的海洋作为大气二氧化碳的主要汇，可吸收大量的大气中的碳，从而缓和气候的变暖。大气中的碳沉降主要由海洋中的浮游植物所决定。

在海洋中，最引人关注的营养盐氮、磷、硅对浮游植物生长是非常重要的，就像陆地上给植物施肥一样，营养盐限制浮游植物的光合作用，在一些海域加了氮、磷、硅，浮游植物生长就会旺盛、迅速。因此，这些营养盐氮、磷和硅对海域中浮游植物的生长起着重要的限制作用。

营养盐氮、磷、硅从海上的大气层、海底的上升流以及从陆地的河流中提供，从而决定了在海洋表面新的有机物质生产的速率（Toggweller，1999）。这样，希望减少大气的 CO_2，促进浮游植物的生长。增加限制营养盐的更大有用性是提高海洋表面的初级生产力，被增加的初级生产力导致通过光合作用更多地结合 CO_2 进入有机物质。当浮游植物死亡或被吃掉，它们中的一些残体沉降到海底，有效地从与大气的接触中，长期地除去二氧化碳（Adina，2000）。这样，浮游植物的生长不仅对海洋生物的食物链的影响至关重要，而且对大气的二氧化碳增多、温室效应加大，都有着极其重要的影响。因此，研究营养盐氮、磷、硅对浮游植物的生长有着十分重要的意义。

根据营养盐限制的绝对法则和相对法则以及营养盐限制的判断方法，在海域中只能有一种限制浮游植物的生长（杨东方等，2000，2001；Yang et al.，2003a）。研究发现营养盐硅限制浮游植物的生长，其水域有：南大洋（Sommer，1991；Pondaven et al.，1999；Tréguer et al.，1995；Nelson et al.，1995）、太平洋近北极的水域(Coale, 1996)、印度洋(Dugdale, 1972, 1985)、太平洋的赤道海域(Hutchins and Bruland, 1998; Takeda, 1998; Dugdale and Wilkerson, 1998)、秘鲁海域(Dugdale et al., 1995)、切萨皮克(Chesapeake)湾(Conley and Malone, 1992)、胶州湾(张均顺和沈志良, 1997; 吴玉霖和张永山, 1995; 沈志良, 1995, 1997, 2002; 王荣等, 1993; Yang et al., 2002, 2003b)、密西西比河口区(Sklar and Turner, 1981; Ammerman, 1992; Chen, 1994; Smith and Hitchcock, 1994; Dortch and Whitledge, 1992; Hitchcock et al., 1997; Nelson and Dortch, 1996)等许多海域。

在海洋中氮、磷升高,硅降低。硅是浮游植物的限制因子。

在河口区、海湾、海洋等水域中,氮、磷成为富营养盐,使人们对高营养盐区却有着低叶绿素量的海域进行探索其原因何在。一些水域展现了富营养化的征兆,其初级生产力迅速增加,而另外一些富营养的水域却保持低的初级生产力,生态系统出现这样大的差别的机制是什么。

胶州湾的营养盐氮、磷、硅和初级生产力的研究展示硅是控制浮游植物生长和初级生产力的主要因子(Yang et al., 2002, 2003a, 2003b, 2005a, 2005b),于是造成了高营养盐氮、磷低生物量海域的出现。作者认为,在营养盐氮、磷很高的水域,浮游植物初级生产力的高低值相差甚大的生态系统的机制由营养盐硅控制(Yang et al., 2002, 2003a, 2003b)。

另一方面是由营养盐氮、磷、硅的生物地球化学过程所决定的(杨东方等,2002)。陆源提供的硅被浮游植物吸收,硅通过生物地球化学过程不断地转移到海底(Yang et al., 2005a, 2005b)。由于缺硅种群的高沉降率(Bienfang et al., 1982)硅的大量沉降使得水体中硅酸盐浓度保持低值。而死亡的浮游植物和被浮游动物排泄的浮游植物趋于分解,在水体中产生了大量的、不稳定的、易再循环的氮、磷。由于硅的大量沉降使得硅酸盐浓度保持低值。因此,随着氮、磷浓度的不断增高,而硅酸盐的浓度不断降低,这些海域展现了明显的高营养盐(氮、磷)的浓度,却有着浮游植物的低生物量。整个生态系统可能成为初级生产力的硅限制(Yang et al., 2002)。在河口区、海湾、海洋等水域中,起主要作用的营养盐硅是调节和控制这些水域生态系统中浮游植物生长过程的机制。

20.2.2　硅的生物地球化学过程

自然界含硅岩石风化,随陆地径流入海,是海洋中硅的重要来源,致使近岸及河口区硅的含量较高(Stefánsoon and Richards, 1963; Huang et al., 1983)。

含硅岩石风化和含硅土壤流失,使硅溶解于水并随陆地径流输送到河口和海洋中。通过硅藻的吸收,硅进入了生物体。死亡的硅藻和摄食硅藻的浮游动物的排泄物离开真光层沉降到海底，硅离开了海水表层沉降到海底。因此，硅通过这样一个亏损过程：河流输入（起源）→ 浮游植物吸收和死亡（生物地球化学过程）→沉降海底（归宿），展现了沧海变桑田的缓慢过程（Yang et al.，2002，2005a，2005b）。每当输入大量的营养盐硅，浮游植物的初级生产力都会出现高峰值，有时有水华产生。由于浮游植物吸收大量的硅，海水中硅的含量大幅度降低（Armstrong，1965；Spencer，1975），由于硅的缺乏，浮游植物的生长受到严重的限制，产生了高的沉降率（Bienfang et al.，1982）。这样，保持了海洋中营养盐硅的平衡和浮游植物生长的平衡（杨东方等，2002）。

20.2.3　人类活动的影响

20 世纪以来，在沿海城市，工农业生产迅速发展，近岸工业地区日益增多，城市扩展加快，人口激增，工业废水和城市生活污水大量排放到海洋中，大量的氮、磷被输送到海洋中，相对减少硅的输送，造成海湾、河口和沿岸水域的严重有机污染和富营养化。

在过去的几十年中，氮和磷输入的增长、土地使用的变化以及河道地貌改变的耦合导致了氮的成倍增长和磷的量级也在增长，而硅则保持年周期变化。由于河流的筑坝和截流，使得输送硅的能力下降，甚至由于断流而没有硅的输送。这样过剩的氮、磷造成沿岸富营养化。人类活动的直接结果是营养盐氮、磷的迅速增长，水域的富营养化。而营养盐硅由陆源所提供，又受人类活动的影响，如筑坝和截流，导致营养盐硅的限制显得更加突出（Yang et al.，2002，2003a，2003b，2005a，2005b）。在渤海中，根据渤海沉积物-海水界面附近磷与硅的生物地球化学循环模式，渤海中的磷主要来自于沉积物向海水的扩散，硅主要来自于河流的输入（宋金明等，2000），胶州湾的硅酸盐浓度与径流输送的硅酸盐浓度有关，与雨季的长短有关，与胶州湾的周围盆地雨量有关（Yang et al.，2002）。以流入胶州湾最大的河流大沽河为例，在 2000 年左右，大沽河有时断流，几乎没有给胶州湾输送营养盐硅（杨东方等，2001；Yang et al.，2002，2003a，2005a，2005b）。最近几年，流入渤海的主要河流黄河在一年中断流多达 210 天以及流入胶州湾的主要河流大沽河的断流，都会造成水域的富营养化和频繁发生赤潮的灾难。

大坝建设以后，硅浓度下降（Turner and Rabalais，1991），并且导致输送到海洋的硅量减少。埃及的尼罗河（Wahby and Bishara，1980）、美国的密西西比河（Turner and Rabalais，1991）、欧洲的多瑙河（Humborg et al.，1997）和中国的大沽河（Yang et al.，2005a，2005b）输送到海洋的硅量减少。

20.2.4 硅 输 送

人类的活动改变了水流的方向和流速，改变了河流输入营养盐的比例和输入量，减少营养盐硅的入海量。同时，污水排放大大增加了河口区水中的氮、磷含量。这样，随着河流输入大海的营养盐硅在减少，氮、磷在增加（杨东方等，2001，2002；Yang et al.，2002，2003b，2005a，2005b），于是，人类活动改变了浮游植物的丰度、种类组成、多样性和种类演替（Patrick，1973），给自己造成重大的灾害，如赤潮等，改变了河口、海湾和近岸的海洋生态。

陆源、大气、上升流向海洋真光层输入硅。陆源输入大海真光层的硅是主要的，大气、上升流向海洋真光层输入硅量与河流相比是微小的。人类为了自己的利益，建坝、建水库、引流、种植，这样造成自然生态的破坏，改变了自然的生态平衡。

修建大坝、水库，使悬浮物浓度降低，输入海洋的硅浓度下降；将河流上游进行引流和分流，使主河流的输送能力下降，流量变小，输入海洋的硅浓度降低，从而改变河口水域和近岸水域生态系统的结构，尤其是营养盐比例失调，浮游植物集群结构失控，诱导赤潮的产生，而且赤潮面积逐年加大，发生频率逐年增多；在沿河两岸和沿河流域盆地进行大面积的植树造林，改变了雨水对地表层的冲刷力度，雨水形成的小溪向河流输送的硅浓度降低，使水流清澈，减少了河流携带的硅量。这样入海河流流量大幅度减少，输送营养盐硅能力显著降低，河流含硅量减少，河流对硅总的输送量降低。

对于大气输送，由于大量种植绿化，使土壤被固定，地表层的冲刷能力下降，空气变得清新，大气对硅的输送减少。

这样，河流、大气向海洋的真光层输送硅量在大幅度减少，人类不断地改变从陆地向海洋输送硅的含量，导致了海水中氮、磷过剩，硅缺乏，氮、磷、硅的比例严重失调，硅限制浮游植物的生长进一步加剧。

20.3 未来陆地生态

20.3.1 气 候 变 化

地球生态系统为了保持海洋中浮游植物生长的平衡和海洋的生态系统的可持续发展以及大气二氧化碳的增长放慢，开始启动营养盐硅的补充机制。由此认为将来的气候变化的趋势是这样的。

　　通过近岸的洪水、大气的沙尘暴和海底的沉积物向缺硅的水体输入大量的硅。这样，由陆地、大气、海底 3 种途径将陆地的硅输入大海中，满足浮游植物的生长。大气的二氧化碳溶于大海，浮游植物生长要吸收大量海水中的二氧化碳，碳随着浮游植物沉降到海底（图 20-1）。

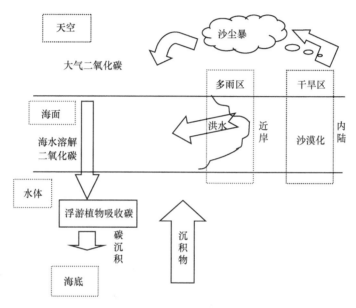

图 20-1　地球系统的营养盐硅补充机制

　　首先，使近岸地区成为多雨区，连续遭受暴雨袭击，其中雨量加大，次数频繁，下雨区域扩大，并导致山洪、泥石流和山体滑坡，使沿岸向海洋的洪水增大，向海洋输入硅量增加。

　　其次，使内陆成为干旱区，长期干旱缺雨。由于太阳暴晒，地面温度升高，地表土壤干燥化、颗粒化。由于晴天在地表引起了上升流，将沙尘刮向天空，经过大风形成了遮天蔽日的沙尘暴，使得沙尘暴次数增多，面积扩大，密度增加，能见度降低。在强风的推动下，向海洋的近岸水域和远海中央输送大量的沙尘，也向海洋输入大量的硅。

　　最后，在海底有大量的沉积物，在沉积物中硅酸盐浓度比海水中的高几倍到几十倍。由于风暴潮，台风、飓风、热带风暴和寒潮都移向近海和沿岸。其中经过水域和近岸的面积加大，次数增多，强度加大，旋转速度加快，移动速度放慢，路径曲折，路程加长，使海底的沉积物不断被搅动进入水体，使水体硅酸盐浓度升高。由海底通过沉积物向海洋水体输入大量的硅。

20.3.2　农 作 物

从全球生态系统和气候变异的变化趋势的角度来看，作者发现，全球气候的变化趋势有两大显著特点：气温趋向于升高、风暴趋向于增强。

（1）随着人类不断地向大气排放 CO_2，同时，人类向大海排放的氮、磷增加，相应的海洋中硅缺乏，限制浮游植物的生长，进一步使大气 CO_2 增加，造成了气温上升。因此，未来的大气温度趋向于上升。

（2）随着地球生态系统启动硅的补充机制，尽可能减少人类对自然环境的影响，尽可能补偿和恢复地球生态系统的正常运行。地球生态系统利用风暴输送大量的水，在近岸和盆地流域形成暴雨，造成洪水、泥石流和山体滑坡，从近岸向大海输送硅；地球生态系统利用风暴输送大量的沙尘，在内陆形成沙尘暴，由大气从沙漠向大海输送硅。地球生态系统利用风暴搅动大海，在海面上形成风暴潮，由海水从海底向大气输送硅。因此，风暴在地球生态系统中起到举足轻重的作用，未来的风暴趋向于增强。

这样，未来生长的植物，如农作物在内陆，抗干旱，同时抗高温和抗风暴；在近岸，抗洪涝，同时抗高温和抗风暴（表 20-1）。

表 20-1　未来的农作物种植区域和特性

地点	全球	近岸和盆地流域	内陆
未来生长的农作物	抗高温和抗风暴	抗洪涝	抗干旱

对于未来农作物的种植，作者提出以下建议。

首先，一方面，选取耐高温和抗倒伏的农作物，进行大面积的推广种植，使农作物在气候的变异中能够生存下去。另一方面，将适应于低温下生长的和易倒伏的农作物，利用生物技术进行基因改良，不断地在实验室提高其耐高温和抗倒伏性能，以适应于未来的气候变化。

其次，在内陆，种植的农作物不仅要耐高温和抗倒伏，还要具有抗旱性能。因此，要大力推广旱作农业，尤其干旱频繁发生、旱情持续出现的环境下，农作物能够存活，是非常重要的。因此，提高生物技术来进行精选、培养、改良农作物物种，使其适合未来的高温、强风和持续干旱的内陆气候。同时，提高农业灌溉技术和普及节水农业，如滴灌，在旱情日趋严重的情况下，充分发挥每一滴水的作用。

最后，在近岸和盆地流域，种植的农作物不仅要耐高温和抗倒伏，同时要抗洪涝灾害，能够在水灾频繁发生的环境下存活下来，能够在连绵不断的大雨中生长，在水中长期浸泡下生长，最好还能够抵抗水流的冲击，这样的农作物才能适应未来的气候变化。同时大力修建排水系统，迅速地、大量地排放由暴雨形成的积水，使农作物避免长期浸泡，早日恢复生长。

20.4　总　　结

随着大气中二氧化碳的增多，水温呈上升趋势。随着人类活动的加剧，近岸的海洋系统发生了巨大的变化。近岸环境受到氮、磷的严重污染。在海洋中氮、磷升高，硅降低。硅是浮游植物生长的限制因子。地球生态系统为了保持海洋中浮游植物生长的平衡和海洋生态系统的可持续发展以及大气二氧化碳的增长放慢，开始启动营养盐硅的补充机制。由此认为未来气候变化的趋势是这样的：近岸的洪水、大气的沙尘暴和海底的沉积物向缺硅的水体输入大量的硅。这样，由陆地、大气、海底 3 种途径将陆地的硅输入大海中，满足浮游植物的生长。于是，近岸和盆地流域地区成为多雨区，内陆成为干旱区，海上成为多风暴潮区。从全球生态系统和变异气候的变化趋势的角度来看，作者发现，在全球气候的变化趋势有两大显著特点：气温趋向于升高、风暴趋向于增强。那么，在未来气候变化的趋势下，首先，未来生长的整个农作物在全球都趋向于耐高温和抗倒伏。其次，未来生长的农作物在内陆，趋向于抗干旱；在近岸和盆地流域，趋向于抗洪涝。

因此，提高生物技术来进行精选、培养、改良农作物物种，使其适合未来的高温、强风和持续干旱的内陆气候以及洪涝灾害的近岸和盆地流域气候。同时，利用现代技术加强节水灌溉系统和排水系统的建设，以便减少未来的自然灾害对农作物的影响。

农业对于中国这个拥有大量人口的国家来说是非常重要的。对未来的这些预测凸显出采取行动的重要性。温室气体的不断排放，全球气温和水温的不断上升，都十分清楚地显示这些行动的紧迫性。对人类来说，适应气候变化看来是不可避免的。现在要积极采取行动，不要等到粮食匮乏、饥荒产生以后被迫采取行动。因此，利用生物技术对农作物的进行培育、改良，以适应全球气候的变化。利用现代技术加强节水灌溉系统和排水系统的建设。由此，加快农业的科技进步，提高农业综合生产能力和增强我国农业对全球气候变化的应变能力，为促进农业和农村经济发展提供强大的支撑能力。在农业方面要有一个长期的科学计划，来满足农业未来发展的需要，适应全球的变化趋势，为强化农业生态系统应变机制和调控能力提供科学依据。

参 考 文 献

何强, 井文涌, 王翊亭. 1993. 环境科学导论. 北京: 清华大学出版社.

林光辉. 1995. 全球变化研究进展与新方向. 见: 李博. 现代生态学讲座. 北京: 科学出版社: 142-160.

钱树本, 王筱庆, 陈国蔚. 1983. 胶州湾的浮游藻类. 山东海洋学院学报, 13(1): 39-56.

沈志良. 1995. 胶州湾营养盐变化的研究. 见: 董金海, 焦念志. 胶州湾生态学研究. 北京: 科学出版社: 47-51.

沈志良. 1997. 胶州湾营养盐的现状和变化. 海洋科学, 21(1): 60-63.

沈志良. 2002. 胶州湾营养盐结构的长期变化及其对生态环境的影响. 海洋与湖沼, 33(3): 322-330.

宋金明, 罗延馨, 李鹏程. 2000. 渤海沉积物-海水界面附近磷与硅的生物地球化学循环模式. 海洋科学, 12: 30-32.

王荣, 焦念志, 李超伦, 等. 1993. 胶州湾的初级生产力和新生产力. 见: 董金海, 焦念志. 胶州湾生态学研究. 北京: 科学出版社: 125-135.

王绍武. 1990. 近百年我国及全球气温变化趋势分析. 气象, 16(2): 11-15.

吴玉霖, 张永山. 1995. 胶州湾叶绿素 a 和初级生产力的特征分布. 见: 董金海, 焦念志. 胶州湾生态学研究. 北京: 科学出版社: 137-149.

杨东方, 李宏, 张越美, 等. 2000. 浅析浮游植物生长的营养盐限制及其判断方法. 海洋科学, 24(12): 47-50.

杨东方, 张经, 陈豫, 等. 2001. 营养盐限制的唯一性因子探究. 海洋科学, 25(12): 49-51.

杨东方, 高振会, 陈豫, 等. 2002. 硅的生物地球化学过程的研究动态. 海洋科学, 26(3): 35-36.

杨东方, 王凡, 高振会, 等. 2004. 胶州湾的浮游藻类生态现象. 海洋科学, 28(6): 71-74.

杨东方, 高振会, 王培刚, 等. 2005a. 胶州湾浮游植物的生态变化过程与地球生态系统的补充机制. 北京: 海洋出版社: 1-182.

杨鸣, 夏东兴, 谷东起, 等. 2005b. 全球变化影响下青岛海岸带地理环境的演变. 海洋科学进展, 23(3): 289-296.

杨东方, 高振会, 王培刚, 等. 2006a. 营养盐硅和水温影响浮游植物的机制. 海洋环境科学, 25(1): 1-6.

杨东方, 高振会, 孙培艳, 等. 2006b. 胶州湾水温和营养盐硅限制初级生产力的时空变化. 海洋科学进展, 24(2): 203-212.

张均顺, 沈志良. 1997. 胶州湾营养盐结构变化的研究. 海洋与湖沼, 28(5): 529-535.

Ammerman J W. 1992. Seasonal variation in phosphate turnover in the Mississippi River plume and the inner Gulf shelf: rapid summer turnover. In: Texas Sea Grant Program. Nutrient Enhanced Coastal Ocean Productivity. NECOP Workshop Proceedings, October 1991, NOAA Coastal Ocean Program. Texas Sea Grant Publications(College Station): 69-75.

Armstrong F A J. 1965. Silicon. In: Riley J P, Skirrow G. Chemical Oceanography. London: Academic Press, 1: 132-154.

Bienfang P K, Harrison P J, Quarmby L M. 1982. Sinking rate response to depletion of nitrate, phosphate and silicate in fourine diatoms. Mar Biol, 67: 295-302.

Chen B. 1994. The effects of growth rate, light and nutrients on the C/ Chl a ratio for phytoplankton in the Mississippi River plume. Hattiesburg: MS Thesis, University of Southern Mississippi: 86.

Coale K H. 1996. A massive phytoplankton bloom induced by an ecosystem-scale iron fertilization experiment in the equatorial Pacific Ocean. Nature, 383: 495-501.

Conley D J, Malone T C. 1992. Annual cycle of dissolved silicate in Chesapeake Bay: implications for the production and fate of phytoplankton biomass. Marine Ecology Progress Series, 81: 121-128.

Dortch Q, Whitledge T E. 1992. Does nitrogen or silicon limit phytoplankton production in the Mississippi River plume and nearby regions? Continental Shelf Research, 12: 1293-1309.

Dugdale R C. 1972. Chemical oceanography and primary productivity in upwelling regions. Geoforum, 11: 47-61.

Dugdale R C. 1985. The effects of varying nutrient concentration on biological production in upwelling regions. CalCOFI Report, 26: 93-96.

Dugdale R C, Wilkerson F P, Minas H J. 1995. The role of a silicate pumping driving new production. Deep-Sea Res(I), 42(5): 697-719.

Dugdale R C, Wilkerson F P. 1998. Silicate regulation of new production in the equatorial Pacific upwelling. Nature, 391: 270-273.

Hitchcock G L, Wiseman Jr W J, Boicourt W C, et al. 1997. Property fields in an effluent plume of the Mississippi River.

Journal of Marine Systems, 12: 109-126.

Houghton J H, Jenkins G J, Ephraums T J. 1990. IPCC, WGI, climate Change. London: Cambridge University Press: 365.

Houghton J T. 1994. Global warming. London: Lion Publishing.

Huang S G, Yang J D, Ji W D. 1983. Proceedings of International Symposium on Sedimentation on the Continental Shelf with Special Reference to the Fast China Sea. Beijing: China Ocean Press: 1: 241-249.

Humborg C, Lttekkot V, Cociasu A, et al. 1997. Effect of Danube river dam on Black Sea biogeochemistry and ecosystem structure. Nature, 386: 385-388.

Hutchins D A, Bruland K W. 1998. Iron-limited diatom growth and Si : N uptake ratios in a coastal upwelling regime. Nature, 393: 561-564.

Nelson D M, Dortch Q. 1996. Silicic acid depletion and silicon limitation in the plume of the Mississippi River: evidence from kinetic studies in spring and summer. Marine Ecology Progress Series, 136: 163-178.

Nelson D M, Tréguer P, Brzezinski M A, et al. 1995. Production and dissolution of biogenic silica in the ocean: revised global estimates, comparison with regional data and relationship to biogenic sedimentation. Global Biogeochemistry Cycle, 9: 359-372.

Patrick R. 1973. Use of algae, especially diatoms, in the assessment of water quality. In Biological Methods for the Assessment of Water Quality. New York: Am Soc Test Mater Spec Tech Publ, 528: 76-95.

Paytan A. 2000. Iron uncertainty. Nature, 406: 468-469.

Pondaven P, Ruiz-Pino D, Druon J N, et al. 1999. Factors controlling silicon and nitrogen biogeochmical cycles in high nutrient, low chlorophyll systems(the Southern Ocean and the North Pacific): Comparison with a mesotrophic system(the North Atlantic). Deep Sea Research I , 46: 1923-1968.

Sklar F H, Turner R E. 1981.Characteristics of phytoplankton production off Barataria Bay in an area influenced by the Mississippi River. Contributions in Marine Science, 24: 93-106.

Smith S M, Hitchcock G L. 1994. Nutrient enrichments and phytoplankton growth in the surface waters of the Louisiana Bight. Estuaries, 17: 740-753.

Sommer U. 1991. Comparative nutrient status and competitve interactions of two Antarctic diatoms(*Corethron crophilum* and *Thalassiosira antarctica*). J Plankton Res, 13: 61-75.

Spencer C P. 1975. The micronutrient elements. *In*: Riley J P, Skirrow G. Chemical Oceanography. London: Academic Press, 2: 245-300.

Stefánsoon U, Richards F A. 1963. Processes contributing to the nutrient distributions off the Columbia River and strait of Juan de Fuca. Limmol Oceanogr, 8: 394-410.

Takeda S. 1998. Influence of iron availability on nutrient consumption ratio of diatoms in oceanic waters. Nature, 393: 774-777.

Toggweller J R. 1999. An ultimate limiting nutrient. Nature, 400: 511-512.

Tréguer P, Nelson D M, van Bennekom A J, et al. 1995. The silica balance in the world ocean: a re-estimate. Science, 268: 375-379.

Turner R E, Rabalais N N. 1991. Changes in Mississippi River water quality this century-implications for coastal food webs. Science, 41: 140-147.

Vitousek P M. 1994. Beyond global warming: ecology and global change. Ecology, 75: 1861-1876.

Wahby S D, Bishara N F. 1980. The effect of the River Nile on Mediterranean water, before and after the construction of the High Dam at Aswan. *In*: Martin J M, Burton J D, Eisma D. Proceedings of a SCOR Workshop on River Inputs to ocean systems, 26-30 March 1979, Rome, Italy. UNESCO, Paris: 311-318.

Walker B H, Steffen W L. 1999. The nature of global change. *In*: Walker B H, Steffen W L, Canadell J, et al. The terrestrial biosphere and global change. IGBP book series 4. Cambridge: Cambridge University Press: 1-18.

Yang D F, Zhang J, Lu J B, et al. 2002. Examination of silicate limitation of primary production in the Jiaozhou Bay, North China I . Silicate being a limiting factor of phytoplankton primary production. Chin J Oceanol Limnol, 20(3): 208-225.

Yang D F, Zhang J, Gao Z H, et al. 2003a. Examination of silicate limitation of primary production in the Jiaozhou Bay, North China II . Critical value and time of silicate limitation and satisfaction of the phytoplankton growth. Chin J Oceanol Limnol, 21(1): 46-63.

Yang D F, Gao Z H, Chen Y, et al. 2003b. Examination of silicate limitation of primary production in the Jiaozhou Bay, North China III. Judgment method, rules and uniqueness of nutrient limitation among N, P, and Si. Chin J Oceanol Limnol, 21(2): 114-133.

Yang D F, Chen Y, Gao Z H, et al. 2005a. Silicon limitation on primary production and its destiny in Jiaozhou Bay, China

IV Transect offshore the coast with estuaries. Chin J Oceanol Limnol, 23(1): 72-90.

Yang D F, Gao Z H, Wang P G, et al. 2005b. Silicon limitation on primary production and its destiny in Jiaozhou Bay, China V Silicon deficit process. Chin J Oceanol Limnol, 23(2): 169-175.

Yang D F, Chen Y, Gao Z H, et al. 2006. Silicon complementary mechanism in the earth ecosystem. *In*: Feng C G, Huang P, Ma Y, et al. Proceedings of the China association for science and technology. Beijing/ New York: Science Press, 2(1): 636-645.

第 21 章　未来的地球气候模式

　　浮游植物是主要的初级生产者，是海洋食物链的基础。浮游植物的优势种在一般海域是硅藻，营养盐硅对于硅藻生长是必不可少的。在海洋水域内，水温和营养盐硅控制浮游植物生长的时间变化及空间变化过程（杨东方等，2006a）。水温、营养盐硅的变化引起浮游植物生长和结构的变化以及引起海洋生态系统的变化，营养盐硅和水温是浮游植物生长的一大一小两个发动机，营养盐硅是主要的、强烈的、迅速的，水温是次要的、辅助的、缓慢的（杨东方等，2006b）。在海洋中，硅对浮游植物生长的限制日趋严重，在海洋中缺硅造成海洋生态的破坏。对此，地球生态系统的营养盐硅补充机制（杨东方等，2006c；Yang et al.，2006）给缺硅海洋带来了硅的补充，在补充的过程中，引起了未来地球气候的变化。

　　于是，在得到地球系统的营养盐硅补充机制的研究结果之后，就开始了未来地球气候变化的研究，提出了未来地球气候变化的模式，并在以后的年代中逐渐得到证实，在 2010 年的天气变化中得到了充分的证明（杨东方等，2011）。

　　作者 2010 年 8 月 1 日在地理会议作了《海洋生态变化对气候及泥石流的影响》的报告，其中，谈到贵州关岭山体滑坡造成的上百万立方米垮塌，将 99 名鲜活的生命埋在了倾泻的泥石之下，令人悲伤。然而，在 2010 年 8 月 7 日甘肃省舟曲有更大的泥石流发生。因此，须要了解未来地球气候变化的模式，为防灾减灾提供科学依据和预警准备。

21.1　地球生态系统的营养盐硅补充机制

　　海洋中缺硅造成海洋生态的破坏。如何来解决这个缺硅的严重问题？人类无法向占地球表面积 70.8% 的海洋投放硅，只有地球生态系统才能向大海提供大量的硅，才能够维持海洋生态系统的可持续发展。于是，作者提出了营养盐硅的补充机制。

21.1.1　硅的补充起因

　　大海真光层的硅主要来自陆源的输入。大气、上升流向海洋真光层输入的硅量与河流相比是可以忽略的。人类建坝、建水库、引流、种植，这样造成了自然生态受破坏，自然生态平衡遭改变。

修建大坝、水库，使悬浮物浓度降低，输入海洋的硅的浓度下降；将河流上游进行引流和分流，使主河流的输送能力下降，流量变小，输入海洋的硅浓度降低，从而改变河口水域和近岸水域生态系统的结构，尤其是营养盐比例失调，浮游植物集群结构失控，诱导赤潮的产生，而且赤潮面积逐年加大，发生次数逐年增多；在沿河两岸和沿河流域盆地进行大面积的植树造林，改变了雨水对地表层的冲刷力度，雨水形成的小溪向河流输送的硅浓度降低，使水流清澈，减少了河流携带的硅量。这样入海河流流量大幅度减少，输送营养盐硅能力显著降低，河流含硅量减少，河流对硅总的输送量降低。

对于大气输送，由于大量种植绿化，使土壤被固定，地表层的冲刷能力下降，空气变得清新，大气对硅的输送减少。

这样，河流、大气向海洋的真光层输送硅量在大幅度减少，不断地改变从陆地向海洋输送硅的含量，导致了海水中氮、磷过剩，硅缺乏，氮、磷、硅的比例严重失调，硅限制浮游植物的生长进一步加剧。

21.1.2 营养盐硅的补充途径

通过近岸的洪水、大气的沙尘暴和海底的沉积物向缺硅的水体输入大量的硅。这样，由陆地、大气、海底3种途径将陆地的硅输入大海中，硅到真光层中满足浮游植物的生长（图 21-1）。陆地的输送：在近岸地区和流域盆地，长时间的暴雨形成了洪水，向大海的水体输入大量的硅。大气的输送：在内陆地区，长期的干旱经过大风形成了沙尘暴，向大海的水体输入大量的硅。海底的输送：在海面上，水温的升高形成了风暴潮，通过风暴潮将海底的沉积物带向上层，向大海的水体输入大量的硅。大气的二氧化碳溶于海水，浮游植物生长吸收大量海水中的二氧化碳，碳随着浮游植物沉降到海底（图 21-1）。

21.1.3 营养盐硅的补充机制

地球生态系统为了保持海洋中浮游植物生长的平衡和海洋生态系统的可持续发展以及大气二氧化碳的增长放慢，启动营养盐硅的补充机制（杨东方等，2006c；Yang et al.，2006）。

首先，近岸地区和流域盆地成为多雨区，连续遭受暴雨袭击，其中雨量加大，次数频繁，下雨区域扩大，并导致塌方、落石、山洪、泥石流和山体滑坡，使沿岸向海洋的洪水增大，向海洋输入硅量增加。

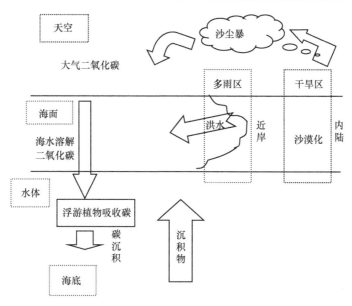

图 21-1   地球生态系统的营养盐硅补充机制

其次，使内陆成为干旱区，长期干旱缺雨。由于太阳暴晒，地面温度升高，地表土壤干燥化、颗粒化。由于晴天使地表引起了上升气流，将沙尘刮向天空，经过大风形成了遮天蔽日的沙尘暴。干旱、缺雨使得沙尘暴次数增多，面积扩大，密度增加，能见度降低。在强风的推动下，向海洋的近岸水域和远海中央水域输送了大量的沙尘，也向海洋输入大量的硅。

最后，在海底有大量的沉积物，在沉积物中硅酸盐浓度比海水中的高几倍到几十倍。由于风暴潮，台风、飓风、热带风暴和寒潮都移向近海和沿岸，其中经过水域和近岸的面积加大，次数增多，强度加大，旋转速度加快，移动速度放慢，路径曲折，路程加长，使海底的沉积物不断被搅动进入水体，使水体硅酸盐浓度升高。由海底通过沉积物向海洋水体输入大量的硅。

21.2   未来地球气候变化的模式

21.2.1   模 式 种 类

根据地球生态系统的营养盐硅补充机制，作者认为未来地球气候变化的模式具有以下种类：近岸地区和流域盆地的气候模式、内陆的气候模式和海洋的气候模式（图 21-1）。

21.2.2 模 式 内 容

近岸地区和流域盆地的气候模式：近岸地区和流域盆地成为多雨区，连续遭受暴雨袭击，其中雨量加大，次数频繁，下雨区域扩大，并导致塌方、落石、山洪、泥石流和山体滑坡，使沿岸向海洋的洪水增大。

内陆的气候模式：使内陆成为干旱区，长期干旱缺雨。由于太阳暴晒，地面温度升高，地表土壤干燥化、颗粒化。由于晴天使地表引起了上升气流，将沙尘刮向天空，经过大风形成了遮天蔽日的沙尘暴。干旱、缺雨使得沙尘暴次数增多，面积扩大，密度增加，能见度降低。

海洋的气候模式：台风、飓风、热带风暴和寒潮等风暴潮都移向近海和沿岸，其中经过水域和近岸的面积加大，次数增多，强度加大，旋转速度加快，移动速度放慢，路径曲折，路程加长。

21.2.3 模 式 特 征

（1）暴雨和强暴雨频繁出现，尽可能在短的时间内，使地面有雨水存积，对土壤形成冲刷。同时，如果有持续的暴雨，进一步加大对土壤冲刷的力度。

（2）干旱持续发生。干旱的时间在延长，使地面干燥化，土壤颗粒化，为沙漠化、沙尘暴做好铺垫。

（3）风暴潮的个数在不断增加，其强度在不断增大。对海底，尤其对海洋深度小于 100m 的海底水域连续的搅动。在海洋和陆地的交界区域，包括近海水域和近岸陆地区域，都会形成海底的搅动和陆地土壤的冲刷。

（4）高温时间在延长。与往年相比，在一年四季中，相对的温度在提高，形成相对的高温时间在延长。这样，无论在冬天还是在夏天，相对的高温在提前出现，而且在时间上持久。

（5）强风在增多。强风在海洋和陆地上都在增加，强度在增大。在海上，尽可能搅动更深的海底，使海底的泥沙到海水表层。在陆地上，尽可能吹动地面的土壤颗粒，带到天空中。这样，全球的强风在增多。

21.2.4 模 式 分 布

未来地球气候模式在我国具有不同的地区分布。根据未来地球气候变化的模式，将中国分为几个大体区域。内陆区域：甘肃、内蒙古、山西、宁夏、新疆等地区；近岸地区：浙江、广西、广东、福建、海南等地区；流域盆地：长江沿线的湖南、湖北、江西、浙江、重庆等 10 省（直辖市）局部地区。海洋区域：南海、东海和黄海等水域。了解我国的区域符合哪一类气候模式，以便在不同的区域采取不同方式来应对气象变化，采取相应的防灾减灾措施。

21.2.5　模式功能

未来地球气候模式通过近岸的洪水、大气的沙尘暴和海底的沉积物向缺硅的水体输入大量的硅，补充海洋真光层硅的缺乏，缓解硅进一步限制浮游植物的生长。这样，未来地球气候模式由陆地、大气、海底 3 种途径（图 21-1）将陆地的硅输入大海中，而且加大从陆地向海洋输送硅的含量，来满足浮游植物的生长。

21.3　2010 年天气变化对模式的支持

根据中国环球网发布的 2010 年的天气资料进行分析，得到以下研究结果。

21.3.1　近岸地区

国家气候中心最新监测显示，4 月 29 日至 5 月 17 日，中国南方地区出现 4 次大范围强降水天气过程。江南、华南降雨日数普遍在 8 天以上，部分地区超过 10 天。江南、华南大部降水量有 100～200mm，广东中部和北部、江西南部达 200～300mm。其中广东韶关、南雄降水量均为 1951 年以来历史同期极大值。

国家气候中心专家表示，4 月底以来，中国南方地区多次出现的强降雨过程，具有过程频繁、雨量大、短时强度高、极端性强、影响范围广、致灾重的特点。持续强降水造成湘江、漓江出现超警戒水位洪水，赣江出现 2010 年以来最高水位，北江支流滃江发生 1964 年以来的最大洪水。

根据 6 月 17 日 10 时的统计数据，这次降雨强度非常大，福建中南部、广西东北部、广东东北部和东部沿海等地累计降雨 80～150mm，最大的降雨量发生在广东龙门，多达 510mm，广西藤县陈塘 359mm，福建龙岩白沙 342mm。

此外，这次降雨过程历时很长，华南地区连续出现了 14 次强降雨过程，端午节当天发生暴雨。多条河流发生超出警戒水位的大洪流。福建闽江干支流、晋江、九龙江、汀江，广西西江支流桂江、蒙江、贺江，江西赣江上游，湖南湘江上游等河流都超过警戒水位。其中闽江支流岭尾溪及九龙江支流新桥河发生超过历史纪录的大洪水。暴雨造成山洪灾害频发，山洪、滑坡、泥石流、房屋倒塌造成人员伤亡惨重。

截至 7 月 10 日 12 时统计，7 月 1 日以来南方洪涝灾害过程已造成浙江、安徽、福建、江西、湖北、湖南、重庆、四川、贵州 9 省市 1719 万人受灾。

21.3.2　流域盆地

据国家防汛抗旱总指挥部办公室统计，7 月 8 日以来的强降雨已造成长江沿线的湖南、湖北等 10 省市局部地区遭受洪涝灾害，累计洪涝受灾人口 1830 万人。

据中央气象台最新消息，截至 2010 年 7 月 14 日，长江流域的强降雨过程已持续 7 天。连日的强降雨致使长江干流水位全线上涨，地质灾害发生的风险加大。未来几天，河南、山东、安徽、江苏等地仍有大暴雨，华南沿海地区将出现剧烈风雨，全国防汛工作已处于紧要关头。

中新网 7 月 12 日电　来自国家防汛抗旱总指挥部办公室的消息称，7 月 8 日以来的强降雨已造成长江沿线的湖南、湖北、江西、浙江、重庆等 10 省市局部地区遭受洪涝灾害，累计洪涝受灾人口 1830 万人，农作物受灾 $974 \times 10^7 \, m^2$。

21.3.3　大　暴　雨

中广网北京 6 月 10 日消息：在江西省，已有 69 个县市出现大雨以上强降雨，德兴市 24h 内降雨达 115mm，受持续大范围降雨影响，9 日开始，江西南昌、九江等地相继出现大面积农田内涝。仅九江都昌，就有 6 万亩①农作物受灾。

据中央气象台消息：6 月 10 日的未来 3 天，全国降水范围仍然较大，江南东部、华南等地有较强降水。其中江苏中部、浙江南部、福建大部、广东大部、广西中南部、台湾西北部等地有大雨或暴雨，局部有大暴雨。

国家防总负责人称，今年水情突出表现为三个特点：一是主要江河洪水量级大，部分河流超过 1998 年。江西信江、抚河发生超历史纪录特大洪水，重现期 50 年；福建闽江发生 30 年一遇的大洪水。二是发生洪水河流众多。6 月 13 日以来的暴雨洪水涉及长江、闽江、西江三个流域，江西、福建等 110 余条河流发生超警洪水，9 条河流发生超历史纪录洪水。三是闽江、湘江、资水等南方 11 条主要江河同时发生洪水，近年来少见。

中央气象台，7 月 10 日 18 时继续发布暴雨橙色预警：预计，7 月 10 日 20 时到 11 日 20 时，贵州大部、重庆东南部、湖南北部、湖北东部和南部、河南东南部、安徽中南部、江苏中南部、浙江北部、上海等地有大到暴雨，其中，湖南西北部、湖北东部、安徽中部等地的部分地区有大暴雨，局部地区有特大暴雨；上述部分地区并伴有短时雷雨大风等强对流天气。

---

① 1 亩≈667m²，下同。

另外，北京北部、河北北部、内蒙古中部偏南地区、西藏东南部、云南西北部等地的部分地区有大雨、局地暴雨。

根据通报，7 月 14 日 8 时至 15 日 8 时，江淮西南部、江南东北部、西南东北部降了小到中雨，其中湖北、安徽、江西、浙江及四川部分地区降了大到暴雨，局地降大暴雨。最大点雨量为湖北咸宁南川 156mm，江西鄱阳石门街 154mm，四川广元苍溪 121mm。

21.3.4　内 陆 地 区

新华网北京 7 月 9 日的题目：中国面临旱涝灾害双重考验。近来，我国一度呈现北旱南涝之势。甘肃、内蒙古、山西等地区滴水如金，广西、江西、福建、湖南一带却暴雨成灾，这种旱涝并存的局面对中国的防灾、减灾、救灾能力提出了极大考验。国家防总办公室常务副主任张志彤告诉记者，今年旱情主要有三个特点：一是受旱地区集中，主要集中在黑龙江、河南、内蒙古、山西、安徽等省（自治区），局地旱情十分严重；二是旱情发生早，冬麦区旱情发生时间明显早于常年；三是受旱面积大，3 月中下旬，全国耕地受旱面积一度达 $1.65 \times 10^5 km^2$，比多年同期多 $1.67 \times 10^4 km^2$。我国中部、北部地区滴水难求，而华南一带却连日大雨，湍急的水流冲垮房屋，冲破大坝，引发山洪，造成多处险情。

21.3.5　高　　温

中新网 7 月 8 日电　中央气象台 8 日 10 时继续发布暴雨橙色警报和高温预报。预计，今天下午到明天中午，川西高原东部、四川盆地西部和北部、陕西南部、山西南部、河北南部、山东中北部和山东半岛等地有暴雨，其中，四川盆地西部、山东北部部分地区有大暴雨。上述部分地区并伴有短时雷雨大风等强对流天气。预计，今天白天，重庆西部和北部、湖北中南部、安徽南部、湖南中东部、江西、浙江、广西东部、广东大部、福建、海南北部、新疆南疆盆地等地有 35℃以上的高温，其中，湖北东南部、湖南东北部、江西中部、浙江中部等地的局部地区最高气温可达 37～38℃，新疆吐鲁番盆地最高气温可达 42℃。

21.3.6　台　　风

根据中国台风网发布的台风预报分析资料（台风资料，2010 年）进行分析，得到以下研究结果。

2010 年 3 月 25 日至 9 月 10 日一共有 10 个台风。在 3 月只有一个，7 月 13

日至 9 月 10 日一共有 9 个台风,这表明台风集中在这 3 个月。

(1)台风路径增长。2010 年第 4 号热带风暴(电母)在韩国南部沿海登陆后继续向东移动,影响东海北部、黄海南部。2010 年第 7 号台风(圆规)9 月 2 日在朝鲜半岛西部登陆。2010 年第 9 号热带风暴(玛瑙)于 9 月 4 日向浙江北部沿海移动,然后逐步靠近韩国南部沿海。

(2)台风对近岸陆地和水域带来很大影响。2010 年第 5 号强热带风暴(蒲公英)于 8 月 25 日凌晨登陆越南北部,2010 年第 6 号热带风暴(狮子山)于 9 月 2 日在福建省漳浦县沿海登陆,2010 年第 7 号台风(圆规)9 月 2 日在朝鲜半岛西部登陆。2010 年第 9 号热带风暴(玛瑙)于 9 月 4 日向浙江北部沿海移动,然后逐步靠近韩国南部沿海。2010 年第 10 号热带风暴(莫兰蒂)在福建省石狮市沿海登陆。

强热带风暴(蒲公英)带来的影响,南海西部海域、北部湾将主要有 7~9 级大风,中心附近海域的风力可达 10~11 级并伴有 7m 以上的巨浪;8 月 24 日海南大部、广东中西部和广西将有暴雨到大暴雨;8 月 25 日广东和广西沿海仍有大雨到暴雨。

受热带风暴"狮子山"的影响,华南中东部、江南中东部、江淮、黄淮以及东北地区将有大到暴雨,局部大暴雨,风力 6~7 级;其中福建南部和广东大部、江西北部、安徽中南部及江苏中北部有暴雨到大暴雨,过程降雨量可在 100mm 以上,极值可在 300mm,台湾海峡、巴士海峡、巴林塘海峡和福建南部、广东南部沿海将有 8~9 级大风和 3~4m 的大浪。

受热带风暴(玛瑙)影响,东海大部、台湾移动洋面、巴士海峡、巴林塘海峡将有 6~8 级大风,"玛瑙"中心经过附近海域风力可达 9~10 级,阵风 11~12 级。黄海北部、黄海中南部将有 6~8 级大风,琉球、东海北部、黄海中南部有 4~6m 的巨浪。

受热带风暴(莫兰蒂)影响,在广东东部、福建、浙江、江西东北部、上海、江苏南部、安徽东部等地将有大雨到暴雨;其中,福建中北部、浙江西部、江苏南部、安徽东部部分地区有大暴雨,以上地区局部有特大暴雨。台湾海峡、东海沿海、福建、浙江沿海将有 7~8 级大风,阵风可达 9~10 级;以上海域有 2~3m 大浪。

(3)台风密度加大。2010 年 8 月 29 日有一个台风出现,第 6 号热带风暴(狮子山)。2010 年 8 月 30 日有两个台风同时出现,第 6 号热带风暴(狮子山)和第 7 号台风(圆规)。2010 年 8 月 31 日有三个台风同时出现,第 6 号热带风暴(狮子山)、第 7 号台风(圆规)和第 8 号热带风暴(南川),七级大风圈的半径分别为 200km、230km 和 100km。

21.4 结 论

通过地球系统的营养盐硅补充机制，提出了未来地球气候变化的模式。对此模式的分析研究，展示了未来地球气候变化模式的种类、内容、特征、分布和功能。并且通过 2010 年的天气变化证实了未来地球气候变化模式。现在经常发现有极端天气，然而极端天气在长时间地、经常地出现，也就没有极端了。这只是气候变化的未来发展趋势。

根据未来地球气候变化的模式，在不同的区域，有不同的未来气候。然后，建立不同的防灾减灾体系和基础设施。在近岸地区和流域盆地，建设排水系统，做好城市、农田的排涝，注意连续遭受暴雨袭击时，防范可能引发的洪涝灾害：塌方、落石、山洪、泥石流和山体滑坡等。在内陆区域，建设节水灌溉系统，做好城市、农田的干旱防御，注意高温、强风和持续的干旱，防范可能引发的干旱灾害：沙漠化、沙尘暴等。在海洋区域，建设预测、预报的设施和设备，完善预测、预报的机制，注意风暴潮的面积、强度、速度等级别，防范台风、飓风、热带风暴和寒潮等风暴潮可能引发的海上灾害。

洪水、沙尘暴和风暴潮三种方式向大海水体输送硅，这三种方式对人类生存来说是三种灾害，但是这些灾害与全球气温和水温上升所带来的灾害相比是微不足道的（杨东方等，2007）。这是由于洪水、沙尘暴和风暴潮是局部的灾难，然而全球气温和水温上升所带来的灾害是全球性的灾难。因此，通过未来地球气候变化模式，对洪涝灾害、干旱灾害、风暴潮灾害等灾害进行时时监测，提高预报精度和准确率。人类要应对这个气候变化给生态环境带来的变化和给人类带来的旱涝灾害，都须要积极采取应急措施和方案，利用现代技术加强防灾减灾的系统建设，以便减少未来的自然灾害对人类的影响。

参 考 文 献

杨东方, 高振会, 王培刚, 等. 2006a. 营养盐硅和水温影响浮游植物的机制. 海洋环境科学, 25(1): 1-6.
杨东方, 高振会, 孙培艳, 等. 2006b. 胶州湾水温和营养盐硅限制初级生产力的时空变化. 海洋科学进展, 24(2): 203-212.
杨东方, 高振会, 秦洁, 等. 2006c. 地球生态系统的营养盐硅补充机制. 海洋科学进展, 24(4): 407-412.
杨东方, 吴建平, 曲延峰, 等. 2007. 地球生态系统的气温和水温补充机制. 海洋科学进展, 25(1): 117-122.
杨东方, 苗振清, 石强, 等. 2011. 未来的地球气候模式得到了初步印证. 海洋开发与管理, 28(11): 38-41.
佚名. 发布的台风预报分析.2010-7-10.中国台风网: http://www.typhoon.gov.cn/forecast/.[2010-7-18]
佚名. 全国多省暴雨袭击发生洪涝灾害. 2010-07-18. 环球网: http://world.huanqiu.com/roll/2010 年的天气资料. [2010-07-18]
佚名.南方多省市遭受暴雨洪涝灾害. 2010-07-18. 环球网: http://www.huanqiu.com/zhuanti/china/zhuantinfby/.[2010-07-18]
Yang D F, Gao Z H, Yang Y B, et al. 2006. Silicon limitation on primary production and its destiny in Jiaozhou Bay, China Ⅶ The Complementary mechanism of the earth ecosystem. Chin J Oceanol Limnol, 24(4): 401-412.

第22章　浮游植物与人类共同决定
大气碳的变化

工业化革命以来，大气二氧化碳的浓度逐年明显上升，造成了全球变暖，影响着地球气候和环境。碳循环是碳元素在地球各圈层的流动过程，是一个"二氧化碳—有机碳—碳酸盐"系统（袁道先，1998），以二氧化碳为中心，在大气圈、陆地圈和海洋中进行。在工业革命前，全球碳循环在短时间尺度上处于相对动态平衡的状态，但是工业革命后，人为大量释放碳破坏了这种平衡，使大气中二氧化碳的浓度不断上升，引发了全球气候的变化。由于海洋是一个 50 多倍于大气碳的碳库，其重要作用是毫无疑问的。据观测资料和模式的估计，目前全球海洋每年吸收约 20×10^8 t 碳，该估计有 30%～40% 的不确定性。生物圈中循环的碳有 95%存在于海洋，海洋是地球系统中最大的碳库，它不仅是大气二氧化碳的主要汇，还可以通过河流汇集等形式吸收大量的人为碳，从而缓解气候变化，所以研究二氧化碳在海洋中的转移和归宿，即海洋吸收、转移大气二氧化碳的能力及二氧化碳在海洋中的循环机制均集中体现为其物理、化学和生物过程。海洋对大气二氧化碳的吸收能力随着区域和季节不同出现时空变化，因此，海洋对调控大气二氧化碳的量具有重要意义。海洋碳循环系统的研究对生态环境及人类生存都有重大的意义。

根据 1992～1994 年胶州湾水域浮游植物初级生产力的季节变化和 1958～2007 年夏威夷大气碳的月份变化之间的关系研究分析，展示了北太平洋盆地的大气碳变化和北太平洋盆地沿岸水域浮游植物生长的变化，以及浮游植物对大气碳的过程和迁移作用，建立相应的动态模型，以期深入研究浮游植物生长过程对大气碳变化的影响过程。

22.1　研　究　概　况

22.1.1　海　区　概　况

胶州湾位于北纬 35°55′～36°18′，东经 120°04′～120°23′，面积为 446km²，平均水深为 7m，最大水深为 50m，是一个半封闭型海湾（图 22-1）。

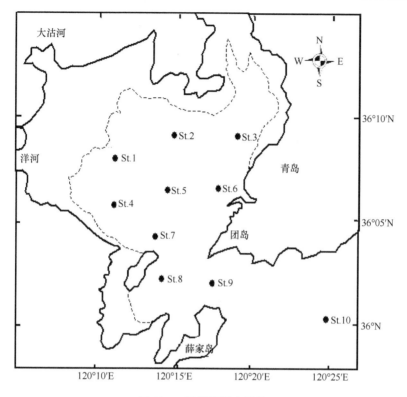

图 22-1　胶州湾调查站位

22.1.2　浮游植物数据来源

分析时所用初级生产力数据（^{14}C 法测定）由胶州湾生态站提供，初级生产力的数据由吴玉霖、张永山测得（吴玉霖和张永山，1995）。每次观察时间为 2 天，观测时间跨度为 1991 年 5 月至 1994 年 2 月，每年代表冬季、春季、夏季、秋季的 2 月、5 月、8 月、11 月进行现场实验研究。共进行了 12 个航次，每个航次 10 个站位（缺 3 号站位的数据），见图 22-1，按标准水层采样（标准水层分别为 0m、5m、10m、15m 等到底层）。

22.1.3　监测站点的地理气候特征

Mauna Loa 山，即长山，在夏威夷岛上，海拔为 4170m。Mauna Loa 山又高又大，长 60mi[①]，宽 30mi，占据整个夏威夷岛的一半。Mauna Loa 山的气候是多

[①] 1mi≈1609.344m，下同。

变的、热带的潮湿气候。Mauna Loa 监测站在北纬 19.539°，西经 155.578°，海拔为 3397m。这里的高山岩漠化，有零散的苔藓、银剑和夏威夷草。

22.1.4　大气碳数据来源

利用 NOAA 地球系统研究实验室（NOAA Earth System Research Laboratory）提供的美国夏威夷大气碳 Mauna Loa 站的 1958～2007 年大气中二氧化碳的监测数据。

22.1.5　夏威夷和胶州湾的背景

选择夏威夷大气碳和胶州湾浮游植物的原因是：与北太平洋地区进行对比分析，选用美国夏威夷库 Mauna Loa 监测站的二氧化碳作为北太平洋的代表值。Mauna Loa 监测站位于北太平洋的中心，是一个较为理想的代表北太平洋的大气碳浓度监测点。在北太平洋，夏威夷测量的大气碳基本没有受到地方局部的人类碳排放的影响，这个碳的数据基本上反映了北太平洋的大气碳的变化。

在北太平洋，旺盛生长的浮游植物在北太平洋的边缘上，即北太平洋的海岸线。因为远离近岸，浮游植物生长受到硅的限制，导致了浮游植物集群减少，初级生产力降低（杨东方等，2004，2006a，2006b；Yang et al.，2002，2003a，2003b，2006b）。这样，选择了在北太平洋边缘上纬度适中的胶州湾，来考察海洋中的浮游植物生长对大气碳的影响。

将各站二氧化碳月平均浓度按年、月求算术平均值，得到各月和年平均值的时间序列，通过线性和多项式分析北太平洋的大气碳变化趋势，结合人类排放和浮游植物的吸收，探讨其变化趋势以及原因。

22.2　大气碳的变化

大气碳的变化是周期振荡上升的曲线变化，这个变化是由趋势增加和周期振荡合成的。将其按照月平均计算形成曲线的周期变化（图 22-2）和按照年平均计算形成曲线的增加变化（图 22-3）。

22.2.1　增　加　变　化

将监测站的月平均浓度按年算术平均值进行记录，1958～2007 年共有 50 个平均值。

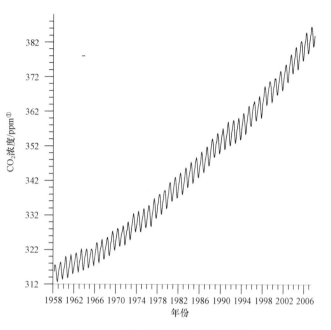

图 22-2　大气碳的月平均变化趋势①

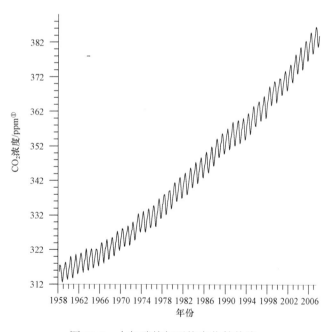

图 22-3　大气碳的年平均变化趋势线

① 1ppm=1×10^{-6}，下同。

从 1958 年的值 315.24ppm 增加到 2007 年的值 383.71ppm。这个增加曲线，以 1957 年为原点，以年为单位，形成半抛物线，其开口向上。以时间为变量，以浓度为函数，建立大气碳的曲线方程（图 22-4）：

$$y=0.0122t^2+0.7847t+313.75 \qquad R^2=0.9989 \qquad (22\text{-}1)$$

式中，单位为 ppm/a。其增加的速度为 $dy/dt=0.0244t+0.7847$，每个时间速度都在增加。其加速度为 0.0244，每个时间加速度值不变，但速度加快。大气碳增长越来越快。

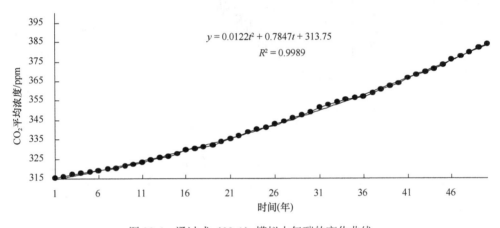

图 22-4　通过式（22-1）模拟大气碳的变化曲线

22.2.2　周　期　变　化

将监测站的月平均浓度按月算术平均值记录，1958～2007 年，大气碳浓度的季节变化趋势非常明显。以春季为最高，与夏季、秋季、冬季相比，每年只有一个春季的高峰值。以秋季为最低，与春季、夏季、冬季相比，每年只有一个秋季的低谷值。5 月，大气碳的浓度是一年中的最高值 347×10^{-6}。从 5 月开始下降，一直到 10 月，经过 5 个月的下降。9 月，碳减少放慢，在 10 月达到低谷值 341.41×10^{-6}。然后开始增长，从 10 月一直到翌年的 5 月，经过 7 个月的增长。在 4 月，碳增加加快，在 5 月增长到高峰值 347×10^{-6}（图 22-5）。接着又周而复始。

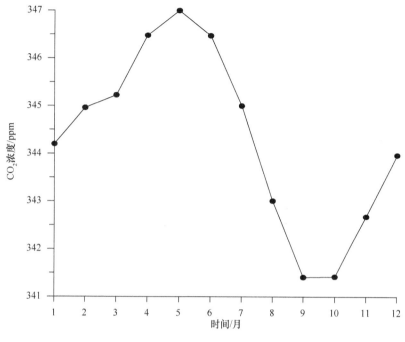

图 22-5　大气碳的月平均季节变化

22.3　初级生产力的变化

22.3.1　浮游植物结构

胶州湾共鉴定浮游植物 116 种，其中硅藻 35 属 100 种，甲藻 3 属 15 种，金藻 1 属 1 种（郭玉洁和杨则禹，1992）。在四季出现的优势种：骨条藻（*Skeletonema costatum*）、尖刺菱形藻（*Nitzschia pungens*）、弯角刺藻（*Ch. curvisetus*）、短角弯角藻（*Eucampia zoodiacu*）、日本星杆藻（*Asterionella japanica*）等，这些优势种都是硅藻，平均约为 10^6 个/m^3，硅藻单种就可占到该水域浮游植物总量的 50% 以上。而非硅藻的优势种（主要是甲藻）之和占总的数量百分比不超过 5%，并且出现的时间一般只在 7 月、8 月、9 月（郭玉洁和杨则禹，1992）。因此硅藻总的生物量几乎就是胶州湾浮游植物总量，非硅藻总的生物量相对可以忽略。而非硅藻的初级生产力（主要是鞭毛藻）占整个胶州湾的初级生产力不超过 5%，这样，硅藻的初级生产力几乎就是胶州湾浮游植物的初级生产力（Yang et al.，2002）。

22.3.2　初级生产力季节变化

在胶州湾，初级生产力的季节变化趋势非常明显。以夏季为最高，与秋季、春季、冬季相比，每年只有一个夏季的高峰值。即使在同一站位，每年的高峰值都不一样。初级生产力以夏季为最高，与秋季、春季、冬季相比，每年只有一个夏季的高峰值。在同一站位，每年的初级生产力的高峰值都不一样。同一年中各个站位的初级生产力的高峰值也不一样。初级生产力的高峰值范围为 1600～2500mg/（m²·d）。与春季、夏季、秋季相比，初级生产力每年只在冬季出现低谷值，其范围为 35～104mg/（m²·d）。每年的冬夏季初级生产力相差 20～50 倍。每年 2～5 月，初级生产力缓慢上升，到 5 月开始迅速增大，一直到高峰期，然后迅速下降到 11 月。而在 11 月至翌年的 2 月一直缓慢滑落到最低点，从 11 月至翌年的 5 月，初级生产力保持很低的值，接着又周而复始，如 1 号、4 号站（图 22-6）。

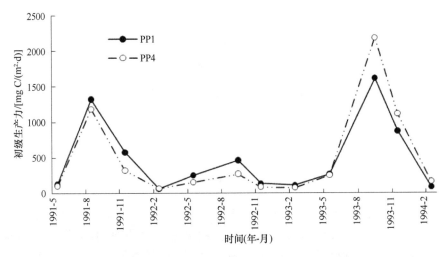

图 22-6　站位 1 和站位 4 的初级生产力季节变化

大气碳和初级生产力都有清楚的季节变化周期，大气碳和初级生产力的季节变化具有相同的周期。

22.4　大气碳和初级生产力的关系

22.4.1　大气碳和初级生产力的相关性

初级生产力是浮游植物生长旺盛还是衰落的重要监测指标，因此，考虑浮游植物生长就要考虑初级生产力，以确定浮游植物生长对大气碳的影响程度。于是考虑浮游植物生长对大气碳的影响就是分析初级生产力和大气碳的关系。

将初级生产力与大气碳进行相关分析，发现 4 号站是高度相关，2 号站是低相关，而其余各站是显著相关（表 22-1）。

表 22-1　大气碳和初级生产力的相关性

站位	1	2	4	5	6	7	8	9	10
相关系数	−0.748	−0.435	−0.802	−0.790	−0.638	−0.684	−0.555	−0.656	−0.517

因此，大气碳与浮游植物初级生产力有着密切的重要联系。这表明浮游植物的生长决定着大气碳周期变化的周期和振幅。

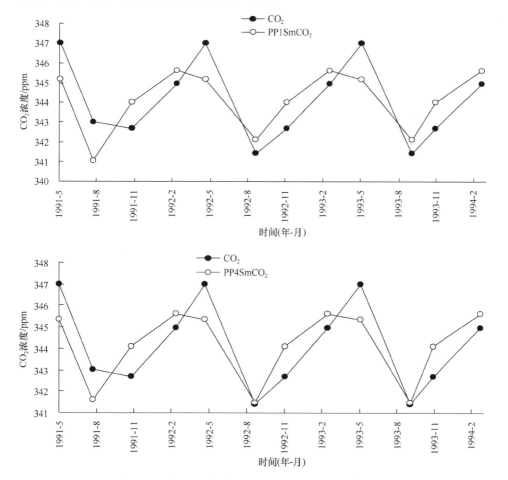

图 22-7　站位 1 和站位 4 的实测二氧化碳和式（22-2）模拟的曲线比较
PP1SmCO$_2$ 和 PP4SmCO$_2$ 分别代表式（22-2）的模拟曲线

22.4.2　建立大气碳与初级生产力的方程

　　为了了解初级生产力对大气碳的影响,建立一个简单的模型将初级生产力和大气碳联系在一起,大气碳-初级生产力模型简单地描述了大气碳的变化对初级生产力变化的依赖性以及随着时间 t 的变动,展现了大气碳和初级生产力的动态联系;定量化随时间变化的大气碳和初级生产力的动态变化关系。这是根据大气碳的变化率和初级生产力的变化率通过微分方程和统计数据建立的模型。

　　借助于初级生产力的变化,为了更好地理解初级生产力影响大气碳变化的各个阶段,利用微分方程建立了一个简单的模型来连接大气碳与浮游植物初级生产力的联系。

$$dc(t)/dp(t)= -k \qquad (22\text{-}2)$$

　　随着时间变量 t 的变化,用大气碳 $c(t)$ 和初级生产力函数 $p(t)$ 能够表达大气碳与初级生产力的变化(表 22-2)。

表 22-2　式(22-3)的变量和参数

项目	值	单位
t 为时间变量	—	月
$c(t)$ 为大气碳函数	341.41～347	ppm
$p(t)$ 为初级生产力函数	90.23～2 145.45	mg C/(m²·d)
k 为单位初级生产力吸收大气碳的量	0.003 21～0.009 74	ppm/ [mg C/(m²·d)]

　　利用统计数据建立的模型

$$c(t) = -k\,p(t)+ b \qquad (22\text{-}3)$$

式中,b 为初级生产力为零时的大气碳最高值,为 345.61～347.13ppm。

　　根据 1991 年 5 月至 1994 年 2 月胶州湾初级生产力的数据和美国夏威夷 1958～2007 年大气碳的数据,然后利用式(22-2)和式(22-3),求得大气碳没有受到初级生产力吸收的最高值 b、单位初级生产力吸收大气碳的量 k。在利用数据时,模型的变量时间 t 单位为月,计算得到胶州湾不同站位的 k、b 值(表 22-3)。

表 22-3　式(22-3)的参数 k、b 值

站位／参数	1	4	5	6	7	9
k	0.003 72	0.003 69	0.009 74	0.004 29	0.004 86	0.003 21
b	345.98	345.99	347.13	345.67	345.92	345.61

注:缺 3 号站数据。2 号、8 号、10 号站的式(22-1)无意义。

22.4.3   方程检验

复相关系数检验，查复相关系数的临界值表得 $R_{0.05}(10)=0.576$，
$R_{0.01}(10)=0.708$；F 检验，查 F 分布表得临界值 $F_{0.05}(1,10)=4.96$，$F_{0.01}(1,10)=10.00$。

在式（22-2）中，展示了大气碳与初级生产力的相关性：1 号、4 号、5 号站，
在 $\alpha=0.01$ 水平上有意义；6 号、7 号、9 号站，在 $\alpha=0.05$ 水平上有意义；2 号、8
号、10 号站，式（22-2）无意义。

表 22-4   式（22-2）的相关性

相关性 ＼ 站位	1	4	5	6	7	9
相关系数 R^2	0.561	0.644	0.625	0.407	0.469	0.430
F 值	12.76	18.05	16.68	6.87	8.82	7.55

22.4.4   模型的应用

在式（22-2）中，通过大气碳-初级生产力比值的动态模型得到 6 个站的模拟
曲线。此模型展示了初级生产力的变化调控大气碳的变化；模型的预测值与实测
值模拟相一致。我们在 6 个站中，随意取 1 号、4 号站，看大气碳-初级生产力的
式（22-2）的曲线模拟实测曲线的情况（图 22-7）。PP1、PP4 分别是 1 号站和 4
号站的实测初级生产力曲线，二氧化碳是实测大气碳曲线，PP1SmCO$_2$、PP4SmCO$_2$
分别是通过 1 号站和 4 号站的实测初级生产力，借助式（22-2）对大气碳的模拟
曲线。

22.5   人类对大气碳变化的影响

22.5.1   人类的二氧化碳排放

所有温室气体中，二氧化碳产生的温室效应占所有温室气体总增温效应的
63%，温室气体的历史积累是发达国家工业革命后开始的，所以二氧化碳的全球
总量增高。大气中二氧化碳浓度在工业化之前很长一段时间里大致稳定在
280ppm±10ppm，人类使用化石燃料排放的大量二氧化碳，对气候变化影响最大，
且在大气中停留的时间可长达 100～200 年。自工业革命以来，二氧化碳浓度由
270ppm 增加至 1958 年的 315.24ppm。从 1958 年开始，过 5 年，1962 年又增至

318.46ppm，过 10 年，在 1967 年，增加到 $322.18×10^{-6}$，过 50 年，在 2007 年，增加到 383.71ppm。因此，人类向大气排放的二氧化碳在不断地增加。

22.5.2　大气的二氧化碳趋势变化

1958～2007 年，将监测站的月平均浓度按年算术平均值记录，建立大气碳的曲线方程 $y=0.0122t^2+0.7847t+313.75$[式（22-1）]。通过此式发现：自从 1958 年以来，大气二氧化碳增加的加速度为 0.0244，这样，随着时间的变化，大气二氧化碳增加的速度在加快。增加的速度为 $dy/dt=0.0244t+0.7847$，在每个瞬时，速度都在变化，当未来瞬时距离现在时间越长，其未来瞬时增加的速度就越大。于是，大气二氧化碳的增长越来越快。通过此式可以观察未来大气二氧化碳的增长值（表 22-5）。

表 22-5　式（22-1）模拟和预测大气的二氧化碳变化

年份	1958	1962	1967	2006	2007	2008	2009	2010	2027	2057	2107
时间/年	1	5	10	49	50	51	52	53	70	100	150
预测/ppm	314.55	317.98	322.82	381.49	383.49	385.50	387.54	389.61	428.46	514.22	705.96
实测/ppm	315.24	318.46	322.18	381.85	383.71						

从 1958 年的值 315.24ppm 增加到 2007 年的 383.71ppm，式（22-1）的模拟值与实测值相接近，式（22-1）预测大气的二氧化碳未来变化。以 2007 年为起点，在未来 3 年（2008～2010 年）大气的二氧化碳值分别为 385.50ppm、387.54ppm、389.61ppm；在未来的 20 年（2027 年）大气的二氧化碳值为 428.46ppm；在未来的 50 年（2057 年）大气的二氧化碳值为 514.22ppm；在未来的 100 年（2107 年）大气的二氧化碳值为 705.96ppm。大气碳的增长越来越快。

22.5.3　大气的温度趋势变化

由于人类活动的影响，1850～1990 年，100 多年来地球表面平均温度上升了 0.6℃（He et al.，1993）。自工业革命以来，二氧化碳浓度由 270ppm 增加至 1988 年的 350ppm，2003 年又增至 376ppm，粗略计算为二氧化碳在空气中每增加 1ppm，全球地表温度上升 0.01℃（杨东方等，2007a；Yang et al.，2005）。据此估算，1958～2007 年增加了 68.94 ppm。那么，1958～2007 年全球地表温度上升 0.69℃。以 1958 年为温度起点，过 50 年（2007 年）温度增加 0.69℃，过 100 年（2057 年）温度增加 2.00℃，过 150 年（2107 年）温度增加 3.91℃。以 2007 年为温度起点，过

50 年（2057 年）温度增加 1.31℃，过 100 年温度增加 3.22℃（表 22-6）。

表 22-6　预测大气的二氧化碳变化与相应的温度变化

年份	1958	1962	1967	2006	2007	2008	2009	2010	2027	2057	2107
时间/年	1	5	10	49	50	51	52	53	70	100	150
预测/ppm	314.55	317.98	322.82	381.49	383.49	385.50	387.54	389.61	428.46	514.22	705.96
增加碳/ppm	0.00	3.43	8.27	66.95	68.94	70.96	73.00	75.06	113.91	199.67	391.41
增温度/℃	0.00	0.03	0.08	0.67	0.69	0.71	0.73	0.75	1.14	2.00	3.91

　　在 2007 年 4 月，联合国政府间气候变化问题研究小组的报告认为：假如气温上升 3~4℃，迄今为止评估过的动物种类有 20%~30%将面临更大的灭绝危险（物种大灭绝总发生在全球变暖期，见《参考消息》2007 年 10 月 25 日第七版）。这样，以 2007 年为温度起点，过 100 年温度增加 3.22℃，这会对自然界的动物和植物具有全球的毁灭性的打击。

22.6　浮游植物对大气碳变化的影响

22.6.1　初级生产力与大气碳的关系

　　海洋是大气中二氧化碳的最大吸附器。由于二氧化碳能够溶解在海水中，大气中的大量碳进入海水。浮游植物吸收溶解在海水中的碳，沉降到海底，并储存。这样，在海水中有大量的浮游植物，使海水中的碳源源不断地转移到海底，完成了碳从大气经过海洋到海底的储存过程（杨东方，2006b，2007a，2009）。浮游植物生长具有双重作用：①浮游植物是海洋食物链的基础，海洋食物链是生态系统的核心。②浮游植物通过光合作用更多地结合二氧化碳进入有机物质，有效地从与大气的接触中，长期地除去大气二氧化碳。因此，浮游植物生长对海洋生态系统和大气生态系统都有举足轻重的作用，有效地遏制人类对环境的影响（杨东方，2007a）。

　　选择夏威夷大气碳和胶州湾浮游植物，将初级生产力与大气碳进行相关分析，发现 4 号站是高度相关，2 号站是低相关，而其余各站是显著相关（表 22-1）。这表明浮游植物与大气碳有很好的相关性，而且是负相关。展示了浮游植物将碳从大气拉到海底的过程。

22.6.2 初级生产力对大气碳的影响过程

5月22日至6月7日，是硅满足浮游植物生长的阈值时间，营养盐硅开始满足浮游植物的生长（Yang et al.，2002，2003a，2003b）。受到营养盐硅限制的浮游植物的初级生产力的临界值（以碳计）为 336.05～610.34mg C/(m²·d)。从6月7日开始，硅不限制浮游植物生长，氮、磷和硅都满足浮游植物生长，这时，随着胶州湾浮游植物的生长，初级生产力开始增加，于是，在6月，通过浮游植物的作用，大气中的二氧化碳开始下降。这样，展示了大气碳在5月达到最高点。

6月7日至11月3日，决定浮游植物生长的重要因素是光照、水温和营养盐。那么，光照、水温和营养盐对浮游植物生长起作用是有顺序的，现在必须考虑的是每一种因素是如何分别地限制或提高生产力（杨东方，2007b），因此，对浮游植物生长的最重要影响因子是营养盐，其次是水温，最后是光照（杨东方，2006a，2006b，2007b；Yang et al.，2002，2006b）。6月7日至11月3日，硅不限制浮游植物生长，氮、磷和硅都满足浮游植物生长，即使在水温的影响下，初级生产力为 336.05～610.34mg/(m²·d)，而且胶州湾浮游植物增殖能力的时间变化有两种类型和三种情形。两种类型：浮游植物增殖的单峰型和双峰型。并组成三种情形：只有浮游植物增殖的单峰型，只有浮游植物增殖的双峰型，浮游植物增殖的单峰型、双峰型同时都有（Yang et al.，2003a，2003b，2004）。因此，在6月7日至11月3日期间，浮游植物就会出现单峰型和双峰型，而且，初级生产力大都很高。那么，6～10月，大气二氧化碳一直在下降。

11月3～13日，是硅限制浮游植物生长的阈值时间，营养盐硅限制浮游植物的生长（Yang et al.，2002，2003a，2003b）。从11月3日开始，硅限制浮游植物生长，这时，随着胶州湾浮游植物生长减缓，初级生产力开始减少，于是，在11月，通过浮游植物的作用，大气中的二氧化碳开始上升。这样，展示了大气碳在10月达到最低点。

从11月13日至翌年的5月22日，硅限制浮游植物生长（Yang et al.，2002，2003a，2003b）。在这期间，初级生产力为 336.05～610.34mg/(m²·d)。尤其在2月，胶州湾硅酸盐浓度趋于零时，其硅限制的初级生产力的基础值（以碳计）为 125.28～256.47mg/(m²·d)，这为初级生产力一年中最低值。那么，在11月至翌年的5月，大气二氧化碳一直在上升。一年中胶州湾浮游植物的细胞数量在4～5月是最低的（杨东方，2004），而且，硅从6月7日开始满足浮游植物的生长（Yang et al.，2002，2003a，2003b）。于是，到5月，大气中的二氧化碳达到最高值。

这样，大气中的二氧化碳形成了每年周而复始、循环往复的变化过程，这就是初级生产力对大气碳的影响过程。浮游植物生长的变化决定了大气碳的变化，在浮游植物生长的变化过程中，大气碳的变化展示了5月最高、10月最低的周期振荡变化。

22.7　模型的生态意义

22.7.1　周期和振幅

通过大气碳与浮游植物初级生产力的关系，建立了微分方程，

$$dc(t)/dp(t)=-k \qquad (22\text{-}2)$$

随着时间变量 t 的变化，用大气碳 $c(t)$ 和初级生产力函数 $p(t)$ 能够表达大气碳与初级生产力的变化。借助于此方程，参数 k 值为 $0.003\,21\sim0.009\,74$ppm/[mg/(m²·d)]>0。大气碳与浮游植物初级生产力的关系是负相关。由于 $k>0$，那么 $dc(t)/dp(t)=-k<0$。这表明如果初级生产力增加，大气碳就减少；反之，如果初级生产力减少，大气碳就增加。而且，在浮游植物的作用下，大气碳具有相同的浮游植物周期。通过初级生产力的变化过程和机制、大气碳的变化过程以及初级生产力对大气碳的影响过程，浮游植物生长的变化决定大气碳的周期振荡变化，包括周期和振幅。

22.7.2　初级生产力吸收大气碳的量

根据胶州湾初级生产力数据和夏威夷大气碳数据，利用统计数据建立的模型

$$c(t)=-k\,p(t)+b \qquad (22\text{-}3)$$

通过式（22-3），计算得到参数 k，称为单位初级生产力吸收大气碳的量。k 值的范围为 $0.003\,21\sim0.009\,74$ppm/[mg/(m²·d)]，这表明单位初级生产力吸收大气碳的量为 $0.003\,21\sim0.009\,74$ppm。通过式（22-3），计算得到参数 b，称为初级生产力为零时的大气碳最高值。b 值范围为 $345.61\sim347.13$ppm，这表明如果大气碳没有受到初级生产力的吸收，大气碳达到最高值。实际上，初级生产力不为零，故大气碳一定受到初级生产力的吸收。

根据胶州湾初级生产力的变化范围 $90.23\sim2145.45$mg/(m²·d)和参数 k 值的范围 $0.003\,21\sim0.009\,74$ppm/[mg/(m²·d)]，通过式（22-3）计算得到，在冬天，胶州湾浮游植物吸收大气碳为 $0.289\,63\sim0.878\,84$ppm；在夏天，胶州湾浮游植物吸收大气碳为 $6.886\,89\sim20.896\,68$ppm。由此可知，浮游植物在冬天和夏天吸收大气碳的量相差很大，浮游植物生长的衰弱和旺盛决定着大气碳的起伏变化。

22.7.3 大气碳消耗初级生产力的量

将式（22-2）进行变换，得

$$\mathrm{d}p(t)/\mathrm{d}c(t) = -1/k \tag{22-4}$$

通过式（22-3），计算得到参数 k，参数 k 值为 0.003 21～0.009 74ppm /[mg/(m²·d)]＞0，$k\neq0$。因此，式（22-4）有意义。参数 $1/k$ 称为单位大气碳要消耗初级生产力的量。$1/k$ 值的范围为 102.66～311.52[mg/(m²·d)]/ppm，这表明单位大气碳要消耗初级生产力的量为 102.66～311.52mg/(m²·d)。

将式（22-3）进行变换，得

$$p(t) = -1/k\, c(t) + b/k \tag{22-5}$$

b 值范围为 345.61～347.13ppm，这表明如果大气碳没有受到初级生产力的吸收，大气碳达到最高值。又知，$1/k$ 值的范围为 102.66～311.52[mg/(m²·d)]/ ppm，这表明单位大气碳要消耗初级生产力的量为 102.66～311.52mg/(m²·d)。那么，大气碳达到最高值要消耗初级生产力的量为 b/k。当 $1/k$ 值为 102.66[mg/（m²·d）]/ppm，要消耗初级生产力的量为 35 480.32～35 636.36mg/(m²·d)；当 $1/k$ 值为 311.52[mg/(m²·d)]/ppm，要消耗初级生产力的量为 107 664.42～108 137.93 mg/(m²·d)。因此，要将目前大气碳全部输送到海底，需要初级生产力的量为 35 480.32～108 137.93mg/(m²·d)。这个初级生产力的量是胶州湾 1991 年 5 月至 1994 年 2 月初级生产力最高值的 16～54 倍。那么，须要将碳从大气源源不断地转移到海底的浮游植物也在大量的增加，其密度也在提高。

大气中二氧化碳浓度在工业化之前很长一段时间里大致稳定在 $(280\pm10)\times10^{-6}$，而 2007 年大气碳增加到 383.71×10^{-6}。那么，假如大气碳要恢复到工业化之前大气碳的含量，大气中须要减少大气碳的含量为 383.71–280=103.71。通过单位大气碳要消耗初级生产力的量 102.66～311.52mg/(m²·d)，得到：102.66×103.71= 10 646.86mg/(m²·d)，311.52×103.71=32 307.73mg/(m²·d)。于是，大气碳要恢复到工业化之前大气碳的含量，要消耗初级生产力的量为 10 646.86～32 307.73mg/(m²·d)。这个初级生产力的量是胶州湾 1991 年 5 月至 1994 年 2 月初级生产力最高值的 5～15 倍，这时的浮游植物增殖能力提高，其生物量大增，密度很高。在胶州湾 1991 年 5 月至 1994 年 2 月期间，一年中初级生产力达到最高值时，优势种硅藻平均约为 10^6 个/m³。如果浮游植物达到这个初级生产力的 5～15 倍，其密度远远超过 10^6 个/m³，即浮游植物的正常生长都是赤潮了。这证实了作者提出的地球生态系统的碳补充机制：地球生态系统通过赤潮将大气中的大量碳沉降到海底，以消除人类不断对大气排放的碳，恢复大气温度和水温到动态平衡状态（杨东方等，2009）。近年来，在全球范围内，浮游植物藻类引起暴发性增殖产生水华，并且引起水体变色的赤潮不断发生，其频度和强度在不断扩大，地理分布、面积都在增加（杨东方等，2009）。通过单位初级生产力吸收大气碳的量，也进一步证实了作者提出的地球生态系统碳补充机制（杨东方等，2009；Yang et al.，2006b）。

22.8　结　　论

根据胶州湾 1991 年 5 月至 1994 年 2 月和夏威夷 1958 年 3 月至 2007 年 12 月的观测数据，将二氧化碳月平均浓度按年、月求算术平均值，得到各月和年平均值的时间序列，采用统计和微分方程分析研究北太平洋大气碳的动态周期和变化趋势以及胶州湾水域浮游植物初级生产力时空分布变化与北太平洋的大气碳之间的关系。

研究结果表明，以时间为变量，以二氧化碳浓度为函数，建立了北太平洋大气碳变化趋势的动态模型以及计算了其模拟曲线。通过式（22-1），展现了由于人类排放碳增加的速度和加速度，这个模拟增加曲线，以 1957 年为原点，以年为单位，形成半抛物线，其开口向上。其增加的速度为 $dy/dt=0.0244t+0.7847$，每个时间速度都在增加。其加速度为 0.0244，每个时间加速度值不变，但速度加快。大气碳增长越来越快。因此，人类向大气排放的二氧化碳在不断增加。

人类使用化石燃料排放的大量二氧化碳，对气候变化影响最大。以 2007 年为温度起点，过 50 年（2057 年）温度增加 1.31℃，过 100 年温度增加 3.22℃，这会对自然界的动物和植物具有全球的毁灭性的打击。

研究结果表明，胶州湾的初级生产力与北太平洋的大气碳随着时间的动态周期变化有很好的相关性，是负相关。通过北太平洋大气碳－胶州湾初级生产力周期变化的动态模型，发现了浮游植物与大气碳的转化率：单位初级生产力吸收大气碳的量为 0.003 21～0.009 74ppm/[mg/(m²·d)]，单位大气碳要消耗初级生产力的量为 102.66～311.52[mg/(m²·d)]/ppm。如果大气碳没有受到初级生产力的吸收，大气碳达到的最高值为 345.61～347.13ppm。在冬天，胶州湾浮游植物吸收大气碳为 0.289 63～0.878 84ppm；在夏天，胶州湾浮游植物吸收大气碳为 6.886 89～20.896 68ppm。由此可知，浮游植物在冬天和夏天吸收大气碳的量相差很大，浮游植物生长的衰弱和旺盛决定着大气碳的起伏变化。

大气碳要恢复到工业化之前大气碳的含量，要消耗初级生产力的量为 10646.86～32307.73mg/(m²·d)。这个初级生产力的量是胶州湾 1991 年 5 月至 1994 年 2 月初级生产力最高值的 5～15 倍，这时的浮游植物增殖能力提高，其生物量大增，密度很高。这样浮游植物的正常生长都是赤潮了。这证实了作者提出的地球生态系统的碳补充机制（杨东方等，2009；Yang et al.，2006b）。

研究结果表明，浮游植物生长的变化决定了大气碳的变化，其变化展示了 5 月最高、10 月最低的周期振荡变化。因此，浮游植物决定大气碳周期变化中的周期和振幅。

通过以上的研究结果，作者认为：大气碳的变化是周期振荡上升的曲线变化，这个变化是由趋势增加和周期振荡合成的。结合人类排放和浮游植物的吸收，大气碳的变化是由碳增加变化和周期变化复合合成的动态变化过程，而这两个变化相应的是由人类排放和浮游植物生长所决定的。

参 考 文 献

郭玉洁, 杨则禹. 1992. 胶州湾的生物环境 初级生产力. 见: 刘瑞玉. 胶州湾生态学和生物资源. 北京: 科学出版社: 110-125.

何强, 井文涌, 王翊亭. 1993. 环境科学导论. 北京: 清华大学出版社.

吴玉霖, 张永山. 1995. 胶州湾叶绿素 a 和初级生产力的特征分布. 见: 董金海, 焦念志. 胶州湾生态学研究. 北京: 科学出版社: 137-149.

物种大灭绝总发生在全球变暖期. 参考消息, 2007 年 10 月 25 日, 7 版.

杨东方, 高振会, 孙培艳, 等. 2003. 浮游植物的增殖能力的研究探讨. 海洋科学, 27(5): 26-28.

杨东方, 王凡, 高振会, 等. 2004. 胶州湾的浮游藻类生态现象. 海洋科学, 28(6): 71-74.

杨东方, 高振会, 孙培艳, 等. 2006a. 胶州湾水温和营养盐硅限制初级生产力的时空变化. 海洋科学进展, 24(2): 203-212.

杨东方, 高振会, 秦洁, 等. 2006b. 地球生态系统的营养盐硅补充机制. 海洋科学进展, 24(4): 407-412.

杨东方, 高振会, 王培刚, 等. 2006c. 营养盐硅和水温影响浮游植物的机制. 海洋环境科学, 25(1): 1-6.

杨东方, 陈生涛, 胡均, 等. 2007a. 光照、水温和营养盐对浮游植物生长重要影响大小顺序. 海洋环境科学, 26(3): 201-207.

杨东方, 吴建平, 曲延峰, 等. 2007b. 地球生态系统的气温和水温补充机制. 海洋科学进展, 25(1): 117-122.

杨东方, 殷月芬, 孙静亚, 等. 2009. 地球生态系统的碳补充机制. 海洋环境科学, 28(1): 100-107.

杨鸣, 夏东兴, 谷东起, 等. 2005. 全球变化影响下青岛海岸带地理环境的演变. 海洋科学进展, 23(3): 289-296.

袁道先. 1998. 岩溶作用与碳循环研究进展. 朱光亚. 中国科学技术文库. 北京: 科技出版社: 2702-2706.

Yang D F, Zhang J, Lu J B, et al. 2002. Examination of silicate limitation of primary production in the Jiaozhou Bay, North China Ⅰ.Silicate being a limiting factor of phytoplankton primary production. Chin J Oceanol Limnol, 20(3): 208-225.

Yang D F, Zhang J, Gao Z H, et al. 2003a. Examination of silicate limitation of primary production in the Jiaozhou Bay, North China Ⅱ. Critical value and time of silicate limitation and satisfaction of the phytoplankton growth. Chin J Oceanol Limnol, 21(1): 46-63.

Yang D F, Gao Z H, Chen Y, et al. 2003b. Examination of silicate limitation of primary production in the Jiaozhou Bay, North China Ⅲ. Judgment method, rules and uniqueness of nutrient limitation among N, P, and Si. Chin J Oceanol Limnol, 21(2): 114-133.

Yang D F, Gao Z H, Chen Y, et al. 2004. Examination of Seawater Temperature's Influence on Phytoplankton Growth in Jiaozhou Bay, North China. Chin J Oceanol Limnol, 22(2): 166-175.

Yang D F, Gao Z H, Sun P Y, et al. 2006a. Silicon limitation on primary production and its destiny in Jiaozhou Bay, China Ⅵ The ecological variation process of the phytoplankton. Chin J Oceanol Limnol, 24(2): 186-203.

Yang D F, Gao Z H, Yang Y B, et al. 2006b. Silicon limitation on primary production and its destiny in Jiaozhou Bay, China Ⅶ The Complementary mechanism of the earth ecosystem. Chin J Oceanol Limnol, 24(4): 401-412.

第23章 人类排放与浮游植物吸收对大气碳的平衡

　　工业化革命以来，大气二氧化碳的浓度逐年明显上升，造成了全球变暖，影响着地球气候和环境。生物圈中循环的碳有95%存在于海洋，海洋是地球系统中最大的碳库，它不仅是大气二氧化碳的主要汇，还可以通过河流汇集等形式吸收大量的人为碳，从而缓解气候变化，所以研究二氧化碳在海洋中的转移和归宿，即海洋吸收、转移大气二氧化碳的能力及二氧化碳在海洋中的循环机制均集中体现为其物理、化学和生物过程，海洋对大气二氧化碳的吸收能力随着区域和季节不同出现时空变化。因此，海洋对调控大气二氧化碳的量具有重要意义。

　　在北太平洋，夏威夷Mauna Loa监测站的大气碳基本没有受到地方局部的人类碳排放的影响，这个碳的数据基本上反映了北太平洋大气碳的变化。沿着北太平洋的海岸线，选择了在北太平洋的边缘上纬度适中的胶州湾（杨东方等，2004，2006a，2006b；Yang et al.，2002，2003a，2003b，2006b，2010），来考察海洋中的浮游植物生长对大气碳的影响。许多研究者（Pales and Keeling，1965；Thoning et al.，1989；Komhyr et al.，1989；Zhao and Thoning，1997；Bacastow et al.，1985；Keeling et al.，1976，1995，1996）利用夏威夷Mauna Loa监测站的大气碳数据得到大气碳的很好的研究结果。

　　根据1992～1994年胶州湾水域浮游植物初级生产力的季节变化和1958～2007年夏威夷大气碳的月份变化之间的关系研究分析，揭示了北太平洋盆地的大气碳变化和北太平洋盆地的沿岸水域浮游植物生长的变化，以及初级生产力与大气碳的平衡点、浮游植物对大气碳的吸收量，以期为深入研究浮游植物生长过程对大气碳变化的影响过程。

23.1　研　究　概　况

23.1.1　海　区　概　况

　　胶州湾位于北纬35°55′～36°18′，东经120°04′～120°23′，面积为446km²，平均水深为7m，最大水深为50m，是一个半封闭型海湾，周围为青岛、胶州、胶南等市县区所环抱（图 23-1）。

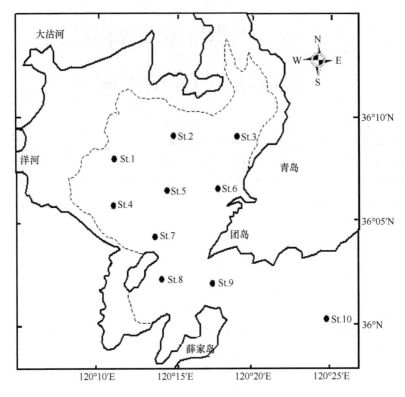

图 23-1 胶州湾调查站位

23.1.2 浮游植物数据来源

本章分析时所用初级生产力数据（^{14}C 法测定）由胶州湾生态站提供，初级生产力的数据由吴玉霖、张永山测得（吴玉霖和张永山，1995）。每次观察时间为 2 天，观测时间跨度为 1991 年 5 月至 1994 年 2 月，每年代表冬季、春季、夏季、秋季的 2 月、5 月、8 月、11 月进行现场实验研究。共进行了 12 个航次，每个航次 10 个站位（缺 3 号站位的数据）（图 23-1），按标准水层采样（标准水层分别为 0m、5m、10m、15m 等到底层）。

23.1.3 监测站点的地理气候特征

Mauna Loa 山，即长山，在夏威夷岛上，海拔为 4170m。Mauna Loa 山又高又大，长 60mi，宽 30mi，占据整个夏威夷岛的一半。Mauna Loa 山的气候是多变的，属热带的潮湿气候。Mauna Loa 监测站在北纬 9.539°，东经 155.578°，海拔为 3397m。这里的高山岩漠化，有零散的苔藓、银剑和夏威夷草。

23.1.4　大气碳数据来源

利用 NOAA 地球系统研究实验室（NOAA Earth System Research Laboratory）提供的美国夏威夷大气碳 Mauna Loa 站的 1958～2007 年大气中二氧化碳的监测数据。

大气碳的变化是周期振荡上升的曲线变化，这个变化是由趋势增加和周期振荡合成的（Yang et al.，2010）。研究大气碳的曲线周期变化，将其按照月平均计算形成的曲线周期变化，即大气碳的季节变化与初级生产力季节变化进行对比分析，来探讨初级生产力对大气碳在季节变化方面的影响。

23.2　初级生产力与大气碳的变化

23.2.1　大气碳的季节变化

将监测站的月平均浓度按月算术平均值记录，1958～2007 年，大气碳浓度的季节变化趋势非常明显：以春季为最高，与夏季、秋季、冬季相比，每年只有一个春季的高峰值；以秋季为最低，与春季、夏季、冬季相比，每年只有一个秋季的低谷值。5 月，大气碳的浓度是一年中最高值 347ppm。从 5 月开始下降，一直到 10 月，经过 5 个月的下降。8 月，碳减少加快，9 月，碳减少放慢，达到低谷值 341.41ppm，10 月仍然保持这个低谷值 341.42ppm。然后开始增长，从 10 月一直至翌年的 5 月，经过 7 个月的增长。4 月，碳增加加快，在 5 月增长到高峰值 347ppm（图 23-2）。接着又周而复始。

23.2.2　初级生产力的季节变化

在胶州湾，初级生产力的季节变化趋势非常明显。初级生产力以夏季为最高，与秋季、春季、冬季相比，每年只有一个夏季的高峰值。在同一站位，每年的初级生产力的高峰值都不一样。同一年中各个站位的初级生产力的高峰值也不一样。初级生产力的高峰值范围为 1600～2500mg/(m²·d)。与春季、夏季、秋季相比，初级生产力每年只在冬季出现低谷值，其范围为 35～104mg/(m²·d)。每年 2 月开始，初级生产力缓慢上升，到 5 月开始迅速增大，一直到高峰期，然后迅速下降到 11 月。而在 11 月至翌年的 2 月一直缓慢滑落到最低点，从 11

月至翌年的 5 月，初级生产力保持很低的值，接着又周而复始，如 1 号、4 号站（图 23-3）。

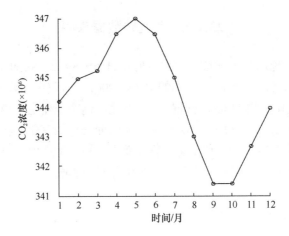

图 23-2　大气碳的月平均季节变化

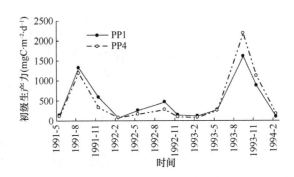

图 23-3　站位 1 和站位 4 的初级生产力季节变化

大气碳和初级生产力都有清楚的季节变化，大气碳和初级生产力的季节变化具有相同的周期。

23.2.3　初级生产力的月平均值

从 1991 年、1992 年、1993 年 5 月、8 月、11 月的初级生产力数据，使用抛物线方程用最小二乘法建立最佳近似解的方程，变量为时间 t，单位为月，每月以 30 天计算，函数为初级生产力（表 23-1）。

$$Y(t) = at^2 + bt + c \qquad (23\text{-}1)$$

表 23-1　式（23-1）a、b、c 的参数值

参数 \ 站位	1	4	6	7	8	9
a	−85.04	−99.07	−69.87	−61.00	−114.04	−85.65
b	1479.81	1724.32	1192.24	1045.63	1926.34	1465.68
c	−5306.05	−6283.54	−4256.25	−3667.57	−6837.91	−5239.47
r^2	0.54	0.41	0.51	0.49	0.54	0.24

对初级生产力函数 $y(t)$ 进行积分，得到函数 $Y(t)$，计算每个月份的初级生产力平均值。

$$Y(t)= \int y(t)\mathrm{d}t \tag{23-2}$$

通过方程（23-2），计算得到 5 月、9 月和 10 月的初级生产力平均值（表 23-2）。

表 23-2　初级生产力（以碳计）月平均值　　[单位：mg/（m²·d）]

月份 \ 站位	1	4	6	7	8	9
5	253.24	194.99	181.60	232.79	297.57	223.65
9	1069.86	1147.84	758.16	754.74	1160.13	947.19
10	848.79	890.69	552.94	580.18	805.54	699.81

初级生产力月平均值在 5 月的范围为 181.60～297.57mg/(m²·d)，在 9 月的范围为 754.74～1160.13mg/（m²·d），在 10 月的范围为 552.94～890.69mg/（m²·d）。

23.2.4　初级生产力与大气碳的平衡点

大气碳在 5 月前一直在增加，在 5 月后一直在减少。 5 月，大气碳达到最高点 347ppm，2～8 月初级生产力一直在增加，在这期间，初级生产力在减少大气中的碳，在 5 月，大气碳和初级生产力达到平衡，即浮游植物对大气碳吸收量和大气碳的增加量达到平衡。这表明在春季，初级生产力在上升；当初级生产力的月平均值超过 181.60（297.57）mg/(m²·d)，大气碳就开始下降。

大气碳在 9 月、10 月前一直在减少，在 9 月、10 月后一直在增加。9 月和 10 月，大气碳分别达到最低点 341.41×10⁻⁶ 和 341.42×10⁻⁶，这时，初级生产力从 8 月至翌年 2 月一直在下降，在这期间，虽然初级生产力在减少大气碳，但是，由于初级生产力在下降，大气碳相应地在增加。于是，在 9 月、10 月，大气碳和初级生产力达到平衡，即浮游植物对大气碳吸收量和大气碳的增加量达到平衡。这表明初级生产力在下降，当初级生产力的月平均值低于 9 月的 1160.13（754.74）mg/(m²·d)或者 10 月的 890.69（552.94）mg/(m²·d)，大气碳就开始上升。

23.2.5 初级生产力与大气碳的平衡量

初级生产力与大气碳有两个平衡点，在这两个平衡点之间的累计量，作者称为初级生产力与大气碳的平衡量，那么，初级生产力的累计量作者称为初级生产力与大气碳的初级生产力平衡量。同样，大气碳的累计量作者称为初级生产力与大气碳的大气碳平衡量。

通过式（23-2），计算得到 5～10 月的初级生产力平均值为 600.18～931.71mg/(m^2·d)。

5～10 月一共有 6 个月，每月按照 30 天计算，即 180 天。这样就有 6 个月的初级生产力累计量，也是初级生产力与大气碳的初级生产力平衡量（表 23-3），其范围为 108 031.95～167 707.62mg/m^2。

表 23-3　6 个月的初级生产力与大气碳的初级生产力平均值[mg/(m^2·d)]和平衡量（mg/m^2）

初级生产力	PP1	PP4	PP6	PP7	PP8	PP9
6 个月平均值	834.50	873.09	600.18	609.85	931.71	747.24
平衡量	150 209.17	157 155.71	108 031.95	109 773.85	167 707.62	134 503.24

根据胶州湾初级生产力数据和夏威夷大气碳数据，利用统计数据建立的模型（Yang et al.，2010）

$$c(t) = -k\,p(t) + b \tag{23-3}$$

通过式（23-3），计算得到参数 k，称为单位初级生产力吸收大气碳的量。k 值的范围为 0.003 21～0.009 74ppm/[mg/(m^2·d)]，这表明单位初级生产力吸收大气碳的量为 0.003 21～0.009 74ppm（Yang et al.，2010）。

通过式（23-3），计算得到 5～10 月的大气碳平均值，其低值范围为 1.93～2.99ppm，其高值范围为 5.85～9.07ppm，整体范围为 1.93～9.07ppm。

5～10 月一共有 6 个月，每月按照 30 天计算，即 180 天。这样就有 6 个月的大气碳累计量，也是初级生产力与大气碳的大气碳平衡量（表 23-4），其低值范围为 346.78～538.34ppm，其高值范围为 1052.23～1633.47ppm，整体范围为 346.78～1633.47ppm。

表 23-4　6 个月的初级生产力与大气碳的大气碳平均值和平衡量（ppm）

单位初级生产力吸收大气碳的量	大气碳	1	4	6	7	8	9
0.003 21ppm/ [mg/(m^2·d)]	6 个月平均值	2.68	2.80	1.93	1.96	2.99	2.40
0.009 74ppm/ [mg/(m^2·d)]	6 个月平均值	8.13	8.50	5.85	5.94	9.07	7.28
0.003 21ppm/ [mg/(m^2·d)]	平衡量	482.17	504.47	346.78	352.37	538.34	431.76
0.009 74ppm/ [mg/(m^2·d)]	平衡量	1463.04	1530.70	1052.23	1069.20	1633.47	1310.06

23.3　人类排放与浮游植物吸收

23.3.1　大气的二氧化碳增加

人类使用化石燃料排放大量的二氧化碳，自工业革命以来，二氧化碳浓度由 270ppm 增加至 1958 年的 315.24ppm。从 1958 年开始，过 5 年，1962 年又增至 318.46ppm，过 10 年，在 1967 年，增加到 322.18ppm，过 50 年，在 2007 年，增加到 383.71ppm（Yang et al.，2010）。因此，人类向大气排放的二氧化碳在不断增加。

1958～2007 年，将监测站的月平均浓度按年算术平均值记录，建立大气碳的曲线方程（Yang et al.，2010）。通过此方程发现：自从 1958 年以来，大气的二氧化碳增加的加速度为 0.0244，这样，随着时间的变化，大气的二氧化碳增加的速度在加快。于是，大气的二氧化碳增长越来越快。

23.3.2　初级生产力吸收大气碳

海洋是大气中二氧化碳的最大吸附器。由于二氧化碳能够溶解在海水中，大气中的大量碳进入海水。浮游植物吸收溶解在海水中的碳，沉降到海底，并储存。这样，在海水中有大量的浮游植物，使海水中的碳源源不断地转移到海底，完成了碳从大气经过海洋到海底的储存过程（杨东方等，2006b，2007a，2007b，2009）。浮游植物生长具有双重作用：①浮游植物是海洋食物链的基础，海洋食物链是生态系统的核心；②浮游植物通过光合作用更多地结合二氧化碳进入有机物质，有效地从大气的接触中，长期地除去大气二氧化碳。因此，浮游植物生长对海洋生态系统和大气生态系统都有举足轻重的作用，有效地遏制人类对环境的影响（杨东方等，2007a；Yang et al.，2010）。

大气碳与浮游植物初级生产力有着密切的重要联系。选择夏威夷大气碳和胶州湾浮游植物，发现浮游植物与大气碳有很好的相关性，而且是负相关。展示了浮游植物将碳从大气拉到海底的过程。

通过大气碳-浮游植物初级生产力的模型（Yang et al.，2010），发现如果初级生产力增加，大气碳就减少；反之，如果初级生产力减少，大气碳就增加。而且，在浮游植物的作用下，大气碳具有相同的浮游植物周期。这表明浮游植物的生长决定着大气碳周期变化的周期和振幅。

通过大气碳-浮游植物初级生产力的模型（Yang et al.，2010），计算得到单位初级生产力吸收大气碳的量为 0.003 21～0.009 74ppm。在冬天，胶州湾浮游植物吸收大气碳为 0.289 63～0.878 84ppm；在夏天，胶州湾浮游植物吸收大气碳为 6.886 89～20.896 68ppm。由此可知，浮游植物在冬天和夏天吸收大气碳的量相差很大，浮游植物生长的衰弱和旺盛决定着大气碳的起伏变化。

23.3.3　5 月的平衡点

2～5 月，大气碳一直在增加。这时，2～8 月初级生产力一直在增加，在这期间，初级生产力的增加量在变大，相应的大气碳增加量在变小。这样，从 2 月开始，初级生产力增长加快，相应的大气碳增长变慢，于是，在 5 月，出现第一个平衡点，即浮游植物对大气碳吸收量和大气碳的增加量在 5 月达到平衡。这时，大气碳达到最高点 347ppm。这表明在春季，初级生产力在上升，当初级生产力的月平均值超过 297.57（181.60）$mg/(m^2 \cdot d)$时，大气碳就开始下降。因此，浮游植物生长旺盛可以控制大气碳的增长。

初级生产力的最大增长率出现在 5 月（Yang et al.，2002，2003a，2003b，2004），也就是浮游植物生长开始迅速旺盛的时候，浮游植物对大气碳吸收量和大气碳的增加量一样，使大气碳的增加停止。

23.3.4　10 月的平衡点

5～9 月、10 月，大气碳一直在减少，这时，5～8 月初级生产力一直在增加，但是 8～11 月一直在减少，在这期间，初级生产力的增加量在变小，相应的大气碳增加量在变大。这样，从 8 月开始，初级生产力增长变慢，相应的大气碳增长加快，于是，在 9 月、10 月，出现第二个平衡点，即浮游植物对大气碳吸收量和大气碳的增加量在 9 月、10 月达到平衡。在 9 月和 10 月，大气碳分别达到最低点 341.41ppm 和 341.42ppm。这表明在秋季，初级生产力在下降，当初级生产力的月平均值低于 9 月的 754.74～1160.13$mg/(m^2 \cdot d)$或者 10 月的 552.94～890.69$mg/(m^2 \cdot d)$时，大气碳就开始上升。因此，浮游植物生长衰弱不能控制大气碳的增长。

初级生产力的最大降低率出现在 11 月（Yang et al.，2002，2003a，2003b，2004），也就是浮游植物生长开始迅速衰弱的前一个月，浮游植物对大气碳吸收量和大气碳的增加量一样，使大气碳的增加停止。

那么，在一年中，5～10 月，浮游植物生长一直控制着大气碳的增加。

23.3.5　初级生产力与大气碳的平均值

5～10 月初级生产力的平均值为 600.18～931.71mg/(m^2·d)，这 6 个月浮游植物生长一直控制着大气碳的增加。其初级生产力吸收大气碳平均值，其低值范围为 1.93～2.99ppm，其高值范围为 5.85～9.07ppm，整体范围为 1.93～9.07ppm。这表明 5～10 月，浮游植物生长每天吸收大气碳低值范围为 1.93～2.99ppm，高值范围为 5.85～9.07ppm。无论在低值范围还是高值范围，浮游植物在吸收大气碳方面时时刻刻都起到重要的作用。

23.3.6　初级生产力与大气碳的平衡量

在一年中，初级生产力与大气碳有两个平衡点：5 月的平衡点和 10 月的平衡点。在这两个平衡点之间，初级生产力与大气碳的初级生产力平衡量为 108 031.95～167 707.62mg/m^2，初级生产力与大气碳的大气碳平衡量为 346.78～1633.47ppm。5～10 月，大气碳下降了 347–341.41=5.59ppm 或者 347–341.42=5.58ppm，这表明 5～10 月，人类排放大气碳应该达到 346.78–5.58～1633.47–5.58ppm，即 341.20～1627.89ppm，或者 346.78–5.59～1633.47–5.59ppm，即 341.19～1627.88ppm。

每年 5～10 月人类排放大气碳为 341.20～1627.89ppm 或者 341.19～1627.88ppm。因此，地球生态系统每年 5～10 月不仅消除人类排放大气碳，还要保持大气碳下降 5.59ppm 或者 5.58ppm，大气碳下降量占有浮游植物对大气碳的吸收量为 0.0160～0.0034，即 1.60%～0.34%。每年能够保持大气碳下降在 1.60%～0.34%，地球生态系统真是精确。

由于人类向大气排放的大气碳在不断增加，地球生态系统为了保持每年 5～10 月大气碳下降 5.59ppm 或者 5.58ppm，浮游植物初级生产力也要不断增加，这样，地球生态系统通过浮游植物将大气中的大量碳沉降到海底，以消除人类不断对大气的碳排放，才能维持人类向大气的碳排放量与浮游植物对大气碳的吸收量的动态平衡，地球生态系统真是具有强大的能力。

因此，近年来，在全球范围内，浮游植物藻类引起暴发性增殖产生水华，并且引起水体变色的赤潮不断发生，其频度和强度在不断扩大，地理分布、面积都在增加（杨东方等，2007a，2008，2009）。这就是为了适应大气碳的增加量，加强 5～10 月对大气碳的控制。根据地球生态系统的营养盐硅补充机制、地球生态系统的气温和水温补充机制、地球生态系统的碳补充机制，通过浮游植物使大气温度和水温达到动态平衡状态（杨东方等，2009；Yang et al.，2006a）。

23.4　结　论

　　根据胶州湾 1991 年 5 月至 1994 年 2 月和夏威夷 1958 年 3 月至 2007 年 12 月的观测数据，将二氧化碳月平均浓度按月求算术平均值，得到各月平均值的时间序列，采用统计和微分方程分析研究北太平洋大气碳的动态周期变化、胶州湾水域浮游植物初级生产力季节变化以及它们之间的关系。

　　研究结果表明，大气碳浓度有明显的季节变化，每年只有一个春季的高峰值和一个秋季的低谷值。初级生产力也有明显的季节变化，每年只有一个夏季的高峰值和一个冬季的低谷值。大气碳和初级生产力的季节变化具有相同的周期。

　　在一年中，初级生产力与大气碳有两个平衡点：5 月的平衡点和 10 月的平衡点。大气碳从 5 月的平衡点到 10 月的另一个平衡点，在这期间，大气碳一直在下降。从 5 月的平衡点大气碳开始下降，到 10 月的另一个平衡点大气碳下降结束。

　　由于浮游植物对大气碳的吸收，初级生产力从春季大于 $181.60 \sim 297.57 mg/(m^2 \cdot d)$，一直到秋季大于 9 月的 $754.74 \sim 1160.13 mg/(m^2 \cdot d)$ 或者 10 月的 $552.94 \sim 890.69 mg/(m^2 \cdot d)$，大气碳都在下降。因此，浮游植物旺盛生长可以控制大气碳的增长。

　　研究结果表明，5～10 月，初级生产力平均值为 $600.18 \sim 931.71 mg/(m^2 \cdot d)$，其初级生产力吸收大气碳平均值为 1.93～9.07ppm。这 6 个月浮游植物旺盛生长，一直控制着大气碳的增加。5～10 月，初级生产力与大气碳的初级生产力平衡量为 $108\ 031.95 \sim 167\ 707.62 mg/m^2$，初级生产力与大气碳的大气碳平衡量为 346.78～1633.47ppm。浮游植物生长在吸收大气碳方面起到重要的作用。

　　每年 5～10 月人类排放大气碳应该达到 341.20～1627.89ppm 或者 341.19～1627.88ppm。对此，地球生态系统每年 5～10 月不仅要消除人类排放的大气碳，还要能够保持大气碳下降 5.59ppm 或者 5.58ppm，大气碳下降量占浮游植物对大气碳的吸收量为 0.0160～0.0034，即 1.60%～0.34%。地球生态系统真是精确。

　　在大气中，地球生态系统要维持大气碳的动态平衡。可是，人类一直向大气排放碳，于是，大气碳在不断地增加。为了减少大气中的碳，地球生态系统使浮游植物初级生产力在不断地增加，使地球生态系统能够保持每年 5～10 月大气碳下降 5.59ppm 或者 5.58ppm。这样，地球生态系统才能维持人类向大气的碳排放量与浮游植物对大气碳的吸收量的动态平衡，地球生态系统真是具有强大的能力。

　　研究结果表明，每年 5～10 月浮游植物旺盛生长，一直控制着大气碳的增加，虽然在人类的排放下，但浮游植物使其大气碳下降。在每年其他月份，浮游植物衰弱生长，无法控制大气碳的增加，在人类的排放下，大气碳上升。因此，浮游植物生长旺盛与衰弱的周期和强度决定大气碳周期变化中的周期和振幅。

通过以上的研究结果，作者认为：在每年 5～10 月，浮游植物旺盛生长控制着大气碳的增加，从 11 月至翌年 4 月，人类排放控制着大气碳的增加。进一步支持了这个观点（Yang et al.，2010）：大气碳的变化是由碳增加变化和周期变化复合合成的动态变化过程，而这两个变化相应地是由人类排放和浮游植物生长所决定的。

作者认为：地球生态系统既保持每年大气碳下降量占有浮游植物对大气碳的吸收量为 1.60%～0.34%，又维持人类向大气的碳排放量与浮游植物对大气碳的吸收量的动态平衡。地球生态系统的确具有精确性和强大的能力。

作者感叹，地球如此完美，我却如此渺小！

参 考 文 献

吴玉霖, 张永山. 1995. 胶州湾叶绿素 a 和初级生产力的特征分布. 见: 董金海, 焦念志. 胶州湾生态学研究. 北京: 科学出版社: 137-149.

杨东方, 高振会, 孙培艳, 等. 2003. 浮游植物的增殖能力的研究探讨. 海洋科学, 27(5): 26-28.

杨东方, 王凡, 高振会, 等. 2004. 胶州湾的浮游藻类生态现象. 海洋科学, 28(6): 71-74.

杨东方, 高振会, 孙培艳, 等. 2006a. 胶州湾水温和营养盐硅限制初级生产力的时空变化. 海洋科学进展, 24(2): 203-212.

杨东方, 高振会, 秦洁, 等. 2006b. 地球生态系统的营养盐硅补充机制. 海洋科学进展, 24(4): 407-412.

杨东方, 高振会, 王培刚, 等. 2006c. 营养盐硅和水温影响浮游植物的机制. 海洋环境科学, 25(1): 1-6.

杨东方, 陈生涛, 胡均, 等. 2007a. 光照、水温和营养盐对浮游植物生长重要影响大小顺序. 海洋环境科学, 26(3): 201-207.

杨东方, 吴建平, 曲延峰, 等. 2007b. 地球生态系统的气温和水温补充机制. 海洋科学进展, 25(1): 117-122.

杨东方, 于子江, 张柯, 等. 2008. 营养盐硅在全球海域中限制浮游植物的生长. 海洋环境科学, 27(5): 547-553.

杨东方, 殷月芬, 孙静亚, 等. 2009. 地球生态系统的碳补充机制. 海洋环境科学, 28(1): 100-107.

Bacastow R B, Keeling C D, Whorf T P. 1985. Seasonal amplitude increase in atmospheric CO_2 concentration at Mauna Loa, Hawaii, 1959-1982. Journal of Geophysical Research, 90(D6): 10529-10540.

Keeling C D, Bacastow R B, Bainbridge A E, et al. 1976. Atmospheric carbon dioxide variations at Mauna Loa Observatory, Hawaii. Tell us, 28: 538-551.

Keeling C D, Chin J F S, Whorf T P. 1996. Increased activity of northern vegetation inferred from atmospheric CO_2 measurements. Nature, 382(6587): 146-149.

Keeling C D, Whorf T P, Wahlen M, et al. 1995. Interannual extremes in the rate of rise of atmospheric carbon dioxide since 1980. Nature, 375: 666-670.

Komhyr W D, Harris T B, Waterman L S, et al. 1989. Atmospheric carbon dioxide at Mauna Loa Observatory: 1. NOAA GMCC measurements with a non-dispersive infrared analyzer. Journal of Geophysical Research, 94: 8533-8547.

Pales J C, Keeling C D. 1965. The concentration of atmospheric carbon dioxide in Hawaii. Journal of Geophysical Research, 24: 6053-6076.

Thoning K W, Tans P P, Komhyr W D. 1989. Atmospheric carbon dioxide at Mauna Loa Observatory: 2. Analysis of the NOAA GMCC data, 1974-1985. Journal of Geophysical Research, 94: 8549-8565.

Yang D F, Zhang J, Lu J B, et al. 2002. Examination of silicate limitation of primary production in the Jiaozhou Bay, North China Ⅰ. Silicate being a limiting factor of phytoplankton primary production. Chin J Oceanol Limnol, 20(3): 208-225.

Yang D F, Zhang J, Gao Z H, et al. 2003a. Examination of silicate limitation of primary production in the Jiaozhou Bay,

North China Ⅱ. Critical value and time of silicate limitation and satisfaction of the phytoplankton growth. Chin J Oceanol Limnol, 21(1): 46-63.

Yang D F, Gao Z H, Chen Y, et al. 2003b. Examination of silicate limitation of primary production in the Jiaozhou Bay, North China Ⅲ. Judgment method, rules and uniqueness of nutrient limitation among N, P, and Si. Chin J Oceanol Limnol, 21(2): 114-133.

Yang D F, Gao Z H, Chen Y, et al. 2004. Examination of Seawater Temperature's Influence on Phytoplankton Growth in Jiaozhou Bay, North China. Chin J Oceanol Limnol, 22(2): 166-175.

Yang D F, Gao Z H, Sun P Y, et al. 2006a. Silicon limitation on primary production and its destiny in Jiaozhou Bay, China Ⅵ The ecological variation process of the phytoplankton. Chin J Oceanol Limnol, 24(2): 186-203.

Yang D F, Gao Z H, Yang Y B, et al. 2006b. Silicon limitation on primary production and its destiny in Jiaozhou Bay, China Ⅶ The Complementary mechanism of the earth ecosystem. Chin J Oceanol Limnol, 24(4): 401-412.

Yang D F, Miao Z Q, Shi Q, et al. 2010. Silicon limitation on primary production and its destiny in Jiaozhou Bay, China Ⅷ: The variation of atmospheric carbon determined by both phytoplankton and human. Chin J Oceanol Limnol, 28(2): 416-425.

Zhao C, Tans P, Thoning K. 1997. A high precision manometric system for absolute calibration of CO_2 in dry air. Journal of Geophysical Research, 102: 5885-5894.

第24章 地球生态系统理论体系

随着人类活动的加剧,地球发生了巨大的变化。为了了解引起地球变化的成因、过程和机制,须要对地球有新的研究方向和内容。于是,作者提出了新的理论:地球生态系统,包括其定义、结构和目标,从不同的角度来探讨和研究地球的变化。

24.1 地球生态系统理论提出的重要性

近年来,全球变暖,沙尘暴、洪水、风暴潮和赤潮等灾害频繁发生,严重地威胁着人类社会的发展和人民生命财产的安全。出于防灾减灾的目的,人们对地球生态学领域的兴趣一直在不断增长,强烈关注陆地生态系统、海洋生态系统、大气生态系统。大量研究地球生态系统的变化和人类对地球生态系统的影响以及地球生态系统的发展趋势(杨东方和高振会,2007;杨东方等,2005,2009)。目前,在地球上,一系列自然灾害,如干旱、沙漠化、沙尘暴、暴雨、洪水、泥石流、山体滑坡、风暴潮和赤潮发生。那么,作者提出了地球生态系统的理论体系,揭示产生一系列自然灾害的过程和机制(杨东方等,2006a,2007,2009),并且预测了未来的气候模式(杨东方等,2011),为解决人类生存与可持续发展所面临的资源供给、生态保护、环境优化、防灾减灾和国家安全等重大问题提供科学支持。

24.2 地球生态系统理论的建立

24.2.1 地球生态系统的定义、结构和目标

地球生态系统的定义:指地球本身具有生命特征,能够通过自身的调节和控制完成地球的可持续发展,使地球上一切物质都以不同的形式能够延续存在。

地球生态系统的结构:地球生态系统由陆地生态系统、海洋生态系统和大气生态系统三部分组成,陆地、海洋和大气相互之间构成了三个界面。

地球生态系统的目标:就是使地球上一切物质都以不同的形式能够延续存在,使地球能够可持续发展,维持地球正常地、稳定地和长期地动态运行,并且具有

稳定的、动态的生态系统。

24.2.2　地球生态系统的功能、内容和意义

　　地球生态系统的功能：地球生态系统能够维持地球长期的存在，保持地球进行稳定的运行，使地球具有可持续的发展。地球生态系统是一个地球可持续发展的动态稳定系统。

　　地球生态系统的内容：现在包含地球上一切的生命与环境。在地球上，出现生命之前，或者如果有一天地球上没有生命，这时地球生态系统的内容包含的只有环境。

　　地球生态系统的意义：地球生态系统的概念将全球的生命与环境看作一个整体，进行协调和谐的可持续发展，从结构方面叙述了地球的运动轨迹，从功能方面分析了地球不同领域的生态系统的可持续发展。通过对地球生态系统的研究，展示了地球生态系统的变化过程，阐明了地球生态系统的演变规律，确定了地球生态系统的动力成因，揭示了地球生态系统的运行机制，建立了地球生态系统的变化趋势的预测理论，为人类的生存及可持续发展提供科学依据。

24.2.3　地球生态系统的特征

　　根据作者提出的地球生态系统，地球生态系统由陆地生态系统、海洋生态系统和大气生态系统三部分组成，陆地、海洋和大气相互之间构成了三个界面。而且陆地生态系统、海洋生态系统和大气生态系统可以继续分割下去，形成许多许多个小的生态系统，小的生态系统，还可以进一步分割下去，形成许多许多个更小的生态系统，直至无限。

　　作者认为研究地球生态系统，就将地球看作一个整体来研究，而生命仅仅是其一部分。若进一步研究地球的内部、表层和外层，就可以研究陆地生态系统、海洋生态系统和大气生态系统三个生态系统领域，以及由它们构成的三个生态系统界面。例如，研究陆地生态系统、海洋生态系统，以及构成的海陆界面。

　　作者认为地球生态系统从全球来确定地球的可持续发展，通过地球生态系统来调节和控制全球的变化，尤其在人类对地球的作用下，地球生态系统展示了三大补充机制（杨东方等，2006a，2007，2009），修复人类活动对地球生态系统的破坏，消除人类活动对地球生态系统的干扰，同时补充人类活动造成的地球生态系统的动力缺少。

24.3　地球生态系统理论与前人的概念及假说不同

24.3.1　与前人的概念不同

在 1983 年，美国国家航空航天局顾问委员会提出了"地球系统科学"，于 1988 年出版了《地球系统科学》报告（NASA，1988），系统地阐述了地球系统科学的观点，通过对地球整体系统及其各子系统（大气圈、水圈、冰雪圈、生物圈、岩石圈以及近地空间和人类圈）演化过程和相互作用的研究，认为发生在该系统中的各种时间尺度的全球变化是地球系统各子系统（圈层）的物理、化学和生物学三大基本过程相互作用的结果。随着对地球的研究发展，人类认为地球是由近地空间、大气圈、水圈（含冰雪圈）、固体地圈（岩石、地幔和地核）与生物圈、人类圈等组成的紧密关联。

作者认为将地球研究划分这些领域：大气圈、水圈、冰雪圈、生物圈、岩石圈以及近地空间和人类圈，缺少有机的整体结合，将环境之间的相互作用和紧密联系也相互孤立和分离开了。即使认识到地球是由近地空间、大气圈、水圈（含冰雪圈）、固体地圈（岩石、地幔和地核）与生物圈、人类圈等组成的紧密关联，也将环境和生物之间的有机结合隔离和分裂开了。这样的研究就会得到片面的、局部的结果，甚至可能会得到错误的结论。因此，作者提出的地球生态系统，以求能对地球整体进行完整的和全面的研究。例如，作者提出北太平洋海洋生态系统的研究，展示了在整个地球生态系统中，硅的运行轨迹（杨东方等，2012）。

24.3.2　与前人的假说不同

20 世纪 60 年代末和 70 年代初，英国地球物理学家 Lovelock 和美国生物学家 Margulis 提出盖亚（Gaia）假说（Lovelock and Margulis，1974；Margulis and Lovelock，1974；Lovelock，1979，1988，1990），盖亚是一个由地球大气圈、水圈、冰雪圈、生物圈、岩石圈以及近地空间和人类圈等各部分组成的反馈系统或控制系统，这个系统通过自身调节和控制而寻求并达到一个适合于大多数生物生存的最佳物理-化学环境条件。地球表层系统具有复杂性和多样性，但通过生命和生命活动是可以自我调节和自我控制的。盖亚假说认为地球上所有生物对其环境不断地主动地起着调节作用。并且认为如果地球上的生物消失，那么盖亚也就消失了。

作者的理论与盖亚假说有 4 个方面的不同。①不能将地球研究划分这些领域：

大气圈、水圈、冰雪圈、生物圈、岩石圈以及近地空间和人类圈，即不能将环境各部分之间、环境与生物之间进行分割或者切开，作者认为它们是有机的、紧密结合在一起的。②不能以生物圈为中心，不能认为生命和生命活动决定地球表层系统，也不能认为地球上所有生物对其环境是不断地、主动地起着调节作用。作者认为环境与生物在作者提出的地球生态系统中具有平等的地位和相同的作用，它们有机地、协调地结合在一起，使地球生态系统能够可持续发展。③人类是地球上生物的一部分，而不能够单独从地球生物中分离出来。即使人类活动已经并且继续影响地球的变化，作者认为人类的活动也是作者提出的地球生态系统中的一部分。④不能过于夸大生物对地球的作用和影响，在地球生态系统中，作者认为即使没有生物，地球生态系统同样控制和调节地球的变化，地球生态系统具有稳定状态。

24.4 结　论

通过对地球的许多自然现象的研究，作者首次提出地球生态系统，阐述了其定义、结构、目标、功能、内容和意义，说明了地球生态系统的特征，展示了地球生态系统的变化过程和运行机制。

作者提出地球生态系统及理论体系，与前人的概念"地球系统科学"、前人的"盖亚假说"都不同。作者认为：①环境各部分之间、环境与生物之间是有机的、紧密结合在一起的；②环境与生物在作者提出的地球生态系统中具有平等的地位和相同的作用，它们有机地、协调地结合在一起，使地球生态系统能够可持续发展；③人类和人类活动也是作者提出的地球生态系统中的一部分；④即使没有生物，地球生态系统同样控制和调节地球的变化，地球生态系统具有稳定状态。

参 考 文 献

杨东方, 李宏, 张越美, 等. 2000. 浅析浮游植物生长的营养盐限制因子和方法. 海洋科学, 24(12): 47-50.

杨东方, 张经, 陈豫, 等. 2001. 营养盐限制的唯一性因子探究. 海洋科学, 25(12): 49-51.

杨东方, 高振会, 陈豫, 等. 2002. 硅的生物地球化学过程的研究动态. 海洋科学, 26(3): 35-36.

杨东方, 王凡, 高振会, 等. 2004. 胶州湾浮游藻类生态现象. 海洋科学, 28(6): 71-74.

杨东方, 高振会, 王培刚, 等. 2005. 胶州湾浮游植物的生态变化过程与地球生态系统的补充机制. 北京: 海洋出版社: 1-182.

杨东方, 高振会, 秦洁, 等. 2006a. 地球生态系统的 Si 补充机制. 海洋科学进展, 24(4): 407-412.

杨东方, 高振会, 王培刚, 等. 2006b. 硅和水温影响浮游植物的机制. 海洋环境科学, 25(1): 1-6.

杨东方, 高振会. 2007. 胶州湾和长江口的生态. 北京: 海洋出版社: 1-366.

杨东方, 吴建平, 曲延峰, 等. 2007. 地球生态系统的气温和水温补充机制. 海洋科学进展, 25(1): 117-122.

杨东方. 2009. 浮游植物的生态与地球生态系统的机制. 北京: 海洋出版社: 1-322.

杨东方, 殷月芬, 孙静亚, 等. 2009. 地球生态系统的碳补充机制. 海洋环境科学, 28(1): 100-107.

杨东方, 苗振清, 石强, 等. 2011. 未来的地球气候模式得到了初步印证. 海洋开发与管理, 28(11): 38-41.

杨东方, 苗振清, 石强, 等. 2012. 北太平洋的海洋生态动力. 海洋环境科学, 31(2): 201-207.

Lovelock J E. 1979. Gaia, a new look at life on earth. London: Oxford University Press.

Lovelock J E. 1988. The ages of Gaia: a biography of our living earth. New York: W.W. Norton.

Lovelock J E. 1990. Hand up the Gaia hypothesis. Nature, 344: 100-102.

Lovelock J E, Margulis L. 1974. Homeostatic tendencies of the earth atmosphere. Origins of Life, 5: 93-103.

Margulis L, Lovelock J E. 1974. Biological modulation of the earth's atmosphere. ICARUS, 21: 471-489.

NASA. 1988. Advisory Council. Earth system science. Washington DC: NASA.

Yang D F, Zhang J, Lu J B, et al. 2002. Examination of Silicate Limitation of Primary Production in the Jiaozhou Bay, North China Ⅰ.Silicate Being a Limiting Factor of Phytoplankton Primary Production. Chin J Oceanol Limnol, 20(3): 208-225.

Yang D F, Zhang J, Gao Z H, et al. 2003a. Examination of Silicate Limitation of Primary Production in the Jiaozhou Bay, North China Ⅱ. Critical Value and Time of Silicate Limitation and Satisfaction of the Phytoplankton Growth. Chin J Oceanol Limnol, 21(1): 46-63.

Yang D F, Gao Z H, Chen Y, et al. 2003b. Examination of Silicate Limitation of Primary Production in the Jiaozhou Bay, North China Ⅲ. Judgment Method, Rules and Uniqueness of Nutrient Limitation among N, P, and Si. Chin J Oceanol Limnol, 21(2): 114-133.

Yang D F, Gao Z H, Zhang J, et al. 2004a. Examination of Daytime Length's Influence on Phytoplankton Growth in Jiaozhou Bay, China. Chin J Oceanol Limnol, 22(1): 70-82.

Yang D F, Gao Z H, Chen Y, et al. 2004b. Examination of Seawater Temperature's Influence on Phytoplankton Growth in Jiaozhou Bay, North China. Chin J Oceanol Limnol, 22(2): 166-175.

Yang D F, Chen Y, Gao Z H, et al. 2005a. Silicon limitation on primary production and its destiny in Jiaozhou Bay, China Ⅳ Transect offshore the coast with estuaries. Chin J Oceanol Limnol, 23(1): 72-90.

Yang D F, Gao Z H, Wang P G, et al. 2005b. Silicon limitation on primary production and its destiny in Jiaozhou Bay, China Ⅴ Silicon deficit process. Chin J Oceanol Limnol, 23(2): 169-175.

Yang D F, Gao Z H, Sun P Y, et al. 2006. Silicon limitation on primary production and its destiny in Jiaozhou Bay, China Ⅵ The ecological variation process of the phytoplankton. Chin J Oceanol Limnol, 24(2): 186-203.

第25章 地球生态系统的分割和构成原理

地球是人类生存和生活的场所，没有地球，就没有人类，也没有自然界。要研究人类的生存，就要研究人类居住的地球。随着工业、农业的迅速发展，人类加大了向大气排放二氧化碳，提高了大气中二氧化碳的含量。在温室效应的作用下，全球气候变暖的趋势不断加强，气温、水温的上升引起了地球生态系统的破坏，于是，对于人类对地球生态系统的影响以及地球生态系统的变化和发展趋势进行了大量研究（杨东方，2009，2013；杨东方和高振会，2007；杨东方等，2005，2006，2007，2009，2011，2013a；Yang et al.，2007）。因此，作者首次提出生态系统的分割和构成的定义以及生态系统的分割和构成原理，为地球生态系统能够充分保持动态平衡和可持续发展提供科学依据，有利于地球生态系统的持续发展。

25.1 生态系统的分割和构成原理

25.1.1 分割和构成的定义

首先，要给出生态系统的分割和构成的定义，并且从时空的角度来展示生态系统的分割和构成原理。

生态系统的分割：一个大的生态系统可以分割为许多小的生态子系统。同样，生态系统的构成：许多小的生态子系统可以构成一个大的生态系统。

25.1.2 分割和构成的原理

从空间上，一个大空间可以分割为许多小空间，这样，一个大的生态系统可以分割为许多个小的生态系统，空间的尺寸决定着生态系统的大小。因此，生态系统的分割实际上是其空间的分割，反之亦然，生态系统的构成实际上是其空间的构成。那么，可以任取一个大小的空间作为生态系统来研究。而且生态系统可以分割，也可以构成更大的生态系统。

从时间上，一个生态系统可以随着时间变化而变化，时间的变化决定着生态系统的变化。因此，生态系统的分割实际上与时间的变化无关。生态系统经过分割后，可以形成新的任何生态系统。而时间的变化决定着这个任何生态系统的变化和演替。

因此，我们可清楚地了解在生态系统的分割和构成过程中，时空变化对生态系统有着不同的影响。

25.2　生态系统分割和构成的特性

生态系统的分割和构成是由空间分割构成所决定的。那么，探讨生态系统的分割和构成特性，就是探讨空间分割和构成的特性。空间分割和构成具有以下特性：①空间任意性；②空间分割性；③空间构成性；④空间变化性；⑤空间可逆性。

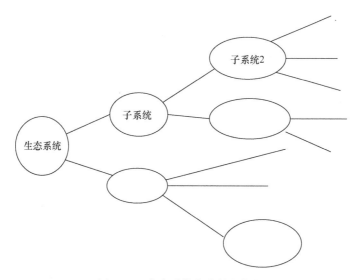

图 25-1　生态系统的分割和构成

25.2.1　空间任意性

空间的大小是任意的，没有限制的。我们的研究可以得到需要的任意空间，要多大有多大，要多小有多小，所需要的任意空间都可以得到。因此，空间具有任意性。

25.2.2　空间分割性

空间可以任意分割，通过分割的手段可以得到任意要求的空间。因此，在分割的过程中，空间具有分割性。

25.2.3 空间构成性

任何空间都可以构成新的空间，不论空间的尺寸大小，不论空间的数量多少，都可以构成新的空间。例如，即使空间没有相交，也可构成新的不相交空间。如果空间有重叠相交，也可以构成新的相交空间。

25.2.4 空间变化性

任何空间都包含有生态，这些生态都随着时间在变化。而且这样的变化是随着时间在连续地不间断地变化，因此，空间所包含的生态具有变化性。

25.2.5 空间可逆性

在数量上，任何空间都可以再分割成许多个空间。在尺寸上，任何大的空间都可以分割成小的空间。反之亦然，许多空间也可以构成数量较少的空间，小的空间可以构成大的空间。因此，空间具有可逆性。

总之，根据生态系统的分割和构成的定义以及生态系统的分割和构成原理，确定了空间具有任意性、分割性、构成性、变化性、可逆性。这些空间的属性阐明了空间的变化过程就是空间属性发生变化的过程及空间所含有的生态系统展示的空间属性，空间生态系统总是随着时间的推移而不停地变化着，生态系统的停滞或缓行的状态只是暂时的、相对的，因而空间的变化性是经常的、绝对的。生态系统的变化过程只是空间不断的变化性的展示过程。

25.3　结　　论

作者首次提出了生态系统的分割和构成的定义以及生态系统的分割和构成原理，研究发现，生态系统的分割和构成实际上是其空间的分割和构成，而时间的变化决定着这个任何生态系统的变化和演替。并且，生态系统的分割和构成具有以下特性：①空间任意性；②空间分割性；③空间构成性；④空间变化性；⑤空间可逆性。通过对生态系统时空变化以及分割和构成，确定了生态系统的变化和演替的趋势和未来的发展，为剖析地球生态系统的结构和组成奠定了基础。

参 考 文 献

杨东方. 2009. 浮游植物的生态与地球生态系统的机制. 北京: 海洋出版社: 1-322.

杨东方. 2013. 地球生态系统的硅动力. 北京: 海洋出版社: 1-373.

杨东方, 高振会, 王培刚, 等. 2005. 胶州湾浮游植物的生态变化过程与地球生态系统的补充机制. 北京: 海洋出版社: 1-182.

杨东方, 高振会. 2007. 胶州湾和长江口的生态. 北京: 海洋出版社: 1-366.

杨东方, 高振会, 秦洁, 等. 2006. 地球生态系统的硅补充机制. 海洋科学进展, 24(4): 407-412.

杨东方, 吴建平, 曲延峰, 等. 2007. 地球生态系统的气温和水温补充机制. 海洋科学进展, 25(1): 117-122.

杨东方, 殷月芬, 孙静亚, 等. 2009. 地球生态系统的碳补充机制. 海洋环境科学, 28(1): 100-107.

杨东方, 苗振清, 石强, 等. 2011. 未来的地球气候模式得到了初步印证. 海洋开发与管理, 28(11): 38-41.

杨东方, 苗振清, 石强, 等. 2012. 北太平洋的海洋生态动力. 海洋环境科学, 31(2): 201-207.

杨东方, 苗振清, 徐焕志, 等. 2013a. 地球生态系统的理论创立. 海洋开发与管理, 30(7): 85-89.

杨东方, 秦明慧, 石志洲, 等. 2013b. 地球生态系统的控制能力. 海洋科学, 37(12): 96-100.

杨东方, 崔文林, 陈生涛, 等. 2013c. 地球生态系统的精准性. 海洋开发与管理, 30(11): 72-75.

Yang D F, Wu J P, Chen S T, et al. 2007. The teleconnection between marine silicon supply and desertification in China. Chin J Oceanol Limnol, 25(1): 116-122.

第26章　地球生态系统理论的结构和界面

随着人类活动的加剧，地球发生了巨大的变化。为了探索地球变化的成因、过程和机制，须要对地球生态系统进行剖析和分析（杨东方，2009，2013；杨东方和高振会，2007；杨东方等，2005，2006，2007，2009，2011，2013a；Yang et al.，2007），来研究地球生态系统的结构和界面。因此，本文作者首次充分阐述了地球生态系统的结构和界面，并建立了相应的模型框图，展示其组成和相互转换，为地球生态系统能够充分保持动态平衡和可持续发展提供科学依据，有利于人类的健康生存，更应该有利于地球生态系统的持续发展。

26.1　地球生态系统的结构和界面

26.1.1　地球生态系统的理论

地球生态系统是指地球本身具有生命特征，能够通过自身的调节和控制来完成地球的可持续发展，使地球上一切物质都以不同的形式能够延续存在，其内容现在包含地球上一切的生命与环境。在地球上出现生命之前，或者如果有一天地球上没有生命，这时地球生态系统的内容包含的只有环境。地球生态系统的动力是硅，地球生态系统的核心是温度的动态平衡，地球生态系统的目标是地球生态系统的可持续发展。因此，地球生态系统的意义在于地球生态系统的概念将全球的生命与环境看作一个整体，进行协调和谐的可持续发展。那么，地球生态系统通过硅、碳的生物地球化学过程，来维持地球生态系统的动态温度平衡，确定全球的气候动态变化，以保证地球生态系统的可持续发展。

26.1.2　生态系统的结构和界面

根据生态系统的分割和构成原理，将地球生态系统分割为三个子生态系统：陆地生态系统、海洋生态系统和大气生态系统，即有：

地球生态系统= 陆地生态系统+海洋生态系统+大气生态系统

于是，地球生态系统的结构为：陆地生态系统、海洋生态系统和大气生态系统；地球生态系统的三个子系统界面为：陆地-海洋、海洋-大气和大气-陆地。

地球生态系统维持地球上生物的产生、生长和死亡过程，而且能够使全球整体的、原有的生物物种消失和新的物种产生；具有周期性和可循环过程。

地球生态系统由大气生态系统、海洋生态系统和陆地生态系统组成。其子生态系统对地球生态系统的影响力由大到小顺序如下。

大气生态系统＞海洋生态系统＞陆地生态系统

对于地球生态系统的重要影响由大到小排列为：大气生态系统、海洋生态系统和陆地生态系统。那么，人类为了在地球生态系统中活下去，必须对气候生态系统进行强烈关注，尤其二氧化碳排放和气温升高。

26.2　结构和界面的模型框图

26.2.1　静态到动态的变化

根据地球生态系统的结构和界面，形成了最简单的表达方式。而且这三个子系统可以互相置换，其结构和界面保持不变（图 26-1）。在相对比较短的时间内，海洋与陆地保持各自的静态不变（图 26-1），这揭示了地球生态系统的结构在相对比较短的时间内，保持静止状态。

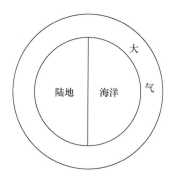

图 26-1　地球生态系统的静态结构和界面

在相对比较长的时间内，海洋与陆地能够相互转化变化，这展示了沧海桑田的变化过程。将海洋和陆地的相互转化以动态的运动形式表现出来[图 26-2（a）]。这揭示了地球生态系统的结构在相对比较长的时间内，呈现运动变化状态。同样，海洋与大气能够相互转化变化，陆地与大气也能够相互转化变化，其动态的转化以运动形式表现出来［图 26-2（b）和图 26-2（c）］。通过以上三图，可以清楚地了解地球生态系统的结构和界面的组成和相互转换。

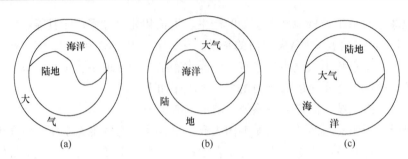

图 26-2　地球生态系统的动态结构和界面
（a）海洋和陆地的相互转换；（b）大气和海洋的相互转换；（c）陆地和大气的相互转换

26.2.2　简单到复杂的变化

1）陆地和海洋

根据地球生态系统的结构和界面，模型框图最简单的表达方式可展示地球生态系统由大气生态系统、海洋生态系统和陆地生态系统组成［图 26-2（a）］。为了进一步了解地球生态系统的精细状况，用模型框图较复杂的表达方式，来展示陆地表面上呈现的所有水域和海洋表面上所呈现的所有陆地。

在陆地上有水域，如湖泊、河流和地下水等，将所有水域凝聚在一起，用一小圆圈来表示，放在陆地上（图 26-3）。同样，在海洋中有许多陆地露出，如岛屿、礁石等，将所有陆域凝聚在一起，用一小圆圈来表示，放在海洋中（图 26-3），并且展示其海陆相互的动态演替。

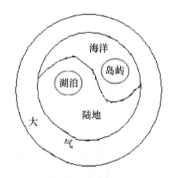

图 26-3　地球生态系统的动态精细结构和界面，包括了陆地和海洋

2）陆地和海洋及大气

为了进一步地了解地球生态系统的精细结构，用模型框图复杂的表达方式，

来展示大气中呈现的所有颗粒,在大气中,颗粒包括了固体颗粒和液体颗粒。于是,将大气的所有颗粒凝聚在一起,用一小圆圈来表示,放在大气中[图 26-4(a)]。这样,用模型框图复杂的表达方式,展示了地球生态系统的精细结构,在地球生态系统的精细结构中,三个子生态系统:陆地生态系统、海洋生态系统和大气生态系统是可以相互转化的,而且,这三个相——气相、液相和固相的位置也是可以相互转换的[图 26-4(b)和图 26-4(c)],其界面和结构是不变的。

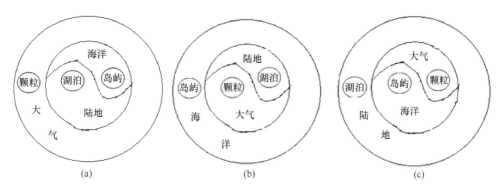

图 26-4　地球生态系统的动态精细结构和界面,包括了陆地和海洋及大气
(a)海洋和陆地的相互转换;(b)陆地和大气的相互转换;(c)大气和海洋的相互转换

26.3　结　　论

根据生态系统的分割和构成原理,地球生态系统的结构为:陆地生态系统、海洋生态系统和大气生态系统;地球生态系统的三个子系统界面为:陆地-海洋、海洋-大气和大气-陆地。其子生态系统对地球生态系统的影响力由大到小为:大气生态系统>海洋生态系统>陆地生态系统。建立了地球生态系统的静态与动态的结构和界面的模型框图,展示了地球生态系统的结构和界面的组成和相互转换。又进一步建立了地球生态系统的动态精细结构和界面的模型框图,充分展示了气相、液相和固相的三个相位置也是可以相互转换的。

根据生态系统的分割和构成原理,通过地球生态系统的结构和界面的应用,作者对于道家思想和太极八卦图给予新的解释。同时,对生态系统的分割和构成原理以及地球生态系统的理论也有了更深层次的认识和理解,有助于关于自然科学的哲学理论研究。

参 考 文 献

杨东方. 2009. 浮游植物的生态与地球生态系统的机制. 北京: 海洋出版社: 1-322.

杨东方, 高振会, 王培刚, 等. 2005. 胶州湾浮游植物的生态变化过程与地球生态系统的补充机制. 北京: 海洋出版社: 1-182.

杨东方, 高振会. 2007. 胶州湾和长江口的生态. 北京: 海洋出版社: 1-366.

杨东方. 2013. 地球生态系统的硅动力. 北京: 海洋出版社: 1-373.

杨东方, 高振会, 秦洁, 等. 2006. 地球生态系统的硅补充机制. 海洋科学进展, 24(4): 407-412.

杨东方, 吴建平, 曲延峰, 等. 2007. 地球生态系统的气温和水温补充机制. 海洋科学进展, 25(1): 117-122.

杨东方, 殷月芬, 孙静亚, 等. 2009. 地球生态系统的碳补充机制. 海洋环境科学, 28(1): 100-107.

杨东方, 苗振清, 石强, 等. 2011. 未来的地球气候模式得到了初步印证. 海洋开发与管理, 28(11): 38-41.

杨东方, 苗振清, 石强, 等. 2012. 北太平洋的海洋生态动力. 海洋环境科学, 31(2): 201-207.

杨东方, 苗振清, 徐焕志, 等. 2013a. 地球生态系统的理论创立. 海洋开发与管理, 30(7): 85-89.

杨东方, 秦明慧, 石志洲, 等. 2013b. 地球生态系统的控制能力. 海洋科学, 37(12): 96-100.

杨东方, 崔文林, 陈生涛, 等. 2013c. 地球生态系统的精准性. 海洋开发与管理, 30(11): 72-75.

Yang D F, Wu J P, Chen S T, et al. 2007. The teleconnection between marine silicon supply and desertification in China. Chin J Oceanol Limnol, 25(1): 116-122.

第27章　地球生态系统理论的应用

目前，在地球上，产生一系列自然灾害，如干旱、沙漠化、沙尘暴、暴雨、洪水、泥石流、山体滑坡、风暴潮和赤潮。那么，作者对地球生态系统进行了大量、系统的研究（杨东方，2009，2013；杨东方和高振会，2007；杨东方等，2005，2006a，2006b，2007，2009，2011，2012，2013），提出了地球生态系统的理论体系（杨东方等，2013）、生态系统的分割和构成原理、地球生态系统的结构和界面，并通过对其的应用，揭示产生一系列自然灾害的过程和机制（杨东方等，2006a，2006b，2007，2009，2011，2012），并且预测了未来的气候模式（杨东方等，2011），充分展示了地球生态系统启动了硅补充机制、气温和水温的补充机制和碳补充机制（杨东方等，2006a，2007，2009），消除或放慢了由于人类活动给大气带来的 CO_2 的增长。

27.1　地球生态系统的营养盐硅补充机制

通过海洋生态系统的结构和功能以及海洋生态系统对大气生态系统和陆地生态系统的影响，根据营养盐硅对浮游植物生长的影响过程和浮游植物的生理特征以及其集群结构的改变特点的研究结果，综合分析硅的生物地球化学过程，探讨人类对生态环境的影响、生态环境变化对地球生态系统的影响。作者提出了地球生态系统的营养盐硅的补充机制（杨东方等，2006a）：近岸的洪水、大气的沙尘暴和海底的沉积物向缺硅的水体输入大量的硅，即由陆地、大气、海底3种途径将硅输入海水水体中，满足浮游植物的生长，保持海洋中浮游植物生长的动态平衡和海洋生态系统的可持续发展。

随着海洋生态系统硅的严重缺乏，地球生态系统启动了补偿机制。

首先，水流对硅的输送能力加大，在海洋沿岸，形成了多雨气候和季节，使降雨次数频繁、降雨时间延长，提高了雨量，形成了沿岸河流向大海的泥石流和洪水，同时风暴潮也越来越频繁和剧烈。进一步加大了洪水流量，向海洋输送更多的硅量和更高的硅浓度。

其次，大气的输送增加。在内陆，气候干燥、高温，使内陆的植物死亡，土地干裂，加速了土地的沙漠化。并通过干燥、高温的上升气流，将地面所形成的沙尘带起，逐步随着风力地加大变成猛烈的沙尘暴，尽可能将这些沙尘送向大海的近岸水域，有时送到远离近岸水域。沙尘暴从中国内蒙古的沙漠区带沙尘到黄海、东海，甚至到太平洋中心、太平洋东岸。

最后，近年来台风或飓风发生频率剧增，其强度在不断增加。在海洋的近海，台风或飓风扫过的面积也在增大，使海底通过沉积物向海洋水体输入大量的硅。同时，在海洋的沿岸，台风或飓风所带的雨量也在增加，使近岸的洪水向海洋水体输入大量的硅。

因此，为了海洋生态系统的持续发展，维护海洋中营养盐氮、磷、硅的比例稳定，保持营养盐的平衡和浮游植物的平衡，人类最好减少氮、磷的输入，提高硅的输入。

27.2　地球生态系统的气温和水温补充机制

根据营养盐硅对浮游植物生长的影响过程和浮游植物的生理特征以及集群结构变化特点的研究结果，综合分析碳循环过程、硅的生物地球化学过程以及地球生态系统的硅补充机制，探讨了人类对生态环境的影响、生态环境变化对地球生态系统的影响。阐明了地球生态系统对环境变化的响应过程，解释了气温和水温的补充起因，提出了气温和水温的补充机制（杨东方等，2007），并用框图模型确定了补充机制的运行过程中的每个流程。通过气温和水温的补充机制的研究发现，在环境变化过程中，人类引起环境变化的起源以及其变化后的结果又作用于人类，即人类排放二氧化碳引起气温和水温的上升，地球生态系统又借助其补充机制使得气温和水温下降恢复到正常的动态平衡。虽然这个补充机制带来了沙尘暴、洪水和风暴潮，但人类引起水温和气温上升的灾难要比自然界的这三种灾难深重得多。自然界的这三种灾难是局部的、短期的，而人类引起水温和气温上升的灾难是全球的、长期的。因此，自然界的灾难与人类引起的灾难相比是微不足道的。

如何使水温下降、恢复到原来的平衡位置，这就要使大气中二氧化碳增长放缓，保持大气中二氧化碳的平衡。海洋是大气中二氧化碳的最大吸附器，由于二氧化碳能够溶解在海水中，被浮游植物吸收，沉降到海底，并储存。由于浮游植物的作用，使得大气中温室效应减弱，气温开始降低，也使得海水温度下降。

为了气温和水温下降得慢一些或能缓慢地增加，作者认为必须采取以下主要措施：①禁止或减少向大气大量排放 CO_2；②当大气 CO_2 增多时，疏通河道增大流量、加强流速，向海洋输送大量的硅，通过浮游植物生长减少大气中的 CO_2 含量；③当人类又不断地排放 CO_2，又阻断或减少河流的输送，那么只有洪水、沙尘暴和风暴潮三种方式向大海水体输送硅。这三种方式对人类生存来说是三种灾害，但是这些灾害与全球气温和水温上升所带来的灾害相比是微不足道的。通过作者提出的气温和水温的补充机制的研究结果，各国有责任为人类的生存和地球生态系统的可持续发展做出自己的贡献，减少向大气排放 CO_2，同时，增加河流对硅的输送。这样，既避免了全球性的灾难，又避免了局部的灾难洪水、沙尘暴和风暴潮。

27.3　地球生态系统的碳补充机制

杨东方等（2009）首次提出地球生态系统的碳补充机制，并且用框图模型说明了补充机制在运行过程中的每个流程，阐明了无论硅的充足与缺乏，地球生态系统都要将碳从大气中移动到海底，储藏起来，完成碳的迁移过程。研究结果表明，人类排放 CO_2 引起气温和水温上升，地球生态系统不惜损害陆地生态系统和海洋生态系统，也要启动碳补充机制，完成碳的迁移，导致气温和水温恢复到动态的平衡。启动碳补充机制期间，在输送硅的过程中，地球生态系统给陆地带来三大类型灾害：沙漠化、洪涝和风暴潮；在阻断硅的过程中，地球生态系统给海洋带来一大类型灾害：赤潮。在这些过程中，人类引起大气碳的增加与地球生态系统导致大气碳的减少充分展现了人类与自然界的相互撞击，这会产生一系列自然灾害，如干旱、沙漠化、沙尘暴、暴雨、洪水、泥石流、山体滑坡、风暴潮和赤潮。人类尽可能减少这些撞击，为地球生态系统的可持续发展，也为人类生存创造良好的环境。

随着人类活动的加剧，在大气中二氧化碳的增多，气温呈上升趋势，水温呈上升趋势；在海洋中氮、磷浓度升高，硅浓度降低。地球生态系统为了保持海洋中浮游植物生长的平衡和海洋的生态系统的可持续发展以及大气二氧化碳的增长放慢，开始启动碳补充机制使大气碳迅速迁移沉降到海底。那么，这就分为两种情况：①地球生态系统启动硅补充机制，硅使浮游植物生长迅速、旺盛，形成硅藻为优势种，易产生硅藻赤潮；②地球生态系统无法启动硅补充机制，大量的氮、磷使浮游植物集群结构改变：从硅藻改变为甲藻等非硅藻。于是，甲藻等非硅藻生长迅速、旺盛，形成优势种，易产生甲藻等非硅藻赤潮。通过这两种情况、气温和水温补充机制，大气碳被迅速迁移沉降到海底，气温和水温恢复到动态平衡。因此，地球生态系统的碳补充机制目的为保持大气碳的动态平衡。然而，碳补充机制带来陆地上的三大类型气候灾害：洪水、沙尘暴、风暴潮和水体中的一大类型生物灾害：赤潮。

通过地球生态系统的碳补充机制，未来气候变化的趋势是这样的：近岸和盆地流域地区成为多雨区，内陆成为干旱区，海上成为多风暴潮区。从全球生态系统和变异气候的变化趋势的角度来看，作者发现（杨东方等，2009），在全球气候的变化趋势有两大显著特点：气温趋向于升高，风暴趋向于增强。那么，在未来气候变化的趋势下，在陆地上，首先，未来生长的整个农作物在全球都趋向于耐高温和抗倒伏。其次，未来生长的农作物在内陆，趋向于抗干旱；在近岸和盆地流域，趋向于抗洪涝。在水体中，水产品能够适应水上风暴潮的搅动，也能够适应甲藻等非硅藻赤潮以及赤潮带来的环境变化，使人类的水产资源能够可持续发展。

因此，人类须要适应陆地上和海洋上的气候变化。同时，提高生物技术来进行精选、培养、改良陆地的农作物物种和水产品物种，分别适合未来的高温、强风和持续干旱的内陆气候以及洪涝灾害的近岸和盆地流域气候与风暴潮的搅动、赤潮和赤潮带来的环境变化，以便人类的食品资源可持续利用。

27.4　地球生态系统的硅轨迹

研究发现在海洋生态系统中，浮游植物缺少硅（Yang et al.，2002，2003a，2003b，2004a，2004b，2005a，2005b，2006），通过地球生态系统的三个生态子系统：陆地生态系统、海洋生态系统、大气生态系统，来研究硅的运行轨迹。

在整个北太平洋水域，无论是在近岸水域还是远离近岸水域，从秋天的雨季结束（11月）到春天的雨季开始（5月）之前，浮游植物生长都受到硅的限制。而作者提出的这个系统，在没有雨季期间，向整个北太平洋水域提供了大量的硅。

在秋天的雨季结束（11月）后，硅就开始缺乏，一直到春天的雨季开始（5月）后，硅才开始充足。在缺少硅的期间，系统的平移通道就开始运行，从10月一直到翌年的3月，而且输送是强劲的、面广的、经常的。在这期间，只要有沙尘暴，就可以被输送到北太平洋。如果有猛烈的沙尘暴，系统的平移通道尽可能将这些沙尘送向大海的近岸水域，有时送到远离近岸水域。从中国沙漠区上升的沙尘，被系统的平移通道一直输送到黄海、东海，到太平洋中心，甚至太平洋东岸。

在北太平洋水域，从秋天的雨季结束（11月）到春天的雨季开始（5月）之前，硅都限制浮游植物的生长，这个时期有6～7个月都受到硅的限制。由于长时间营养盐硅的缺乏，造成了浮游植物的细胞数量在3月、4月、5月是一年中最低的，也就是说，3月、4月、5月是营养盐硅缺乏最严重的时期。3月、4月、5月正是系统的上升通道加大力度、提高运行能力的时候。3月、4月、5月，沙尘暴次数多、强度大，尤其在雨季来临之前的4月和5月，北太平洋水域极度缺乏硅，沙尘暴4月次数最多，5月强度最大，给北太平洋水域最大的硅补充。这表明上升通道与硅的缺乏在时间上紧密配合，其运行能力与硅缺乏的严重程度相一致。

在北太平洋水域，当 5 月雨季来临后，有陆源通过洪水和河流向北太平洋提供了稳定的、持续的、长时间的、近岸范围的大量硅。在 11 月的雨季结束之前，北太平洋的季风已经成为冬季季风。在冬季当没有陆源向北太平洋提供硅时，而此时的冬季风稳定而强盛，持续时间长、范围大，它向北太平洋提供了稳定的、持续的、长时间的、大范围的大量硅。在第二年的 5 月雨季开始时，北太平洋的季风在 4～5 月转入夏季季风。这时，在夏季有陆源向北太平洋提供硅时，就不需要季风提供输送了。于是，夏季季风就变得较弱、持续时间短、稳定性较差。由此可见，北太平洋的季风与北太平洋边缘的雨季在时间上密切相嵌，顺利完成近岸洪水和河流的输送与大气的输送之间的相互转换，一直保持向大海的水体输入大量的硅。

通过北太平洋海洋生态系统的动力剖析，就知道陆地沙漠化的原因。目前，输送到海洋的硅量减少（Yang et al.，2002，2003a，2003b，2005a，2005b；杨东方等，2000，2001），那么，北太平洋硅的缺乏是在严重加剧。为了北太平洋海洋生态系统的健康发展，作者提出的北太平洋水域营养盐硅的提供系统必须要有充足的硅源和强大的上升动力，这样才能充分保证这个系统的正常运行。

（1）要有充足的硅源。就是需要硅源的面积扩大。这样，沙漠化逐年增强，沙化的面积逐年扩大。

（2）强大的上升动力。就是系统上升通道的运行能力增强。这样，沙尘暴时间延长，空间变大。形成了遮天蔽日、持续数日的沙尘暴。

通过以上两个条件，导致了这样的结果：使内陆的气候干旱，使陆地沙漠化，沙尘暴增强。

27.5　未来的气候预测及证实

通过海洋生态变化，确定了海洋生态系统的可持续发展的动力是营养盐硅和水温，营养盐硅是主要发动机，水温是次要发动机，对此，根据杨东方等提出的营养盐硅的补充机制，本文揭示了未来地球气候变化的模式：近岸地区和流域盆地的气候模式、内陆的气候模式和海洋的气候模式。近岸地区和流域盆地成为多雨区，内陆成为干旱区，海洋成为风暴潮区。这个未来地球气候变化的模式在以后的年代中逐渐得到证实，在 2010 年的天气变化中得到了充分的证明（杨东方等，2011）。因此，应该充分了解这样的气候变化模式，积极应对它给人类带来的旱涝灾害和高温，为中国的防灾减灾提供科学依据。

通过地球系统的营养盐硅补充机制，作者提出了未来地球气候变化的模式的假想。对此模式的分析研究，展示了未来地球气候变化模式的种类、内容、特征、分布和功能，并且通过 2010 年的天气变化证实了未来地球气候变化模式。现在经常发现有极端天气，然而极端天气长时间地、经常地出现，也就没有极端了。这只是气候变化的未来发展趋势。

在不同的区域，根据不同的未来地球气候变化的模式，建立不同的防灾减灾体系和基础设施。在近岸地区和流域盆地，建设排水系统，做好城市、农田的排涝，注意连续遭受暴雨袭击时，防范可能引发的洪涝灾害：塌方、落石、山洪、泥石流和山体滑坡等。在内陆区域，建设节水灌溉系统，做好城市、农田的干旱防御，注意高温、强风和持续干旱，防范可能引发的干旱灾害：沙漠化、沙尘暴等。在海洋区域，建设预测、预报的设施和设备，完善预测、预报的机制，注意风暴潮的面积、强度、速度等级别，防范台风、飓风、热带风暴和寒潮等风暴潮可能引发的海上灾害。

洪水、沙尘暴和风暴潮三种方式向大海水体输送硅。这三种方式对人类生存来说是三种灾害，但是这些灾害与全球气温和水温上升所带来的灾害相比是微不足道的（杨东方等，2007b）。这是由于洪水、沙尘暴和风暴潮是局部的灾难，然而全球气温和水温上升所带来的灾害是全球性的灾难。因此，通过未来地球气候变化模式，对洪涝灾害、干旱灾害、风暴潮灾害等灾害进行时时监测，提高预报精度和准确率。人类要应对这个气候变化给生态环境带来的变化和给人类带来的旱涝灾害，都须要积极采取应急措施和方案，利用现代技术加强防灾减灾的系统建设，以便减少未来的自然灾害对人类的影响。

27.6　结　　论

通过地球生态系统理论的应用，充分阐述了地球生态系统的三大补充机制和北太平洋的生态动力。借助于地球生态系统的三个生态子系统：陆地生态系统、海洋生态系统、大气生态系统，揭示了硅的运行轨迹。在地球生态系统的三大补充机制理论指导下，预测了地球未来的气候模式，并且经过了 4 年，2010 年的气象给予了证实。作者提出的地球生态系统及理论体系，解释了地球上许多自然现象的成因。进一步对地球生态系统探索，能够对地球整体进行完整的和全面的研究。作者提出的地球生态系统理论体系，有助于研究全球性问题：资源、生态、环境和灾害等变化过程和趋势。

参 考 文 献

杨东方. 2009. 浮游植物的生态与地球生态系统的机制. 北京: 海洋出版社: 1-322.

杨东方. 2013. 地球生态系统的硅动力. 北京: 海洋出版社: 1-373.

杨东方, 高振会. 2007. 胶州湾和长江口的生态. 北京: 海洋出版社: 1-366.

杨东方, 李宏, 张越美, 等. 2000. 浅析浮游植物生长的营养盐限制因子和方法. 海洋科学, 24(12): 47-50.

杨东方, 张经, 陈豫, 等. 2001. 营养盐限制的唯一性因子探究. 海洋科学, 25(12): 49-51.

杨东方, 高振会, 陈豫, 等. 2002. 硅的生物地球化学过程的研究动态. 海洋科学, 26(3): 35-36.

杨东方, 王凡, 高振会, 等. 2004. 胶州湾浮游藻类生态现象. 海洋科学, 28(6): 71-74.

杨东方, 高振会, 王培刚, 等. 2005. 胶州湾浮游植物的生态变化过程与地球生态系统的补充机制. 北京: 海洋出版社: 1-182.

杨东方, 高振会, 秦洁, 等. 2006a. 地球生态系统的硅补充机制. 海洋科学进展, 24(4): 407-412.

杨东方, 高振会, 王培刚, 等. 2006b. 硅和水温影响浮游植物的机制. 海洋环境科学, 25(1): 1-6.

杨东方, 吴建平, 曲延峰, 等. 2007. 地球生态系统的气温和水温补充机制. 海洋科学进展, 25(1): 117-122.

杨东方, 殷月芬, 孙静亚, 等. 2009. 地球生态系统的碳补充机制. 海洋环境科学, 28(1): 100-107.

杨东方, 苗振清, 石强, 等. 2011. 未来的地球气候模式得到了初步印证. 海洋开发与管理, 28(11): 38-41.

杨东方, 苗振清, 石强, 等. 2012. 北太平洋的海洋生态动力. 海洋环境科学, 31(2): 201-207.

杨东方, 苗振清, 徐焕志, 等. 2013. 地球生态系统的理论创立. 海洋开发与管理, 30(7): 85-89.

Yang D F, Zhang J, Lu J B, et al. 2002. Examination of Silicate Limitation of Primary Production in the Jiaozhou Bay, North China Ⅰ. Silicate Being a Limiting Factor of Phytoplankton Primary Production Chin. J Oceanol Limnol, 20(3): 208-225.

Yang D F, Zhang J, Gao Z H, et al. 2003a. Examination of Silicate Limitation of Primary Production in the Jiaozhou Bay, North China Ⅱ. Critical Value and Time of Silicate Limitation and Satisfaction of the Phytoplankton Growth. Chin J Oceanol Limnol, 21(1): 46-63.

Yang D F, Gao Z H, Chen Y, et al. 2003b. Examination of Silicate Limitation of Primary Production in the Jiaozhou Bay, North China Ⅲ. Judgment Method, Rules and Uniqueness of Nutrient Limitation Among N, P, and Si. Chin J Oceanol Limnol, 21(2): 114-133.

Yang D F, Gao Z H, Chen Y, et al. 2004a. Examination of Seawater Temperature's Influence on Phytoplankton Growth in Jiaozhou Bay, North China. Chin J Oceanol Limnol, 22(2): 166-175.

Yang D F, Gao Z H, Zhang J, et al. 2004b. Examination of Daytime Length's Influence on Phytoplankton Growth in Jiaozhou Bay, China. Chin J Oceanol Limnol, 22(1): 70-82.

Yang D F, Chen Y, Gao Z H, et al. 2005a. Silicon limitation on primary production and its destiny in Jiaozhou Bay, China Ⅳ Transect offshore the coast with estuaries. Chin J Oceanol Limnol, 23(1): 72-90.

Yang D F, Gao Z H, Wang P G, et al. 2005b. Silicon limitation on primary production and its destiny in Jiaozhou Bay, China Ⅴ Silicon deficit process. Chin J Oceanol Limnol, 23(2): 169-175.

Yang D F, Gao Z H, Sun P Y, et al. 2006. Silicon limitation on primary production and its destiny in Jiaozhou Bay, China Ⅵ The ecological variation process of the phytoplankton. Chin J Oceanol Limnol, 24(2): 186-203.

第 28 章　地球生态系统的控制能力

海水中可溶性无机硅是海洋浮游植物所必需的营养盐之一，硅酸盐与硅藻的结构和新陈代谢有着密切的关系并且控制浮游植物的生长过程（Dugdale et al.，1995；Sakshaug et al.，1991）。在浮游植物水华形成中，$Si(OH)_4$ 有着核心的作用（Conley and Malone，1992）。硅限制浮游植物的初级生产力（Yang et al.，2002，2003a，2003b，2004a，2004b，2005a，2005b，2006b）。没有硅，硅藻瓣是不能形成的，而且细胞的周期也不会完成（Brzezinski et al.，1990；Brzezinski，1992）。硅藻对硅有着绝对的需要（Lewin，1962）。营养盐硅是浮游植物生长的主要发动机，对浮游植物生长的影响是强烈的、迅速的（杨东方等，2006a；Yang et al.，2005b）。在海洋生态系统中，营养盐硅是全球浮游植物生长的限制因子（杨东方等，2008）。因此，营养盐硅对海洋生态系统的可持续发展有着重要的作用。根据地球生态系统，本章对北太平洋水域营养盐硅的提供系统（杨东方等，2012；Yang et al.，2007）进行分析，剖析向北太平洋海洋生态系统提供的硅的来源、方式、时间和强度，展示了地球生态系统的控制能力，维持向北太平洋水域提供大量的硅，使浮游植物生长保持其稳定性和持续性。

28.1　地球生态系统的目标

地球生态系统是指地球本身具有生命特征，能够通过自身的调节和控制来完成地球的可持续发展，使地球上一切物质都以不同的形式能够延续存在，其目标就是使地球上一切物质都以不同的形式能够延续存在，使地球能够可持续发展，维持地球的正常的、稳定的和长期的动态运行，并且具有稳定的和动态的生态系统（杨东方等，2012）。那么，北太平洋水域缺乏营养盐硅，使浮游植物生长受到限制时，就需要地球生态系统给此海洋水域提供硅，以保证北太平洋海洋生态系统能够可持续发展。

28.2　地球生态系统的北太平洋输送系统

在北太平洋的近岸水域，从秋天的雨季结束（11 月）到春天的雨季开始（5 月）之前，没有充足的洪水和河流向北太平洋近岸的水体输入大量的硅。于是，在这期间，硅都限制浮游植物的生长，如在胶州湾水域，从 11 月 13 日至翌年的 5 月 22 日，Si 限制浮游植物生长。在北太平洋的远离近岸水域，根据作者提出的硅亏损过程（Yang et al.，2002，2005a，2005b），浮游植物生长一直都受到硅的限制。

根据作者提出的地球生态系统的硅补充机制（杨东方等，2006b；Yang et al.，2006a，2006b），在北太平洋的近岸水域，当海洋生态系统缺硅严重时，地球生态系统让北太平洋水域硅的提供系统（杨东方等，2012；Yang et al.，2007）发挥作用，为北太平洋水域提供了大量的硅，这个系统（图 28-1）由硅的来源地点、上升动力、平移动力和下降地点组成，即由中国大陆沙漠、沙尘暴、北太平洋季风和北太平洋组成。这个系统经过的路径：陆地→陆气→大气→气水→北太平洋，于是，形成了陆→气→水的通道。这个通道借助于上升动力和平移动力将硅沿着这个通道从硅的来源地（中国大陆沙漠）送到硅的目的地（北太平洋）。这个系统的特征如下。

（1）系统的通道起点：硅的来源地点是中国大陆。有沙漠面积 $174 \times 10^4 \ km^2$，每年沙化面积为 $3500 km^2$，为输送大量的硅提供了充足的来源。

（2）系统的上升通道：上升动力是沙尘暴。3 月、4 月、5 月，沙尘暴发生的次数多、强度大，其中 4 月次数最多，5 月强度最大。

（3）系统的平移通道：平移动力是北太平洋季风。在 10 月至翌年 3 月，从中国到北太平洋，季风的输送是强劲的、面广的、经常的。而且季风都展现了通过大气由陆地向海洋的输送。在第二年的 5 月雨季开始时，北太平洋的季风在 4～5 月期间转入夏季季风。

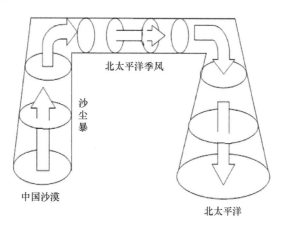

图 28-1　北太平洋水域的营养盐硅提供系统（引自杨东方等，2012）

（4）系统的通道终点：硅的下降地点是北太平洋。沙尘暴的强度大，覆盖面积广，从天空到海面整个空间都有沙尘。因此，沙尘也覆盖了整个太平洋，甚至吹过太平洋到美国西部。

北太平洋水域的硅提供系统，为北太平洋海洋生态系统提供了动力。

28.3　地球生态系统的控制能力

28.3.1　在时间的尺度上

28.3.1.1　海洋上

1）来源输送方式的转换

在北太平洋水域，当5月雨季来临后一直到11月的雨季结束，有陆源通过洪水和河流向北太平洋提供了稳定的、持续的、长时间的、近岸范围的大量硅。

从秋天的雨季结束（11月）到春天的雨季开始（5月）之前，由北太平洋水域硅的提供系统向北太平洋提供了不稳定的、间断的、短时间的、近岸和远海范围的大量硅。

2）地球生态系统的控制

地球生态系统的定义，是指地球本身具有生命特征，能够通过自身的调节和控制来完成地球的可持续发展。在整个北太平洋水域，无论是在近岸水域还是远离近岸水域，从秋天的雨季结束（11月）到春天的雨季开始（5月）之前，浮游植物生长都受到硅的限制。地球生态系统就产生了作者发现的这个系统（杨东方等，2012），在没有雨季期间，向整个北太平洋水域提供了大量的硅。而且，来源输送方式的转换在时间上紧密无缝，以保持整个北太平洋水域具有稳定的硅来源。

28.3.1.2　大气上

1）季风强度的转换

在11月的雨季结束之前，北太平洋的季风已经成为冬季季风。在冬季当没有陆源向北太平洋提供硅时，此时的冬季风稳定而强盛，持续时间长、范围大，可向北太平洋提供稳定的、持续的、长时间的、大范围的、大量的硅。

在第二年的5月雨季开始时，北太平洋的季风在4~5月转入夏季季风。那么，6~10月，北太平洋的季风已经成为夏季季风。这时，在夏季有陆源向北太平洋提供硅时，就不需要季风提供输送了。于是，夏季季风就变得较弱、持续时间短、稳定性较差。

2）地球生态系统的控制

地球生态系统看到在陆地上没有办法输送硅，只好改为大气输送硅，利用北太平洋的冬季季风来输送。在 11 月的雨季结束之前，就产生了北太平洋的冬季季风，一直到第二年的 5 月雨季开始时，北太平洋的季风在 4～5 月才转入夏季季风。由此可见，地球生态系统为了向整个北太平洋水域提供大量的不间断的硅，将雨季的时间和冬季季风的时间重叠在一起。而且，地球生态系统加强了冬季季风的强度，使其具有稳定而强盛的风力，并且持续时间长，范围大。另外，地球生态系统减弱了夏季季风的强度，这是由于不需要季风向北太平洋输送硅了，于是，夏季季风就变得较弱、持续时间短、稳定性较差。这说明地球生态系统对北太平洋的季风具有强有力的控制，不仅控制北太平洋季风时间的变化，还控制其强度变化，甚至控制其持续性、稳定性等一切性质。

28.3.1.3　陆地上

1）沙尘暴强度的转换

通过沙尘暴的时间和强度可知（杨东方等，2012）：从 1952 年 4 月 9 日至 1994 年 4 月 9 日，在这 42 年期间，3 月、4 月、5 月，沙尘暴发生的次数比较多，其中 4 月最多；3 月、4 月、5 月沙尘暴最为严重，强度很大，特强沙尘暴占到 50.00%～61.53%，其中 5 月最强烈，特强沙尘暴占到 61.53%。6 月、7 月和 11 月沙尘暴的次数就比较少。

2）地球生态系统的控制

在北太平洋水域，从秋天的雨季结束（11 月）到春天的雨季开始（5 月）之前，硅都限制浮游植物的生长，这个时期有 6～7 个月都受到硅的限制。由于长时间硅的缺乏，造成了浮游植物的细胞数量在 3 月、4 月、5 月是一年中最低的，也就是，3 月、4 月、5 月是硅缺乏最严重的时期。于是，地球生态系统加强了上升的运行能力，3 月、4 月、5 月，沙尘暴次数多、强度大，尤其在雨季来临之前的 4 月和 5 月，北太平洋水域极度缺乏硅，沙尘暴 4 月次数最多，5 月强度最大，给北太平洋水域最大的硅补充。而且，地球生态系统展示强大的力量，使得从高低来看：从天空到地面整个空间都被沙尘覆盖和填充，从远近来看：沙尘覆盖了整个太平洋。

从 5 月雨季开始一直到 11 月的雨季结束，北太平洋水域主要都由洪水和河流来提供硅，在这期间，地球生态系统就使沙尘暴减弱和消失，于是，6 月、7 月和 11 月沙尘暴发生的次数就比较少，8 月、9 月和 10 月沙尘暴就没有发生。

这说明地球生态系统对陆地的沙尘暴具有强有力的控制，地球生态系统对沙尘暴的暴发与消失收放自如。

28.3.2 在空间的尺度上

28.3.2.1 北太平洋水域硅的提供系统

在北太平洋的近岸水域，从秋天的雨季结束（11 月）到春天的雨季开始（5月）之前，硅都限制浮游植物的生长，在北太平洋的远离近岸水域，浮游植物生长一直都受到硅的限制。地球生态系统就产生了作者发现的这个系统（杨东方等，2012），这个系统由硅的来源地点、上升动力、平移动力和下降地点组成，即由中国大陆沙漠、沙尘暴、北太平洋季风和北太平洋组成。当北太平洋硅缺少时，这个系统就向北太平洋的水体输入大量的硅，来维持北太平洋海洋生态系统的良好发展。由此可见，地球生态系统建立这个北太平洋水域硅的提供系统，使硅从陆地起源，经过大气的输送，归宿到海洋。这个系统在海洋上、大气上和陆地上进行完整的、全面的协调和配合，才能将亚洲腹地的硅输送到北太平洋。

28.3.2.2 地球生态系统的控制

地球生态系统由陆地生态系统、海洋生态系统和大气生态系统三部分组成，陆地、海洋和大气相互之间构成了三个界面。地球生态系统建立北太平洋水域硅的提供系统，在运行这个系统时，地球生态系统强有力地控制陆地生态系统、大气生态系统和海洋生态系统，使提供的硅要穿过陆气、气海两个界面。地球生态系统强有力地控制着陆地生态系统和大气生态系统，使北太平洋的季风与北太平洋边缘的雨季在时间上密切相嵌，顺利完成近岸洪水和河流的输送与大气的输送之间的相互转换，一直保持向大海的水体输入大量的硅。地球生态系统强有力地控制着陆地生态系统和海洋生态系统，使沙尘暴与北太平洋硅的缺乏在时间上紧密配合，其强度大小与硅缺乏的严重程度相一致。

28.4 全球的环境变化与生态安全

在沿海的海湾、河口和沿岸水域，相对于氮、磷的输送量，硅的相对输送量在减少，同时，河流的筑坝和截流，使得输送硅的能力下降，甚至由于断流而没有硅的输送，硅的绝对输送量在减少（杨东方等，2012）。这样，在人类活动的影响下，硅的相对输送量和硅的绝对输送量都在减少，导致硅的限制显得更加突出（Yang et al.，2002，2003a，2003b，2005a，2005b，2007；杨东方等，2000，2001，2012）。在海洋生态系统中，营养盐硅是全球浮游植物生长的限制因子（杨东方等，2008）。在全球的环境这样变化的情况下，海洋硅的缺乏在严重加剧，那么，地球生态系统要应对全球的环境变化，必须建立向海洋水域硅的提供系统，这样才能充分保证海洋生态系统的健康发展。根据三大补充机制（Yang et al.，2006a）：地球生态系统的硅补充机制（杨东方等，2006b）、地球生态系统的气温和水温补充机制（杨东方等，2007）、地球生态系统的碳补充机制（杨东方等，2009），地球生态系统可以完善向海洋水域硅的提供系统。

28.5 结 论

根据地球生态系统的理论，当北太平洋水域缺乏营养盐硅，浮游植物生长受到限制时，就需要地球生态系统给此海洋水域提供硅，以保证北太平洋海洋生态系统能够可持续发展。于是，在雨季期间或者在非雨季期间，硅来源输送方式的转换在时间上都紧密无缝，以保持整个北太平洋水域具有稳定的硅来源。地球生态系统为了向整个北太平洋水域提供大量的不间断的硅，将雨季的时间和冬季季风的时间重叠在一起，这样充分利用北太平洋的冬季季风来输送硅。根据北太平洋水域浮游植物生长缺硅的程度，地球生态系统对沙尘暴的暴发与消失收放自如。因此，地球生态系统强有力地控制陆地的沙尘暴、大气的北太平洋季风和海洋的硅来源输送方式。

地球生态系统强有力地控制陆地生态系统、大气生态系统和海洋生态系统，来一直保持向大海的水体输入大量的硅。在运行北太平洋水域硅的提供系统时，使提供的硅能够穿过陆气和气海两个界面。地球生态系统强有力地控制着陆地生态系统和大气生态系统，使北太平洋的季风与北太平洋边缘的雨季在时间上密切相嵌，顺利完成近岸洪水和河流的输送与大气的输送之间的相互转换。地球生态系统强有力地控制着陆地生态系统和海洋生态系统，使沙尘暴与北太平洋硅的缺乏在时间上紧密配合，其强度大小与硅缺乏的严重程度相一致。

在全球的环境变化下，海洋硅的缺乏在严重加剧。那么，地球生态系统要应对全球的环境变化，根据三大补充机制（Yang et al.，2006a）：地球生态系统的硅补充机制（杨东方等，2006b）、地球生态系统的气温和水温补充机制（杨东方等，2007）、地球生态系统的碳补充机制（杨东方等，2009），必须建立向海洋水域硅的提供系统，展示了地球生态系统的控制能力，维持向海洋水域提供大量的硅，使浮游植物生长保持其稳定性和持续性。这样才能充分保证海洋生态系统的健康发展。

参 考 文 献

杨东方, 李宏, 张越美, 等. 2000. 浅析浮游植物生长的营养盐限制因子和方法. 海洋科学, 24(12): 47-50.

杨东方, 张经, 陈豫, 等. 2001. 营养盐限制的唯一性因子探究. 海洋科学, 25(12): 49-51.

杨东方, 高振会, 王培刚, 等. 2006a. 硅和水温影响浮游植物的机制. 海洋环境科学, 25(1): 1-6.

杨东方, 高振会, 秦洁, 等. 2006b. 地球生态系统的硅补充机制. 海洋科学进展, 24(4): 407-412.

杨东方, 吴建平, 曲延峰, 等. 2007. 地球生态系统的气温和水温补充机制. 海洋科学进展, 25(1): 117-122.

杨东方, 于子江, 张柯, 等. 2008. 硅在全球海域中限制浮游植物的生长. 海洋环境科学, 27(5): 547-553.

杨东方, 殷月芬, 孙静亚, 等. 2009. 地球生态系统的碳补充机制. 海洋环境科学, 28(1): 100-107.

杨东方, 苗振清, 石强, 等. 2012. 北太平洋的海洋生态动力. 海洋环境科学, 31(2): 201-207.

Brzezinski M A, Olson R J, Chisholm S W. 1990. Silicon availability and cell-cycle progression in marine diatoms. Marine Ecology Progress Series, 67: 83-96.

Brzezinski M A. 1992. Cell-cycle effects on the kinetics of silicic acid uptake and resource competition among diatoms. Journal of Plankton Research, 14: 1511-1536.

Conley D J, Malone T C. 1992. Annual cycle of dissolved silicate in Chesapeake Bay: implications for the production and fate of phytoplankton biomass. Marine Ecology Progress Series, 81: 121-128.

Dugdale R C, Wilkerson F P, Minas H J. 1995. The role of a silicate pump in driving new production. Deep-Sea Res(I), 42(5): 697-719.

Lewin J C. 1962. Silicification. *In*: Lewin R E. Physiology and biochemistry of the algae. Salt Lake City: Academic Press: 445-455.

Sakshaug E, Slagstad D, Holm-Hansen O. 1991. Factors controlling the development of phytoplankton blooms in the Antarctic Ocean-a mathematical model. Marine Chemistry, 35: 259-271.

Yang D F, Zhang J, Lu J B, et al. 2002. Examination of silicate limitation of primary production in the Jiaozhou Bay, North China I. Silicate being a limiting factor of phytoplankton primary production. Chin J Oceanol Limnol, 20(3): 208-225.

Yang D F, Zhang J, Gao Z H, et al. 2003a. Examination of silicate limitation of primary production in the Jiaozhou Bay, North China II. Critical value and time of silicate limitation and satisfaction of the phytoplankton growth. Chin J Oceanol Limnol, 21(1): 46-63.

Yang D F, Gao Z H, Chen Y, et al. 2003b. Examination of silicate limitation of primary production in the Jiaozhou Bay, North China III. Judgment method, rules and uniqueness of nutrient limitation among N, P, and Si. Chin J Oceanol Limnol, 21(2): 114-133.

Yang D F, Gao Z H, Zhang J, et al. 2004a. Examination of Daytime Length's Influence on Phytoplankton Growth in Jiaozhou Bay, China. Chin J Oceanol Limnol, 22(1): 70-82.

Yang D F, Gao Z H, Chen Y, et al. 2004b. Examination of Seawater Temperature's Influence on Phytoplankton Growth in Jiaozhou Bay, North China. Chin J Oceanol Limnol, 22(2): 166-175.

Yang D F, Chen Y, Gao Z H, et al. 2005a. Silicon limitation on primary production and its destiny in Jiaozhou Bay, China IV Transect offshore the coast with estuaries. Chin J Oceanol Limnol, 23(1): 72-90.

Yang D F, Gao Z H, Wang P G, et al. 2005b. Silicon limitation on primary production and its destiny in Jiaozhou Bay, China V Silicon deficit process. Chin J Oceanol Limnol, 23(2): 169-175.

Yang D F, Gao Z H, Sun P Y, et al. 2006a. Silicon limitation on primary production and its destiny in Jiaozhou Bay, China VI The ecological variation process of the phytoplankton. Chin J Oceanol Limnol, 24(2): 186-203.

Yang D F, Gao Z H, Yang Y B, et al. 2006b. Silicon limitation on primary production and its destiny in Jiaozhou Bay, China VII The Complementary mechanism of the earth ecosystem. Chin J Oceanol Limnol, 24(4): 401-412.

Yang D F, Wu J P, Chen S T, et al. 2007. The teleconnection between marine silicon supply and desertification in China. Chin J Oceanol Limnol, 25(1): 116-122.

第29章　地球生态系统的精准性

在大气中，由于工业、农业迅速发展，人类加大了向大气排放二氧化碳，提高了大气中的二氧化碳的含量。随着全球气候变暖的趋势不断加强，温室效应的影响进一步扩大（Yang et al.，2010，2011），在海洋中，由于人类的污染，氮、磷过剩。同时，由于人类为本身利益考虑，陆源输送被破坏了，如人类建坝、建水库、引流、改道、灌溉、种植等原因，入海河流流量大幅度减少，输送营养盐硅能力显著降低，河流含硅量减少，河流对硅总的输送量降低。输入到海洋的硅急剧减少，严重限制浮游植物的生长（杨东方等，2001；Yang et al.，2002，2003a，2003b，2004a，2004b，2005a，2005b，2006a，2006b）。在人类活动不断增加的情况下，地球发生了巨大的变化。因此，从不同的角度来探讨和研究地球的变化对地球生态系统的可持续发展有着重要的作用。本文研究地球生态系统的精准性，根据地球生态系统的功能，作者剖析地球发生的现象，揭示了地球生态系统具有难以想象的精准性和超强的控制能力，使地球生态系统能够充分保持动态平衡和可持续发展。

29.1　地球生态系统的功能

地球生态系统是指地球本身具有生命特征，能够通过自身的调节和控制来完成地球的可持续发展，使地球上一切物质都以不同的形式能够延续存在，其功能就是地球生态系统能够维持地球长期的存在，保持地球稳定的运行，使地球具有可持续的发展。地球生态系统是一个地球可持续发展的动态稳定系统（杨东方等，2012a）。那么，地球大气碳的平衡、地球硅的输送和地球自转的平衡都充分发挥了地球生态系统的功能，展示了地球生态系统的精准性，保证了地球生态系统的可持续发展。

29.2　地球大气碳的平衡

29.2.1　初级生产力与大气碳的平衡量

根据胶州湾 1991 年 5 月至 1994 年 2 月和夏威夷 1958 年 3 月至 2007 年 12

月的观测数据，将 CO_2 月平均浓度按月求算术平均值，得到各月平均值的时间序列，采用统计和微分方程分析研究北太平洋大气碳的动态周期变化、胶州湾水域浮游植物初级生产力的季节变化以及它们之间的关系。

研究结果表明（Yang et al., 2011），在一年中，初级生产力与大气碳有两个平衡点：5 月的平衡点和 10 月的平衡点。在这两个平衡点之间，初级生产力与大气碳的初级生产力平衡量为 108 031.95～167 707.62mg/m²，初级生产力与大气碳的大气碳平衡量为 346.78～1633.47ppm。在 5～10 月，大气碳下降了 347–341.41=5.59ppm 或者 347–341.42=5.58ppm，这表明 5～10 月，人类排放大气碳应该达到 346.78–5.58～1633.47–5.58ppm，即 341.20～1627.89ppm，或者 346.78– 5.59～1633.47–5.59ppm，即 341.19～1627.88ppm。

每年 5～10 月人类排放大气碳为 341.20～1627.89ppm 或者 341.19～1627.88ppm。对此，地球生态系统每年 5～10 月不仅要消除人类排放大气碳，还要能够保持大气碳下降 5.59ppm 或者 5.58ppm，大气碳下降量占浮游植物对大气碳的吸收量为 0.0160～0.0034，即 1.60%～0.34%。每年 5～10 月能够保持大气碳下降在 1.60%～0.34%，地球生态系统真是精确。

29.2.2　地球生态系统的精准性

地球生态系统保持每年 5～10 月大气碳下降 5.59ppm 或者 5.58ppm，这展示了地球生态系统的精准性。由于人类向大气排放的碳在不断地增加变化中，地球生态系统为了保持每年 5～10 月大气碳下降 5.59ppm 或者 5.58ppm，浮游植物初级生产力也要不断增加，这样，地球生态系统通过浮游植物将大气中的大量碳沉降到海底，以消除人类不断对大气的碳排放，才能维持人类向大气的碳排放量与浮游植物对大气碳的吸收量的动态平衡，这说明地球生态系统具有强大的控制能力（杨东方等，2012b）和难以想象的精准性。

地球生态系统能够保持每年 5～10 月大气碳下降量占浮游植物对大气碳的吸收量为 1.60%～0.34%。人类向大气的碳排放量是变化的，浮游植物对大气碳的吸收量也是变化的。在这期间，地球生态系统不仅吸收人类向大气的碳排放量，而且还要进一步吸收大气碳的量，这个过程中浮游植物对大气碳的吸收量为 1.60%～0.34%。非常了不起，这展示了地球生态系统具有很高的精准性。这涉及海洋生态系统、大气生态系统和生物地球化学过程，浮游植物对大气碳的吸收量能够保持每年 5～10 月都具有这样的 1.60%～0.34%。这说明地球生态系统的确具有难以想象的精准性和强大的控制能力。

29.3　地球硅的输送

29.3.1　北太平洋水域硅的提供系统

根据作者提出的地球生态系统的硅补充机制（杨东方等，2006；Yang et al.，2006a，2006b），在北太平洋的近岸水域，当海洋生态系统缺硅严重时，地球生态系统让北太平洋水域硅的提供系统发挥作用，为北太平洋水域提供了大量的硅，这个系统（图 29-1）由硅的来源地点、上升动力、平移动力和下降地点组成（杨东方等，2012c；Yang et al.，2007），即由中国大陆沙漠、沙尘暴、北太平洋季风和北太平洋组成。这个系统经过的路径：陆地→陆气→大气→气水→北太平洋，于是，形成了陆→气→水的通道。这个通道借助于上升动力和平移动力将硅从硅的来源地（中国大陆沙漠）送到硅的目的地（北太平洋）。这个系统的特征如下。

（1）系统的通道起点：硅的来源地点是中国大陆，有沙漠面积 174 万 km^2，每年沙化面积为 $3500km^2$，为输送大量的硅提供了充足的来源。

（2）系统的上升通道：上升动力是沙尘暴。3 月、4 月、5 月，沙尘暴发生的次数多、强度大，其中 4 月次数最多，5 月强度最大。

（3）系统的平移通道：平移动力是北太平洋季风。在 10 月至翌年 3 月，从中国到北太平洋，季风的输送是强劲的、面广的、经常的。而且季风都展现了通过大气由陆地向海洋的输送。在第二年的 5 月雨季开始时，北太平洋的季风在 4～5 月转入夏季季风。

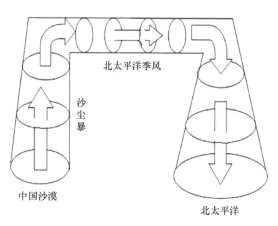

图 29-1　北太平洋水域的营养盐硅提供系统（引自杨东方等，2012）

（4）系统的通道终点：硅的下降地点是北太平洋。沙尘暴的强度大，覆盖面积广，从天空到海面整个空间都有沙尘。因此，沙尘也覆盖了整个太平洋，甚至吹过太平洋到美国西部。

北太平洋水域的硅提供系统，为北太平洋海洋生态系统提供了动力。

29.3.2 地球生态系统的精准性

29.3.2.1 输送方式

在整个北太平洋水域，无论是在近岸水域还是远离近岸水域，从秋天的雨季结束（11 月）到春天的雨季开始（5 月）之前，浮游植物生长都受到硅的限制。在没有雨季期间，北太平洋水域的硅提供系统（杨东方等，2012c；Yang et al.，2007）向整个北太平洋水域提供了大量的硅。

在北太平洋水域，当 5 月雨季来临后，有陆源通过洪水和河流向北太平洋提供了稳定的、持续的、长时间的、近岸范围的大量硅。在 11 月的雨季结束之前，北太平洋的季风已经成为冬季季风。在冬季当没有陆源向北太平洋提供硅时，冬季季风稳定而强盛，持续时间长、范围大，向北太平洋提供了稳定的、持续的、长时间的、大范围的大量硅。

地球生态系统为了向整个北太平洋水域提供大量的不间断的硅，将雨季的时间和冬季季风的时间重叠在一起。这表明地球生态系统的精准性，使北太平洋的季风与北太平洋边缘的雨季在时间上密切相嵌，顺利完成近岸洪水和河流的输送与大气的输送之间的相互转换，以保持整个北太平洋水域具有稳定的硅来源。

29.3.2.2 程度与时间

在北太平洋水域，从秋天的雨季结束（11 月）到春天的雨季开始（5 月）之前，硅都限制浮游植物的生长，这个时期大概有 6～7 个月都受到硅的限制。由于长时间硅的缺乏，造成了浮游植物的细胞数量在 3 月、4 月、5 月是一年中最低的，也就是，3 月、4 月、5 月是硅缺乏最严重的时期。3 月、4 月、5 月正是系统的上升通道加大力度、提高运行能力的时候。3 月、4 月、5 月，沙尘暴次数多、强度大，尤其在雨季来临之前的 4 月和 5 月，北太平洋水域极度缺乏硅，沙尘暴 4 月次数最多，5 月强度最大，给北太平洋水域最大的硅补充。这表明上升通道与硅的缺乏在时间上紧密配合，其运行能力与硅缺乏的严重程度相一致。这表明地球生态系统具有的精准性，使沙尘暴与北太平洋硅的缺乏在时间上紧密配合，其强度大小与硅缺乏的严重程度相一致。因此，在时间上，发生在 3 月、4 月、5 月；

在空间上，从亚洲陆地的陆地腹地到北太平洋水域；在程度上，北太平洋的缺硅程度和沙尘暴的暴发强度是一致的，这三个方面都展示了地球生态系统具有高度的精准性。

29.4　地球自转的平衡

29.4.1　南极环极海流

南极环极海流是围绕南极运行的强大洋流。斯蒂芬·马库斯和他在美国国家航空航天局加利福尼亚喷气推进实验室以及巴黎地球物理研究所的同事们注意到（洋流减速加快地球自转，2012），南极环极海流在 2009 年 11 月 8 日突然减速，2 周后又加快速度。精确的日长数据显示，这种变化立刻导致地球加速旋转，使每天减少 0.1ms。与洋流一样，日长于 11 月 20 日恢复正常。

29.4.2　地球生态系统的精准性

南极环极海流是围绕南极运行的强大洋流。南极环极海流在 2009 年 11 月 8 日突然减速，2 周后又加快速度，恢复正常。这说明地球生态系统具有强有力的控制能力，保持着南极环极海流的正常流速。

当南极环极海流在 2009 年 11 月 8 日突然减速时，精确的日长数据显示，这种变化立刻导致地球加速旋转。这说明地球生态系统的控制能力对南极环极海流的变化反应迅速和力度强劲。同样的原因，地球生态系统使地球开始加速旋转，展示了地球生态系统的精准性，也使每天减少 0.1ms。

地球加速旋转与南极环极海流一样，日长于 11 月 20 日恢复正常。这说明地球生态系统保持地球的一切动态平衡。而且，当南极环极海流恢复正常时，地球也停止加速旋转，恢复到正常的旋转速度，而且在同一天，这表明了地球生态系统的精准性和其超强的控制能力。如果风吹过，地球的速度减慢，地球就会加速自转以保持角动量（洋流减速加快地球自转，2012）。这表明地球生态系统只要有微小的变化，系统内部各要素就会反应灵敏，可见地球就像一个精密的仪器，只要稍有风吹草动，地球就会闻风而动。这揭示了地球生态系统具有难以想象的精准性和超强的控制能力，而且能够自动保持动态平衡。

29.5 结 论

在地球大气碳的平衡方面,地球生态系统保持每年 5～10 月大气碳下降 5.59（×10^{-6}）或者 5.58（×10^{-6}）,这展示了地球生态系统的精准性。由于人类向大气排放的碳在不断地增加变化中,只有在浮游植物的初级生产力也不断增加的条件下,才能维持人类向大气的碳排放量与浮游植物对大气碳的吸收量的动态平衡,这展示了地球生态系统具有很高的精准性。地球生态系统不仅吸收人类向大气的碳排放量,而且还要进一步吸收其他大气碳,这个吸收量要精准到整个浮游植物对大气碳的吸收量的 1.60%～0.34%,这是非常了不起的精准。在浮游植物对大气碳的吸收过程中,涉及海洋生态系统、大气生态系统和生物地球化学过程,因此,地球生态系统的确具有难以想象的精准性和强大的控制能力。

在地球硅的输送方面,地球生态系统为了向整个北太平洋水域提供大量的不间断的硅,将雨季的时间和冬季季风的时间重叠在一起,使北太平洋的季风与北太平洋边缘的雨季在时间上密切相嵌,顺利完成近岸洪水和河流的输送与大气的输送之间的相互转换,以保持整个北太平洋水域具有稳定的硅来源,这表明地球生态系统如此精准。在时间上,水域缺硅和沙尘暴都发生在 3 月、4 月、5 月;在空间上,从亚洲陆地的腹地到北太平洋水域;在程度上,北太平洋的缺硅程度和沙尘暴的暴发强度是一致的,这三个方面都展示了地球生态系统具有高度的精准性。

在地球自转的平衡方面,地球生态系统具有强有力的控制能力,保持着南极环极海流的正常流速,并且对南极环极海流的变化反应迅速和力度强劲。地球生态系统使地球开始加速旋转,每天减少 0.1ms,展示了地球生态系统的高度精准性。地球加速旋转或者停止加速旋转恢复正常,都与南极环极海流变化一样,展示了地球生态系统的精准性和其超强的控制能力。如果风吹过,地球的速度减慢,地球就会加速自转以保持角动量(洋流减速加快地球自转,2012)。这揭示了只要有微小的变化,地球生态系统都会反应灵敏。因此,地球生态系统的难以想象的精准性和其超强的控制能力,能够自动保持动态平衡。

地球生态系统是一个地球可持续发展的动态稳定系统(杨东方等,2012a)。根据地球生态系统的控制能力(杨东方等,2012b)及精准性,地球生态系统充分保持了动态平衡和可持续发展。

参 考 文 献

杨东方, 张经, 陈豫, 等. 2001. 营养盐限制的唯一性因子探究. 海洋科学, 25(12), 49-51.

杨东方, 高振会, 秦洁, 等. 2006. 地球生态系统的营养盐硅补充机制. 海洋科学进展, 24(4): 407-412.

杨东方, 苗振清, 石强, 等. 2012c. 北太平洋的海洋生态动力. 海洋环境科学, 31(2): 201-207.

佚名. 洋流减速加快地球自转. 参考消息, 2012 年 2 月 13 日第七版科技前沿.

Yang D F, Zhang J, Lu J B, et al. 2002. Examination of silicate limitation of primary production in the Jiaozhou Bay, North China Ⅰ.Silicate being a limiting factor of phytoplankton primary production. Chin J Oceanol Limnol, 20(3): 208-225.

Yang D F, Zhang J, Gao Z H, et al. 2003a. Examination of silicate limitation of primary production in the Jiaozhou Bay, North China Ⅱ. Critical value and time of silicate limitation and satisfaction of the phytoplankton growth. Chin J Oceanol Limnol, 21(1): 46-63.

Yang D F, Gao Z H, Chen Y, et al. 2003b. Examination of Silicate Limitation of Primary Production in the Jiaozhou Bay, North China Ⅲ. Judgment Method, Rules and Uniqueness of Nutrient Limitation among N, P, and Si. Chin J Oceanol Limnol, 21(2): 114-133.

Yang D F, Gao Z H, Zhang J, et al. 2004a. Examination of Daytime Length's Influence on Phytoplankton Growth in Jiaozhou Bay, China. Chin J Oceanol Limnol, 22(1): 70-82.

Yang D F, Gao Z H, Chen Y, et al. 2004b. Examination of Seawater Temperature's Influence on Phytoplankton Growth in Jiaozhou Bay, North China. Chin J Oceanol Limnol, 22(2): 166-175.

Yang D F, Chen Y, Gao Z H, et al. 2005a. Silicon limitation on primary production and its destiny in Jiaozhou Bay, China Ⅳ Transect offshore the coast with estuaries. Chin J Oceanol Limnol, 23(1): 72-90.

Yang D F, Gao Z H, Wang P G, et al. 2005b. Silicon limitation on primary production and its destiny in Jiaozhou Bay, China Ⅴ Silicon deficit process. Chin J Oceanol Limnol, 23(2): 169-175.

Yang D F, Gao Z H, Sun P Y, et al. 2006a. Silicon limitation on primary production and its destiny in Jiaozhou Bay, China Ⅵ The ecological variation process of the phytoplankton. Chin J Oceanol Limnol, 24(2): 186-203.

Yang D F, Gao Z H, Yang Y B, et al. 2006b. Silicon limitation on primary production and its destiny in Jiaozhou Bay, ChinaⅦ The Complementary mechanism of the earth ecosystem. Chin J Oceanol Limnol, 24(4): 401-412.

Yang D F, Wu J P, Chen S T, et al. 2007. The teleconnection　between marine silicon supply and desertification in China. Chin J Oceanol Limnol, 25(1): 116-122.

Yang D F, Miao Z Q, Shi Q, et al. 2010. Silicon limitation on primary production and its destiny in Jiaozhou Bay, China VIII: The variation of atmospheric carbon determined by both phytoplankton and human. Chin J Oceanol Limnol, 28(2): 416-425.

Yang D F, Miao Z Q, Chen Y, et al. 2011. Human discharge and phytoplankton takeup for the atmospheric carbon balance. Atmospheric and Climate Sciences, 1(4): 189-196.

第 30 章　地球生态系统的硅动力

工业迅速发展，加大了向大气排放二氧化碳，提高了大气中的二氧化碳的含量。在温室效应的作用下，大气温度升高。由于大气环绕着地球的陆地和海洋，海洋占地球表面积的 70.8%，于是，海洋就出现了升温（杨东方，2009）。水温上升引起浮游植物的水温生态位的改变和浮游植物受硅限制进一步加剧，在水温和营养盐硅的作用下，浮游植物生长的生理和集群结构都发生了改变。由于浮游植物是海洋生态系统的基础，这样，海洋生态系统就会受到破坏。

在海洋生态系统中，浮游植物生长具有双重作用：浮游植物是海洋食物链的基础，海洋食物链是生态系统研究的一个核心内容；浮游植物通过光合作用结合大量的二氧化碳进入有机物质，在与大气的接触中，有效长期地去除二氧化碳，浮游植物具有降碳的作用（杨东方等，2007a）。浮游植物对海洋吸收大气二氧化碳的能力产生巨大的影响。研究发现，硅是我国胶州湾初级生产力的限制因子（Yang et al.，2002，2003a，2003b，2004a，2004b，2005a，2005b，2006b）。根据营养盐硅对浮游植物生长的影响过程、浮游植物的生理特征以及集群结构变化特点和硅的生物地球化学过程，研究发现，在海洋生态系统中，营养盐硅是全球浮游植物生长的限制因子（杨东方和谭雪静，1999；杨东方等，2000，2001，2007a，2007b，2008，2009），而浮游植物生长旺盛决定大气中二氧化碳的平衡（Yang et al.，2010，2011）。于是，地球生态系统启动了硅补充机制、气温和水温的补充机制和碳补充机制，消除或放慢了由于人类活动给大气带来的二氧化碳的增长。本章根据地球生态系统，展示硅、碳的生物地球化学过程，剖析人类在工业革命前后对地球生态系统的影响，提出了地球生态系统的控制链和动态平衡，表明气候的动态变化，为地球生态系统的可持续发展提供科学依据。

30.1　地球生态系统的内容

地球生态系统是指地球本身具有生命特征，能够通过自身的调节和控制来完成地球的可持续发展，使地球上一切物质都以不同的形式能够延续存在，其内容现在包含地球上一切的生命与环境（杨东方等，2012a）。在地球上出现生命之前，或者如果有一天地球上没有生命，这时地球生态系统的内容包含的只有环境。因此，地球生态系统的意义在于地球生态系统的概念将全球的生命与环境看作一个整体，进行协调和谐的可持续发展。那么，地球生态系统通过硅、碳的生物地球化学过程，来维持地球生态系统的动态温度平衡，确定全球的气候动态变化，以保证地球生态系统的可持续发展。

30.2　生物地球化学过程

30.2.1　硅

地球生态系统首先要维持海洋生态系统的健康可持续发展，就要将陆地的硅输入大海中，满足海洋的浮游植物生长。地球生态系统由陆地、大气、海底 3 种途径向缺硅的水体输入大量的硅（杨东方等，2006）。在陆地上，含硅岩石风化和含硅土壤流失，使硅溶解于水，通过近岸的河流、洪水输送硅到海洋的水体中；在大气中，含硅岩石风化和含硅土壤流失，使硅飘浮在空气中，通过沙尘暴输送硅到海洋的水体中；在海底，含硅岩石风化和含硅土壤流失，使硅沉积在海底，通过风暴潮输送硅到海洋的水体中。

当硅在水体中，通过硅藻的吸收，硅进入了生物体。死亡的硅藻和摄食硅藻的浮游动物的排泄物离开真光层沉降到海底，硅离开了海水表层沉降到海底。因此，硅通过这样一个亏损过程：河流输入（起源）→ 浮游植物吸收和死亡（生物地球化学过程）→沉降海底（归宿），展现了沧海变桑田的缓慢过程（Yang et al.，2002，2005a，2005b）。每当输入大量的营养盐类，浮游植物的初级生产力都会出现高峰值，有时有水华产生。由于浮游植物吸收大量的硅，海水中硅的含量大幅度降低（Armstrong，1965；Spencer，1975）；另外，由于硅的缺乏，浮游植物的生长受到严重的限制，产生了高的沉降率（Bienfang et al.，1982；杨东方等，2002a）。这样，保持了浮游植物生长和硅的动态平衡。因此，地球生态系统通过硅来决定浮游植物的生长。

30.2.2　碳

海洋是大气中二氧化碳的最大吸附器。由于二氧化碳能够溶解在海水中，大气中的大量碳进入海水。浮游植物吸收溶解在海水中的碳，沉降到海底并储存。在海水中有大量的浮游植物，使海水中的碳源源不断地转移到海底。这样，海水中的二氧化碳下降，大气的二氧化碳溶于大海进行补充，使得大气的二氧化碳也下降，完成了碳从大气经过海洋到海底的储存过程（杨东方等，2009）。大量的硅决定浮游植物生长旺盛，因此，硅决定大气碳的含量。

通过北太平洋大气碳-胶州湾初级生产力周期变化的动态模型（Yang et al.，2010），发现了浮游植物与大气碳的转化率：单位初级生产力吸收大气碳的量为 $0.003\,21\sim0.009\,74$ppm/[mg/(m²·d)]，单位大气碳要消耗初级生产力的量为 $102.66\sim311.52$[mg/(m²·d)]/ppm。如果大气碳没有受到初级生产力的吸收，大气碳达到的最高值为 $345.61\sim347.13$ppm。在冬天，胶州湾浮游植物吸收大气碳为 $0.289\,63\sim0.878\,84$ppm；在夏天，胶州湾浮游植物吸收大气碳为 $6.886\,89\sim20.896\,68$ppm。由此可知，浮游植物在冬天和夏天吸收大气碳的量相差很大，浮游植物生长的衰弱和旺盛决定着大气碳的起伏变化。浮游植物生长的变化决定了大气碳的变化，其变化展示了 5 月最高、10 月最低的周期振荡变化。因此，浮游植物决定大气碳周期变化中的周期和振幅。

大气碳的变化是周期振荡上升的曲线变化，这个变化是由趋势增加和周期振荡合成的（Yang et al.，2010）。结合人类排放和浮游植物的吸收，大气碳的变化是碳增加变化和周期变化复合合成的动态变化过程，而这两个变化相应的是由人类排放和浮游植物生长所决定的。因此，地球生态系统通过浮游植物生长来决定大气碳的变化。

30.3　地球生态系统的动力

30.3.1　地球的动态平衡

地球生态系统借助向缺硅的水体输入大量的硅，使浮游植物迅速生长和繁殖旺盛，将大量碳从大气迁移到海底（图 30-1），展示了硅、碳的生物地球化学过程。

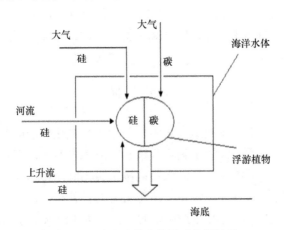

图 30-1　硅和碳的生物地球化学过程

因此，地球生态系统提高碳的沉降率，增加向海底碳的沉降量，保持了大气碳的动态平衡。同时，地球生态系统消除大量的大气碳，就会导致大气温度和水温下降，使大气温度和水温恢复到动态平衡。

地球生态系统控制大量的硅输入水体，硅又控制浮游植物的生长，浮游植物又控制大气碳的变化，大气碳又控制大气温度和水温的变化，大气温度和水温又控制气候的变化，气候又控制地球的变化（图 30-2），展示了地球生态系统的控制链，以及地球生态系统通过其控制链来控制地球的变化过程。因此，地球生态系统的动力就是硅，地球生态系统的核心就是温度的动态平衡，地球生态系统的目标就是地球的动态平衡。

地球生态系统

图 30-2　硅决定气候及地球的变化

在这个链条上，地球生态系统尽可能地输送硅，维持了硅的动态平衡、浮游植物的动态平衡、大气碳的动态平衡、大气温度和水温的动态平衡、气候的动态平衡、地球的动态平衡。

在这个链条上，人类攻击了两个环节：一个是水体的硅；另一个是大气碳。一方面，大量减少输入水体的硅；另一方面，大量增加对大气的碳排放。于是，造成了全球的气候越来越暖。

30.3.2　人类的影响

30.3.2.1　输入水体的硅减少

在沿海湾、河口等区域，工业地区日益增多，城市扩展加快，人口激增。工业废水和城市生活污水大量排放到海洋中，大量的氮、磷被输送到海洋中，而硅则保持年周期变化，相对减少硅的输送（杨东方等，2001，2002；Yang et al.，2002，2003a，2003b）。这样，相对于氮、磷的输送量，硅的相对输送量在减少。

硅主要来自于河流的输入（杨东方等，2001；Yang et al.，2002，2003a，2003b，2005a，2005b）。许多大坝建设以后，硅浓度下降（Turner and Rabalais，1991），并且导致输送到海洋的硅量减少。埃及的尼罗河（Wahby and Bishara，1980）、美国的密西西比河（Turner and Rabalais，1991）、欧洲的多瑙河（Humborg et al.，1997）和中国的大沽河（Yang et al.，2005a，2005b）输送到海洋的硅量都减少了。这样，

河流的筑坝和截流，使得输送硅的能力下降，甚至由于断流而没有硅的输送，硅的绝对输送量在减少。

在人类活动的影响下，硅的相对输送量和硅的绝对输送量都在减少（杨东方等，2012b），导致营养盐硅的限制显得更加突出（杨东方等，2000，2001，2012b；Yang et al.，2002，2003a，2003b，2005a，2005b）。

在海洋中，由于人类的污染，氮、磷过剩。同时，由于人类为本身利益考虑，陆源输送被破坏，如人类建坝、建水库、引流、改道、灌溉、种植等原因，入海河流流量大幅减少，输送营养盐硅能力显著降低，河流含硅量减少，河流对硅总的输送量降低。输入到海洋的硅急剧减少，严重限制浮游植物的生长（杨东方等，2001；Yang et al.，2002，2003a，2003b，2005a，2005b）。这样，营养盐硅成为海洋中浮游植物生长的限制因子。当缺硅时，海洋浮游植物减少，碳沉降在减少，碳沉降率在降低。

30.3.2.2 向大气的碳排放增加

人类活动在不断增加，工业、农业迅速发展，加大了向大气排放二氧化碳，提高了大气中的二氧化碳的含量。随着全球气候变暖的趋势不断加强，温室效应的影响进一步扩大，在全球最为关注的温室气体中，二氧化碳的增温效应最大，占到 70%。政府间气候变化专门委员（IPCC）发布的第三次评估报告称（Houghton et a1.，2001）：在过去的 42 万年中，大气二氧化碳浓度从未超过目前的大气二氧化碳浓度，估计到 21 世纪中叶，大气中二氧化碳将比工业革命前增加 1 倍，而工业革命以来的全球气温已增加了约 0.6℃。

在大气中，人类所排放的大量二氧化碳等温室气体在增加，在温室效应的作用下，使大气的温度升高。温室气体对气候变化影响最大，且在大气中停留的时间可长达 100～200 年，这样会使大气温度长期的持续升高。温室气体的历史积累是从发达国家工业革命后开始的，所以大气中二氧化碳的全球总量增高。据 2009 年的统计，现在美国人均排放的二氧化碳是中国的 8 倍、印度的 18 倍（杨东方，2009）。通过北太平洋大气碳变化趋势的动态模型以及计算其模拟曲线（Yang et al.，2010），展现人类排放碳的速度和加速度都在增加，而且大气碳增长越来越快。因此，人类向大气排放的二氧化碳在不断增加。以 2007 年为起点，在 3 年（2008～2010 年）间大气的二氧化碳增长值分别为 385.50ppm、387.54ppm、389.61ppm；在未来 20 年（2027 年）大气的二氧化碳增长值达到 428.46ppm；在未来 50 年（2057 年）大气的二氧化碳增长值达到 514.22ppm；在未来 100 年大气的二氧化碳增长值达到 705.96ppm。大气碳增长越来越快。

在工业革命前，水体硅处于动态平衡，可是在工业革命后，在人类活动的影响下，硅的相对输送量和硅的绝对输送量都在减少（杨东方等，2012b），破坏了这种平衡，使水体中的硅不断减少；在工业革命前，大气碳处于动态平衡，但是在工业革命后，人类向大气排放大量的碳，破坏了这种平衡，使大气中二氧化碳的浓度不断上升。在地球生态系统的控制链中，人类破坏了水体硅的动态平衡和大气碳的动态平衡，导致了温度的上升，引起了全球的气候变化。

30.4 气 候 变 化

30.4.1 温度的动态波动加剧

人类活动在不断增加，工业迅速发展，加大了向大气排放二氧化碳，提高了大气中二氧化碳的含量。在温室效应的作用下，使大气温度升高。由于大气环绕着地球的陆地和海洋，于是，海洋就出现了升温。

1850～1990 年，100 多年来地球表面平均温度上升了 0.6℃（何强等，1993）。自工业革命以来，二氧化碳浓度由 270×10^{-6} 增加至 1988 年的 350×10^{-6}，2003 年又增至 376×10^{-6}，粗略计算为二氧化碳在空气中每增加 1×10^{-6}，全球地表温度上升 0.01℃（杨鸣等，2005）。世界气象组织在其发表的全球气候年度报告中指出，2004 年，全球地表平均温度预计要比 1961～1991 年的 30 年平均温度高出 0.44℃。以 2007 年为温度起点，过 50 年（2057 年）温度增加 1.31℃，过 100 年温度增加 3.22℃（Yang et al.，2010）。

由于浮游植物生长的衰弱和旺盛决定着大气碳的起伏变化，浮游植物生长的变化决定了大气碳的变化（Yang et al.，2010）。地球生态系统启动了硅补充机制、气温和水温补充机制、碳补充机制，地球生态系统大量增加输入水体的硅，使浮游植物迅速生长和繁殖旺盛。大气的二氧化碳溶于大海，浮游植物生长要吸收大量海水中的碳，碳随着浮游植物沉降到海底。由于浮游植物的作用，使得大气中温室效应减弱，气温开始降低，也使得海水温度下降。

人类排放碳的速度和加速度都在增加，而且大气碳增长越来越快（Yang et al.，2010）。于是，气温或水温迅速上升。地球生态系统启动三大补充机制，通过浮游植物的旺盛生长，使大气中二氧化碳很快就减少。于是，气温或水温迅速下降。这样，人类和地球生态系统进行激烈的角力，充分展示了气温或水温的迅速上升和下降，震荡加剧。而且，在地球生态系统启动三大补充机制过程中，呈现了未来地球气候变化的模式（杨东方等，2011），并且带来了一系列自然灾害，如干旱、沙漠化、沙尘暴、暴雨、洪水、泥石流、山体滑坡、风暴潮和赤潮。

30.4.2　未来地球气候变化的模式

根据地球生态系统的营养盐硅补充机制（杨东方等，2006），作者提出了未来地球气候变化的模式（杨东方等，2011）：海洋近岸地区和流域盆地的气候模式、内陆的气候模式和海洋的气候模式。

海洋近岸地区和流域盆地的气候模式：近岸地区和流域盆地成为多雨区，连续遭受暴雨袭击，其中雨量加大，次数频繁，下雨区域扩大，并导致塌方、落石、山洪、泥石流和山体滑坡，使沿岸向海洋的洪水增大。在海洋近岸地区和流域盆地，形成了多雨气候和季节。

内陆的气候模式：使内陆成为干旱区，长期干旱缺雨。由于太阳暴晒，地面温度升高，地表土壤干燥化、颗粒化。由于晴天使地表引起了上升气流，将沙尘刮向天空，经过大风形成了遮天蔽日的沙尘暴，使得沙尘暴和龙卷风次数增多，面积扩大，密度增加，能见度降低。在内陆，形成了干旱气候和干旱季节。

海洋的气候模式：台风、飓风、热带风暴和寒潮等风暴潮都移向近海和沿岸。其中经过水域和近岸的面积加大，次数增多，强度加大，旋转速度加快，移动速度放慢，路径曲折，路程加长。在海洋，形成了风暴潮气候和季节。

地球生态系统启动了硅补充机制、气温和水温补充机制、碳补充机制，地球生态系统一方面大量增加输入水体的硅，另一方面，大量消除大气的碳。这样，地球生态系统自动地修复和完善人类攻击的两个环节，提高地球生态系统的动力——硅，保护地球生态系统的核心——温度的动态平衡，实现地球生态系统的目标——地球生态系统的可持续发展。在启动三大补充机制的过程中，地球生态系统给陆地带来三大类型灾害：沙漠化、洪涝和风暴潮和给海洋带来一大类型的灾害：赤潮。

在陆地生态系统、大气生态系统和海洋生态系统，虽然洪涝、沙漠化、风暴潮和赤潮给人类带来了危害。可是，对于全球来说，洪涝、沙漠化、风暴潮和赤潮是地球的局部的、短期的灾难，而气温和水温的升高却是全球的、长期的灾难。因此，地球生态系统不惜损害陆地生态系统、大气生态系统和海洋生态系统，也要启动三大补充机制，完成地球生态系统的气温和水温的动态平衡。

在这些过程中，人类引起输入水体硅的减少和大气碳的增加，地球生态系统导致输入水体硅的增加和大气碳的减少，充分展现了人类与自然界的相互撞击，这会强烈地产生一系列自然灾害（杨东方等，2009），如干旱、沙漠化、沙尘暴、暴雨、洪水、泥石流、山体滑坡、风暴潮和赤潮。人类尽可能减少这些撞击，为地球生态系统的可持续发展，也为人类生存创造良好的环境。

30.4.3 地球生态系统的可持续发展

由于人类活动的加剧，在海洋中氮、磷升高，硅降低；在大气中二氧化碳增多。于是，气温呈上升趋势，水温呈上升趋势。温室效应对人类和地球有严重的威胁，其引起物种灭绝的速度比单纯自然状态下的速度快 1000 倍。人类使用化石燃料排放的大量二氧化碳，对气候变化影响最大。以 2007 年为温度起点，过 50 年（2057 年）温度增加 1.31℃，过 100 年温度增加 3.22℃，这会对自然界的动物和植物具有全球的毁灭性的打击（Yang et al.，2010），导致地球上一切生物都会消失。

地球生态系统为了避免气温和水温给整个地球生态系统带来毁灭性灾难，启动了硅补充机制、气温和水温补充机制、碳补充机制，使得硅保持动态平衡、浮游植物保持动态平衡、大气碳保持动态平衡。于是，水温和气温也恢复动态平衡，使地球生态系统恢复可持续发展。

人类给陆地生态系统、海洋生态系统和大气生态系统带来的损害，引起气候变化。未来气候变化的趋势是这样的：近岸和盆地流域地区成为多雨区，内陆成为干旱区，海上成为多风暴潮区，并伴随着全球的高温及温度动荡加剧。这样，气候变化给人类带来了灾害：暴雨、洪水、泥石流、山体滑坡、山洪、塌方和落石，干旱、沙漠化、沙尘暴和龙卷风，台风、飓风、热带风暴和寒潮等风暴潮和赤潮。因此，人类须要忍受和适应陆地上、大气上和海洋上的气候变化。保障人类的生存和地球生态系统可持续发展，是我们每个人的责任和义务。

30.5 结　论

地球生态系统是指地球本身具有生命特征，能够通过自身的调节和控制来完成地球的可持续发展，使地球上一切物质都以不同的形式能够延续存在。在硅、碳的生物地球化学过程中，地球生态系统通过硅来决定浮游植物的生长，通过浮游植物的生长来决定大气碳的变化。

地球生态系统产生了地球的控制链：硅→浮游植物→大气碳→大气温度和水温→气候→地球，通过控制大量的硅输入水体，来控制地球的变化，维持了硅、浮游植物、大气碳、大气温度和水温、气候以及地球的动态平衡。在这个链条上，人类攻击了两个环节：水体的硅和大气碳，大量减少输入水体的硅，大量增加对大气的碳排放。

在工业革命前后，从水体硅处于动态平衡到硅的相对输送量和硅的绝对输送量都在减少，使水体中的硅不断减少；在工业革命前后，从大气碳处于动态平衡到大气碳在不断上升。在地球生态系统的控制链中，人类破坏了水体硅的动态平衡和大气碳的动态平衡，导致了温度的上升，引起了全球的气候变化。

地球生态系统启动了硅补充机制、气温和水温补充机制、碳补充机制，地球生态系统大量增加输入水体的硅，同时，大量消除大气的碳。这样，地球生态系统自动地修复和完善人类攻击的两个环节，提高地球生态系统的动力——硅，保护地球生态系统的核心——温度的动态平衡，实现地球生态系统的目标——地球生态系统的可持续发展。

人类加强了向大气的碳排放和减少了向水体的硅输入，而地球生态系统启动三大补充机制，减少了向大气的碳排放和加强了向水体的硅输入。这样，人类和地球生态系统进行激烈的角力，充分展示了气温或水温的迅速上升和下降，震荡加剧。在这个过程中，充分展现了人类与自然界的相互撞击，这会强烈地产生一系列自然灾害，如洪涝、沙漠化、风暴潮和赤潮等。由此产生了作者提出的未来地球气候变化的模式：海洋近岸地区和流域盆地的气候模式、内陆的气候模式和海洋的气候模式。

因此，人类须要适应陆地上、大气上和海洋上的气候变化，顺从地球生态系统的控制链和动态平衡，遵循地球生态系统变化规律，敬畏地球生态系统强有力的控制能力，维护地球生态系统的可持续发展，为人类和地球的生存提供美好的未来。

参 考 文 献

何强, 井文涌, 王翊亭. 1993. 环境科学导论. 北京: 清华大学出版社.

杨东方. 2009. 浮游植物的生态与地球生态系统的机制. 北京: 海洋出版社: 1-320.

杨东方, 李宏, 张越美, 等. 2000. 浅析浮游植物生长的营养盐限制及其判断方法. 海洋科学, 24(12): 47-50.

杨东方, 张经, 陈豫, 等. 2001. 营养盐限制的唯一性因子探究. 海洋科学, 25(12): 49-51.

杨东方, 高振会, 陈豫, 等. 2002. 硅的生物地球化学过程的研究动态. 海洋科学, 26(3): 35-36.

杨东方, 高振会, 秦洁, 等. 2006. 地球生态系统的 Si 补充机制. 海洋科学进展, 24(4): 407-412.

杨东方, 吴建平, 曲延峰, 等. 2007a. 地球生态系统的气温和水温补充机制. 海洋科学进展, 25(1): 117-122.

杨东方, 陈生涛, 胡均, 等. 2007b. 光照、水温和营养盐对浮游植物生长重要影响大小的顺序. 海洋环境科学, 26(3): 201-207.

杨东方, 于子江, 张柯, 等. 2008. 营养盐硅在全球海域中限制浮游植物的生长. 海洋环境科学, 27(5): 547-553.

杨东方, 殷月芬, 孙静亚, 等. 2009. 地球生态系统的碳补充机制. 海洋环境科学, 28(1): 100-107.

杨东方, 苗振清, 石强, 等. 2011. 未来的地球气候模式得到了初步印证. 海洋开发与管理, 28(11): 38-41.

杨东方, 苗振清, 徐焕志, 等. 2012a. 地球生态系统的理论创立. 海洋开发与管理, 2013, 30(7): 85-89.

杨东方, 苗振清, 石强, 等. 2012b. 北太平洋的海洋生态动力. 海洋环境科学, 31(2): 201-207.

杨东方, 谭雪静. 1999. 铁对浮游植物生长影响的研究与进展. 海洋科学, 23(3): 48-49.

杨鸣, 夏东兴, 谷东起, 等. 2005. 全球变化影响下青岛海岸带地理环境的演变. 海洋科学进展, 23(3): 289-296.

Armstrong F A J. 1965. Silicon. In: Riley J P, Skirrow G. Chemical Oceanography. London: Academic Press, 1: 132-154.

Bienfang P K, Harrison P J, Quarmby L M. 1982. Sinking rate response to depletion of nitrate, phosphate and silicate in fourine diatoms. Mar Biol, 67: 295-302.

Houghton J T, Ding Y, Griggs D J, et a1. 2001. Climate Change 2001: The Scientific Basis. Cambridge, UK: Cambridge University Press.

Humborg C, Lttekkot V, Cociasu A, et al. 1997. Effect of Danube river dam on Black Sea biogeochemistry and ecosystem structure. Nature, 386: 385-388.

Spencer C P. 1975. The micronutrient elements. *In*: Riley J P, Skirrow G. Chemical Oceanography. London: Academic Press, 2: 245-300.

Turner R E, Rabalais N N. 1991. Changes in Mississippi River water quality this century-implications for coastal food webs. Science, 41: 140-147.

Wahby S D, Bishara N F. 1980. The effect of the River Nile on Mediterranean water, before and after the construction of the High Dam at Aswan. *In*: Martin J M, Burton J D, Eisma D. Proceedings of a SCOR Workshop on River Inputs to ocean systems, 26-30 March 1979, Rome, Italy. UNESCO, Paris. 311-318.

Yang D F, Zhang J, Lu J B, et al. 2002. Examination of silicate limitation of primary production in the Jiaozhou Bay, North China Ⅰ. Silicate being a limiting factor of phytoplankton primary production. Chin J Oceanol Limnol, 20(3): 208-225.

Yang D F, Zhang J, Gao Z H, et al. 2003a. Examination of silicate limitation of primary production in the Jiaozhou Bay, North China Ⅱ. Critical value and time of silicate limitation and satisfaction of the phytoplankton growth. Chin J Oceanol Limnol, 21(1): 46-63.

Yang D F, Gao Z H, Chen Y, et al. 2003b. Examination of silicate limitation of primary production in the Jiaozhou Bay, North China Ⅲ. Judgment method, rules and uniqueness of nutrient limitation among N, P, and Si. Chin J Oceanol Limnol, 21(2): 114-133.

Yang D F, Gao Z H, Zhang J, et al. 2004a. Examination of Daytime Length's Influence on Phytoplankton Growth in Jiaozhou Bay, China. Chin J Oceanol Limnol, 22(1): 70-82.

Yang D F, Gao Z H, Chen Y, et al. 2004b. Examination of Seawater Temperature's Influence on Phytoplankton Growth in Jiaozhou Bay, North China. Chin J Oceanol Limnol, 22(2): 166-175.

Yang D F, Chen Y, Gao Z H, et al. 2005a. Silicon limitation on primary production and its destiny in Jiaozhou Bay, China Ⅳ Transect offshore the coast with estuaries. Chin J Oceanol Limnol, 23(1): 72-90.

Yang D F, Gao Z H, Wang P G, et al. 2005b. Silicon limitation on primary production and its destiny in Jiaozhou Bay, China Ⅴ Silicon deficit process. Chin J Oceanol Limnol, 23(2): 169-175.

Yang D F, Gao Z H, Sun P Y, et al. 2006b. Silicon limitation on primary production and its destiny in Jiaozhou Bay, China Ⅵ The ecological variation process of the phytoplankton. Chin J Oceanol Limnol, 24(2): 186-203.

Yang D F, Gao Z H, Yang Y B, et al. 2006c. Silicon limitation on primary production and its destiny in Jiaozhou Bay, ChinaⅦ The Complementary mechanism of the earth ecosystem. Chin J Oceanol Limnol, 24(4): 401-412.

Yang D F, Miao Z Q, Shi Q, et al. 2010. Silicon limitation on primary production and its destiny in Jiaozhou Bay, China Ⅷ: The variation of atmospheric carbon determined by both phytoplankton and human. Chin J Oceanol Limnol, 28(2): 416-425.

Yang D F, Miao Z Q, Chen Y, et al. 2011. Human discharge and phytoplankton takeup for the atmospheric carbon balance. Atmospheric and Climate Sciences, 1(4): 189-196.

第31章 地球降温的造山运动

随着大气中 CO_2 的不断增多，地球的温度也在不断上升。那么，如何使地球降温，这是人类面临的严重挑战。本章阐述了地球生态系统三大补充机制在为地球降温的过程中，加强了地壳的运动，如造山运动，进一步提高硅向大海的输送，使地球降温的效率、作用和强度等得到了进一步巩固和加强。

31.1 浮游植物决定大气碳的变化

31.1.1 浮游植物的作用

浮游植物生长具有双重作用：浮游植物是海洋食物链的基础，海洋食物链是生态系统研究的一个核心内容；浮游植物通过光合作用更多地结合 CO_2 进入有机物质，有效地从大气的接触中，长期地除去 CO_2，具有降碳作用。因此，浮游植物生长对海洋生态系统和大气生态系统都有举足轻重的作用，有效地遏制人类对环境的影响（Yang et al.，2006a，2006b）。

人类活动在不断增加，工业迅速发展，加大了向大气排放二氧化碳，提高了大气中二氧化碳的含量。在温室效应的作用下，使大气温度升高。由于大气环绕着地球的陆地和海洋，因此，海洋就出现了升温。

在海洋中浮游植物生长旺盛决定了大气中二氧化碳的平衡，消除或放慢了由于人类活动给大气带来的二氧化碳的增长。换句话说，浮游植物生长决定着未来地球的气温或海水水温的升降变化。

31.1.2 浮游植物对大气碳的吸收

31.1.2.1 浮游植物与人类共同决定大气碳的变化

根据胶州湾 1991 年 5 月至 1994 年 2 月和夏威夷 1958 年 3 月至 2007 年 12 月的观测数据，采用统计和微分方程分析研究北太平洋大气碳的动态周期和变化趋势以及胶州湾水域浮游植物初级生产力时空分布变化与北太平洋的大气碳之间的关系。研究结果表明（Yang et al.，2010），人类对北太平洋大气碳的变化趋势有着重要影响，同时，胶州湾的初级生产力与北太平洋的大气碳随着时间的动态周期变化有很好的相关性，并且初级生产力对北太平洋大气碳的动态周期有着重要影响。对此，本文建立了相应的北太平洋大气碳变化趋势的动态模型、北太平洋大气碳-胶州湾初级生产力周期变化的动态模型以及其模拟曲线。通过前述方程，展现了由于人类排放碳增加的速度和加速度；发现了浮游植物与大气碳的转化率：单位初级生产力吸收大气碳的量为 0.003 21～0.009 74ppm/[mg/(m²·d)]，单位大气碳要消耗初级生产力的量为 102.66～311.52[mg/(m²·d)]/ ppm。因此，认为大气碳的变化是由碳增加变化和周期变化复合合成的动态变化过程，而这两个变化相应地是由人类排放和浮游植物生长所决定的。

31.1.2.2 人类排放与浮游植物吸收对大气碳的平衡

根据胶州湾 1991 年 5 月至 1994 年 2 月和夏威夷 1958 年 3 月至 2007 年 12 月的观测数据，采用统计和微分方程分析研究北太平洋大气碳的动态周期变化、胶州湾水域浮游植物初级生产力的季节变化以及它们之间的关系。研究结果表明（Yang et al.，2011），大气碳和初级生产力的季节变化具有相同的周期。在一年中，初级生产力与大气碳有两个平衡点：5 月的平衡点和 10 月的平衡点，在这期间，大气碳一直在下降。由于浮游植物对大气碳的吸收，初级生产力在春季大于 181.60～297.57mg/(m²·d)，在秋季大于 9 月的 754.74～1160.13mg/(m²·d)或者 10 月的 552.94～890.69mg/(m²·d)。因此，认为在每年 5～10 月，浮游植物旺盛生长控制着大气碳的增加，在 11 月至翌年 4 月，人类排放控制着大气碳的增加。进一步支持了这一观点（Yang et al.，2010）：大气碳的变化是由人类排放和浮游植物生长所决定的。研究结果表明，地球生态系统既保持每年大气碳下降量占浮游植物对大气碳的吸收量为 0.34%～1.06%，又维持人类向大气的碳排放量与浮游植物对大气碳吸收量的动态平衡。对此，认为地球生态系统具有精确性和强大的能力。因此，通过浮游植物对大气碳的吸收，浮游植物决定大气碳的变化。

31.2 硅决定浮游植物的变化

31.2.1 硅对浮游植物的重要性

海水中可溶性无机硅是海洋浮游植物所必需的营养盐之一，尤其是对硅藻类浮游植物，硅更是构成机体不可缺少的组分。在海洋浮游植物中硅藻占很大部分，硅藻繁殖时摄取硅使海水中硅的含量下降（Armstrong，1965；Spencer，1975）。

在自然水域中，硅一般以溶解态单体正硅酸盐［Si(OH)$_4$］形式存在。在浮游植物中，只有硅藻和一些金鞭藻纲的鞭毛藻对硅有大量需求（杨小龙和朱明远，1990）。硅藻类是构成浮游植物的主要成分。硅酸盐与硅藻的结构和新陈代谢有着密切的关系并且控制浮游植物的生长过程（Dugdale，1972，1983，1985；Dugdale and Goering，1967；Dugdale et al.，1981，1995；Sakshaug et al.，1991）。对浮游植物水华形成，Si(OH)$_4$ 起着核心的作用（Conley and Malone，1992）。硅限制浮游植物的初级生产力（Yang et al.，2002，2003a，2003b，2005a，2005b）。没有硅，硅藻瓣是不能形成的，而且细胞的周期也不会完成（Brzezinski et al.，1990，1992）。硅藻对硅有着绝对的需要（Lewin，1962）。营养盐硅是浮游植物生长的主要发动机，对浮游植物生长的影响是强烈的、迅速的（杨东方等，2006a，2006b）。因此，硅对浮游植物的生长是必不可少的。

31.2.2　硅的生物地球化学过程

自然界含硅岩石风化，随陆地径流入海，是海洋中硅的重要来源，致使近岸及河口区硅的含量较高（Stefánsoon and Richards，1963；Huang et al.，1983）。

含硅岩石风化和含硅土壤流失，使硅溶解于水并随陆地径流输送到河口和海洋中。通过硅藻的吸收，硅进入了生物体。死亡的硅藻和摄食硅藻的浮游动物的排泄物离开真光层沉降到海底，硅离开了海水表层沉降到海底（Yang et al.，2002，2005a，2005b）。硅的生物地球化学过程确定了在全球海域，具有以下特征：当垂直远离具有硅酸盐来源的近岸时，硅酸盐浓度逐渐下降、变小。因此，硅通过这样一个亏损过程：河流输入（起源）→浮游植物吸收和死亡（生物地球化学过程）→沉降海底（归宿），展现了沧海变桑田的缓慢过程（Yang et al.，2002，2005a，2005b）。每当输入大量的营养盐硅，浮游植物的初级生产力都会出现高峰值，有时有水华产生。由于浮游植物吸收大量的硅，海水中硅的含量大幅度降低（Armstrong，1965；Spencer，1975），另外，由于硅的缺乏，浮游植物的生长受到严重的限制，产生了高的沉降率（Bienfang et al.，1982）。这样，保持了海洋中营养盐硅的动态平衡，以及浮游植物生长的动态平衡（杨东方等，2002a）。因此，硅决定浮游植物的变化。

31.3　硅决定气候的变化

31.3.1　地球生态系统

地球生态系统是指地球本身具有生命特征，能够通过自身的调节和控制来完成地球的可持续发展,使地球上一切物质都以不同的形式能够延续存在,其内容包含现在地球上一切的生命与环境。在地球上出现生命之前,或者如果有一天地球上没有生命,这时地球生态系统的内容包含的只有环境。地球生态系统的动力是硅,地球生态系统的核心是温度的动态平衡,地球生态系统的目标是地球生态系统的可持续发展。因此,地球生态系统的意义在于地球生态系统的概念将全球的生命与环境看作一个整体,进行协调和谐的可持续发展。那么,地球生态系统通过硅、碳的生物地球化学过程,来维持地球生态系统的动态温度平衡,确定全球的气候动态变化,以保证地球生态系统的可持续发展。

31.3.2　海洋缺硅

浮游植物的生长主要由营养盐氮、磷、硅来控制。在海洋中,由于人类的污染,氮、磷过剩。同时,由于人类为本身利益考虑,陆源输送被破坏,如河流筑坝、改道、灌溉等原因,输入到海洋的硅急剧减少,严重限制浮游植物的生长。这样,营养盐硅成为海洋中浮游植物生长的限制因子(杨东方等,2000,2001,2002,2004;Yang et al.,2002,2003a,2003b,2005a,2005b)。这时,地球生态系统启动了硅的补充机制,采用了从内陆、近岸和海底 3 种途径向海洋水体输送大量的硅(杨东方等,2006a,2006b)。

在海洋中缺硅造成海洋生态的破坏。如何来解决这个缺硅的严重问题,人类无法向占地球表面积70%的海洋投放硅,只有地球生态系统才能向大海提供大量的硅,才能够维持海洋生态系统的可持续发展。于是,作者提出了地球生态系统的营养盐硅补充机制(杨东方等,2006c)。

地球生态系统首先要维持海洋生态系统的健康可持续发展,就要将陆地的硅输入大海中,满足海洋浮游植物的生长。地球生态系统由陆地、大气、海底 3 种途径向缺硅的水体输入大量的硅(杨东方等,2006c)。在陆地上,含硅岩石风化和含硅土壤流失,使硅溶解于水,通过近岸的河流、洪水输送硅到海洋的水体中;在大气上,含硅岩石风化和含硅土壤流失,使硅漂浮在空气中,通过沙尘暴输送硅到海洋的水体中;在海底上,含硅岩石风化和含硅土壤流失,使硅沉积在海底,通过风暴潮输送硅到海洋的水体中。

31.3.3　营养盐硅的补充机制

地球生态系统为了保持海洋中浮游植物生长的平衡和海洋生态系统的可持续

发展以及大气二氧化碳的增长放慢，启动营养盐硅的补充机制（杨东方等，2006c）（图31-1）。

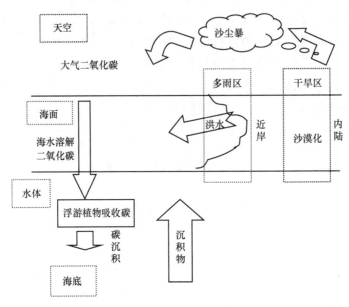

图 31-1　地球生态系统的营养盐硅补充机制（杨东方等，2009）

首先，近岸地区和流域盆地成为多雨区，连续遭受暴雨袭击，其中雨量加大，次数频繁，下雨区域扩大，并导致塌方、落石、山洪、泥石流和山体滑坡，使沿岸向海洋的洪水增大，向海洋输入硅量增加。

其次，使内陆成为干旱区，长期干旱缺雨。由于太阳暴晒，地面温度升高，地表土壤干燥化、颗粒化。由于晴天使地表引起了上升流，将沙尘刮向天空，经过大风形成了遮天蔽日的沙尘暴，使得沙尘暴次数增多，面积扩大，密度增加，能见度降低。在强风的推动下，向海洋的近岸水域和远海中央输送大量的沙尘，也向海洋输入大量的硅。

最后，在海底有大量的沉积物，在沉积物中硅酸盐浓度比海水中的高几倍到几十倍。由于风暴潮、台风、飓风、热带风暴和寒潮都移向近海和沿岸。其中经过水域和近岸的面积加大，次数增多，强度加大，旋转速度加快，移动速度放慢，路径曲折，路程加长，使海底的沉积物不断被搅动进入水体，使水体硅酸盐浓度升高。由海底通过沉积物向海洋水体输入大量的硅。

31.3.4　气温和水温的补充机制

地球生态系统为了保持海洋中浮游植物生长的平衡和海洋生态系统的可持续发展以及大气二氧化碳的动态平衡，避免水温的提高引起海洋生态系统的毁灭性打击，消除气温不断升高给整个地球生态系统带来的灾难，开始启动气温和水温的补充机制（杨东方等，2007a）。

大量的硅使浮游植物生长旺盛。由于浮游植物生长要吸收大量海水中的二氧化碳，碳随着浮游植物沉降到海底。这样，海水中的二氧化碳下降，大气的二氧化碳溶于大海进行补充，使得大气的二氧化碳也下降。于是，气温下降，这又导致了水温下降，使地球生态恢复健康平衡（图 31-1）。

由于地球系统采用三种途径向海洋中输入大量的硅，使浮游植物生长旺盛，吸收了海洋中的碳，随着浮游植物沉降碳被带到海底。由于海洋吸收大气中二氧化碳，这使得大气中二氧化碳减少，温室效应作用下降，大气的气温下降。这样，使得水温的温度也在下降，恢复到原来的平衡位置。

31.3.5　大气碳的补充机制

地球生态系统的碳补充机制（杨东方等，2007a）：借助浮游植物的迅速生长和旺盛繁殖，将大量碳从大气迁移到海底，来消除大气碳的增多，导致大气温度和水温下降，恢复到动态平衡状态。这样，地球生态系统提高了碳的沉降率，增加了向海底碳的沉降量，保持了大气碳的动态平衡，避免水温和气温的提高给整个地球生态系统带来的灾难。

当硅限制硅藻时，大气碳无法大量沉降就启动了地球生态系统的碳补充机制。启动地球生态系统的碳补充机制，分为两种情况：①当海洋硅限制时，硅补充；②当海洋硅限制时，硅阻断。

31.3.5.1　硅补充

当硅限制硅藻时，需要硅的补充，启动硅的补充机制。通过近岸的洪水、大气的沙尘暴和海底的沉积物向缺硅的水体输入大量的硅。这样，由陆地、大气、海底 3 种途径将陆地的硅输入大海中，满足浮游植物的生长（图 31-1）（杨东方等，2006c）。陆地的输送：在近岸地区和流域盆地，长时间的暴雨形成了洪水，向大海的水体输入大量的硅。大气的输送：在内陆地区，长期的干旱经过大风形成了沙尘暴，向大海的水体输入大量的硅。海底的输送：在海面上，水温的提高形成了风暴潮，通过海底的沉积物，向大海的水体输入大量的硅。启动气温和水温的补充机制（杨东方等，2007a），大气的二氧化碳溶于大海，浮游植物生长要吸收大量海水中的二氧化碳，碳随着浮游植物沉降到海底，气温和水温恢复动态平衡（图31-2）。这样，地球生态系统向海洋输送大量的硅，使浮游植物生长旺盛，甚至产生硅藻赤潮，将大量碳沉降到海底（图31-3），于是造成气温和水温下降。

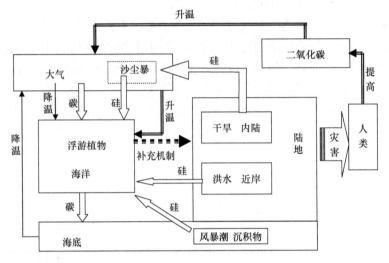

图 31-2　地球生态系统的气温和水温补充机制（杨东方等，2013b）

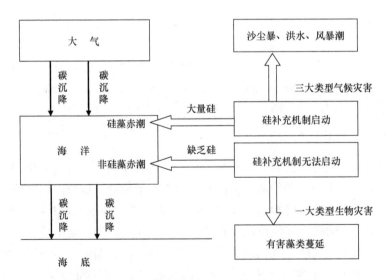

图 31-3　地球系统的碳补充机制（杨东方，2013）

31.3.5.2 硅阻断

当硅限制硅藻时，需要硅的补充。可是，出现硅阻断，无法启动地球生态系统的硅补充机制与气温和水温补充机制。然而，在地球生态系统中，由于水库、水坝及河流改道削弱了流域盆地和近岸的洪水排泄；沙漠治理加强，同时风暴潮由于人类以及其他因素的干扰而无法形成，这样沙漠化、洪涝和风暴潮无法产生，或者产生的概率很低。这样，硅向海洋水体的输送被阻断或减少，无法启动硅补充机制、气温和水温补充机制。可是地球的气温和水温又要恢复正常的动态平衡，大气碳也要恢复正常的动态平衡。这样，地球生态系统的碳补充机制使得海洋生态系统中浮游植物藻类的非硅藻产生赤潮，强行使海洋中的碳沉降到海底。于是使气温下降、水温下降（图 31-3）。

地球生态系统为了保持海洋中浮游植物生存空间和大气中的 CO_2 动态平衡，避免气温和水温给整个地球生态系统带来毁灭性灾难，启动了碳补充机制。在硅充足时，海洋水体空间中填充了大量的硅藻；在硅缺乏时，海洋水体空间中填充了大量的非硅藻，如甲藻。这样，地球生态系统保持了足够的浮游植物将大气中的碳带到海底。当大气碳浓度增长加快时，海洋浮游植物生长也在加快，出现了硅藻和非硅藻赤潮。而且随着大气碳的快速增长，赤潮的面积和频率也在显著上升，使得大气的 CO_2 保持动态平衡。于是，水温和气温也恢复动态平衡，使地球生态系统恢复可持续发展。

31.3.6 地球生态系统的硅动力

地球生态系统借助向缺硅的水体输入大量的硅，使浮游植物迅速生长和旺盛繁殖，将大量碳从大气迁移到海底（图 31-4），展示了硅、碳的生物地球化学过程。因此，地球生态系统提高碳的沉降率，增加向海底碳的沉降量，保持了大气碳的动态平衡。同时，地球生态系统消除大量的大气碳，就会导致大气温度和水温下降，使大气温度和水温恢复到动态平衡。

地球生态系统控制大量的硅输入水体，硅又控制浮游植物的生长，浮游植物又控制大气碳的变化，大气碳又控制大气温度和水温的变化，大气温度和水温又控制气候的变化，气候又控制地球的变化（图 31-5）。展示了地球生态系统的控制链，并且地球生态系统通过其控制链来控制地球的变化过程。因此，地球生态系统的动力就是硅，地球生态系统的核心就是温度的动态平衡，地球生态系统的目标就是地球的动态平衡（杨东方，2013；杨东方等，2006c，2007a，2009，2013a，2013b）。

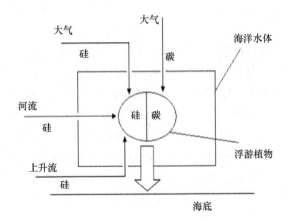

图 31-4　硅和碳的生物地球化学过程（Yang，2014）

图 31-5　硅决定气候及地球的变化（Yang，2014）

31.3.7　人类活动的影响

20 世纪以来，在沿海城市，工农业生产迅速发展，近岸工业地区日益增多，城市扩展加快，人口激增，工业废水和城市生活污水大量排放到海洋中，大量的氮、磷被输送到海洋中，相对减少硅的输送，造成海湾、河口和沿岸水域的严重污染和富营养化。

在过去的几十年中，人类的活动、土地使用的变化和河道地貌改变的耦合导致了氮的成倍增长和磷的量级也在增长，而硅则保持年周期变化。由于河流的筑坝和截流，使得输送硅的能力下降，甚至由于断流而没有硅的输送。这样过剩的氮、磷造成沿岸富营养化。人类活动的直接结果是营养盐氮、磷的迅速增长，水域的富营养化。而营养盐硅是由陆源所提供，又受人类活动的影响，如筑坝和截流，导致营养盐硅的限制显得更加突出（Yang et al.，2002，2003a，2003b，2005a，2005b）。在渤海中，根据渤海沉积物-海水界面附近磷与硅的生物地球化学循环模式，渤海中的磷主要来自于沉积物向海水的扩散，硅主要来自于河流的输入（宋金明等，2000），胶州湾的硅酸盐浓度与径流输送的硅酸盐浓度、雨季的长短及胶州湾的周围盆地雨量有关（Yang et al.，2002）。以流入胶州湾最大的河流大沽河为例，在 2000 年左右，大沽河有时断流，给胶州湾几乎没有输送营养盐硅（杨东方等，2001；Yang et al.，2002，2005a，2005b），而最近几年，流入渤海的主要河流黄河在一年中断流多达 210 天，这都会造成水域的富营养化和频繁发生赤潮。

建坝、水库、改道等人类活动阻止或减少陆源向大海输送硅。大坝建成以后，硅浓度下降（Turner and Rabalais，1991），并且导致输送到海洋的硅量减少。埃及的尼罗河（Wahby and Bishara，1979）、美国的密西西比河（Wahby and Bishara，1979）、欧洲的多瑙河（Humborg et al.，1997）和中国的大沽河（Yang et al.，2005a，2005b）输送到海洋的硅量减少。

31.3.8　硅的补充结果

1992 年，中国西北部的居延海有大片湖泊和沼泽，可是由于长期气候干旱缺雨，到 2002 年已经成为一片沙漠，环境的迅速变化令人吃惊。然而这样的过程和结果，为内陆经过大气向海洋输送硅，铺平道路（杨东方等，2006c）。

1966～2005 年近岸的暴风雨和台风就开始加强了（杨东方等，2006c）。

1966 年 1 月 7～8 日，热带气旋"丹尼斯"在 12h 之内，降雨 1144mm。

1979 年 10 月 12 日，发生在太平洋西北的台风"提普"，估计中心持续风力为 85m/s。

2004 年 9 月 14 日的"海马"风暴在温州登陆，3h 内降雨量 26.7mm，带来了大量暖湿空气，引起强暴雨。

2004 年，中国大部台风向北、向东，从江苏、浙江、福建的沿岸区域登陆，是 15 年来出现最多的路径较长的台风，这样的台风会增大扫过的水域面积和增多所带的雨量。

2004 年 9 月的"伊万"飓风，已经席卷格林纳达、牙买加、开曼群岛和古巴，持续风速达到 155mi/h。

2005 年 8 月 29 日，美国东南部墨西哥湾沿海数州居民遭受特大飓风袭击，时速高达 233km 的"卡特里娜"（Katrina）飓风势如破竹，引发狂风暴雨和洪水泛滥，专家估计将为新奥尔良带来 38cm 的降雨量（邹德浩，2005）。

美国麻省理工学院的研究人员在《自然》杂志上报告说，过去 30 年间，热带海洋表面温度上升了 0.5℃。北大西洋飓风的潜在破坏力在该时期几乎翻了一番，而太平洋西北部台风的潜在破坏力增大了 75%（李岩，2005）。

31.3.9　北太平洋海洋生态系统的动力

根据营养盐硅对浮游植物生长的影响过程、浮游植物的生理特征和集群结构变化特点以及硅的输入过程和硅的生物地球化学过程，展示了北太平洋水域营养盐硅的提供系统，阐明了北太平洋的海洋生态动力是硅（杨东方等，2012）。

通过北太平洋盆地边缘上的一个海域——胶州湾海域，来展示胶州湾海域硅的重要性、硅的输入过程和生物地球化学过程以及硅限制浮游植物时间。揭示了在北太平洋的近岸水域，从秋天的雨季结束（11月）到春天的雨季开始（5月）之前，硅都限制浮游植物的生长，在北太平洋的远离近岸水域，浮游植物生长一直都受到硅的限制。

探讨北太平洋气压场、风场变化的基本特点和规律与中国的沙尘暴发生、频率和强度，作者提出了北太平洋水域营养盐硅的提供系统。这个系统是由硅的来源地点、上升动力、平移动力和下降地点组成，即由中国大陆沙漠、沙尘暴、北太平洋季风和北太平洋组成。当北太平洋营养盐硅缺少时，这个系统就向北太平洋的水体输入大量的硅，来维持北太平洋海洋生态系统的良好发展。

在北太平洋水域，北太平洋的季风与北太平洋边缘的雨季在时间上密切相嵌，顺利完成近岸洪水和河流的输送与大气的输送之间的相互转换，一直保持向大海的水体输入大量的硅。而且，沙尘暴与北太平洋硅的缺乏在时间上紧密配合，其强度大小与硅缺乏的严重程度相一致。为了抵消人类活动带来的结果：无论硅的相对输送量还是硅的绝对输送量，输送到海洋的硅量都在减少，作者提出的北太平洋水域营养盐硅的提供系统提高了运行能力，要有充足的硅源和强大的上升动力，造成的结果：内陆成为干旱区，沙化的面积逐年扩大；沙尘暴的强度增大，时间延长。这也证实了三大补充机制：地球生态系统的营养盐硅补充机制（杨东方等，2006c）、地球生态系统的气温和水温补充机制（杨东方等，2007a）、地球生态系统的碳补充机制（杨东方等，2009）。

在中国内陆地区，形成了长期的干旱气候，沙漠化面积和扩展速度都在加大，沙尘暴面积、强度、次数都在增大（多）。从人类的角度，每年都给中国造成严重的破坏，它不仅摧毁价值数以百万元计的财物，而且给数百万人的日常生活带来不便，给中国社会经济可持续发展带来严重的环境公害。于是，中国向北部地区的固沙和防沙工程投入了许多万亿元资金，主要工程包括植树、建造蓄水基础设施、将居民从退化的土地上迁走。从地球的角度，在北太平洋海域中，当海洋生态系统缺硅严重时，引起浮游植物生理特征的变化和浮游植物结构的变化，造成浮游植物死亡的趋势。由于浮游植物是生态系统的能量流动和食物链的基础，营养盐硅的缺乏将会引起食物链发生巨大变化，海洋生态系统遭到毁灭性打击，如各种生物会绝迹和变异。

沙漠化为海洋生态提供可持续发展，同时，沙漠化又威胁人类生存（杨东方等，2007b）。那么，在海洋生态与人类生存之间，沙漠化的进程是非常重要的，既维持了海洋生态系统又维持人类生存的状况，这须要人类制定相应的政策和战略来保持其平衡。因此，人类的政策和战略，不仅要从人类的角度，有益于人类的健康生存，而且也要从地球的角度，有利于地球生态系统的持续发展，这样，才能使人类最终更好地生活和更好地生存下去。

31.3.10　气候变化的模式

通过海洋生态变化，确定了海洋生态系统的可持续发展的动力是营养盐硅和水温，营养盐硅是主要发动机，水温是次要发动机，对此，根据杨东方等提出的营养盐硅的补充机制，本章揭示了未来地球气候变化的模式：近岸地区和流域盆地的气候模式、内陆的气候模式和海洋的气候模式。近岸地区和流域盆地成为多雨区，内陆成为干旱区，海洋成为风暴潮区。这个未来地球气候变化的模式在以后的年代中逐渐得到证实，在 2010 年的天气变化中得到了充分的证明（杨东方等，2011）。

31.3.10.1　模式种类

根据地球生态系统的营养盐硅补充机制，作者提出未来地球气候变化的模式：近岸地区和流域盆地的气候模式、内陆的气候模式和海洋的气候模式（图31-1）。

31.3.10.2　模式内容

近岸地区和流域盆地的气候模式：近岸地区和流域盆地成为多雨区，连续遭受暴雨袭击，其中雨量加大，次数频繁，下雨区域扩大，并导致塌方、落石、山洪、泥石流和山体滑坡，使沿岸向海洋的洪水增大。

内陆的气候模式：使内陆成为干旱区，长期干旱缺雨。由于太阳暴晒，地面温度升高，地表土壤干燥化、颗粒化。由于晴天使地表引起了上升流，将沙尘刮向天空，经过大风形成了遮天蔽日的沙尘暴，使得沙尘暴次数增多，面积扩大，密度增加，能见度降低。

海洋的气候模式：台风、飓风、热带风暴和寒潮等风暴潮都移向近海和沿岸。其中经过水域和近岸的面积加大，次数增多，强度加大，旋转速度加快，移动速度放慢，路径曲折，路程加长。

31.3.10.3　模式特征

（1）暴雨和强暴雨频繁出现。尽可能地在短的时间内，使地面有雨水存积，对土壤形成冲刷。同时，如果有持续的暴雨，进一步加大对土壤冲刷的力度。

（2）干旱持续发生。干旱的时间在延长，使地面干燥化，土壤颗粒化，为沙漠化、沙尘暴做好铺垫。

（3）风暴潮个数和强度在不断增加。对海底，尤其对海洋深度小于 100m 的海底水域连续的搅动。在海洋和陆地的交界区域，包括近海水域和近岸陆地区域，都会形成海底的搅动和陆地土壤的冲刷。

（4）高温时间在延长。与往年相比，在一年的四季中，相对的温度在提高，形成相对的高温时间在延长。这样，无论在冬天还是在夏天，相对的高温在提前出现，而且在时间上持久。

（5）强风在增多。强风在海洋和陆地上都在增加，强度在增大。在海上，尽可能搅动更深的海底，使海底的泥沙到海水表层。在陆地上，尽可能吹动地面的土壤颗粒，带到天空中。这样，在全球的强风在增多。

31.3.10.4　模式分布

未来地球气候模式在我国具有不同的地区分布。根据未来地球气候变化的模式，将中国分为几个大体区域（图 31-2）。内陆区域：甘肃、内蒙古、山西、宁夏、新疆等地区；近岸地区：浙江、广西、广东、福建、海南等地区；流域盆地：长江沿线的湖南、湖北、江西、浙江、重庆等 10 地局部地区；海洋区域：南海、东海和黄海等水域。了解我国的区域符合哪一类气候模式，以便在不同的区域采取不同方式来应对气象，采取相应的防灾减灾措施。

31.3.10.5　模式功能

未来地球气候模式通过近岸的洪水、大气的沙尘暴和海底的沉积物向缺硅的水体输入大量的硅，补充海洋真光层硅的缺乏，缓解硅进一步限制浮游植物的生长。这样，未来地球气候模式由陆地、大气、海底 3 种途径（图 31-1），将陆地的硅输入大海中，而且加大从陆地向海洋输送硅的含量，来满足浮游植物的生长。

31.3.11　2010 年天气变化对模式的支持

根据中国环球网发布的 2010 年的天气资料（佚名，2010a，2010b）进行分析，得到以下研究结果。

31.3.11.1　近岸地区

国家气候中心最新监测显示，4 月 29 日至 5 月 17 日，中国南方地区出现 4 次大范围强降水天气过程。江南、华南降雨日数普遍在 8 天以上，部分地区超过 10 天。江南、华南大部降水量有 100～200mm，广东中部和北部、江西南部达 200～300mm。其中，广东韶关、南雄降水量均为 1951 年以来历史同期极大值。

国家气候中心专家表示，4 月底以来，中国南方地区多次出现的强降雨过程，具有过程频繁、雨量大、短时强度高、极端性强、影响范围广、致灾重的特点。持续强降水造成湘江、漓江出现超警戒水位洪水，赣江出现今年以来最高水位，北江支流滃江发生 1964 年以来的最大洪水。

根据 6 月 17 日 10 时的统计数据，这次降雨强度非常大，福建中南部、广西东北部、广东东北部和东部沿海等地累计降雨 80~150mm，最大的降雨量发生在广东龙门，多达 510mm，广西藤县陈塘 359mm，福建龙岩白沙 342mm。

此外，这次降雨过程历时很长，华南地区连续出现了 14 次强降雨过程，端午节当天发生暴雨。多条河流发生超出警戒水位的大洪流。福建闽江干支流、晋江、九龙江、汀江，广西西江支流桂江、蒙江、贺江，江西赣江上游，湖南湘江上游等河流都超过警戒水位。其中闽江支流岭尾溪及九龙江支流新桥河发生超过历史纪录的大洪水。暴雨造成山洪灾害频发，山洪、滑坡、泥石流、房屋倒塌造成人员伤亡惨重。

截至 7 月 10 日 12 时统计，7 月 1 日以来南方洪涝灾害过程已造成浙江、安徽、福建、江西、湖北、湖南、重庆、四川、贵州 9 省市 1719 万人受灾。

31.3.11.2　流域盆地

据国家防汛抗旱总指挥部办公室统计，7 月 8 日以来的强降雨已造成长江沿线的湖南、湖北等 10 省市局部地区遭受洪涝灾害，累计洪涝受灾人口 1830 万人。

据中央气象台最新消息，截至 2010 年 7 月 14 日，长江流域的强降雨过程已持续 7 天。连日的强降雨致使长江干流水位全线上涨，地质灾害发生的风险加大。未来几天，河南、山东、安徽、江苏等地仍有大暴雨。华南沿海地区将出现剧烈风雨。全国防汛工作已处于紧要关头。

中新网 7 月 12 日电　来自国家防汛抗旱总指挥部办公室的消息称，7 月 8 日以来的强降雨已造成长江沿线的湖南、湖北、江西、浙江、重庆等 10 省市局部地区遭受洪涝灾害，累计洪涝受灾人口 1830 万人，农作物受灾 97.4 万 hm^2。

31.3.11.3　大暴雨

中广网北京 6 月 10 日消息：在江西省，已有 69 个县市出现大雨以上强降雨，德兴市 24h 内降雨达 115mm，受持续大范围降雨影响，9 号开始，江西南昌、九江等地相继出现大面积农田内涝。仅九江都昌，就有 6 万亩农作物受灾。

据中央气象台消息：6 月 10 日起的未来三天，全国降水范围仍然较大，江南东部、华南等地有较强降水。其中江苏中部、浙江南部、福建大部、广东大部、广西中南部、台湾西北部等地有大雨或暴雨，局部有大暴雨。

国家防总负责人称，今年水情突出表现为三个特点。一是主要江河洪水量级大，部分河流超过 1998 年。江西信江、抚河发生超过历史纪录特大洪水，重现期 50 年；福建闽江发生 30 年一遇的大洪水。二是发生洪水河流众多。6 月 13 日以来的暴雨洪水涉及长江、闽江、西江三个流域，江西、福建等 110 余条河流发生超警洪水，9 条河流发生超过历史纪录洪水。三是闽江、湘江、资水等南方 11 条主要江河同时发生洪水，近年来少见。

中央气象台 7 月 10 日 18 时继续发布暴雨橙色预警：预计，7 月 10 日 20 时至 11 日 20 时，贵州大部、重庆东南部、湖南北部、湖北东部和南部、河南东南部、安徽中南部、江苏中南部、浙江北部、上海等地有大到暴雨，其中，湖南西北部、湖北东部、安徽中部等地的部分地区有大暴雨、局部地区有特大暴雨；上述部分地区并伴有短时雷雨大风等强对流天气。

另外，北京北部、河北北部、内蒙古中部偏南地区、西藏东南部、云南西北部等地的部分地区有大雨，局地暴雨。

根据通报，7 月 14 日 8 时至 15 日 8 时，江淮西南部、江南东北部、西南东北部降了小到中雨，其中湖北、安徽、江西、浙江及四川部分地区降了大到暴雨，局地降大暴雨。最大点雨量为湖北咸宁南川 156mm，江西鄱阳石门街 154mm，四川广元苍溪 121mm。

31.3.11.4　内陆地区

新华网北京 7 月 9 日的新闻标题：中国面临旱涝灾害双重考验。近来，我国一度呈现北旱南涝之势。甘肃、内蒙古、山西等地区滴水如金，广西、江西、福建、湖南一带却暴雨成灾，这种旱涝并存的局面对中国的防灾、减灾、救灾能力提出了极大考验。国家防总办公室常务副主任张志彤告诉记者，当年旱情主要有三个特点：一是受旱地区集中，主要集中在黑龙江、河南、内蒙古、山西、安徽等省区，局地旱情十分严重；二是旱情发生早，冬麦区旱情发生时间明显早于常年；三是受旱面积大，3 月中下旬，全国耕地受旱面积一度达 2.48 亿亩，比多年同期多 2500 万亩。我国中部、北部地区滴水难求，而华南一带却连日大雨，湍急的水流冲垮房屋，冲破大坝，引发山洪，造成多处险情。

31.3.11.5　高温

中新网 7 月 8 日电　中央气象台 8 时 10 时继续发布暴雨橙色警报和高温预报。预计，今天下午到明天中午，川西高原东部、四川盆地西部和北部、陕西南部、山西南部、河北南部、山东中北部和山东半岛等地有暴雨，其中，四川盆地西部、山东北部部分地区有大暴雨。上述部分地区并伴有短时雷雨大风等强对流天气。预计，今天白天，重庆西部和北部、湖北中南部、安徽南部、湖南中东部、江西、浙江、广西东部、广东大部、福建、海南北部、新疆南疆盆地等地有 35℃以上的高温，其中，湖北东南部、湖南东北部、江西中部、浙江中部等地的局部地区最高气温可达 37～38℃，新疆吐鲁番盆地最高气温可达 42℃。

31.3.11.6　台风

根据中国台风网发布的台风预报分析资料（佚名，2010c），进行分析得到以下研究结果。

从 2010 年 3 月 25 日至 9 月 10 日一共有 10 个台风。在 3 月只有 1 个，7 月 13 日至 9 月 10 日一共有 9 个台风，这表明台风集中在这 3 个月。

（1）台风路径增长。2010 年第 4 号热带风暴（电母）在韩国南部沿海登陆后继续向东移动，影响东海北部、黄海南部。2010 年第 7 号台风（圆规）9 月 2 日在朝鲜半岛西部登陆。2010 年第 9 号热带风暴（玛瑙）于 9 月 4 日向浙江北部沿海移动，然后逐步靠近韩国南部沿海。

（2）台风给近岸陆地和水域带来很大影响。2010 年第 5 号强热带风暴（蒲公英），8 月 25 日凌晨登陆越南北部，2010 年第 6 号热带风暴（狮子山）于 9 月 2 日在福建省漳浦县沿海登陆，2010 年第 7 号台风（圆规）9 月 2 日在朝鲜半岛西部登陆。2010 年第 9 号热带风暴（玛瑙）于 9 月 4 日向浙江北部沿海移动，然后逐步靠近韩国南部沿海。2010 年第 10 号热带风暴（莫兰蒂）在福建省石狮市沿海登陆。

强热带风暴（蒲公英）带来的影响：南海西部海域、北部湾将主要有 7～9 级大风，中心附近海域的风力可达 10～11 级并伴有 7m 以上的巨浪；8 月 24 日海南大部、广东中西部和广西将有暴雨到大暴雨；8 月 25 日广东和广西沿海仍有大雨到暴雨。

受热带风暴（狮子山）影响，华南中东部、江南中东部、江淮、黄淮以及东北地区将有大到暴雨，局部大暴雨，风力 6～7 级；其中福建南部和广东大部、江西北部、安徽中南部及江苏中北部有暴雨到大暴雨，过程降雨量可在 100mm 以上，极值可在 300mm，台湾海峡、巴士海峡、巴林塘海峡和福建南部、广东南部沿海将有 8～9 级大风和 3～4m 的大浪。

受热带风暴（玛瑙）影响，东海大部、台湾移动洋面、巴士海峡、巴林塘海峡将有 6～8 级大风，"玛瑙"中心经过附近海域风力可达 9～10 级，阵风 11～12 级。黄海北部、黄海中南部将有 6～8 级大风，琉球、东海北部、黄海中南部有 4～6m 的巨浪。

受热带风暴（莫兰蒂）影响，在广东东部、福建、浙江、江西东北部、上海、江苏南部、安徽东部等地将有大雨到暴雨；其中，福建中北部、浙江西部、江苏南部、安徽东部部分地区有大暴雨，以上地区局部有特大暴雨。台湾海峡、东海沿海、福建、浙江沿海将有7～8级大风，阵风可达9～10级；以上海域有2～3m大浪。

（3）台风密度加大。2010年8月29日有一个台风出现，第6号热带风暴（狮子山）。2010年8月30日有两个台风同时出现，第6号热带风暴（狮子山）和第7号台风（圆规）。2010年8月31日有三个台风同时出现，第6号热带风暴（狮子山）、第7号台风（圆规）和第8号热带风暴（南川），七级大风圈的半径分别为200km、230km和100km。

31.4 造山运动决定地球的降温

31.4.1 造山运动

在地球生态系统的硅补充机制下，在陆地上，产生了大暴雨，造成了洪水，通过河流的输送，给大海的海洋生态系统提供了硅。然而，仅仅靠雨量的大小和强度还是不够的，地球生态系统为了给海洋输入更多的硅，须要提高地球的表面使其更加容易冲刷，更加容易带走硅（图31-6）。于是，在整个地质时期，在较短的时间内，地球竟发生了剧烈的变动，一部分地壳沉降，另一部分地壳上升，产生了造山运动。这时崇山峻岭不断隆起，深沟峡谷不断沉降。地球生态系统为了进一步加强和提高向大海的硅输送量，在雨量加大的同时，加大了地球表面的提升。地球表面的变化呈现了地球的造山运动。

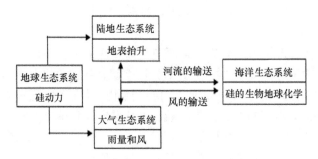

图31-6 地球生态系统的造山运动过程

31.4.2 岩石风化过程加速

31.4.2.1 气候

随着崇山峻岭不断隆起与深沟峡谷不断沉降，温度和雨量在山区都发生了巨大的变化。气候对风化的影响主要是通过温度和雨量的变化来实现的。在昼夜温差或寒暑变化幅度比较大的地区，有利于物理风化作用的进行（北京大学等，1984）。昼夜温差大的地区，对岩石的破坏作用也大。炎夏的暴雨对岩石的破坏更剧烈。

31.4.2.2　地形

随着崇山峻岭不断隆起与深沟峡谷不断沉降，地形和地貌在山区都发生了巨大的变化。在地形高差很大的山区，一般风化的深度和强度大于平缓的地区，在斜坡上，岩石破碎后很易被剥落、冲刷而移离原地，风化层一般都很薄，颗粒比较粗，黏粒很少（北京大学等，1984）。在不同地形条件下，如在高度、坡度和切割程度上，其相应的风化强度和深度也在加强。沟谷有着密集的侵蚀切割。

31.4.2.3　类型

随着崇山峻岭不断隆起与深沟峡谷不断沉降，岩石风化过程在山区都发生了巨大的变化，加快了岩石风化过程的速度。

岩石风化过程可分为物理风化、化学风化和生物风化三种类型（北京大学等，1984）。

在化学风化为主的阶段，一般分为早期、中期和晚期三个发育阶段。①化学风化的早期阶段，风化物中的 Cl、S 开始大部分迁移，Na、Ca、Mg、K 部分迁移，Ca 相对富集起来，故又称为富钙阶段。②化学风化的中期阶段，在风化产物中，Cl、S 基本上全部迁移，Na、Ca、Mg、K 大部到全部迁移。Si 部分迁移，Si、Al 相对富集，故又称富硅铝阶段。③化学风化的晚期阶段，在风化产物中，Si 大量迁移，Al 相对富集，故又称富铝阶段。

因此，在风化过程中，经过了物理风化和化学风化，最后，Si 大量迁移，随着水流而不断地被带走。因此，在崇山峻岭不断隆起与深沟峡谷不断沉降的过程中，Si 迁移的质量在巨大地增加，Si 迁移的速度在迅速地提高，Si 迁移的过程显著加快。

31.4.3　硅酸盐风化

地球表面的形状发生了巨大的变化，隆起形成了大面积的陆地抬升。于是，地球表面产生了如下作用：①加强了地表径流——小溪、河流等水流的冲刷作用和效率；②有效地增强了地表的物理和化学风化；③提高了地表的昼夜温差、季度温差，造成了地表易破裂，易风化侵蚀；④引起冰川作用的加剧，增强了陆壳的机械侵蚀作用，增加了表面积的磨损和颗粒化；⑤有利于向季风气候的转变，加速了地球表面的水循环，增强了地表的风化淋滤作用。这些作用的综合效应是增强了大陆风化速率，提高了硅酸盐的风化溢出，使河流向大海输送硅量加大。例如，青藏高原的隆起，达 200 万 km^2 以上，造成了大陆风化速率的增加。在过去 4000 万年全球海地扩张的平均速率变化甚少，相比之下由于青藏高原大面积的隆升，全球大陆硅酸盐风化速率却明显上升。

31.4.4　气温降低

通过造山运动，使地表更加陡峭，海拔增加。于是，地表更加松散、更加碎片化、颗粒化和粉末化，造成了地表易于被风携带和水流冲刷。因此，在风化进一步加强后，向大海输送的硅量就会大幅提高，这样，通过地球生态系统的三大补充机制和地球生态系统的硅动力，导致了大气碳的减少，全球气温和水温的下降，就会导致新的"冰室效应"的时代出现。

地质学家考察发现，在整个地质时期中，气候史上最大的冰川活动时期都发生在地史上最重要的造山运动之后。例如，第四纪大冰期发生在新阿尔卑斯造山运动（亚洲称为喜马拉雅山运动）之后，石炭—二纪大冰期发生在晚古生代的海西造山运动之后，震旦纪大冰期发生在太古代、元古代的劳伦造山运动之后（李爱贞和刘厚凤，2004）。

地质时期的发现证实了地球生态系统的三大补充机制和地球生态系统的硅动力以及地球生态系统的理论的正确性和长期性，而且经过了从太古代、元古代到第四纪时期的气候时空变化的有力支持。

31.5　地球生态系统的降温机制

当地球气温升高时，地球就过热了，那么地球就需要降温，于是，地球就启动地球生态系统的降温机制。

31.5.1　降温机制

地球生态系统的降温补充机制：地球生态系统要求地球开始造山运动，这时崇山峻岭不断隆起，深沟峡谷不断沉降。这样，通过造山运动，使地表更加陡峭，海拔增加。于是，地表更加松散、更加碎片化、颗粒化和粉末化，造成了地表易于被风携带和水流冲刷。同时，暴雨的雨量加大，次数频繁，下雨区域扩大。在地球表面提升和暴雨加强的同时，使全球大陆硅酸盐风化速率明显上升，加强和提高了向大海的硅输送量。地球生态系统向缺硅的水体输入大量的硅，使浮游植物迅速生长和旺盛繁殖。借助浮游植物的迅速生长和旺盛繁殖，将大量碳从大气迁移到海底，来消除大气碳的增多。这样，地球生态系统提高了碳的沉降率，增加了向海底碳的沉降量，导致了大气温度和水温下降，确定了气候变化的模式和未来发展的趋势。最后，地球生态系统通过气候变化来决定地球的降温。

31.5.2 降温的补充框图

作者提出了地球生态系统的降温补充框图模型（图 31-7），并对降温的补充框图模型的运行过程进行详细说明。①人类活动不断增强，水域营养盐氮、磷逐年增长在海洋中，由于人类的污染，氮、磷过剩。而由于陆源被破坏，如河流筑坝、改道、灌溉等为人类本身利益考虑，输入到海洋的硅急剧减少，严重限制浮游植物生长。这样，大气碳相对地在增加。另外，人类活动在不断增加，工业、农业迅速发展，加大了向大气排放二氧化碳，提高了大气中二氧化碳的含量。通过北太平洋大气碳变化趋势的动态模型以及计算其模拟曲线，展现了由于人类排放碳速度和加速度都在增加，而且大气碳增长越来越快。因此，人类向大气排放的 CO_2 在不断增加。以 2007 年为起点，在未来 3 年（2008～2010 年）大气的 CO_2 增长值分别为 385.50ppm、387.54ppm、389.61ppm；在未来 20 年（2027 年）大气的 CO_2 增长值为 428.46ppm；在未来 50 年（2057 年）大气的 CO_2 增长值为 514.22ppm；未来 100 年大气的 CO_2 增长值为 705.96ppm。大气的碳在迅速地、不断地增长，造成了全球的气候越来越暖。这时，地球气温升高了，地球就过热了，那么，就须要给地球降温，于是，地球生态系统就启动了地球的降温机制。②地球生态系统使地球发生了剧烈的变动，一部分地壳沉降，另一部分地壳上升，产生了造山运动。这时崇山峻岭不断隆起，深沟峡谷不断沉降。这样，通过造山运动，使地表更加陡峭，海拔增加。③地表更加松散、更加碎片化、颗粒化和粉末化，造成了地表易于被风携带和水流冲刷。同时，暴雨的雨量加大，次数频繁，下雨区域扩大。在地球表面的提升和暴雨加强的同时，使全球大陆硅酸盐风化速率明显上升，加强和提高了向大海的硅输送量。④地球生态系统向缺硅的水体输入大量的硅，使浮游植物迅速生长和旺盛繁殖。浮游植物吸收溶解在海水中的碳，沉降到海底，并储存。⑤在海水中有大量的浮游植物，使海水中的碳源源不断地转移到海底。完成了碳从大气经过海洋到海底的储存过程。大气中的碳在不断地大量减少，由于海洋吸收大气中的二氧化碳，这使得大气中二氧化碳减少，温室效应作用下降，大气的气温下降。这样，使得水温的温度也在下降。于是，气候发生了变化，开始降温。⑥随着大气温度和水温下降，确定了气候变化的模式和未来发展的趋势。最后，地球生态系统通过气候变化来决定地球的降温。

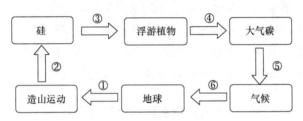

图 31-7 地球生态系统的降温机制

31.6 结 论

地球生态系统为了向大海输送硅，不仅提高了大气生态系统的雨量和风力。同时，将陆地生态系统的地表抬升。通过这两个方面的作用，使得大气碳降低，也使得气温和水温降低。在整个地质时期，造山运动证实了地球的降温，也证实了地球生态系统的三大补充机制和地球生态系统的硅动力。太阳不断地提供热能量，使地球不断地升温。然后，地球生态系统通过一系列不断的运动来进行降温。保持了地球的温度动态平衡，就像人类所具有的动态平衡温度。由此认为，地球生态系统中，地球具有自我调节、自我控制和自我恢复的功能，而且也具有生命特征。这些充分证明地球生态系统理论的正确性。

参 考 文 献

北京大学, 南京大学, 上海师大, 等.1984. 地貌学. 北京: 人民教育出版社: 55-72.

李爱贞, 刘厚风.2004. 气象学与气候学基础. 北京: 气象出版社:288-289.

李岩. 飓风会不会越来越凶. 环球时报, 2005 年 8 月 31 日, 第 24 版.

宋金明, 罗延馨, 李鹏程.2000. 渤海沉积物-海水界面附近磷与硅的生物地球化学循环模式. 海洋科学, 12: 30-32.

杨东方, 李宏, 张越美, 等.2000. 浅析浮游植物生长的营养盐限制及其判断方法. 海洋科学, 24(12): 47-50.

杨东方, 张经, 陈豫, 等.2001. 营养盐限制的唯一性因子探究. 海洋科学, 25(12): 49-51.

杨东方, 高振会, 陈豫, 等.2002. 硅的生物地球化学过程的研究动态. 海洋科学, 26(3): 35-36.

杨东方, 王凡, 高振会, 等.2004. 胶州湾的浮游藻类生态现象. 海洋科学, 28(6): 71-74.

杨东方, 高振会, 王培刚, 等.2006a. 营养盐硅和水温影响浮游植物的机制. 海洋环境科学, 25(1): 1-6.

杨东方, 高振会, 孙培艳, 等.2006b. 胶州湾水温和营养盐硅限制初级生产力的时空变化. 海洋科学进展, 24(2): 203-212.

杨东方, 高振会, 秦洁, 等.2006c. 地球生态系统的营养盐硅补充机制. 海洋科学进展, 24(4): 407-412.

杨东方, 吴建平, 曲延峰, 等.2007a. 地球生态系统的气温和水温补充机制. 海洋科学进展, 25(1): 117-122.

杨东方, 高振会, 黄宏, 等.2007b. 沙漠化与海洋生态和人类生存的关系. 荒漠化防治与植被恢复生态工程新技术交流学术研讨会论文集. 北京: 环境出版社: 10-17.

杨东方, 殷月芬, 孙静亚, 等.2009. 地球生态系统的碳补充机制. 海洋环境科学, 28(1): 100-107.

杨东方, 苗振清, 石强, 等.2011.未来的地球气候模式得到了初步印证. 海洋开发与管理, 28(11): 38-41.

杨东方, 苗振清, 石强, 等. 2012. 北太平洋海洋生态系统的动力——以胶州湾为例. 海洋环境科学, 31(2): 201-207.

杨东方, 苗振清, 徐焕志, 等. 2013a. 地球生态系统的理论创立. 海洋开发与管理, 30(7): 85-89.

杨东方, 秦明慧, 石志洲, 等. 2013b. 地球生态系统的控制能力. 海洋科学, 37(12): 96-100.

杨东方. 2013. 地球生态系统的硅动力. 北京: 海洋出版社: 1-385.

杨小龙, 朱明远. 1990. 浮游植物营养代谢研究新进展. 黄渤海海洋, 11(3): 65-72.

佚名. 发布的台风预报分析. 2010c. 中国台风网: http://www.typhoon.gov.cn/ forecast/ [2010-07-18].

佚名. 全国多省暴雨袭击发生洪涝灾害. 2010a. 环球网: http://world.huanqiu. com/roll/2010 年的天气资料. [2010-07-18].

佚名. 南方多省市遭受暴雨洪涝灾害. 2010b. 环球网: http://www.huanqiu.com/ zhuanti /china/zhuantinfby/ [2010-07-18].

邹德浩, 钟翔. 飓风毁了百万人的家. 环球时报, 2005 年 8 月 31 日, 第 4 版.

Armstrong F A J. 1965. Silicon. *In*: Riley J P, Skirrow G. Chemical Oceanography. London: Academic Press, Vol 1, Chap 10.

Bienfang P K, Harrison P J, Quarmby L M. 1982. Sinking rate response to depletion of nitrate, phosphate and silicate in fourine diatoms. Mar Biol, 67: 295-302.

Brzezinski M A, Olson R J, Chisholm S W. 1990. Silicon availability and cell-cycle progression in marine diatoms. Marine Ecology Progress Series, 67: 83-96.

Brzezinski M A. 1992. Cell-cycle effects on the kinetics of silicic acid uptake and resource competition among diatoms. Journal of Plankton Research, 14: 1511-1536.

Conley D J, Malone T C. 1992. Annual cycle of dissolved silicate in Chesapeake Bay: implications for the production and fate of phytoplankton biomass. Marine Ecology Progress Series, 81: 121-128.

Dugdale R C, Goering J J. 1967. Uptake of new and regenerated forms of nitrogen in primary productivity. Limnology and Oceanography, 12: 196-206.

Dugdale R C, Jones B H, Macclsaac J J, et al. 1981. Adaptation of nutrient assimilation. Canadian Bulletin of Fisheries and Agriculture Sciences, 21(4): 234-250.

Dugdale R C, Wilkerson F P, Minas H J. 1995. The role of a silicate pump in driving new production. Deep-Sea Res(I), 42(5): 697-719.

Dugdale R C. 1972. Chemical oceanography and primary productivity in upwelling regions. Geoforum, 11: 47-61.

Dugdale R C. 1983. Effects of source nutrient concentrations and nutrient regeneration on production of organic matter in coastal upwelling centers. *In*: Suess E, Thiede J. Coastal Upwelling. New York: Plenum Press: 175-182.

Dugdale R C. 1985. The effects of varying nutrient concentration on biological production in upwelling regions. CalCOFI Report, 26: 93-96.

Huang S G, Yang J D, Ji W D, et al. 1983. Proceedings of International Symposium on Sedimentation on the Continental Shelf with Special Reference to the Fast China Sea. vol. 1. Beijing: China Ocean Press: 241-249.

Humborg C, Lttekkot V, Cociasu A, et al. 1997. Effect of Danube river dam on Black Sea biogeochemistry and ecosystem structure. Nature, 386: 385-388.

Lewin J C. 1962. Silicification. *In*: Lewin R E. Physiology and biochemistry of the algae. New York: Academic Press: 445-455.

Sakshaug E, Slagstad D, Holm-Hansen O. 1991. Factors controlling the development of phytoplankton blooms in the Antarctic Ocean—a mathematical model. Marine Chemistry, 35: 259-271.

Spencer C P. 1975. The micronutrient elements. *In*: Riley J P, Skirrow G. Chemical Oceanography. 2nd ed. London: Academic Press, Vol 2: 245-300.

Stefánsoon U, Richards F A. 1963. Processes contributing to the nutrient distributions off the Columbia River and strait of Juan de Fuca. Limmol Oceanogr, 8: 394-410.

Turner R E, Rabalais N N. 1991. Changes in Mississippi River water quality this century-implications for coastal food webs. Science, 41: 140-147.

Wahby S D, Bishara N F. 1979. The effect of the River Nile on Mediterranean water, before and after the construction of the High Dam at Aswan. *In*: Martin J M, Burton J D, Eisma D. Proceedings of a SCOR Workshop on River Inputs to ocean systems.26-30 March Rome. Paris: UNESCO: 311-318.

Yang D F, Zhang J, Lu J B, et al. 2002. Examination of Silicate Limitation of Primary Production in the Jiaozhou Bay, North China Ⅰ. Silicate Being a Limiting Factor of Phytoplankton Primary Production. Chin J Oceanol Limnol, 20(3): 208-225.

Yang D F, Zhang J, Gao Z H, et al. 2003a. Examination of Silicate Limitation of Primary Production in the Jiaozhou Bay, North China Ⅱ. Critical Value and Time of Silicate Limitation and Satisfaction of the Phytoplankton Growth. Chin J Oceanol Limnol, 21(1): 46-63.

Yang D F, Gao Z H, Chen Y, et al. 2003b. Examination of Silicate Limitation of Primary Production in the Jiaozhou Bay, North China Ⅲ. Judgment Method, Rules and Uniqueness of Nutrient Limitation among N, P, and Si. Chin J Oceanol Limnol, 21(2): 114-133.

Yang D F, Chen Y, Gao Z H, et al. 2005a. Silicon limitation on primary production and its destiny in Jiaozhou Bay, China Ⅳ Transect offshore the coast with estuaries. Chin J Oceanol Limnol, 23(1): 72-90.

Yang D F, Gao Z H, Wang P G, et al. 2005b. Silicon limitation on primary production and its destiny in Jiaozhou Bay, China Ⅴ Silicon deficit process. Chin J Oceanol Limnol, 23(2): 169-175.

Yang D F, Gao Z H, Sun P Y, et al. 2006a. Silicon limitation on primary production and its destiny in Jiaozhou Bay, China Ⅵ The ecological variation process of the phytoplankton. Chin J Oceanol Limnol, 24(2): 186-203.

Yang D F, Gao Z H, Yang Y B, et al. 2006b. Silicon limitation on primary production and its destiny in Jiaozhou Bay, China Ⅶ The Complementary mechanism of the earth ecosystem. Chin J Oceanol Limnol, 24(4): 401-412.

Yang D F, Miao Z Q, Shi Q, et al. 2010. Silicon limitation on primary production and its destiny in Jiaozhou Bay, China Ⅷ: The variation of atmospheric carbon determined by both phytoplankton and human. Chin J Oceanol Limnol, 28(2): 416-425.

Yang D F, Miao Z Q, Chen Y, et al. 2011. Human discharge and phytoplankton takeup for the atmospheric carbon balance. Atmospheric and Climate Sciences, 1(4): 189-196.

第32章 人类与地球生态系统的相互作用

以胶州湾为研究水域，从时间尺度和空间尺度上，定量化地展示了水温、营养盐因子控制浮游植物生长的规律和浮游植物生长的不同阶段，展现了胶州湾浮游植物生态变化，阐明了水温、营养盐硅是浮游植物生长的动力，剖析了人类影响浮游植物的原因。

在海洋水域内，水温和营养盐硅控制浮游植物生长的时间变化及空间变化过程（Yang et al.，2006a，2006b）。通过营养盐硅、水温影响浮游植物生长的机制，揭示了人类对生态环境的影响、生态环境的变化对地球生态系统的影响以及地球生态系统生态对环境变化的响应。人类给环境带来变化，确定了环境变化为地球生态系统的持续发展，却给人类带来灾害。通过探讨水温、营养盐的变化引起浮游植物生长和结构的变化以及引起海洋生态系统的变化，研究全球生态系统采取何种举措来维持海洋生态系统的稳定性和连续性以及浮游植物和营养盐在海洋生态系统中的平衡作用。提出了地球生态系统的三大补充机制：地球系统的营养盐硅补充机制、地球系统的水温补充机制和地球系统的碳补充机制。剖析目前地球发生的现象，解释"厄尔尼诺"与"拉尼娜"现象的成因，预测了人类影响的地球发展趋势。

32.1 人类与生态环境

32.1.1 胶州湾浮游植物生态变化

胶州湾位于北纬 35°18′～36°18′，东经 120°04′～120°23′，是一个中型的半封闭浅水海湾（图 32-1）。大沽河是胶州湾最大的河流，胶州湾水域中 SiO_3-Si 主要由河流输送。由于流入胶州湾的河流大沽河流量逐年减少，故硅的入海量逐年减少。沿岸有许多市区工业废水和生活污水的排污河，故氮、磷入海量相对逐年增长。因此，胶州湾环境和浮游植物都发生了很大变化。近年来，由于城市化进程的加快，工业和城市废水以及养殖污水大量排放，导致近岸海域，尤其是胶州湾海域的水环境和沉积物环境质量下降，水体富营养化较为严重，胶州湾的主要污染物是营养盐氮、磷。

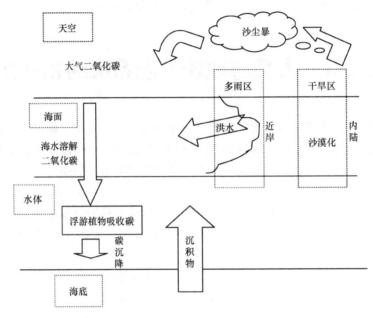

图 32-1　地球系统的营养盐硅补充机制

在胶州湾，春季、秋季、冬季营养盐硅是浮游植物初级生产力的限制因子，进一步确定了营养盐硅限制浮游植物初级生产力的时间是 11 月中旬至 5 月中旬。而营养盐硅满足的时间是 5 月底至 11 月初（杨东方等，2000，2001，2002；Yang et al.，2002，2003a，2003b，2004a）。硅的限制会使浮游植物的藻类结构从硅藻类转变成非硅藻类，确信只是硅引起藻种结构的改变（杨东方等，2004；Dortch and Whitledge，1992）。胶州湾浮游植物对硅的需要非常强烈，而且对硅变化的灵敏度很高，反应迅速（杨东方等，2004；Yang et al.，2002，2003a）。硅的亏损过程（Yang et al.，2005a，2005b）：营养盐硅由陆源提供，经过生物地球化学过程，不断地将硅转移到海底。营养盐硅是初级生产力的主要控制因子，当营养盐硅满足浮游植物的生长时，其控制因子转变为水温（Yang et al.，2002）。

在胶州湾不同的水域，由不同的寒期性、广温性、暖水性藻类和亚热带藻类组成不同的浮游植物集群结构，随着水温的变化，这个集群结构在不断地改变，在一年中胶州湾就会出现单峰型的增殖、双峰型的增殖或者同时出现单（双）峰型的增殖（杨东方等，2003；Yang et al.，2004b）。

32.1.2　水温、营养盐硅是浮游植物生长的动力

全球海域，在营养盐硅和水温的年周期变化的推动下，浮游植物生长和浮游

植物集群结构变化展示了各种类型的生产力和各种类型的集群结构。

在硅的限制下，硅藻生长不断地受到抑制，使浮游植物的细胞曲折变形、色素体褪色（杨东方等，2004），初级生产力低值，浮游植物生物量低，细胞数量低；硅藻生长的海域空间被非硅藻所代替，浮游植物优势种硅藻也逐步转变为非硅藻。在硅的满足下，硅藻生长迅猛，细胞增殖旺盛；硅藻代替了非硅藻的生长海域空间，浮游植物优势种又成为硅藻，非硅藻的生长海域空间受到硅藻的挤压，非硅藻消失。这样，营养盐硅的限制-满足-限制-满足的年周期变化，迅速推动了浮游植物生长和浮游植物集群结构变化进行周而复始的动态变化过程。硅藻类和非硅藻类发生交替变化，其变化过程迅速（Yang et al.，2006a）。

因此，在全球海域，硅是浮游植物生长和浮游植物集群结构变化的主要发动机。

在硅的满足下，初级生产力高值，浮游植物生物量高，细胞数量高；这时水温对于浮游植物生长具有双重作用：提高和限制，使其具有相同的周期性和起伏性。产生了浮游植物增殖的单峰型和双峰型，并组成了三种情形：①只有浮游植物增殖的单峰型；②只有浮游植物增殖的双峰型；③浮游植物增殖的单峰型、双峰型同时都有。水温影响浮游植物的结构变化：寒期性藻类、广温性藻类、暖水种藻类和热带近岸性种发生交替变化。这样，水温的上升-下降-上升-下降的年周期变化，不断地缓慢推动了浮游植物生长和浮游植物集群结构变化进行周而复始的动态变化过程，但单峰型、双峰型组成的三种情形出现却是根据水温与浮游植物种群生态位的相对变化。浮游植物的集群结构在不断地变更替换，其变化过程缓慢（杨东方等，2006a；Yang et al.，2006a）。

因此，在全球海域，水温是浮游植物生长和浮游植物集群结构变化的次要发动机。

营养盐硅和水温在时间和空间尺度上有顺序地控制所观察到的各种类型的初级生产力，展示了营养盐硅和水温控制初级生产力的不同阶段，尤其用增殖能力展示了水温对浮游植物生长的控制阶段。从而确定了营养盐硅和水温控制初级生产力的变化过程。从陆地到海洋界面的硅输送量决定了初级生产力的时间变化过程；硅的生物地球化学过程决定了初级生产力的空间变化过程（Yang et al.，2006a；杨东方等，2006d）。由此可知，营养盐硅和水温是浮游植物生长和浮游植物集群结构变化的发动机。

32.1.3　人类影响浮游植物

人类的活动改变了水流方向和流速，改变了河流输入营养盐的比例和输入量，减少营养盐硅的入海量。同时，污水排放大大增加了河口区水中的氮、磷含量。这样，随着河流输入大海的营养盐硅在减少，氮、磷在增加（杨东方等，2001，2002；Yang et al.，2002，2005a，2005b）。于是，人类活动改变了浮游植物的丰度、种类组成、多样性和种类演替（Patrick，1973），给自己造成重大的灾害，如赤潮等，改变了河口、海湾和近岸的海洋生态。

近 100 多年来，由于工业发展和人类对环境保护不够重视，CO_2 等温室气体不断增加，全球表层气温上升。到 20 世纪中叶以后，工业发展更为迅猛，气温随着温室气体的增加而迅速上升。20 世纪 80 年代的全球表层气温是近百年来的年代中最高的。气温的上升引起水温上升，水温上升又引起浮游植物藻类死亡，改变了原来藻种的生活环境和区域，像海洋中的珊瑚。于是，人类活动改变了海洋生态的食物链的基础。

浮游植物生长的变化和其集群结构的改变，主要是营养盐硅和水温在推动。在人类的活动中，输送向大海的硅量在周期变化下趋势减少，在海洋中营养盐硅量在下降；温室效应的作用，在海洋中水温在上升。营养盐硅的缺乏和水温的上升就会引起海洋生态系统食物链的基础改变，就会引起海洋生态系统的正常运行改变。那么，如何维持海洋中营养盐硅和水温变化的周期规律是人类面前的重大问题。

32.2 人类对生态环境的影响

32.2.1 人类对营养盐硅的影响

含硅岩石风化和含硅土壤流失，使硅溶解于水并随陆地径流输送到河口和海洋中。通过硅藻的吸收，硅进入生物体。死亡的硅藻和摄食硅藻的浮游动物的排泄物离开真光层沉降到海底，硅离开了海水表层沉降到海底。因此，硅通过这样一个亏损过程：河流输入（起源）→ 浮游植物吸收和死亡（生物地球化学过程）→ 沉降海底（归宿），展现了沧海变桑田的缓慢过程。每当输入大量的营养盐硅，浮游植物的初级生产力都会出现高峰值，有时有水华产生。由于浮游植物吸收大量的硅，海水中硅的含量大幅度降低，由于硅的缺乏，浮游植物的生长受到严重的限制，产生了高的沉降率。这样，保持了海洋中营养盐硅的平衡和浮游植物生长的平衡（杨东方等，2002）。

在河口区、海湾、海洋等水域中，氮、磷成为富营养盐，使人们对高营养盐区却有着低叶绿素量的海域进行探索其原因何在。一些水域展现了富营养化的征兆，其初级生产力迅速增加。而另外一些富营养的水域却保持低的初级生产力。

生态系统出现这样大的差别的机制是什么？

胶州湾的营养盐 N、P、Si 和初级生产力的研究展示 Si 是控制浮游植物生长和初级生产力的主要因子。于是造成了高营养盐 N、P 低生物量海域的出现。作者认为，在营养盐 N、P 很高的水域，浮游植物初级生产力的高低值相差甚大的生态系统的机制由营养盐 Si 控制（Yang et al.，2002，2003a，2003b）。

研究表明胶州湾硅酸盐浓度具有季节性变化，主要依赖于季节径流的变化，胶州湾硅酸盐浓度的变化由雨季的变化所决定（Yang et al.，2004a，2004b）。在雨季中，胶州湾的硅酸盐浓度很高，而在雨季过后，胶州湾的硅酸盐浓度很低，尤其在冬季硅酸盐浓度降低在检测线以下，甚至几乎趋于零（硅酸盐浓度 < 0.05μmol/L）。因此，胶州湾的硅酸盐浓度与径流输送的硅酸盐浓度有关，与雨季的长短有关，与胶州湾的周围盆地雨量有关。

埃及的尼罗河（Wahby and Bishara，1980）、美国的密西西比河（Turner and Rabalais，1991）和欧洲的多瑙河（Humborg et al.，1997）。大坝建设以后，硅浓度下降（Turner and Rabalais，1991），并且导致输送到海洋的硅量减少。以流入胶州湾最大的河流大沽河为例，在 2000 年左右，大沽河有时断流，给胶州湾几乎没有输送营养盐硅。

作者认为，陆源输入大海真光层的硅是主要的。大气、上升流向海洋真光层输入硅量与河流相比是可以忽略的。人类为了自己的利益，建坝、建水库、引流、种植，这样造成自然生态的破坏，改变自然生态平衡。

作者认为，修建大坝、水库，使悬浮物浓度降低，输入海洋的硅的浓度下降；将河流上游进行引流和分流，使主河流的输送能力下降，流量变小，输入海洋的硅浓度降低，从而改变河口水域和近岸水域生态系统的结构，尤其是营养盐比例失调，浮游植物集群结构失控，诱导赤潮的产生，而且赤潮面积逐年加大，发生频率逐年增多；在沿河两岸和沿河流域盆地进行大面积的植树造林，改变了雨水对地表层的冲刷力度，雨水形成的小溪向河流输送的硅浓度降低，使水流清澈，减少了河流携带的硅量。这样入海河流流量大幅减少，输送营养盐硅能力显著降低，河流含硅量减少，河流对硅总的输送量降低。

20 世纪以来，在沿海城市，工农业生产迅速发展，近岸工业地区日益增多，城市扩展加快，人口激增，工业废水和城市生活污水大量排放到海洋中，大量的氮、磷被输送到海洋中，相对减少硅的输送，造成海湾、河口和沿岸水域的严重有机污染和富营养化。

作者认为，对于大气输送，由于大量种植绿化，使土壤被固定，地表层的冲刷能力下降，空气变得清新，大气对硅的输送减少。

这样，河流、大气向海洋的真光层输送硅量在大幅度减少，人类不断地改变从陆地向海洋输送硅的含量，导致海水中氮、磷过剩，硅缺乏，氮、磷、硅的比例严重失调，硅限制浮游植物的生长进一步加剧。

32.2.2　人类对水温的影响

近 100 多年来，由于工业发展和人类对环境保护不够重视，CO_2 等温室气体不断增加，全球表层气温上升，到 20 世纪中叶以后，工业发展更为迅猛，气温随着温室气体的增加而迅速上升，20 世纪 80 年代的全球表层气温是近百年来的有年代中最高的。

未来 1.5 万年越来越热，科学家在 2004 年的一期《自然》杂志上发表报告说，他们在南极进行的最新一项研究表明，如果人类采取较少措施减少温室气体的排放，地球在今后的 1.5 万年间会变得越来越热。英国南极调查项目负责人埃里克·沃尔夫在报告中说，研究人员最近在南极冰层下钻约 3km 而获得冰样，为研究地球大气温度和温室气体变化提供了很好的资料。距地表 3km 下方的冰层是大约 75 万年前形成的。科学家通过对冰层中气泡的研究，了解当时地球大气中温室气体的含量。研究发现，75 万年前大气中二氧化碳的含量至少比目前低 30%。而甲烷的含量仅为目前的一半。沃尔夫在研究报告中写道："如果没有人类的影响，我们完全可以指望现有的温暖时光再延续至少 1.5 万年。"这项研究显示，地球可能不会很快进入新的冰川期，却会因大量排放二氧化碳和其他温室气体而进入一个高温期。数据显示，过去的 200 年是 75 万年来气候变暖速度最快的一个时期。也正是工业社会发展最快的时期，这说明人类活动是全球变暖的主要原因。

32.3　生态环境变化对地球生态系统的影响

32.3.1　营养盐硅的缺乏

这从两个方面来考虑。一方面是在全球海域，硅藻是构成浮游植物的主要成分，也是产生海洋初级生产力的主要贡献者，其种类多、数量大、分布广，是各种海洋动物直接或间接的饵料。硅藻的盛衰可直接引起海洋动物的相应变化。因此，在这些海域浮游植物需要大量的硅。

另一方面是由营养盐氮、磷、硅的生物地球化学过程所决定的。陆源提供的硅被浮游植物吸收，硅通过生物地球化学过程不断地转移到海底。由于缺硅的种群的高沉降率（Bienfang et al.，1982），硅的大量沉降使得水体中硅酸盐浓度保持低值。而死亡的浮游植物和被浮游动物排泄的浮游植物趋于分解，在水体中产生了大量的、不稳定的、易再循环的氮、磷。由于硅的大量沉降使得硅酸盐浓度保持低值。因此，随着氮、磷的浓度在不断增高，而硅酸盐浓度的不断降低，这些海域展现了明显的高营养盐（氮、磷）的浓度，却有着浮游植物的低生物量。整个生态系统可能成为初级生产力的硅限制（Yang et al.，2002）。在河口区、海湾、海洋等水域中，生态系统机制是由起主要作用的营养盐硅在调节和控制浮游植物生长的过程来体现的。

在近岸河口区域，由于河水输入量的变化和人类排污量的增长，营养盐氮和磷日趋富营养化，营养盐硅日趋缺乏。生物生理生长和浮游植物集群的结构受到破坏，沿岸海域生态过程受到的危害正在扩展。当营养盐硅一直过低，氮、磷过高时，就会限制硅藻的生长，所形成的真空空间被非硅藻（如甲藻）迅速占据，产生非硅藻的水华。在极度缺乏硅的水域中，当营养盐硅突然大量提供时，硅藻会迅速增长，产生硅藻水华。假如此时进行水域调查，发现水域营养盐硅丰富，有硅藻水华产生。例如，在胶州湾发生的赤潮增多，硅酸盐是胶州湾初级生产力的限制因子的情况在进一步加剧。

在近岸河口区域或远离河口区域，也就是在全球海域，浮游植物初级生产力过程的机制不是取决于营养盐氮、磷很高，而是取决于营养盐硅的变化。由于营养盐硅的比例下降变化使得硅限制显得更加突出，为了继续生存下去，浮游植物改变生理特征和集群结构来适应变化的环境。随着时间的漫长，年代的久远，主要由硅藻组成的浮游植物集群将不断地进行结构转变，需求硅量少的非硅类种群在不断地增长，需求硅量大的硅藻类种群在不断地减少。随着时间推移，需硅量大的硅藻种群的生理特征不断地受到环境的压力（Yang et al.，2003b）。

作者认为，根据达尔文的进化理论，在不断地受到环境的压力时，浮游植物的集群结构和硅藻的生理特征将会逐渐改变，要么需求硅量大的硅藻类种群不断地减少，要么对硅的需求量减少。这样，营养盐硅的缺乏造成浮游植物死亡趋势，引起浮游植物生理特征的变化和浮游植物结构的变化，生态遭到毁灭性打击，食物链发生巨大变化，尤其食物链金字塔顶端的生物，如鱼类会绝迹和变异。在海洋中，由于浮游植物是生态系统的能量流动和食物链的基础，将会引起海洋生态系统一系列的巨大变化，也将对海洋生态系统产生巨大的冲击力，使得整个生态系统须要不断地重新组成、改变和平衡。

32.3.2 水温的上升

绝大多数科学家认为温室效应对人类的威胁仅次于全球核大战。它的威胁并不仅仅局限于极地冰川融化和粮食减产等问题。

据史料记载，在 1 万年以前曾有一次重大的气温变化，导致许多动植物灭绝。值得注意的是：当时这些物种的灭绝，是因为在漫长的岁月中气温上升了 5℃。专家预言现在同样升温 5℃ 只需 61 年，野生动植物能逃脱厄运吗？

气候变暖还会导致疾病和死亡率上升。据研究，全球增温，蚊虫和其他寄生虫大量繁殖，因它们传染的疾病将在全球流行；温度上升后，霉菌等引起的皮肤病患者也会增多；虫害猖獗，农药污染会更加严重。

2004 年的中美联合考察队报告，在过去的 40 年，由于天气变暖，中国的冰川消失了 7%。美国研究人员发现：气温越高，季风向近岸带来的雨量就越大。

海水温度发生了变化，海洋中像珊瑚这类对温度敏感的海洋生物生长繁殖就会受到影响，水产养殖的生物产量也会因此而下降，1982 年我国对虾的产量仅相当于高产年的 1/7。

作者认为，水温上升，引起浮游植物藻类突然死亡，死亡量加大，尤其寒期性藻类趋于死亡。暖水性和亚热带藻种随水温上升而不断地由南向北扩展，向北方入侵，改变了原来藻种的生活环境和区域。这只是讲的北半球，应该沿北半球向北，南半球向南。藻种的生命时间变短，增殖分裂加快，环境变化使得 R 种群变成 r 种群。

水温上升，使浮游植物大量死亡，造成浮游生物死亡，海洋吸收二氧化碳能力降低，加速温室效应，使大气温度进一步上升，水温进一步上升，造成了恶性循环。

水温上升，使近年来海平面上升加快。气温增加使极地和高山的冰雪融化速度加快，海洋的水量增加；同时，海水温度受气温影响而上升，海洋热胀，体积加大；于是，海洋中硅酸盐浓度降低，浮游植物受硅限制进一步加剧。使海洋中浮游植物、生物量快速下降，海洋吸收二氧化碳量也在降低。这使得气温也在升高，同时这导致了食物链相应的变化，食物链的顶端鱼群也随着浮游植物生长和结构的变化而产生相应的变化。这样，海洋生物的生存也面临严重威胁。

32.4 地球生态系统对生态环境变化的响应

32.4.1 营养盐硅的补充

作者认为，随着海洋生态系统硅缺乏的严重，地球生态系统启动了补偿机制。首先加大了水流对硅的输送能力，在海洋沿岸，形成了多雨气候和季节，加强了降雨次数的频繁、时间的延长，提高了雨量，形成了沿岸河流向海的泥石流和洪水，其次台风、风暴潮也越来越频繁和剧烈，进一步加大了洪水流量，向海洋输送更多的硅量和更高的硅浓度。

另外，加大了大气的输送。在内陆，形成气候干燥、高温，使内陆的植物死亡，土地干裂，加速了土地的沙漠化。并通过干燥、高温的上升气流，将地面所形成的沙尘带起，逐步随着风力的加大变成猛烈的沙尘暴，尽可能将这些沙尘送向大海的近岸水域，有时送到远离近岸水域。例如，沙尘暴从中国内蒙古的沙漠区带沙尘到黄海、东海，甚至可带到太平洋中心、太平洋东岸。

1992 年，中国西北部的居延海有大片湖泊和沼泽，可是由于长期气候干旱缺雨，到 2002 年已经成为一片沙漠，环境的迅速变化令人吃惊。然而这样的过程和结果，为内陆经过大气向海洋输送硅，铺平道路。

32.4.2　水温的补充

当大气二氧化碳增多时，温室效应显著，大气温度升高，这时大气对海水产生巨大影响，使海水增温，为了使水温下降，地球生态系统启动补偿机制：一方面沿岸地区有多雨季节，发生大量降水，产生严重的洪涝灾害，通过水流向近岸提供大量的硅；另一方面，在一些地区，有长期的干旱天气，产生大量的沙尘，发生严重的沙尘暴和龙卷风等，通过大气环流向远离近岸的海洋中心提供大量的硅。使得浮游植物吸收海洋中二氧化碳，这样大气的二氧化碳降低，导致气温和水温下降。例如，"厄尔尼诺"现象导致，太平洋中东部国家和地区容易发生强烈的降水，产生严重的洪涝灾害；太平洋西部的国家和地区容易产生旷日持久的干旱天气，容易引发森林大火等自然灾害。

"厄尔尼诺"现象是指 2～7 年在中太平洋到东太平洋会产生一个增温，即比正常海温高 0.5℃并且持续 6 个月以上，特指发生在赤道太平洋东部和中部的海水大范围持续异常偏暖现象。例如，1997～1998 年的"厄尔尼诺"事件，就是 20 世纪中最强的一次。"厄尔尼诺"一旦发生就会给南美洲太平洋沿岸带来很大的洪涝，在太平洋西岸就会发生很大的干旱，而事件衰减时称为"拉尼娜"，就会在亚洲入我国长江流域及日本等发生很大的洪涝。

气候变暖已使我国多年出现"南涝北旱"的情况。温室效应会导致暴雨增加，而有时候又会造成降雨量减少，造成干旱。据预测 2020～2030 年我国平均气温将上升 1.7℃。有科学家认为，我国华北和东北南部一些地区有继续变干的趋势。近年来二氧化碳排放量明显增多，但它流动性地分布到全球的大气层中。

2004 年，日本东京大学山形俊男教授说："亚洲很多地方（包括中国）出现 40℃的高温天气，超过 40℃的高温今夏在亚洲各地肆虐；同时一部分地区又暴雨成灾"。山形俊男近日表示，这是由于太平洋中部海域水温上升所致。他把太平洋中部水温上升导致的天气异常称之为"仿厄尔尼诺"现象。

山形俊男教授说，来自太平洋的高气压异常强劲，还从热带携带了大量水蒸气，导致暴雨和高温，在菲律宾附近上升的大气在地中海地区下降，使希腊出现酷暑。在 1994 年，日本也出现类似高温。

32.5　地球生态系统的补充机制

32.5.1　营养盐硅的补充机制

地球生态系统为了保持海洋中浮游植物生长的平衡和海洋生态系统的可持续发展以及大气二氧化碳的增长放慢，开始启动硅酸盐的补充机制（Yang et al.，2006b；杨东方等，2006e）。

通过近岸的洪水、大气的沙尘暴和海底的沉积物向缺硅的水体输入大量的硅。这样，由陆地、大气、海底 3 种途径将陆地的硅输入大海中，满足浮游植物的生长。大气的二氧化碳溶于大海，浮游植物生长要吸收大量海水中的二氧化碳，并随着浮游植物的沉降将碳带到海底（图 32-1）。

32.5.2　水温的补充机制

为了消除或放慢由于人类活动给大气带来的二氧化碳的增长，使水温下降，恢复到原来的平衡位置，地球生态系统启动了水温的补充机制（Yang et al.，2006b；杨东方等，2007），

地球生态系统对海洋硅的补充采用了三种途径，即从内陆、近岸和海底向海洋水体输送大量的硅。大量的硅使浮游植物生长旺盛。由于浮游植物生长要吸收大量海水中的二氧化碳，碳随着浮游植物沉降到海底。这样，海水中的二氧化碳下降，大气的二氧化碳溶于大海进行补充，使得大气的二氧化碳也下降。于是，气温下降，这又导致了水温下降，使地球生态恢复健康平衡（图 32-2）。

32.5.3　碳沉降的补充机制

在水温的补充机制中，地球生态系统启动向海洋输送大量的硅，使浮游植物生长旺盛，甚至产生硅藻赤潮，将大量碳沉降到海底，造成气温下降。但是，如

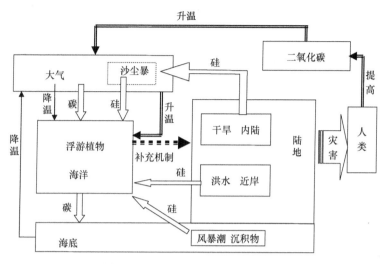

图 32-2　地球系统的水温补充机制

果地球生态系统无法启动硅酸盐的补充机制，没有办法向海洋输送大量硅，又要气温下降，于是，启动了碳沉降的补充机制（Yang et al., 2006b；杨东方等，2009）。在海洋中大部分水域，氮、磷丰富，在近岸水域，水体富营养化。氮、磷与硅的浮游植物吸收比例相比，高出许多量级，远远超过藻类的阈值。这样，碳沉降的补充机制使得海洋生态系统浮游植物藻类的非硅藻产生赤潮，强行使海洋中的碳沉降到海底。这样使气温下降、水温下降（图 32-3）。

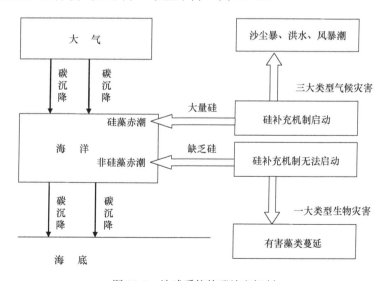

图 32-3　地球系统的碳补充机制

由此可见，地球生态系统为了保持大气的平衡，采用了硅酸盐补充机制、水温补充机制和碳沉降补充机制，努力使地球生态系统保持健康的发展变化。

对于地球生态系统的重要影响由大到小排列为：大气生态系统、海洋生态系统和陆地生态系统。那么，人类为了在地球生态系统中活下去，必须对大气生态系统，尤其是二氧化碳排放使气温升高的现象，给予强烈关注。

32.6　地球发生的现象

32.6.1　"厄尔尼诺"与"拉尼娜"现象的成因

人类向大气排放的二氧化碳，远远多于海洋溶解的二氧化碳，使海洋中的浮游植物充分吸收碳，并带到海底的速率低于大气二氧化碳的增长速率。这样，二氧化碳在大气中不断增多，浓度提高。在温室效应下，使得大气温度不断攀升，全球气候变暖，两极的冰盖在不断融化。虽然冰雪在不断补充，但动态平衡点是冰盖的面积在逐年减少。陆地的气温出现高温、酷暑。例如，夏季的希腊气温一直维持在高温 40℃，甚至达到 42℃。同时，使赤道的水温比正常水温上升 0.5℃，产生了"厄尔尼诺"现象。

从 1976 年开始，"厄尔尼诺"现象变得越来越频繁，越来越严重。在"厄尔尼诺"现象出现期间，会导致南美洲海岸附近雨量增多，热带地区气候变暖，厄瓜多尔和玻利维亚的冰川加速融化。

对于人类不断排放二氧化碳，气温和水温不断上升，地球生态系统启动水温补充机制。于是，内陆干旱、沙尘暴、龙卷风，近岸和流域的洪水、泥石流、山体滑坡以及海上和近岸的台风、飓风、热带风暴、寒潮等强度加大、次数频繁和面积扩大，向海洋输送大量的营养盐硅。浮游植物生长旺盛，甚至产生硅藻赤潮，使得碳沉降到海底的速率远远大于大气碳的上升速率，这就造成大气温度陡然下降。于是，陆地出现了严寒。例如，夏季的德国和俄罗斯出现了罕见的大雪纷飞，气温降至 0℃。同时赤道的水温比正常温度下降 0.5℃，这样产生了"拉尼娜"现象。

于是，在自然界，"厄尔尼诺"现象和"拉尼娜"现象就产生了以下的特征："厄尔尼诺"现象一般持续一年，短的仅半年。1950 年以来最长的一次持续了约一年半，"厄尔尼诺"与"拉尼娜"（即"反厄尔尼诺"）事件循环交替发生，两次间隔通常为 2～7 年，但却没有严格的周期性。

由于地球生态系统失灵，无法准确地判断大气的二氧化碳的含量有多少。有时补充机制的启动，使得碳沉降过量。于是，"厄尔尼诺"现象产生之后，随之产生"拉尼娜"现象；在人类排放下，"反厄尔尼诺"现象出现，随之"拉尼娜"现象产生。就这样周而复始、循环往复地展现了地球生态系统与人类的较量过程和地球生态系统为维持地球生态系统的持续性和稳定性而保持其动态平衡过程（图32-4）。

图 32-4　人类、环境和地球生态的关系

32.6.2　人　类　灾　害

由于人类不断地向大气排放二氧化碳，使得全球变暖，海洋水温上升；海洋的酸性越来越强，使一系列海洋生物受到影响。于是地球生态系统采用了三种途径，通过海洋中浮游植物使大气的气温和水温降低，恢复平衡。地球生态系统采取的三种途径给人类带来了三种类型的灾难。

让内陆的土地长期干旱，雨量减少，河流干涸，土地干裂，沼泽和湖泊退化消失。最终，土地都沙漠化。在强风的吹动下，形成了龙卷风和沙尘暴，使沙尘在空气中运行。

人类无法战胜自然。无论是种树、种草，保持水土流失，还是退耕还林，想恢复以前的陆地生态系统；在湿地面积锐减的情况下，大力改造河道、引用河水，试图恢复原来的湖泊和沼泽；或者引水灌溉，使受旱土地暂缓旱情，等待雨水的早日来到。实际上，这些方法和措施对于整个内陆地区的雨量增加是徒劳无益的。而且随着二氧化碳排放量加大，旱情更加严重，沙化面积更加扩大，使沙尘暴的面积、强度、次数都在增大（增多）。

近岸和向大海排放的周围的盆地，出现了大面积、长时间的暴雨，而且雨量增大次数增多，产生了洪水、泥石流和山体滑坡等，总之，水将泥沙带到海洋，将硅带到了海洋。这样灾害次数逐年增加，灾害强度逐年增大。这些灾害发生在近岸地区、长江流域和黄河流域以及流向大海的主要河流区域。这样，人类无论建坝、扩展河道，还是建水库，调节河流流量，都无法阻止洪水产生。洪水、泥石流和山体滑坡发生的区域，造成生命财产的巨大损失。因为这个地区的雨量增大，人类无法抗拒。

由于在海底的沉积物中，硅酸盐浓度非常高，是水体中硅酸盐浓度的几倍到几十倍，甚至更高。如何使用高浓度的硅酸盐，只好由风暴潮：台风、飓风、热带风暴和寒潮来完成。在 12 级的风速下，风可将 $100 \sim 200 m$ 的海底物质带到表层，这样使水体能充分利用海底的高浓度硅酸盐。在近年中，台风等发生频率剧增，而且其扫过面积、强度也在增大，所带雨量也在增加。2004年9月14日的"海马"风暴在温州登陆，3h内降雨26.7mm，带来了大量暖湿空气，引起强暴雨。因此，台风等起两个方面作用。第一，将海洋中海底的沉积物带向水体，向水体带来大量的硅。第二，登陆海洋后，将在沿岸的陆地形成大暴雨，造成洪水、泥石流等通过河流向海洋输入大量的硅。2004年，中国大部分台风向北、向东，从江苏、浙江、福建的沿岸区域登陆，2004年是15年来出现最多的路径较长的台风，这样的台风会增大扫过的水域面积和增多所带的雨量。

2004年8月，气象学家们发现在8月出现了8次风暴，而这时在太平洋东部热带水域正有较弱的"厄尔尼诺"现象出现。同时发现大西洋东部水域表面异常升高的水温，而飓风和热带风暴正是这里产生的，包括美国科罗拉多大学热带气象学专家威廉姆斯·格雷和美国国家海洋和大气管理局气象预报中心的气象学家都有此发现。2004年9月的"伊万"飓风，已经席卷格林纳达、牙买加、开曼群岛和古巴，持续风速达到248km/h。

日本气象研究所研究人员的研究表明，如果全球变暖继续发展，到21世纪末，台风的势头将越来越凶猛。如果对台风的凶猛程度做一番比较，在目前的气候模式下最大风速为35～40m/s的台风发生比较多，但是随着全球变暖的发展，风速超过40m/s的台风数量将会增加，凶猛程度更强。全球变暖使大气中的水蒸气增加，台风的势头也更加凶猛。过于凶猛的台风造成严重的风灾和水灾。

32.6.3 气候突变的未来预测

由于人类的活动，加快了地球温暖期的进程，缩短了地球温暖期的时间长度。虽然地球生态系统为此苦苦挣扎，努力放慢地球温暖期的脚步，不断地采用三种补充机制。而且这些补充机制具有三大类型气候灾害和一大类型生物灾害，对人类进行恫吓和威胁。然而，人类如继续置若罔闻、我行我素，造成污染加剧、环境恶化、气温上升，将逐步把人类拖向消亡边缘。

随着气温上升，逐渐达到地球生态系统预定的最高值时，温暖期就结束了。气温突然下降，进入了冰河世纪。那么，气温下降，并不是由于大量冰盖和冰川的影响，而是在温度达到一定高值时，无论在海洋、陆地的植物，在短短的时间内吸收大量的碳，尤其占地球70%的海洋中，充满海洋水体的浮游植物吸收大量的碳，将碳沉降到海底。于是产生了大幅度降温。一旦进入冰河世纪，地球上许多生命瞬间消失，海洋结成巨大的冰块。海底缓慢升高成为高山，陆地逐渐成为低洼地，这是一个漫长的、等待地质变化的缓慢过程。当这个过程完成后，地球又开始进入温暖期，冰块开始消融，形成溪水、河流向由陆地形成的低地流去，逐渐形成海洋。新的许多生命又诞生、发展，地球生态系统进行了周而复始的可持续发展。

如果气温上升的速度太快，超过了地球生态系统预定的最高值，使得地球系统无法控制气温的上升，而且气温摆脱地球系统的控制后，气温越升越快。很快，地球趋于高温之下，地球上的一切都会不断挥发、消失，渐渐地形成了像目前火星一样的结果：没有生命，就连土壤岩石都经过高温处理，整个球体像火一样红。地球生态系统被破坏消失了。

这两种景象，对于人类都是巨大的灾难。如何挽救地球生态系统、如何拯救人类、如何使气温升高放慢、如何扼制二氧化碳排放，这些都是人类目前遇到的性命攸关的重大问题。

32.7　结　　论

为了让地球生态系统持续发展，人类首先要减少对大气排放二氧化碳，并严格遵守人类已签订的《京都议定书》，尤其不签订和不遵守《京都议定书》的国家很可能将给人类带来巨大灾害，其次要提高河流对硅的输送能力。这样使海洋水温和营养盐硅能满足浮游植物的生长，降低大气中二氧化碳的含量，维持海洋水温和大气温度的平衡。因此，为了海洋生态系统的持续发展，维护海洋中营养盐氮、磷、硅的比例稳定，保持营养盐的平衡和浮游植物的平衡，人类最好减少氮、磷的输入，提高硅的输入。

人类，作为生态环境的部分和受益者，有义务尽量来保护生态环境和维持生态平衡，生态平衡具有不断地修复和维持自然生态系统持续发展的功能。

虽然人类从自身的利益出发给许多自然现象冠以"灾害"之名，但是良性循环的自然界却始终经过这些所谓的"灾害"的过程变化。

理解自然规律、符合自然规律、顺应自然规律，使自然生态可持续发展，使人类在自然界中健康成长。

参 考 文 献

杨东方, 李宏, 张越美, 等. 2000. 浅析浮游植物生长的营养盐限制及其判断方法. 海洋科学, 24(12): 47-50.

杨东方, 张经, 陈豫, 等. 2001. 营养盐限制的唯一性因子探究. 海洋科学, 25(12): 49-51.

杨东方, 高振会, 陈豫, 等. 2002. 硅的生物地球化学过程的研究动态. 海洋科学, 26(3): 35-36.

杨东方, 高振会, 孙培艳, 等. 2003. 浮游植物的增殖能力的研究探讨. 海洋科学, 27(5): 26-28.

杨东方, 王凡, 高振会, 等. 2004. 胶州湾的浮游藻类生态现象. 海洋科学, 28(6): 71-74.

杨东方, 高振会, 秦洁, 等. 2006a. 地球生态系统的营养盐硅补充机制. 海洋科学进展, 24(4): 407-412.

杨东方, 高振会, 孙培艳, 等. 2006b. 胶州湾水温和营养盐硅限制初级生产力的时空变化. 海洋科学进展, 24(2): 203-212.

杨东方, 高振会, 王培刚, 等. 2006c. 营养盐硅和水温影响浮游植物的机制. 海洋环境科学, 25(1): 1-6.

杨东方, 吴建平, 曲延峰, 等. 2007. 地球生态系统的气温和水温补充机制. 海洋科学进展, 25(1): 117-122.

杨东方, 殷月芬, 孙静亚, 等. 2009. 地球生态系统的碳补充机制. 海洋环境科学, 28(1): 100-107.

Bienfang P K, Harrison P J, Quarmby L M. 1982. Sinking rate response to depletion of nitrate, phosphate and silicate in fourine diatoms. Mar Biol, 67: 295-302.

Dortch Q, Whitledge T E. 1992. Does nitrogen or silicon limit phytoplankton production in the Mississippi River plume and nearby regions? Continental Shelf Research, 12: 1293-1309.

Humborg C, Lttekkot V, Cociasu A, et al. 1997. Effect of Danube river dam on Black Sea biogeochemistry and ecosystem structure. Nature, 386: 385-388.

Patrick R. 1973. Use of algae, especially diatoms, in the assessment of water quality. In Biological Methods for the Assessment of Water Quality. New York: Am Soc Test Mater Spec Tech Publ, 528: 76-95.

Turner R E, Rabalais N N. 1991. Changes in Mississippi River water quality this century-implications for coastal food webs. Science, 41: 140-147.

Wahby S D, Bishara N F. 1980. The effect of the River Nile on Mediterranean water, before and after the construction of the High Dam at Aswan. In: Martin J M, Burton J D, Eisma D. Proceedings of a SCOR Workshop on River Inputs to ocean systems, 26-30 March 1979, Rome, Italy. UNESCO, Paris: 311-318.

Yang D F, Zhang J, Lu J B, et al. 2002. Examination of silicate limitation of primary production in the Jiaozhou Bay, North China Ⅰ.Silicate being a limiting factor of phytoplankton primary production. Chin J Oceanol Limnol, 20(3): 208-225.

Yang D F, Zhang J, Gao Z H, et al. 2003a. Examination of silicate limitation of primary production in the Jiaozhou Bay, North China Ⅱ. Critical value and time of silicate limitation and satisfaction of the phytoplankton growth. Chin J Oceanol Limnol, 21(1): 46-63.

Yang D F, Gao Z H, Chen Y, et al. 2003b. Examination of silicate limitation of primary production in the Jiaozhou Bay, North China Ⅲ. Judgment method, rules and uniqueness of nutrient limitation among N, P, and Si. Chin J Oceanol Limnol, 21(2): 114-133.

Yang D F, Gao Z H, Zhang J, et al. 2004a. Examination of Daytime Length's Influence on Phytoplankton Growth in Jiaozhou Bay, China. Chin J Oceanol Limnol, 22(1): 70-82.

Yang D F, Gao Z H, Chen Y, et al. 2004b. Examination of Seawater Temperature's Influence on Phytoplankton Growth in Jiaozhou Bay, North China. Chin J Oceanol Limnol, 22(2): 166-175.

Yang D F, Chen Y, Gao Z H, et al. 2005a. Silicon limitation on primary production and its destiny in Jiaozhou Bay, China Ⅳ Transect offshore the coast with estuaries. Chin J Oceanol Limnol, 23(1): 72-90.

Yang D F, Gao Z H, Wang P G, et al. 2005b. Silicon limitation on primary production and its destiny in Jiaozhou Bay, China Ⅴ Silicon deficit process. Chin J Oceanol Limnol, 23(2): 169-175.

Yang D F, Gao Z H, Sun P Y, et al. 2006a. Silicon limitation on primary production and its destiny in Jiaozhou Bay, China Ⅵ The ecological variation process of the phytoplankton. Chin J Oceanol Limnol, 24(2): 186-203.

Yang D F, Gao Z H, Yang Y B, et al. 2006b. Silicon limitation on primary production and its destiny in Jiaozhou Bay, China Ⅶ The Complementary mechanism of the earth ecosystem. Chin J Oceanol Limnol, 24(4): 401-412.

致　谢

细大尽力，莫敢怠荒。远迩辟隐，专务肃庄。端直敦忠，事业有常。

——《史记·秦始皇本纪》

此书得以完成，应该感谢国家海洋局北海环境监测中心主任姜锡仁研究员以及北海监测中心的全体同仁；感谢国家海洋局第一海洋研究所副所长高振会研究员；感谢浙江海洋学院的校长苗振清教授；感谢上海海洋大学的副校长李家乐教授；感谢国家海洋局闽东海洋环境监测中心站站长秦明慧教授；感谢贵州民族大学的校长王凤友教授；感谢陕西国际商贸学院的校长黄新民教授；感谢西京学院的校长任芳教授；感谢广州科奥信息技术有限公司的董事长刘国兴先生和总经理岑丰杰先生。诸位给予的大力支持，并提供的良好研究环境，是我们科研事业发展的动力引擎。

在此书付梓之际，我们诚挚感谢给予许多热心指点和有益传授的陈秀东教授、焦念志教授、孙英兰教授和张经教授。

我永远铭记：刘瑞玉院士、冯士笮院士、胡敦欣院士、唐启升院士、汪品先院士、丁德文院士、孙松研究员、王荣研究员、周明江研究员、候一筠研究员、宋金明研究员、施平研究员、沈志良研究员、吴玉霖研究员、高抒研究员、周百成研究员、詹滨秋研究员、秦松研究员、俞志明研究员、李安春研究员、邹景忠研究员、董金海研究员、卢继武研究员、赵永平研究员、朱明远研究员、陈永利研究员、朱鑫华研究员、肖天研究员、赵保仁研究员、乐肯堂研究员、费修绠研究员、崔茂常研究员、张红霞研究员、杨宇峰研究员、杨作升教授、董淑慧教授、于志刚教授、陈时俊教授、张曼平教授、张龙军教授、郁伟军教授、钱树本教授、张志南教授、吴增茂教授、马家海教授、印润远教授、薛万奉教授、张友篪研究员、石强研究员、黄长江教授、黎先春教授、王小如教授、杨清良教授和杜琦教授等学长的有益帮助，使我们开阔了视野和思路，在此表示深深的谢意和祝福。

我非常庆幸在学术思想活跃的集体中从事科研活动，十分珍惜同仁之间的友谊。我们不会忘记：罗延馨博士、岳国峰博士、张武昌博士、王运涛博士、程鹏博士、王宏田博士、于仁诚博士、毕洪生博士、李大鹏博士、阙华勇博士、谢强博士、王广策博士、杨洪生博士、周毅博士、任敬萍博士、张涛博士、王凡博士、吴爱民博士、白学治博士、王凯博士、赵卫红博士、杨延辉博士、王勇博士、王文琪博士、刘静博士、张越美博士、白洁博士、任景玲博士、刘素美博士、陈洪涛博士、邹立博士、李晶莹博士、黄勃博士、周伟东博士、霍文毅博士、王珺博士、刘展博士、张运涛博士、陈吉祥博士、孙效功博士、范德江博士、周志刚博士、魏华博士、冷向军博士、王岩博士、曲宪成博士、章守宇博士、刘其根博士、杨建强博士、孙培艳博士、赵淑江博士、李裕红博士、张东博士、徐焕志博士、蔡惠文博士、胡海燕博士等许多同学和同事，在我们的研究工作中给予了很好的指导和建议，在此表示衷心的感谢和祝福。

《海洋科学》编辑部：张培新教授、刘珊珊教授、谭雪静老师、李本川老师；英文期刊《海洋与湖沼》（*Chinese Journal of Oceanology and Limnoloy*）编辑部：虞子冶教授、任远老师、陈洋老师、陈肖玉老师；《海洋科学进展》编辑部：吴永森教授、杜素兰教授、孙亚涛老师；《海洋环境科学》编辑部：韦兴平教授、韩福荣教授和张浩老师；《山地学报》编辑部：冯海燕教授；《现代学术研究》杂志编辑部：刘美芬老师、吴文贞老师、周小萍老师；《海洋开发与管理》编辑部：李正楼教授、陈文红教授、杨艳老师、孙草娃老师、侯京淮老师、陈婷老师；中国教育文化出版社：刘思祺老师、孔惠老师、张骐年老师；海洋出版社：杨绥华总编、方菁主任，刘志恒老师等编辑部的编辑们，特别要提到《海洋科学》编辑部的周海鸥教授、英文期刊《海洋与湖沼》（*Chinese Journal of Oceanology and Limnoloy*）编辑部的王森教授、郑少雄教授和王淼老师以及《海洋科学进展》编辑部的武建平教授。正是众多的无名英雄给予我们无私的帮助，在我们的研究工作和论文撰写过程中给予许多的指导，并做了精心的修改，此书才得以问世，在此表示衷心的感谢和深深的祝福。

感谢夏威夷 Mauna Loa 监测站和 NOAA 地球系统研究实验室的支持和帮助，更要感谢 NOAA 地球系统研究实验室 Pieter Tans 教授的巨大支持和关照，他在我的研究工作中给予了大量的大气碳的数据，在此表示衷心的感谢和祝福。

最后，感谢杨辉康同学、黄宏同学、邓婕同学、常彦祥同学、朱四喜同学、赵毛太同学、林丽萍同学等，还要感谢张红霞老师、岳海波老师、李毅萍老师、吴元德老师、白秀华老师、朱鉴平老师、金保生老师、张永山老师、王克老师、许玉珠老师、路安明老师、邵露老师、张金标老师、朱正国老师等，老师们的帮助和关心，是我们走向成功的动力。

本书是在 2005 年出版的《胶州湾浮游植物的生态变化过程与地球生态系统的补充机制》和 2009 年出版的《浮游植物的生态与地球生态系统的机制》，以及 2013 年出版的《地球生态系统的硅动力》的基础上进一步扩充的新研究内容，图书为适应日新月异的科学发展进行了补充，以便适应陆地生态学、海洋生态学和大气生态学科学研究的发展趋势和方向。

　　今天，我们所完成的研究工作，也是以上提及的诸位共同努力的结果，我们心中感激大家、敬重大家，愿善良、博爱、自由和平等恩泽给每个人。愿国家富强、民族昌盛、国民幸福、社会繁荣。谨借此书面世之机，向所有培养、关心、理解、帮助和支持我们的人们表示深深的谢意和衷心的祝福。

　　沧海桑田，日月穿梭。抬眼望，千里尽收，祖国在心间。

杨东方

2019 年 12 月 30 日